2023

Training

Abschlussprüfung

Realschule Bayern

Mathematik I

LÖSUNGEN

STARK

12. neu bearbeitete und ergänzte Auflage
www.stark-verlag.de

Inhalt

Sobald die Original-Prüfungsaufgaben 2022 freigegeben sind, können die dazugehörigen Lösungen als PDF auf der Plattform MyStark heruntergeladen werden (Zugangscode vgl. Umschlaginnenseite).

Vorwort

Liebe Schülerin, lieber Schüler,

dies ist das Lösungsbuch zu dem Band **Training Abschlussprüfung 2023, Mathematik I, Realschule, Bayern** (Bestell-Nr. C0910T). Es enthält zu allen Aufgaben von unseren Autoren ausgearbeitete Lösungen, die jeden Rechenschritt ausführlich erklären. Dabei wird besonderer Wert auf die Lösungsansätze und Vorüberlegungen gelegt. Zur Veranschaulichung und dem besseren Verständnis der Lösungen helfen dir zahlreiche Skizzen.

Versuche stets, jede Aufgabe zunächst selbstständig zu lösen, und dann deine Lösung mit den Lösungen im Buch zu vergleichen. Solltest du nicht weiterkommen, helfen dir die **Hinweise und Tipps**. Hast du eine Aufgabe nicht richtig gelöst, ist es ganz wichtig, diese zu einem späteren Zeitpunkt noch einmal durchzurechnen. Durch das Üben wirst du dich sicher fühlen und kannst beruhigt in die Prüfung gehen.

Wir wünschen dir viel Erfolg!

Autoren: Training Grundwissen und komplexe Aufgaben: Markus Hochholzer, Markus Schmidl
Aufgaben im Stil der Prüfung und Original-Abschlussprüfung: Alois Einhauser

Training Grundwissen

1 Grundwissen 5.–8. Klasse

Hinweise und Tipps

1 a) $T(x) = -4x^2 + 12x - 16$ — Der Faktor -4 wird ausgeklammert, indem man jeden Summanden in der Klammer durch den auszuklammernden Faktor dividiert.

$T(x) = -4[x^2 - 3x + 4]$ — Der Term der quadratisch ergänzt werden muss, ist die Hälfte des Faktors vor der Variablen x. Die Hälfte von 3 ist 1,5, also ergänze $1{,}5^2$.

$T(x) = -4[x^2 - 2 \cdot x \cdot 1{,}5 \mathbf{+ 1{,}5^2 - 1{,}5^2} + 4]$ — Binomische Formel

$T(x) = -4[(x - 1{,}5)^2 - 2{,}25 + 4]$ — Zusammenfassen

$T(x) = -4[(x - 1{,}5)^2 + 1{,}75]$ — Ausmultiplizieren

$T(x) = -4(x - 1{,}5)^2 - 7$

$T_{max} = -7$ für $x = 1{,}5$ — Maximalen Termwert und zugehörigen Wert für x angeben.

b) $T(a) = \frac{1}{2}a^2 - 12a + 16$ — Der Faktor $\frac{1}{2}$ wird ausgeklammert, indem man jeden Summanden in der Klammer durch den auszuklammernden Faktor dividiert.

$T(a) = \frac{1}{2}[a^2 - 24a + 32]$ — Quadratisch ergänzen

$T(a) = \frac{1}{2}[a^2 - 24a \mathbf{+ 12^2 - 12^2} + 32]$ — Binomische Formel

$T(a) = \frac{1}{2}[(a - 12)^2 - 144 + 32]$ — Zusammenfassen

$T(a) = \frac{1}{2}[(a - 12)^2 - 112]$ — Ausmultiplizieren

$T(a) = \frac{1}{2}(a - 12)^2 - 56$

$T_{min} = -56$ für $a = 12$ — Ergebnis angeben

c) $A(x) = (-0{,}5x^2 + 4x + 8)\ \text{cm}^2$ — Der Faktor $-0{,}5$ wird ausgeklammert, indem man jeden Summanden in der Klammer durch den auszuklammernden Faktor dividiert.

$A(x) = -0{,}5[x^2 - 8x - 16]\ \text{cm}^2$ — Quadratisch ergänzen

$A(x) = -0{,}5[x^2 - 8x \mathbf{+ 4^2 - 4^2} - 16]\ \text{cm}^2$ — Binomische Formel

$A(x) = -0{,}5[(x - 4)^2 - 16 - 16]\ \text{cm}^2$ — Zusammenfassen durch Ausmultiplizieren

$A(x) = [-0{,}5(x - 4)^2 + 16]\ \text{cm}^2$

$A_{max} = 16\ \text{cm}^2$ für $x = 4$ — Ergebnis angeben, dabei Maßeinheit nicht vergessen

d) $T(x) = 3x \cdot (x + 1) - 2x^2$ — Bringe den Term auf die Form $ax^2 + bx + c$ ($a, b, c, x \in \mathbb{Q}$; $a \neq 0$).

$T(x) = \underline{3x^2} + 3x - \underline{2x^2}$ — Gleichartige Summanden zusammenfassen

$T(x) = x^2 + 3x$ — In diesem Fall ist $c = 0$.

$T(x) = x^2 + 2 \cdot x \cdot 1{,}5 \mathbf{+ 1{,}5^2 - 1{,}5^2}$ — Quadratisch ergänzen – Anwendung der 1. binomischen Formel

	Hinweise und Tipps
$T(x) = (x+1,5)^2 - 1,5^2$	Vereinfachen
$T(x) = (x+1,5)^2 - 2,25$	
$T_{min} = -2,25$ für $x = -1,5$	Ergebnis angeben

---

2 a) $A(x) = x \cdot (14 - x)\ cm^2$

$A(x) = (14x - x^2)\ cm^2$

$A(x) = (-x^2 + 14x)\ cm^2$

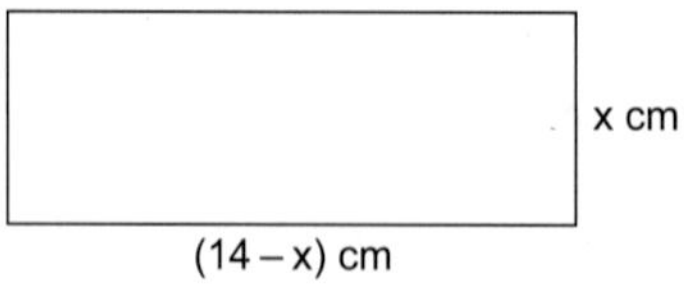

Bei einem Umfang von 28 cm sind die Seiten eines Rechtecks kleiner als 14 cm.
Länge: x cm; Breite: $(28 - 2x)\ cm : 2 = (14 - x)\ cm$
Es ist üblich, die Summanden beginnend mit der höchsten Potenz zu ordnen.

b) $A(x) = (-x^2 + 14x)\ cm^2$	Faktor –1 ausklammern
$A(x) = -[x^2 - 14x]\ cm^2$	Quadratisch ergänzen
$A(x) = -[x^2 - 14x + 7^2 - 7^2]\ cm^2$	2. binomische Formel
$A(x) = -[(x-7)^2 - 49]\ cm^2$	Ausmultiplizieren
$A(x) = (-(x-7)^2 + 49)\ cm^2$	
$A_{max} = 49\ cm^2$ für $x = 7$	Art und zugehörigen Wert des Extremums angeben Maßeinheit nicht vergessen

Die Seitenlängen betragen somit 7 cm und $(14 - 7)$ cm $= 7$ cm. Also ist das Rechteck mit dem größten Flächeninhalt ein Quadrat.

---

3 a) $V(x) = \ell \cdot b \cdot h$

$V(x) = (12 - x) \cdot 5 \cdot (4 + x)\ cm^3$

$V(x) = 5 \cdot (12 - x) \cdot (4 + x)\ cm^3$

$V(x) = 5 \cdot (48 + 12x - 4x - x^2)\ cm^3$

$V(x) = 5 \cdot (48 + 8x - x^2)\ cm^3$

$V(x) = (-5x^2 + 40x + 240)\ cm^3$

b) $V(x) = (-5x^2 + 40x + 240)\ cm^3$	Faktor –5 ausklammern
$V(x) = -5[x^2 - 8x - 48]\ cm^3$	Quadratisch ergänzen
$V(x) = -5[x^2 - 8x + 4^2 - 4^2 - 48]\ cm^3$	2. binomische Formel
$V(x) = -5[(x-4)^2 - 16 - 48]\ cm^3$	Zusammenfassen
$V(x) = -5[(x-4)^2 - 64]\ cm^3$	Eckige Klammer auflösen
$V(x) = [-5(x-4)^2 + 320]\ cm^3$	
$V_{max} = 320\ cm^3$ für $x = 4$	Art und zugehörigen Wert des Extremums angeben Maßeinheit nicht vergessen
$\Rightarrow \ \ell = 8$ cm; $b = 5$ cm; $h = 8$ cm	Maße des Quaders mit dem größten Volumen
$O = 2 \cdot [\ell \cdot b + \ell \cdot h + b \cdot h]$	Oberflächenformel des Quaders
$O(x) = 2 \cdot [(12 - x) \cdot 5 + (12 - x) \cdot (4 + x) + 5 \cdot (4 + x)]\ cm^2$	Ausmultiplizieren
$O(x) = 2 \cdot [60 - 5x + 48 + 12x - 4x - x^2 + 20 + 5x]\ cm^2$	Zusammenfassen
$O(x) = 2 \cdot [-x^2 + 8x + 128]\ cm^2$	Eckige Klammer auflösen
$O(x) = (-2x^2 + 16x + 256)\ cm^2$	Oberflächeninhalt in Abhängigkeit von x

Hinweise und Tipps

Bestimmung des Extremwerts:

$O(x) = (-2x^2 + 16x + 256)\ cm^2$

$O(x) = -2[x^2 - 8x - 128]\ cm^2$

$O(x) = -2[x^2 - 8x + 4^2 - 4^2 - 128]\ cm^2$

$O(x) = -2[(x-4)^2 - 16 - 128]\ cm^2$

$O(x) = -2[(x-4)^2 - 144]\ cm^2$

$O(x) = (-2(x-4)^2 + 288)\ cm^2$

$O_{max} = 288\ cm^2$ für $x = 4$

$\Rightarrow\ \ell = 8\ cm;\ b = 5\ cm;\ h = 8\ cm$

Der Quader mit dem größten Volumen hat auch die größte Oberfläche.

Der Faktor –2 wird ausgeklammert, indem jeder Summand durch den auszuklammernden Faktor –2 dividiert wird:
$-2x^2 : (-2) = x^2$
$16x : (-2) = -8x$
$256 : (-2) = -128$

Maße des Quaders mit der größten Oberfläche

Diese Aussage gilt nicht für beliebige Quader!

---

4 a) z. B.: $T(x) = -(x-2)^2 + 10$

Die zugehörige Parabel ist nach unten geöffnet und hat den Scheitelpunkt (2 | 10).

b) z. B.: $T(x) = (x-1{,}4)^2 + 2{,}6$

Die Terme mit den geforderten Eigenschaften haben die Form: $T_a(x) = a(x-1{,}4)^2 + 2{,}6$ mit $a \in \mathbb{R}^+$

c) z. B.: $T(x) = -(x+1)^2 - 3{,}5$

d) z. B.: $T(x) = (x+4)^2$

---

5 a)

☒ $T_{max} = 15$ für $x = 2$	☐ $T_{max} = -15$ für $x = 2$
☐ $T_{max} = 15$ für $x = -2$	☐ $T_{min} = 15$ für $x = 2$
☐ $T_{min} = 2$ für $x = 15$	☐ $T_{min} = -2$ für $x = 15$

b)

☐ $T_{max} = 24$ für $x = 12$	☐ $T_{max} = -24$ für $x = -12$
☐ $T_{max} = 24$ für $x = -12$	☒ $T_{min} = -24$ für $x = -12$
☐ $T_{min} = 12$ für $x = 24$	☐ $T_{min} = -12$ für $x = 24$

---

6 $E(3{,}2 \mid 4{,}8) \overset{?}{\in} g: y = 1{,}5x$

Einsetzen der x- und y-Koordinaten des Punktes E in die Geradengleichung

$\Leftrightarrow\ 4{,}8 = 1{,}5 \cdot 3{,}2$

$\Leftrightarrow\ 4{,}8 = 4{,}8 \quad (w)$

$\Rightarrow\ E \in g$

Wahre Aussage, also liegt E auf der Geraden g.

$F(5 \mid -7{,}5) \overset{?}{\in} g: y = 1{,}5x$

Einsetzen der x- und y-Koordinaten des Punktes F in die Geradengleichung

$\Leftrightarrow\ -7{,}5 = 1{,}5 \cdot 5$

$\Leftrightarrow\ -7{,}5 = 7{,}5 \quad (f)$

$\Rightarrow\ F \notin g$

Falsche Aussage, also liegt F nicht auf der Geraden g.

Hinweise und Tipps

7 a)

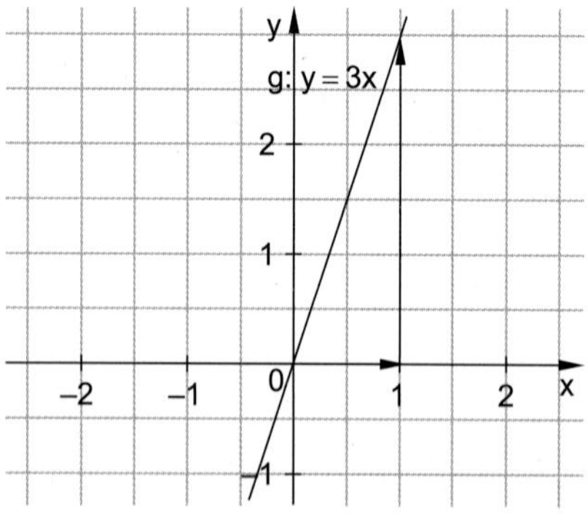

$g\colon y = 3x$

$m = 3 = \frac{3}{1} \Rightarrow \vec{m} = \binom{1}{3}$

Ausgehend vom Ursprung O(0 | 0) trage $v_x = 1$ und daran anschließend $v_y = 3$ an.

b)

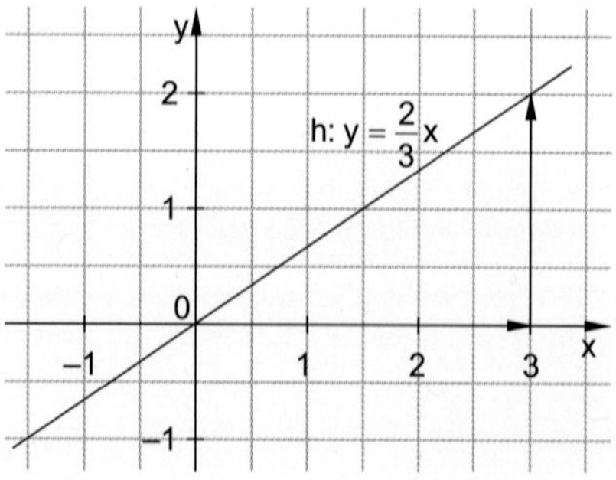

$h\colon y = \frac{2}{3}x$

$m = \frac{2}{3} \Rightarrow \vec{m} = \binom{3}{2}$

Ausgehend vom Ursprung O(0 | 0) trage $v_x = 3$ und daran anschließend $v_y = 2$ an.

c)

$$
\begin{aligned}
& i\colon 2x + 5y = 0 && \big| -2x \\
\Leftrightarrow\ & 5y = -2x && \Big| \cdot \tfrac{1}{5} \\
\Leftrightarrow\ & y = -\tfrac{2}{5}x &&
\end{aligned}
$$

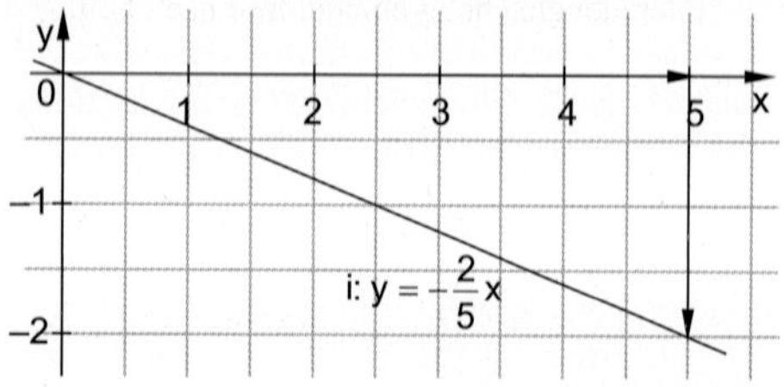

$m = -\frac{2}{5} \Rightarrow \vec{m} = \binom{5}{-2}$ oder $\vec{m} = \binom{-5}{2}$

Ausgehend vom Ursprung O(0 | 0) trage $v_x = 5$ und daran anschließend $v_y = -2$ an (bzw. $v_x = -5$ und $v_y = 2$).

---

8 a) $\vec{m} = \binom{3}{3} \Rightarrow m = \frac{3}{3} = 1$

also: $g\colon y = 1x = x$

Schließe vom Steigungspfeil auf den Steigungsfaktor.

b) $\vec{m} = \binom{2}{5} \Rightarrow m = \frac{5}{2}$

also: $g\colon y = \frac{5}{2}x = 2\frac{1}{2}x$

c) $\vec{m} = \binom{3}{1{,}5} \Rightarrow m = \frac{1{,}5}{3} = \frac{1}{2}$

also: $g\colon y = \frac{1}{2}x$

d) $\vec{m} = \binom{4}{-1{,}5} \Rightarrow m = \frac{-1{,}5}{4} = -\frac{3}{8}$

also: $g\colon y = -\frac{3}{8}x$

Hinweise und Tipps

9 $g\colon y=\frac{1}{2}x \xmapsto{\vec{v}=\binom{0}{-2}} g'\colon y=\frac{1}{2}x-2$

Der Punkt O(0 | 0) wird auf T(0 | –2) verschoben.

---

10 $A(-7|-8)\overset{?}{\in} g\colon 3x-2y-10=0$

$\Leftrightarrow\quad 3\cdot(-7)-2\cdot(-8)-10=0$

$\Leftrightarrow\quad -21+16-10=0$

$\Leftrightarrow\quad -15=0\quad (f)$

$\Rightarrow A\notin g$

Der Punkt A liegt nicht auf der Geraden g.

Prüfe, ob die Koordinaten der Punkte A und B die Funktionsgleichung erfüllen.
Einsetzen der x- und y-Koordinate des Punktes A in die Geradengleichung.

$B\left(1\frac{5}{6}\,\middle|\,-2\frac{1}{4}\right)\overset{?}{\in} g: 3x-2y-10=0$

$\Leftrightarrow\quad 3\cdot 1\frac{5}{6}-2\cdot\left(-2\frac{1}{4}\right)-10=0$

$\Leftrightarrow\quad \frac{33}{6}+\frac{18}{4}-10=0$

$\Leftrightarrow\quad \frac{11}{2}+\frac{9}{2}-10=0$

$\Leftrightarrow\quad 0=0\quad (w)$

$\Rightarrow B\in g$

Der Punkt B liegt auf der Geraden g.

Einsetzen der x- und y-Koordinate des Punktes B in die Geradengleichung.

---

11 $N(x_0\,|\,0)\in g\colon y=-\frac{1}{2}x-2$

Setze die Koordinaten x_0 bzw. 0 von N in die Geradengleichung ein und löse nach x_0 auf.

$\overset{y=0}{\Leftrightarrow}\quad 0=-\frac{1}{2}x_0-2\quad \left|+\frac{1}{2}x_0\right.$

$\Leftrightarrow\quad \frac{1}{2}x_0=-2\quad |\cdot 2$

Multiplikation mit dem Kehrbruch

$\Leftrightarrow\quad x_0=-4$

$\Rightarrow N(-4\,|\,0)$

x_0 ist die Nullstelle, $N(x_0\,|\,0)$ ist der Schnittpunkt.

---

12 $m=2\colon\; y=2x+t$

Berechnung des y-Achsenabschnitts t:

$P(3\,|\,5)\in h\colon 5=2\cdot 3+t$

$\Leftrightarrow\quad t=-1$

also: $h\colon y=2x-1$

Setze m = 2 in die Normalform y = mx + t ein.
Setze die Koordinaten von P(3 | 5) in die Gleichung ein und löse nach t auf.

Geradengleichung angeben

---

13 a) Berechnung des Steigungsfaktors m:

$\overrightarrow{OA}=\binom{5-0}{8-0}=\binom{5}{8}\quad\Rightarrow\quad m_{OA}=\frac{8}{5}=1\frac{3}{5}$

Berechne die Koordinaten des Steigungspfeils $\overrightarrow{OA}$ und gib den Steigungsfaktor an.

oder:

$A(5\,|\,8)\in g\colon 8=m\cdot 5$

$\Leftrightarrow\quad m=\frac{8}{5}=1\frac{3}{5}$

Der Punkt A liegt auf g, also erfüllen seine Koordinaten die Gleichung y = mx.

also: $g\colon y=1\frac{3}{5}x$

Geradengleichung angeben

Hinweise und Tipps

b) Berechnung des Steigungsfaktors m:

$\overrightarrow{OB} = \begin{pmatrix} 2 \\ 4{,}2 \end{pmatrix} \Rightarrow m_{OB} = \frac{4{,}2}{2} = 2{,}1$

Berechne die Koordinaten des Steigungspfeils $\overrightarrow{OB}$ und gib den Steigungsfaktor an.

oder:

$B(2\,|\,4{,}2) \in g: 4{,}2 = m \cdot 2$

$\Leftrightarrow \quad m = 2{,}1$

Der Punkt B liegt auf g, also erfüllen seine Koordinaten die Gleichung $y = mx$.

also: $g: y = 2{,}1x$

Geradengleichung angeben

c) Berechnung des Steigungsfaktors m:

$\overrightarrow{OC} = \begin{pmatrix} -\frac{1}{3} \\ -\frac{3}{4} \end{pmatrix} \Rightarrow m_{OC} = \frac{-\frac{3}{4}}{-\frac{1}{3}} = \frac{9}{4} = 2\frac{1}{4}$

oder:

$C\left(-\frac{1}{3}\,\middle|\,-\frac{3}{4}\right) \in g: -\frac{3}{4} = m \cdot \left(-\frac{1}{3}\right)$

$\Leftrightarrow \quad m = 2\frac{1}{4}$

also: $g: y = 2\frac{1}{4}x$

d) Berechnung des Steigungsfaktors m:

$\overrightarrow{OD} = \begin{pmatrix} -1{,}7 \\ -2{,}89 \end{pmatrix} \Rightarrow m_{OD} = \frac{-2{,}89}{-1{,}7} = 1{,}7$

oder:

$B(-1{,}7\,|\,-2{,}89) \in g: -2{,}89 = m \cdot (-1{,}7)$

$\Leftrightarrow \quad m = 1{,}7$

also: $g: y = 1{,}7x$

---

14 Berechnung des Steigungsfaktors m_{ST}:

$\overrightarrow{ST} = \begin{pmatrix} 6-(-2) \\ 5-1 \end{pmatrix} = \begin{pmatrix} 8 \\ 4 \end{pmatrix} \Rightarrow m_{ST} = \frac{4}{8} = \frac{1}{2}$

Berechne die Koordinaten des Steigungspfeils $\overrightarrow{ST}$ und gib den Steigungsfaktor an.

also: $i: y = \frac{1}{2}x + t$

Setze den Wert $m = \frac{1}{2}$ in die Gleichung $y = mx + t$ ein.

Berechnung des y-Achsenabschnitts t:

$T(6\,|\,5) \in i: 5 = \frac{1}{2} \cdot 6 + t$

$\Leftrightarrow \quad t = 2$

Koordinaten von S *oder* T(6 | 5) einsetzen und nach t auflösen

also: $i: y = \frac{1}{2}x + 2$

---

15 $t = 1 \Rightarrow T(0\,|\,1)$

$\overrightarrow{TP} = \begin{pmatrix} 4-0 \\ -5-1 \end{pmatrix} = \begin{pmatrix} 4 \\ -6 \end{pmatrix} \Rightarrow m_{TP} = \frac{-6}{4} = -1{,}5$

t hat den Wert 1. Verwende den Achsenabschnittspunkt zur Berechnung des Steigungspfeils $\overrightarrow{TP}$. Gib den Steigungsfaktor an.

oder:

Berechnung des Steigungsfaktors m:

$g: \quad y = mx + 1$

Setze $t = 1$ in $y = mx + t$ ein.

$P(4\,|\,-5) \in g: -5 = m \cdot 4 + 1$

Koordinaten von $P(4\,|\,-5)$ einsetzen

$\Leftrightarrow \quad 4m = -6$

$\Leftrightarrow \quad m = -1{,}5$

also: $g: y = -1{,}5x + 1$

Hinweise und Tipps

16

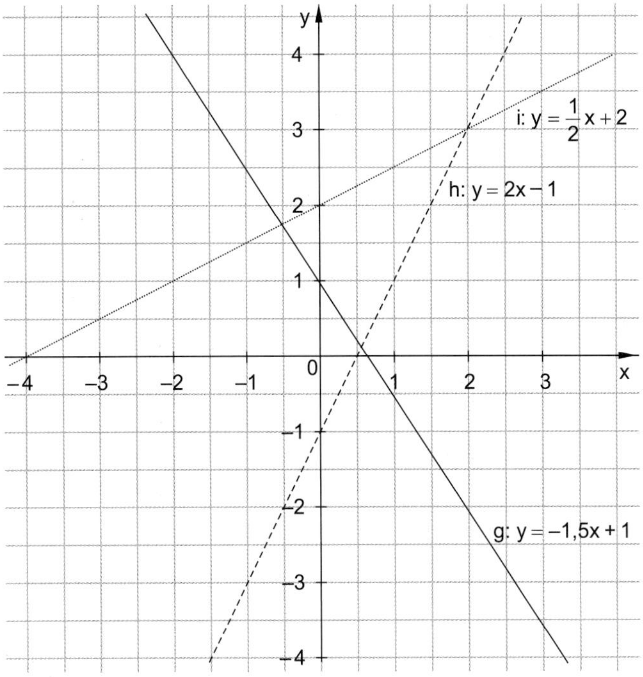

17 x = 0:

$A(0 \mid y_A) \in g: y_A = -\frac{4}{5} \cdot 0 - \frac{5}{4}$

$\Leftrightarrow \quad y_A = -1,25$

also: A(0 | –1,25)

x = 5:

$B(5 \mid y_B) \in g: y_B = -\frac{4}{5} \cdot 5 - \frac{5}{4}$

$\Leftrightarrow \quad y_B = -5\frac{1}{4}$

also: B(5 | –5,25)

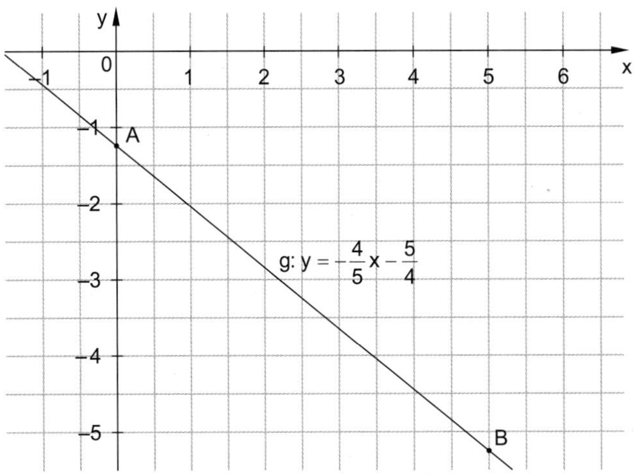

Berechne die Koordinaten zweier beliebiger Punkte, die auf g liegen. Wähle dazu jeweils einen Wert für x und berechne die y-Koordinate des Punktes.

Hinweise und Tipps

18 $AB \parallel CD \;\Leftrightarrow\; m_{AB} = m_{CD}$

$$\vec{m}_{AB} = \begin{pmatrix} 7-3 \\ 3-(-4) \end{pmatrix} = \begin{pmatrix} 4 \\ 7 \end{pmatrix}$$

$$\vec{m}_{CD} = \begin{pmatrix} -2-2 \\ 1-9 \end{pmatrix} = \begin{pmatrix} -4 \\ -8 \end{pmatrix}$$

Berechne die Koordinaten der zugehörigen Steigungspfeile und ermittle daraus die Steigungsfaktoren.

$$\text{also: } \left.\begin{matrix} m_{AB} = \frac{7}{4} = 1\frac{3}{4} \\ m_{CD} = \frac{-8}{-4} = 2 \end{matrix}\right\} \; m_{AB} \neq m_{CD} \;\Leftrightarrow\; AB \nparallel CD$$

Die Geraden AB und CD haben unterschiedliche Steigungen, sind also nicht parallel zueinander.

---

19 $e \parallel f \;\Leftrightarrow\; m_e = m_f = 2$ — Parallelitätsbedingung

$P(2\,|\,1) \in f: 1 = 2 \cdot 2 + t$

$\Leftrightarrow\; t = -3$ — Punktkoordinaten von P in $y = mx + t$ einsetzen und t berechnen

also: f: $y = 2x - 3$ — Geradengleichung angeben

---

20 Berechnung der Steigungspfeile der Geraden durch die Eckpunkte des Vierecks:

$$\overrightarrow{PQ} = \begin{pmatrix} 2-(-4) \\ -1-(-3) \end{pmatrix} = \begin{pmatrix} 6 \\ 2 \end{pmatrix}$$

$$\overrightarrow{SR} = \begin{pmatrix} 5-(-1) \\ 4-2 \end{pmatrix} = \begin{pmatrix} 6 \\ 2 \end{pmatrix}$$

$$\overrightarrow{PS} = \begin{pmatrix} -1-(-4) \\ 2-(-3) \end{pmatrix} = \begin{pmatrix} 3 \\ 5 \end{pmatrix}$$

$$\overrightarrow{QR} = \begin{pmatrix} 5-2 \\ 4-(-1) \end{pmatrix} = \begin{pmatrix} 3 \\ 5 \end{pmatrix}$$

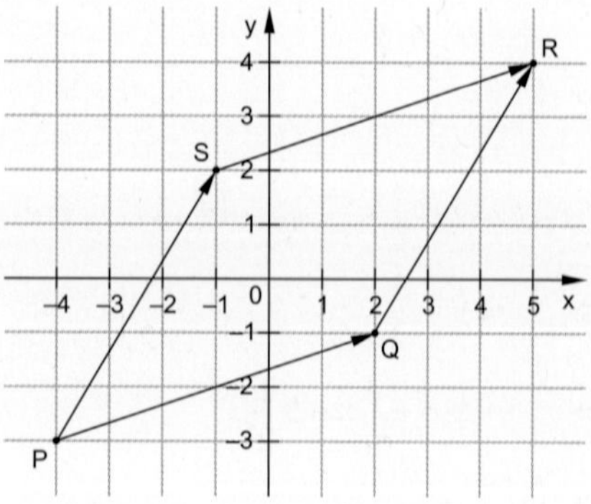

Da $\overrightarrow{PQ} = \overrightarrow{SR}$ (alternativ: $\overrightarrow{PS} = \overrightarrow{QR}$) ist PQRS ein Parallelogramm.

Die einander gegenüberliegenden Steigungspfeile $\overrightarrow{PQ}$ und $\overrightarrow{SR}$ (bzw. $\overrightarrow{PS}$ und $\overrightarrow{QR}$) haben gleiche Koordinaten, sind also Repräsentanten eines gemeinsamen Vektors. Also sind $\overline{PQ}$ und $\overline{SR}$ sowie $\overline{PS}$ und $\overline{QR}$ zueinander parallel und gleich lang.

Die Identität von einem Paar gegenüberliegender Steigungspfeile reicht bereits aus, um nachzuweisen, dass PQRS ein Parallelogramm ist.

---

21 Berechnung des Steigungsfaktors:

$$g: 5x + 4y = 12 \quad \big|\, -5x$$

$$\Leftrightarrow\; 4y = -5x + 12 \quad \big|\, \cdot \frac{1}{4}$$

$$\Leftrightarrow\; y = -\frac{5}{4}x + 3$$

Umformung in die Normalform $y = mx + t$

also: $m_g = -\frac{5}{4}$

Es gilt:

$$-\frac{5}{4} \cdot m_h = -1$$

$m_g \cdot m_h = -1$

$$\Leftrightarrow\; m_h = \frac{4}{5}$$

Hinweise und Tipps

Berechnung des y-Achsenabschnitts t:

$P(2\,|\,3) \in h: 3 = \frac{4}{5} \cdot 2 + t$

$\Leftrightarrow \quad t = 1\frac{2}{5}$

Einsetzen von P und m_h in die Normalform und auflösen nach t

also: h: $y = \frac{4}{5}x + 1\frac{2}{5}$

---

22 $g_1: y = \frac{3}{4}x + 3$

also: $m_{g_1} = \frac{3}{4}$

Bringe die Gleichungen g_2 bis g_4 auf Normalform und betrachte die entsprechenden Steigungsfaktoren.

$g_2: -4x + 3y = 12 \quad | + 4x$

$\Leftrightarrow \quad 3y = 4x + 12 \quad | \cdot \frac{1}{3}$

$\Leftrightarrow \quad y = \frac{4}{3}x + 4$

also: $m_{g_2} = \frac{4}{3}$

$g_3: -2y - 11 = \frac{3}{2}x \quad | + 11$

$\Leftrightarrow \quad -2y = \frac{3}{2}x + 11 \quad | \cdot \left(-\frac{1}{2}\right)$

$\Leftrightarrow \quad y = -\frac{3}{4}x - 5\frac{1}{2}$

also: $m_{g_3} = -\frac{3}{4}$

$g_4: 4x - 3y = 5 \quad | -4x$

$\Leftrightarrow \quad -3y = -4x + 5 \quad | \cdot \left(-\frac{1}{3}\right)$

$\Leftrightarrow \quad y = \frac{4}{3}x - 1\frac{2}{3}$

also: $m_{g_4} = \frac{4}{3}$

$g_5: \quad \frac{2}{3}(9 + 4{,}5y) = -4x$

$\Leftrightarrow \quad \frac{2}{3} \cdot 9 + \frac{2}{3} \cdot \frac{9}{2}y = -4x$

$\Leftrightarrow \quad 6 + 3y = -4x \quad | - 6$

$\Leftrightarrow \quad 3y = -4x - 6 \quad | \cdot \frac{1}{3}$

$\Leftrightarrow \quad y = -\frac{4}{3}x - 2$

also: $m_{g_5} = -\frac{4}{3}$

Hinweise und Tipps

Es gilt:

$m_{g_1} \cdot m_{g_5} = \frac{3}{4} \cdot \left(-\frac{4}{3}\right) = -1$, also $g_1 \perp g_5$

$m_{g_2} \cdot m_{g_3} = \frac{4}{3}\left(-\frac{3}{4}\right) = -1$, also $g_2 \perp g_3$

$m_{g_3} \cdot m_{g_4} = \left(-\frac{3}{4}\right) \cdot \frac{4}{3} = -1$, also $g_3 \perp g_4$

Um unnötige Rechnung zu vermeiden, bilde im Kopf den Kehrbruch einer Steigung und ändere das Vorzeichen. Ist das Ergebnis mit einer der anderen Steigungen identisch, so stehen die zugehörigen Geraden aufeinander senkrecht.

---

23 a) ☒ g_1: $y = \frac{3}{2}x - 4$

☒ g_5: $y = 1{,}5x$

$g_i \parallel g_j \Leftrightarrow m_i = m_j$

b) ☒ h_2: $y = 3x + 7$

☒ h_5: $y = -\frac{1}{3}x$

$h_i \perp h_j \Leftrightarrow m_i \cdot m_j = -1$

---

24 $A_{\Delta ABC} = \frac{1}{2} \cdot c \cdot h_c$

Setze den Flächeninhalt und die Höhe in die Flächenformel mit Grundlinie c ein.

$20\text{ cm}^2 = \frac{1}{2} \cdot c \cdot 4\text{ cm} \quad |:2\text{ cm}$

Löse nach der gesuchten Seitenlänge c auf.

$c = 10\text{ cm}$

Berechnung des Abstands:

$A_{\Delta ABC} = \frac{1}{2} \cdot a \cdot h_a$

$20\text{ cm}^2 = \frac{1}{2} \cdot 5\text{ cm} \cdot h_a \quad \left| \cdot \frac{2}{5\text{ cm}} \right.$

$h_a = 8\text{ cm}$

Der Abstand des Punktes A von der Geraden BC ist die Höhe $h_a = \overline{AF}$.

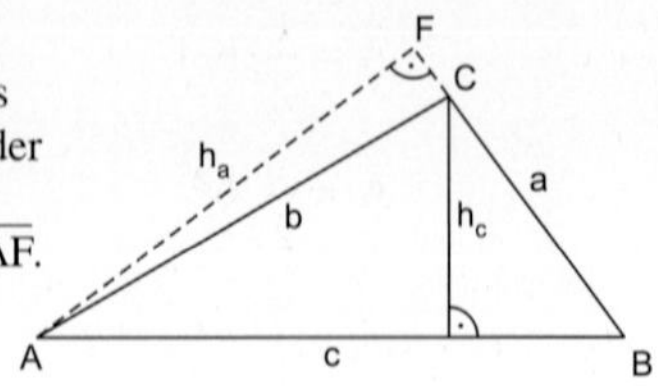

---

25 Im rechtwinkligen Dreieck sind die Katheten auch die Höhen. Also gilt $h_a = b$ und $h_b = a$.

$A_{\Delta ABC} = \frac{1}{2} \cdot a \cdot b = \frac{1}{2} \cdot 3\text{ cm} \cdot 4\text{ cm} = 6\text{ cm}^2$

Bestimmung der Höhe h_c:

$A_{\Delta ABC} = \frac{1}{2} \cdot c \cdot h_c$

$6\text{ cm}^2 = \frac{1}{2} \cdot 5\text{ cm} \cdot h_c \quad \left| \cdot \frac{2}{5\text{ cm}} \right.$

$h_c = \frac{12}{5}\text{ cm}$

$h_c = 2{,}4\text{ cm}$

Aus dem Flächeninhalt lässt sich wie in der vorherigen Aufgabe die fehlende Höhe h_c berechnen.

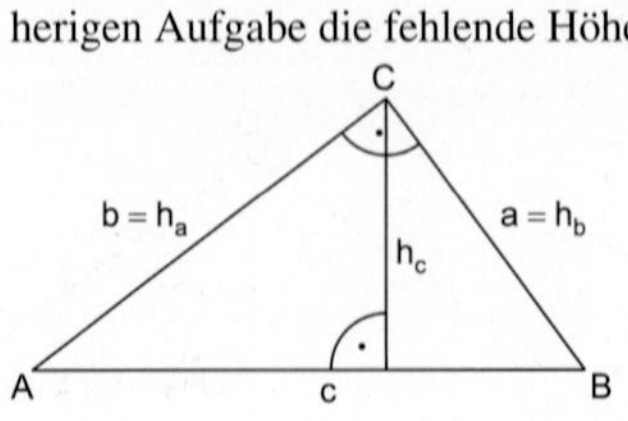

Setze den Flächeninhalt und die Grundlinienlänge in die Flächenformel mit Höhe h_c ein und löse nach h_c auf.

---

26 Berechnung der Höhe aus dem Flächeninhalt:

$A_{\Delta ABC} = \frac{1}{2} \cdot c \cdot h_c$

$12\text{ cm}^2 = \frac{1}{2} \cdot 8\text{ cm} \cdot h_c \quad |:4\text{ cm}$

$h_c = 3\text{ cm}$

Hinweise und Tipps

Zeichnung:

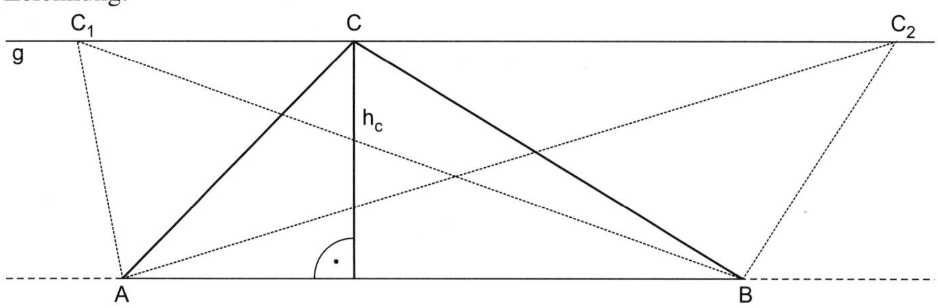

Die Punkte C_n haben wegen $h_c = 3$ cm einen Abstand von 3 cm zur Grundlinie c. Sie liegen deshalb auf einer Parallelen g zu AB im Abstand 3 cm.

Alle Punkte C_n auf der Parallelen g bilden mit den Punkten A und B Dreiecke mit 12 cm² Flächeninhalt. Es gibt unendlich viele solcher Dreiecke.

---

27 a) $A = \frac{1}{2} \cdot e \cdot f = \frac{1}{2} \cdot 9\text{ cm} \cdot 4\text{ cm} = 18\text{ cm}^2$

b) Berechnung der fehlenden Diagonale aus dem Flächeninhalt:

$$A = \frac{1}{2} \cdot e \cdot f$$

Setze den Flächeninhalt und die Diagonalenlänge in die Flächenformel ein.

$$18\text{ cm}^2 = \frac{1}{2} \cdot 5\text{ cm} \cdot f \quad \left| \cdot \frac{2}{5\text{ cm}} \right.$$

Löse nach f auf.

$$f = \frac{36}{5}\text{ cm}$$

$$f = 7{,}2\text{ cm}$$

c)

$$A = \frac{1}{2} \cdot e \cdot f$$

$$A = \frac{1}{2} \cdot e^2$$

$$18\text{ cm}^2 = \frac{1}{2} \cdot e^2 \quad | \cdot 2$$

$$36\text{ cm}^2 = e^2 \quad | \sqrt{\ }$$

$$e = 6\text{ cm}$$

Die Diagonalen sind 6 cm lang.

Das Quadrat ist ein Drachenviereck (die Diagonalen stehen aufeinander senkrecht), bei dem die Diagonalen gleich lang sind. Die Flächenformel gilt also auch für das Quadrat mit $e = f \to A = \frac{1}{2} \cdot e \cdot e = \frac{1}{2} \cdot e^2$

Setze den Flächeninhalt ein und löse nach e auf.

Ziehe die Quadratwurzel.

Rechnerisch wäre auch $e = -6$ cm möglich, als Länge der Diagonale allerdings nicht sinnvoll.

d)

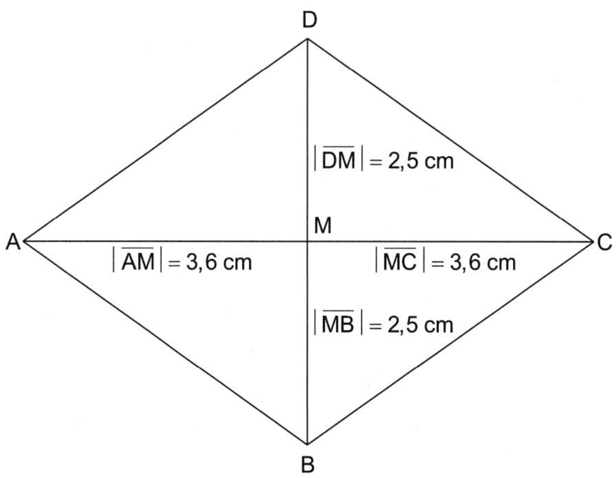

Die Längen der Diagonalen wurden in Teilaufgabe b berechnet. Sie sind 5 cm und 7,2 cm lang.

Die Raute ist ein spezielles Drachenviereck, bei dem sich die Diagonalen gegenseitig halbieren. Zeichne also die zweite Diagonale durch den Mittelpunkt von $\overline{BD}$.

✎ Hinweise und Tipps

28 $A = g_1 \cdot h_1 = 4\text{ cm} \cdot 2\text{ cm} = 8\text{ cm}^2$

$$A = g_2 \cdot h_2$$

$$8\text{ cm}^2 = 2{,}24\text{ cm} \cdot h_2 \quad |:2{,}24\text{ cm}$$

$$h_2 = \frac{8\text{ cm}^2}{2{,}24\text{ cm}}$$

$$h_2 = 3{,}57\text{ cm} \qquad \text{(gerundet)}$$

Der Abstand der beiden Seiten entspricht der Länge der anderen Höhe des Parallelogramms.

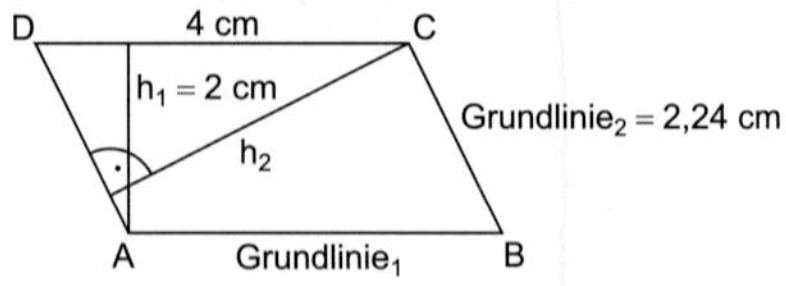

---

29 a) $m = \frac{1}{2} \cdot (a + c) = \frac{1}{2} \cdot (40\text{ m} + 10\text{ m}) = 25\text{ m}$

Nichtschwimmerbereich:

$$A = \frac{1}{2} \cdot (m + c) \cdot h = \frac{1}{2} \cdot (25\text{ m} + 10\text{ m}) \cdot 25\text{ m} = 437{,}5\text{ m}^2$$

Die Mittellinie m wird als Grundlinie für die beiden trapezförmigen Bereiche des Beckens benötigt.

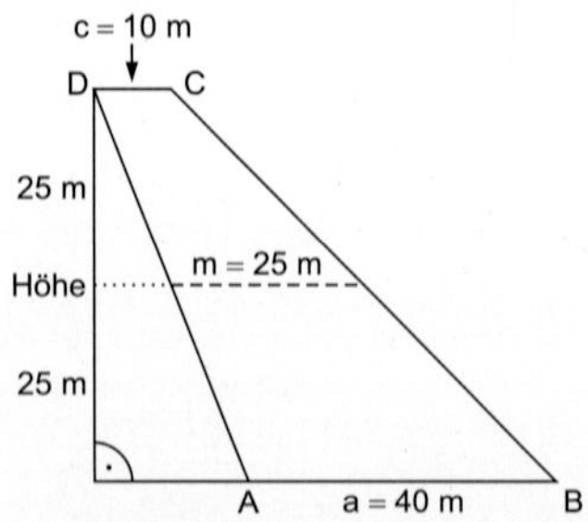

Schwimmerbereich:

$$A = \frac{1}{2} \cdot (a + m) \cdot h = \frac{1}{2} \cdot (40\text{ m} + 25\text{ m}) \cdot 25\text{ m} = 812{,}5\text{ m}^2$$

Die Mittellinie m halbiert den Abstand der Seiten a und c. Von c und von a hat m den Abstand 25 m. Die Höhe der Trapeze, die den Schwimmerbereich und den Nichtschwimmerbereich darstellen, beträgt also jeweils 25 m.

b) Gesamtfläche des Beckens:

$$A = \frac{1}{2} \cdot (a + c) \cdot h = \frac{1}{2} \cdot (40\text{ m} + 10\text{ m}) \cdot 50\text{ m} = 1\,250\text{ m}^2$$

70 % der Gesamtfläche:

$$A_{\Delta ABC} = 1\,250\text{ m}^2 \cdot 0{,}70 = 875\text{ m}^2$$

Einsetzen des Flächeninhalts und der Grundlinie in die Flächenformel:

$$A_{\Delta ABC} = \frac{1}{2} \cdot |\overline{BC}| \cdot |\overline{AL}|$$

$$875\text{ m}^2 = \frac{1}{2} \cdot 70\text{ m} \cdot |\overline{AL}| \quad |:35\text{ m}$$

$$|\overline{AL}| = 25\text{ m}$$

Die kürzeste Schwimmstrecke ist 25 m lang.

Die kürzeste Strecke vom Punkt A zum gegenüberliegenden Rand ist das Lot $\overline{AL}$. $\overline{AL}$ entspricht der Höhe des Dreiecks ABC bzw. dem Abstand des Punktes A von der Strecke $\overline{BC}$.

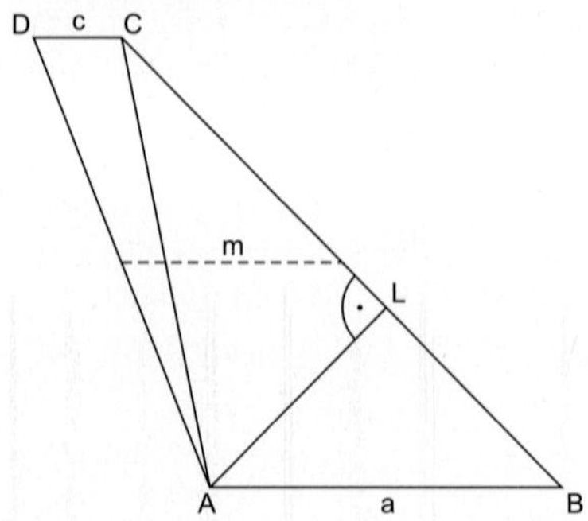

---

30 Planfigur:

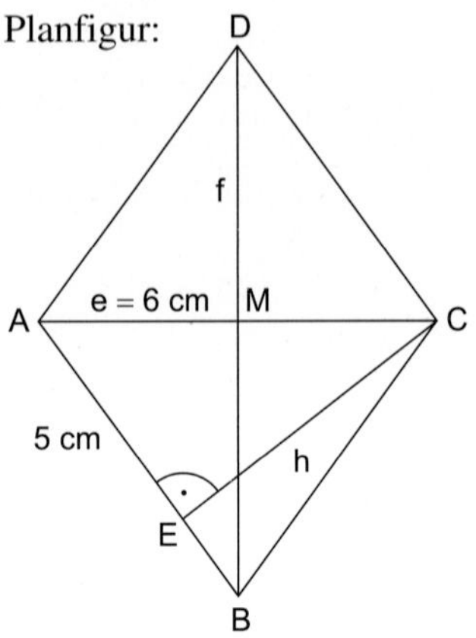

✐ Hinweise und Tipps

$$A = \frac{1}{2}\cdot e\cdot f$$
$$24\ \text{cm}^2 = \frac{1}{2}\cdot 6\ \text{cm}\cdot f \quad |:3\ \text{cm}$$
$$f = 8\ \text{cm}$$

Eine Raute ist ein Drachenviereck.

$$A = g\cdot h$$
$$24\ \text{cm}^2 = 5\ \text{cm}\cdot h \quad |:5\ \text{cm}$$
$$h = \frac{24}{5}\ \text{cm}$$
$$h = 4{,}8\ \text{cm}$$

Eine Raute ist auch ein Parallelogramm.
Die Grundlinie ist $\overline{AB}$ mit der Länge 5 cm.
Der Abstand h ist die Höhe des Parallelogramms.

31

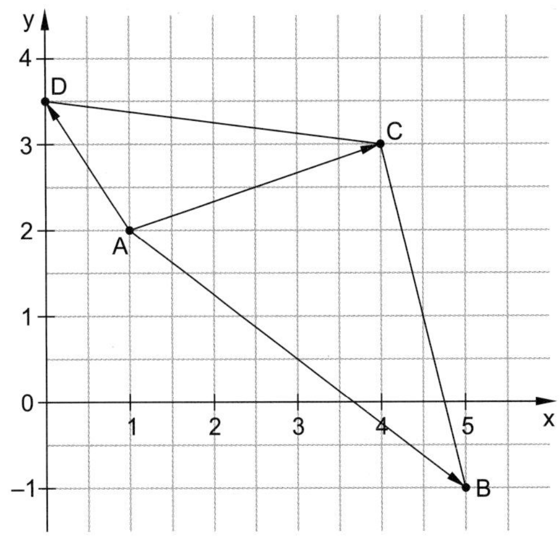

Zerlege das Viereck in zwei Dreiecke. Hier: ABC und ACD
Wähle aufspannende Vektorpfeile möglichst günstig aus. ($\overrightarrow{AC}$ kann man für beide Teildreiecke verwenden!)

$$\overrightarrow{AB} = \begin{pmatrix} 5-1 \\ -1-2 \end{pmatrix} = \begin{pmatrix} 4 \\ -3 \end{pmatrix};\ \overrightarrow{AC} = \begin{pmatrix} 4-1 \\ 3-2 \end{pmatrix} = \begin{pmatrix} 3 \\ 1 \end{pmatrix};\ \overrightarrow{AD} = \begin{pmatrix} 0-1 \\ 3{,}5-2 \end{pmatrix} = \begin{pmatrix} -1 \\ 1{,}5 \end{pmatrix}$$

Berechne die Flächeninhalte der Dreiecke mit der Determinantenformel.

$$A_{\Delta ABC} = \frac{1}{2}\cdot \begin{vmatrix} 4 & 3 \\ -3 & 1 \end{vmatrix}\ \text{FE} = \frac{1}{2}\cdot[4\cdot 1-(-3)\cdot 3]\ \text{FE}$$
$$= \frac{1}{2}\cdot[4+9]\ \text{FE} = \frac{13}{2}\ \text{FE} = 6{,}5\ \text{FE}$$

In der ersten Spalte der Determinante stehen die Koordinaten des ersten Pfeils, in der zweiten die Koordinaten des zweiten Pfeils. Dabei ist der erste Pfeil stets der, den man beim Durchlaufen des Dreiecks vom gemeinsamen Anfangspunkt der beiden Pfeile aus im Gegenuhrzeigersinn als ersten Pfeil erhält.

$$A_{\Delta ACD} = \frac{1}{2}\cdot \begin{vmatrix} 3 & -1 \\ 1 & 1{,}5 \end{vmatrix}\ \text{FE} = \frac{1}{2}\cdot[3\cdot 1{,}5-1\cdot(-1)]\ \text{FE}$$
$$= \frac{1}{2}\cdot[4{,}5+1]\ \text{FE} = \frac{5{,}5}{2}\ \text{FE} = 2{,}75\ \text{FE}$$

Reihenfolge beachten! Zuerst $\overrightarrow{AC}$, denn der Winkel CAD ist kleiner als der Winkel DAC.

Der Flächeninhalt des Vierecks beträgt also
$A_{ABCD} = 6{,}5\ \text{FE} + 2{,}75\ \text{FE} = 9{,}25\ \text{FE}.$

Hinweise und Tipps

32 a)

x	–4	–3	–2	–1	0	1	2	3	4
$y=-\frac{3}{x}$	0,75	1	1,5	3	n. d.	–3	–1,5	–1	–0,75

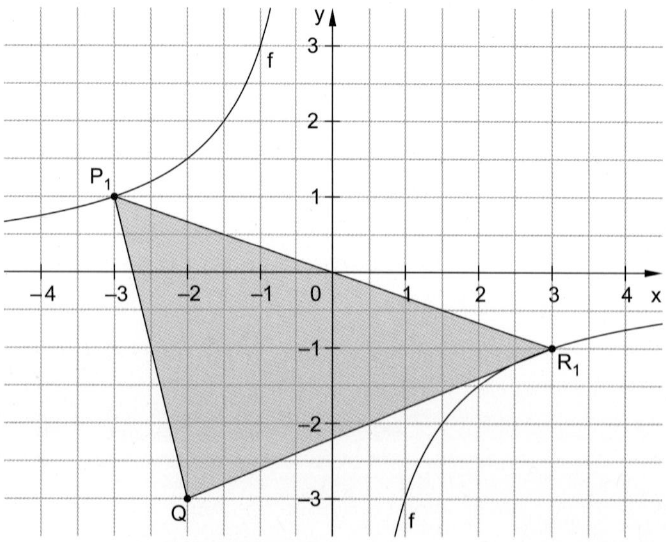

b) Zeichnung siehe Teilaufgabe a

c) Berechnung der aufspannenden Vektoren:

Die beiden Vektoren $\overrightarrow{P_nQ}$ und $\overrightarrow{P_nR_n}$ spannen die Dreiecke P_nQR_n auf.

$$\overrightarrow{P_nQ}=\begin{pmatrix}-2-(-x)\\ -3-\frac{3}{x}\end{pmatrix}=\begin{pmatrix}-2+x\\ -3-\frac{3}{x}\end{pmatrix}$$

$$\overrightarrow{P_nR_n}=\begin{pmatrix}x-(-x)\\ -\frac{3}{x}-\frac{3}{x}\end{pmatrix}=\begin{pmatrix}2x\\ -\frac{6}{x}\end{pmatrix}$$

Berechnung des Flächeninhalts mithilfe der Determinante:

$$A_{\Delta P_nQR_n}(x)=\frac{1}{2}\cdot\begin{vmatrix}(-2+x) & 2x\\ \left(-3-\frac{3}{x}\right) & \left(-\frac{6}{x}\right)\end{vmatrix}\text{ FE}$$

$$A_{\Delta P_nQR_n}(x)=\frac{1}{2}\cdot\left[(-2+x)\cdot\left(-\frac{6}{x}\right)-\left(-3-\frac{3}{x}\right)\cdot 2x\right]\text{FE}$$

$$A_{\Delta P_nQR_n}(x)=\frac{1}{2}\cdot\left[\frac{12}{x}-6+6x+6\right]\text{FE}$$

$$A_{\Delta P_nQR_n}(x)=\frac{1}{2}\cdot\left[6x+\frac{12}{x}\right]\text{FE}$$

$$A_{\Delta P_nQR_n}(x)=\left(3x+\frac{6}{x}\right)\text{FE}$$

$$A_{\Delta P_1QR_1}=A_{\Delta P_nQR_n}(3)=\left(3\cdot 3+\frac{6}{3}\right)\text{FE}=11\text{ FE}$$

Setze x = 3 in den Term ein.

---

33 a) $\overrightarrow{BD}=\begin{pmatrix}-5\\ 1\end{pmatrix}$; $\overrightarrow{BA}=\begin{pmatrix}-6\\ -3\end{pmatrix}$

$$A=\begin{vmatrix}-5 & -6\\ 1 & -3\end{vmatrix}\text{FE}=[(-5)\cdot(-3)-1\cdot(-6)]\text{ FE}$$
$$=[15+6]\text{ FE}=21\text{ FE}$$

$\overrightarrow{BD}$ und $\overrightarrow{BA}$ spannen das Dreieck ABD auf. Das Parallelogramm hat den doppelten Flächeninhalt. Deshalb fällt der Faktor $\frac{1}{2}$ vor der Determinante weg.

Hinweise und Tipps

b) $\overrightarrow{BA}=\begin{pmatrix}-6\\-3\end{pmatrix};\ \overrightarrow{BC}=\begin{pmatrix}1\\4\end{pmatrix}$

$A=\begin{vmatrix}1 & -6\\4 & -3\end{vmatrix}\text{FE}=[1\cdot(-3)-4\cdot(-6)]\text{ FE}=[-3+24]\text{ FE}=21\text{ FE}$

$\overrightarrow{BC}$ wird auf $\overrightarrow{BA}$ gedreht, also $\overrightarrow{BC}$ zuerst.

c) $\overrightarrow{AC}=\begin{pmatrix}7\\7\end{pmatrix};\ \overrightarrow{AB}=\begin{pmatrix}6\\3\end{pmatrix}$

$\overrightarrow{AC}$ und $\overrightarrow{AB}$ spannen das Dreieck ABC auf, das halb so groß ist wie das Parallelogramm.

$A=\begin{vmatrix}6 & 7\\3 & 7\end{vmatrix}\text{FE}=(6\cdot 7-3\cdot 7)\text{ FE}=(42-21)\text{ FE}=21\text{ FE}$

$\overrightarrow{AB}$ wird auf $\overrightarrow{AC}$ gedreht, also $\overrightarrow{AB}$ zuerst.

---

34 a)

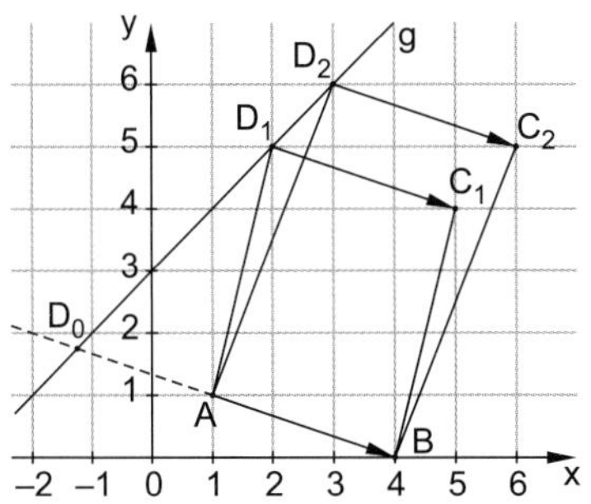

- Einzeichnen der Geraden g: $y=x+3$ y-Achsenabschnitt $t=3$ Steigung $m=1$
- Einzeichnen der Punkte D_1 und D_2 auf der Geraden g mithilfe der bekannten x-Koordinaten
- Parallelverschiebung des Punktes D_1 auf C_1 mit dem Vektor $\overrightarrow{AB}$, ebenso mit D_2

Berechnung des Flächeninhalts von ABC_1D_1:
Zuerst: Koordinaten von D_1:
$y=2+3=5$

Einsetzen von $x=2$ in die Geradengleichung

$D_1(2\,|\,5)$

$\overrightarrow{AB}=\begin{pmatrix}4-1\\0-1\end{pmatrix}=\begin{pmatrix}3\\-1\end{pmatrix},\ \overrightarrow{AD_1}=\begin{pmatrix}2-1\\5-1\end{pmatrix}=\begin{pmatrix}1\\4\end{pmatrix}$

Bestimmung des Flächeninhalts mithilfe der Determinante:

$A=\begin{vmatrix}3 & 1\\-1 & 4\end{vmatrix}\text{FE}=(3\cdot 4-(-1)\cdot 1)\text{ FE}=(12+1)\text{ FE}=13\text{ FE}$

$\overrightarrow{AB}$ zuerst

b) $D_n(x\,|\,x+3)$, da $y=x+3$

In Abhängigkeit von x bedeutet: Rechne nicht mit speziellen Koordinaten für D. Verwende die allgemeinen Koordinaten der Punkte D_n, die durch die Funktionsgleichung der Geraden festgelegt sind.

$\overrightarrow{AB}=\begin{pmatrix}3\\-1\end{pmatrix},\ \overrightarrow{AD_n}=\begin{pmatrix}x-1\\x+3-1\end{pmatrix}=\begin{pmatrix}x-1\\x+2\end{pmatrix}$

Aufspannende Vektoren mit „Spitze minus Fuß“

$A(x)=\begin{vmatrix}3 & (x-1)\\(-1) & (x+2)\end{vmatrix}\text{FE}$

$A(x)=[3\cdot(x+2)-(-1)\cdot(x-1)]\text{ FE}$

$A(x)=(3x+6+x-1)\text{ FE}$

$A(x)=(4x+5)\text{ FE}$

Flächeninhalt A(x) der Parallelogramme in Abhängigkeit von der Abszisse x der Punkte D_n

c) $\begin{vmatrix} & A(x)=(4x+5)\text{ FE}\\ \wedge & A=10\text{ FE}\end{vmatrix}$

$\Rightarrow\ 10=4x+5\quad (I=II)\quad |-5$

Löse nach x auf.

$\Leftrightarrow\ 5=4x\quad |:4$

$\Leftrightarrow\ x=\frac{5}{4}$

$L=\left\{1\frac{1}{4}\right\}$

$D_n(x\,|\,x+3)\ \Rightarrow\ D_3\left(1\frac{1}{4}\,\middle|\,1\frac{1}{4}+3\right)=D_3\left(1\frac{1}{4}\,\middle|\,4\frac{1}{4}\right)$

$x=1\frac{1}{4}$ einsetzen

Hinweise und Tipps

d) Es entsteht kein Parallelogramm mehr, wenn der Punkt D_n auf den Punkt D_0 auf der Geraden AB fällt. Aus dem Parallelogramm wird dann eine Strecke.

siehe Zeichnung in Teilaufgabe a

Der Flächeninhalt ist in diesem Fall 0 FE.

$$\left|\begin{array}{ll} & A(x) = (4x+5) \text{ FE} \\ \wedge & A = 0 \text{ FE} \end{array}\right.$$

$$\begin{array}{lll} \Rightarrow & 4x+5=0 \quad (\text{I}=\text{II}) & |-5 \\ \Leftrightarrow & 4x=-5 & |:4 \\ \Leftrightarrow & x=-\frac{5}{4} & \end{array}$$

$L=\left\{-1\frac{1}{4}\right\}$

oder:

Bestimmung der Geradengleichung von AB:

Steigung von AB: $m=-\frac{1}{3}$

Vektor $\overrightarrow{AB}=\binom{3}{-1}$: y-Koordinate durch x-Koordinate ergibt die Steigung

Einsetzen von B in die Normalform von AB:

Normalform $y=mx+t$ mit $B(4\,|\,0)$ und $m=-\frac{1}{3}$

$0=-\frac{1}{3}\cdot 4+t$

$t=\frac{4}{3}$

Geradengleichung von AB: $y=-\frac{1}{3}x+\frac{4}{3}$

Berechnung der Koordinaten von D_0:
Schnittpunkt der Geraden g mit AB:

$$\begin{array}{rl} \text{AB:} & \left| \; y=-\frac{1}{3}x+\frac{4}{3} \right. \\ \text{g:} & \left| \wedge \; y=x+3 \right. \end{array}$$

$$\begin{array}{lll} \Rightarrow & -\frac{1}{3}x+\frac{4}{3}=x+3 \quad (\text{I}=\text{II}) & \left|-x-\frac{4}{3}\right. \\ \Leftrightarrow & -\frac{4}{3}x=\frac{5}{3} & \left|\cdot\left(-\frac{3}{4}\right)\right. \\ \Leftrightarrow & x=-\frac{5}{4} & \end{array}$$

$L=\left\{-1\frac{1}{4}\right\}$

Es existieren Parallelogramme ABC_nD_n für $x>-1\frac{1}{4}$.

Für $x<-1\frac{1}{4}$ ändert sich der Umlaufsinn der Parallelogramme.

---

35 a)

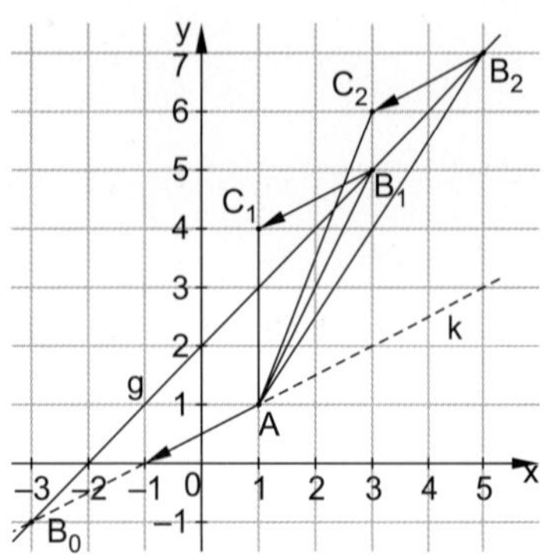

- Zeichnen der Geraden g: $y=x+2$
  y-Achsenabschnitt $t=2$
  Steigung $m=1$ (1 nach rechts, 1 nach oben)
- Einzeichnen der beiden Punkte $B_1(3\,|\,5)$ und $B_2(5\,|\,7)$ auf der Geraden. Die y-Koordinaten erhält man durch Einsetzen der x-Koordinaten in die Geradengleichung $y=x+2$.
- Parallelverschiebung der Punkte B_1 und B_2 mit dem Vektor $\overrightarrow{B_nC_n}=\binom{-2}{-1}$ ergibt die Punkte C_1 und C_2.

  (Von B_n aus jeweils „2 nach links und 1 nach unten".)

Hinweise und Tipps

b) Flächeninhalt der Dreiecke:

Aufspannende Vektoren:

$\overrightarrow{B_nC_n} = \begin{pmatrix} -2 \\ -1 \end{pmatrix}$, $\overrightarrow{B_nA} = \begin{pmatrix} 1-x \\ 1-(x+2) \end{pmatrix} = \begin{pmatrix} 1-x \\ -1-x \end{pmatrix}$

„Spitze minus Fuß“
Verwende die allgemeinen Koordinaten der Punkte $B_n(x \mid x+2)$.

Berechnung des Flächeninhalts mithilfe der Determinante:

$A_{\Delta AB_nC_n}(x) = \frac{1}{2} \cdot \begin{vmatrix} (-2) & (1-x) \\ (-1) & (-1-x) \end{vmatrix}$ FE

Beachte die Reihenfolge der Vektoren in der Determinante.

$A_{\Delta AB_nC_n}(x) = \frac{1}{2} \cdot [-2 \cdot (-1-x) - (-1) \cdot (1-x)]$ FE

Tipp: Wenn du die Determinante auflöst, setze immer eine eckige Klammer.

$A_{\Delta AB_nC_n}(x) = \frac{1}{2} \cdot [2+2x-(-1+x)]$ FE

Um Vorzeichenfehler zu vermeiden, gehe schrittweise vor und löse die Klammern von innen nach außen auf.

$A_{\Delta AB_nC_n}(x) = \frac{1}{2} \cdot [2+2x+1-x]$ FE

$A_{\Delta AB_nC_n}(x) = \frac{1}{2} \cdot (3+x)$ FE

$A_{\Delta AB_nC_n}(x) = (0{,}5x+1{,}5)$ FE

Flächeninhalt A(x) der Dreiecke AB_nC_n in Abhängigkeit von der Abszisse x der Punkte B_n

c) $\begin{array}{|l} A(x) = (0{,}5x+1{,}5) \text{ FE} \\ \wedge \quad A = 4 \text{ FE} \end{array}$

Aus Teilaufgabe b

$\Rightarrow \quad 0{,}5x+1{,}5 = 4 \quad (I = II) \quad |-1{,}5$

$\Leftrightarrow \quad 0{,}5x = 2{,}5 \quad |:0{,}5$

$\Leftrightarrow \quad x = 5$

$L = \{5\}$

Das ist die x-Koordinate von B_2, also hat das Dreieck AB_2C_2 in der Zeichnung den Flächeninhalt 4 FE.

d) Es entsteht kein Dreieck, wenn B_n auf B_0 fällt. Das Dreieck wird dann zu einer Strecke.

Der Flächeninhalt ist in diesem Fall 0 FE.

$\begin{array}{|l} A(x) = (0{,}5x+1{,}5) \text{ FE} \\ \wedge \quad A = 0 \text{ FE} \end{array}$

$\Rightarrow \quad 0{,}5x+1{,}5 = 0 \quad (I = II) \quad |-1{,}5$

$\Leftrightarrow \quad 0{,}5x = -1{,}5 \quad |:0{,}5$

$\Leftrightarrow \quad x = -3$

$L = \{-3\}$

oder:

Es entsteht kein Dreieck, wenn die Punkte A, B_n und C_n auf **einer** Geraden liegen.

siehe Zeichnung in Teilaufgabe a

Diese Gerade muss durch A verlaufen und parallel zum Vektor $\overrightarrow{B_nC_n} = \begin{pmatrix} -2 \\ -1 \end{pmatrix}$ sein. Diese Gerade wird mit k bezeichnet und ihre Gleichung berechnet:

Die Steigung der Geraden k ist: $m = \frac{-1}{-2} = 0{,}5$

Vektor $\overrightarrow{B_nC_n} = \begin{pmatrix} -2 \\ -1 \end{pmatrix}$: y-Koordinate durch x-Koordinate ergibt die Steigung

Einsetzen von $A(1 \mid 1)$ in die Normalform von k:

Normalform $y = mx + t$ mit $A(1 \mid 1)$ und $m = 0{,}5$

$1 = 0{,}5 \cdot 1 + t$

$\Leftrightarrow \quad t = 0{,}5$

Geradengleichung von k: $y = 0{,}5x + 0{,}5$

Hinweise und Tipps

Die Punkte B_n müssen auf der Geraden g liegen. Daher fallen die Punkte A, B_n und C_n genau dann auf eine Gerade, wenn B_n auf den Schnittpunkt B_0 der Geraden g und k fällt.

Überlege, wie weit der Punkt B_n wandern darf.

Berechnung der x-Koordinate von B_0:
Schnittpunkt von g und k:

Schnittpunktbedingung

$$\begin{vmatrix} & y = 0{,}5x + 0{,}5 \\ \wedge & y = x + 2 \end{vmatrix}$$

$$\begin{aligned} &\Rightarrow && 0{,}5x + 0{,}5 = x + 2 \quad (\text{I} = \text{II}) && \mid -0{,}5 - x \\ &\Leftrightarrow && -0{,}5x = 1{,}5 && \mid :(-0{,}5) \\ &\Leftrightarrow && x = -3 \end{aligned}$$

$L = \{-3\}$

Es existieren Dreiecke für $x > -3$.

Für $x < -3$ ändert sich der Umlaufsinn in AC_nB_n.

36 a)

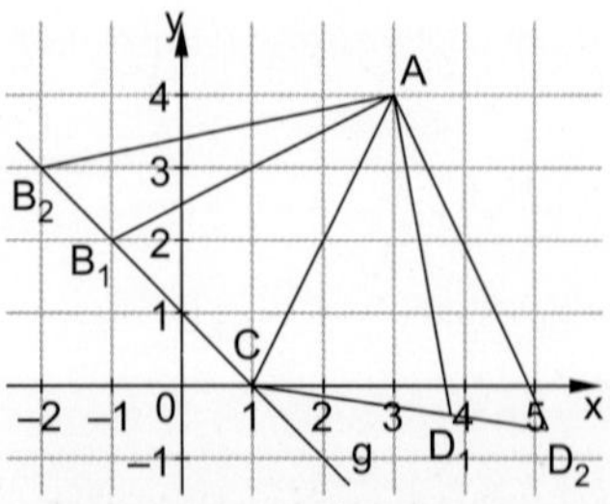

- Zeichne die Gerade g: $y = -x + 1$
  Achsenabschnitt $t = 1$
  Steigung $m = -1$ (1 LE nach rechts, 1 LE nach unten)
- Zeichne den Punkt B_1 mit dem x-Wert 1 auf der Geraden ein.
- Spiegle B_1 an AC, um D_1 zu erhalten.
- Verfahre ebenso mit B_2.

b) Der Flächeninhalt lässt sich für das Dreieck AB_1C aus den Koordinaten der Eckpunkte $A(3\,|\,4)$, $B_1(-1\,|\,2)$ und $C(1\,|\,0)$ berechnen.
Aufspannende Vektoren:

$$\overrightarrow{AB_1} = \begin{pmatrix} -1-3 \\ 2-4 \end{pmatrix} = \begin{pmatrix} -4 \\ -2 \end{pmatrix}, \quad \overrightarrow{AC} = \begin{pmatrix} 1-3 \\ 0-4 \end{pmatrix} = \begin{pmatrix} -2 \\ -4 \end{pmatrix}$$

Berechnung der Fläche des Dreiecks AB_1C mithilfe der Determinante:

Beachte die Reihenfolge in der Determinante.

$$A_{\Delta AB_1C} = \frac{1}{2} \cdot \begin{vmatrix} -4 & -2 \\ -2 & -4 \end{vmatrix} \text{ FE}$$

$$A_{\Delta AB_1C} = \frac{1}{2} \cdot [-4 \cdot (-4) - (-2) \cdot (-2)] \text{ FE}$$

$$A_{\Delta AB_1C} = \frac{1}{2} \cdot (16 - 4) \text{ FE}$$

$$A_{\Delta AB_1C} = 6 \text{ FE}$$

Der Flächeninhalt des Drachenvierecks ist doppelt so groß wie der des Dreiecks:

$$A_{\text{Drache}} = 2 \cdot A_{\Delta AB_1C} = 2 \cdot 6 \text{ FE} = 12 \text{ FE}$$

c) In Abhängigkeit von x rechnet man mit den allgemeinen Koordinaten $B_n(x\,|\,-x+1)$:

$$\overrightarrow{AB_n} = \begin{pmatrix} x-3 \\ -x+1-4 \end{pmatrix} = \begin{pmatrix} x-3 \\ -x-3 \end{pmatrix}$$

Berechnung der Fläche des Dreiecks AB_nC mithilfe der Determinante:

$$A_{\Delta AB_nC}(x) = \frac{1}{2} \cdot \begin{vmatrix} (x-3) & (-2) \\ (-x-3) & (-4) \end{vmatrix} \text{ FE}$$

$$A_{\Delta AB_nC}(x) = \frac{1}{2} \cdot [(x-3) \cdot (-4) - (-x-3) \cdot (-2)] \text{ FE}$$

Hinweise und Tipps

$A_{\Delta AB_nC}(x) = \frac{1}{2} \cdot (-4x + 12 - 2x - 6)$ FE

$A_{\Delta AB_nC}(x) = \frac{1}{2} \cdot (-6x + 6)$ FE

$A_{\Delta AB_nC}(x) = (-3x + 3)$ FE

Flächeninhalt A(x) der Dreiecke AB_nC in Abhängigkeit von der Abszisse x der Punkte B_n

Die Fläche des Drachenvierecks ist doppelt so groß:
$A(x) = 2 \cdot (-3x + 3)$ FE $= (-6x + 6)$ FE

d) $A(x) = (-6x + 6)$ FE
$\wedge \quad A = 10$ FE

Setze die Flächeninhaltsbedingungen gleich.

$\Rightarrow \quad -6x + 6 = 10 \quad (\text{I} = \text{II}) \quad |-6$

$\Leftrightarrow \quad -6x = 4 \quad |:(-6)$

$\Leftrightarrow \quad x = -\frac{2}{3}$

$L = \left\{-\frac{2}{3}\right\}$

$B_n(x \mid -x + 1) \Rightarrow B_3\left(-\frac{2}{3} \,\middle|\, \frac{2}{3} + 1\right) = B_3\left(-\frac{2}{3} \,\middle|\, 1\frac{2}{3}\right)$

---

37 a) $\overrightarrow{B_nC_n} = \begin{pmatrix} 3 \\ 1 \end{pmatrix}$ und $\overrightarrow{B_nA_n}$ als aufspannende Vektoren.

Dabei gilt: $A_n(x \mid 0{,}25x + 4)$ und $B_n(x \mid -0{,}5x + 1)$

Die Punkte liegen auf den Geraden g und k. Die Geradengleichungen legen die y-Koordinaten der Punkte fest.

also: $\overrightarrow{B_nA_n} = \begin{pmatrix} x - x \\ 0{,}25x + 4 - (-0{,}5x + 1) \end{pmatrix} = \begin{pmatrix} 0 \\ 0{,}75x + 3 \end{pmatrix}$

„Spitze minus Fuß“
Es gilt: Besitzen zwei Punkte die gleiche Abszisse, dann hat der zugehörige Vektor die x-Koordinate 0.

Berechnung des Flächeninhalts mithilfe der Determinante:

$A_{\Delta A_nB_nC_n}(x) = \frac{1}{2} \cdot \begin{vmatrix} 3 & 0 \\ 1 & (0{,}75x + 3) \end{vmatrix}$ FE

$A_{\Delta A_nB_nC_n}(x) = \frac{1}{2} \cdot [3 \cdot (0{,}75x + 3) - 1 \cdot 0]$ FE

$A_{\Delta A_nB_nC_n}(x) = \frac{1}{2} \cdot [2{,}25x + 9]$ FE

$A_{\Delta A_nB_nC_n}(x) = (1{,}125x + 4{,}5)$ FE

b) $A(x) = (1{,}125x + 4{,}5)$ FE
$\wedge \quad A = 9$ FE

Der Flächeninhalt soll 9 FE betragen.

$\Rightarrow \quad 1{,}125x + 4{,}5 = 9 \quad (\text{I} = \text{II}) \quad |-4{,}5$

$\Leftrightarrow \quad 1{,}125x = 4{,}5 \quad |:1{,}125$

$\Leftrightarrow \quad x = 4$

$L = \{4\}$

Die x-Koordinate der Punkte A_3 und B_3 ist also $x = 4$.

Die y-Koordinaten der Punkte A_3 und B_3 erhält man aus den Geradengleichungen:

Setze $x = 4$ in die zugehörigen Geradengleichungen ein:

$A_3(4 \mid 0{,}25 \cdot 4 + 4) = A_3(4 \mid 5)$

g: $y = 0{,}25x + 4$

$B_3(4 \mid -0{,}5 \cdot 4 + 1) = B_3(4 \mid -1)$

k: $y = -0{,}5x + 1$

Bestimmung von C_3 mithilfe des Vektors $\overrightarrow{B_nC_n} = \begin{pmatrix} 3 \\ 1 \end{pmatrix}$:
$C_3(4 \mathbf{+ 3} \mid -1 \mathbf{+ 1}) = C_3(7 \mid 0)$

„Von B_3 aus 3 nach rechts, 1 nach oben“

c) In A_0 rechtwinkliges Dreieck $A_0B_0C_0$:
Der rechte Winkel in A_0 entsteht, wenn $\overline{A_0B_0}$ senkrecht zu $\overline{C_0A_0}$ ist.
$\overline{A_nB_n}$ ist immer parallel zur y-Achse, also muss $\overline{C_0A_0}$ parallel zur x-Achse sein. C_0 und A_0 besitzen somit die gleiche y-Koordinate.

Wegen $\overrightarrow{B_nC_n} = \begin{pmatrix}3\\1\end{pmatrix}$ gilt: Die y-Koordinate von C_n ist immer **um 1 größer** als die y-Koordinate von B_n.
A_0 und C_0 besitzen somit die gleiche y-Koordinate, wenn die Strecke $\overline{A_0B_0}$ die Länge 1 LE besitzt.

Aus Teilaufgabe b im Einführungsbeispiel ist bekannt:
$|\overline{A_nB_n}|(x) = (0{,}75x + 3)$ LE

Da $|\overline{A_0B_0}| = 1$ LE gelten muss, damit das Dreieck rechtwinklig in A_0 ist, erhält man:

$$0{,}75x + 3 = 1 \quad |-3$$
$$\Leftrightarrow \quad 0{,}75x = -2 \quad |:0{,}75$$
$$\Leftrightarrow \quad x = -2\frac{2}{3}$$

Das in A rechtwinklige Dreieck entsteht also, wenn A_0 die x-Koordinate $x = -2\frac{2}{3}$ hat.

Den Flächeninhalt des rechtwinkligen Dreiecks $A_0B_0C_0$ erhält man mithilfe des Terms $A(x) = (1{,}125x + 4{,}5)$ FE (siehe Einführungsbeispiel, Teilaufgabe b):

$$A_{\Delta A_0B_0C_0} = \left[1\frac{1}{8} \cdot \left(-2\frac{2}{3}\right) + 4\frac{1}{2}\right] \text{FE} = 1\frac{1}{2} \text{ FE} = 1{,}5 \text{ FE}$$

Der Flächeninhalt des rechtwinkligen Dreiecks $A_0B_0C_0$ beträgt 1,5 FE.

Hinweise und Tipps

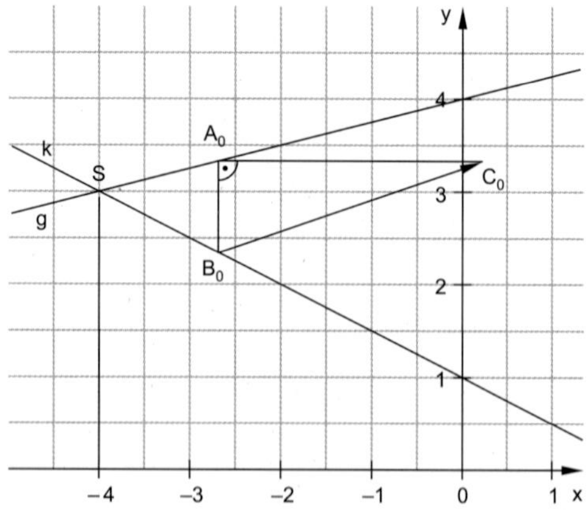

---

38 a)

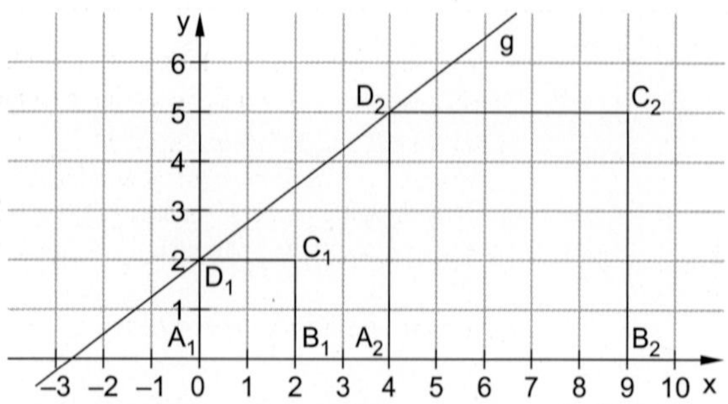

- Zeichne die Gerade g: $t = 2;\ m = 0{,}75 = \frac{3}{4}$ (4 nach rechts, 3 nach oben)
- Zeichne D_1 und A_1 für $x = 0$ ein.
- Die Seitenlänge des Quadrats ist $|\overline{A_nD_n}|$, hier also 2 LE lang.
- Vervollständige das Quadrat.
- Verfahre ebenso für das zweite Quadrat.

b) Für den Umfang und den Flächeninhalt benötigt man die Seitenlänge in Abhängigkeit von x.
Die Seitenlänge ist die Länge der Strecke $\overline{A_nD_n}$.
Die Punkte A_n und D_n besitzen dieselbe Abszisse → Differenz der y-Koordinaten.
$y_D = 0{,}75x + 2;\ y_A = 0$
$|\overline{A_nD_n}|(x) = (y_D - y_A)$ LE $= (0{,}75x + 2)$ LE

A_n liegen auf der x-Achse mit der Gleichung $y = 0$.

Hinweise und Tipps

Berechnung des Umfangs in Abhängigkeit von x:

$u(x) = 4 \cdot |\overline{A_nD_n}|(x) = 4 \cdot (0{,}75x + 2)\text{ LE} = (3x + 8)\text{ LE}$

Der Umfang ist die Summe der 4 Seitenlängen.

Berechnung des Flächeninhalts in Abhängigkeit von x:

$A(x) = |\overline{A_nD_n}| \cdot |\overline{A_nD_n}|$

Länge mal Breite

$A(x) = (0{,}75x + 2)^2\text{ FE}$

1. binomische Formel: $(0{,}75x)^2 + 2 \cdot 0{,}75x \cdot 2 + 2^2$

$A(x) = (0{,}5625x^2 + 3x + 4)\text{ FE}$

c) $|\overline{A_nD_n}|(x) = (0{,}75x + 2)\text{ LE}$

$\wedge\quad |\overline{A_3D_3}| = 6{,}5\text{ LE}$

Setze die Flächeninhaltsbedingungen gleich.

$\Rightarrow\quad 0{,}75x + 2 = 6{,}5 \quad (I = II) \quad |-2$

$\Leftrightarrow\quad 0{,}75x = 4{,}5 \quad |:0{,}75$

$\Leftrightarrow\quad x = 6$

$L = \{6\}$

Für die x-Koordinate 6 beträgt die Seitenlänge 6,5 LE.

d) Berechnung der x-Koordinaten von D_4:

h: $y = -0{,}5x + 6{,}5$

g: $\wedge\ y = 0{,}75x + 2$

Schnittpunkt der beiden Geraden → Gleichsetzen

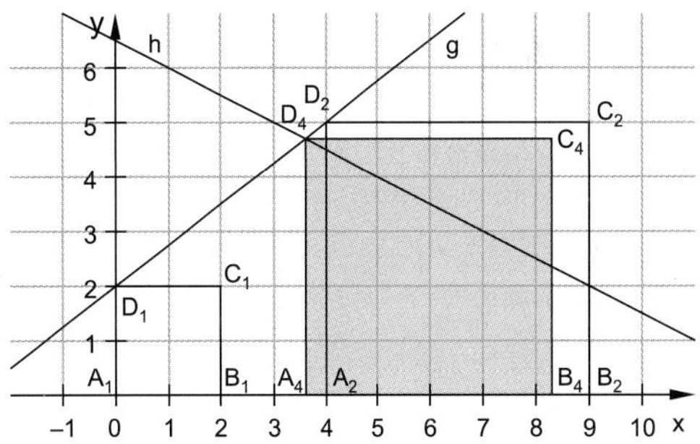

$\Rightarrow\quad -0{,}5x + 6{,}5 = 0{,}75x + 2 \quad (I = II) \quad |-0{,}75x - 6{,}5$

$\Leftrightarrow\quad -1{,}25x = -4{,}5 \quad |:(-1{,}25)$

$\Leftrightarrow\quad x = 3{,}6$

$L = \{3{,}6\}$

Der Schnittpunkt hat die x-Koordinate $x = 3{,}6$.

Der Umfang in Abhängigkeit von x ist aus Teilaufgabe b bekannt:

$u(x) = (3x + 8)\text{ LE}$

$u(3{,}6) = (3 \cdot 3{,}6 + 8)\text{ LE} = 18{,}8\text{ LE}$

Der Umfang beträgt 18,8 LE.

39 a)

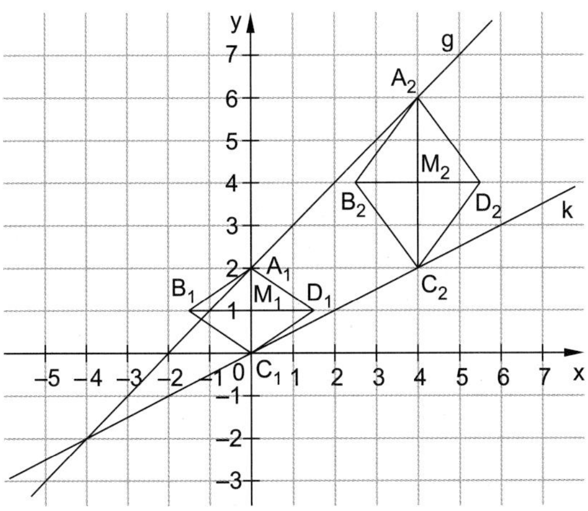

- Zeichne g und k und die Punkte A_1 und C_1 für die x-Koordinate $x = 0$ auf der jeweiligen Geraden ein.
- Bei einer Raute halbieren sich die Diagonalen gegenseitig und stehen senkrecht aufeinander. Gehe also vom Mittelpunkt M_1 aus 1,5 LE nach links und nach rechts, um die Diagonale $\overline{B_1D_1}$ einzuzeichnen.
- Verfahre ebenso für die zweite Raute.

b) Flächenformel: $A = \frac{1}{2} \cdot e \cdot f$

Eine Raute ist ein spezielles Drachenviereck.

Die Diagonale $f = |\overline{B_nD_n}|$ ist immer 3 LE lang.

Die Länge der Diagonale $\overline{A_nC_n}$ ändert sich, ist also abhängig von x:

$|\overline{A_nC_n}|(x) = (y_{A_n} - y_{C_n})\text{ LE}$

Gleiche Abszisse x der Punkte → Differenz der y-Koordinaten ergibt die Streckenlänge.

$|\overline{A_nC_n}|(x) = (x + 2 - 0{,}5x)$ LE
$|\overline{A_nC_n}|(x) = (0{,}5x + 2)$ LE

Flächeninhalt $A(x) = \frac{1}{2} \cdot |\overline{A_nC_n}|(x) \cdot |\overline{BD}| = \frac{1}{2} \cdot (0{,}5x + 2) \cdot 3$ FE
$= \frac{1}{2} \cdot (1{,}5x + 6)$ FE $= (0{,}75x + 3)$ FE

Hinweise und Tipps

Die y-Koordinaten sind durch die Geradengleichungen gegeben: g: $y = x + 2$; k: $y = 0{,}5x$

c) Der Flächeninhalt soll 6 FE betragen:

$$\begin{vmatrix} & A(x) = (0{,}75x + 3) \text{ FE} \\ \wedge & A = 6 \text{ FE} \end{vmatrix}$$

Setze die Flächeninhaltsbedingungen gleich.

$\Rightarrow \; 0{,}75x + 3 = 6 \quad (\text{I} = \text{II}) \quad |-3$
$\Leftrightarrow \; 0{,}75x = 3 \quad |:0{,}75$
$\Leftrightarrow \; x = 4$
$L = \{4\}$

Die Raute $A_2B_2C_2D_2$ aus Teilaufgabe a hat 4 FE Flächeninhalt.

d) Ein Quadrat entsteht, wenn die beiden Diagonalen gleich lang sind. Es gilt also $|\overline{A_nC_n}| = 3$ LE.

$\overline{BD}$ ist immer 3 LE lang.

$$\begin{vmatrix} & |\overline{A_nC_n}|(x) = (0{,}5x + 2) \text{ LE} \\ \wedge & |\overline{A_nC_n}| = 3 \text{ LE} \end{vmatrix}$$

Setze die Streckenlängenbedingungen gleich.

$\Rightarrow \; 0{,}5x + 2 = 3 \quad (\text{I} = \text{II}) \quad |-2$
$\Leftrightarrow \; 0{,}5x = 1 \quad |:0{,}5$
$\Leftrightarrow \; x = 2$
$L = \{2\}$

Wenn A und C die x-Koordinate $x = 2$ haben, entsteht ein Quadrat.

40 a)

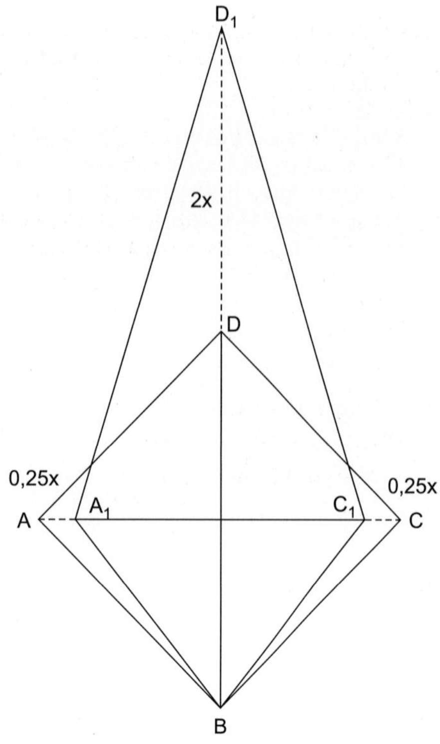

- Zeichne das Quadrat ABCD mithilfe der Diagonalen. Diese stehen senkrecht aufeinander und halbieren sich gegenseitig.
- Verkürze $\overline{AC}$ an beiden Seiten um jeweils 0,25x cm, also um $0{,}25 \cdot 2$ cm $= 0{,}5$ cm.
- Verlängere $\overline{BD}$ über D hinaus um 2x cm, also um $2 \cdot 2$ cm $= 4$ cm.

Hinweise und Tipps

b) Die x-Werte sind begrenzt durch die 5 cm lange Diagonale $\overline{AC}$. Man kann sie um höchstens 5 cm verkürzen.
Sie wird um $2 \cdot 0{,}25x = 0{,}5x$ verkürzt.
Ansatz:

$$0{,}5x = 5 \quad |:0{,}5$$
$$\Leftrightarrow \quad x = 10$$

Wenn man für x die Zahl 10 einsetzt, wird die Diagonale $\overline{AC}$ um 5 cm verkürzt, sie verschwindet also ganz.
Sinnvoll sind demnach alle x-Werte zwischen 0 und 10.
$D(x) = \{x \mid 0 < x < 10\}$

x-Werte kleiner oder gleich 0 sind nicht sinnvoll, da dann $\overline{AC}$ nicht verkürzt und $\overline{BD}$ nicht verlängert wird.

c) Es ist ein Drachenviereck entstanden:

$$A = \frac{1}{2} \cdot |\overline{A_1C_1}| \cdot |\overline{BD_1}|$$
$$|\overline{A_1C_1}| = 5\text{ cm} - 1\text{ cm} = 4\text{ cm}$$
$$|\overline{BD_1}| = 5\text{ cm} + 4\text{ cm} = 9\text{ cm}$$
$$A = \frac{1}{2} \cdot 4\text{ cm} \cdot 9\text{ cm} = 18\text{ cm}^2$$

$|\overline{AC}|$ wird an beiden Seiten um 0,25x verkürzt. Also um insgesamt $2 \cdot 0{,}25x = 0{,}5x$.
Für den x-Wert ergibt sich eine Verkürzung um $0{,}5 \cdot 2\text{ cm} = 1\text{ cm} \rightarrow |\overline{A_1C_1}| = 5\text{ cm} - 1\text{ cm} = 4\text{ cm}$.
$|\overline{BD}|$ wird um 2x verlängert → Für $x = 2$ ergibt sich eine Verlängerung um $2 \cdot 2\text{ cm} = 4\text{ cm}$.

d) $A(x) = \frac{1}{2} \cdot |\overline{A_nC_n}| \cdot |\overline{BD_n}|$

Für die Diagonalen gilt:
$|\overline{A_nC_n}|(x) = (5 - 0{,}5x)\text{ cm}$; $|\overline{BD_n}|(x) = (5 + 2x)\text{ cm}$

$$A(x) = \frac{1}{2} \cdot (5 - 0{,}5x) \cdot (5 + 2x)\text{ cm}^2$$
$$A(x) = (2{,}5 - 0{,}25x) \cdot (5 + 2x)\text{ cm}^2$$
$$A(x) = (12{,}5 + 5x - 1{,}25x - 0{,}5x^2)\text{ cm}^2$$
$$A(x) = (-0{,}5x^2 + 3{,}75x + 12{,}5)\text{ cm}^2$$

e) Extremwertbestimmung:

$$A(x) = (-0{,}5x^2 + 3{,}75x + 12{,}5)\text{ cm}^2$$
$$A(x) = -0{,}5[x^2 - 7{,}5x - 25]\text{ cm}^2$$
$$A(x) = -0{,}5[x^2 - 7{,}5x + \mathbf{3{,}75^2 - 3{,}75^2} - 25]\text{ cm}^2$$
$$A(x) = -0{,}5[(x - 3{,}75)^2 - 14{,}0625 - 25]\text{ cm}^2$$
$$A(x) = -0{,}5[(x - 3{,}75)^2 - 39{,}0625]\text{ cm}^2$$
$$A(x) = [-0{,}5(x - 3{,}75)^2 + 19{,}53125]\text{ cm}^2$$
$$A_{max} = 19{,}53125\text{ cm}^2 \text{ für } x = 3{,}75$$

Der Faktor –0,5 wird ausgeklammert, indem jeder Summand durch den auszuklammernden Faktor –0,5 dividiert wird:
$-0{,}5x^2 : (-0{,}5) = x^2$
$3{,}75x : (-0{,}5) = -7{,}5x$
$12{,}5 : (-0{,}5) = -25$

Ablesen: Wähle x so, dass die runde Klammer den Wert 0 ergibt. Ist die Klammer 0, ergibt sich der Extremwert als Zahl hinter der runden Klammer. Maximum, da vor der runden Klammer eine negative Zahl steht.

---

41 a)

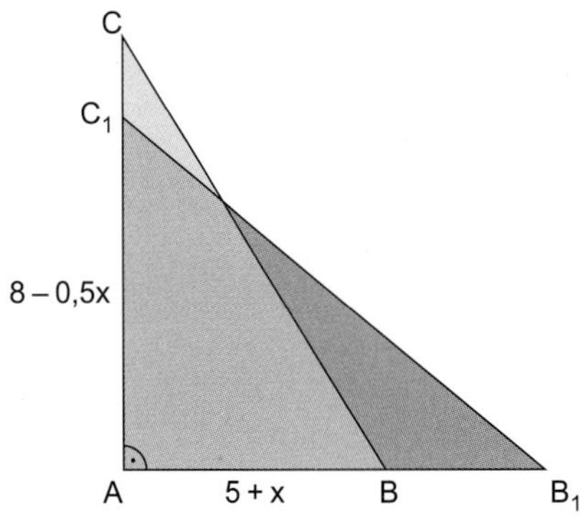

(Verkleinerte Darstellung im Maßstab 1 : 2)

- Zeichne das Dreieck ABC.
- Verlängere $\overline{AB}$ über B hinaus um 3 cm.
- Verkürze $\overline{AC}$ von C aus um $0{,}5 \cdot 3\text{ cm} = 1{,}5\text{ cm}$.

Hinweise und Tipps

b) Seitenlängen:

$|\overline{AB_n}|(x) = (5+x)$ cm — Verlängerung um x

$|\overline{AB_n}|(x) = (8-0,5x)$ cm — Verkürzung um 0,5x

Flächeninhalt des Dreiecks:

$A_{\Delta AB_nC_n}(x) = \frac{1}{2} \cdot |\overline{AB_n}|(x) \cdot |\overline{AC_n}|(x)$

$A_{\Delta AB_nC_n}(x) = \frac{1}{2} \cdot (5+x) \cdot (8-0,5x)\ cm^2$ — Multipliziere die erste Klammer mit $\frac{1}{2}$.

$A_{\Delta AB_nC_n}(x) = (2,5+0,5x) \cdot (8-0,5x)\ cm^2$ — Multipliziere aus.

$A_{\Delta AB_nC_n}(x) = (20-1,25x+4x-0,25x^2)\ cm^2$ — Ordne und fasse zusammen.

$A_{\Delta AB_nC_n}(x) = (-0,25x^2+2,75x+20)\ cm^2$

c) Extremwertbestimmung:

$A_{\Delta AB_nC_n}(x) = (-0,25x^2+2,75x+20)\ cm^2$

$A_{\Delta AB_nC_n}(x) = -0,25[x^2-11x-80]\ cm^2$

$A_{\Delta AB_nC_n}(x) = -0,25[x^2-11x\mathbf{+5,5^2-5,5^2}-80]\ cm^2$

$A_{\Delta AB_nC_n}(x) = -0,25[(x-5,5)^2-5,5^2-80]\ cm^2$

$A_{\Delta AB_nC_n}(x) = -0,25[(x-5,5)^2-30,25-80]\ cm^2$

$A_{\Delta AB_nC_n}(x) = -0,25[(x-5,5)^2-110,25]\ cm^2$

$A_{\Delta AB_nC_n}(x) = [-0,25(x-5,5)^2+27,5625]\ cm^2$

$A_{max} = 27,5625\ cm^2$ für $x = 5,5$

Der Faktor –0,25 wird ausgeklammert, indem jeder Summand durch den auszuklammernden Faktor –0,25 dividiert wird:
$-0,25x^2 : (-0,25) = x^2$
$2,75x : (-0,25) = -11x$
$20 : (-0,25) = -80$

Negativer Faktor vor der runden Klammer → Maximum
Wähle den x-Wert so, dass die runde Klammer 0 ergibt → x = 5,5 und Extremwert 27,5625.

d) Beim gleichschenklig-rechtwinkligen Dreieck sind die beiden Katheten gleich lang.
Also:

$|\overline{AB_n}|(x) = |\overline{AC_n}|(x)$ — Gleichsetzen der Kathetenlängen (in Abhängigkeit von x)

$\Leftrightarrow\quad 5+x = 8-0,5x \quad |+0,5x-5$

$\Leftrightarrow\quad 1,5x = 3 \quad |:1,5$

$\Leftrightarrow\quad x = 2$

Für x = 2 ist das Dreieck gleichschenklig-rechtwinklig.

Die Katheten besitzen folgende Längen:

$|\overline{AB_2}| = (5+x)\ cm = (5+2)\ cm = 7\ cm$

$|\overline{AC_n}| = (8-0,5x)\ cm = (8-0,5 \cdot 2)\ cm = 7\ cm$

Flächeninhalt:

$A_{\Delta AB_2C_2} = \frac{1}{2} \cdot 7\ cm \cdot 7\ cm = 24,5\ cm^2$

oder:

Den Flächeninhalt erhält man auch mithilfe des Terms aus Teilaufgabe b:
Setze den x-Wert x = 2 ein:

$A_{\Delta AB_nC_n}(x) = (-0,25x^2+2,75x+20)\ cm^2$

$A_{\Delta AB_2C_2}(2) = (-0,25 \cdot 2^2+2,75 \cdot 2+20)\ cm^2$

$A_{\Delta AB_2C_2}(2) = 24,5\ cm^2$

Hinweise und Tipps

Rücke von den angegebenen Eckpunkten jeweils um 2 cm ein.

42 a)

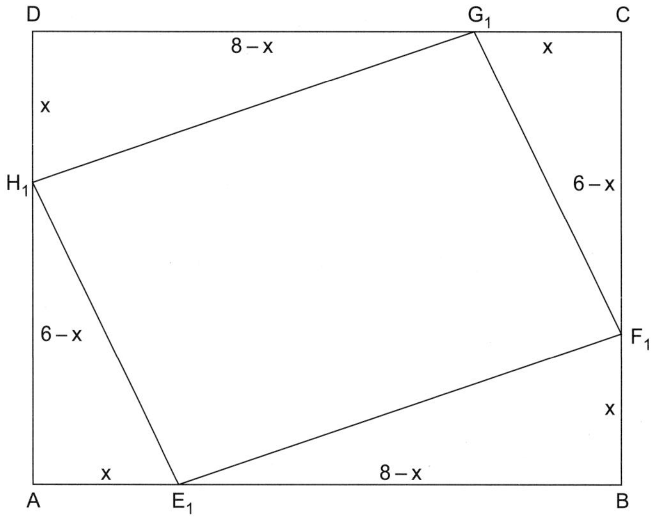

b) Den Flächeninhalt des Parallelogramms berechnet man mithilfe des umgebenden Rechtecks und der „verbleibenden Dreiecke“ (z. B. E_nBF_n).

Betrachte die Dreiecke E_nBF_n und G_nDH_n. Diese sind kongruent nach SWS, also flächengleich.
Gleiches gilt für die Dreiecke H_nAE_n und F_nCG_n.
Es gilt also:

$A_{Parallelogramm} = A_{Rechteck} - 2 \cdot A_{\Delta E_nBF_n} - 2 \cdot A_{\Delta H_nAE_n}$

Formel $A = \frac{1}{2} \cdot g \cdot h$ für die Dreiecke

$A_{Parallelogramm} = 8\text{ cm} \cdot 6\text{ cm} - 2 \cdot \frac{1}{2} \cdot (8-x) \cdot x\text{ cm}^2 - 2 \cdot \frac{1}{2} \cdot x \cdot (6-x)\text{ cm}^2$

$A_{Parallelogramm} = [48 - (8-x) \cdot x - x \cdot (6-x)]\text{ cm}^2$

$A_{Parallelogramm} = [48 - 8x + x^2 - 6x + x^2]\text{ cm}^2$

$A_{Parallelogramm} = [2x^2 - 14x + 48]\text{ cm}^2$

c) Extremwertbestimmung:

$A(x) = 2[x^2 - 7x + 24]\text{ cm}^2$

$A(x) = 2[x^2 - 7x \mathbf{+ 3{,}5^2 - 3{,}5^2} + 24]\text{ cm}^2$

$3{,}5^2 = \left(\frac{7}{2}\right)^2 = \frac{49}{4} = 12\frac{1}{4}$

$A(x) = 2[(x - 3{,}5)^2 - 12{,}25 + 24]\text{ cm}^2$

$A(x) = 2[(x - 3{,}5)^2 + 11{,}75]\text{ cm}^2$

$A(x) = [2(x - 3{,}5)^2 + 23{,}5]\text{ cm}^2$

$A_{min} = 23{,}5\text{ cm}^2$ für $x = 3{,}5$

Positiver Faktor vor der runden Klammer → Minimum
Wähle den x-Wert so, dass die Klammer 0 ergibt.

2 Grundwissen 9. Klasse

2.1 Lineare Gleichungssysteme

43 a) $\begin{vmatrix} y = x - 2 \\ \wedge \ \ y = -2x + 1 \end{vmatrix}$

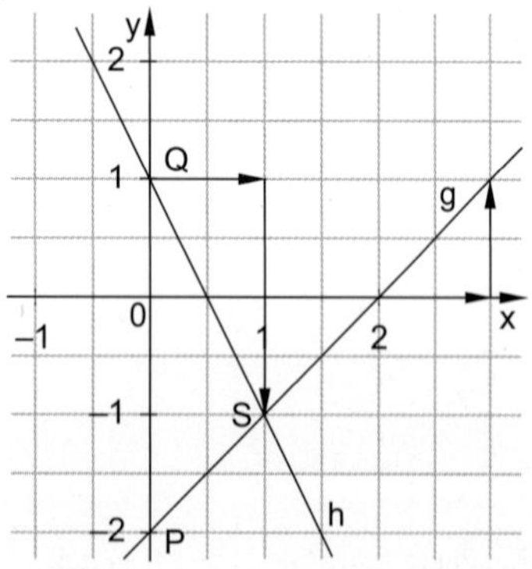

Ablesen des Schnittpunkts: S(1 | −1)

Probe:

$\begin{vmatrix} -1 = 1 - 2 & \text{(wahr)} \\ \wedge \ \ -1 = -2 \cdot 1 + 1 & \text{(wahr)} \end{vmatrix}$

$L = \{(1 | -1)\}$

b) $\begin{vmatrix} 2y + x = 4 & | -x \\ \wedge \ \ 2y = x & \end{vmatrix}$

$\Leftrightarrow \begin{vmatrix} 2y = -x + 4 & |:2 \\ \wedge \ \ 2y = x & |:2 \end{vmatrix}$

$\Leftrightarrow \begin{vmatrix} y = -0{,}5x + 2 \\ \wedge \ \ y = 0{,}5x \end{vmatrix}$

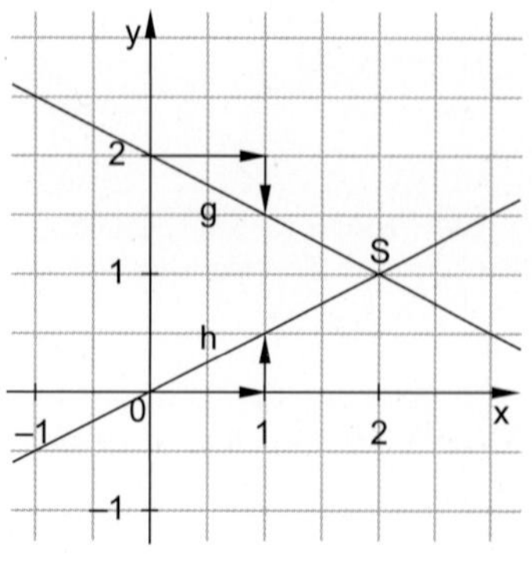

Ablesen des Schnittpunkts: S(2 | 1)

Probe:

$\begin{vmatrix} 2 \cdot 1 + 2 = 4 & \text{(wahr)} \\ \wedge \ \ 2 \cdot 1 = 2 & \text{(wahr)} \end{vmatrix}$

$L = \{(2 | 1)\}$

Hinweise und Tipps

g: y = x − 2
- P(0 | −2) liegt auf g, da der y-Achsenabschnitt t = −2.
- Von P aus „1 LE nach rechts, 1 LE nach oben", da die Steigung m = 1.

h: y = −2x + 1
- Q(0 | 1) liegt auf h, da t = 1.
- Von Q aus „1 LE nach rechts und 2 LE nach unten", da m = −2.

Einsetzen der Koordinaten in beide Gleichungen

Löse beide Gleichungen nach y auf.

g: y = −0,5x + 2, also:
t = 2
m = −0,5 (1 LE nach rechts; 0,5 LE nach unten)

h: y = 0,5x, also:
t = 0 (Ursprungsgerade)
m = 0,5 (1 LE nach rechts; 0,5 LE nach oben)

Setze immer in das ursprüngliche Gleichungssystem ein, da beim Umformen Fehler passiert sein können.

Hinweise und Tipps

44 a)

$$\left|\begin{array}{l} y = \mathbf{x-2} \\ \wedge\ y = \mathbf{-2x+1} \end{array}\right.$$

Setze Gleichung I und Gleichung II gleich.

$$\Leftrightarrow \left|\begin{array}{l} \mathbf{x-2} = \mathbf{-2x+1} \quad (I = II) \quad |+2x+2 \\ \wedge\ y = -2x+1 \end{array}\right.$$

Bringe die Variable x auf eine Seite.

$$\Leftrightarrow \left|\begin{array}{l} 3x = 3 \quad |:3 \\ \wedge\ y = -2x+1 \end{array}\right.$$

$$\Leftrightarrow \left|\begin{array}{l} x = 1 \\ \wedge\ y = -2\mathbf{x}+1 \end{array}\right.$$

Setze $x = 1$ für x in Gleichung II ein.

$$\Leftrightarrow \left|\begin{array}{l} x = 1 \\ \wedge\ y = -2\cdot\mathbf{1}+1 \end{array}\right.$$

$$\Leftrightarrow \left|\begin{array}{l} x = 1 \\ \wedge\ y = -1 \end{array}\right.$$

$L = \{(1|-1)\}$

Vergleiche mit Aufgabe 74 a.

b)

$$\left|\begin{array}{l} x = \mathbf{3-y} \\ \wedge\ x = \mathbf{4+2y} \end{array}\right.$$

Setze Gleichung I und Gleichung II gleich.

$$\Leftrightarrow \left|\begin{array}{l} \mathbf{3-y} = \mathbf{4+2y} \quad (I = II) \quad |-2y-3 \\ \wedge\ x = 4+2y \end{array}\right.$$

Zuerst alle Strichumformungen, …

$$\Leftrightarrow \left|\begin{array}{l} -3y = 1 \quad |:(-3) \\ \wedge\ x = 4+2y \end{array}\right.$$

dann die Punktumformung.

$$\Leftrightarrow \left|\begin{array}{l} y = -\frac{1}{3} \\ \wedge\ x = 4+2\mathbf{y} \end{array}\right.$$

Setze $y = -\frac{1}{3}$ für y in Gleichung II ein.

$$\Leftrightarrow \left|\begin{array}{l} y = -\frac{1}{3} \\ \wedge\ x = 4+2\left(\mathbf{-\frac{1}{3}}\right) \end{array}\right.$$

$$\Leftrightarrow \left|\begin{array}{l} y = -\frac{1}{3} \\ \wedge\ x = 3\frac{1}{3} \end{array}\right.$$

$L = \left\{\left(3\frac{1}{3}\,\middle|\,-\frac{1}{3}\right)\right\}$

Angabe der Lösungsmenge

c)

$$\left|\begin{array}{l} 4x = \mathbf{3y-7} \\ \wedge\ 4x = \mathbf{3y-2} \end{array}\right.$$

Setze Gleichung I und Gleichung II gleich.

$$\Leftrightarrow \left|\begin{array}{l} \mathbf{3y-7} = \mathbf{3y-2} \quad (I = II) \quad |-3y+7 \\ \wedge\ 4x = 3y-2 \end{array}\right.$$

$$\Leftrightarrow \left|\begin{array}{l} 0 = 5 \\ \wedge\ 4x = 3y-2 \end{array}\right.$$

Gleichung I enthält eine falsche Aussage.

$L = \varnothing$

Dieses Gleichungssystem hat keine Lösung!
(parallele Geraden)

Hinweise und Tipps

d) $\begin{array}{|l} 0{,}4x - 5{,}2y = 1{,}4 \\ \wedge \quad 2{,}1x = 2{,}52 + 3{,}15y \end{array}$ $\begin{array}{l} |+5{,}2y \\ |:2{,}1 \end{array}$

Löse beide Gleichungen nach derselben Variablen auf, z. B. nach x

$\Leftrightarrow \begin{array}{|l} 0{,}4x = 1{,}4 + 5{,}2y \\ \wedge \quad x = 1{,}2 + 1{,}5y \end{array}$ $|:0{,}4$

$\Leftrightarrow \begin{array}{|l} x = \mathbf{3{,}5 + 13y} \\ \wedge \quad x = \mathbf{1{,}2 + 1{,}5y} \end{array}$

Setze Gleichung I und Gleichung II gleich.

$\Leftrightarrow \begin{array}{|l} \mathbf{3{,}5 + 13y = 1{,}2 + 1{,}5y} \quad (I = II) \\ \wedge \quad x = 1{,}2 + 1{,}5y \end{array}$ $|-3{,}5 - 1{,}5y$

$\Leftrightarrow \begin{array}{|l} 11{,}5y = -2{,}3 \\ \wedge \quad x = 1{,}2 + 1{,}5y \end{array}$ $|:11{,}5$

$\Leftrightarrow \begin{array}{|l} y = -0{,}2 \\ \wedge \quad x = 1{,}2 + 1{,}5\mathbf{y} \end{array}$

Setze y = –0,2 für y in Gleichung II ein.

$\Leftrightarrow \begin{array}{|l} y = -0{,}2 \\ \wedge \quad x = 1{,}2 + 1{,}5(\mathbf{-0{,}2}) \end{array}$

$\Leftrightarrow \begin{array}{|l} y = -0{,}2 \\ \wedge \quad x = 0{,}9 \end{array}$

$L = \{(0{,}9 \mid -0{,}2)\}$

Angabe der Lösungsmenge

---

45 a) $\begin{array}{|l} 6x + 4\mathbf{y} = 3 \\ \wedge \quad y = \mathbf{4x - 2} \end{array}$

Setze den Rechtsterm von Gleichung II in Gleichung I ein.

$\Leftrightarrow \begin{array}{|l} 6x + 4(\mathbf{4x - 2}) = 3 \quad (II \text{ in } I) \\ \wedge \quad y = 4x - 2 \end{array}$

Gleichung I enthält nur mehr die Variable x, nach der im Folgenden aufgelöst wird.

$\Leftrightarrow \begin{array}{|l} 6x + 16x - 8 = 3 \\ \wedge \quad y = 4x - 2 \end{array}$

$\Leftrightarrow \begin{array}{|l} 22x - 8 = 3 \\ \wedge \quad y = 4x - 2 \end{array}$ $|+8$

$\Leftrightarrow \begin{array}{|l} 22x = 11 \\ \wedge \quad y = 4x - 2 \end{array}$ $|:22$

$\Leftrightarrow \begin{array}{|l} x = 0{,}5 \\ \wedge \quad y = 4\mathbf{x} - 2 \end{array}$

Setze x = 0,5 für x in Gleichung II ein.

$\Leftrightarrow \begin{array}{|l} x = 0{,}5 \\ \wedge \quad y = 4 \cdot \mathbf{0{,}5} - 2 \end{array}$

$\Leftrightarrow \begin{array}{|l} x = 0{,}5 \\ \wedge \quad y = 0 \end{array}$

$L = \{(0{,}5 \mid 0)\}$

Angabe der Lösungsmenge

b) $\begin{array}{|l} 4\mathbf{x} - 4y = 2 \\ \wedge \quad x = \mathbf{3 - y} \end{array}$

Setze den Rechtsterm von Gleichung II in Gleichung I ein.

$\Leftrightarrow \begin{array}{|l} 4(\mathbf{3 - y}) - 4y = 2 \quad (II \text{ in } I) \\ \wedge \quad x = 3 - y \end{array}$

Gleichung I enthält nur mehr die Variable y, nach der im Folgenden aufgelöst wird.

Hinweise und Tipps

$\Leftrightarrow \left| \begin{array}{l} 12-4y-4y=2 \\ \wedge \quad x=3-y \end{array} \right.$

$\Leftrightarrow \left| \begin{array}{l} 12-8y=2 \quad |-12 \\ \wedge \quad x=3-y \end{array} \right.$

$\Leftrightarrow \left| \begin{array}{l} -8y=-10 \quad |:(-8) \\ \wedge \quad x=3-y \end{array} \right.$

$\Leftrightarrow \left| \begin{array}{l} y=1,25 \\ \wedge \quad x=3-\mathbf{y} \end{array} \right.$

Setze y = 1,25 für y in Gleichung II ein.

$\Leftrightarrow \left| \begin{array}{l} y=1,25 \\ \wedge \quad x=3-\mathbf{1,25} \end{array} \right.$

$\Leftrightarrow \left| \begin{array}{l} y=1,25 \\ \wedge \quad x=1,75 \end{array} \right.$

$L=\{(1,75\,|\,1,25)\}$

Angabe der Lösungsmenge

c) $\left| \begin{array}{l} 0,5y=0,6x+0,3 \\ \wedge \quad 0,4x-2,2-y=0 \quad |+y \end{array} \right.$

Löse Gleichung II nach y auf.

$\Leftrightarrow \left| \begin{array}{l} 0,5\mathbf{y}=0,6x+0,3 \\ \wedge \quad \mathbf{0,4x-2,2}=y \end{array} \right.$

Setze den Linksterm von Gleichung II in Gleichung I ein.

$\Leftrightarrow \left| \begin{array}{l} 0,5(\mathbf{0,4x-2,2})=0,6x+0,3 \quad \text{(II in I)} \\ \wedge \quad 0,4x-2,2=y \end{array} \right.$

Gleichung I enthält nur mehr die Variable x, nach der im Folgenden aufgelöst wird.

$\Leftrightarrow \left| \begin{array}{l} 0,2x-1,1=0,6x+0,3 \quad |-0,6x+1,1 \\ \wedge \quad 0,4x-2,2=y \end{array} \right.$

$\Leftrightarrow \left| \begin{array}{l} -0,4x=1,4 \quad |:(-0,4) \\ \wedge \quad 0,4x-2,2=y \end{array} \right.$

$\Leftrightarrow \left| \begin{array}{l} x=-3,5 \\ \wedge \quad 0,4\mathbf{x}-2,2=y \end{array} \right.$

Setze x = –3,5 für x in Gleichung II ein.

$\Leftrightarrow \left| \begin{array}{l} x=-3,5 \\ \wedge \quad 0,4(\mathbf{-3,5})-2,2=y \end{array} \right.$

$\Leftrightarrow \left| \begin{array}{l} x=-3,5 \\ \wedge \quad y=-3,6 \end{array} \right.$

$L=\{(-3,5\,|\,-3,6)\}$

Angabe der Lösungsmenge

d) $\left| \begin{array}{l} 0,6y+2,58=2,7x \quad |-2,58 \\ \wedge \quad 3y-1,5x=3,9 \end{array} \right.$

Löse Gleichung I nach y auf.

$\Leftrightarrow \left| \begin{array}{l} 0,6y=2,7x-2,58 \quad |:0,6 \\ \wedge \quad 3y-1,5x=3,9 \end{array} \right.$

$\Leftrightarrow \left| \begin{array}{l} y=\mathbf{4,5x-4,3} \\ \wedge \quad 3\mathbf{y}-1,5x=3,9 \end{array} \right.$

Setze den Rechtsterm von Gleichung I in Gleichung II ein.

$\Leftrightarrow \left| \begin{array}{l} y=4,5x-4,3 \\ \wedge \quad 3(\mathbf{4,5x-4,3})-1,5x=3,9 \quad \text{(I in II)} \end{array} \right.$

Gleichung II enthält nur mehr die Variable x, nach der im Folgenden aufgelöst wird.

$\Leftrightarrow \left| \begin{array}{l} y=4,5x-4,3 \\ \wedge \quad 13,5x-12,9-1,5x=3,9 \end{array} \right.$

Hinweise und Tipps

$$\Leftrightarrow \left| \begin{array}{l} y = 4,5x - 4,3 \\ \wedge\ 12x - 12,9 = 3,9 \end{array} \right. \quad |+12,9$$

$$\Leftrightarrow \left| \begin{array}{l} y = 4,5x - 4,3 \\ \wedge\ 12x = 16,8 \end{array} \right. \quad |:12$$

$$\Leftrightarrow \left| \begin{array}{l} y = 4,5\mathbf{x} - 4,3 \\ \wedge\ x = 1,4 \end{array} \right.$$

Setze x = 1,4 für x in Gleichung I ein.

$$\Leftrightarrow \left| \begin{array}{l} y = 4,5 \cdot \mathbf{1,4} - 4,3 \\ \wedge\ x = 1,4 \end{array} \right.$$

$$\Leftrightarrow \left| \begin{array}{l} y = 2 \\ \wedge\ x = 1,4 \end{array} \right.$$

$L = \{(1,4 | 2)\}$

Angabe der Lösungsmenge

---

46 a)

$$\left| \begin{array}{l} 4x + 6y = -3 \\ \wedge\ 5x - 3y = -2 \end{array} \right. \quad |\cdot 2$$

Stelle betragsgleiche Koeffizienten mit unterschiedlichen Vorzeichen her.

$$\Leftrightarrow \left| \begin{array}{l} 4x \mathbf{+ 6y} = -3 \\ \wedge\ 10x \mathbf{- 6y} = -4 \end{array} \right.$$

Addition bewirkt Wegfallen von y

$$\Leftrightarrow \left| \begin{array}{l} 14x = -7 \quad (I + II) \\ \wedge\ 10x - 6y = -4 \end{array} \right. \quad |:14$$

Gleichung I enthält nur mehr die Variable x, nach der im Folgenden aufgelöst wird.

$$\Leftrightarrow \left| \begin{array}{l} x = -0,5 \\ \wedge\ 10\mathbf{x} - 6y = -4 \end{array} \right.$$

Setze x = –0,5 für x in Gleichung II ein.

$$\Leftrightarrow \left| \begin{array}{l} x = -0,5 \\ \wedge\ 10(\mathbf{-0,5}) - 6y = -4 \end{array} \right.$$

$$\Leftrightarrow \left| \begin{array}{l} x = -0,5 \\ \wedge\ -5 - 6y = -4 \end{array} \right. \quad |+5$$

$$\Leftrightarrow \left| \begin{array}{l} x = -0,5 \\ \wedge\ -6y = 1 \end{array} \right. \quad |:(-6)$$

$$\Leftrightarrow \left| \begin{array}{l} x = -0,5 \\ \wedge\ y = -\frac{1}{6} \end{array} \right.$$

$$L = \left\{\left(-\frac{1}{2} \middle| -\frac{1}{6}\right)\right\}$$

Angabe der Lösungsmenge

b)

$$\left| \begin{array}{l} 3x - 0,5y + 2 = 4 \\ \wedge\ 4x + 2y + 4 = 0 \end{array} \right. \quad \begin{array}{l} |-2 \\ |-4 \end{array}$$

Ordne und fasse zusammen.

$$\Leftrightarrow \left| \begin{array}{l} 3x - 0,5y = 2 \\ \wedge\ 4x + 2y = -4 \end{array} \right. \quad |\cdot 4$$

Stelle betragsgleiche Koeffizienten her.

$$\Leftrightarrow \left| \begin{array}{l} 12x \mathbf{- 2y} = 8 \\ \wedge\ 4x \mathbf{+ 2y} = -4 \end{array} \right.$$

Addiere die beiden Linksterme und die beiden Rechtsterme.

$$\Leftrightarrow \left| \begin{array}{l} 16x = 4 \quad (I + II) \\ \wedge\ 4x + 2y = -4 \end{array} \right. \quad |:16$$

Hinweise und Tipps

$\Leftrightarrow \left| \begin{array}{l} x = 0{,}25 \\ \wedge\ 4\mathbf{x} + 2y = -4 \end{array} \right.$

Setze x = 0,25 für x in Gleichung II ein.

$\Leftrightarrow \left| \begin{array}{l} x = 0{,}25 \\ \wedge\ 4 \cdot \mathbf{0{,}25} + 2y = -4 \end{array} \right.$

$\Leftrightarrow \left| \begin{array}{l} x = 0{,}25 \\ \wedge\ 1 + 2y = -4 \quad |-1 \end{array} \right.$

$\Leftrightarrow \left| \begin{array}{l} x = 0{,}25 \\ \wedge\ 2y = -5 \quad |:2 \end{array} \right.$

$\Leftrightarrow \left| \begin{array}{l} x = 0{,}25 \\ \wedge\ y = -2{,}5 \end{array} \right.$

$L = \{(0{,}25 \mid -2{,}5)\}$

Angabe der Lösungsmenge

c) $\left| \begin{array}{l} -1{,}3x + 4y = 2 \quad |\cdot 4 \\ \wedge\ 5{,}2x - 16y = 5 \end{array} \right.$

Stelle betragsgleiche Koeffizienten her.

$\Leftrightarrow \left| \begin{array}{l} \mathbf{-5{,}2x + 16y} = 8 \\ \wedge\ \mathbf{5{,}2x - 16y} = 5 \end{array} \right.$

Addition bewirkt Wegfallen von x und y

$\Leftrightarrow \left| \begin{array}{l} 0 = 13 \quad (I + II) \\ \wedge\ 5{,}2x - 16y = 5 \end{array} \right.$

Eine falsche Aussage in Gleichung I:
Das Gleichungssystem hat keine Lösung!

$L = \emptyset$

Angabe der Lösungsmenge

d) $\left| \begin{array}{l} -0{,}4x - 0{,}5y = 3 \\ \wedge\ -0{,}1y + 1{,}2x = 9 \end{array} \right.$

Ordne zuerst.

$\Leftrightarrow \left| \begin{array}{l} -0{,}4x - 0{,}5y = 3 \quad |\cdot 3 \\ \wedge\ 1{,}2x - 0{,}1y = 9 \end{array} \right.$

Dann: Stelle betragsgleiche Koeffizienten her.

$\Leftrightarrow \left| \begin{array}{l} \mathbf{-1{,}2x} - 1{,}5y = 9 \\ \wedge\ \mathbf{1{,}2x} - 0{,}1y = 9 \end{array} \right.$

Addiere die beiden Linksterme und die beiden Rechtsterme.

$\Leftrightarrow \left| \begin{array}{l} -1{,}6y = 18 \quad (I + II) \quad |:(-1{,}6) \\ \wedge\ 1{,}2x - 0{,}1y = 9 \end{array} \right.$

$\Leftrightarrow \left| \begin{array}{l} y = -11{,}25 \\ \wedge\ 1{,}2x - 0{,}1\mathbf{y} = 9 \end{array} \right.$

Setze y = –11,25 für y in Gleichung II ein.

$\Leftrightarrow \left| \begin{array}{l} y = -11{,}25 \\ \wedge\ 1{,}2x - 0{,}1(\mathbf{-11{,}25}) = 9 \end{array} \right.$

$\Leftrightarrow \left| \begin{array}{l} y = -11{,}25 \\ \wedge\ 1{,}2x + 1{,}125 = 9 \quad |-1{,}125 \end{array} \right.$

$\Leftrightarrow \left| \begin{array}{l} y = -11{,}25 \\ \wedge\ 1{,}2x = 7{,}875 \quad |:1{,}2 \end{array} \right.$

$\Leftrightarrow \left| \begin{array}{l} y = -11{,}25 \\ \wedge\ x = 6{,}5625 \end{array} \right.$

$L = \{(6{,}5625 \mid -11{,}25)\}$

Angabe der Lösungsmenge

Hinweise und Tipps

2.2 Reelle Zahlen

47 a)

$$x^2 = 8 \quad |\sqrt{\ }$$
$$\Leftrightarrow \; |x| = \sqrt{8}$$
$$x_1 = -\sqrt{8} \;\vee\; x_2 = \sqrt{8}$$
$$L = \{-\sqrt{8}; \sqrt{8}\}$$

In der Grundmenge $\mathbb{R}$ gibt es zwei Lösungen.

b)

$$2x^2 = 32 \quad |:2$$
$$\Leftrightarrow \; x^2 = 16 \quad |\sqrt{\ }$$
$$\Leftrightarrow \; |x| = \sqrt{16}$$
$$x_1 = -\sqrt{16} = -4 \;\vee\; x_2 = \sqrt{16} = 4$$
$$L = \{-4; 4\}$$

Für den Betrag $|x|$ einer reellen Zahl x gilt:

$$|x| = \begin{cases} +x & \text{für } x > 0 \\ 0 & \text{für } x = 0 \\ -x & \text{für } x < 0 \end{cases}$$

c)

$$-8x^2 + 4 = -6 \quad |-4$$
$$\Leftrightarrow \; -8x^2 = -10 \quad |:(-8)$$
$$\Leftrightarrow \; x^2 = 1{,}25 \quad |\sqrt{\ }$$
$$\Leftrightarrow \; |x| = \sqrt{1{,}25}$$
$$x_1 = -\sqrt{1{,}25} \;\vee\; x_2 = \sqrt{1{,}25}$$
$$L = \{-\sqrt{1{,}25}; \sqrt{1{,}25}\}$$

Löse nach x^2 auf.

d)

$$12x^2 = -24 \quad |:12$$
$$\Leftrightarrow \; x^2 = -2$$
$$L = \varnothing$$

Die Wurzel aus einer negativen Zahl ist in $\mathbb{R}$ nicht definiert. Es gibt keine reelle Zahl, die mit sich selbst multipliziert eine negative Zahl ergibt!

e)

$$-\frac{1}{2}x^2 + 15 = 2{,}5 \quad |-15$$
$$\Leftrightarrow \; -\frac{1}{2}x^2 = -12{,}5 \quad |\cdot(-2)$$
$$\Leftrightarrow \; x^2 = 25 \quad |\sqrt{\ }$$
$$\Leftrightarrow \; |x| = \sqrt{25}$$
$$x_1 = -\sqrt{25} = -5 \;\vee\; x_2 = \sqrt{25} = 5$$
$$L = \{-5; 5\}$$

Löse nach x^2 auf.

f)

$$\frac{3}{4}x^2 - \frac{1}{8} = \frac{29}{24} \quad \left|+\frac{1}{8} \text{ bzw. } +\frac{3}{24}\right.$$
$$\Leftrightarrow \; \frac{3}{4}x^2 = \frac{32}{24}$$
$$\Leftrightarrow \; \frac{3}{4}x^2 = \frac{4}{3} \quad \left|\cdot\frac{4}{3}\right.$$
$$\Leftrightarrow \; x^2 = \frac{16}{9} \quad |\sqrt{\ }$$
$$\Leftrightarrow \; |x| = \sqrt{\frac{16}{9}}$$
$$x_1 = -\sqrt{\frac{16}{9}} = -\frac{4}{3} \;\vee\; x_2 = \sqrt{\frac{16}{9}} = \frac{4}{3}$$
$$L = \left\{-\frac{4}{3}; \frac{4}{3}\right\}$$

Zuerst die Strichumformung, …

dann die Punktumformung.

Beachte: $\sqrt{\frac{16}{9}} = \frac{\sqrt{16}}{\sqrt{9}} = \frac{\sqrt{4^2}}{\sqrt{3^2}} = \frac{\sqrt{4}^2}{\sqrt{3}^2} = \frac{4}{3}$

Hinweise und Tipps

48 a) $5\sqrt{x}-3\sqrt{x}=(5-3)\sqrt{x}=2\sqrt{x}$

Ausklammern von $\sqrt{x}$

b) $6\sqrt{x}+9\sqrt{x}-4\sqrt{y}-2\sqrt{y}=(6+9)\sqrt{x}+(-4-2)\sqrt{y}$
$=15\sqrt{x}+(-6)\sqrt{y}$
$=15\sqrt{x}-6\sqrt{y}$

Dieser Schritt dient nur zur rechnerischen Begründung. Rechne künftig einfach: $-4\sqrt{y}-2\sqrt{y}=-6\sqrt{y}$

c) $\sqrt{3}-2\sqrt{6}+4\sqrt{3}+3\sqrt{6}=\sqrt{3}+4\sqrt{3}-2\sqrt{6}+3\sqrt{6}$
$=5\sqrt{3}+\sqrt{6}$

Zuerst ordnen!
$\sqrt{3}+4\sqrt{3}=1\sqrt{3}+4\sqrt{3}=5\sqrt{3}$; $-2\sqrt{6}+3\sqrt{6}=1\sqrt{6}=\sqrt{6}$

d) $-9\sqrt{x}+4\sqrt{3}-8\sqrt{x}-10\sqrt{3}=-9\sqrt{x}-8\sqrt{x}+4\sqrt{3}-10\sqrt{3}$
$=-17\sqrt{x}-6\sqrt{3}$

Ordnen!
$-9-8=-17$; $+4-10=-6$

---

49 a) $5\sqrt{27}\cdot 3\sqrt{3}=5\cdot 3\cdot\sqrt{27}\cdot\sqrt{3}$
$=15\cdot\sqrt{27\cdot 3}$
$=15\cdot\sqrt{81}$
$=15\cdot 9$
$=135$

Ordnen der Faktoren
Wurzeln multiplizieren durch Multiplikation der Radikanden
$\sqrt{81}=\sqrt{9^2}=9$

b) $\sqrt{xy^2}\cdot\sqrt{25x}=\sqrt{xy^2\cdot 25x}=\sqrt{25x^2y^2}=5xy$

Radikanden multiplizieren und aus jedem Faktor die Wurzel ziehen
$\sqrt{25}=5 \quad \sqrt{x^2}=x \quad \sqrt{y^2}=y$

c) $\sqrt{49t^2s^2}\cdot\sqrt{2t^2}=\sqrt{49t^2s^2\cdot 2t^2}=\sqrt{2\cdot 49t^4s^2}=7\cdot t^2s\cdot\sqrt{2}$

Achte bei Potenzen auf gerade Exponenten!
$\sqrt{t^4}=t^2$, denn $t^2\cdot t^2=t^4$
Aus jedem Faktor die Wurzel ziehen $\sqrt{2}$ bleibt stehen.

d) $\dfrac{\sqrt{5y^3}\cdot\sqrt{6xy}}{\sqrt{30xy^2}}=\sqrt{\dfrac{5y^3\cdot 6xy}{30xy^2}}=\sqrt{\dfrac{30xy^4}{30xy^2}}=\sqrt{y^2}=y$

Wenn kein + oder – vorkommt, darf man alles unter eine Wurzel schreiben.
Kürzen

e) $\dfrac{5x\cdot\sqrt{3x}}{4\sqrt{xy}}:\dfrac{\sqrt{yx}}{\sqrt{xy^2}}=\dfrac{5x\cdot\sqrt{3x}}{4\sqrt{xy}}\cdot\dfrac{\sqrt{xy^2}}{\sqrt{yx}}$

Mit dem Kehrbruch multiplizieren
Auf einen Bruchstrich schreiben und Radikanden multiplizieren

$=\dfrac{5x\cdot\sqrt{3x\cdot xy^2}}{4\sqrt{xy\cdot yx}}$

$=\dfrac{5x\cdot\sqrt{3x^2y^2}}{4\cdot\sqrt{x^2y^2}}$

Schreibe die Radikanden unter eine Wurzel und kürze.

$=\dfrac{5x}{4}\cdot\sqrt{\dfrac{3x^2y^2}{x^2y^2}}$

$=\dfrac{5x}{4}\cdot\sqrt{3}$

f) $\dfrac{24\sqrt{27g}}{6\sqrt{3k^2g^3}}\cdot\left(\dfrac{\sqrt{5k}}{\sqrt{4g^4}}\right)^2=4\cdot\sqrt{\dfrac{27g}{3k^2g^3}}\cdot\left(\sqrt{\dfrac{5k}{4g^4}}\right)^2$

Bringe die Radikanden unter eine Wurzel und kürze, wenn möglich.

✎ Hinweise und Tipps

$$= 4 \cdot \sqrt{\frac{9}{k^2g^2}} \cdot \frac{5k}{4g^4}$$

Das Wurzelzeichen fällt beim Quadrieren weg: $\sqrt{a}^2 = a$

$$= 4 \cdot \frac{3}{kg} \cdot \frac{5k}{4g^4}$$

Fasse die restlichen Faktoren zusammen und kürze.

$$= \frac{15}{g^5}$$

---

50 a) $\sqrt{18} = \sqrt{9 \cdot 2} = \sqrt{9} \cdot \sqrt{2} = 3\sqrt{2}$

b) $\sqrt{45x^3} = \sqrt{9 \cdot 5 \cdot x^2 \cdot x} = 3x\sqrt{5x}$

Zerlege die Potenzen so, dass gerade Exponenten entstehen.

c) $\sqrt{90x^5y^3} = \sqrt{9 \cdot 10 \cdot x^4 \cdot x \cdot y^2 \cdot y} = 3x^2y\sqrt{10xy}$

d) $7\sqrt{18} - 6\sqrt{32} + 5\sqrt{50} = 7\sqrt{9 \cdot 2} - 6\sqrt{16 \cdot 2} + 5\sqrt{25 \cdot 2}$
$= 7 \cdot 3\sqrt{2} - 6 \cdot 4\sqrt{2} + 5 \cdot 5\sqrt{2}$
$= 21\sqrt{2} - 24\sqrt{2} + 25\sqrt{2}$
$= 22\sqrt{2}$

Wurzeln mit gleichem Radikanden werden addiert, indem man die Koeffizienten addiert: $21 - 24 + 25 = 22$

e) $x\sqrt{6x^3} - \sqrt{24x^5} - 4x^2\sqrt{54x}$
$= x\sqrt{6xx^2} - \sqrt{4 \cdot 6x^4x} - 4x^2\sqrt{9 \cdot 6x}$
$= x^2\sqrt{6x} - 2x^2\sqrt{6x} - 12x^2\sqrt{6x}$
$= -13x^2\sqrt{6x}$

Gleicher Radikand: $x^2 - 2x^2 - 12x^2 = -13x^2$

f) $2xy\sqrt{7y} - \sqrt{63x^2y^3} - \sqrt{175x^2y}$
$= 2xy\sqrt{7y} - \sqrt{7 \cdot 9x^2y^2y} - \sqrt{25 \cdot 7x^2y}$
$= 2xy\sqrt{7y} - 3xy\sqrt{7y} - 5x\sqrt{7y}$
$= -xy\sqrt{7y} - 5x\sqrt{7y}$

Weiter kann man nicht zusammenfassen, da $-xy - 5x$ nicht gleichartig sind.

---

51 a) $\frac{5}{\sqrt{8}} = \frac{5 \cdot \sqrt{8}}{\sqrt{8} \cdot \sqrt{8}} = \frac{5\sqrt{8}}{8} = \frac{5}{8}\sqrt{8}$

b) $\frac{6}{\sqrt{5} - \sqrt{3}} = \frac{6 \cdot (\sqrt{5} + \sqrt{3})}{(\sqrt{5} - \sqrt{3}) \cdot (\sqrt{5} + \sqrt{3})}$

Wende die 3. binomische Formel an.

$= \frac{6\sqrt{5} + 6\sqrt{3}}{5 - 3}$

$= \frac{6\sqrt{5} + 6\sqrt{3}}{2}$

Klammere im Zähler den Faktor 2 aus und kürze anschließend.

$= \frac{2 \cdot (3\sqrt{5} + 3\sqrt{3})}{2}$

$= 3\sqrt{5} + 3\sqrt{3}$

c) $\frac{\sqrt{7}}{\sqrt{x} + \sqrt{y}} = \frac{\sqrt{7} \cdot (\sqrt{x} - \sqrt{y})}{(\sqrt{x} + \sqrt{y}) \cdot (\sqrt{x} - \sqrt{y})} = \frac{\sqrt{7x} - \sqrt{7y}}{x - y}$

d) $\frac{\sqrt{3}}{4 + \sqrt{3}} = \frac{\sqrt{3} \cdot (4 - \sqrt{3})}{(4 + \sqrt{3}) \cdot (4 - \sqrt{3})} = \frac{4\sqrt{3} - 3}{16 - 3} = \frac{4\sqrt{3} - 3}{13}$

✐ Hinweise und Tipps

2.3 Quadratische Funktionen

52 a) $P\left(\frac{1}{2}\middle|1\right) \in f: 1 = a \cdot \left(\frac{1}{2}\right)^2$

Koordinaten des Punktes P in die Funktionsgleichung $y = ax^2$ eingesetzt

$\Leftrightarrow \quad 1 = a \cdot \frac{1}{4} \quad | \cdot 4$

Löse die Gleichung nach a auf.

$\Leftrightarrow \quad a = 4$

also: f: $y = 4x^2$

b) $P(-3\,|\,6) \in f: 6 = a \cdot (-3)^2$

Koordinaten des Punktes P in die Funktionsgleichung $y = ax^2$ eingesetzt

Löse die Gleichung nach a auf.

$\Leftrightarrow \quad 6 = a \cdot 9 \quad \left| \cdot \frac{1}{9}\right.$

$\Leftrightarrow \quad a = \frac{2}{3}$

also: f: $y = \frac{2}{3}x^2$

53 a) $p_1: y = 3{,}5x^2$
- Die Parabel ist nach oben geöffnet, da $a > 0$.
- Es handelt sich um eine gestreckte Parabel, da $|a| > 1$.
- Der Scheitelpunkt hat die Koordinaten $S(0\,|\,0)$.
- Die y-Achse ist Symmetrieachse mit der Gleichung s: $x = 0$.
- $D = \mathbb{R}$; $W = \mathbb{R}_0^+$

b) $p_2: y = -0{,}6x^2$
- Die Parabel ist nach unten geöffnet, da $a < 0$.
- Es handelt sich um eine gestauchte Parabel, da $|a| < 1$.
- Der Scheitelpunkt hat die Koordinaten $S(0\,|\,0)$.
- Die y-Achse ist Symmetrieachse mit der Gleichung s: $x = 0$.
- $D = \mathbb{R}$; $W = \mathbb{R}_0^-$

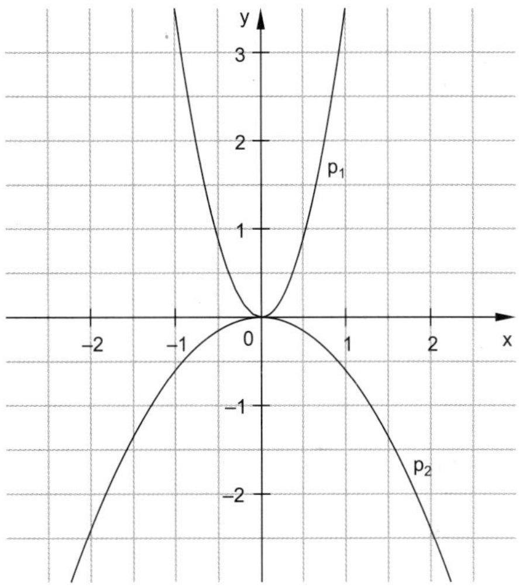

54 a)

t	0,0	1,0	2,0	3,0	4,0	5,0	6,0
y_{Sonne}	0	137,0	548	1 233	2 192	3 425	4 932
y_{Erde}	0	4,91	19,62	44,15	78,48	122,63	176,58
y_{Mond}	0	0,81	3,24	7,29	12,96	20,25	29,16

Sonne: $y = 0{,}5 \cdot 274 \cdot t^2$
Erde: $y = 0{,}5 \cdot 9{,}81 \cdot t^2$
Mond: $y = 0{,}5 \cdot 1{,}62 \cdot t^2$

Hinweise und Tipps

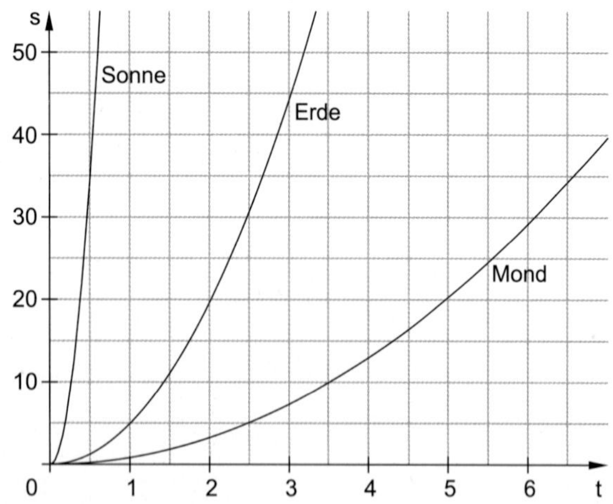

b) Fallzeit auf der Erde:

$$s = \frac{1}{2} \cdot g_{Erde} \cdot t^2$$

$$\Leftrightarrow \quad 100\text{ m} = \frac{1}{2} \cdot 9{,}81\,\frac{\text{m}}{\text{s}^2} \cdot t^2 \quad \Big| \cdot \frac{2}{1} \quad \Big| \cdot \frac{1}{9{,}81\,\frac{\text{m}}{\text{s}^2}}$$

$$\Leftrightarrow \quad t^2 = 20{,}39\text{ s}^2 \quad |\sqrt{}$$

$$\Rightarrow \quad t = 4{,}52\text{ s}$$

Setze die Konstante g in die Gleichung ein.
Setze den gegebenen Wert s = 100 m ein.

Fallzeit auf dem Mond:

$$s = \frac{1}{2} \cdot g_{Mond} \cdot t^2$$

$$\Leftrightarrow \quad 100\text{ m} = \frac{1}{2} \cdot 1{,}62\,\frac{\text{m}}{\text{s}^2} \cdot t^2 \quad \Big| \cdot \frac{2}{1} \quad \Big| \cdot \frac{1}{1{,}62\,\frac{\text{m}}{\text{s}^2}}$$

$$\Leftrightarrow \quad t^2 = 123{,}46\text{ s}^2 \quad |\sqrt{}$$

$$\Rightarrow \quad t = 11{,}11\text{ s}$$

Fallzeit auf der Sonne:

$$s = \frac{1}{2} \cdot g_{Sonne} \cdot t^2$$

$$\Leftrightarrow \quad 100\text{ m} = \frac{1}{2} \cdot 274\,\frac{\text{m}}{\text{s}^2} \cdot t^2 \quad \Big| \cdot \frac{2}{1} \quad \Big| \cdot \frac{1}{274\,\frac{\text{m}}{\text{s}^2}}$$

$$\Leftrightarrow \quad t^2 = 0{,}73\text{ s}^2 \quad |\sqrt{}$$

$$\Rightarrow \quad t = 0{,}85\text{ s}$$

---

55 a) $p\colon y = -\frac{1}{4}x^2 \xmapsto{\vec{v} = \binom{-3}{4}} p'\colon y = -\frac{1}{4}(x - (\mathbf{-3}))^2 + \mathbf{4}$

$$y = -\frac{1}{4}(x+3)^2 + 4$$

- Die Parabel ist nach unten geöffnet, da $a < 0$.
- Die Parabel ist gestaucht, da $|a| < 1$.
- Der Scheitelpunkt hat die Koordinaten $S(-3\,|\,4)$.
- Die Symmetrieachse hat die Gleichung: s: $x = -3$
- $D = \mathbb{R}$; $W = \{y \mid y \leq 4\}$

✎ Hinweise und Tipps

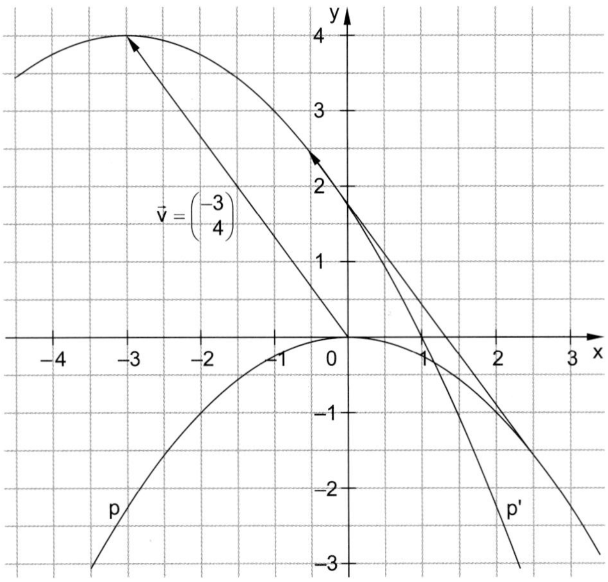

b) p: $y = 3{,}5x^2 \xmapsto{\vec{v} = \binom{2}{-5}}$ p': $y = 3{,}5(x - \mathbf{2})^2 \mathbf{- 5}$

- Die Parabel ist nach oben geöffnet, da $a > 0$.
- Die Parabel ist gestreckt, da $|a| > 1$.
- Der Scheitelpunkt hat die Koordinaten $S(2\,|\,-5)$.
- Die Symmetrieachse hat die Gleichung: s: $x = 2$
- $D = \mathbb{R}$; $W = \{y \,|\, y \geq -5\}$

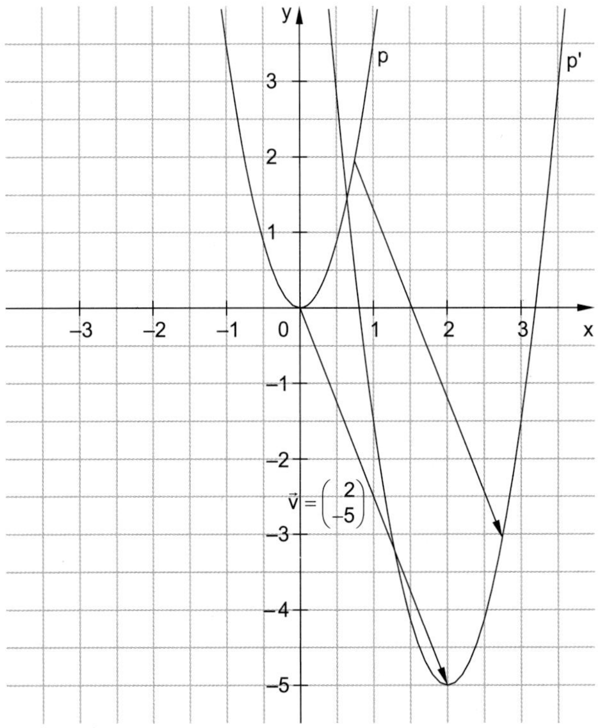

Hinweise und Tipps

56 a) $W=\{y\,|\,y\le 5\}$; s: $x=2$

Die Parabel ist nach unten geöffnet und $y_S=5$.

p: $y=-\frac{1}{8}(x-2)^2+5$

Beachte Potenz vor Punkt vor Strich. Wende die 2. binomische Formel an.

$y=-\frac{1}{8}(x^2-4x+4)+5$

Multipliziere mit dem Faktor $-\frac{1}{8}$. Beachte dabei das Vorzeichen.

$y=-\frac{1}{8}x^2+\frac{1}{2}x-\frac{1}{2}+5$

Fasse zusammen.

$y=-\frac{1}{8}x^2+\frac{1}{2}x+4\frac{1}{2}$

b) $W=\left\{y\,\middle|\,y\ge -\frac{2}{3}\right\}$; s: $x=-\frac{1}{2}$

Die Parabel ist nach oben geöffnet und $y_S=-\frac{2}{3}$.

p: $y=\frac{1}{3}\left(x+\frac{1}{2}\right)^2-\frac{2}{3}$

Beachte Potenz vor Punkt vor Strich. Wende die 1. binomische Formel an.

$y=\frac{1}{3}\left(x^2+x+\frac{1}{4}\right)-\frac{2}{3}$

Multipliziere aus.

$y=\frac{1}{3}x^2+\frac{1}{3}x+\frac{1}{12}-\frac{2}{3}$

Fasse zusammen.

$y=\frac{1}{3}x^2+\frac{1}{3}x-\frac{7}{12}$

---

57 a) p: $y=5x^2-15x+2{,}5$

Klammere den Koeffizient 5 aus.

$y=5[x^2-3x+0{,}5]$

Ergänze quadratisch.

$y=5[x^2-3x+1{,}5^2-1{,}5^2+0{,}5]$

Wende die 2. binomische Formel an.

$y=5[(x-1{,}5)^2-1{,}75]$

Vereinfachen des Terms

$y=5(x-1{,}5)^2-8{,}75$

Scheitelform angeben

also: $S(1{,}5\,|\,-8{,}75)$

b) p: $y=-\frac{1}{4}x^2-\frac{1}{2}x-1\frac{3}{4}$

Klammere den Faktor $-\frac{1}{4}$ aus.

$y=-\frac{1}{4}[x^2+2x+7]$

Ergänze quadratisch.

$y=-\frac{1}{4}[x^2+2x+1^2-1^2+7]$

Erzeuge das Binom.

$y=-\frac{1}{4}[(x+1)^2+6]$

Vereinfachen des Terms

$y=-\frac{1}{4}(x+1)^2-1\frac{1}{2}$

Scheitelform angeben

also: $S(-1\,|\,-1{,}5)$

---

58 a) Ansatz über die Scheitelform:

$S(-4\,|\,6)\in p$: $y=a(x+4)^2+6$

Koordinaten von S für x_S und y_S eingesetzt

$P(-6\,|\,-2)\in p$: $-2=a(-6+4)^2+6$

Koordinaten von P für x und y eingesetzt

$\Leftrightarrow\ -2=4a+6 \quad |-6$

Löse nach a auf.

$\Leftrightarrow\ 4a=-8 \quad |:4$

$\Leftrightarrow\ a=-2$

Hinweise und Tipps

somit:

$p:\ y = -2(x+4)^2 + 6$ — Gleichung von p in Scheitelform

$\Leftrightarrow\ y = -2(x^2 + 8x + 16) + 6$ — Beachte das Minuszeichen vor der Klammer.

$\Leftrightarrow\ y = -2x^2 - 16x - 32 + 6$

$\Leftrightarrow\ y = -2x^2 - 16x - 26$ — Gleichung von p in allgemeiner Form

b) Ansatz über die allgemeine Form: — Setze $a = 0{,}5$ in die allgemeine Form $y = ax^2 + bx + c$ ein.

$a = 0{,}5$: $\quad p: y = 0{,}5 \cdot x^2 + bx + c$

$P(-1\,|\,0) \in p: 0 = 0{,}5(-1)^2 + b \cdot (-1) + c$ — Koordinaten von P für x und y eingesetzt

$\Leftrightarrow\ 0 = 0{,}5 - b + c$

$\Leftrightarrow\ \mathbf{-0{,}5 = -b + c}$

$\wedge$

$Q(3\,|\,0) \in p: 0 = 0{,}5 \cdot 3^2 + b \cdot 3 + c$ — Koordinaten von Q für x und y eingesetzt

$\Leftrightarrow\ 0 = 4{,}5 + 3b + c$

$\Leftrightarrow\ \mathbf{-4{,}5 = 3b + c}$

$\Leftrightarrow\ \left|\begin{array}{l} -0{,}5 = -b + c \\ \wedge\ -4{,}5 = 3b + c \end{array}\right.$ — Gleichungssystem lösen (z. B. Gleichsetzungsverfahren): Löse beide Gleichungen nach c auf.

$\Leftrightarrow\ \left|\begin{array}{l} c = -0{,}5 + b \\ \wedge\ c = -4{,}5 - 3b \end{array}\right.$ — Gleichsetzen

$\Leftrightarrow\ \left|\begin{array}{l} -0{,}5 + b = -4{,}5 - 3b \quad (\mathrm{I} = \mathrm{II}) \\ \wedge\ c = -0{,}5 + b \end{array}\right.$ — Löse die Gleichung nach b auf.

$\Leftrightarrow\ \left|\begin{array}{l} 4b = -4 \\ \wedge\ c = -0{,}5 + b \end{array}\right.$

$\Leftrightarrow\ \left|\begin{array}{l} b = -1 \\ \wedge\ c = -1{,}5 \end{array}\right.$ — $b = -1$ eingesetzt in $c = -0{,}5 + b$

$p: y = 0{,}5x^2 - 1x - 1{,}5$ — a, b und c in die allgemeine Form einsetzen und gesuchte Gleichung angeben

c) Ansatz über die allgemeine Form: — Setze $a = -1$ und $b = 6$ in die allgemeine Form $y = ax^2 + bx + c$ ein.

$a = -1;\ b = 6$: $\quad p: \quad y = -1x^2 + 6x + c$

$A(5{,}5\,|\,1{,}75) \in p: 1{,}75 = -(5{,}5)^2 + 6 \cdot 5{,}5 + c$ — Setze die Koordinaten von A ein und löse die Gleichung nach c auf.

$\Leftrightarrow\ 1{,}75 = 5{,}5 \cdot (-5{,}5 + 6) + c$ — Vereinfache.

$\Leftrightarrow\ 1{,}75 = 5{,}5 \cdot 0{,}5 + c$

$\Leftrightarrow\ 1{,}75 = 2{,}75 + c \quad |-2{,}75$

$\Leftrightarrow\ c = -1$

also: $p: y = -x^2 + 6x - 1$ — Gesuchte Gleichung angeben

d) Ansatz über die allgemeine Form: — Setze $b = 0{,}5$ in die allgemeine Form $y = ax^2 + bx + c$ ein.

$b = 0{,}5$: $\quad p: y = ax^2 + 0{,}5x + c$

$P(-1\,|\,-4) \in p: -4 = a \cdot (-1)^2 + 0{,}5 \cdot (-1) + c$ — Koordinaten von P eingesetzt

$\Leftrightarrow\ -4 = a - 0{,}5 + c$ — Vereinfache.

$\Leftrightarrow\ \mathbf{-3{,}5 = a + c}$

$\wedge$

$Q(5\,|\,-7) \in p: -7 = a \cdot 5^2 + 0{,}5 \cdot 5 + c$ — Koordinaten von Q eingesetzt

$\Leftrightarrow\ -7 = 25a + 2{,}5 + c$ — Fasse zusammen.

$\Leftrightarrow\ \mathbf{-9{,}5 = 25a + c}$

Hinweise und Tipps

$$\Leftrightarrow \begin{array}{|l} -3{,}5 = a + c \\ \wedge\ -9{,}5 = 25a + c \end{array}$$

Gleichungssystem lösen:
Löse beide Gleichungen nach c auf.

$$\Leftrightarrow \begin{array}{|l} c = -3{,}5 - a \\ \wedge\ c = -9{,}5 - 25a \end{array}$$

$$\Leftrightarrow \begin{array}{|l} -3{,}5 - a = -9{,}5 - 25a \quad (\mathrm{I} = \mathrm{II}) \\ \wedge\ c = -3{,}5 - a \end{array}$$

Gleichsetzen

$$\Leftrightarrow \begin{array}{|l} 6 = -24a \\ \wedge\ c = -3{,}5 - a \end{array}$$

Löse die Gleichung nach a auf.

$$\Leftrightarrow \begin{array}{|l} a = -0{,}25 \\ \wedge\ c = -3{,}25 \end{array}$$

$a = -0{,}25$ eingesetzt in $c = -3{,}5 - a$

$$p\colon y = -0{,}25x^2 + 0{,}5x - 3{,}25$$

Gesuchte Gleichung angeben

e) Ansatz über die Scheitelform:

$S(-1 \mid 5) \in p\colon \quad y = a(x+1)^2 + 5$

Koordinaten von S für x_S und y_S eingesetzt

$A(-7 \mid -4) \in p\colon -4 = a(-7+1)^2 + 5$

$\Leftrightarrow -4 = 36a + 5$

$\Leftrightarrow 36a = -9$

$\Leftrightarrow a = -\frac{1}{4}$

Einsetzen der x- und der y-Koordinate des zweiten Punktes A in die Scheitelgleichung

Berechne a.

somit:

$p\colon \ y = -\frac{1}{4}(x+1)^2 + 5$

Gleichung von p in Scheitelform
Wende die 1. binomische Formel an.

$\Leftrightarrow y = -\frac{1}{4}(x^2 + 2x + 1) + 5$

Multipliziere aus.

$\Leftrightarrow y = -\frac{1}{4}x^2 - \frac{1}{2}x - \frac{1}{4} + 5$

Fasse zusammen.

$\Leftrightarrow y = -\frac{1}{4}x^2 - \frac{1}{2}x + 4\frac{3}{4}$

Gleichung von p in allgemeiner Form

f) $c = 5\colon \quad y = ax^2 + bx + 5$

Setze $c = 5$ in die allgemeine Form $y = ax^2 + bx + c$ ein.

$P(2 \mid -1) \in p\colon -1 = a \cdot 2^2 + b \cdot 2 + 5$

$\Leftrightarrow -1 = 4a + 2b + 5$

$\Leftrightarrow \mathbf{-6 = 4a + 2b}$

$\wedge$

$E(-4 \mid 5) \in p\colon \ 5 = a \cdot (-4)^2 + b \cdot (-4) + 5$

$\Leftrightarrow 5 = 16a - 4b + 5$

$\Leftrightarrow \mathbf{0 = 16a - 4b}$

x- und y-Koordinaten der Punkte E und P einsetzen und vereinfachen

$$\Leftrightarrow \begin{array}{|l} -6 = 4a + 2b \quad |\cdot 2 \\ \wedge\ 0 = 16a - 4b \end{array}$$

Gleichungssystem lösen:
Hier empfiehlt sich das Additionsverfahren.

$$\Leftrightarrow \begin{array}{|l} -12 = 8a + 4b \\ \wedge\ 0 = 16a - 4b \end{array}$$

Durch Addition entsteht eine Gleichung, die nur noch a enthält.

$$\Leftrightarrow \begin{array}{|l} -12 = 24a \quad (\mathrm{I} + \mathrm{II}) \\ \wedge\ 4b = 16a \end{array}$$

Löse Gleichung I nach a auf.

$$\Leftrightarrow \begin{array}{|l} a = -\frac{1}{2} \\ \wedge\ 4b = 16 \cdot \left(-\frac{1}{2}\right) \end{array}$$

$a = -\frac{1}{2}$ eingesetzt in $4b = 16a$

Hinweise und Tipps

$$\Leftrightarrow \left| \begin{array}{l} a = -\frac{1}{2} \\ \wedge\ 4b = -8 \end{array} \right.$$

$$\Leftrightarrow \left| \begin{array}{l} a = -\frac{1}{2} \\ \wedge\ b = -2 \end{array} \right.$$

$$p\colon y = -\frac{1}{2}x^2 - 2x + 5$$

Gesuchte Gleichung angeben

---

59 a) $p\colon y = x^2 - 8x + 20$ — Ergänze quadratisch.

$y = x^2 - 8x + 4^2 - 4^2 + 20$ — Erzeuge das Binom.

$y = (x-4)^2 + 4$ — Lies die Scheitelpunktskoordinaten ab.

also: $S(4\,|\,4)$

b) $A(-1\,|\,5) \overset{?}{\in} p\colon 5 = (-1)^2 - 8(-1) + 20$

$\Leftrightarrow\ 5 = 1 + 8 + 20$

$\Leftrightarrow\ 5 = 29 \quad (f)$

also: $A \notin p$

Koordinaten von A in die allgemeine Form *oder* in die Scheitelform einsetzen
(Hier wurde in die allgemeine Form eingesetzt.)

$B(2\,|\,8) \overset{?}{\in} p\colon 8 = (2-4)^2 + 4$

$\Leftrightarrow\ 8 = (-2)^2 + 4$

$\Leftrightarrow\ 8 = 4 + 4$

$\Leftrightarrow\ 8 = 8 \quad (w)$

also: $B \in p$

Koordinaten des Punktes B einsetzen
(Hier wurde in die Scheitelform eingesetzt.)

---

60 $a = -0{,}5\colon\ p\colon y = -0{,}5x^2 + bx + c$ — Setze $a = -0{,}5$ in die allgemeine Form $y = ax^2 + bx + c$ ein.

$P(-3\,|\,5) \in p\colon 5 = -0{,}5(-3)^2 + b \cdot (-3) + c$ — x- und y-Koordinaten des Punktes P eingesetzt

$\Leftrightarrow\ 5 = -4{,}5 - 3b + c$ — Vereinfache.

$\Leftrightarrow\ \mathbf{9{,}5 = -3b + c}$

$\wedge$

$Q(3\,|\,1) \in p\colon 1 = -0{,}5 \cdot 3^2 + b \cdot 3 + c$ — x- und y-Koordinaten des Punktes Q eingesetzt

$\Leftrightarrow\ 1 = -4{,}5 + 3b + c$

$\Leftrightarrow\ \mathbf{5{,}5 = 3b + c}$

$$\Leftrightarrow \left| \begin{array}{l} 9{,}5 = -3b + c \\ \wedge\ 5{,}5 = 3b + c \end{array} \right.$$

Gleichungssystem lösen:
Hier empfiehlt sich das Gleichsetzungsverfahren.

$$\Leftrightarrow \left| \begin{array}{l} c = 9{,}5 + 3b \\ \wedge\ c = 5{,}5 - 3b \end{array} \right.$$

$$\Leftrightarrow \left| \begin{array}{l} 9{,}5 + 3b = 5{,}5 - 3b \quad (I = II) \\ \wedge\ c = 5{,}5 - 3b \end{array} \right.$$

Löse Gleichung I nach b auf.

$$\Leftrightarrow \left| \begin{array}{l} 6b = -4 \\ \wedge\ c = 5{,}5 - 3b \end{array} \right.$$

$$\Leftrightarrow \left| \begin{array}{l} b = -\frac{2}{3} \\ \wedge\ c = 7{,}5 \end{array} \right.$$

$b = -\frac{2}{3}$ eingesetzt in $c = 5{,}5 - 3b$

$$p\colon y = -\frac{1}{2}x^2 - \frac{2}{3}x + 7\frac{1}{2}$$

Parabelgleichung p

Hinweise und Tipps

Berechnung von S:

$$p: y = -\frac{1}{2}x^2 - \frac{2}{3}x + 7\frac{1}{2}$$

Klammer den Faktor $-\frac{1}{2}$ aus und ergänze quadratisch.

$$y = -\frac{1}{2}\left[x^2 + \frac{4}{3}x + \left(\frac{2}{3}\right)^2 - \left(\frac{2}{3}\right)^2 - 15\right]$$

Bilde das Binom.

$$y = -\frac{1}{2}\left[\left(x + \frac{2}{3}\right)^2 - 15\frac{4}{9}\right]$$

Multipliziere aus.

$$y = -\frac{1}{2}\left(x + \frac{2}{3}\right)^2 + 7\frac{13}{18}$$

Lies aus der Scheitelform die Scheitelpunktskoordinaten ab.

also: $S\left(-\frac{2}{3} \;\middle|\; 7\frac{13}{18}\right)$

61

$$|\overline{A_nB_n}| = (y_{B_n} - y_{A_n})\text{ LE}$$

$y_{oben} - y_{unten}$

$$|\overline{A_nB_n}|(x) = \left[x^2 - 5x + 7 - \left(-\frac{1}{2}x^2 + 3x - 5\right)\right]\text{ LE}$$

Da A_n und B_n die gleiche Abszisse haben, gilt für $|\overline{A_nB_n}|(x)$:
Die y-Koordinaten sind durch die Funktionsgleichungen der Parabeln festgelegt.

$$|\overline{A_nB_n}|(x) = \left[x^2 - 5x + 7 + \frac{1}{2}x^2 - 3x + 5\right]\text{ LE}$$

Vereinfache.

$$|\overline{A_nB_n}|(x) = \left(1\frac{1}{2}x^2 - 8x + 12\right)\text{ LE}$$

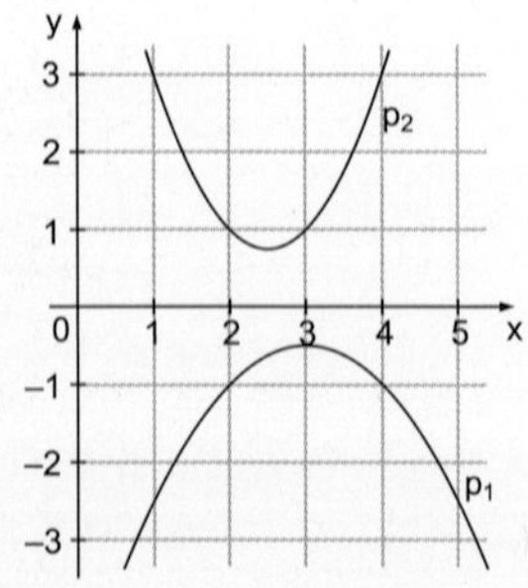

Berechnung von $|\overline{A_1B_1}|$:

$$|\overline{A_nB_n}|(x) = \left(\frac{3}{2}x^2 - 8x + 12\right)\text{ LE}$$

Klammer den Faktor $\frac{3}{2}$ aus.

$$|\overline{A_nB_n}|(x) = \frac{3}{2}\left[x^2 - 5\frac{1}{3}x + 8\right]\text{ LE}$$

Ergänze quadratisch.

$$|\overline{A_nB_n}|(x) = \frac{3}{2}\left[x^2 - 5\frac{1}{3}x + \left(2\frac{2}{3}\right)^2 - \left(2\frac{2}{3}\right)^2 + 8\right]\text{ LE}$$

Bilde das Binom.

$$|\overline{A_nB_n}|(x) = \frac{3}{2}\left[\left(x - 2\frac{2}{3}\right)^2 - \frac{64}{9} + \frac{72}{9}\right]\text{ LE}$$

Fasse zusammen und multipliziere aus.

$$|\overline{A_nB_n}|(x) = \left[\frac{3}{2}\left(x - 2\frac{2}{3}\right)^2 + 1\frac{1}{3}\right]\text{ LE}$$

Gib die minimale Streckenlänge und zugehörigen Wert von x an.

$$|\overline{A_1B_1}| = 1\frac{1}{3}\text{ LE} \quad \text{für } x = 2\frac{2}{3}$$

$$A_1 \in p_1:\; A_1\left(2\frac{2}{3} \;\middle|\; -\frac{1}{2}\left(2\frac{2}{3}\right)^2 + 3 \cdot 2\frac{2}{3} - 5\right) = A_1\left(2\frac{2}{3} \;\middle|\; -\frac{5}{9}\right)$$

$$B_1 \in p_2:\; B_1\left(2\frac{2}{3} \;\middle|\; \left(2\frac{2}{3}\right)^2 - 5 \cdot 2\frac{2}{3} + 7\right) = B_1\left(2\frac{2}{3} \;\middle|\; \frac{7}{9}\right)$$

Durch Einsetzen von $x = 2\frac{2}{3}$ in die Parabelgleichung p_1 für den Punkt A_1 bzw. in p_2 für B_1 erhält man die zugehörigen y-Koordinaten der Punkte A_1 und B_1.

Hinweise und Tipps

62 a)

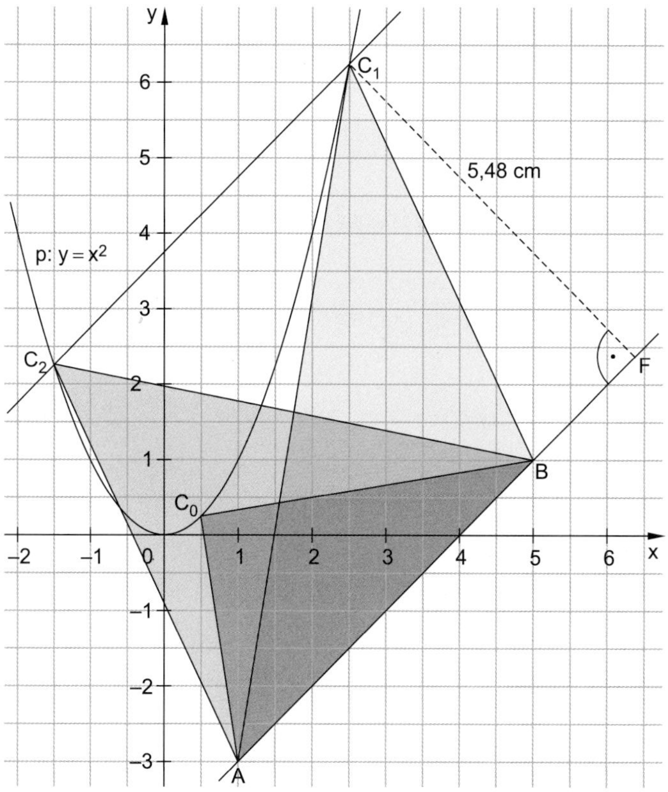

p: $y=x^2$
$C_1(2{,}5\,|\,2{,}5^2)$
$C_1(2{,}5\,|\,6{,}25)$

b) $\overrightarrow{AB}=\begin{pmatrix}5-1\\1-(-3)\end{pmatrix}=\begin{pmatrix}4\\4\end{pmatrix};\quad \overrightarrow{AC_n}=\begin{pmatrix}x-1\\x^2-(-3)\end{pmatrix}=\begin{pmatrix}x-1\\x^2+3\end{pmatrix}$

Berechne zunächst die aufspannenden Vektoren zum Einsetzen in die Determinante.
Es gilt: $C_n(x\,|\,x^2)$

Berechnung von $A_{\Delta ABC_n}(x)$:

$$A_{\Delta ABC_n}(x)=\frac{1}{2}\cdot\begin{vmatrix}4 & x-1\\4 & x^2+3\end{vmatrix}\text{ FE}$$

$$A_{\Delta ABC_n}(x)=\frac{1}{2}\cdot[4\cdot(x^2+3)-4\cdot(x-1)]\text{ FE}$$

Löse die runden Klammern auf.

$$A_{\Delta ABC_n}(x)=\frac{1}{2}\cdot[4x^2+12-4x+4]\text{ FE}$$

Fasse zusammen.

$$A_{\Delta ABC_n}(x)=\frac{1}{2}\cdot(4x^2-4x+16)\text{ FE}$$

$$A_{\Delta ABC_n}(x)=(2x^2-2x+8)\text{ FE}$$

Berechnung von $A_{\Delta ABC_1}$ für $x=2{,}5$:

$$A_{\Delta ABC_1}=(2\cdot 2{,}5^2-2\cdot 2{,}5+8)\text{ FE}=15{,}5\text{ FE}$$

c) Berechnung von A_{min}:

Bestimme den Extremwert durch quadratische Ergänzung.

$$A_{\Delta ABC_n}(x)=(2x^2-2x+8)\text{ FE}$$

$$A_{\Delta ABC_n}(x)=2[x^2-x+4]\text{ FE}$$

$$A_{\Delta ABC_n}(x)=2\left[x^2-x+\left(\frac{1}{2}\right)^2-\left(\frac{1}{2}\right)^2+4\right]\text{ FE}$$

$$A_{\Delta ABC_n}(x)=2\left[\left(x-\frac{1}{2}\right)^2-\frac{1}{4}+4\right]\text{ FE}$$

Hinweise und Tipps

$$A_{\Delta ABC_n}(x) = 2\left[\left(x-\frac{1}{2}\right)^2 + 3\frac{3}{4}\right] \text{FE}$$

$$A_{\Delta ABC_n}(x) = \left[2\left(x-\frac{1}{2}\right)^2 + 7\frac{1}{2}\right] \text{FE}$$

$$A_{min} = 7\frac{1}{2} \text{ FE für } x = \frac{1}{2} \Rightarrow C_0\left(\frac{1}{2} \,\middle|\, \frac{1}{4}\right)$$

Einsetzen von $x = \frac{1}{2}$ in $y = x^2$

d) Der Abstand $|\overline{C_1F}|$ des Punktes C_1 zur Geraden AB entspricht der Höhe des Dreiecks ABC_1.
Berechnung von $|\overline{AB}|$:

$$\overrightarrow{AB} = \begin{pmatrix} 5-1 \\ 1-(-3) \end{pmatrix} = \begin{pmatrix} 4 \\ 4 \end{pmatrix} \Rightarrow |\overline{AB}| = \sqrt{4^2+4^2} \text{ LE} = 5{,}66 \text{ LE}$$

Berechnung von $\overline{C_1F}$ mithilfe der Flächenformel:

$$A_{\Delta ABC_1} = \frac{1}{2} \cdot g \cdot h$$

$$A_{\Delta ABC_1} = \frac{1}{2} \cdot |\overline{AB}| \cdot |\overline{C_1F}|$$

$$15{,}5 \text{ FE} = \frac{1}{2} \cdot 5{,}66 \text{ LE} \cdot |\overline{C_1F}| \quad |:2{,}83 \text{ LE}$$

$$|\overline{C_1F}| = 5{,}48 \text{ LE}$$

Der Abstand beträgt 5,48 LE.

e) Da $|\overline{AB}|$ konstant und der Flächeninhalt 15,5 FE vorgegeben ist, muss der Punkt C_2 auf einer Parallelen zu AB durch C_1 liegen, denn die Höhe des Dreiecks ABC_2 auf die Grundlinie $\overline{AB}$ muss ebenfalls 5,48 LE betragen! Der Schnittpunkt der Parallelen mit dem Parabelgraphen ist der gesuchte Punkt C_2.

---

63 a) Berechnung von p_1:

$a = \frac{1}{2}$: $\quad p: y = \frac{1}{2}x^2 + bx + c$ — Einsetzen von $a = \frac{1}{2}$ in die Parabelgleichung

$A(0|6) \in p_1$: $\quad 6 = \frac{1}{2} \cdot 0^2 + b \cdot 0 + c$ — Einsetzen der Koordinaten von A für x und y

$\wedge$

$B(5|8{,}5) \in p_1$: $8{,}5 = \frac{1}{2} \cdot 5^2 + b \cdot 5 + c$ — Einsetzen der Koordinaten von B für x und y

$$\Leftrightarrow \begin{array}{|l} c = 6 \\ \wedge\ 8{,}5 = 12{,}5 + 5b + c \end{array}$$

$$\Leftrightarrow \begin{array}{|l} c = 6 \\ \wedge\ 5b = -c - 4 \end{array}$$

$$\Leftrightarrow \begin{array}{|l} c = 6 \\ \wedge\ 5b = -10 \quad \text{(I in II)} \end{array}$$

Einsetzen von $c = 6$ in Gleichung II

$$\Leftrightarrow \begin{array}{|l} c = 6 \\ \wedge\ b = -2 \end{array}$$

also: p_1: $y = \frac{1}{2}x^2 - 2x + 6$

Hinweise und Tipps

Berechnung der Koordinaten von S_1:

$p_1\colon y = \frac{1}{2}x^2 - 2x + 6$

$y = \frac{1}{2}[x^2 - 4x + 12]$

$y = \frac{1}{2}[x^2 - 4x + 2^2 - 2^2 + 12]$

$y = \frac{1}{2}[(x-2)^2 + 8]$

$y = \frac{1}{2}(x-2)^2 + 4$

$S_1(2|4)$

b) 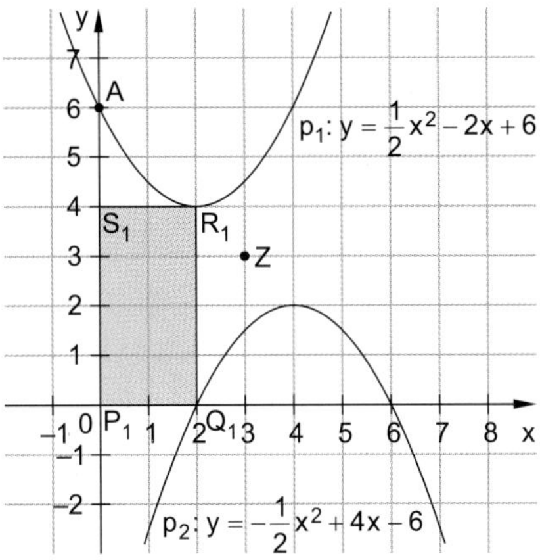

c) Zeichnung siehe Teilaufgabe a

d) Berechnung von $|\overline{Q_nR_n}|(x)$:

$|\overline{Q_nR_n}| = (y_{R_n} - y_{Q_n})$ LE — $y_{oben} - y_{unten}$

$|\overline{Q_nR_n}|(x) = \left[\frac{1}{2}x^2 - 2x + 6 - \left(-\frac{1}{2}x^2 + 4x - 6\right)\right]$ LE — Klammern setzen

$|\overline{Q_nR_n}|(x) = \left[\frac{1}{2}x^2 - 2x + 6 + \frac{1}{2}x^2 - 4x + 6\right]$ LE

$|\overline{Q_nR_n}|(x) = (x^2 - 6x + 12)$ LE

Berechnung von u(x):

$u(x) = 2\cdot\left[|\overline{P_nQ_n}|(x) + |\overline{Q_nR_n}|(x)\right]$ LE — Die Länge von $\overline{P_nQ_n}$ entspricht der Abszisse von Q_n: $|\overline{P_nQ_n}|(x) = x$

$u(x) = 2(x + x^2 - 6x + 12)$ LE

$u(x) = (2x^2 - 10x + 24)$ LE

e) $u(x) = (2x^2 - 10x + 24)$ LE

$u(x) = 2[x^2 - 5x + 12]$ LE

$u(x) = 2\left[x^2 - 5x + 2{,}5^2 - 2{,}5^2 + 12\right]$ LE — Beachte: $-2{,}5^2 \neq (-2{,}5)^2$

$u(x) = 2\left[(x-2{,}5)^2 - 6{,}25 + 12\right]$ LE

$u(x) = 2\left[(x-2{,}5)^2 + 5{,}75\right]$ LE

$u(x) = \left[2(x-2{,}5)^2 + 11{,}5\right]$ LE

$u_{min} = 11{,}5$ LE für $x = 2{,}5$

Hinweise und Tipps

64 a) Berechnung der Scheitelkoordinaten in Abhängigkeit von a:

$p(a)\colon\ y = ax^2 + 4x + 6$ — Klammere den Faktor a aus.

$y = a\left[x^2 + \frac{4}{a}x + \frac{6}{a}\right]$ — Ergänze quadratisch.

$y = a\left[x^2 + \frac{4}{a}x + \left(\frac{2}{a}\right)^2 - \left(\frac{2}{a}\right)^2 + \frac{6}{a}\right]$ — Wende die binomische Formel an.

$y = a\left[\left(x + \frac{2}{a}\right)^2 - \frac{4}{a^2} + \frac{6}{a}\right]$ — Löse die eckige Klammer auf.

$y = a\left(x + \frac{2}{a}\right)^2 - \frac{4}{a^2} \cdot a + \frac{6}{a} \cdot a$ — Kürze den Faktor a.

$y = a\left(x + \frac{2}{a}\right)^2 - \frac{4}{a} + 6$

$y = a\Big[x - \underbrace{\left(-\frac{2}{a}\right)}_{x_{S_a}}\Big]^2 \underbrace{- \frac{4}{a} + 6}_{y_{S_a}}$

also: $S_a\left(-\frac{2}{a} \,\middle|\, -\frac{4}{a} + 6\right)$ — Parameterdarstellung der Scheitelpunktskoordinaten

b) Berechnung von $S_{0,5}$:

$S_a\left(-\frac{2}{a} \,\middle|\, -\frac{4}{a} + 6\right)$ — Setze a = 0,5 ein.

$S_{0,5}\left(-\frac{2}{0,5} \,\middle|\, -\frac{4}{0,5} + 6\right) = S_{0,5}(-4\,|\,-2)$

$p(a)\colon\quad y = a \cdot (x - x_{S_a})^2 + y_{S_a}$

$p(0,5)\colon\ y = 0,5 \cdot (x + 4)^2 - 2$

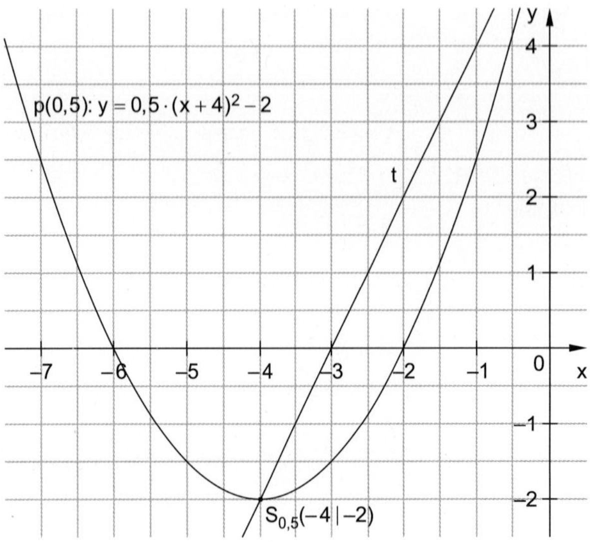

Hinweise und Tipps

c) $S(x\,|\,y) = S_a\left(-\frac{2}{a}\,\middle|\,6-\frac{4}{a}\right)$

$\Leftrightarrow \left|\begin{array}{l} x = -\frac{2}{a} \quad \left|\cdot\frac{a}{x}\right. \\ \wedge\; y = 6-\frac{4}{a} \end{array}\right.$

Löse Gleichung I nach a auf.

$\Leftrightarrow \left|\begin{array}{l} a = -\frac{2}{x} \\ \wedge\; y = 6-\frac{4}{\left(-\frac{2}{x}\right)} \quad \text{(I in II)} \end{array}\right.$

Einsetzen von $-\frac{2}{x}$ für a in Gleichung II

$\Leftrightarrow \left|\begin{array}{l} a = -\frac{2}{x} \\ \wedge\; y = 6-4\cdot\left(-\frac{x}{2}\right) \end{array}\right.$

Beachte: $4:\left(-\frac{2}{x}\right) = 4\cdot\left(-\frac{x}{2}\right)$

$\Leftrightarrow \left|\begin{array}{l} a = -\frac{2}{x} \\ \wedge\; y = 6+2x \end{array}\right.$

$\Leftrightarrow$ t: $y = 2x+6$

Gleichung des Trägergraphen

Die Scheitelpunkte aller Scharparabeln liegen auf einer Geraden mit der Gleichung $y = 2x+6$.

---

65 Berechnung der Scheitelkoordinaten in Abhängigkeit von a:

p(a): $y = x^2 - 2x + 2ax + a^2$

$y = x^2 - x\cdot(2-2a) + a^2$ — $x\cdot(2-2a) = 2\cdot x\cdot(1-a)$

$y = x^2 - 2\cdot x\cdot(1-a) + a^2$ — Ergänze quadratisch.

$y = \underbrace{x^2 - 2\cdot x\cdot(1-a) + (1-a)^2} - \underbrace{(1-a)^2} + a^2$ — Binom bilden

$y = [x-(1-a)]^2 - (1-2a+a^2) + a^2$

$y = [x-(1-a)]^2 - 1 + 2a - a^2 + a^2$ — Fasse zusammen.

$y = [x - \underbrace{(1-a)}_{x_{S_a}}]^2 + \underbrace{2a-1}_{y_{S_a}}$

also: $S_a(1-a\,|\,2a-1)$ — Parameterdarstellung der Scheitelpunktskoordinaten

---

66 a) Berechnung der Scheitelkoordinaten in Abhängigkeit von a:

p(a): $y = x^2 - ax + 2a$ — Ergänze quadratisch.

$y = x^2 - ax + \left(\frac{a}{2}\right)^2 - \left(\frac{a}{2}\right)^2 + 2a$ — Bilde das Binom.

$y = \left(x - \underbrace{\frac{a}{2}}_{x_{S_a}}\right)^2 \underbrace{- \frac{a^2}{4} + 2a}_{y_{S_a}}$

also: $S_a\left(\frac{a}{2}\,\middle|\,-\frac{a^2}{4}+2a\right)$

Hinweise und Tipps

b) Berechnung des Trägergraphen der Scheitelpunkte der Scharparabeln:

$S(x \mid y) = S_a\left(\frac{a}{2} \;\middle|\; -\frac{a^2}{4}+2a\right)$

$\Leftrightarrow \left| \begin{array}{l} x=\frac{a}{2} \quad |\cdot 2 \\ \wedge \; y=-\frac{a^2}{4}+2a \end{array} \right.$ — Löse Gleichung I nach a auf.

$\Leftrightarrow \left| \begin{array}{l} a=2x \\ \wedge \; y=-\frac{(2x)^2}{4}+2\cdot 2x \end{array} \right.$ — 2x für a in Gleichung II eingesetzt

$\Leftrightarrow \left| \begin{array}{l} a=2x \\ \wedge \; y=-\frac{4x^2}{4}+4x \end{array} \right.$ — Kürze den Faktor 4.

$\Leftrightarrow \left| \begin{array}{l} a=2x \\ \wedge \; y=-x^2+4x \end{array} \right.$

$\Leftrightarrow$ t: $y=-x^2+4x$ — Gleichung des Trägergraphen

Die Scheitelpunkte aller Scharparabeln liegen auf einer Parabel mit der Gleichung $y=-x^2+4x$.

c) $P_1(-1 \mid 4) \in$ p(a): $y = x^2 - ax + 2a$ — Einsetzen der Punktkoordinaten

$\Leftrightarrow \; 4 = (-1)^2 - a(-1) + 2a$

$\Leftrightarrow \; 4 = 1 + a + 2a$

$\Leftrightarrow \; 4 = 1 + 3a \quad |-1$

$\Leftrightarrow \; 3a = 3 \quad |:3$

$\Leftrightarrow \; a = 1$

also: $p_1 = p(1)$: $y = x^2 - x + 2$ — Gleichung der Scharparabel

$P_2(0 \mid 6) \in$ p(a): $y = x^2 - ax + 2a$ — Setze die Punktkoordinaten ein.

$\Leftrightarrow \; 6 = 0^2 - a\cdot 0 + 2a$

$\Leftrightarrow \; 6 = 2a \quad |:2$

$\Leftrightarrow \; a = 3$

also: $p_2 = p(3)$: $y = x^2 - 3x + 6$ — Gleichung der Scharparabel

$P_3(1{,}5 \mid 4{,}75) \in$ p(a): $y = x^2 - ax + 2a$ — Setze die Punktkoordinaten ein.

$\Leftrightarrow \; 4{,}75 = 1{,}5^2 - a\cdot 1{,}5 + 2a$

$\Leftrightarrow \; 4{,}75 = 2{,}25 - 1{,}5a + 2a \quad |-2{,}25$

$\Leftrightarrow \; 2{,}5 = 0{,}5a \quad |:0{,}5$

$\Leftrightarrow \; a = 5$

also: $p_3 = p(5)$: $y = x^2 - 5x + 10$ — Gleichung der Scharparabel

$P_4(1 \mid 8) \in$ p(a): $y = x^2 - ax + 2a$ — Setze die Punktkoordinaten ein.

$\Leftrightarrow \; 8 = 1^2 - a\cdot 1 + 2a$

$\Leftrightarrow \; 8 = 1 + a \quad |-1$

$\Leftrightarrow \; a = 7$

also: $p_4 = p(7)$: $y = x^2 - 7x + 14$ — Gleichung der Scharparabel

✎ Hinweise und Tipps

Zeichnung:

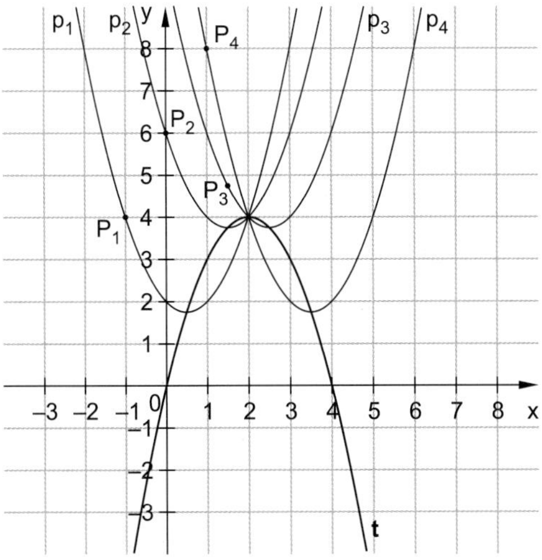

67 a) Berechnung der Scheitelkoordinaten in Abhängigkeit von c:

$p(c) = x^2 - 2cx + c^2 - 2c + 1 = (x - c)^2 - 2c + 1$

also: $S_c(c \mid -2c + 1)$

Parameterdarstellung der Scheitelpunktskoordinaten

Berechnung des Trägergraphen der Scheitelpunkte der Scharparabeln:

$S(x \mid y) = S_c(c \mid -2c + 1)$

$\Leftrightarrow \left| \begin{array}{l} x = c \\ \wedge \ y = -2c + 1 \end{array} \right.$

x für c in Gleichung II eingesetzt

$\Leftrightarrow \left| \begin{array}{l} c = x \\ \wedge \ y = -2x + 1 \end{array} \right.$

also: t: $y = -2x + 1$

Gleichung des Trägergraphen

Die Scheitelpunkte aller Scharparabeln liegen auf einer Geraden mit der Gleichung $y = -2x + 1$.

b) $p(c) = (x - c)^2 - 2c + 1$

$p(-3) = (x - (-3))^2 - 2 \cdot (-3) + 1 = (x + 3)^2 + 7$

$p(-2) = (x - (-2))^2 - 2 \cdot (-2) + 1 = (x + 2)^2 + 5$

$p(-1) = (x - (-1))^2 - 2 \cdot (-1) + 1 = (x + 1)^2 + 3$

$p(0) = (x - 0)^2 - 2 \cdot 0 + 1 = x^2 + 1$

$p(1) = (x - 1)^2 - 2 \cdot 1 + 1 = (x - 1)^2 - 1$

$p(2) = (x - 2)^2 - 2 \cdot 2 + 1 = (x - 2)^2 - 3$

Hinweise und Tipps

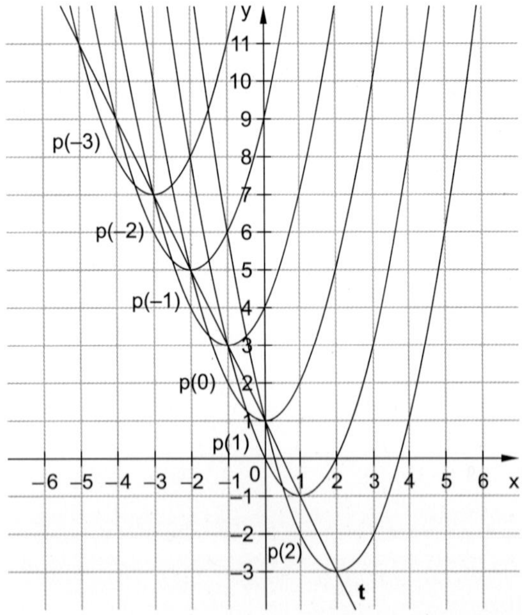

68 Es gilt:

$$p\colon y = -3x^2 \xmapsto{\vec{v}=\binom{-2}{0,25}} p'$$

$$P(x \mid -3x^2) \xmapsto{\vec{v}=\binom{-2}{0,25}} P'(x' \mid y')$$

Vektorvergleich:

$$\overrightarrow{PP'} = \vec{v} \quad \text{mit} \quad P'(x' \mid y')$$

$$\Leftrightarrow \begin{pmatrix} x' - x \\ y' - (-3x^2) \end{pmatrix} = \begin{pmatrix} -2 \\ 0,25 \end{pmatrix}$$

$$\Leftrightarrow \begin{array}{|l} x' - x = -2 \\ \wedge \ y' + 3x^2 = 0,25 \end{array}$$

Löse nach x auf.
Löse nach y' auf.

$$\Leftrightarrow \begin{array}{|l} x = x' + 2 \\ \wedge \ y' = -3x^2 + 0,25 \end{array}$$

$$\Leftrightarrow \begin{array}{|l} x = x' + 2 \\ \wedge \ y' = -3(x' + 2)^2 + 0,25 \end{array}$$

$x = x' + 2$ aus Gleichung I in Gleichung II eingesetzt

also: $p'\colon y = -3(x+2)^2 + 0,25$ — Scheitelform der Parabelgleichung

$$y = -3(x^2 + 4x + 4) + 0,25$$
$$y = -3x^2 - 12x - 12 + 0,25$$
$$y = -3x^2 - 12x - 11,75$$

Allgemeine Form der Parabelgleichung

69 a) $p\colon y = -\frac{2}{3}x^2 \xmapsto{\vec{v}=\binom{4}{1,5}} p'\colon y = -\frac{2}{3}(x-4)^2 + 1,5$

Bei der Parallelverschiebung wird der Scheitelpunkt $S(0 \mid 0)$ der Parabel p durch den Vektor $\vec{v}$ auf S' mit den Koordinaten $(v_x \mid v_y) = (4 \mid 1,5)$ abgebildet. Die Form und die Öffnung der Parabel ändern sich bei der Abbildung nicht. Somit bleibt der Formfaktor gleich.

b) $p\colon y = 2,45x^2 \xmapsto{\vec{v}=\binom{-0,5}{12}} p'\colon y = 2,45[x - (-0,5)]^2 + 12$

$$y = 2,45(x + 0,5)^2 + 12$$

Hinweise und Tipps

c) p: $y = 0,\overline{3}x^2 \xmapsto{\vec{v}=\binom{-2}{-0,6}} $ p': $y = 0,\overline{3}[x-(-2)]^2 - 0,6$

$y = \frac{1}{3}(x+2)^2 - 0,6$

Beachte: $0,\overline{3} = \frac{3}{9} = \frac{1}{3}$

d) p: $y = 2x^2 \xmapsto{\vec{v}=\binom{0}{-7}}$ p': $y = 2(x-0)^2 - 7$

$y = 2x^2 - 7$

---

70 a) p: $y = 2x^2 + 12x + 16 \xmapsto{\vec{v}=\binom{7}{4}}$ p'

$P(x \mid 2x^2 + 12x + 16) \xmapsto{\vec{v}=\binom{7}{4}} P'(x' \mid y')$

Vektorvergleich:

$$\overrightarrow{PP'} = \vec{v}$$

$\Leftrightarrow \begin{pmatrix} x' - x \\ y' - (2x^2 + 12x + 16) \end{pmatrix} = \begin{pmatrix} 7 \\ 4 \end{pmatrix}$

Klammern setzen!

$\Leftrightarrow \begin{pmatrix} x' - x \\ y' - 2x^2 - 12x - 16 \end{pmatrix} = \begin{pmatrix} 7 \\ 4 \end{pmatrix}$

$\Leftrightarrow \left| \begin{array}{l} x' - x = 7 \\ \wedge\ y' - 2x^2 - 12x - 16 = 4 \end{array} \right.$

Löse Gleichung I nach x auf.

$\Leftrightarrow \left| \begin{array}{l} x = x' - 7 \\ \wedge\ y' = 2x^2 + 12x + 20 \end{array} \right.$

Setze x' – 7 für x in Gleichung II ein.

$\Leftrightarrow \left| \begin{array}{l} x = x' - 7 \\ \wedge\ y' = 2(x'-7)^2 + 12(x'-7) + 20 \quad \text{(I in II)} \end{array} \right.$

$\Leftrightarrow \left| \begin{array}{l} x = x' - 7 \\ \wedge\ y' = 2(x'^2 - 14x' + 49) + 12x' - 84 + 20 \end{array} \right.$

$\Leftrightarrow \left| \begin{array}{l} x = x' - 7 \\ \wedge\ y' = 2x'^2 - 28x' + 98 + 12x' - 64 \end{array} \right.$

$\Leftrightarrow \left| \begin{array}{l} x = x' - 7 \\ \wedge\ y' = 2x'^2 - 16x' + 34 \end{array} \right.$

also: p': $y = 2x^2 - 16x + 34$

Umbenennen von x' in x und y' in y: Gleichung der Bildparabel

b) Berechnung der Koordinaten der Scheitelpunkte S und S':

p: $y = 2x^2 + 12x + 16$

$y = 2[x^2 + 6x + 8]$

$y = 2[x^2 + 6x + 3^2 - 3^2 + 8]$

$y = 2[(x+3)^2 - 9 + 8]$

$y = 2[(x+3)^2 - 1]$

$y = 2(x+3)^2 - 2$

also: $S(-3 \mid -2)$

✎ Hinweise und Tipps

p': $y = 2x^2 - 16x + 34$ — Klammere den Faktor 2 aus.

$y = 2[x^2 - 8x + 17]$ — Ergänze quadratisch.

$y = 2[x^2 - 8x + 4^2 - 4^2 + 17]$ — Bilde das Binom.

$y = 2[(x-4)^2 - 16 + 17]$ — Fasse zusammen.

$y = 2[(x-4)^2 + 1]$ — Löse die eckige Klammer auf.

$y = 2(x-4)^2 + 2$

also: $S'(4\,|\,2)$ — Angabe der Scheitelpunktkoordinaten

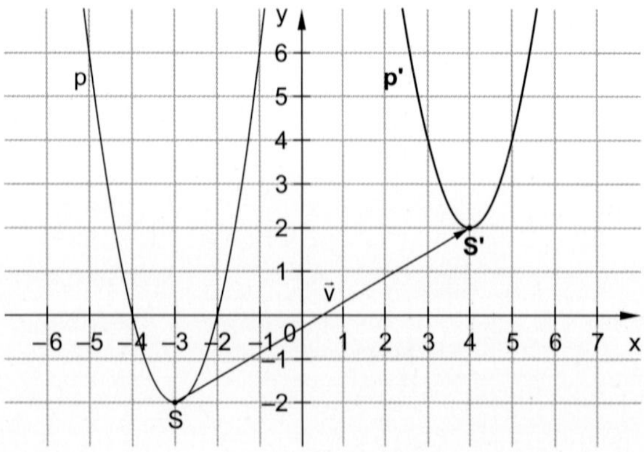

71 a) $p\colon y = -\frac{1}{4}x^2 + 2x - 7 \xmapsto{\vec{v} = \binom{-5}{3}} p'$

$P\left(x \,\middle|\, -\frac{1}{4}x^2 + 2x - 7\right) \xmapsto{\vec{v} = \binom{-5}{3}} P'(x'\,|\,y')$

Vektorvergleich:

$$\overrightarrow{PP'} = \vec{v}$$

$$\Leftrightarrow \begin{pmatrix} x' - x \\ y' - \left(-\frac{1}{4}x^2 + 2x - 7\right) \end{pmatrix} = \begin{pmatrix} -5 \\ 3 \end{pmatrix}$$

Klammern setzen!

$$\Leftrightarrow \begin{pmatrix} x' - x \\ y' + \frac{1}{4}x^2 - 2x + 7 \end{pmatrix} = \begin{pmatrix} -5 \\ 3 \end{pmatrix}$$

$$\Leftrightarrow \begin{array}{|l} x' - x = -5 \\ \wedge\ y' + \frac{1}{4}x^2 - 2x + 7 = 3 \end{array}$$

$$\Leftrightarrow \begin{array}{|l} x = x' + 5 \\ \wedge\ y' = -\frac{1}{4}x^2 + 2x - 4 \end{array}$$

Löse Gleichung I nach x auf.

$$\Leftrightarrow \begin{array}{|l} x = x' + 5 \\ \wedge\ y' = -\frac{1}{4}(x'+5)^2 + 2(x'+5) - 4 \quad \text{(I in II)} \end{array}$$

$x' + 5$ für x in Gleichung II eingesetzt

$$\Leftrightarrow \begin{array}{|l} x = x' + 5 \\ \wedge\ y' = -\frac{1}{4}(x'^2 + 10x' + 25) + 2x' + 10 - 4 \end{array}$$

Hinweise und Tipps

$$\Leftrightarrow \left| \begin{array}{l} x = x' + 5 \\ \wedge\ y' = -\frac{1}{4}x'^2 - \frac{5}{2}x' - \frac{25}{4} + 2x' + 6 \end{array} \right.$$

Fasse gleichartige Summanden zusammen.

$$\Leftrightarrow \left| \begin{array}{l} x = x' + 5 \\ \wedge\ y' = -\frac{1}{4}x'^2 - \frac{1}{2}x' - \frac{1}{4} \end{array} \right.$$

also: p': $y = -\frac{1}{4}x^2 - \frac{1}{2}x - \frac{1}{4}$

Umbenennen von x' in x und y' in y: Gleichung der Bildparabel

b) Berechnung der Koordinaten der Scheitelpunkte S und S':

p: $y = -\frac{1}{4}x^2 + 2x - 7$

Klammere den Faktor $-\frac{1}{4}$ aus.

$y = -\frac{1}{4}[x^2 - 8x + 28]$

$y = -\frac{1}{4}[x^2 - 8x + 4^2 - 4^2 + 28]$

$y = -\frac{1}{4}[(x-4)^2 - 16 + 28]$

$y = -\frac{1}{4}[(x-4)^2 + 12]$

$y = -\frac{1}{4}(x-4)^2 - 3$

also: S(4 | –3)

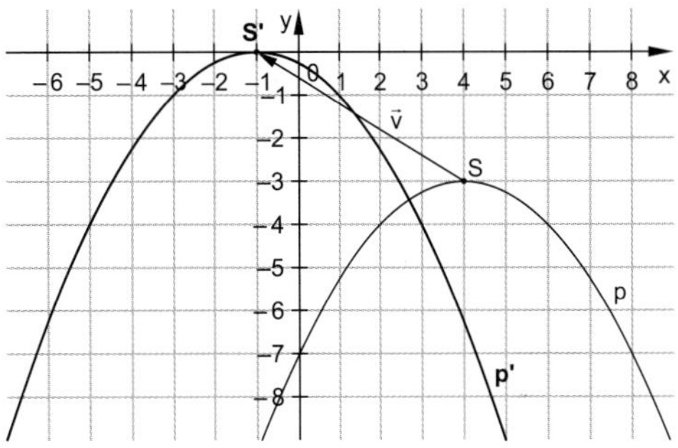

p': $y = -\frac{1}{4}x^2 - \frac{1}{2}x - \frac{1}{4}$

$y = -\frac{1}{4}[x^2 + 2x + 1]$

$y = -\frac{1}{4}[x^2 + 2x + 1^2 - 1^2 + 1]$

$y = -\frac{1}{4}[(x+1)^2 - 1 + 1]$

$y = -\frac{1}{4}(x+1)^2$

also: S'(–1 | 0)

2.4 Quadratische Gleichungen

72 a) $\sqrt{2}x^2 - \sqrt{72} = 0 \quad | + \sqrt{72}$

Forme äquivalent um.

$\Leftrightarrow \quad \sqrt{2}x^2 = \sqrt{72} \quad \left| \cdot \frac{1}{\sqrt{2}} \right.$

$\Leftrightarrow \quad x^2 = \frac{\sqrt{72}}{\sqrt{2}}$

Beachte: $\frac{\sqrt{a}}{\sqrt{b}} = \sqrt{\frac{a}{b}}$

$\Leftrightarrow \quad x^2 = \sqrt{\frac{72}{2}}$

Hinweise und Tipps

$\Leftrightarrow\ x^2 = \sqrt{36}$	
$\Leftrightarrow\ x^2 = 6 \quad \vert\sqrt{\ }$	Radiziere Links- und Rechtsterm.
$\Leftrightarrow\ \vert x\vert = \sqrt{6}$	Es existieren zwei Zahlen mit dem Betrag $\sqrt{6}$.
$x_1 = -\sqrt{6} \ \vee\ x_2 = +\sqrt{6}$	Darum ist $x = -\sqrt{6}$ *oder* (in Zeichen: $\vee$) $x = +\sqrt{6}$.
$L = \{-\sqrt{6}; +\sqrt{6}\}$	Lösungsmenge angeben
b) $(x-3)(x+3)+(x-4)(x+4) = 25$	Wende die 3. binomische Formel an.
$\Leftrightarrow\ x^2 - 9 + x^2 - 16 = 25$	Fasse zusammen.
$\Leftrightarrow\ 2x^2 - 25 = 25 \quad \vert +25$	Forme äquivalent um.
$\Leftrightarrow\ 2x^2 = 50 \quad \vert \cdot \frac{1}{2}$	
$\Leftrightarrow\ x^2 = 25 \quad \vert\sqrt{\ }$	Radiziere Links- und Rechtsterm.
$\Leftrightarrow\ \vert x\vert = 5$	
$x_1 = -5 \ \vee\ x_2 = 5$	
$L = \{-5; 5\}$	Lösungsmenge angeben
c) $\frac{y-6}{y-5} = \frac{2y+8}{y+4}$	„Überkreuz-Multiplikation“
$\Leftrightarrow\ (y-6)\cdot(y+4) = (2y+8)\cdot(y-5)$	Multipliziere aus.
$\Leftrightarrow\ y^2 + 4y - 6y - 24 = 2y^2 - 10y + 8y - 40$	Fasse zusammen.
$\Leftrightarrow\ y^2 - 2y - 24 = 2y^2 - 2y - 40 \quad \vert -2y^2 + 2y$	Forme äquivalent um.
$\Leftrightarrow\ -y^2 - 24 = -40 \quad \vert +24$	
$\Leftrightarrow\ -y^2 = -16 \quad \vert\cdot(-1)$	
$\Leftrightarrow\ y^2 = 16 \quad \vert\sqrt{\ }$	
$\Leftrightarrow\ \vert y\vert = 4$	
$(y_1 = -4 \ \vee)\ y_2 = 4$	Für $y = -4$ ist der Bruchterm $\frac{2y+8}{y+4}$ nicht definiert.
$L = \{4\}$	(Die Division durch 0 ist nicht definiert.)
d) $\frac{5+3a}{a} = \frac{7a-7}{4a-9}$	„Überkreuz-Multiplikation“
$\Leftrightarrow\ (5+3a)(4a-9) = a(7a-7)$	Multipliziere aus.
$\Leftrightarrow\ 20a - 45 + 12a^2 - 27a = 7a^2 - 7a$	Fasse zusammen.
$\Leftrightarrow\ 12a^2 - 7a - 45 = 7a^2 - 7a \quad \vert -7a^2 + 7a$	Forme äquivalent um.
$\Leftrightarrow\ 5a^2 - 45 = 0 \quad \vert +45$	
$\Leftrightarrow\ 5a^2 = 45 \quad \vert\cdot\frac{1}{5}$	
$\Leftrightarrow\ a^2 = 9 \quad \vert\sqrt{\ }$	
$\Leftrightarrow\ \vert a\vert = 3$	
$a_1 = -3 \ \vee\ a_2 = 3$	
$L = \{-3; 3\}$	

---

73 a) $1x^2 - \frac{1}{6}x - \frac{7}{6} = 0$	Bestimme den Wert der Diskriminante. $a = 1;\ b = -\frac{1}{6};\ c = -\frac{7}{6}$
$D = b^2 - 4ac = \left(-\frac{1}{6}\right)^2 - 4\cdot 1\cdot\left(-\frac{7}{6}\right) = 4\frac{25}{36}$	Da $D > 0$ ist, existieren 2 Lösungselemente.
$\Leftrightarrow\ x_{1/2} = \dfrac{\frac{1}{6} \pm \sqrt{4\frac{25}{36}}}{2\cdot 1}$	Wende die Lösungsformel $x_{1/2} = \frac{-b \pm \sqrt{D}}{2a}$ an.

Hinweise und Tipps

$x_1 = 1\frac{1}{6} \quad \vee \quad x_2 = -1$

$L = \left\{-1; 1\frac{1}{6}\right\}$

Lösungsmenge angeben

b) $3x - 65 = -2x^2 \quad |+2x^2$

$\Leftrightarrow \quad 2x^2 + 3x - 65 = 0$

Bringe die Gleichung mittels Äquivalenzumformung auf die Form $ax^2 + bx + c = 0$.
$a = 2$; $b = 3$; $c = -65$

$D = 3^2 - 4 \cdot 2 \cdot (-65) = 529$

Werte der Variablen a, b, c in die Diskriminante eingesetzt

$\Leftrightarrow \quad x_{1/2} = \dfrac{-3 \pm \sqrt{529}}{2 \cdot 2}$

$x_1 = 5 \quad \vee \quad x_2 = -6\frac{1}{2}$

$L = \left\{-6\frac{1}{2}; 5\right\}$

Lösungsmenge angeben

c) $\frac{1}{2}y^2 + 7 = \frac{1}{4}(6+y)^2 + 1$

Wende die 1. binomische Formel an.

$\Leftrightarrow \quad \frac{1}{2}y^2 + 7 = \frac{1}{4}(36 + 12y + y^2) + 1$

Ausmultiplizieren: Löse die Klammer auf.

$\Leftrightarrow \quad \frac{1}{2}y^2 + 7 = 9 + 3y + \frac{1}{4}y^2 + 1$

$\Leftrightarrow \quad \frac{1}{2}y^2 + 7 = \frac{1}{4}y^2 + 3y + 10 \quad \left| -\frac{1}{4}y^2 - 3y - 10 \right.$

Bringe die Gleichung mittels Äquivalenzumformung auf die Form $ax^2 + bx + c = 0$.

$\Leftrightarrow \quad \frac{1}{4}y^2 - 3y - 3 = 0$

$a = \frac{1}{4}$; $b = -3$; $c = -3$

$D = (-3)^2 - 4 \cdot \frac{1}{4} \cdot (-3) = 12$

Da $D > 0$ ist, gibt es (vorläufig) zwei Lösungen y_1 und y_2.

$\Leftrightarrow \quad y_{1/2} = \dfrac{3 \pm \sqrt{12}}{2 \cdot \frac{1}{4}}$

$(y_1 = 12{,}93 \quad \vee) \quad y_2 = -0{,}93$

$L = \{-0{,}93\}$

Bedingung (Grundmenge) $y < 10$ beachten!
Die Lösungsmenge enthält nur das Lösungselement $-0{,}93$.

d) $\frac{1}{4}(x-7)^2 = \frac{1}{2}x - 3\frac{3}{4}$

Wende die 2. binomische Formel an.

$\Leftrightarrow \quad \frac{1}{4}(x^2 - 14x + 49) = \frac{1}{2}x - 3\frac{3}{4}$

Löse die Klammer auf.

$\Leftrightarrow \quad \frac{1}{4}x^2 - 3\frac{1}{2}x + 12\frac{1}{4} = \frac{1}{2}x - 3\frac{3}{4} \quad \left| -\frac{1}{2}x + 3\frac{3}{4} \right.$

Bringe die Gleichung mittels Äquivalenzumformung auf die Form $ax^2 + bx + c = 0$.

$\Leftrightarrow \quad \frac{1}{4}x^2 - 4x + 16 = 0$

$a = \frac{1}{4}$; $b = -4$; $c = 16$

$D = (-4)^2 - 4 \cdot \frac{1}{4} \cdot 16 = 0$

Da $D = 0$ ist, besitzt die Gleichung nur eine Lösung. Diese wird mit der Lösungsformel $x = \frac{-b}{2a}$ berechnet.

$\Leftrightarrow \quad x = \dfrac{4}{2 \cdot \frac{1}{4}} = 8$

$L = \{8\}$

Hinweise und Tipps

e) $-(4+x)=\frac{10}{2x} \quad |\cdot 2x$

$\Leftrightarrow \quad -2x(4+x)=10$

$\Leftrightarrow \quad -8x-2x^2=10 \quad |-10$

$\Leftrightarrow \quad -2x^2-8x-10=0$

$D=(-8)^2-4\cdot(-2)\cdot(-10)=-16$

$L=\varnothing$

Bringe auf die Form $ax^2+bx+c=0$.

$a=-2;\ b=-8;\ c=-10$

Da $D<0$ ist, gibt es keine Lösung.

---

74 Länge der kürzeren Seite: x cm
Länge der längeren Seite: (x + 5) cm

Flächeninhalt des Rechtecks in Abhängigkeit von x:
$A(x)=x\cdot(x+5)\ cm^2$

Flächeninhalt des Rechtecks gemäß Angabe:
$A=104\ cm^2$

Gleichsetzen der Flächeninhalte:

$x\cdot(x+5)\ cm^2=104\ cm^2 \quad |\cdot\frac{1}{cm^2}$

$\Leftrightarrow \quad x^2+5x=104 \quad |-104$

$\Leftrightarrow \quad x^2+5x-104=0$

$D=5^2-4\cdot1\cdot(-104)=441$

$\Leftrightarrow \quad x_{1/2}=\frac{-5\pm\sqrt{441}}{2\cdot1}$

$x_1=8 \quad (\vee \quad x_2=-13)$

$L=\{8\}$

Die Seiten sind 8 cm bzw. 13 cm lang.

Beseitige die Maßeinheiten.

$a=1;\ b=5;\ c=-104$

Da $D>0$ ist, gibt es (vorläufig) zwei Lösungen x_1 und x_2.

Die Lösung $x=-13$ ist bei einer gesuchten Seitenlänge nicht sinnvoll.
Die Lösungsmenge enthält nur das Lösungselement $x_1=8$.

---

75 Längere Seite: 21 m
Kürzere Seite: 8 m

Verkürzen der längeren Seite um x m: (21 – x) m
Verlängern der kürzeren Seite um x m: (8 + x) m

Flächeninhalt des veränderten Rechtecks in Abhängigkeit von x:
$A(x)=(21-x)\cdot(8+x)\ m^2$
$A(x)=(168+21x-8x-x^2)\ m^2$
$A(x)=(-x^2+13x+168)\ m^2$

Flächeninhalt gemäß Angabe:
$A=210\ m^2$

Gleichsetzen der Flächeninhalte:

$(-x^2+13x+168)\ m^2=210\ m^2 \quad |\cdot\frac{1}{m^2}$

$\Leftrightarrow \quad -x^2+13x+168=210 \quad |-210$

$\Leftrightarrow \quad -x^2+13x-42=0$

$D=13^2-4\cdot(-1)\cdot(-42)=1$

$\Leftrightarrow \quad x_{1/2}=\frac{-13\pm\sqrt{1}}{2\cdot(-1)}$

$x_1=6 \quad \vee \quad x_2=7$

$L=\{6;7\}$

$a=-1;\ b=13;\ c=-42$

Hinweise und Tipps

Berechnung der Seitenlängen:
$21\text{ m} - 6\text{ m} = 15\text{ m};\quad 8\text{ m} + 6\text{ m} = 14\text{ m}$
$21\text{ m} - 7\text{ m} = 14\text{ m};\quad 8\text{ m} + 7\text{ m} = 15\text{ m}$

Das Rechteck hat die Seitenlängen 14 m und 15 m.

---

76 a) $-\frac{1}{2}x^2 + 2x - 2 = 0$

$D = b^2 - 4ac = 2^2 - 4 \cdot \left(-\frac{1}{2}\right) \cdot (-2) = 0$

$\Leftrightarrow \quad x = \frac{-b}{2a} = \frac{-2}{2 \cdot \left(-\frac{1}{2}\right)} = 2$

$L = \{2\}$
also: $N(2 \mid 0)$

Der y-Wert wird gleich null gesetzt.
$a = -\frac{1}{2};\ b = 2;\ c = -2$
Da $D = 0$ ist, hat die Gleichung nur eine Lösung, folglich hat die Parabel nur eine Nullstelle.

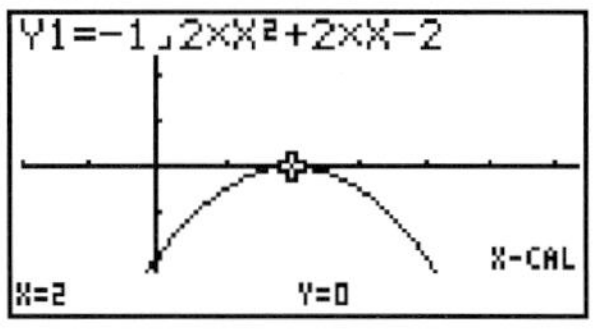

Die Nullstelle hat den Wert $x = 2$.

b) $-\frac{1}{4}x^2 + \frac{1}{2}x - 3\frac{1}{4} = 0$

$D = \left(\frac{1}{2}\right)^2 - 4 \cdot \left(-\frac{1}{4}\right) \cdot \left(-3\frac{1}{4}\right) = -3$

$L = \varnothing$

$a = -\frac{1}{4};\ b = \frac{1}{2};\ c = -3\frac{1}{4}$

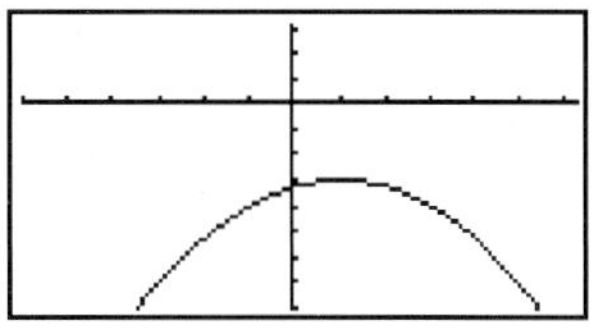

Da $D < 0$ ist, hat die Parabel keine Nullstelle.

c) $-\frac{1}{8}x^2 + x = 0$

$D = 1^2 - 4 \cdot \left(-\frac{1}{8}\right) \cdot 0 = 1$

$\Leftrightarrow \quad x_{1/2} = \frac{-1 \pm 1}{2 \cdot \left(-\frac{1}{8}\right)}$

$x_1 = 0 \quad \vee \quad x_2 = 8$

$L = \{0;\ 8\}$

$N_1(0 \mid 0);\ N_2(8 \mid 0)$

$a = -\frac{1}{8};\ b = 1;\ c = 0$

Da $D > 0$ ist, hat die Parabel zwei Nullstellen x_1 und x_2.

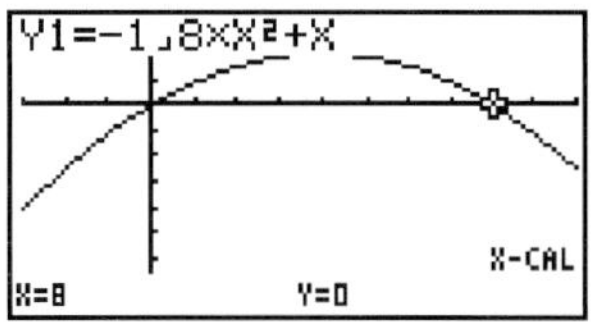

---

77 Schnittpunktbedingung:

$$\begin{array}{l|l} p: & y = \frac{1}{2}x^2 - 3x + 2\frac{1}{2} \\ g: & \wedge\ y = \frac{1}{2}x - 3\frac{5}{8} \end{array}$$

Gleichungssystem aufstellen

$\Rightarrow \quad \frac{1}{2}x^2 - 3x + 2\frac{1}{2} = \frac{1}{2}x - 3\frac{5}{8} \quad (\text{I} = \text{II}) \quad \left| -\frac{1}{2}x + 3\frac{5}{8}\right.$

Gleichsetzen der Funktionsterme

$\Leftrightarrow \quad \frac{1}{2}x^2 - 3\frac{1}{2}x + 6\frac{1}{8} = 0$

In die allgemeine Form bringen
$a = \frac{1}{2};\ b = -3\frac{1}{2};\ c = 6\frac{1}{8}$

$D = \left(-3\frac{1}{2}\right)^2 - 4 \cdot \frac{1}{2} \cdot 6\frac{1}{8} = 12\frac{1}{4} - 12\frac{1}{4} = 0$

Diskriminantenwert bestimmen
Da $D = 0$ ist, hat die Gleichung nur eine Lösung, folglich ist g Tangente an p.

$\Leftrightarrow \quad x = \frac{3\frac{1}{2}}{2 \cdot \frac{1}{2}} = 3\frac{1}{2}$

Berechnung der x-Koordinate des Berührpunktes B.

$L = \left\{3\frac{1}{2}\right\}$

Wegen D = 0 haben die Gerade g und die Parabel p genau den Berührpunkt

$$B\left(\mathbf{3\frac{1}{2}}\,\middle|\,\frac{1}{2}\cdot\mathbf{3\frac{1}{2}}-3\frac{5}{8}\right)=B\left(3\frac{1}{2}\,\middle|\,-1\frac{7}{8}\right)$$

gemeinsam.

Hinweise und Tipps

Berechnung der y-Koordinate von B:
Setze den x-Wert $3\frac{1}{2}$ in die einfacher zu berechnende Funktionsgleichung ein (gewöhnlich ist dies die Geradengleichung).

---

78 Schnittpunktbedingung:

$$\begin{array}{l|l} p: & y=-\frac{1}{4}x^2+\frac{1}{2}x+5 \\ g: & \wedge\ y=\frac{1}{2}x+4 \end{array}$$

Gleichungssystem aufstellen

$$\Rightarrow\ -\frac{1}{4}x^2+\frac{1}{2}x+5=\frac{1}{2}x+4\quad (I=II)\quad \left|-\frac{1}{2}x-4\right.$$

Gleichsetzen der Funktionsterme

$$\Leftrightarrow\ -\frac{1}{4}x^2+1=0\quad |-1$$

Es liegt hier eine reinquadratische Gleichung vor, die auch ohne Lösungsformel gelöst werden kann.

$$\Leftrightarrow\ -\frac{1}{4}x^2=-1\quad \left|\cdot\left(-\frac{4}{1}\right)\right.$$

$$\Leftrightarrow\ x^2=4\quad |\sqrt{\ }$$

$$\Leftrightarrow\ |x|=2$$

$x_1=-2\ \vee\ x_2=2$

$L=\{-2;\,2\}$

$$S_1\left(\mathbf{-2}\,\middle|\,\frac{1}{2}\cdot(\mathbf{-2})+4\right)=S_1(-2\,|\,3)$$

$$S_2\left(\mathbf{2}\,\middle|\,\frac{1}{2}\cdot\mathbf{2}+4\right)=S_2(2\,|\,5)$$

Berechnung der y-Koordinaten:
Setze die x-Werte in die einfacher zu berechnende Funktionsgleichung ein (gewöhnlich ist dies die Geradengleichung).

---

79 Schnittpunktbedingung:

$$\begin{array}{l|l} p: & y=-(x+6)^2+3 \\ g: & \wedge\ y=\frac{1}{3}x+6 \end{array}$$

Gleichungssystem aufstellen

$$\Rightarrow\ -(x+6)^2+3=\frac{1}{3}x+6\quad (I=II)$$

Gleichsetzen der Funktionsterme
Wende die 2. binomische Formel an.

$$\Leftrightarrow\ -(x^2+12x+36)+3=\frac{1}{3}x+6$$

Beachte: Steht ein Minuszeichen vor der Klammer, so …

$$\Leftrightarrow\ -x^2-12x-36+3=\frac{1}{3}x+6\quad \left|-\frac{1}{3}x-6\right.$$

Bringe die Gleichung in die allgemeine Form.

$$\Leftrightarrow\ -x^2-12\frac{1}{3}x-39=0$$

$a=-1;\ b=-12\frac{1}{3};\ c=-39$

$$D=\left(-12\frac{1}{3}\right)^2-4\cdot(-1)\cdot(-39)=-3\frac{8}{9}$$

Diskriminantenwert berechnen

Wegen D < 0 haben die Gerade g und die Parabel p keinen Punkt gemeinsam.

Da D < 0 ist, haben die Gerade g und die Parabel p keinen Schnitt- bzw. Berührpunkt gemeinsam; g ist also eine Passante bzgl. p.

Hinweise und Tipps

80 Schnittpunktbedingung:

$$\begin{array}{l|l} p_1: & y=-\frac{1}{4}x^2-\frac{1}{2}x-1 \\ p_2: & \wedge\ y=-x^2+2x-5 \end{array}$$

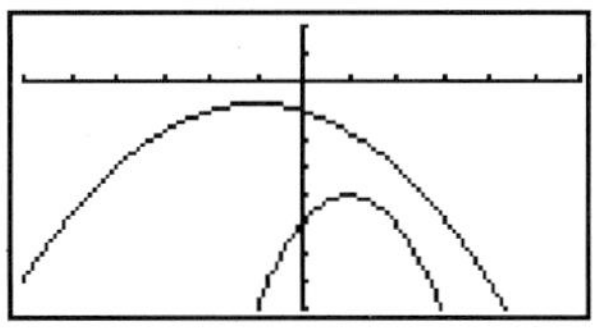

$$\Rightarrow\quad -\frac{1}{4}x^2-\frac{1}{2}x-1=-x^2+2x-5 \quad (\mathrm{I}=\mathrm{II}) \quad \left|+x^2-2x+5\right.$$

$$\Leftrightarrow\quad \frac{3}{4}x^2-\frac{5}{2}x+4=0$$

$a=\frac{3}{4};\ b=-\frac{5}{2};\ c=4$

$$D=\left(-\frac{5}{2}\right)^2-4\cdot\frac{3}{4}\cdot 4=-5\frac{3}{4}$$

Diskriminantenwert berechnen

Wegen $D<0$ schneiden (und berühren) sich die Parabeln nicht.

---

81 Schnittpunktbedingung:

$$\begin{array}{l|l} p_1: & y=\frac{1}{2}x^2-\frac{1}{2}x-2 \\ p_2: & \wedge\ y=-x^2+4x+4 \end{array}$$

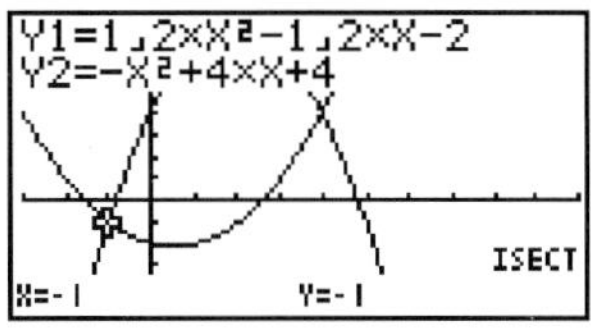

$$\Rightarrow\quad \frac{1}{2}x^2-\frac{1}{2}x-2=-x^2+4x+4 \quad (\mathrm{I}=\mathrm{II}) \quad \left|+x^2-4x-4\right.$$

$$\Leftrightarrow\quad \frac{3}{2}x^2-\frac{9}{2}x-6=0$$

$a=\frac{3}{2};\ b=-\frac{9}{2};\ c=-6$

$$D=\left(-\frac{9}{2}\right)^2-4\cdot\frac{3}{2}\cdot(-6)=56{,}25$$

Diskriminantenwert berechnen und Lösungsformel anwenden

$$\Leftrightarrow\quad x_{1/2}=\frac{\frac{9}{2}\pm\sqrt{56{,}25}}{2\cdot\frac{3}{2}}$$

$x_1=4 \quad \vee \quad x_2=-1$

$L=\{-1;\ 4\}$

$S_1(\mathbf{4}\,|\,-\mathbf{4}^2+4\cdot\mathbf{4}+4)=S_1(4\,|\,4)$

$S_2(\mathbf{-1}\,|\,-(\mathbf{-1})^2+4\cdot(\mathbf{-1})+4)=S_2(-1\,|\,-1)$

---

82 Schnittpunktbedingung:

$$\begin{array}{l|l} p_1: & y=-\frac{3}{2}x^2+9x-8\frac{1}{2} \\ p_2: & \wedge\ y=\frac{2}{3}x^2-4x+11 \end{array}$$

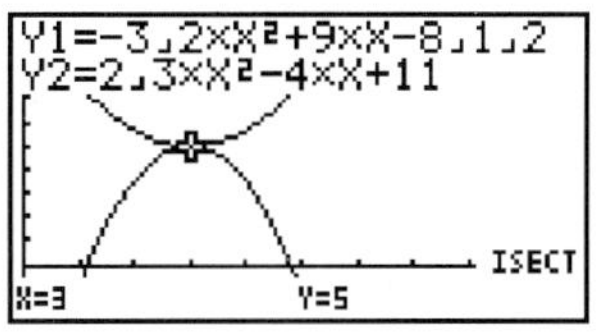

$$\Rightarrow\quad -\frac{3}{2}x^2+9x-8\frac{1}{2}=\frac{2}{3}x^2-4x+11 \quad (\mathrm{I}=\mathrm{II}) \quad \left|-\frac{2}{3}x^2+4x-11\right.$$

$$\Leftrightarrow\quad -\frac{13}{6}x^2+13x-19\frac{1}{2}=0$$

$a=-\frac{13}{6};\ b=13;\ c=-19\frac{1}{2}$

$$D=13^2-4\cdot\left(-\frac{13}{6}\right)\cdot\left(-19\frac{1}{2}\right)=13^2-169=0$$

Diskriminantenwert berechnen und Lösungsformel anwenden.

$$\Leftrightarrow\quad x=\frac{-13}{2\cdot\left(-\frac{13}{6}\right)}=3$$

$L=\{3\}$

$$B\left(\mathbf{3}\,\middle|\,\frac{2}{3}\cdot\mathbf{3}^2-4\cdot\mathbf{3}+11\right)=B(3\,|\,5)$$

Hinweise und Tipps

83 a) Berechnung von S_2:

p_2: $y = \frac{1}{4}x^2 - x + 5$

Bringe in die Scheitelform.

$y = \frac{1}{4}[x^2 - 4x + 20]$

$y = \frac{1}{4}[x^2 - 4x + 2^2 - 2^2 + 20]$

$y = \frac{1}{4}[(x-2)^2 + 16]$

$y = \frac{1}{4}(x-2)^2 + 4$

$S_2(2|4)$

Ablesen von S_1:

p_1 ist bereits in der Scheitelform gegeben.

$S_1(4|2)$

p_1: $y = -(x-4)^2 + 2$

$y = -(x^2 - 8x + 16) + 2$

$y = -x^2 + 8x - 16 + 2$

$y = -x^2 + 8x - 14$

b)

x	2	3	4	5	6
p_1: $y = -(x-4)^2 + 2$	–2	1	2	1	–2

x	–1	0	1	2	3	4	5
p_2: $y = \frac{1}{4}x^2 - x + 5$	6,25	5	4,25	4	4,25	5	6,25

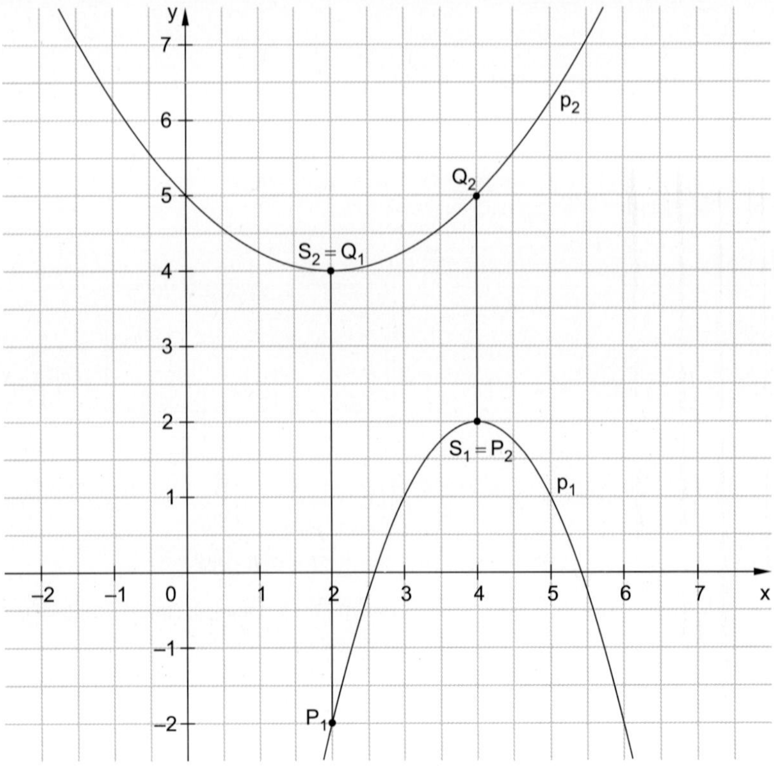

c) Siehe Zeichnung in Teilaufgabe b

Hinweise und Tipps

d) $|\overline{P_nQ_n}|(x) = (y_{Q_n} - y_{P_n})$ LE

$|\overline{P_nQ_n}|(x) = \left[\frac{1}{4}x^2 - x + 5 - (-x^2 + 8x - 14)\right]$ LE

$|\overline{P_nQ_n}|(x) = \left[\frac{1}{4}x^2 - x + 5 + x^2 - 8x + 14\right]$ LE

$|\overline{P_nQ_n}|(x) = \left(\frac{5}{4}x^2 - 9x + 19\right)$ LE

$|\overline{P_nQ_n}|(x) = \left(1\frac{1}{4}x^2 - 9x + 19\right)$ LE

$y_{oben} - y_{unten}$

Benutze die allgemeine Form von p_1.

e) $|\overline{P_nQ_n}|(x) = (1{,}25x^2 - 9x + 19)$ LE

$|\overline{P_nQ_n}|(x) = 1{,}25\left[x^2 - 7{,}2x + 15{,}2\right]$ LE

$|\overline{P_nQ_n}|(x) = 1{,}25\left[x^2 - 7{,}2x + 3{,}6^2 - 3{,}6^2 + 15{,}2\right]$ LE

$|\overline{P_nQ_n}|(x) = 1{,}25\left[(x - 3{,}6)^2 - 12{,}96 + 15{,}2\right]$ LE

$|\overline{P_nQ_n}|(x) = 1{,}25\left[(x - 3{,}6)^2 + 2{,}24\right]$ LE

$|\overline{P_nQ_n}|(x) = \left[1{,}25(x - 3{,}6)^2 + 2{,}8\right]$ LE

$|\overline{P_0Q_0}| = 2{,}8$ LE für $x = 3{,}6$

$P_0\left(\mathbf{3{,}6} \mid -\mathbf{3{,}6}^2 + 8 \cdot \mathbf{3{,}6} - 14\right) = P_0(3{,}6 \mid 1{,}84)$

$Q_0\left(\mathbf{3{,}6} \,\middle|\, \frac{1}{4} \cdot \mathbf{3{,}6}^2 - \mathbf{3{,}6} + 5\right) = Q_0(3{,}6 \mid 4{,}64)$

---

84 a) Schnittpunktbedingung:

$$\begin{array}{l|l} p: & \quad y = x^2 + 3x - 1 \\ g(d): & \wedge \; y = x + d \end{array}$$

$\Rightarrow \quad x^2 + 3x - 1 = x + d \quad (I = II) \quad | -x - d$

$\Leftrightarrow \quad x^2 + 3x - 1 - x - d = 0$

$\Leftrightarrow \quad x^2 + 2x - 1 - d = 0$

$a = 1;\ b = 2;\ c = -1 - d$

Tangentenbedingung $D = 0$:

Wenn $D = 0$ gilt, ist g(d) Tangente.

$b^2 - 4ac = 0$

$\Leftrightarrow \quad 2^2 - 4 \cdot 1 \cdot (-1 - d) = 0$

$\Leftrightarrow \quad 4 + 4 + 4d = 0 \quad | -8$

$\Leftrightarrow \quad 4d = -8 \quad | :4$

$\Leftrightarrow \quad d = -2$

$L = \{-2\}$

also: t: $y = x - 2$

Für $d = -2$ ist $g = t$ Tangente an p.

Die Gleichung der Tangente erhält man, wenn man die Variable d in der Schargleichung $y = x + d$ mit der Zahl –2 belegt.

Berechnung der Berührpunktkoordinaten:

$d = -2$ in $x^2 + 2x - 1 - d = 0$ einsetzen:

$x^2 + 2x - 1 - (-2) = 0$

$\Leftrightarrow \quad x^2 + 2x + 1 = 0$

$D = 0$

Um die x-Koordinate des Berührpunktes B zu berechnen, belegt man die Variable d in der Gleichung $x^2 + 2x - 1 - d = 0$ mit der Zahl –2.

$a = 1;\ b = 2;\ c = 1$

Hinweise und Tipps

$x_B = \frac{-2}{2 \cdot 1} = -1$

$L = \{-1\}$

also: $B(-1\,|\,-1-2) = B(-1\,|\,-3)$

Wird die Variable x in der Tangentengleichung mit der Zahl –1 belegt, erhält man die y-Koordinate des Berührpunktes B.

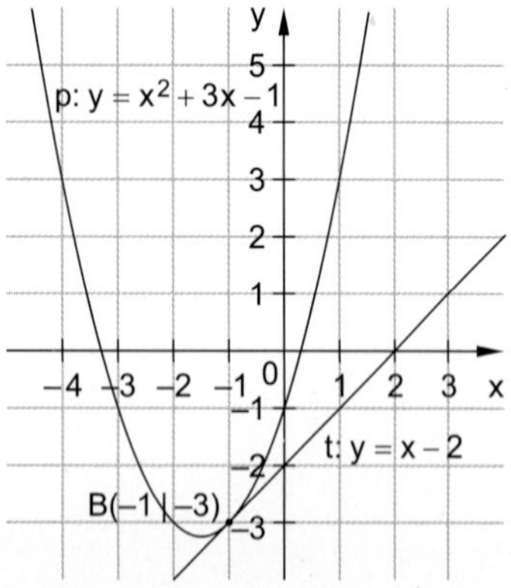

b) Schnittpunktbedingung:

$$\begin{array}{l|l} p: & y = -\frac{1}{4}x^2 - 2 \\ g(d): & \wedge\ y = -\frac{1}{2}x - 2d \end{array}$$

$$\Rightarrow\ -\frac{1}{4}x^2 - 2 = -\frac{1}{2}x - 2d \quad (I = II) \quad \Big|\ +\frac{1}{2}x + 2d$$

$$\Leftrightarrow\ -\frac{1}{4}x^2 - 2 + \frac{1}{2}x + 2d = 0$$

$$\Leftrightarrow\ -\frac{1}{4}x^2 + \frac{1}{2}x + 2d - 2 = 0$$

$a = -\frac{1}{4};\ b = \frac{1}{2};\ c = 2d - 2$

Tangentenbedingung D = 0:

$$b^2 - 4ac = 0$$

Berechnung von d so, dass g = t Tangente an p ist.

$$\Leftrightarrow\ \left(\frac{1}{2}\right)^2 - 4 \cdot \left(-\frac{1}{4}\right) \cdot (2d - 2) = 0$$

$$\Leftrightarrow\ \frac{1}{4} + 2d - 2 = 0 \quad \Big|\ +\frac{7}{4}$$

$$\Leftrightarrow\ 2d = \frac{7}{4} \quad \Big|\ \cdot\frac{1}{2}$$

$$\Leftrightarrow\ d = \frac{7}{8}$$

$$L = \left\{\frac{7}{8}\right\}$$

Für $d = \frac{7}{8}$ ist g = t Tangente an p.

also: $t:\ y = -\frac{1}{2}x - 2 \cdot \frac{7}{8}$

$y = -\frac{1}{2}x - 1\frac{3}{4}$

Die Gleichung der Tangente erhält man, wenn man die Variable d in der Schargleichung $y = \frac{1}{2}x - 2d$ mit der Zahl $\frac{7}{8}$ belegt.

Berechnung der Berührpunktkoordinaten:

$d = \frac{7}{8}$ in $-\frac{1}{4}x^2 + \frac{1}{2}x + 2d - 2 = 0$ einsetzen:

$$-\frac{1}{4}x^2 + \frac{1}{2}x + 2 \cdot \frac{7}{8} - 2 = 0$$

Um die x-Koordinate des Berührpunktes B zu berechnen, belegt man die Variable d in der Gleichung $-\frac{1}{4}x^2 + \frac{1}{2}x + 2d - 2 = 0$ mit der Zahl $\frac{7}{8}$.

Hinweise und Tipps

$$\Leftrightarrow \quad -\frac{1}{4}x^2+\frac{1}{2}x+\frac{7}{4}-2=0$$

$$\Leftrightarrow \quad -\frac{1}{4}x^2+\frac{1}{2}x-\frac{1}{4}=0 \quad |\cdot(-4)$$

Durch Multiplikation mit –4 bringt man die Gleichung in eine einfachere Form.

$$\Leftrightarrow \quad x^2-2x+1=0$$

a = 1; b = –2; c = 1

$D=0$

$$x_B=\frac{2}{2\cdot 1}=1$$

$L=\{1\}$

$$\text{also: } B\left(1 \left| -\frac{1}{2}\cdot 1-1\frac{3}{4}\right.\right)=B\left(1 \left| -2\frac{1}{4}\right.\right)$$

Wird die Variable x in der Tangentengleichung mit der Zahl 1 belegt, erhält man die y-Koordinate des Berührpunktes B.

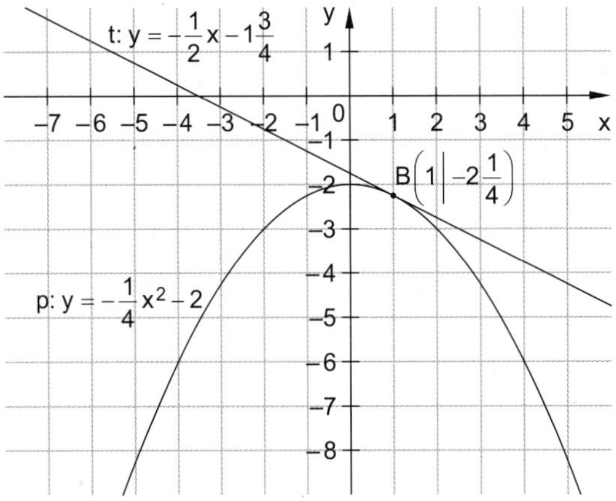

c) Schnittpunktbedingung:

$$\begin{array}{l|l} \text{p:} & y=-6x^2-8\frac{1}{2}x+4 \\ \text{g(d):} & \wedge\ y=-\frac{1}{2}x-2d \end{array}$$

$$\Rightarrow \quad -6x^2-8\frac{1}{2}x+4=-\frac{1}{2}x-2d \quad (\text{I}=\text{II}) \quad \left|+\frac{1}{2}x+2d\right.$$

$$\Leftrightarrow \quad -6x^2-8\frac{1}{2}x+4+\frac{1}{2}x+2d=0$$

$$\Leftrightarrow \quad -6x^2-8x+4+2d=0$$

a = –6; b = –8; c = 4 + 2d

Tangentenbedingung D = 0:

Berechnung von d so, dass g = t Tangente an p ist.

$$b^2-4ac=0$$

$$\Leftrightarrow \quad (-8)^2-4\cdot(-6)\cdot(4+2d)=0$$

$$\Leftrightarrow \quad 64+96+48d=0 \quad |-160$$

$$\Leftrightarrow \quad 48d=-160 \quad |:48$$

$$\Leftrightarrow \quad d=-3\frac{1}{3}$$

$$L=\left\{-3\frac{1}{3}\right\}$$

Für $d=-3\frac{1}{3}$ ist g = t Tangente an p.

$$\text{also:} \quad t\text{: } y=-\frac{1}{2}x-2\cdot\left(-3\frac{1}{3}\right)$$

$$y=-\frac{1}{2}x+6\frac{2}{3}$$

Die Gleichung der Tangente erhält man, wenn man die Variable d in der Schargleichung $y=-\frac{1}{2}x-2d$ mit der Zahl $-3\frac{1}{3}$ belegt.

Hinweise und Tipps

Berechnung der Berührpunktkoordinaten:

$d = -3\frac{1}{3}$ in $-6x^2 - 8x + 4 + 2d = 0$ einsetzen:

$$-6x^2 - 8x + 4 + 2 \cdot \left(-3\frac{1}{3}\right) = 0$$

$$\Leftrightarrow \quad -6x^2 - 8x + 4 - 6\frac{2}{3} = 0$$

$$\Leftrightarrow \quad -6x^2 - 8x - 2\frac{2}{3} = 0$$

$D = 0$

$$x_B = \frac{8}{2 \cdot (-6)} = -\frac{2}{3}$$

$$L = \left\{-\frac{2}{3}\right\}$$

also: $B\left(-\frac{2}{3} \middle| -\frac{1}{2} \cdot \left(-\frac{2}{3}\right) + 6\frac{2}{3}\right) = B\left(-\frac{2}{3} \middle| 7\right)$

Um die x-Koordinate des Berührpunktes B zu berechnen, belegt man die Variable d in der Gleichung $-6x^2 - 8x + 4 + 2d = 0$ mit der Zahl $-3\frac{1}{3}$.

Wird die Variable x in der Tangentengleichung mit der Zahl $-\frac{2}{3}$ belegt, erhält man die y-Koordinate des Berührpunktes B.

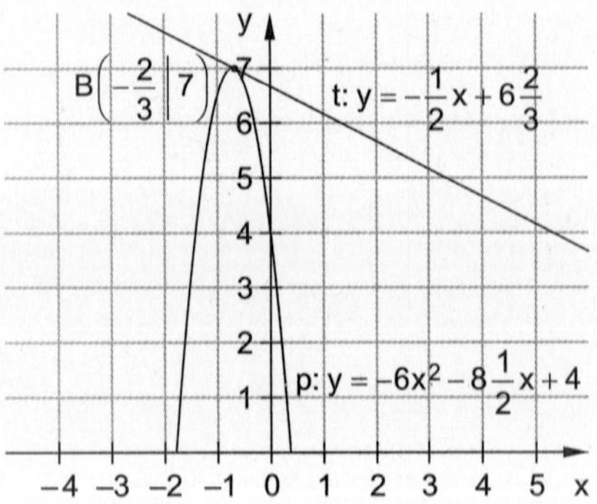

---

85 a) $3 - x = \sqrt{2x - 6} \quad | ^2 \qquad D = \{x \mid x \geq 3\}$

$\Rightarrow \quad (3 - x)^2 = 2x - 6$

$\Leftrightarrow \quad 9 - 6x + x^2 = 2x - 6 \quad | -2x + 6$

$\Leftrightarrow \quad x^2 - 8x + 15 = 0$

$D = (-8)^2 - 4 \cdot 1 \cdot 15 = 64 - 60 = 4$

$\Leftrightarrow \quad x_{1/2} = \frac{8 \pm \sqrt{4}}{2}$

$x_1 = 5 \lor x_2 = 3$

Probe: $x_1 = 5$: $3 - \mathbf{5} = \sqrt{2 \cdot \mathbf{5} - 6}$ $\quad$ $x_2 = 3$: $3 - \mathbf{3} = \sqrt{2 \cdot \mathbf{3} - 6}$

$-2 = 2$ (f) $\qquad 0 = 0$ (w)

$L = \{3\}$

Quadriere Links- und Rechtsterm der Gleichung.

Löse die quadratische Gleichung durch Anwendung der Lösungsformel: $a = 1$; $b = -8$; $c = 15$

Da $D > 0$ ist, existieren zwei Lösungselemente.

b) D_1: $2x + 19 \geq 0$

$\Leftrightarrow \quad x \geq -9{,}5$

$D_1 = \{x \mid x \geq -9{,}5\}$

D_2: $7x + 4 \geq 0$

$\Leftrightarrow \quad x \geq -\frac{4}{7}$

$D_2 = \left\{x \middle| x \geq -\frac{4}{7}\right\}$

$$D = D_1 \cap D_2 = \left\{x \middle| x \geq -\frac{4}{7}\right\}$$

Hinweise und Tipps

$$\sqrt{2x+19} = \sqrt{7x+4} \quad |\,^2$$

Quadriere Links- und Rechtsterm der Gleichung.

$$\Rightarrow \quad 2x+19 = 7x+4 \quad |-7x-19$$

Isoliere x.

$$\Leftrightarrow \quad -5x = -15 \quad \left|\cdot\left(-\frac{1}{5}\right)\right.$$

$$\Leftrightarrow \quad x = 3$$

Probe: $x=3$: $\sqrt{2\cdot\mathbf{3}+19} = \sqrt{7\cdot\mathbf{3}+4}$

$5 = 5$ (w)

$L=\{3\}$

c) $-5+\sqrt{25+x} = x \quad |+5 \quad D=\{x\,|\,x \geq -25\}$

Isoliere den Wurzelterm.

$$\Leftrightarrow \quad \sqrt{25+x} = x+5 \quad |\,^2$$

Quadriere.

$$\Rightarrow \quad 25+x = (x+5)^2$$

Wende die 1. binomische Formel an.

$$\Leftrightarrow \quad 25+x = x^2+10x+25 \quad |-25$$

$$\Leftrightarrow \quad x = x^2+10x \quad |-x$$

$$\Leftrightarrow \quad x^2+9x = 0$$

Faktorisiere.

$$\Leftrightarrow \quad x(x+9) = 0$$

$x_1 = 0 \vee x_2 = -9$

Probe: $x_1=0$: $-5+\sqrt{25+\mathbf{0}} = \mathbf{0}$

$\Leftrightarrow \quad 0 = 0$ (w)

$x_2=-9$: $-5+\sqrt{25+(\mathbf{-9})} = \mathbf{-9}$

$\Leftrightarrow \quad -1 = -9$ (f)

$L=\{0\}$

d) $12-4x \geq 0 \quad |-12$

$$\Leftrightarrow \quad -4x \geq -12 \quad |:(-4)$$

Inversionsgesetz beachten!

$$\Leftrightarrow \quad x \leq 3$$

$D=\{x\,|\,x \leq 3\}$

$$\sqrt{12-4x} = x \quad |\,^2$$

Quadriere die Wurzelgleichung.

$$\Rightarrow \quad 12-4x = x^2 \quad |-12+4x$$

$$\Leftrightarrow \quad x^2+4x-12 = 0$$

$a=1;\ b=4;\ c=-12$

$D = 4^2-4\cdot1\cdot(-12) = 16+48 = 64$

$$\Leftrightarrow \quad x_{1/2} = \frac{-4\pm\sqrt{64}}{2}$$

$x_1=2 \vee x_2=-6$

Probe: $x_1=2$: $\sqrt{12-4\cdot\mathbf{2}} = \mathbf{2}$

$\Leftrightarrow \quad \sqrt{4} = 2$

$\Leftrightarrow \quad 2 = 2$ (w)

$x_2=-6$: $\sqrt{12-4\cdot(\mathbf{-6})} = \mathbf{-6}$

$\Leftrightarrow \quad \sqrt{36} = -6$

$\Leftrightarrow \quad 6 = -6$ (f)

$L=\{2\}$

Hinweise und Tipps

e) D_1: $4-1\frac{1}{2}x \geq 0$ $\Leftrightarrow$ $-\frac{3}{2}x \geq -4$ $\Leftrightarrow$ $x \leq \frac{8}{3}$

Beachte das Inversionsgesetz!

$D_1 = \left\{x \,\middle|\, x \leq 2\frac{2}{3}\right\}$

D_2: $-2x+5 \geq 0$ $\Leftrightarrow$ $x \leq \frac{5}{2}$

$D_2 = \left\{x \,\middle|\, x \leq 2\frac{1}{2}\right\}$

$D = D_1 \cap D_2 = \left\{x \,\middle|\, x \leq 2\frac{1}{2}\right\}$

$$\sqrt{4-1\frac{1}{2}x} - \sqrt{-2x+5} = 0 \quad |+\sqrt{-2x+5}$$

$$\Leftrightarrow \sqrt{4-1\frac{1}{2}x} = \sqrt{-2x+5} \quad |^2$$

Quadriere die Wurzelgleichung.

$$\Rightarrow 4-1\frac{1}{2}x = -2x+5 \quad |+2x-4$$

$$\Leftrightarrow \frac{1}{2}x = 1 \quad |\cdot 2$$

$$\Leftrightarrow x = 2$$

Probe: $x=2$: $\sqrt{4-1\frac{1}{2}\cdot\mathbf{2}} - \sqrt{-2\cdot\mathbf{2}+5} = 0$ $\Leftrightarrow$ $0=0$ (w)

$L = \{2\}$

f) D_1: $x-1 \geq 0$ $\Leftrightarrow$ $x \geq 1$, $D_1 = \{x \mid x \geq 1\}$

D_2: $6+x \geq 0$ $\Leftrightarrow$ $x \geq -6$, $D_2 = \{x \mid x \geq -6\}$

$D = D_1 \cap D_2 = \{x \mid x \geq 1\}$

$$\sqrt{x-1} - \sqrt{6+x} = -1 \quad |+1+\sqrt{6+x}$$

$$\Leftrightarrow \sqrt{x-1}+1 = \sqrt{6+x} \quad |^2$$

Quadriere.

$$\Rightarrow (\sqrt{x-1}+1)^2 = 6+x$$

Wende die 1. binomische Formel an.

$$\Leftrightarrow x-1+2\cdot\sqrt{x-1}\cdot 1+1 = 6+x$$

Fasse zusammen.

$$\Leftrightarrow x+2\sqrt{x-1} = 6+x \quad |-x$$

$$\Leftrightarrow 2\sqrt{x-1} = 6 \quad |:2$$

$$\Leftrightarrow \sqrt{x-1} = 3 \quad |^2$$

Hier muss erneut quadriert werden.

$$\Rightarrow x-1 = 9 \quad |+1$$

$$\Leftrightarrow x = 10$$

Probe: $x=10$: $\sqrt{\mathbf{10}-1} - \sqrt{6+\mathbf{10}} = -1$ $\Leftrightarrow$ $3-4=-1$ $\Leftrightarrow$ $-1=-1$ (w)

$L = \{10\}$

g) D_1: $x^2-6x+9 \geq 0$ $\Leftrightarrow$ $(x-3)^2 \geq 0$, $D_1 = \mathbb{R}$

Der Term $(x-3)^2$ liefert nur Werte ≥ 0.

D_2: $3x-17 \geq 0$ $\Leftrightarrow$ $x \geq \frac{17}{3}$

$D_2 = \left\{x \,\middle|\, x \geq 5\frac{2}{3}\right\}$

$D = D_1 \cap D_2 = \left\{x \,\middle|\, x \geq 5\frac{2}{3}\right\}$

Hinweise und Tipps

$$\sqrt{x^2-6x+9} = 2\sqrt{3x-17} \quad |\,^2$$
$$\Rightarrow \quad x^2-6x+9 = 4\cdot(3x-17)$$
$$\Leftrightarrow \quad x^2-6x+9 = 12x-68 \quad |-12x+68$$
$$\Leftrightarrow \quad x^2-18x+77=0$$
$$D=(-18)^2-4\cdot 1\cdot 77 = 324-308=16$$
$$\Leftrightarrow \quad x_{1/2} = \frac{18\pm\sqrt{16}}{2}$$
$$x_1 = 11 \vee x_2 = 7$$

Quadriere Links- und Rechtsterm der Gleichung.

Löse die „wurzelfreie" Gleichung.

Löse die quadratische Gleichung durch Anwendung der Lösungsformel: $a=1;\ b=-18;\ c=77$

Da $D>0$ ist, existieren zwei Lösungselemente.

Probe: $x_1=11$: $\sqrt{\mathbf{11}^2-6\cdot\mathbf{11}+9} = 2\sqrt{3\cdot\mathbf{11}-17}$
$$\sqrt{121-66+9} = 2\sqrt{16}$$
$$8=8 \quad (w)$$

$x_2=7$: $\sqrt{\mathbf{7}^2-6\cdot\mathbf{7}+9} = 2\sqrt{3\cdot\mathbf{7}-17}$
$$\sqrt{49-42+9} = 2\sqrt{4}$$
$$4=4 \quad (w)$$

$L=\{7;\ 11\}$

h) D_1: $7-2x \ge 0 \Leftrightarrow 2x \le 7 \Leftrightarrow x \le 3{,}5$ $\qquad D_2$: $5x+6 \ge 0 \Leftrightarrow x \ge -\frac{6}{5}$

$$D_1 = \left\{x \,\middle|\, x \le 3\tfrac{1}{2}\right\} \qquad D_2 = \left\{x \,\middle|\, x \ge -1\tfrac{1}{5}\right\}$$

$$D = D_1 \cap D_2 = \left\{x \,\middle|\, -1\tfrac{1}{5} \le x \le 3\tfrac{1}{2}\right\}$$

$$\sqrt{7-2x}+\sqrt{5x+6} = 4 \quad |-\sqrt{5x+6}$$
$$\Leftrightarrow \quad \sqrt{7-2x} = 4-\sqrt{5x+6} \quad |\,^2$$
$$\Rightarrow \quad 7-2x = (4-\sqrt{5x+6})^2$$
$$\Leftrightarrow \quad 7-2x = 16-2\cdot 4\cdot\sqrt{5x+6}+5x+6$$
$$\Leftrightarrow \quad 7-2x = 22+5x-8\cdot\sqrt{5x+6} \quad |-22-5x$$
$$\Leftrightarrow \quad -15-7x = -8\cdot\sqrt{5x+6} \quad |\cdot(-1)$$
$$\Leftrightarrow \quad 7x+15 = 8\cdot\sqrt{5x+6} \quad |\,^2$$
$$\Rightarrow \quad 49x^2+210x+225 = 64\cdot(5x+6)$$
$$\Leftrightarrow \quad 49x^2+210x+225 = 320x+384 \quad |-320x-384$$
$$\Leftrightarrow \quad 49x^2-110x-159=0$$
$$D=(-110)^2-4\cdot 49\cdot(-159) = 43\,264$$
$$\Leftrightarrow \quad x_{1/2} = \frac{110\pm\sqrt{43\,264}}{98}$$
$$x_1 = 3{,}24 \vee x_2 = -1$$

Quadriere.

Wende die 2. binomische Formel an.

Fasse zusammen.

Hier muss erneut quadriert werden.

$a=49;\ b=-110;\ c=-159$

Probe: $x_1=3{,}24$: $\sqrt{7-2\cdot\mathbf{3{,}24}}+\sqrt{5\cdot\mathbf{3{,}24}+6} = 4$
$$\sqrt{0{,}52}+\sqrt{22{,}2} = 4$$
$$5{,}43 = 4 \quad (f)$$

$x_2=-1$: $\sqrt{7-2\cdot(\mathbf{-1})}+\sqrt{5\cdot(\mathbf{-1})+6} = 4$
$$\sqrt{9}+\sqrt{1} = 4$$
$$4=4 \quad (w)$$

$L=\{-1\}$

Hinweise und Tipps

2.5 Abbildung durch zentrische Streckung

86

☐ $\frac{\lvert\overline{ZC}\rvert}{\lvert\overline{ZD}\rvert}=\frac{\lvert\overline{ZA}\rvert}{\lvert\overline{ZB}\rvert}$	☒ $\frac{\lvert\overline{EF}\rvert}{\lvert\overline{BC}\rvert}=\frac{\lvert\overline{ZF}\rvert}{\lvert\overline{ZC}\rvert}$	☐ $\frac{\lvert\overline{ZD}\rvert}{\lvert\overline{ZE}\rvert}=\frac{\lvert\overline{ZA}\rvert}{\lvert\overline{ZF}\rvert}$	☒ $\frac{\lvert\overline{AD}\rvert}{\lvert\overline{EF}\rvert}=\frac{\lvert\overline{ZA}\rvert}{\lvert\overline{ZE}\rvert}$
☐ $\frac{\lvert\overline{DC}\rvert}{\lvert\overline{ZD}\rvert}=\frac{\lvert\overline{AB}\rvert}{\lvert\overline{ZB}\rvert}$	☐ $\frac{\lvert\overline{EF}\rvert}{\lvert\overline{BC}\rvert}=\frac{\lvert\overline{ZE}\rvert}{\lvert\overline{ZA}\rvert}$	☐ $\frac{\lvert\overline{AB}\rvert}{\lvert\overline{ZA}\rvert}=\frac{\lvert\overline{BC}\rvert}{\lvert\overline{AD}\rvert}$	☒ $\frac{\lvert\overline{ZE}\rvert}{\lvert\overline{ZB}\rvert}=\frac{\lvert\overline{ZF}\rvert}{\lvert\overline{ZC}\rvert}$
☒ $\frac{\lvert\overline{AB}\rvert}{\lvert\overline{ZE}\rvert}=\frac{\lvert\overline{CD}\rvert}{\lvert\overline{ZF}\rvert}$	☒ $\frac{\lvert\overline{AD}\rvert}{\lvert\overline{BC}\rvert}=\frac{\lvert\overline{ZA}\rvert}{\lvert\overline{ZB}\rvert}$	☒ $\frac{\lvert\overline{ZA}\rvert}{\lvert\overline{AE}\rvert}=\frac{\lvert\overline{ZD}\rvert}{\lvert\overline{DF}\rvert}$	☐ $\frac{\lvert\overline{ZC}\rvert}{\lvert\overline{ZD}\rvert}=\frac{\lvert\overline{ZA}\rvert}{\lvert\overline{ZB}\rvert}$

$$\frac{|\overline{AB}|}{|\overline{CD}|}=\frac{|\overline{ZA}|}{|\overline{ZD}|}=\frac{|\overline{ZE}|}{|\overline{ZF}|}$$
$$\Rightarrow \frac{|\overline{AB}|}{|\overline{ZE}|}=\frac{|\overline{CD}|}{|\overline{ZF}|}$$

87

$$\frac{|\overline{E'F'}|}{|\overline{EF}|}=\frac{|\overline{GE'}|}{|\overline{GE}|}$$
$$\Leftrightarrow \frac{|\overline{E'F'}|}{4{,}5\text{ m}}=\frac{7\not{\text{m}}}{2\not{\text{m}}} \qquad |\cdot 4{,}5\text{ m}$$
$$\Leftrightarrow |\overline{E'F'}|=\frac{7}{2}\cdot 4{,}5\text{ m}$$
$$\Leftrightarrow |\overline{E'F'}|=15{,}75\text{ m}$$

Ansatz mit dem 2. Strahlensatz (Zentrum = G) Setze die bekannten Streckenlängen ein.

Löse die Verhältnisgleichung nach der gesuchten Streckenlänge $|\overline{E'F'}|$ auf.

88

$$\frac{291{,}28\not{\text{m}}}{0{,}08\not{\text{m}}}=\frac{x}{0{,}4\text{ m}}$$
$$\Leftrightarrow 3\,641=\frac{x}{0{,}4\text{ m}} \qquad |\cdot 0{,}4\text{ m}$$
$$\Leftrightarrow x=3\,641\cdot 0{,}4\text{ m}$$
$$\Leftrightarrow x=1\,456{,}4\text{ m}$$

Der Tourist ist 1 456,4 m vom Turm entfernt.

Ansatz mit dem 2. Strahlensatz (Zentrum = „Auge“). Einsetzen der bekannten Streckenlängen

Löse die Verhältnisgleichung nach der gesuchten Streckenlänge x auf.

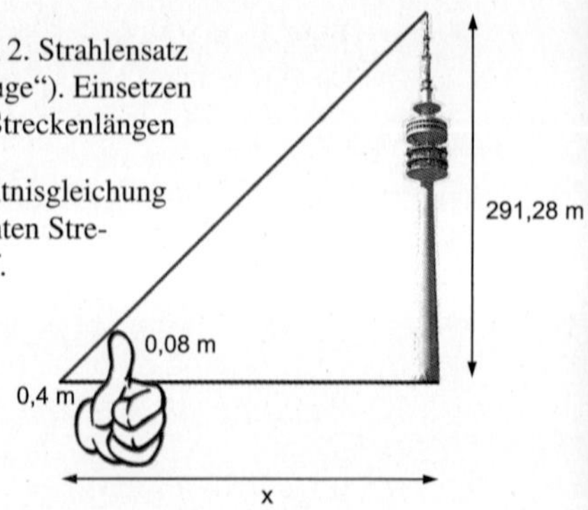

---

89 Sei x die Entfernung des Tormanns zum Schützen, dann gilt:

$$\frac{7{,}32\not{\text{m}}}{2{,}05\not{\text{m}}}=\frac{16\text{ m}}{x}$$
$$\Leftrightarrow 7{,}32\cdot x=16\text{ m}\cdot 2{,}05 \qquad |:7{,}32$$
$$\Leftrightarrow x=32{,}8\text{m}:7{,}32$$
$$\Leftrightarrow x=4{,}48\text{ m}$$

Der Tormann muss (16 – 4,48) m = 11,52 m aus dem Tor laufen, um das Tor komplett abzudecken.

Ansatz mit dem 2. Strahlensatz (Zentrum = „Schussposition“)

Einsetzen der bekannten Streckenlängen

Löse die Verhältnisgleichung nach der gesuchten Streckenlänge x auf.

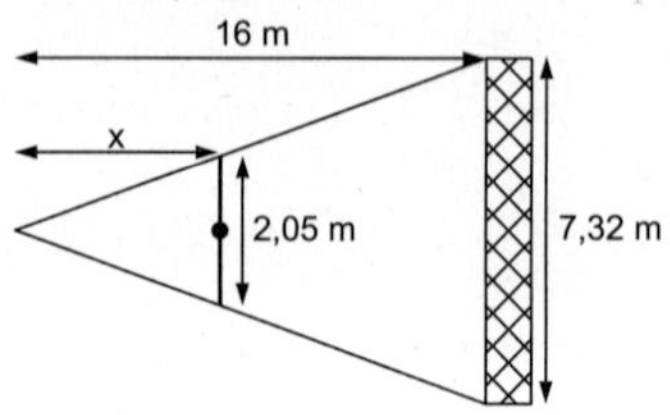

Hinweise und Tipps

90 Es gelten:

$$\frac{|\overline{EA}|}{|\overline{ZE}|} = \frac{8}{4} = 2 \quad \text{und} \quad \frac{|\overline{FD}|}{|\overline{ZF}|} = \frac{6}{3} = 2$$

$$\Rightarrow \quad \frac{|\overline{EA}|}{|\overline{ZE}|} = \frac{|\overline{FD}|}{|\overline{ZF}|}$$

Der 1. Strahlensatz ist erfüllt.
Damit sind $\overline{EF}$ und $\overline{AD}$ parallel.

Überprüfe, ob der 1. Strahlensatz (Zentrum = Z) erfüllt ist, indem du die Verhältnisse auf der linken und der rechten Seite der Verhältnisgleichung berechnest.

---

91 a) $x \in \,]0; 8[$

b) Berechnung von $|\overline{E_nF_n}|(x)$:

Zur Berechnung des Flächeninhaltes der Dreiecke E_nF_nM muss zunächst die Länge der Grundlinie $\overline{E_nF_n}$ in Abhängigkeit von x bestimmt werden: Ansatz mit dem 2. Strahlensatz (Zentrum = C).

$$\frac{|\overline{AB}|}{|\overline{E_nF_n}|(x)} = \frac{|\overline{CM}|}{|\overline{CD_n}|}$$

$\overline{AB} \parallel \overline{E_nF_n}$, da E_nF_nM gleichschenklig

Einsetzen der bekannten Streckenlängen

$$\Leftrightarrow \quad \frac{4\text{ cm}}{|\overline{E_nF_n}|(x)} = \frac{8\text{ cm}}{(8-x)\text{ cm}}$$

Löse die Verhältnisgleichung nach der gesuchten Streckenlänge $|\overline{E_nF_n}|(x)$ auf.

$$\Leftrightarrow \quad |\overline{E_nF_n}|(x)\cdot 8 = 4\cdot(8-x)\text{ cm} \quad \Big|\cdot\frac{1}{8}$$

$$\Leftrightarrow \quad |\overline{E_nF_n}|(x) = \frac{1}{2}\cdot(8-x)\text{ cm}$$

$$\Leftrightarrow \quad |\overline{E_nF_n}|(x) = \left(4-\frac{1}{2}x\right)\text{cm}$$

Berechnung von $A_{\Delta E_nF_nM}$:

Berechnung des Flächeninhalts (Flächeninhaltsformel Dreieck)

$$A_{\Delta E_nF_nM} = \frac{1}{2}\cdot g\cdot h$$

$$A_{\Delta E_nF_nM}(x) = \frac{1}{2}\cdot|\overline{E_nF_n}|(x)\cdot|\overline{MD_n}|(x)$$

Vereinfache.

$$A_{\Delta E_nF_nM}(x) = \frac{1}{2}\cdot\left(4-\frac{1}{2}x\right)\cdot x\text{ cm}^2$$

$$A_{\Delta E_nF_nM}(x) = \left(-\frac{1}{4}x^2+2x\right)\text{cm}^2$$

c) Berechnung von A_{max}:

Klammere den Faktor $-\frac{1}{4}$ aus, beachte dabei die Umkehrung der Vorzeichen in der Klammer.

$$A_{\Delta E_nF_nM}(x) = \left(-\frac{1}{4}x^2+2x\right)\text{cm}^2$$

Ergänze quadratisch.

$$A_{\Delta E_nF_nM}(x) = -\frac{1}{4}\cdot[x^2-8x]\text{ cm}^2$$

Wende die binomische Formel an.

$$A_{\Delta E_nF_nM}(x) = -\frac{1}{4}\cdot[x^2-8x\mathbf{+4^2-4^2}]\text{ cm}^2$$

$$A_{\Delta E_nF_nM}(x) = -\frac{1}{4}\cdot[(x-4)^2-16]\text{ cm}^2$$

Gib den Extremwert an.

$$A_{\Delta E_nF_nM}(x) = \left[-\frac{1}{4}(x-4)^2+4\right]\text{cm}^2$$

$A_{max} = 4\text{ cm}^2$ für $x = 4$

92 a)

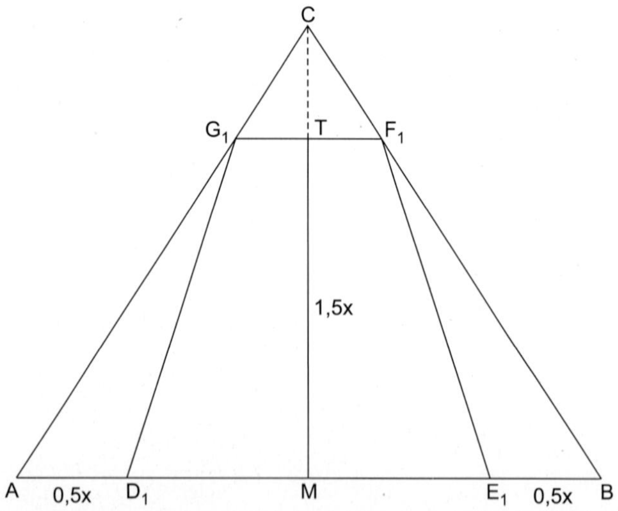

Hinweise und Tipps

- Zeichne ABC und rücke von A und B aus jeweils $0{,}5 \cdot 3\text{ cm} = 1{,}5\text{ cm}$ ein.
- Zeichne dann eine Parallele zu AB im Abstand $1{,}5 \cdot 3\text{ cm} = 4{,}5\text{ cm}$.
- Die Schnittpunkte dieser Parallelen mit $\overline{CA}$ und $\overline{BC}$ ergeben G_1 und F_1.

b) Benötigte Seitenlängen:

$|\overline{D_nE_n}|(x) = (8 - 2 \cdot 0{,}5x)\text{ cm} = (8 - x)\text{ cm}$

$|\overline{G_nF_n}|(x)$ wird mit dem 2. Strahlensatz berechnet:

$$\frac{|\overline{G_nF_n}|(x)}{|\overline{AB}|} = \frac{|\overline{CT}|}{|\overline{CM}|}$$

$$|\overline{G_nF_n}|(x) = \frac{|\overline{CT}|}{|\overline{CM}|} \cdot |\overline{AB}|$$

$|\overline{CT}| = (6 - 1{,}5x)\text{ cm}$

$$|\overline{G_nF_n}|(x) = \frac{(6 - 1{,}5x)\text{ cm}}{6\text{ cm}} \cdot 8\text{ cm}$$

$$|\overline{G_nF_n}|(x) = \frac{4}{3} \cdot \left(6 - \frac{3}{2}x\right)\text{ cm} = (8 - 2x)\text{ cm}$$

Die Höhe h des Trapezes ist der Abstand der beiden Seiten $\overline{G_nF_n}$ und $\overline{AB}$: $h(x) = 1{,}5x$

Damit ergibt sich für den Flächeninhalt des Trapezes:

$$A(x) = \frac{1}{2} \cdot \left[\,|\overline{D_nE_n}|(x) + |\overline{G_nF_n}|(x)\right] \cdot h(x)$$

$$A(x) = \frac{1}{2} \cdot [8 - x + 8 - 2x] \cdot 1{,}5x\text{ cm}^2$$

$$A(x) = \frac{1}{2} \cdot (16 - 3x) \cdot 1{,}5x\text{ cm}^2$$

$$A(x) = \left(8 - \frac{3}{2}x\right) \cdot \frac{3}{2}x\text{ cm}^2$$

$$A(x) = \left(-\frac{9}{4}x^2 + 12x\right)\text{cm}^2$$

c) Extremwertbestimmung mit quadratischer Ergänzung:

$$A(x) = -\frac{9}{4}\left[x^2 - \frac{16}{3}x\right]\text{cm}^2$$

$$A(x) = -\frac{9}{4}\left[x^2 - \frac{16}{3}x + \left(\mathbf{\frac{8}{3}}\right)^2 - \left(\mathbf{\frac{8}{3}}\right)^2\right]\text{cm}^2$$

$$A(x) = -\frac{9}{4}\left[\left(x - \frac{8}{3}\right)^2 - \frac{64}{9}\right]\text{cm}^2$$

Hinweise und Tipps

$$A(x) = \left[-\frac{9}{4}\left(x - 2\frac{2}{3}\right)^2 + 16\right] \text{cm}^2$$

$$A_{max} = 16 \text{ cm}^2 \text{ für } x = 2\frac{2}{3}$$

---

93 a) $S\left(\frac{x_U + x_V + x_W}{3} \,\middle|\, \frac{y_U + y_V + y_W}{3}\right)$

$S\left(\frac{-4+1+4}{3} \,\middle|\, \frac{-3+(-6)+0}{3}\right)$

$S\left(\frac{1}{3} \,\middle|\, -3\right)$

Setze die Koordinaten der Punkte U, V und W ein.

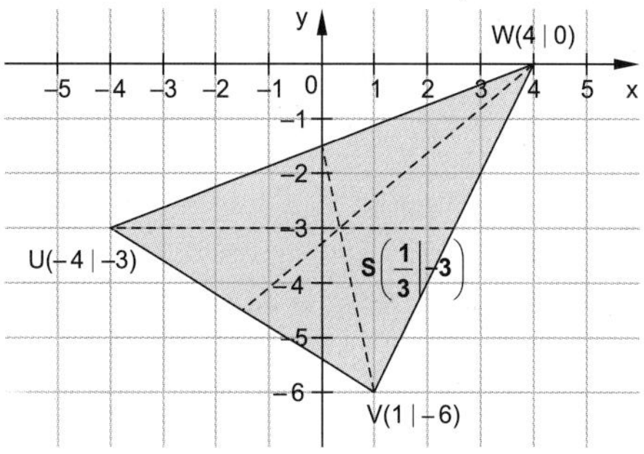

b) $S\left(\frac{x_A + x_B + x_C}{3} \,\middle|\, \frac{y_A + y_B + y_C}{3}\right)$

$S\left(\frac{3,5+2+(-2,5)}{3} \,\middle|\, \frac{-0,5+5+1,5}{3}\right)$

$S(1 \mid 2)$

Setze die Koordinaten der Punkte A, B und C ein.

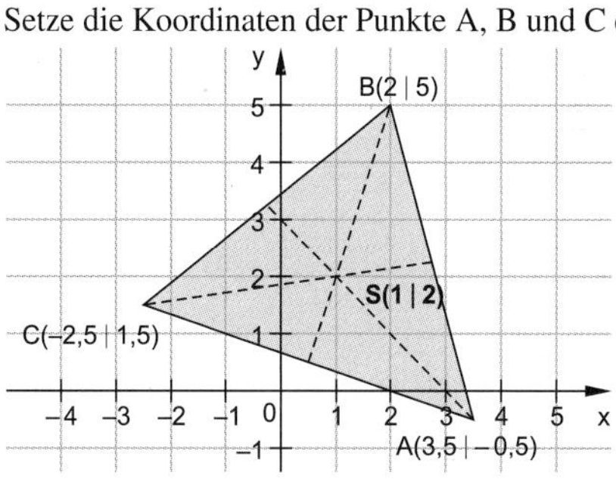

---

94 a)

$x_S = \frac{x_A + x_B + x_C}{3}$ $\qquad$ $y_S = \frac{y_A + y_B + y_C}{3}$

$\Leftrightarrow\ 3x_S = x_A + x_B + x_C$ $\qquad$ $\Leftrightarrow\ 3y_S = y_A + y_B + y_C$

$\Leftrightarrow\ x_A = 3x_S - x_B - x_C$ $\qquad$ $\Leftrightarrow\ y_A = 3y_S - y_B - y_C$

$\Leftrightarrow\ x_A = 3 \cdot 4 - 8 - 3$ $\qquad$ $\Leftrightarrow\ y_A = 3 \cdot 3 - 2 - 6$

$\Leftrightarrow\ x_A = 1$ $\qquad$ $\Leftrightarrow\ y_A = 1$

also: $A(1 \mid 1)$

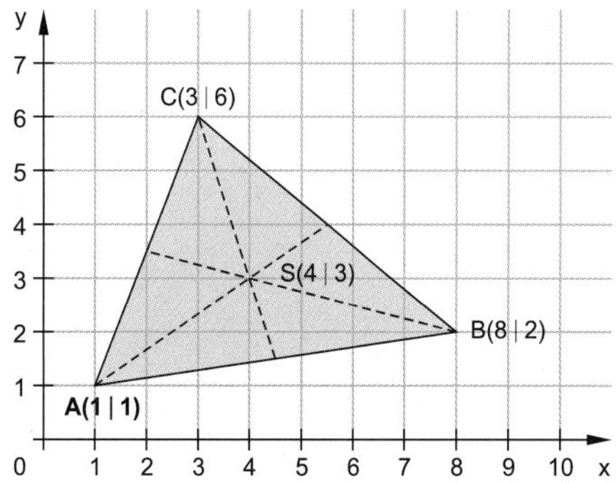

b)

$x_S = \frac{x_A + x_B + x_C}{3}$ $\qquad$ $y_S = \frac{y_A + y_B + y_C}{3}$

$\Leftrightarrow\ 3x_S = x_A + x_B + x_C$ $\qquad$ $\Leftrightarrow\ 3y_S = y_A + y_B + y_C$

$\Leftrightarrow\ x_C = 3x_S - x_A - x_B$ $\qquad$ $\Leftrightarrow\ y_C = 3y_S - y_A - y_B$

$\Leftrightarrow\ x_C = 3 \cdot 1 - (-2) - 4$ $\qquad$ $\Leftrightarrow\ y_C = 3 \cdot \left(-\frac{1}{3}\right) - (-4) - (-2)$

$\Leftrightarrow\ x_C = 1$ $\qquad$ $\Leftrightarrow\ y_C = 5$

also: $C(1 \mid 5)$

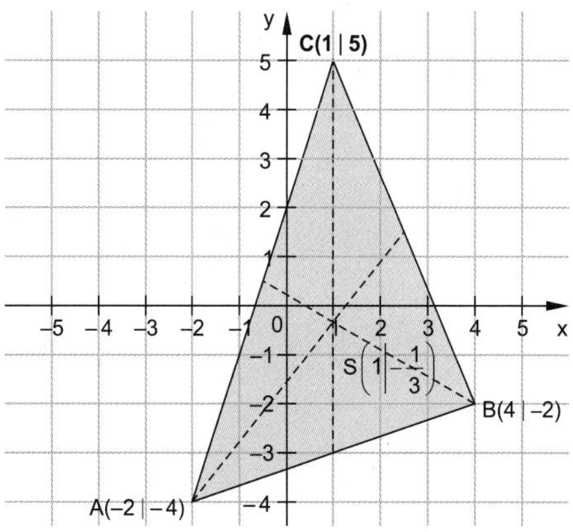

Hinweise und Tipps

95 $\overline{PQ} \xmapsto{Z;\, k=-3} \overline{P'Q'}$

Berechnung der Koordinaten des Streckungszentrums Z:

$$\overrightarrow{ZP'} = k \cdot \overrightarrow{ZP} \quad \text{mit} \quad Z(x_Z \,|\, y_Z)$$

$$\Leftrightarrow \begin{pmatrix} x' - x_Z \\ y' - y_Z \end{pmatrix} = k \cdot \begin{pmatrix} x - x_Z \\ y - y_Z \end{pmatrix}$$

Setze die Werte von P, P' und k in die Vektorgleichung ein

$$\Leftrightarrow \begin{pmatrix} -5 - x_Z \\ 7 - y_Z \end{pmatrix} = -3 \cdot \begin{pmatrix} 7 - x_Z \\ 3 - y_Z \end{pmatrix}$$

Skalarmultiplikation

$$\Leftrightarrow \begin{pmatrix} -5 - x_Z \\ 7 - y_Z \end{pmatrix} = \begin{pmatrix} -3(7 - x_Z) \\ -3(3 - y_Z) \end{pmatrix}$$

$$\Leftrightarrow \begin{array}{|l} -5 - x_Z = -21 + 3x_Z \quad |+x_Z + 21 \\ \wedge \;\; 7 - y_Z = -9 + 3y_Z \quad |+y_Z + 9 \end{array}$$

Koordinatengleichung

$$\Leftrightarrow \begin{array}{|l} 16 = 4x_Z \quad |:4 \\ \wedge \;\; 16 = 4y_Z \quad |:4 \end{array}$$

$$\Leftrightarrow \begin{array}{|l} x_Z = 4 \\ \wedge \;\; y_Z = 4 \end{array}$$

$L = \{(4|4)\}$
also: $Z(4|4)$

Berechnung der Koordinaten des Punktes Q':

$$\overrightarrow{ZQ'} = k \cdot \overrightarrow{ZQ} \quad \text{mit} \quad Q'(x' \,|\, y')$$

$$\Leftrightarrow \begin{pmatrix} x' - x_Z \\ y' - y_Z \end{pmatrix} = k \cdot \begin{pmatrix} x - x_Z \\ y - y_Z \end{pmatrix}$$

Setze die Werte von Q, Z und k in die Vektorgleichung ein.

$$\Leftrightarrow \begin{pmatrix} x' - 4 \\ y' - 4 \end{pmatrix} = -3 \cdot \begin{pmatrix} 6 - 4 \\ 5 - 4 \end{pmatrix}$$

$$\Leftrightarrow \begin{pmatrix} x' - 4 \\ y' - 4 \end{pmatrix} = -3 \cdot \begin{pmatrix} 2 \\ 1 \end{pmatrix}$$

$$\Leftrightarrow \begin{pmatrix} x' - 4 \\ y' - 4 \end{pmatrix} = \begin{pmatrix} -3 \cdot 2 \\ -3 \cdot 1 \end{pmatrix}$$

$$\Leftrightarrow \begin{array}{|l} x' - 4 = -6 \quad |+4 \\ \wedge \;\; y' - 4 = -3 \quad |+4 \end{array}$$

$$\Leftrightarrow \begin{array}{|l} x' = -2 \\ \wedge \;\; y' = 1 \end{array}$$

$L = \{(-2|1)\}$
also: $Q'(-2|1)$

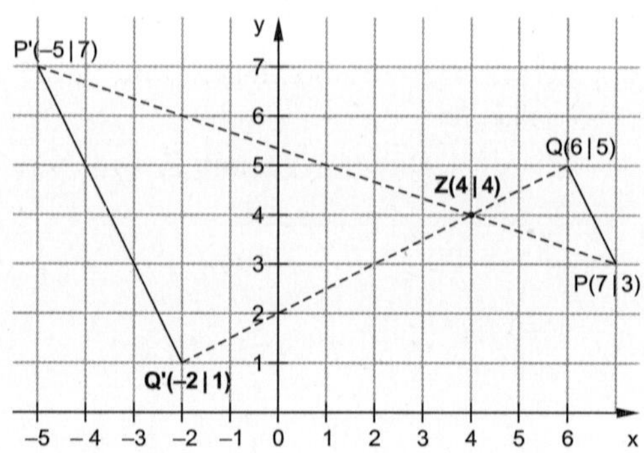

96 Berechnung des Streckungsfaktors k:

$$\overrightarrow{P'Q'} = k \cdot \overrightarrow{PQ}$$

$$\begin{pmatrix} x_{Q'} - x_{P'} \\ y_{Q'} - y_{P'} \end{pmatrix} = k \cdot \begin{pmatrix} x_Q - x_P \\ y_Q - y_P \end{pmatrix}$$

Setze die Werte von P, P', Q und Q' in die Vektorgleichung ein.

$$\Leftrightarrow \begin{pmatrix} 1 - (-5) \\ 4 - 2 \end{pmatrix} = k \cdot \begin{pmatrix} 6 - (-3) \\ 5 - 2 \end{pmatrix}$$

$$\Leftrightarrow \begin{pmatrix} 6 \\ 2 \end{pmatrix} = k \cdot \begin{pmatrix} 9 \\ 3 \end{pmatrix}$$

$$\Leftrightarrow \begin{array}{|l} 6 = 9k \quad |:9 \\ \wedge \;\; 2 = 3k \quad |:3 \end{array}$$

Löse die Gleichungen nach k auf.

Hinweise und Tipps

$\Leftrightarrow \quad \left| \begin{array}{l} k = \frac{2}{3} \\ \wedge \; k = \frac{2}{3} \end{array} \right.$

$L = \left\{ \frac{2}{3} \right\}$

also: $k = \frac{2}{3}$

Berechnung der Koordinaten von Z mittels der Koordinaten von P und P':

$\overrightarrow{ZP'} = k \cdot \overrightarrow{ZP}$ mit $Z(x_Z \mid y_Z)$

$\Leftrightarrow \quad \begin{pmatrix} x' - x_Z \\ y' - y_Z \end{pmatrix} = k \cdot \begin{pmatrix} x - x_Z \\ y - y_Z \end{pmatrix}$

$\Leftrightarrow \quad \begin{pmatrix} -5 - x_Z \\ 2 - y_Z \end{pmatrix} = \frac{2}{3} \cdot \begin{pmatrix} -3 - x_Z \\ 2 - y_Z \end{pmatrix}$

$\Leftrightarrow \quad \left| \begin{array}{ll} -5 - x_Z = -2 - \frac{2}{3} x_Z & \left| + \frac{2}{3} x_Z + 5 \right. \\ \wedge \; 2 - y_Z = \frac{4}{3} - \frac{2}{3} y_Z & \left| + \frac{2}{3} y_Z - 2 \right. \end{array} \right.$

Löse die Gleichungen nach x_Z bzw. y_Z auf.

$\Leftrightarrow \quad \left| \begin{array}{ll} -\frac{1}{3} x_Z = 3 & \left| \cdot (-3) \right. \\ \wedge \; -\frac{1}{3} y_Z = -\frac{2}{3} & \left| \cdot (-3) \right. \end{array} \right.$

$\Leftrightarrow \quad \left| \begin{array}{l} x_Z = -9 \\ \wedge \; y_Z = 2 \end{array} \right.$

$L = \{(-9 \mid 2)\}$

also: $Z(-9 \mid 2)$

oder:

Berechnung der Koordinaten von Z mittels der Koordinaten von Q und Q':

$\overrightarrow{ZQ'} = k \cdot \overrightarrow{ZQ}$ mit $Z(x_Z \mid y_Z)$

$\Leftrightarrow \quad \begin{pmatrix} x' - x_Z \\ y' - y_Z \end{pmatrix} = k \cdot \begin{pmatrix} x - x_Z \\ y - y_Z \end{pmatrix}$

$\Leftrightarrow \quad \begin{pmatrix} 1 - x_Z \\ 4 - y_Z \end{pmatrix} = \frac{2}{3} \cdot \begin{pmatrix} 6 - x_Z \\ 5 - y_Z \end{pmatrix}$

$\Leftrightarrow \quad \left| \begin{array}{ll} 1 - x_Z = 4 - \frac{2}{3} x_Z & \left| + \frac{2}{3} x_Z - 1 \right. \\ \wedge \; 4 - y_Z = \frac{10}{3} - \frac{2}{3} y_Z & \left| + \frac{2}{3} y_Z - 4 \right. \end{array} \right.$

Löse die Gleichungen nach x_Z bzw. y_Z auf.

$\Leftrightarrow \quad \left| \begin{array}{ll} -\frac{1}{3} x_Z = 3 & \left| \cdot (-3) \right. \\ \wedge \; -\frac{1}{3} y_Z = -\frac{2}{3} & \left| \cdot (-3) \right. \end{array} \right.$

$\Leftrightarrow \quad \left| \begin{array}{l} x_Z = -9 \\ \wedge \; y_Z = 2 \end{array} \right.$

$L = \{(-9 \mid 2)\}$

also: $Z(-9 \mid 2)$

Hinweise und Tipps

97 a)

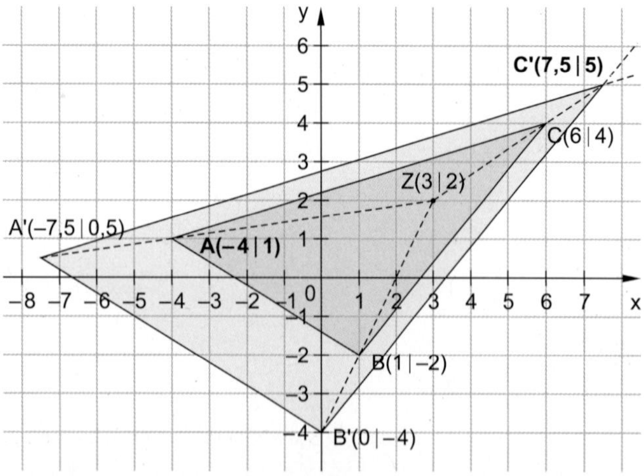

b) $\Delta ABC \xmapsto{Z(3|2);\,k} \Delta A'B'C'$

Berechnung von k aus den gegebenen Werten von B, B' und Z:

$$\overrightarrow{ZB'} = k \cdot \overrightarrow{ZB}$$

Aufstellen der Vektorgleichung

$$\Leftrightarrow \begin{pmatrix} x'-x_Z \\ y'-y_Z \end{pmatrix} = k \cdot \begin{pmatrix} x-x_Z \\ y-y_Z \end{pmatrix}$$

Setze die Werte von B, B' und Z ein.

$$\Leftrightarrow \begin{pmatrix} 0-3 \\ -4-2 \end{pmatrix} = k \cdot \begin{pmatrix} 1-3 \\ -2-2 \end{pmatrix}$$

$$\Leftrightarrow \begin{pmatrix} -3 \\ -6 \end{pmatrix} = k \cdot \begin{pmatrix} -2 \\ -4 \end{pmatrix}$$

$$\Leftrightarrow \begin{array}{|l|l} -3 = -2k & :(-2) \\ \wedge\ -6 = -4k & :(-4) \end{array}$$

Löse die Koordinatengleichung.
Löse die Gleichungen nach k (Streckungsfaktor) auf.

$$\Leftrightarrow \begin{array}{|l} k = 1{,}5 \\ \wedge\ k = 1{,}5 \end{array}$$

Zur Berechnung von k genügt eine Gleichung. Das Einsetzen in die zweite Gleichung kann als Kontrolle dienen.

$L = \{1{,}5\}$
also: $k = 1{,}5$

c) Berechnung der Koordinaten des Urpunktes A:

$$\overrightarrow{ZA'} = k \cdot \overrightarrow{ZA} \quad \text{mit } A(x \mid y)$$

$$\Leftrightarrow \begin{pmatrix} x'-x_Z \\ y'-y_Z \end{pmatrix} = k \cdot \begin{pmatrix} x-x_Z \\ y-y_Z \end{pmatrix}$$

k = 1,5 aus Teilaufgabe b

$$\Leftrightarrow \begin{pmatrix} -7{,}5-3 \\ 0{,}5-2 \end{pmatrix} = 1{,}5 \cdot \begin{pmatrix} x-3 \\ y-2 \end{pmatrix}$$

$$\Leftrightarrow \begin{pmatrix} -10{,}5 \\ -1{,}5 \end{pmatrix} = \begin{pmatrix} 1{,}5 \cdot (x-3) \\ 1{,}5 \cdot (y-2) \end{pmatrix}$$

$$\Leftrightarrow \begin{array}{|l|l} -10{,}5 = 1{,}5x - 4{,}5 & +4{,}5 \\ \wedge\ -1{,}5 = 1{,}5y - 3 & +3 \end{array}$$

Löse die Gleichungen nach x bzw. y auf.

$$\Leftrightarrow \begin{array}{|l|l} -6 = 1{,}5x & :1{,}5 \quad \text{bzw.} \left| \cdot \frac{2}{3} \right. \\ \wedge\ 1{,}5 = 1{,}5y & :1{,}5 \end{array}$$

$$\Leftrightarrow \begin{array}{|l} x = -4 \\ \wedge\ y = 1 \end{array}$$

$L = \{(-4 \mid 1)\}$
also: $A(-4 \mid 1)$

Hinweise und Tipps

d) Einzeichnen des Punktes C'

Der Bildpunkt C' liegt auf der Parallelen zu $\overline{AC}$ durch A' und auf der Parallelen zu $\overline{BC}$ durch B'.

---

98 a) Berechnung der Koordinaten eines Punktes P auf g:

$P \in g\colon y = 0{,}5x - 3$

$P(0\,|\,?) \in g\colon\quad y = 0{,}5x - 3$

$\Leftrightarrow\quad y = 0{,}5 \cdot 0 - 3$

$\Leftrightarrow\quad y = -3$

also: $P(0\,|\,-3)$

Berechnung der Koordinaten des Punktes P':

$$\overrightarrow{ZP'} = k \cdot \overrightarrow{ZP} \quad \text{mit} \quad P'(x'\,|\,y')$$

$$\Leftrightarrow \begin{pmatrix} x' - x_Z \\ y' - y_Z \end{pmatrix} = k \cdot \begin{pmatrix} x - x_Z \\ y - y_Z \end{pmatrix}$$

Setze die Werte von P, Z und k in die Vektorgleichung ein.

$$\Leftrightarrow \begin{pmatrix} x' - (-1) \\ y' - (-2) \end{pmatrix} = 3 \cdot \begin{pmatrix} 0 - (-1) \\ -3 - (-2) \end{pmatrix}$$

$$\Leftrightarrow \begin{pmatrix} x' + 1 \\ y' + 2 \end{pmatrix} = 3 \cdot \begin{pmatrix} 1 \\ -1 \end{pmatrix}$$

$$\Leftrightarrow \left| \begin{array}{l} x' + 1 = 3 \quad |-1 \\ \wedge\ y' + 2 = -3 \quad |-2 \end{array} \right.$$

Löse die Gleichungen nach x' und y' auf.

$$\Leftrightarrow \left| \begin{array}{l} x' = 2 \\ \wedge\ y' = -5 \end{array} \right.$$

$L = \{(2\,|\,-5)\}$

also: $P'(2\,|\,-5)$

Koordinaten des Bildpunktes P'

b) Wird eine Gerade $g\colon y = mx + t$ durch zentrische Streckung abgebildet, so ist die Bildgerade g' parallel zur Urgeraden g. Folglich gehören g und g' zu einer Parallelenschar g(t). Für den Steigungsfaktor von g' gilt folglich:

Parallelentreue der zentrischen Streckung

$m_{g'} = m_g = 0{,}5$

Bestimmung der Gleichung von g':

$P'(2\,|\,-5) \in g'\colon\quad y = m_{g'} \cdot x + t$

Einsetzen in die Normalform der Geradengleichung

$\Leftrightarrow\quad -5 = 0{,}5 \cdot 2 + t$

$\Leftrightarrow\quad t = -6$

also: $g'\colon y = 0{,}5x - 6$

c)

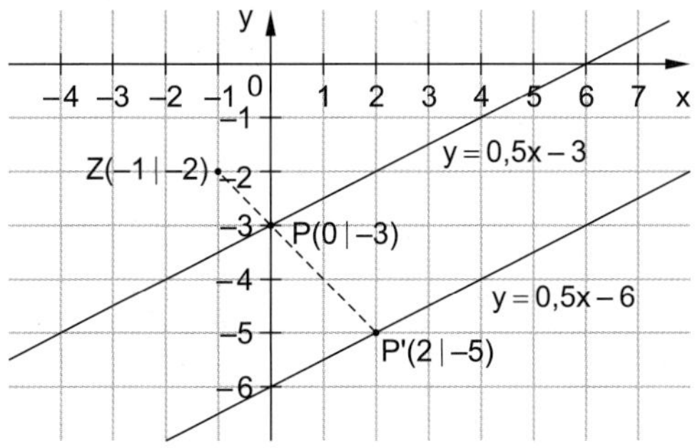

Hinweise und Tipps

99 a) $\Delta ABC \xmapsto{Z(2|1);\, k=-2} \Delta A'B'C'$

Berechnung der Koordinaten von A':

$\overrightarrow{ZA'} = k \cdot \overrightarrow{ZA}$ mit $A'(x'|y')$

$\Leftrightarrow \begin{pmatrix} x'-x_Z \\ y'-y_Z \end{pmatrix} = k \cdot \begin{pmatrix} x-x_Z \\ y-y_Z \end{pmatrix}$

Setze die Werte von A, Z und k in die Vektorgleichung ein.

$\Leftrightarrow \begin{pmatrix} x'-2 \\ y'-1 \end{pmatrix} = -2 \cdot \begin{pmatrix} -4-2 \\ -1-1 \end{pmatrix}$

$\Leftrightarrow \begin{pmatrix} x'-2 \\ y'-1 \end{pmatrix} = -2 \cdot \begin{pmatrix} -6 \\ -2 \end{pmatrix}$

$\Leftrightarrow \begin{vmatrix} & x'-2=12 & |+2 \\ \wedge & y'-1=4 & |+1 \end{vmatrix}$

Löse die Gleichungen nach x' bzw. y' auf.

$\Leftrightarrow \begin{vmatrix} & x'=14 \\ \wedge & y'=5 \end{vmatrix}$

$L = \{(14|5)\}$

also: $A'(14|5)$

Koordinaten des Bildpunktes A'

Berechnung der Koordinaten von B':

$\overrightarrow{ZB'} = k \cdot \overrightarrow{ZB}$ mit $B'(x'|y')$

$\Leftrightarrow \begin{pmatrix} x'-x_Z \\ y'-y_Z \end{pmatrix} = k \cdot \begin{pmatrix} x-x_Z \\ y-y_Z \end{pmatrix}$

Setzen die Werte von B, Z und k in die Vektorgleichung ein.

$\Leftrightarrow \begin{pmatrix} x'-2 \\ y'-1 \end{pmatrix} = -2 \cdot \begin{pmatrix} 2-2 \\ -2-1 \end{pmatrix}$

$\Leftrightarrow \begin{pmatrix} x'-2 \\ y'-1 \end{pmatrix} = -2 \cdot \begin{pmatrix} 0 \\ -3 \end{pmatrix}$

$\Leftrightarrow \begin{vmatrix} & x'-2=0 & |+2 \\ \wedge & y'-1=6 & |+1 \end{vmatrix}$

Löse die Gleichungen nach x' bzw. y' auf.

$\Leftrightarrow \begin{vmatrix} & x'=2 \\ \wedge & y'=7 \end{vmatrix}$

$L = \{(2|7)\}$

also: $B'(2|7)$

Koordinaten des Bildpunktes B'

Berechnung der Koordinaten von C':

$\overrightarrow{ZC'} = k \cdot \overrightarrow{ZC}$ mit $C'(x'|y')$

$\Leftrightarrow \begin{pmatrix} x'-x_Z \\ y'-y_Z \end{pmatrix} = k \cdot \begin{pmatrix} x-x_Z \\ y-y_Z \end{pmatrix}$

Setze die Werte von C, Z und k in die Vektorgleichung ein.

$\Leftrightarrow \begin{pmatrix} x'-2 \\ y'-1 \end{pmatrix} = -2 \cdot \begin{pmatrix} 1-2 \\ 3-1 \end{pmatrix}$

$\Leftrightarrow \begin{pmatrix} x'-2 \\ y'-1 \end{pmatrix} = -2 \cdot \begin{pmatrix} -1 \\ 2 \end{pmatrix}$

$\Leftrightarrow \begin{vmatrix} & x'-2=2 & |+2 \\ \wedge & y'-1=-4 & |+1 \end{vmatrix}$

Koordinatengleichung
Löse die Gleichungen nach x' bzw. y' auf.

$\Leftrightarrow \begin{vmatrix} & x'=4 \\ \wedge & y'=-3 \end{vmatrix}$

$L = \{(4|-3)\}$

also: $C'(4|-3)$

Koordinaten des Bildpunktes C'

Hinweise und Tipps

b)

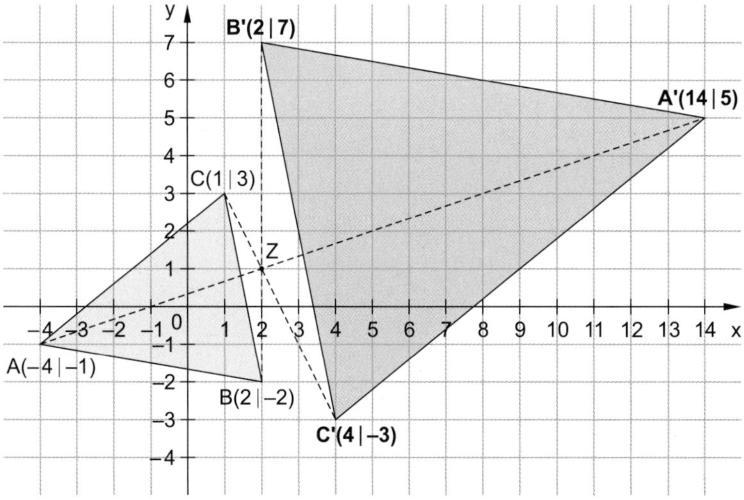

c) Berechnung der aufspannenden Vektoren $\overrightarrow{AB}$ und $\overrightarrow{AC}$:

$\overrightarrow{AB} = \begin{pmatrix} 2-(-4) \\ -2-(-1) \end{pmatrix} = \begin{pmatrix} 6 \\ -1 \end{pmatrix}$; $\overrightarrow{AC} = \begin{pmatrix} 1-(-4) \\ 3-(-1) \end{pmatrix} = \begin{pmatrix} 5 \\ 4 \end{pmatrix}$

Berechnung von $A_{\Delta ABC}$:

$A_{\Delta ABC} = \frac{1}{2} \cdot |\overrightarrow{AB}\ \ \overrightarrow{AC}|$

Einsetzen der Vektoren gegen den Uhrzeigersinn in die Determinante

$A_{\Delta ABC} = \frac{1}{2} \cdot \begin{vmatrix} 6 & 5 \\ -1 & 4 \end{vmatrix}$ FE

$A_{\Delta ABC} = \frac{1}{2} \cdot (6 \cdot 4 - (-1) \cdot 5)$ FE

$A_{\Delta ABC} = \frac{1}{2} \cdot (24+5)$ FE

$A_{\Delta ABC} = 14{,}5$ FE

Berechnung von $A_{\Delta A'B'C'}$:

$A_{\Delta A'B'C'} = k^2 \cdot A_{\Delta ABC} = (-2)^2 \cdot 14{,}5 \text{ FE} = 58 \text{ FE}$

Bei der zentrischen Streckung gilt allgemein: $A_{Bildfigur} = k^2 \cdot A_{Urfigur}$

---

100 g: $y = -2x + 4 \xmapsto{Z(-1|2);\, k=-0{,}5} g'$

$P(x\,|-2x+4) \xmapsto{Z(-1|2);\, k=-0{,}5} P'(x'\,|\,y')$

Es gilt: $\overrightarrow{ZP'} = k \cdot \overrightarrow{ZP}$ mit $P(x\,|-2x+4) \in g$

$\Leftrightarrow \begin{pmatrix} x'-x_Z \\ y'-y_Z \end{pmatrix} = k \cdot \begin{pmatrix} x-x_Z \\ y-y_Z \end{pmatrix}$

Setze die Werte von P(x | −2x + 4), Z(−1 | 2) und k = −0,5 in die Vektorgleichung ein.

$\Leftrightarrow \begin{pmatrix} x'-(-1) \\ y'-2 \end{pmatrix} = -0{,}5 \cdot \begin{pmatrix} x-(-1) \\ -2x+4-2 \end{pmatrix}$

$\Leftrightarrow \begin{pmatrix} x'+1 \\ y'-2 \end{pmatrix} = -0{,}5 \cdot \begin{pmatrix} x+1 \\ -2x+2 \end{pmatrix}$

$\Leftrightarrow \begin{pmatrix} x'+1 \\ y'-2 \end{pmatrix} = \begin{pmatrix} -0{,}5 \cdot (x+1) \\ -0{,}5 \cdot (-2x+2) \end{pmatrix}$

$\Leftrightarrow \left| \begin{array}{ll} x'+1 = -0{,}5x - 0{,}5 & |+0{,}5 \\ \wedge\ y'-2 = x-1 & |+2 \end{array} \right.$

Löse die Gleichungen nach x bzw. y' auf.

$\Leftrightarrow \left| \begin{array}{ll} x'+1{,}5 = -0{,}5x & |\cdot(-2) \\ \wedge\ y' = x+1 & \end{array} \right.$

Hinweise und Tipps

$$\Leftrightarrow \left| \begin{array}{l} x = -2x' - 3 \\ \wedge\ y' = -2x' - 3 + 1 \end{array} \right.$$

Einsetzen von $-2x' - 3$ für x in Gleichung II

$$\Leftrightarrow \left| \begin{array}{l} x = -2x' - 3 \\ \wedge\ y' = -2x' - 2 \end{array} \right.$$

Gleichung der Bildgeraden:

g': $y = -2x - 2$

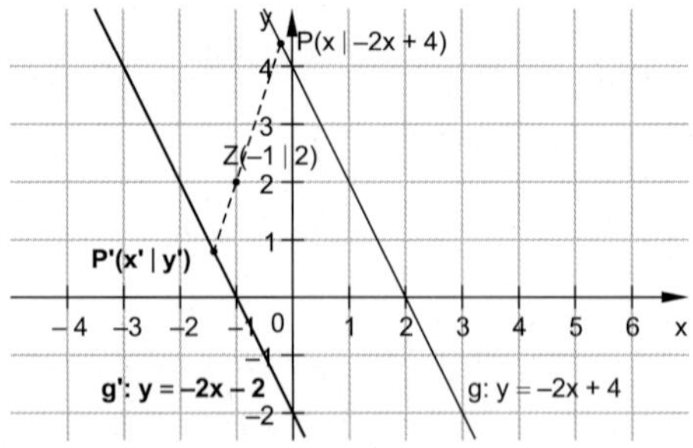

---

101 g: $y = \frac{2}{3}x - 1 \xmapsto{Z(4|1);\ k=-4} g'$

$P\left(x \,\middle|\, \frac{2}{3}x - 1\right) \xmapsto{Z(4|1);\ k=-4} P'(x' | y')$

Es gilt: $\overrightarrow{ZP'} = k \cdot \overrightarrow{ZP}$ mit $P\left(x \,\middle|\, \frac{2}{3}x - 1\right) \in g$

$$\Leftrightarrow \begin{pmatrix} x' - x_Z \\ y' - y_Z \end{pmatrix} = k \cdot \begin{pmatrix} x - x_Z \\ y - y_Z \end{pmatrix}$$

Setze die Werte von $P\left(x \,\middle|\, \frac{2}{3}x - 1\right)$, $Z(4 | 1)$ und $k = -4$ in die Vektorgleichung ein.

$$\Leftrightarrow \begin{pmatrix} x' - 4 \\ y' - 1 \end{pmatrix} = -4 \cdot \begin{pmatrix} x - 4 \\ \frac{2}{3}x - 1 - 1 \end{pmatrix}$$

$$\Leftrightarrow \begin{pmatrix} x' - 4 \\ y' - 1 \end{pmatrix} = -4 \cdot \begin{pmatrix} x - 4 \\ \frac{2}{3}x - 2 \end{pmatrix}$$

$$\Leftrightarrow \begin{pmatrix} x' - 4 \\ y' - 1 \end{pmatrix} = \begin{pmatrix} -4 \cdot (x - 4) \\ -4 \cdot \left(\frac{2}{3}x - 2\right) \end{pmatrix}$$

$$\Leftrightarrow \left| \begin{array}{ll} x' - 4 = -4x + 16 & |-16 \\ \wedge\ y' - 1 = -\frac{8}{3}x + 8 & |+1 \end{array} \right.$$

Löse die Gleichungen nach x bzw. y' auf.

$$\Leftrightarrow \left| \begin{array}{ll} x' - 20 = -4x & \left|\cdot\left(-\frac{1}{4}\right)\right. \\ \wedge\ y' = -\frac{8}{3}x + 9 & \end{array} \right.$$

$$\Leftrightarrow \left| \begin{array}{l} x = -\frac{1}{4}x' + 5 \\ \wedge\ y' = -\frac{8}{3}\left(-\frac{1}{4}x' + 5\right) + 9 \end{array} \right.$$

Einsetzen von $-\frac{1}{4}x' + 5$ für x in Gleichung II

$$\Leftrightarrow \left| \begin{array}{l} x = -\frac{1}{4}x' + 5 \\ \wedge\ y' = \frac{2}{3}x' - \frac{40}{3} + 9 \end{array} \right. \quad \text{mit } -\frac{40}{3} = -13\frac{1}{3}$$

$$\Leftrightarrow \left| \begin{array}{l} x = -\frac{1}{4}x' + 5 \\ \wedge\ y' = \frac{2}{3}x' - 4\frac{1}{3} \end{array} \right.$$

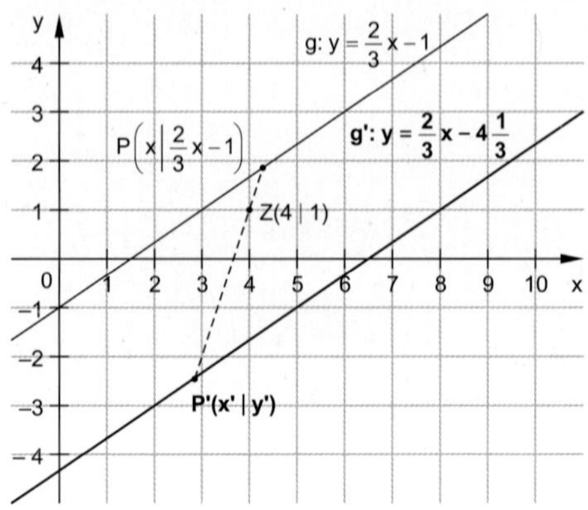

Gleichung der Bildgeraden:

g': $y = \frac{2}{3}x - 4\frac{1}{3}$

Hinweise und Tipps

102 $p\colon y = x^2 + 5 \xmapsto{Z(-1\,|\,3);\ k=0{,}5} p'$

$P(x\,|\,x^2+5) \xmapsto{Z(-1\,|\,3);\ k=0{,}5} P'(x'\,|\,y')$

$$\overrightarrow{ZP'} = k \cdot \overrightarrow{ZP} \quad \text{mit } P(x\,|\,x^2+5) \in p$$

$$\Leftrightarrow \begin{pmatrix} x' - x_Z \\ y' - y_Z \end{pmatrix} = k \cdot \begin{pmatrix} x - x_Z \\ y - y_Z \end{pmatrix}$$

Setze die Werte von $P(x\,|\,x^2+5)$, $Z(-1\,|\,3)$ und $k = 0{,}5$ in die Vektorgleichung ein.

$$\Leftrightarrow \begin{pmatrix} x' - (-1) \\ y' - 3 \end{pmatrix} = 0{,}5 \cdot \begin{pmatrix} x - (-1) \\ x^2 + 5 - 3 \end{pmatrix}$$

$$\Leftrightarrow \begin{pmatrix} x' + 1 \\ y' - 3 \end{pmatrix} = 0{,}5 \cdot \begin{pmatrix} x + 1 \\ x^2 + 2 \end{pmatrix}$$

$$\Leftrightarrow \begin{pmatrix} x' + 1 \\ y' - 3 \end{pmatrix} = \begin{pmatrix} 0{,}5 \cdot (x+1) \\ 0{,}5 \cdot (x^2+2) \end{pmatrix}$$

$$\Leftrightarrow \begin{array}{|l} x' + 1 = 0{,}5x + 0{,}5 \quad |-0{,}5 \\ \wedge\ y' - 3 = 0{,}5x^2 + 1 \quad |+3 \end{array}$$

Löse die Gleichungen nach x bzw. y' auf.

$$\Leftrightarrow \begin{array}{|l} x' + 0{,}5 = 0{,}5x \quad |\cdot 2 \\ \wedge\ y' = 0{,}5x^2 + 4 \end{array}$$

$$\Leftrightarrow \begin{array}{|l} x = 2x' + 1 \\ \wedge\ y' = 0{,}5(2x'+1)^2 + 4 \end{array}$$

Einsetzen von $x = 2x' + 1$ in Gleichung II

Wende die 1. binomische Formel an.

$$\Leftrightarrow \begin{array}{|l} x = 2x' + 1 \\ \wedge\ y' = 0{,}5(4x'^2 + 4x' + 1) + 4 \end{array}$$

Multipliziere aus und vereinfache.

$$\Leftrightarrow \begin{array}{|l} x = 2x' + 1 \\ \wedge\ y' = 2x'^2 + 2x' + 0{,}5 + 4 \end{array}$$

$$\Leftrightarrow \begin{array}{|l} x = 2x' + 1 \\ \wedge\ y' = 2x'^2 + 2x' + 4{,}5 \end{array}$$

Gleichung der Bildparabel:
$p'\colon y = 2x^2 + 2x + 4{,}5$

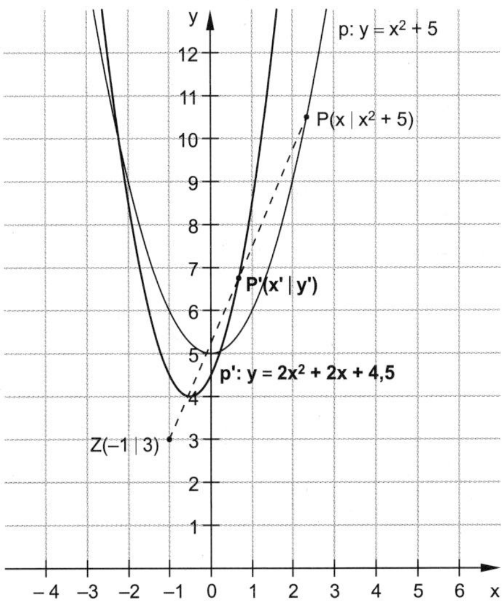

---

103 $p\colon y = \frac{1}{2}x^2 \xmapsto{Z(0\,|\,4);\ k=-\frac{3}{2}} p'$

$P\left(x \,\middle|\, \frac{1}{2}x^2\right) \xmapsto{Z(0\,|\,4);\ k=-\frac{3}{2}} P'(x'\,|\,y')$

Es gilt: $\overrightarrow{ZP'} = k \cdot \overrightarrow{ZP}$ mit $P\left(x \,\middle|\, \frac{1}{2}x^2\right) \in p$

$$\Leftrightarrow \begin{pmatrix} x' - x_Z \\ y' - y_Z \end{pmatrix} = k \cdot \begin{pmatrix} x - x_Z \\ y - y_Z \end{pmatrix}$$

Setze die Koordinaten von P und P' (allgemeine Koordinaten) sowie den Wert des Streckungsfaktors k ein.

Hinweise und Tipps

$$\Leftrightarrow \quad \begin{pmatrix} x'-0 \\ y'-4 \end{pmatrix} = -\frac{3}{2} \cdot \begin{pmatrix} x-0 \\ \frac{1}{2}x^2-4 \end{pmatrix}$$

$$\Leftrightarrow \quad \begin{pmatrix} x' \\ y'-4 \end{pmatrix} = \begin{pmatrix} -\frac{3}{2} \cdot x \\ -\frac{3}{2} \cdot \left(\frac{1}{2}x^2-4\right) \end{pmatrix}$$

$$\Leftrightarrow \quad \begin{array}{|l} x' = -\frac{3}{2}x \quad \left| \cdot \left(-\frac{2}{3}\right) \right. \\ \wedge \; y'-4 = -\frac{3}{4}x^2+6 \quad |+4 \end{array}$$

Löse die Gleichungen nach x bzw. y' auf.

$$\Leftrightarrow \quad \begin{array}{|l} x = -\frac{2}{3}x' \\ \wedge \; y' = -\frac{3}{4}x^2+10 \end{array}$$

$$\Leftrightarrow \quad \begin{array}{|l} x = -\frac{2}{3}x' \\ \wedge \; y' = -\frac{3}{4}\left(-\frac{2}{3}x'\right)^2+10 \end{array}$$

Einsetzen von $-\frac{2}{3}x'$ für x in Gleichung II

$$\Leftrightarrow \quad \begin{array}{|l} x = -\frac{2}{3}x' \\ \wedge \; y' = -\frac{3}{4}\left(\frac{4}{9}x'^2\right)+10 \end{array}$$

$$\Leftrightarrow \quad \begin{array}{|l} x = -\frac{2}{3}x' \\ \wedge \; y' = -\frac{1}{3}x'^2+10 \end{array}$$

Gleichung der Bildparabel:

p': $y = -\frac{1}{3}x^2+10$

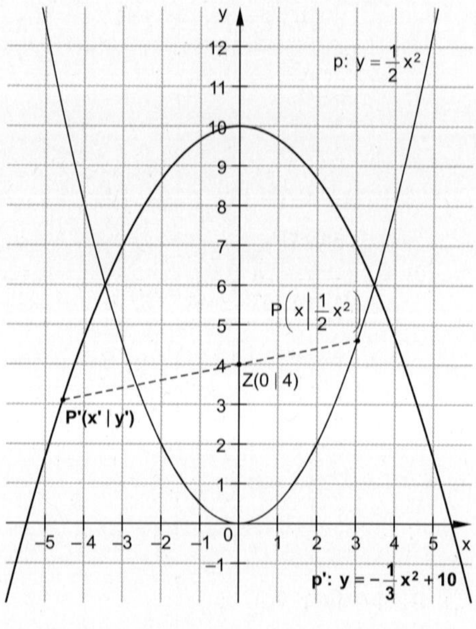

104 a) Berechnung der Parabelgleichung:

$P(-6\,|\,1) \in p$: $\quad y = -0{,}5x^2 + bx + c$

$\Leftrightarrow \quad 1 = -0{,}5 \cdot (-6)^2 + b \cdot (-6) + c$

Koordinaten des Punktes P in die allgemeine Form $y = ax^2 + bx + c$ eingesetzt

$\Leftrightarrow \quad 1 = -18 - 6b + c \quad |+18+6b$

$\Leftrightarrow \quad c = 6b + 19$

Löse nach c auf.

$\wedge$

$Q(0\,|-5) \in p$: $\quad y = -0{,}5x^2 + bx + c$

$\Leftrightarrow \quad -5 = -0{,}5 \cdot 0^2 + b \cdot 0 + c$

$\Leftrightarrow \quad c = -5$

Koordinaten des Punktes Q in die allgemeine Form $y = ax^2 + bx + c$ eingesetzt

$$\Leftrightarrow \quad \begin{array}{|l} c = 6b+19 \\ \wedge \; c = -5 \end{array}$$

Hinweise und Tipps

$$\Leftrightarrow \left| \begin{array}{l} c=-5 \\ \wedge\ -5=6b+19 \quad (\text{I}=\text{II}) \quad |-19 \end{array} \right.$$

Gleichsetzen von I und II

$$\Leftrightarrow \left| \begin{array}{l} c=-5 \\ \wedge\ 6b=-24 \quad |:6 \end{array} \right.$$

$$\Leftrightarrow \left| \begin{array}{l} c=-5 \\ \wedge\ b=-4 \end{array} \right.$$

also: p: $y=-0{,}5x^2-4x-5$

b) Berechnung der Koordinaten des Scheitelpunktes S:

p: $y=-0{,}5x^2-4x-5$

$y=-0{,}5[x^2+8x+10]$ — Klammere den Faktor –0,5 aus.

$y=-0{,}5[x^2+8x+4^2-4^2+10]$ — Ergänze quadratisch.

$y=-0{,}5[(x+4)^2-16+10]$ — Wende die binomische Formel an.

$y=-0{,}5[(x+4)^2-6]$

$y=-0{,}5(x+4)^2+3$ — Multipliziere aus.

also: $S(-4\,|\,3)$

c)

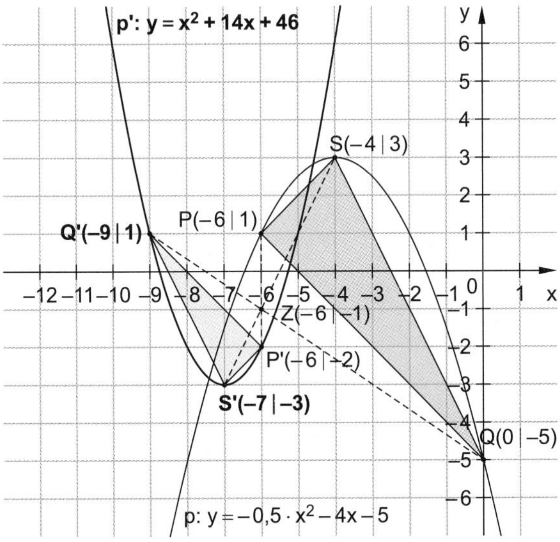

d) Berechnung von k:

Es gilt:

$$\text{p: } y=-0{,}5x^2-4x-5 \xmapsto{Z(-6|-1);\,k} \text{p}'$$

$$P(-6\,|\,1) \xmapsto{Z(-6|-1);\,k} P'(-6\,|\,-2)$$

Berechnung von k mithilfe der Abbildungsvorschrift $\overrightarrow{ZP'}=k\cdot\overrightarrow{ZP}$:

$$\overrightarrow{ZP'}=k\cdot\overrightarrow{ZP}$$

$$\Leftrightarrow \begin{pmatrix}-6-(-6)\\-2-(-1)\end{pmatrix}=k\cdot\begin{pmatrix}-6-(-6)\\1-(-1)\end{pmatrix}$$

Werte von P, P' und Z in die Vektorgleichung eingesetzt

$$\Leftrightarrow \begin{pmatrix}0\\-1\end{pmatrix}=k\cdot\begin{pmatrix}0\\2\end{pmatrix}$$

$$\Leftrightarrow \left| \begin{array}{l} 0=0 \\ \wedge\ -1=2k \quad |:2 \end{array} \right.$$

Hinweise und Tipps

$$\Leftrightarrow \left| \begin{array}{l} 0=0 \\ \wedge\ k=-\frac{1}{2} \end{array} \right.$$

$$L=\left\{-\frac{1}{2}\right\}$$

also: $k=-\frac{1}{2}$

Der Streckungsfaktor hat den Wert $-\frac{1}{2}$.

e) Berechnung der Koordinaten von S' mithilfe der Abbildungsvorschrift $\overrightarrow{ZS'}=k\cdot\overrightarrow{ZS}$:

$$S(-4\,|\,3) \xrightarrow{Z(-6|-1);\ k=-\frac{1}{2}} S'(x'\,|\,y')$$

$$\overrightarrow{ZS'}=k\cdot\overrightarrow{ZS} \text{ mit } S'(x'\,|\,y')$$

$$\Leftrightarrow \begin{pmatrix} x'-x_Z \\ y'-y_Z \end{pmatrix}=k\cdot\begin{pmatrix} x-x_Z \\ y-y_Z \end{pmatrix}$$

Setze die Werte von S, Z und k in die Vektorgleichung ein.

$$\Leftrightarrow \begin{pmatrix} x'-(-6) \\ y'-(-1) \end{pmatrix}=-\frac{1}{2}\cdot\begin{pmatrix} -4-(-6) \\ 3-(-1) \end{pmatrix}$$

$$\Leftrightarrow \begin{pmatrix} x'+6 \\ y'+1 \end{pmatrix}=-\frac{1}{2}\cdot\begin{pmatrix} 2 \\ 4 \end{pmatrix}$$

$$\Leftrightarrow \left| \begin{array}{ll} x'+6=-1 & |-6 \\ \wedge\ y'+1=-2 & |-1 \end{array} \right.$$

Löse die Gleichungen nach x' bzw. y' auf.

$$\Leftrightarrow \left| \begin{array}{l} x'=-7 \\ \wedge\ y'=-3 \end{array} \right.$$

$L=\{(-7\,|-3)\}$
also: $S'(-7\,|-3)$

Berechnung der Koordinaten von Q' mithilfe der Abbildungsvorschrift $\overrightarrow{ZQ'}=k\cdot\overrightarrow{ZQ}$:

$$Q(0\,|-5) \xrightarrow{Z(-6|-1);\ k=-\frac{1}{2}} Q'(x'\,|\,y')$$

$$\overrightarrow{ZQ'}=k\cdot\overrightarrow{ZQ} \text{ mit } Q'(x'\,|\,y')$$

$$\Leftrightarrow \begin{pmatrix} x'-x_Z \\ y'-y_Z \end{pmatrix}=k\cdot\begin{pmatrix} x-x_Z \\ y-y_Z \end{pmatrix}$$

Setze die bekannten Koordinaten in die Abbildungsgleichung ein.

$$\Leftrightarrow \begin{pmatrix} x'-(-6) \\ y'-(-1) \end{pmatrix}=-\frac{1}{2}\cdot\begin{pmatrix} 0-(-6) \\ -5-(-1) \end{pmatrix}$$

$$\Leftrightarrow \begin{pmatrix} x'+6 \\ y'+1 \end{pmatrix}=-\frac{1}{2}\cdot\begin{pmatrix} 6 \\ -4 \end{pmatrix}$$

$$\Leftrightarrow \left| \begin{array}{ll} x'+6=-3 & |-6 \\ \wedge\ y'+1=2 & |-1 \end{array} \right.$$

$$\Leftrightarrow \left| \begin{array}{l} x'=-9 \\ \wedge\ y'=1 \end{array} \right.$$

$L=\{(-9\,|\,1)\}$
also: $Q'(-9\,|\,1)$

Koordinaten des Bildpunktes Q'

✐ Hinweise und Tipps

f) Berechnung der Gleichung von p':

Berechnung des Streckungs-/Stauchungsfaktors a:

$S'(-7\,|\,-3) \in p'$: $\quad y = a\cdot(x - x_{S'})^2 + y_{S'}$

$\Leftrightarrow \quad y = a\cdot(x+7)^2 - 3$

Setze die Koordinaten von S' in die Scheitelform ein.

$Q'(-9\,|\,1) \in p'$: $\quad y = a\cdot(x+7)^2 - 3$

$\Leftrightarrow \quad 1 = a\cdot(-9+7)^2 - 3$

$\Leftrightarrow \quad 1 = a\cdot 4 - 3 \qquad |+3$

$\Leftrightarrow \quad 4a = 4 \qquad |:4$

$\Leftrightarrow \quad a = 1$

Setze die Koordinaten von Q' ein.

somit: p': $y = 1\cdot(x+7)^2 - 3$

$y = (x+7)^2 - 3$

Scheitelform der Parabelgleichung

$y = x^2 + 14x + 49 - 3$

$y = x^2 + 14x + 46$

Allgemeine Form der Parabelgleichung

oder:

Es gilt:

$$p\colon y = -0{,}5x^2 - 4x - 5 \xmapsto{Z(-6\,|\,-1);\ k=-\frac{1}{2}} p'$$

$$P(x\,|\,-0{,}5x^2 - 4x - 5) \xmapsto{Z(-6\,|\,-1);\ k=-\frac{1}{2}} P'(x'\,|\,y')$$

Berechnung von P' mithilfe der Abbildungsvorschrift $\overrightarrow{ZP'} = k\cdot\overrightarrow{ZP}$:

$$\overrightarrow{ZP'} = k\cdot\overrightarrow{ZP}$$

$$\Leftrightarrow \begin{pmatrix} x' - x_Z \\ y' - y_Z \end{pmatrix} = k\cdot\begin{pmatrix} x - x_Z \\ y - y_Z \end{pmatrix}$$

Setze $P(x\,|\,-0{,}5x^2 - 4x - 5)$, $Z(-6\,|\,-1)$ und $k = -\frac{1}{2}$ in die Vektorgleichung ein.

$$\Leftrightarrow \begin{pmatrix} x' - (-6) \\ y' - (-1) \end{pmatrix} = -\frac{1}{2}\cdot\begin{pmatrix} x - (-6) \\ -0{,}5x^2 - 4x - 5 - (-1) \end{pmatrix}$$

$$\Leftrightarrow \begin{pmatrix} x' + 6 \\ y' + 1 \end{pmatrix} = -\frac{1}{2}\cdot\begin{pmatrix} x + 6 \\ -0{,}5x^2 - 4x - 4 \end{pmatrix}$$

$$\Leftrightarrow \begin{pmatrix} x' + 6 \\ y' + 1 \end{pmatrix} = \begin{pmatrix} -\frac{1}{2}\cdot(x+6) \\ -\frac{1}{2}\cdot(-\frac{1}{2}x^2 - 4x - 4) \end{pmatrix}$$

$$\Leftrightarrow \quad x' + 6 = -\frac{1}{2}x - 3 \qquad |+3$$
$$\wedge \quad y' + 1 = \frac{1}{4}x^2 + 2x + 2 \qquad |-1$$

Löse Gleichung I nach x auf.

Löse Gleichung II nach y' auf.

$$\Leftrightarrow \quad -\frac{1}{2}x = x' + 9 \qquad |\cdot(-2)$$
$$\wedge \quad y' = \frac{1}{4}x^2 + 2x + 1$$

$$\Leftrightarrow \quad x = -2x' - 18$$
$$\wedge \quad y' = \frac{1}{4}x^2 + 2x + 1$$

Setze den Term für x in Gleichung II ein.

$$\Leftrightarrow \quad x = -2x' - 18$$
$$\wedge \quad y' = \frac{1}{4}(-2x' - 18)^2 + 2(-2x' - 18) + 1$$

Wende die 2. binomische Formel an.

Hinweise und Tipps

$$\Leftrightarrow \left| \begin{array}{l} x = -2x' - 18 \\ \wedge\ y' = \frac{1}{4}(4x'^2 + 72x' + 324) - 4x' - 36 + 1 \end{array} \right.$$

Löse die runde Klammer auf.

$$\Leftrightarrow \left| \begin{array}{l} x = -2x' - 18 \\ \wedge\ y' = x'^2 + 18x' + 81 - 4x' - 35 \end{array} \right.$$

Fasse zusammen.

$$\Leftrightarrow \left| \begin{array}{l} x = -2x' - 18 \\ \wedge\ y' = x'^2 + 14x' + 46 \end{array} \right.$$

also: p': $y = x^2 + 14x + 46$

g) Berechnung von $A_{\Delta PQS}$:

$\overrightarrow{PQ} = \begin{pmatrix} 0-(-6) \\ -5-1 \end{pmatrix} = \begin{pmatrix} 6 \\ -6 \end{pmatrix}$; $\overrightarrow{PS} = \begin{pmatrix} -4-(-6) \\ 3-1 \end{pmatrix} = \begin{pmatrix} 2 \\ 2 \end{pmatrix}$

Berechnung der aufspannenden Vektoren

$$A_{\Delta PQS} = \frac{1}{2} \cdot |\overrightarrow{PQ}\ \ \overrightarrow{PS}|$$

$$A_{\Delta PQS} = \frac{1}{2} \cdot \begin{vmatrix} 6 & 2 \\ -6 & 2 \end{vmatrix} \text{ FE}$$

$$A_{\Delta PQS} = \frac{1}{2} \cdot [6 \cdot 2 - (-6) \cdot 2] \text{ FE}$$

$$A_{\Delta PQS} = \frac{1}{2} \cdot [12 + 12] \text{ FE}$$

$$A_{\Delta PQS} = 12 \text{ FE}$$

Berechnung von $A_{\Delta P'Q'S'}$:

$$A_{\Delta P'Q'S'} = k^2 \cdot A_{\Delta PQS} = \left(-\frac{1}{2}\right)^2 \cdot 12 \text{ FE} = \frac{1}{4} \cdot 12 \text{ FE} = 3 \text{ FE}$$

---

105 a) Berechnung der Gleichung von p':

Es gilt:

$$p\text{: } y = -0{,}5x^2 + 4{,}5 \xmapsto{Z(4|0{,}5);\ k=0{,}5} p'$$

$$P(x\,|-0{,}5x^2 + 4{,}5) \xmapsto{Z(4|0{,}5);\ k=0{,}5} P'(x'|y')$$

Berechnung von P' mithilfe der Abbildungsvorschrift $\overrightarrow{ZP'} = k \cdot \overrightarrow{ZP}$:

$$\overrightarrow{ZP'} = k \cdot \overrightarrow{ZP}$$

$$\Leftrightarrow \begin{pmatrix} x' - x_Z \\ y' - y_Z \end{pmatrix} = k \cdot \begin{pmatrix} x - x_Z \\ y - y_Z \end{pmatrix}$$

Setze $P(x\,|-0{,}5x^2 + 4{,}5)$, $Z(4\,|\,0{,}5)$ und $k = 0{,}5$ in die Vektorgleichung ein.

$$\Leftrightarrow \begin{pmatrix} x' - 4 \\ y' - 0{,}5 \end{pmatrix} = 0{,}5 \cdot \begin{pmatrix} x - 4 \\ -0{,}5x^2 + 4{,}5 - 0{,}5 \end{pmatrix}$$

$$\Leftrightarrow \begin{pmatrix} x' - 4 \\ y' - 0{,}5 \end{pmatrix} = 0{,}5 \cdot \begin{pmatrix} x - 4 \\ -0{,}5x^2 + 4 \end{pmatrix}$$

$$\Leftrightarrow \left| \begin{array}{ll} x' - 4 = 0{,}5x - 2 & |+2 \\ \wedge\ y' - 0{,}5 = -0{,}25x^2 + 2 & |+0{,}5 \end{array} \right.$$

Löse Gleichung I nach x auf.
Löse Gleichung II nach y' auf.

$$\Leftrightarrow \left| \begin{array}{ll} 0{,}5x = x' - 2 & |\cdot 2 \\ \wedge\ y' = -0{,}25x^2 + 2{,}5 & \end{array} \right.$$

Setzt den sich ergebenden Term für x in Gleichung II ein.

Hinweise und Tipps

$$\Leftrightarrow \left| \begin{array}{l} x = 2x' - 4 \\ \wedge\ y' = -0{,}25(2x' - 4)^2 + 2{,}5 \end{array} \right.$$

$$\Leftrightarrow \left| \begin{array}{l} x = 2x' - 4 \\ \wedge\ y' = -0{,}25(4x'^2 - 16x' + 16) + 2{,}5 \end{array} \right.$$

Vereinfache.

$$\Leftrightarrow \left| \begin{array}{l} x = 2x' - 4 \\ \wedge\ y' = -x'^2 + 4x' - 4 + 2{,}5 \end{array} \right.$$

Fasse zusammen.

$$\Leftrightarrow \left| \begin{array}{l} x = 2x' - 4 \\ \wedge\ y' = -x'^2 + 4x' - 1{,}5 \end{array} \right.$$

Gleichung der Bildparabel:
p': $y = -x^2 + 4x - 1{,}5$

b) Berechnung der Koordinaten der Scheitelpunkte S und S':
p: $y = -0{,}5x^2 + 4{,}5$
$y = \underbrace{-0{,}5(x-0)^2 + 4{,}5}_{\text{Scheitelform}}$
also: S(0 | 4,5)

p': $y = -x^2 + 4x - 1{,}5$ — Klammere –1 aus.
$y = -[x^2 - 4x + 1{,}5]$ — Ergänze quadratisch.
$y = -[x^2 - 4x + 2^2 - 2^2 + 1{,}5]$ — Wende die binomische Formel an.
$y = -[(x-2)^2 - 4 + 1{,}5]$ — Fasse zusammen.
$y = -[(x-2)^2 - 2{,}5]$
$y = -(x-2)^2 + 2{,}5$
also: S'(2 | 2,5)

Zeichnung:

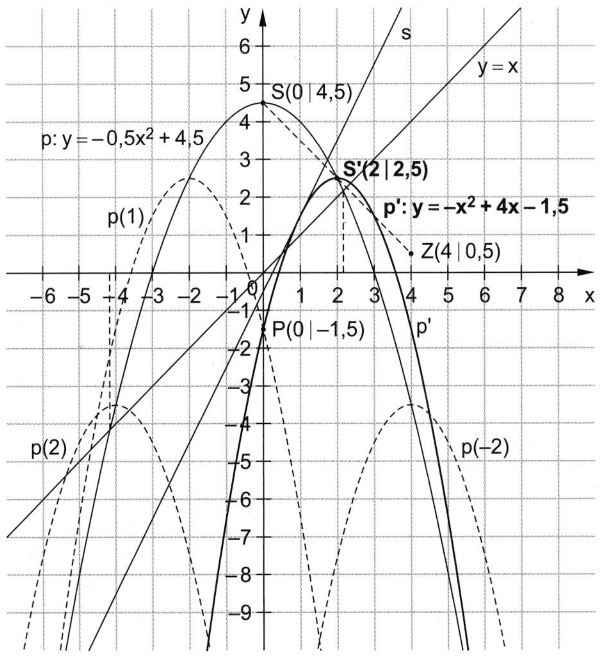

c) Es ist zu zeigen, dass die Tangentenbedingung D = 0 nicht erfüllt ist.
p: $y = -0{,}5x^2 + 4{,}5$ — Gleichung der Parabel p
g(m): $y = m(x-0) - 1{,}5$ — Gleichung des Geradenbüschels mit dem Büschelpunkt P(0 | –1,5)

Hinweise und Tipps

Schnittpunktbedingung:

$$\begin{array}{l|l} p: & y=-0{,}5x^2+4{,}5 \\ g(m): & \wedge\ y=m(x-0)-1{,}5 \end{array}$$

$$\Leftrightarrow \quad \begin{array}{|l} y=-0{,}5x^2+4{,}5 \\ \wedge\ y=mx-1{,}5 \end{array}$$

$\Rightarrow \quad -0{,}5x^2+4{,}5=mx-1{,}5 \quad (I=II) \quad |-mx+1{,}5$ — Gleichsetzungsverfahren

$\Leftrightarrow \quad -0{,}5x^2-mx+6=0 \quad |\cdot(-2)$

$\Leftrightarrow \quad 1x^2+2mx-12=0$ — $a=1;\ b=m;\ c=-6$

$D(m)=b^2-4ac=(2m)^2-4\cdot1\cdot(-12)=4m^2+48$ — Diskriminante

Tangentenbedingung $D=0$:

$4m^2+48=0 \quad |-48$

$\Leftrightarrow \quad 4m^2=-48 \quad |:4$

$\Leftrightarrow \quad m^2=-12$

$\Rightarrow \quad L=\varnothing$

Es gibt keine Tangente von P an p.

d) Zu berechnen ist der y-Achsenabschnitt t der Parallelenschar mit der Gleichung g(t): $y=2x+t$ für den g(t) Tangente an p' ist:

p': $y=-x^2+4x-1{,}5$ — Gleichung der Parabel p'

g(t): $y=2x+t$ — Gleichung der Parallelenschar g(t)

Schnittpunktbedingung:

$$\begin{array}{l|l} p': & y=-x^2+4x-1{,}5 \\ g(t): & \wedge\ y=2x+t \end{array}$$

$\Rightarrow \quad -x^2+4x-1{,}5=2x+t \quad (I=II) \quad |-2x-t$ — Gleichsetzungsverfahren

$\Leftrightarrow \quad -x^2+2x-1{,}5-t=0 \quad |\cdot(-1)$

$\Leftrightarrow \quad 1x^2-2x+1{,}5+t=0$ — $a=1;\ b=-2;\ c=1{,}5+t$

$D(t)=b^2-4ac=(-2)^2-4\cdot1\cdot(1{,}5+t)=-2-4t$

Tangentenbedingung $D=0$:

$-2-4t=0 \quad |+4t$

$\Leftrightarrow \quad 4t=-2 \quad |:4$

$\Leftrightarrow \quad t=-0{,}5$

somit: s: $y=2x-0{,}5$

e) p(a): $y=-x^2\underbrace{-4a}_{I}x\ \underbrace{-6a^2+4{,}5}_{II}$

p': $y=-x^2+4x \quad -1{,}5$

$$\begin{array}{llll} & -4a=4 & \wedge & -6a^2+4{,}5=-1{,}5 \\ \Leftrightarrow & a=-1 & \wedge & -6a^2=-6 \\ \Leftrightarrow & a=-1 & \wedge & a^2=1 \\ \Leftrightarrow & a=-1 & \wedge & |a|=1 \\ \Leftrightarrow & a=-1 & \wedge & a=-1 \vee a=1 \\ \Leftrightarrow & L_1=\{-1\} & \wedge & L_2=\{-1;1\} \end{array}$$

$L=L_1\cap L_2=\{-1\}$

Hinweise und Tipps

p(−1): $y=-x^2-4\cdot(-1)\cdot x-6\cdot(-1)^2+4{,}5$

$\Leftrightarrow\ y=-x^2+4x-6+4{,}5$

$\Leftrightarrow\ y=-x^2+4x-1{,}5$

somit gilt: $p'=p(-1)\in p(a)$

f) p(a): $y=-x^2-4ax-6a^2+4{,}5$

$y=-[x^2+4ax+6a^2-4{,}5]$

$y=-[x^2+4ax+(2a)^2-(2a)^2+6a^2-4{,}5]$

$y=-[(x+2a)^2-4a^2+6a^2-4{,}5]$

$y=-(x+2a)^2-2a^2+4{,}5$

Die Schargleichung $y=-x^2-4ax-6a^2+4{,}5$ ist durch quadratische Ergänzung auf Scheitelform zu bringen.

also: $S_a(-2a\,|\,-2a^2+4{,}5)$

Scheitelkoordinaten in Abhängigkeit von a

g) $S_a(-2a\,|\,-2a^2+4{,}5)$

$S_{-2}(-2\cdot(-2)\,|\,-2\cdot(-2)^2+4{,}5)=S_{-2}(4\,|\,-3{,}5)$

$S_1(-2\cdot 1\,|\,-2\cdot 1^2+4{,}5)=S_1(-2\,|\,2{,}5)$

$S_2(-2\cdot 2\,|\,-2\cdot 2^2+4{,}5)=S_2(-4\,|\,-3{,}5)$

h) $S(x\,|\,y)=S_a(-2a\,|\,-2a^2+4{,}5)$

$\Leftrightarrow\ \begin{array}{|l} x=-2a \quad |:(-2) \\ \wedge\ y=-2a^2+4{,}5 \end{array}$

$\Leftrightarrow\ \begin{array}{|l} a=-0{,}5x \\ \wedge\ y=-2(-0{,}5x)^2+4{,}5 \end{array}$

Einsetzen von $a=-0{,}5x$ in Gleichung II

$\Leftrightarrow\ \begin{array}{|l} a=-0{,}5x \\ \wedge\ y=-2\cdot 0{,}25x^2+4{,}5 \end{array}$

$\Leftrightarrow\ \begin{array}{|l} a=-0{,}5x \\ \wedge\ y=-0{,}5x^2+4{,}5 \end{array}$

also: $y=-0{,}5x^2+4{,}5$

Damit ist die Funktionsgleichung von p bestätigt.

i) Zu bestimmen sind die Werte von a, die die Bedingung $-2a<-2a^2+4{,}5$ erfüllen:

Zugehörige quadratische Gleichung:

$$-2a=-2a^2+4{,}5 \quad |+2a^2-4{,}5$$

$\Leftrightarrow\ 2a^2-2a-4{,}5=0$

a = 2; b = −2; c = −4,5

$D=(-2)^2-4\cdot 2\cdot(-4{,}5)=40$

Da D > 0, existieren zwei Lösungselemente.

$\Leftrightarrow\ a_{1/2}=\dfrac{2\pm\sqrt{40}}{4}$

$a_1=2{,}08\ \vee\ a_2=-1{,}08$

$L^*=\{-1{,}08;\ 2{,}08\}$

Zerlegung in Linearfaktoren:

$(a-2{,}08)(a+1{,}08)<0$

$\Leftrightarrow\ (a-2{,}08>0\ \wedge\ a+1{,}08<0)\ \vee\ (a-2{,}08<0\ \wedge\ a+1{,}08>0)$

$\Leftrightarrow\ (a>2{,}08\ \wedge\ a<-1{,}08)\ \vee\ (a<2{,}08\ \wedge\ a>-1{,}08)$

$L_1=\varnothing \qquad L_2=]-1{,}08;\ 2{,}08[$

$L=L_1\cup L_2=]-1{,}08;\ 2{,}08[$ bzw. $a\in\,]-1{,}08;\ 2{,}08[$

Hinweise und Tipps

oder:

Gleichsetzen von p und y = x:

$$-0{,}5x^2+4{,}5=x \quad |-x$$
$$\Leftrightarrow \quad -0{,}5x^2-x+4{,}5=0$$
$$\Leftrightarrow \quad x_{1/2}=\frac{1\pm\sqrt{1+9}}{-1}$$
$$\Leftrightarrow \quad x_{1/2}=-1\mp\sqrt{10}$$
$$x_1=-4{,}16 \;\vee\; x_2=2{,}16$$

Alle Punkte, deren x-Koordinate kleiner als die y-Koordinate ist, liegen oberhalb der Geraden y = x.

Da die Parabel p Trägergraph der Scheitelpunkte aller Scharparabeln ist, liegen die x-Koordinaten der gesuchten Scheitel $S_a(-2a\,|\,-2a^2+4{,}5)$ im Intervall $]x_1;\, x_2[$.
Es folgt:
$-2a\in\,]-4{,}16;\,2{,}16[\;\Leftrightarrow\; a\in\,]-1{,}08;\,2{,}08[$

2.6 Rechtwinklige Dreiecke

106

$$|\overline{EF}|^2=|\overline{FG}|^2+|\overline{GE}|^2 \quad |\sqrt{\ }$$
$$\Rightarrow \quad |\overline{EF}|=\sqrt{|\overline{FG}|^2+|\overline{GE}|^2}$$
$$\Leftrightarrow \quad 13\text{ cm}=\sqrt{12^2+5^2}\text{ cm}$$
$$\Leftrightarrow \quad 13\text{ cm}=\sqrt{169}\text{ cm}$$
$$\Leftrightarrow \quad 13\text{ cm}=13\text{ cm} \qquad (w)$$

Das Dreieck EFG ist rechtwinklig.

Um zu zeigen, dass das Dreieck EFG rechtwinklig ist, genügt es, die Gültigkeit des Satzes des Pythagoras nachzuweisen. In allen rechtwinkligen Dreiecken ist die längste Seite die Hypotenuse.

107 a)

$$c^2=a^2+b^2 \quad |\sqrt{\ }$$
$$\Rightarrow \quad c=\sqrt{a^2+b^2}$$
$$\Leftrightarrow \quad c=\sqrt{12^2+5^2}\text{ cm}$$
$$\Leftrightarrow \quad c=\sqrt{169}\text{ cm}$$
$$\Leftrightarrow \quad c=13\text{ cm}$$

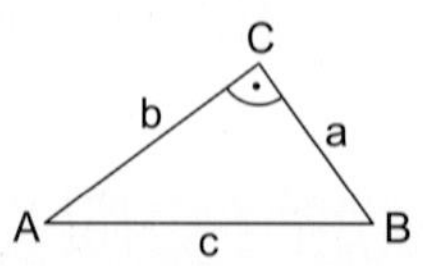

Satz des Pythagoras anwenden (Die Hypotenuse liegt dem rechten Winkel gegenüber.)
Setze die gegebenen Werte ein.

b)

$$b^2=a^2+c^2 \quad |-c^2$$
$$\Leftrightarrow \quad a^2=b^2-c^2 \quad |\sqrt{\ }$$
$$\Rightarrow \quad a=\sqrt{b^2-c^2}$$
$$\Leftrightarrow \quad a=\sqrt{30^2-12^2}\text{ cm}$$
$$\Leftrightarrow \quad a=\sqrt{756}\text{ cm}$$
$$\Leftrightarrow \quad a=27{,}50\text{ cm}$$

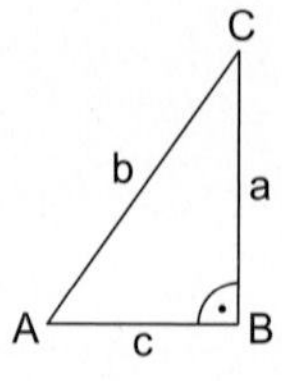

Satz des Pythagoras anwenden (b ist die Hypotenuse)
Die Länge einer Kathete ist zu berechnen, also entsprechend umformen.
Setze die gegebenen Werte ein (3 dm = 30 cm).

Forme um.

108 Die Länge des Schenkels $|\overline{DA}|$ (bzw. $|\overline{BC}|$) ist zu berechnen.

$$|\overline{AE}|=\frac{|\overline{AB}|-|\overline{DC}|}{2}=\frac{14-9}{2}\text{ cm}=2{,}5\text{ cm}$$

Hinweise und Tipps

Planfigur:

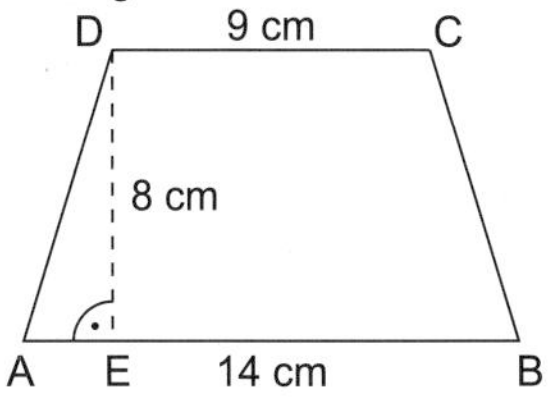

Betrachte das in E rechtwinklige Dreieck AED:

$|\overline{DA}| = \sqrt{|\overline{AE}|^2 + |\overline{ED}|^2} = \sqrt{2{,}5^2 + 8^2}\text{ cm} = \sqrt{70{,}25}\text{ cm} = |\overline{BC}|$

Damit gilt:

$u_{ABCD} = |\overline{AB}| + |\overline{BC}| + |\overline{CD}| + |\overline{DA}|$

$u_{ABCD} = |\overline{AB}| + 2 \cdot |\overline{DA}| + |\overline{CD}|$

$u_{ABCD} = (14 + 2 \cdot \sqrt{70{,}25} + 9)\text{ cm}$

$u_{ABCD} = 39{,}76\text{ cm}$

$|\overline{BC}| = |\overline{DA}|$, da es sich um ein gleichschenkliges Trapez handelt.

---

109 Der Punkt A liegt auf dem Thaleskreis über der Strecke $\overline{BC}$, somit ist das Dreieck ABC rechtwinklig in A.

Gesucht ist die Länge der Hypotenuse $\overline{BC}$:

$|\overline{BC}| = \sqrt{|\overline{AB}|^2 + |\overline{CA}|^2} = \sqrt{5^2 + 7^2}\text{ cm} = 8{,}60\text{ cm}$

---

110 Berechnung von f:

Im rechtwinkligen Dreieck SCD gilt:

$$\frac{f}{2} = \sqrt{a^2 - \left(\frac{e}{2}\right)^2} = \sqrt{5^2 - \left(\frac{3}{2}\right)^2}\text{ cm} = 4{,}77\text{ cm}$$

$\Rightarrow\ f = 9{,}54\text{ cm}$

Berechnung von A_{Raute}:

$$A_{Raute} = \frac{1}{2} \cdot e \cdot f = \frac{1}{2} \cdot 3 \cdot 9{,}54\text{ cm}^2 = 14{,}31\text{ cm}^2$$

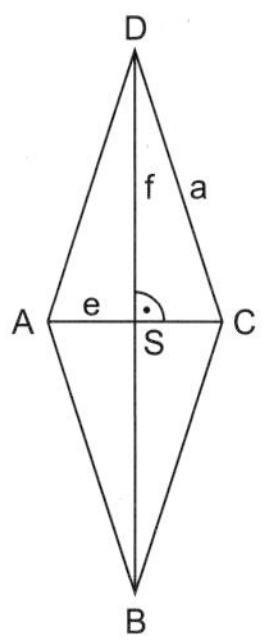

---

111 a) $\overline{EC}$ ist die maximale Höhe. $\overline{CD}$ ist die Breite des Lkw. Die Strecke $\overline{ME}$ ist der Tunnelradius.

Im Dreieck CME gilt:

$|\overline{EC}| = \sqrt{|\overline{ME}|^2 - |\overline{CM}|^2} = \sqrt{(5\text{ m})^2 - (1{,}25\text{ m})^2}$

$= 4{,}84\text{ m}$

Der Lkw kann höchstens 4,84 m hoch sein.

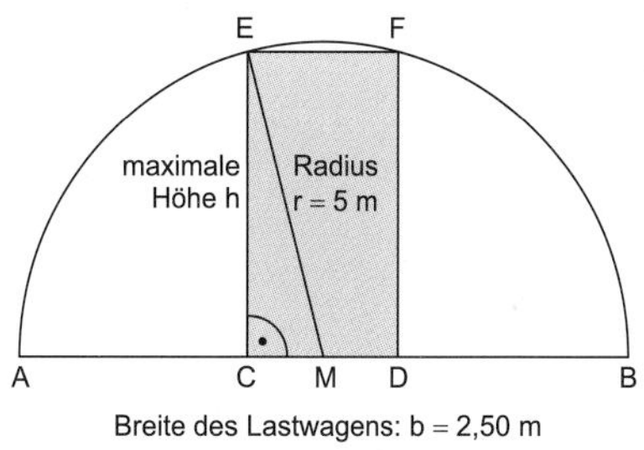

b) Es gilt ein Sicherheitsabstand von 50 cm zur Decke. Der Radius des Halbkreises beträgt also nur noch 4,50 m!

$|\overline{GC}| = \sqrt{|\overline{MG}|^2 - |\overline{CM}|^2} = \sqrt{(4{,}5\text{ m})^2 - (1{,}25\text{ m})^2}$

$= 4{,}32\text{ m}$

Der Lkw kann bei Einhaltung des Sicherheitsabstands höchstens 4,32 m hoch sein.

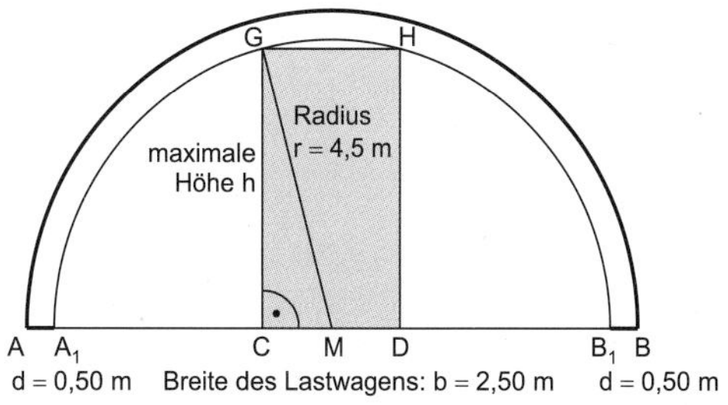

Hinweise und Tipps

112 Berechnung der Höhe:

$$h = \frac{a}{2}\sqrt{3} = \frac{6}{2}\sqrt{3}\text{ cm} = 3\sqrt{3}\text{ cm}$$

oder: $$h = \sqrt{a^2 - \left(\frac{a}{2}\right)^2} = \sqrt{(6\text{ cm})^2 - (3\text{ cm})^2} = \sqrt{27}\text{ cm} = \sqrt{9 \cdot 3}\text{ cm} = 3\sqrt{3}\text{ cm}$$

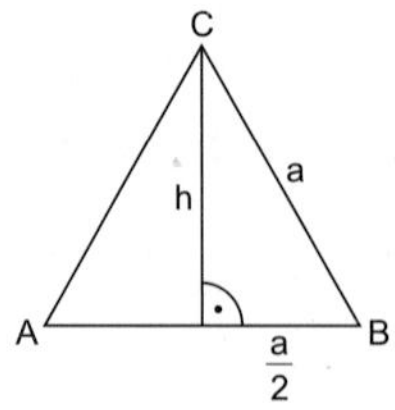

Berechnung des Flächeninhalts:

$$A_\Delta = \frac{1}{2} \cdot g \cdot h = \frac{1}{2} \cdot a \cdot h = \frac{1}{2} \cdot 6 \cdot 3\sqrt{3}\text{ cm}^2 = 9\sqrt{3}\text{ cm}^2$$

---

113 a) $|\overline{AC}| = |\overline{AB}|\sqrt{2} = 6\sqrt{2}\text{ cm} = 8{,}49\text{ cm}$

Formel für die Länge der Diagonale im Quadrat anwenden

$|\overline{AE}| = \frac{1}{2}|\overline{AC}| = \frac{1}{2}6\sqrt{2}\text{ cm} = 3\sqrt{2}\text{ cm} = 4{,}24\text{ cm}$

$|\overline{SA}| = \sqrt{|\overline{AE}|^2 + |\overline{ES}|^2} = \sqrt{(3\sqrt{2})^2 + 10^2}\text{ cm} = 10{,}86\text{ cm}$

Bestimme die Länge von $\overline{AS}$ mithilfe des Satzes des Pythagoras im in E rechtwinkligen Dreieck AES.

$|\overline{MS}| = \sqrt{|\overline{EM}|^2 + |\overline{SE}|^2} = \sqrt{3^2 + 10^2}\text{ cm} = 10{,}44\text{ cm}$

Bestimme die Länge von $\overline{MS}$ mithilfe des Satzes des Pythagoras im in E rechtwinkligen Dreieck EMS.

b) $\frac{|\overline{BD}|}{|\overline{GH}|} = \frac{|\overline{ES}|}{|\overline{FS}|}$

2. Strahlensatz mit Zentrum S anwenden ($|\overline{BD}| = |\overline{AC}|$)

$\Leftrightarrow \quad \frac{6\sqrt{2}\text{ cm}}{|\overline{GH}|} = \frac{10\text{ cm}}{4\text{ cm}}$

$\Leftrightarrow \quad |\overline{GH}| = 6\sqrt{2} \cdot \frac{2}{5}\text{ cm}$

$\Leftrightarrow \quad |\overline{GH}| = 3{,}39\text{ cm}$

$|\overline{GS}| = \sqrt{|\overline{SF}|^2 + |\overline{FG}|^2} = \sqrt{4^2 + 1{,}70^2}\text{ cm} = 4{,}35\text{ cm}$

---

114 a) $|\vec{a}| = \sqrt{(-2)^2 + 3^2} = \sqrt{4+9} = \sqrt{13}$

b) $|\vec{b}| = \sqrt{12^2 + (-5)^2} = \sqrt{144+25} = \sqrt{169} = 13$

---

115 a) $\overrightarrow{EF} = \begin{pmatrix} 10-(-4) \\ 5-3 \end{pmatrix} = \begin{pmatrix} 14 \\ 2 \end{pmatrix} \Rightarrow |\overrightarrow{EF}| = \sqrt{14^2 + 2^2}\text{ LE} = 14{,}14\text{ LE}$

b) $\overrightarrow{EF} = \begin{pmatrix} -9\frac{1}{4} - 1\frac{1}{2} \\ 2\frac{1}{8} - \left(-6\frac{3}{4}\right) \end{pmatrix} = \begin{pmatrix} -10\frac{3}{4} \\ 8\frac{7}{8} \end{pmatrix}$

$\Rightarrow |\overrightarrow{EF}| = \sqrt{\left(-10\frac{3}{4}\right)^2 + \left(8\frac{7}{8}\right)^2}\text{ LE} = 13{,}94\text{ LE}$

---

116 $\overrightarrow{MP} = \begin{pmatrix} 5-1 \\ 5-2 \end{pmatrix} = \begin{pmatrix} 4 \\ 3 \end{pmatrix} \Rightarrow |\overrightarrow{MP}| = \sqrt{4^2 + 3^2}\text{ LE} = 5\text{ LE}$

Berechne die Länge der Strecke $\overline{MP}$, um den Radius des Kreises zu erhalten.

$\overrightarrow{MQ} = \begin{pmatrix} -4-1 \\ 2-2 \end{pmatrix} = \begin{pmatrix} -5 \\ 0 \end{pmatrix} \Rightarrow |\overrightarrow{MQ}| = \sqrt{(-5)^2}\text{ LE} = 5\text{ LE}$

Der Punkt Q liegt auf der Kreislinie von k.

Die Länge der Strecke $\overline{MQ}$ beträgt 5 LE, also ist der Punkt Q auch 5 LE von M entfernt und befindet sich genau auf der Kreislinie.

Hinweise und Tipps

117 $\overrightarrow{AB} = \begin{pmatrix} 5-(-3) \\ 0-(-2) \end{pmatrix} = \begin{pmatrix} 8 \\ 2 \end{pmatrix} \Rightarrow |\overrightarrow{AB}| = \sqrt{8^2+2^2} = \sqrt{68}$

$\Rightarrow |\overrightarrow{AB}| = \sqrt{68}$ LE

$\overrightarrow{BC} = \begin{pmatrix} 4-5 \\ 6-0 \end{pmatrix} = \begin{pmatrix} -1 \\ 6 \end{pmatrix} \Rightarrow |\overrightarrow{BC}| = \sqrt{(-1)^2+6^2} = \sqrt{37}$

$\Rightarrow |\overrightarrow{BC}| = \sqrt{37}$ LE

$\overrightarrow{CA} = \begin{pmatrix} -3-4 \\ -2-6 \end{pmatrix} = \begin{pmatrix} -7 \\ -8 \end{pmatrix} \Rightarrow |\overrightarrow{CA}| = \sqrt{(-7)^2+(-8)^2} = \sqrt{113}$

$\Rightarrow |\overrightarrow{CA}| = \sqrt{113}$ LE

$u_{\Delta ABC} = |\overrightarrow{AB}| + |\overrightarrow{BC}| + |\overrightarrow{CA}|$

$u_{\Delta ABC} = \sqrt{68}\text{ LE} + \sqrt{37}\text{ LE} + \sqrt{113}\text{ LE}$

$u_{\Delta ABC} = 24{,}96\text{ LE}$

---

118 Berechnung von $|\overline{BD}|$ im rechtwinkligen Dreieck ABD mit dem Satz des Pythagoras:

$|\overline{BD}| = \sqrt{|\overline{AB}|^2 + |\overline{DA}|^2} = \sqrt{6^2+4^2}\text{ cm} = 7{,}21\text{ cm}$

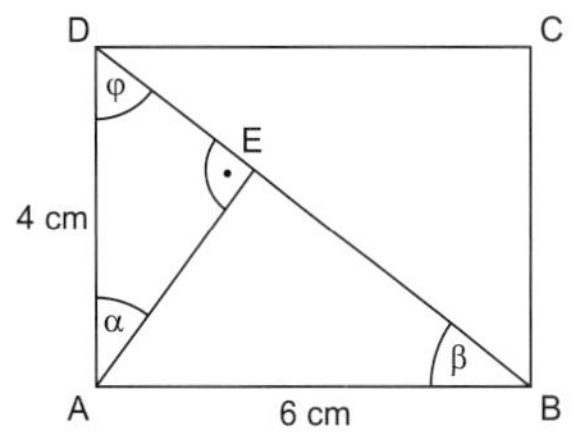

Berechnung von β im Dreieck ABD:

$\tan\beta = \frac{|\overline{DA}|}{|\overline{AB}|}$

$\tan\beta = \frac{4\text{ cm}}{6\text{ cm}}$

$\tan\beta = \frac{2}{3}$

$\beta = 33{,}69°$

Berechnung von φ im rechtwinkligen Dreieck ABD:

$\varphi = 180° - 90° - \beta = 180° - 90° - 33{,}69° = 56{,}31°$

Winkelsumme im Dreieck ABD

Berechnung von α im rechtwinkligen Dreieck AED:

$\alpha = 180° - 90° - \varphi° = 180° - 90° - 56{,}31° = 33{,}69°$

Winkelsumme im Dreieck AED

Berechnung von $|\overline{ED}|$ im Dreieck AED:

$\sin\alpha = \frac{|\overline{ED}|}{|\overline{DA}|}$

$\sin 33{,}69° = \frac{|\overline{ED}|}{4\text{ cm}} \quad |\cdot 4\text{ cm}$

$|\overline{ED}| = 4\text{ cm}\cdot\sin 33{,}69°$

$|\overline{ED}| = 2{,}22\text{ cm}$

Berechnung mit cos φ wäre auch möglich.

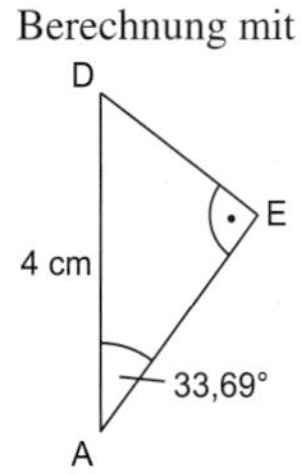

Berechnung von $|\overline{AE}|$ im Dreieck AED:

$\sin\varphi = \frac{|\overline{AE}|}{|\overline{DA}|}$

$\sin 56{,}31° = \frac{|\overline{AE}|}{4\text{ cm}} \quad |\cdot 4\text{ cm}$

$|\overline{AE}| = 4\text{ cm}\cdot\sin 56{,}31°$

$|\overline{AE}| = 3{,}33\text{ cm}$

Die Berechnung von $|\overline{AE}|$ mithilfe von cos α, tan α, tan φ oder cos φ im Dreieck AED oder sin β im Dreieck ABE wäre auch möglich. Natürlich auch mit dem Satz des Pythagoras im Dreieck AED.

Hinweise und Tipps

119 Planfigur:

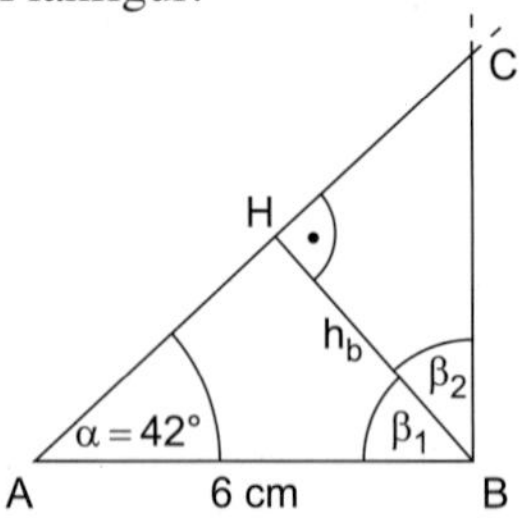

- Zeichne $\overline{AB}$.
- Zeichne den Winkel BAC mit 42°.
- Zeichne die Senkrechte zu $\overline{AB}$ im Punkt B.
- C ist der Schnittpunkt des Schenkels [AC mit der Senkrechten.
- Zeichne h_b.

Berechnung von $|\overline{BC}|$ im Dreieck ABC:

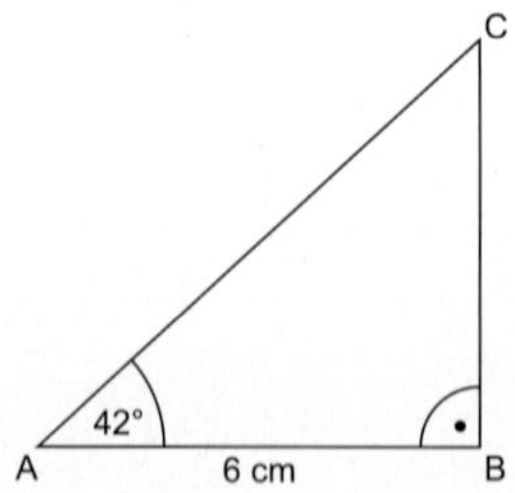

$$\tan\alpha = \frac{|\overline{BC}|}{|\overline{AB}|}$$

$$\tan 42° = \frac{|\overline{BC}|}{6\text{ cm}} \qquad |\cdot 6\text{ cm}$$

$$|\overline{BC}| = 6\text{ cm}\cdot\tan 42°$$

$$|\overline{BC}| = 5{,}40\text{ cm}$$

Berechnung von $|\overline{CA}|$ mit dem Satz des Pythagoras:

$$|\overline{CA}| = \sqrt{|\overline{AB}|^2 + |\overline{BC}|^2} = \sqrt{6^2 + 5{,}40^2}\text{ cm} = 8{,}07\text{ cm}$$

Berechnung mit sin α oder cos α wäre auch möglich.

Berechnung von h_b im Dreieck ABH:

Die Höhe h_b zerlegt das Dreieck ABC in die in H rechtwinkligen Dreiecke ABH und BCH.

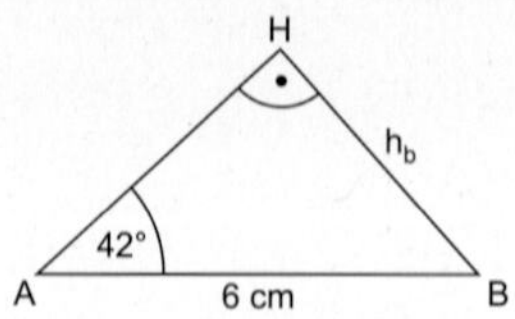

$$\sin\alpha = \frac{h_b}{|\overline{AB}|}$$

$$\sin 42° = \frac{h_b}{6\text{ cm}} \qquad |\cdot 6\text{ cm}$$

$$h_b = 6\text{ cm}\cdot\sin 42°$$

$$h_b = 4{,}01\text{ cm}$$

Berechnung von β_1:

$\beta_1 = 180° - 90° - 42° = 48°$

Winkelsumme im Dreieck ABH; Berechnung mit $\cos\beta_1$ wäre auch möglich.

Berechnung von β_2:

$\beta_2 = 90° - \beta_1 = 42°$

β_1 und β_2 ergänzen sich zu 90°.

---

120 a) Berechnung der Basiswinkel im Dreieck ADC:

Basiswinkel sind maßgleich.

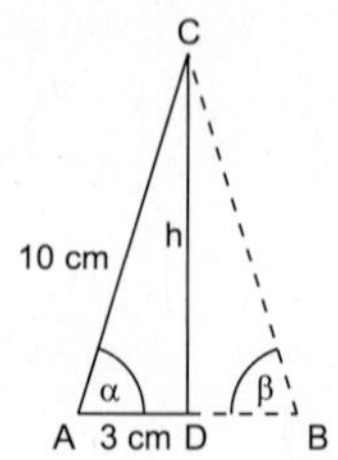

$$\cos\alpha = \frac{|\overline{AD}|}{|\overline{CA}|}$$

$$\cos\alpha = \frac{3\text{ cm}}{10\text{ cm}}$$

$$\cos\alpha = 0{,}3$$

$$\alpha = 72{,}54° = \beta$$

Berechnung der Höhe h im Dreieck ADC:

$$h = \sqrt{|\overline{CA}|^2 - |\overline{AD}|^2} = \sqrt{10^2 - 3^2}\text{ cm} = 9{,}54\text{ cm}$$

Satz des Pythagoras

Hinweise und Tipps

b) Berechnung vom Inkreisradius $r = |\overline{DE}|$ im Dreieck ADE:

$$\tan\frac{\alpha}{2} = \frac{|\overline{DE}|}{|\overline{AD}|}$$

$$\tan 36,27° = \frac{|\overline{DE}|}{3\text{ cm}} \qquad |\cdot 3\text{ cm}$$

$$|\overline{DE}| = 3\text{ cm}\cdot\tan 36,27°$$

$$|\overline{DE}| = 2,20\text{ cm}$$

$$r = 2,20\text{ cm}$$

E ist der Schnittpunkt der Winkelhalbierenden von α mit der Strecke $\overline{DC}$.

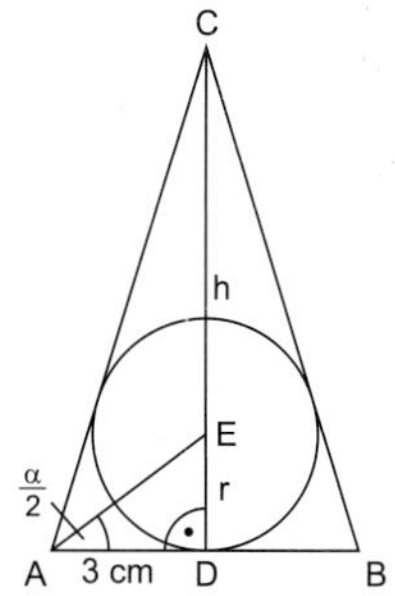

---

121 Berechnung der Längen der Diagonalen:
Zunächst Berechnung von $|\overline{AE}|$ im Dreieck AED:

$$\sin\frac{\delta}{2} = \frac{|\overline{AE}|}{|\overline{DA}|}$$

$$\sin 37,5° = \frac{|\overline{AE}|}{6\text{ cm}} \qquad |\cdot 6\text{ cm}$$

$$|\overline{AE}| = 6\text{ cm}\cdot\sin 37,5°$$

$$|\overline{AE}| = 3,65\text{ cm}$$

Die Diagonale $\overline{DB}$ halbiert den 75°-Winkel und steht senkrecht auf $\overline{AC}$.

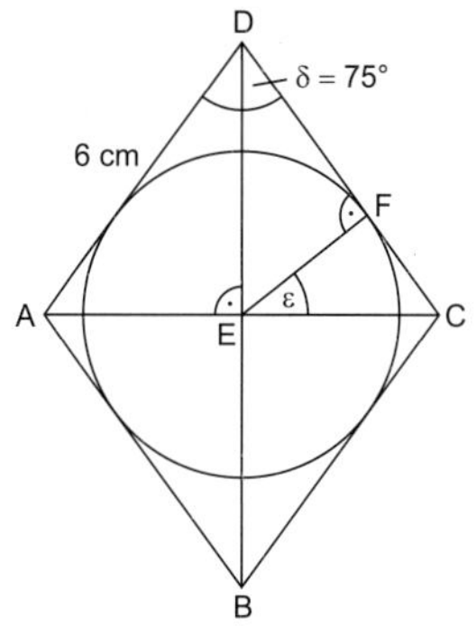

Berechnung von $|\overline{AC}|$:
$|\overline{AC}| = 2\cdot|\overline{AE}| = 2\cdot 3,65\text{ cm} = 7,30\text{ cm}$

Die Diagonalen halbieren sich in einer Raute gegenseitig.

Berechnung von $|\overline{ED}|$ im Dreieck AED:
$|\overline{ED}| = \sqrt{|\overline{DA}|^2 - |\overline{AE}|^2} = \sqrt{6^2 - 3,65^2}\text{ cm} = 4,76\text{ cm}$

Satz des Pythagoras

Berechnung von $|\overline{BD}|$:
$|\overline{BD}| = 2\cdot|\overline{ED}| = 2\cdot 4,76\text{ cm} = 9,52\text{ cm}$

Berechnung des Innenwinkels α über die Winkelsumme im Viereck ABCD:
$\alpha = \sphericalangle BAD = \sphericalangle DCB = (360° - 2\cdot 75°) : 2 = 105°$

Gegenüberliegende Winkel sind maßgleich. Die Winkelsumme im Viereck beträgt 360°. Außerdem gilt: $\sphericalangle CBA = \sphericalangle ADC = 75°$

Berechnung des Inkreisradius $r = |\overline{EF}|$ im rechtwinkligen Dreieck EFD:

$$\sin\frac{\delta}{2} = \frac{r}{|\overline{DE}|}$$

$$\sin 37,5° = \frac{r}{4,76\text{ cm}} \qquad |\cdot 4,76\text{ cm}$$

$$r = 4,76\text{ cm}\cdot\sin 37,5°$$

$$r = 2,90\text{ cm}$$

$\sphericalangle DFE = 90°$ (Berührradius an die Tangente $\overline{CD}$)

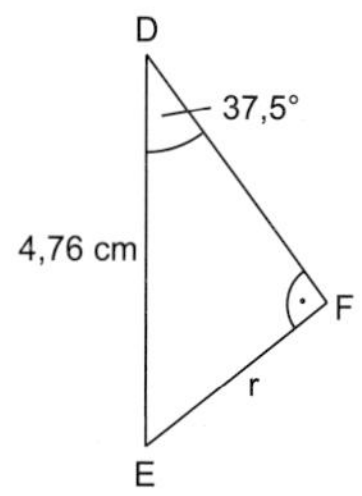

Berechnung von ε im rechtwinkligen Dreieck ECF:

$$\cos\varepsilon = \frac{|\overline{FE}|}{|\overline{EC}|}$$

$$\cos\varepsilon = \frac{2,90\text{ cm}}{3,65\text{ cm}}$$

$$\varepsilon = 37,39°$$

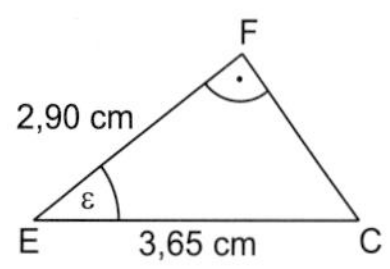

Hinweise und Tipps

2.7 Berechnungen am Kreis

122

$$A = r^2 \cdot \pi$$

Setze den Flächeninhalt in die Flächenformel ein.

$$20\text{ cm}^2 = r^2 \cdot \pi \qquad |:\pi$$

Löse nach r auf.

$$r^2 = \frac{20\text{ cm}^2}{\pi} \qquad |\sqrt{}$$

Verwende den Taschenrechnerwert für π!

$$r = \sqrt{6{,}37}\text{ cm}$$

Runde auf zwei Stellen.

$$r = 2{,}52\text{ cm}$$

$$d = 2 \cdot r = 5{,}04\text{ cm}$$

$$u = d \cdot \pi = 15{,}83\text{ cm}$$

---

123 $u = 2 \cdot r \cdot \pi = 2 \cdot 6\,370\text{ km} \cdot \pi = 40\,023{,}89\text{ km}$

Gesucht ist der Umfang am Äquator.

124

$$\begin{array}{|ll} & u = 10\text{ m} \\ \wedge & u = 2 \cdot r \cdot \pi \end{array}$$

$$\Rightarrow \quad 10\text{ m} = 2 \cdot r \cdot \pi \quad (\text{I} = \text{II}) \;|:2\pi$$

$$\Leftrightarrow \quad r = 1{,}59\text{ m}$$

Beim Eingeben in den Taschenrechner entweder Klammern um $2 \cdot \pi$ machen oder in zwei Schritten : 2 anschließend : π.

125

$$b = \frac{\varphi}{180°} \cdot r \cdot \pi$$

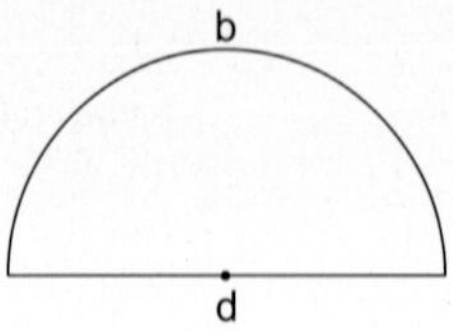

$$100\text{ cm} = \frac{180°}{180°} \cdot r \cdot \pi$$

Der Mittelpunktswinkel eines Halbkreises misst 180°.

$$100\text{ cm} = r \cdot \pi \qquad |:\pi$$

$$r = 31{,}83\text{ cm}$$

Berechnung des Flächeninhalts:

$$A = \frac{1}{2} \cdot r^2 \cdot \pi = \frac{1}{2} \cdot (31{,}83\text{ cm})^2 \cdot \pi = 1\,591{,}45\text{ cm}^2$$

Halbkreis, deshalb Vorfaktor $\frac{1}{2}$

Berechnung des Umfangs:

$$u = b + d = 100\text{ cm} + 2 \cdot 31{,}83\text{ cm} = 163{,}66\text{ cm}$$

Beachte: Der Umfang einer Figur ist die Summe aller Begrenzungslinien. Beim Halbkreis also Bogenlänge und Durchmesser.

---

126 Berechnung des Radius mithilfe des Zusammenhangs zwischen Sektorfläche und Bogenlänge:

$$A = \frac{1}{2} \cdot b \cdot r$$

Setze $A = 50\text{ cm}^2$ und $b = 10\text{ cm}$ ein und löse nach r auf.

$$50\text{ cm}^2 = \frac{1}{2} \cdot 10\text{ cm} \cdot r \qquad |:5\text{ cm}$$

$$r = 10\text{ cm}$$

Berechnung des Mittelpunktswinkels:

$$A = \frac{\varphi}{360°} \cdot r^2 \cdot \pi \qquad \left| \cdot \frac{360°}{r^2 \cdot \pi} \right.$$

Da A und r jetzt bekannt sind, löse nach φ auf.

$$\varphi = \frac{A \cdot 360°}{r^2 \cdot \pi}$$

$$\varphi = \frac{50\text{ cm}^2 \cdot 360°}{100\text{ cm}^2 \cdot \pi}$$

Beim Eingeben in den Taschenrechner muss eine Klammer um den Nenner gemacht werden.

$$\varphi = 57{,}30°$$

Berechnung des Umfangs:
$u = b + 2 \cdot r = 10\text{ cm} + 2 \cdot 10\text{ cm} = 30\text{ cm}$

✎ Hinweise und Tipps

Der Umfang ist die Summe aller Begrenzungslinien. Beim Sektor also die Bogenlänge b und 2-mal der Radius r.

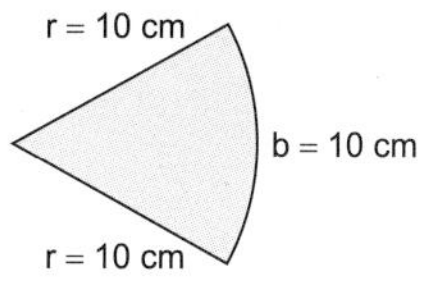

---

127 Formel zur Berechnung des Flächeninhalts:
$A_{\text{Pilz}} = A_{\text{Viertelkreis}} - 2 \cdot A_{\text{Sektor HBE}} - A_{\Delta\text{AEF}}$

Der Sektor BAD ist ein Viertelkreis mit Mittelpunktswinkel $\varphi = 90°$.

Berechnung der Teilflächen:

$$A_{\text{Viertelkreis}} = \frac{1}{4} \cdot r^2 \cdot \pi = \frac{1}{4} \cdot (4\text{ cm})^2 \cdot \pi = 4\pi\text{ cm}^2$$

$$A_{\text{Sektor HBE}} = \frac{\varphi}{360°} \cdot r^2 \cdot \pi = \frac{45°}{360°} \cdot (2\text{ cm})^2 \cdot \pi = \frac{1}{2}\pi\text{ cm}^2$$

$r = |\overline{EB}| = \frac{1}{2}|\overline{AB}| = 2$ cm und $\varphi = \sphericalangle HBE = 45°$, da die Diagonale $\overline{BD}$ den 90°-Winkel halbiert.

$$A_{\Delta\text{AEF}} = \frac{1}{2} \cdot g \cdot h = \frac{1}{2} \cdot 2\text{ cm} \cdot 2\text{ cm} = 2\text{ cm}^2$$

Berechnung des Flächeninhalts:

$$A_{\text{Pilz}} = A_{\text{Viertelkreis}} - 2 \cdot A_{\text{Sektor HBE}} - A_{\Delta\text{AEF}}$$

$$A_{\text{Pilz}} = 4\pi\text{ cm}^2 - 2 \cdot \frac{1}{2}\pi\text{ cm}^2 - 2\text{ cm}^2$$

$$A_{\text{Pilz}} = (3\pi - 2)\text{ cm}^2$$

$$A_{\text{Pilz}} = 7{,}42\text{ cm}^2$$

Formel zur Berechnung des Umfangs:

$$u = |\overline{FE}| + \overset{\frown}{HE} + |\overline{HB}| + \overset{\frown}{BD} + |\overline{DG}| + \overset{\frown}{FG}$$

Summe aller Begrenzungslinien

Berechnung der Teilstücke:

$$|\overline{FE}| = \sqrt{(2\text{ cm})^2 + (2\text{ cm})^2} = \sqrt{8}\text{ cm} = 2{,}83\text{ cm}$$

Satz des Pythagoras im Dreieck AEF

$$\overset{\frown}{HE} = \frac{\varphi}{180°} \cdot r \cdot \pi = \frac{45°}{180°} \cdot 2\text{ cm} \cdot \pi = \frac{1}{2}\pi\text{ cm} = \overset{\frown}{FG}$$

$$|\overline{HB}| = 2\text{ cm} = |\overline{DG}|$$

Radius des Sektors HBE = 2 cm

$$\overset{\frown}{BD} = \frac{90°}{180°} \cdot 4\text{ cm} \cdot \pi = 2\pi\text{ cm} = 6{,}28\text{ cm}$$

Bogenlänge mit $r = 4$ cm und $\varphi = 90°$

Berechnung des Umfangs:

$$u = |\overline{FE}| + 2 \cdot \overset{\frown}{HE} + 2 \cdot |\overline{HB}| + \overset{\frown}{BD}$$

$$u = \sqrt{8}\text{ cm} + 2 \cdot \frac{1}{2}\pi\text{ cm} + 2 \cdot 2\text{ cm} + 2\pi\text{ cm}$$

$$u = \sqrt{8}\text{ cm} + 3\pi\text{ cm} + 4\text{ cm}$$

$$u = 16{,}25\text{ cm}$$

Hinweise und Tipps

2.8 Raumgeometrie

128 Zeichnung:

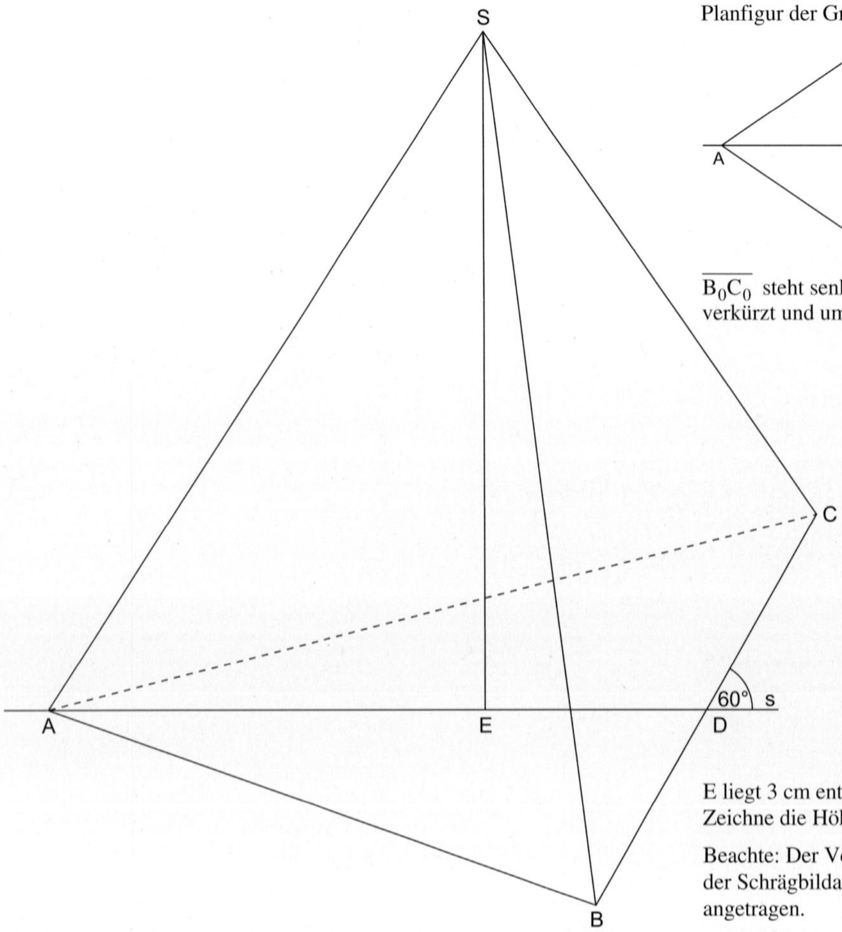

Planfigur der Grundfläche:

$\overline{B_0C_0}$ steht senkrecht auf s, wird also mit $q = \frac{1}{2}$ verkürzt und um $\omega = 60°$ verzerrt.

E liegt 3 cm entfernt von D auf $\overline{AD}$.
Zeichne die Höhe $\overline{ES}$ in Originallänge ein.

Beachte: Der Verzerrungswinkel ω wird immer von der Schrägbildachse aus gegen den Uhrzeigersinn angetragen.

129 Zeichnung:

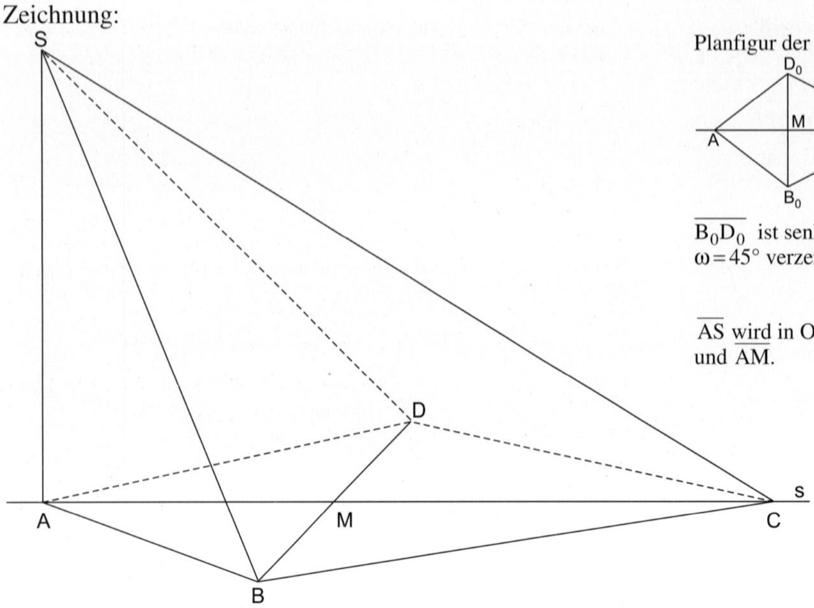

Planfigur der Grundfläche:

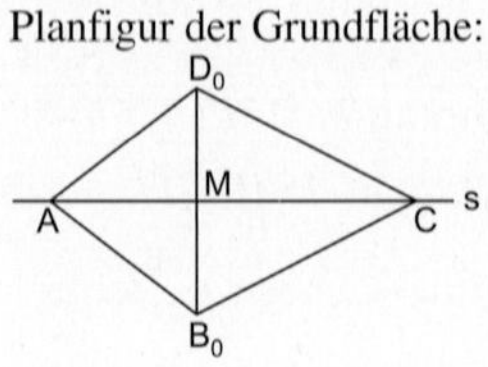

$\overline{B_0D_0}$ ist senkrecht zu s und wird mit $q = \frac{1}{2}$ und $\omega = 45°$ verzerrt und verkürzt.

$\overline{AS}$ wird in Originallänge eingezeichnet, ebenso $\overline{AC}$ und $\overline{AM}$.

130 a)

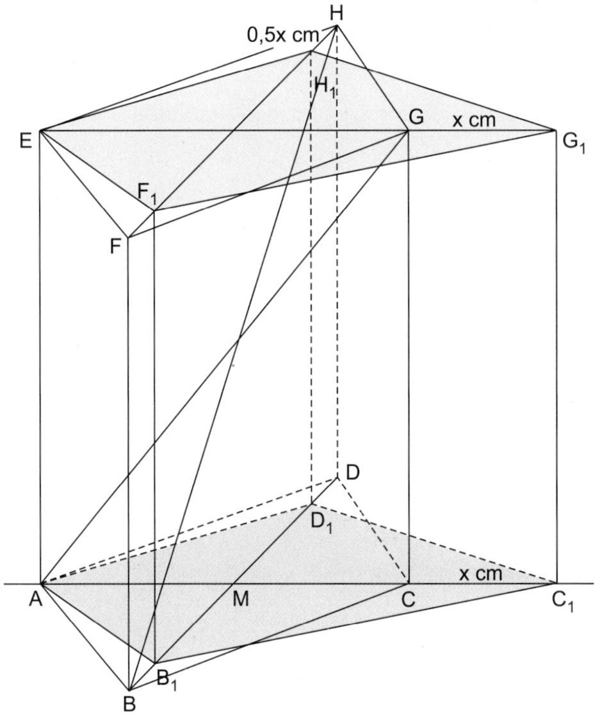

Hinweise und Tipps

- Zeichne $\overline{AC}$ in Originalgröße auf s.
- $\overline{BD}$ wird mit $\omega = 45°$ und $q = 0,5$ verzerrt und verkürzt.

$|\overline{AE}| = 6\text{ cm} = |\overline{DH}| = |\overline{BF}| = |\overline{CG}|$

b) $|\overline{AG}|$ im Dreieck ACG (rechtwinklig):

$$|\overline{AG}| = \sqrt{|\overline{AC}|^2 + |\overline{CG}|^2} = \sqrt{5^2 + 6^2}\text{ cm} = 7,81\text{ cm}$$

Ebenso $\overline{HB}$ im Dreieck BDH:

$$|\overline{HB}| = \sqrt{|\overline{BD}|^2 + |\overline{DH}|^2} = \sqrt{8^2 + 6^2}\text{ cm} = 10\text{ cm}$$

c) $V = A_G \cdot h = \frac{1}{2} \cdot 5\text{ cm} \cdot 8\text{ cm} \cdot 6\text{ cm} = 120\text{ cm}^3$

$A_G = \frac{1}{2} \cdot |\overline{AC}| \cdot |\overline{BD}|$ (Raute)

$A_O = 4 \cdot A_{ABFE} + 2 \cdot A_G$

Die Seiten der Raute sind gleich lang, also sind alle Seitenflächen gleich große Rechtecke.

$A_O = 4 \cdot |\overline{AB}| \cdot |\overline{BF}| + 2 \cdot \frac{1}{2} \cdot 5\text{ cm} \cdot 8\text{ cm}$

Berechne $|\overline{AB}|$ im rechtwinkligen Dreieck ABM.

$A_O = 4 \cdot \sqrt{4^2 + 2,5^2}\text{ cm} \cdot 6\text{ cm} + 40\text{ cm}^2$

$A_O = 4 \cdot 4,72\text{ cm} \cdot 6\text{ cm} + 40\text{ cm}^2$

$A_O = 153,28\text{ cm}^2$

d) Siehe Zeichnung in Teilaufgabe a

$|\overline{CC_1}| = 2$ cm wird in Originalgröße eingezeichnet. $|\overline{BB_1}| = |\overline{DD_1}| = 1$ cm wird um den Faktor $q = 0,5$ verkürzt gezeichnet. In der Zeichnung ist die Strecke also nur 0,5 cm lang!

e) $V = A_G \cdot h$

Welche Strecken sind abhängig von x?

$V = \frac{1}{2} \cdot |\overline{AC}|(x) \cdot |\overline{BD}|(x) \cdot h$

$|\overline{AC}|$ wird um x cm verlängert: $|\overline{AC}|(x) = (5 + x)$ cm

$|\overline{BD}|$ wird um $2 \cdot 0,5x$ cm verkürzt:

$|\overline{BD}|(x) = (8 - 2 \cdot 0,5x)\text{ cm} = (8 - x)$ cm

$V(x) = \frac{1}{2} \cdot (5 + x)\text{ cm} \cdot (8 - x)\text{ cm} \cdot 6\text{ cm}$

Die Höhe h ändert sich nicht!

$V(x) = 3 \cdot (5 + x) \cdot (8 - x)\text{ cm}^3$

$V(x) = 3 \cdot (40 - 5x + 8x - x^2)\text{ cm}^3$

Hinweise und Tipps

$V(x) = 3 \cdot (-x^2 + 3x + 40)\ cm^3$
$V(x) = (-3x^2 + 9x + 120)\ cm^3$

f) Extremwertbestimmung mit quadratischer Ergänzung:
$V(x) = -3[x^2 - 3x - 40]\ cm^3$
$V(x) = -3[x^2 - 3x + 1{,}5^2 - 1{,}5^2 - 40]\ cm^3$
$V(x) = -3[(x - 1{,}5)^2 - 42{,}25]\ cm^3$
$V(x) = [-3(x - 1{,}5)^2 + 126{,}75]\ cm^3$
$V_{max} = 126{,}75\ cm^3$ für $x = 1{,}5$

g) $\left| \begin{array}{l} V(x) = (-3x^2 + 9x + 120)\ cm^3 \\ \wedge \quad V = 126\ cm^3 \end{array} \right.$

$\Rightarrow \quad -3x^2 + 9x + 120 = 126 \quad (I = II) \quad |-126$
$\Leftrightarrow \quad -3x^2 + 9x - 6 = 0$
$D = 9^2 - 4 \cdot (-3) \cdot (-6) = 9$
$\Leftrightarrow \quad x_{1/2} = \dfrac{-9 \pm \sqrt{9}}{2 \cdot (-3)}$
$x_1 = 1 \ \vee \ x_2 = 2$
$L = \{1; 2\}$
Für die x-Werte 1 und 2 entstehen Prismen mit einem Volumen von 126 cm³.

Ausgangsform für die Lösungsformel
$a = -3;\ b = 9;\ c = -6$

---

131 a) Zeichnung:

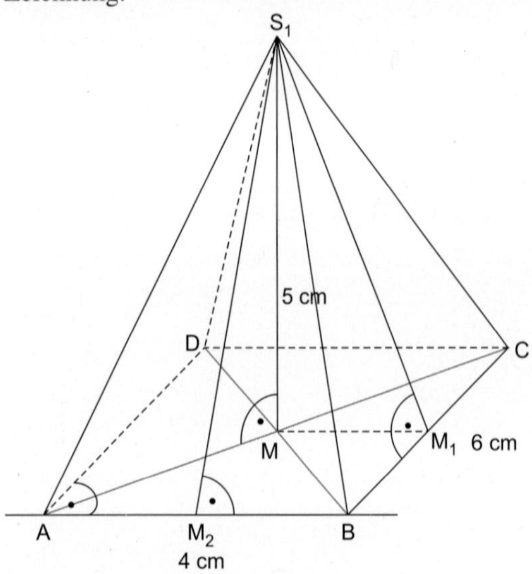

- Zeichne $\overline{AB}$ in Originallänge auf s.
- $\overline{BC}$ wird mit $\omega = 45°$ und $q = \frac{1}{2}$ verzerrt und verkürzt.
- Zeichne $\overline{MS_1}$ in Originallänge.

b) $|\overline{S_1A}| = |\overline{S_1B}| = |\overline{S_1C}| = |\overline{S_1D}|$

Gerade Pyramide $\Rightarrow$ alle Seitenkanten gleich lang

Berechnung der Länge der Diagonale $\overline{AC}$ im Dreieck ABC:
$|\overline{AC}| = \sqrt{4^2 + 6^2}\ cm = \sqrt{52}\ cm \ \Rightarrow\ |\overline{AM}| = \frac{1}{2} \cdot \sqrt{52}\ cm$
Berechnung von $|\overline{S_1A}|$ im Dreieck AMS_1:
$|\overline{S_1A}| = \sqrt{|\overline{AM}|^2 + |\overline{MS_1}|^2} = \sqrt{\left(\frac{1}{2} \cdot \sqrt{52}\right)^2 + 5^2}\ cm = 6{,}16\ cm$

Hinweise und Tipps

Berechnung der Oberfläche:

$A_O = A_G + M$

$A_{\Delta BCS_1} = \frac{1}{2} \cdot |\overline{BC}| \cdot |\overline{M_1S_1}|$

Dreiecksbezeichnungen wie im Schrägbild

Berechnung von $|\overline{M_1S_1}|$ im Dreieck BM_1S_1:

BM_1S_1 ist rechtwinklig in M_1.

$|\overline{M_1S_1}| = \sqrt{|\overline{S_1B}|^2 - |\overline{BM_1}|^2} = \sqrt{6{,}16^2 - 3^2}\ \text{cm} = 5{,}38\ \text{cm}$

Im Dreieck BM_1S_1 ist $\overline{M_1S_1}$ Kathete und nicht Hypotenuse.

$A_{\Delta BCS_1} = \frac{1}{2} \cdot 6\ \text{cm} \cdot 5{,}38\ \text{cm} = 16{,}14\ \text{cm}^2$

Möglich wäre auch die Berechnung im Dreieck MM_1S_1.

Berechnung von $|\overline{S_1M_2}|$ im Dreieck M_2MS_1:

$|\overline{S_1M_2}| = \sqrt{|\overline{M_2M}|^2 + |\overline{MS_1}|^2} = \sqrt{3^2 + 5^2}\ \text{cm} = \sqrt{34}\ \text{cm}$

oder im Dreieck M_2BS_1:

$|\overline{S_1M_2}| = \sqrt{|\overline{BS_1}|^2 - |\overline{M_2B}|^2} = \sqrt{6{,}16^2 - 2^2}\ \text{cm} = 5{,}83\ \text{cm}$

Die Abweichung zur anderen Lösungsvariante ist rundungsbedingt.

$A_{\Delta ABS_1} = \frac{1}{2} \cdot 4\ \text{cm} \cdot \sqrt{34}\ \text{cm} = 2 \cdot \sqrt{34}\ \text{cm}^2$

$A_O = A_G + M$

$A_O = A_{ABCD} + 2 \cdot A_{\Delta BCS_1} + 2 \cdot A_{\Delta ABS_1}$

$A_O = 4\ \text{cm} \cdot 6\ \text{cm} + 2 \cdot 16{,}14\ \text{cm}^2 + 2 \cdot 2 \cdot \sqrt{34}\ \text{cm}^2$

$A_O = 79{,}60\ \text{cm}^2$

Berechnung des Volumens:

$V = \frac{1}{3} \cdot A_G \cdot h = \frac{1}{3} \cdot 24\ \text{cm}^2 \cdot 5\ \text{cm} = 40\ \text{cm}^3$

Vergleiche das Ergebnis mit dem Ergebnis der nachfolgenden Aufgabe.

---

132 a) Zeichnung:

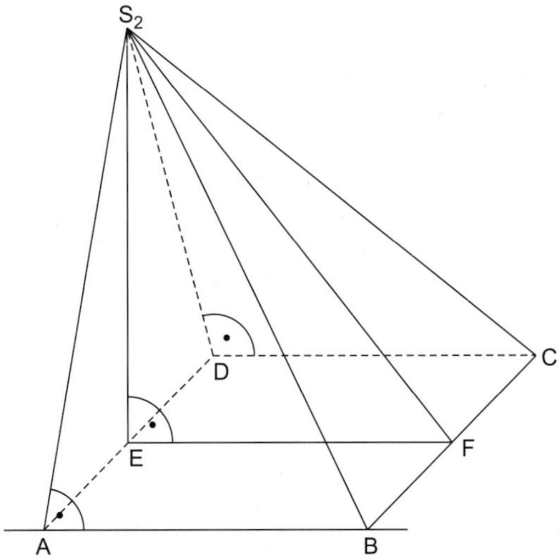

b) Länge der Seitenkanten:

Dreieck ADS_2 ist gleichschenklig, also $|\overline{S_2A}| = |\overline{S_2D}|$.

Dreieck BCS_2 ist gleichschenklig, also $|\overline{S_2B}| = |\overline{S_2C}|$.

Im Dreieck AES_2 gilt:

$|\overline{S_2A}| = \sqrt{|\overline{AE}|^2 + |\overline{ES_2}|^2} = \sqrt{3^2 + 5^2}\ \text{cm} = \sqrt{34}\ \text{cm}$

✐ Hinweise und Tipps

Im Dreieck ABS_2 gilt:

$$|\overline{BS_2}| = \sqrt{|\overline{AB}|^2 + |\overline{S_2A}|^2} = \sqrt{4^2 + \sqrt{34}^2}\ \text{cm} = 7{,}07\ \text{cm}$$

Obwohl das Schrägbild die Anschauung trügt, ist Dreieck ABS_2 rechtwinklig bei A!

Berechnung der Teilflächen der Mantelfläche:

$$A_{\Delta ABS_2} = A_{\Delta DCS_2}$$

Die Dreiecke ABS_2 und DCS_2 sind gleich groß und rechtwinklig.

$$A_{\Delta ABS_2} = \frac{1}{2} \cdot |\overline{AB}| \cdot |\overline{S_2A}| = \frac{1}{2} \cdot 4\ \text{cm} \cdot \sqrt{34}\ \text{cm} = 2 \cdot \sqrt{34}\ \text{cm}^2$$

$$A_{\Delta ADS_2} = \frac{1}{2} \cdot |\overline{AD}| \cdot |\overline{S_2E}| = \frac{1}{2} \cdot 6\ \text{cm} \cdot 5\ \text{cm} = 15\ \text{cm}^2$$

$$A_{\Delta BCS_2} = \frac{1}{2} \cdot |\overline{BC}| \cdot |\overline{S_2F}|$$

Berechnung von $|\overline{FS_2}|$ im Dreieck EFS_2:

Betrachte das Schrägbild!

$$|\overline{FS_2}| = \sqrt{|\overline{EF}|^2 + |\overline{S_2E}|^2} = \sqrt{4^2 + 5^2}\ \text{cm} = 6{,}40\ \text{cm}$$

$$A_{\Delta BCS_2} = \frac{1}{2} \cdot 6\ \text{cm} \cdot 6{,}40\ \text{cm} = 19{,}2\ \text{cm}^2$$

Berechnung der Oberfläche:

$$A_O = A_M + A_G$$

$$A_O = 2 \cdot A_{\Delta ABS_2} + A_{\Delta BCS_2} + A_{\Delta ADS_2} + A_G$$

$$A_O = 2 \cdot 2 \cdot \sqrt{34}\ \text{cm}^2 + 19{,}2\ \text{cm}^2 + 15\ \text{cm}^2 + 24\ \text{cm}^2$$

$$A_O = 81{,}52\ \text{cm}^2$$

Berechnung des Volumens:

$$V = \frac{1}{3} \cdot A_G \cdot h = \frac{1}{3} \cdot 24\ \text{cm}^2 \cdot 5\ \text{cm} = 40\ \text{cm}^3$$

Vergleiche das Ergebnis mit dem Ergebnis der vorhergehenden Aufgabe.
Beide Pyramiden haben die gleiche Grundfläche und die gleiche Höhe. Nach dem Satz des Cavalieri also auch das gleiche Volumen.

---

133 a) Zeichnung:

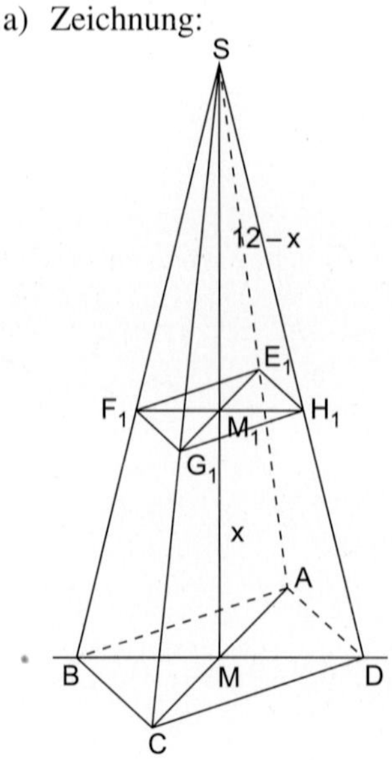

(Verkleinerte Darstellung im Maßstab 1 : 2)

Alle Kanten der Schnittfläche sind parallel zu den Kanten der Grundfläche.

- Zeichne M_1 5 cm über M ein.
- Zeichne $\overline{G_1E_1}$ parallel zu $\overline{CA}$ durch M_1.
- Zeichne $\overline{F_1H_1}$ parallel zu $\overline{BD}$ durch M_1.
- Zeichne die Raute $E_1F_1G_1H_1$ ein.

b) Einzeichnen des Pyramidenstumpfes $ABCDE_1F_1G_1H_1$

Hinweise und Tipps

c) Berechnung der Diagonalen mithilfe des Strahlensatzes:

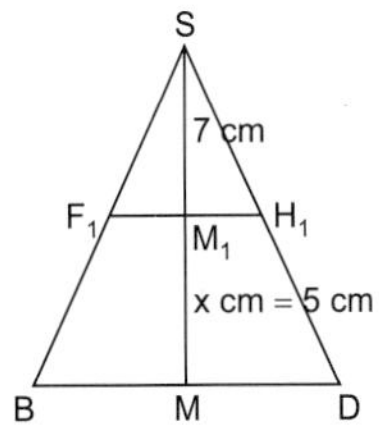

$$\frac{|\overline{F_1H_1}|}{|\overline{BD}|} = \frac{|\overline{SM_1}|}{|\overline{SM}|} \quad |\cdot|\overline{BD}|$$

$$|\overline{F_1H_1}| = \frac{7\text{ cm}}{12\text{ cm}} \cdot 6\text{ cm}$$

$$|\overline{F_1H_1}| = 3{,}5\text{ cm}$$

Analog gilt:

$$\frac{|\overline{G_1E_1}|}{|\overline{CA}|} = \frac{|\overline{SM_1}|}{|\overline{SM}|} \quad |\cdot|\overline{CA}|$$

$$|\overline{G_1E_1}| = \frac{7\text{ cm}}{12\text{ cm}} \cdot 8\text{ cm}$$

$$|\overline{G_1E_1}| = 4\frac{2}{3}\text{ cm}$$

Berechnung der Seitenlängen der Schnittfläche:
Satz des Pythagoras im Dreieck $G_1H_1M_1$:

$$|\overline{G_1H_1}| = \sqrt{|\overline{M_1G_1}|^2 + |\overline{H_1M_1}|^2} = \sqrt{2{,}34^2 + 1{,}75^2}\text{ cm} = 2{,}92\text{ cm}$$

In einer Raute stehen die Diagonalen aufeinander senkrecht.

$|\overline{M_1G_1}| = \frac{1}{2} \cdot |\overline{G_1E_1}|$; $|\overline{H_1M_1}| = \frac{1}{2} \cdot |\overline{F_1H_1}|$

oder:

Satz des Pythagoras im Dreieck CDM:

$$|\overline{CD}| = \sqrt{|\overline{DM}|^2 + |\overline{MC}|^2} = \sqrt{3^2 + 4^2}\text{ cm} = 5\text{ cm}$$

Strahlensatz für parallele Ebenen:

$$\frac{|\overline{G_1H_1}|}{|\overline{CD}|} = \frac{|\overline{SM_1}|}{|\overline{SM}|} \quad |\cdot|\overline{CD}|$$

$$|\overline{G_1H_1}| = \frac{7\text{ cm}}{12\text{ cm}} \cdot 5\text{ cm}$$

$$|\overline{G_1H_1}| = 2\frac{11}{12} = 2{,}92\text{ cm}$$

$E_1F_1G_1H_1$ ist eine Raute wie ABCD und somit sind alle Seiten gleich lang.

d) Volumen des Pyramidenstumpfes:

Schneidet eine zur Grundfläche parallele Ebene einer Pyramide die Spitze ab, so nennt man den entstehenden Restkörper Pyramidenstumpf.

$$V_{Stumpf} = V_{ABCDS} - V_{E_1F_1G_1H_1S}$$

$$V_{Stumpf} = \frac{1}{3} \cdot \underbrace{\frac{1}{2} \cdot |\overline{CA}| \cdot |\overline{BD}|}_{A_G} \cdot \underbrace{|\overline{MS}|}_{h} - \frac{1}{3} \cdot \underbrace{\frac{1}{2} \cdot |\overline{G_1E_1}| \cdot |\overline{F_1H_1}|}_{A_G} \cdot \underbrace{|\overline{M_1S}|}_{h}$$

$$V_{Stumpf} = \frac{1}{6} \cdot 8\text{ cm} \cdot 6\text{ cm} \cdot 12\text{ cm} - \frac{1}{6} \cdot 4\frac{2}{3}\text{ cm} \cdot 3{,}5\text{ cm} \cdot 7\text{ cm}$$

$$V_{Stumpf} = 76{,}94\text{ cm}^3$$

e) Strahlensatz für parallele Ebenen mit Zentrum S:

$$\frac{|\overline{G_nH_n}|}{|\overline{CD}|} = \frac{|\overline{SM_n}|}{|\overline{SM}|}$$

$$\frac{|\overline{G_nH_n}|}{5\text{ cm}} = \frac{(12-x)\text{ cm}}{12\text{ cm}} \quad |\cdot 5\text{ cm}$$

$$|\overline{G_nH_n}| = \frac{12-x}{12} \cdot 5\text{ cm}$$

Hinweise und Tipps

$|\overline{G_nH_n}| = \frac{60-5x}{12}$ cm

Kürze mit 12.

$|\overline{G_nH_n}| = \left(5 - \frac{5}{12}x\right)$ cm

f) Berechnung von $|\overline{D_nH_n}|$ in Abhängigkeit von x:

Zuerst: $|\overline{DS}| = \sqrt{|\overline{SM}|^2 + |\overline{MD}|^2} = \sqrt{12^2 + 3^2}$ cm $= \sqrt{153}$ cm

Rechtwinkliges Dreieck MDS

1. Strahlensatz:

$$\frac{|\overline{SM_n}|}{|\overline{SM}|} = \frac{|\overline{SH_n}|}{|\overline{SD}|}$$

$$\frac{(12-x)\text{ cm}}{12\text{ cm}} = \frac{|\overline{SH_n}|}{\sqrt{153}\text{ cm}}$$

$$|\overline{SH_n}| = \frac{12-x}{12} \cdot \sqrt{153}\text{ cm}$$

$$|\overline{SH_n}| = \frac{\sqrt{153}}{12} \cdot (12-x)\text{ cm}$$

$$|\overline{H_nD}| = |\overline{SD}| - |\overline{SH_n}|$$

$$|\overline{H_nD}|(x) = \sqrt{153}\text{ cm} - \sqrt{153} \cdot \frac{12-x}{12}\text{ cm}$$

Klammere $\sqrt{153}$ aus.

$$|\overline{H_nD}|(x) = \sqrt{153} \cdot \left(1 - \frac{12-x}{12}\right)\text{ cm} = \sqrt{153} \cdot \frac{x}{12}\text{ cm}$$

---

134 $V = r_i^2 \cdot \pi \cdot h$

$V = (8\text{ cm})^2 \cdot \pi \cdot 100\text{ cm}$

$V = 20\,106{,}20\text{ cm}^3$ $\quad |\, 1\text{ dm}^3 = 1\,000\text{ cm}^3$

$V = 20{,}11\text{ dm}^3$ $\quad |\, 1\text{ dm}^3 = 1\ \ell$

$V = 20{,}11\ \ell$

Für das Fassungsvermögen ist der Hohlraum entscheidend. Sein Radius ist $r_i = 8$ cm.

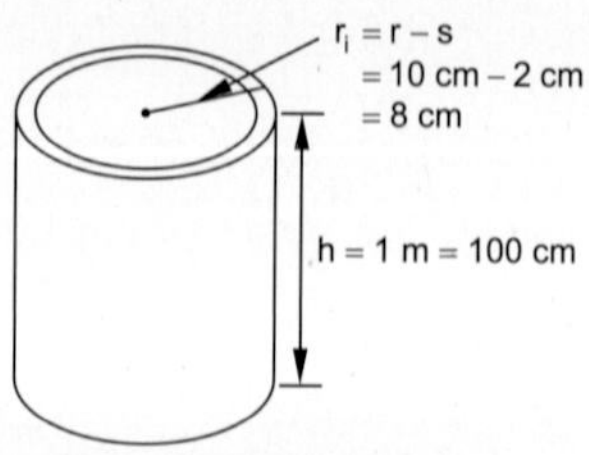

$A_{Kreisring} = r^2 \cdot \pi - r_i^2 \cdot \pi = (10\text{ cm})^2 \cdot \pi - (8\text{ cm})^2 \cdot \pi = 113{,}10\text{ cm}^2$

$A_{M_i} = 2 \cdot r_i \cdot \pi \cdot h = 2 \cdot 8\text{ cm} \cdot \pi \cdot 100\text{ cm} = 5\,026{,}55\text{ cm}^2$

$A_{M_a} = 2 \cdot r \cdot \pi \cdot h = 2 \cdot 10\text{ cm} \cdot \pi \cdot 100\text{ cm} = 6\,283{,}19\text{ cm}^2$

$O = 2 \cdot A_{Kreisring} + A_{M_i} + A_{M_a} = 11\,535{,}94\text{ cm}^2 = 115{,}36\text{ dm}^2 = 1{,}15\text{ m}^2$

Die Oberfläche ist die Summe aller Begrenzungsflächen. Dazu gehören 2 Kreisringe („oben und unten") sowie die Mantelflächen innen und außen.

---

135 Die Banderole ist um 1 cm länger als der Umfang:

$u = 23\text{ cm} - 1\text{ cm} = 22\text{ cm}$

Die Banderole ist der rechteckige Papierstreifen, der um die Dose gewickelt wird. Beachte: Die Enden des Streifens überlappen 1 cm.

Berechnung des Radius der Dose:

$u = 2 \cdot r \cdot \pi \quad |: 2\pi$

$\Rightarrow \quad r = \frac{u}{2 \cdot \pi} = \frac{22\text{ cm}}{2 \cdot \pi} = 3{,}50\text{ cm}$

Das Volumen des „gefüllten" Zylinders beträgt $0{,}33\ \ell = 0{,}33\text{ dm}^3 = 330\text{ cm}^3$:

$V = r^2 \cdot \pi \cdot h_F \quad |: (r^2 \cdot \pi)$

$\Rightarrow \quad h_F = \frac{V}{r^2 \cdot \pi} = \frac{330\text{ cm}^3}{(3{,}5\text{ cm})^2 \cdot \pi} = 8{,}57\text{ cm}$

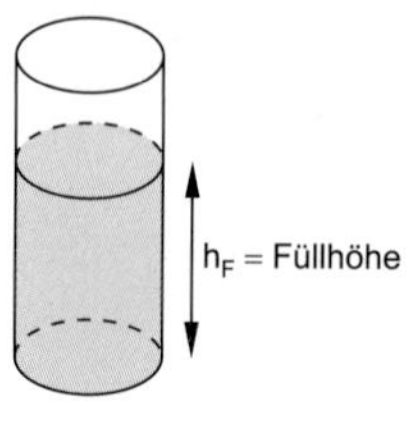

Gesamtvolumen der Dose:

$V_{Dose} = r^2 \cdot \pi \cdot h = (3{,}5\text{ cm})^2 \cdot \pi \cdot 12\text{ cm} = 461{,}81\text{ cm}^3$

Hinweise und Tipps

Berechnung des Prozentsatzes mithilfe der Prozentformel:

$$\frac{PW}{GW} = \frac{p}{100}$$

$PW = 330\ cm^3;\ GW = 461{,}81\ cm^3$

$$\Rightarrow\ p = \frac{PW}{GW} \cdot 100 = \frac{330\ cm^3}{461{,}81\ cm^3} \cdot 100 = 71{,}46$$

Die Dose ist zu 71,46 % gefüllt.

---

136 a) Axialschnitt:

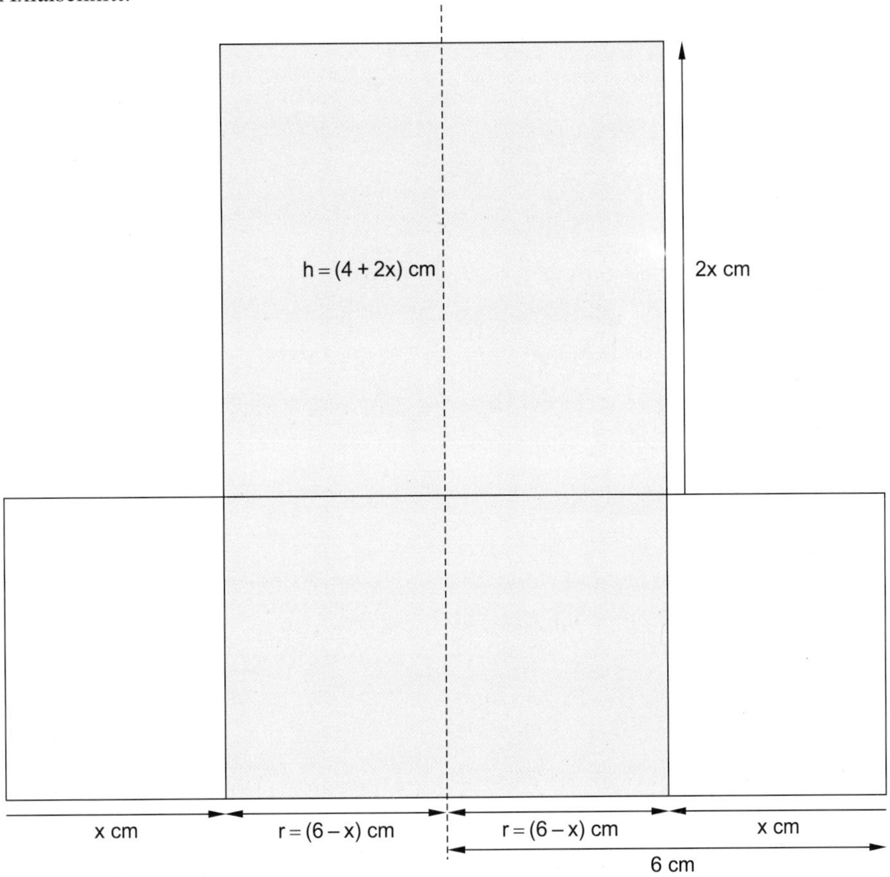

b)
$$A_M = 2 \cdot r \cdot \pi \cdot h$$
$$A_M(x) = 2 \cdot (6 - x) \cdot \pi \cdot (4 + 2x)\ cm^2$$
$$A_M(x) = (12 - 2x) \cdot (4 + 2x) \cdot \pi\ cm^2$$
$$A_M(x) = (48 + 24x - 8x - 4x^2) \cdot \pi\ cm^2$$
$$A_M(x) = (-4x^2 + 16x + 48) \cdot \pi\ cm^2$$

c)
$$A_M(x) = \{-4x^2 + 16x + 48\} \cdot \pi\ \ cm^2$$

Extremwertbestimmung innerhalb der geschweiften Klammer!

$$A_M(x) = \{-4 \cdot [x^2 - 4x - 12]\} \cdot \pi\ \ cm^2$$
$$A_M(x) = \{-4 \cdot [x^2 - 4x + 2^2 - 2^2 - 12]\} \cdot \pi\ \ cm^2$$
$$A_M(x) = \{-4 \cdot [(x-2)^2 - 16]\} \cdot \pi\ \ cm^2$$
$$A_M(x) = \{-4 \cdot (x-2)^2 + 64\} \cdot \pi\ \ cm^2$$

$$A_{M_{max}} = 64\pi\ cm^2 \text{ für } x = 2$$

Der Extremwert in der Klammer wird noch mit π multipliziert.

d)
$$\begin{array}{|ll} & A_M(x) = (-4x^2 + 16x + 48) \cdot \pi\ cm^2 \\ \wedge & A_M = 150\ cm^2 \end{array}$$

$$\Rightarrow\ (-4x^2 + 16x + 48) \cdot \pi = 150 \quad (I = II) \quad |:\pi$$

Berechnung ohne Maßeinheiten

Hinweise und Tipps

$$\Leftrightarrow \quad -4x^2+16x+48=47{,}75 \quad |-47{,}75$$
$$\Leftrightarrow \quad -4x^2+16x+0{,}25=0$$

Ausgangsform für die Lösungsformel
$a=-4;\ b=16;\ c=0{,}25$

$$D=16^2-4\cdot(-4)\cdot 0{,}25=260$$

Die Diskriminante $D=260$ ist größer als null
$\Rightarrow$ 2 Lösungen

$$\Leftrightarrow \quad x_{1/2}=\frac{-16\pm\sqrt{260}}{-8}$$

$(x_1=-0{,}02 \ \vee)\ \ x_2=4{,}02$
$L=\{4{,}02\}$

Die Lösung x_1 scheidet aus. x wäre sonst eine negative Streckenlänge.

---

137 a) Berechnung der Mantelfläche:
$A_M=r\cdot\pi\cdot m=2{,}5\text{ cm}\cdot\pi\cdot 5\text{ cm}=12{,}5\cdot\pi\text{ cm}^2$

Der Axialschnitt des Kegels ist ein gleichseitiges Dreieck:

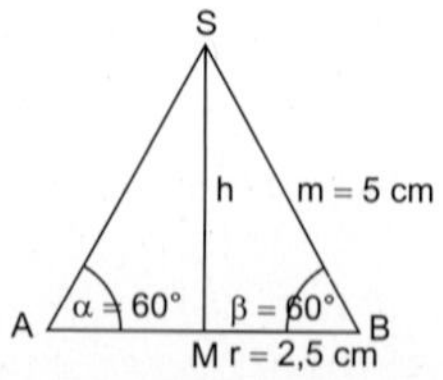

Berechnung des Mittelpunktswinkels:

$$A_M=\frac{\alpha}{360°}\cdot m^2\cdot\pi \quad \Big|\cdot\frac{360°}{m^2\cdot\pi}$$

$$\alpha=\frac{A_M\cdot 360°}{m^2\cdot\pi}$$

$$\alpha=\frac{12{,}5\cdot\cancel{\pi}\text{ cm}^2\cdot 360°}{(5\text{ cm})^2\cdot\cancel{\pi}}=\frac{12{,}5\ \cancel{\text{cm}^2}\cdot 360°}{25\ \cancel{\text{cm}^2}}=\frac{360°}{2}$$

$$\alpha=180°$$

Abwicklung: Halbkreis!

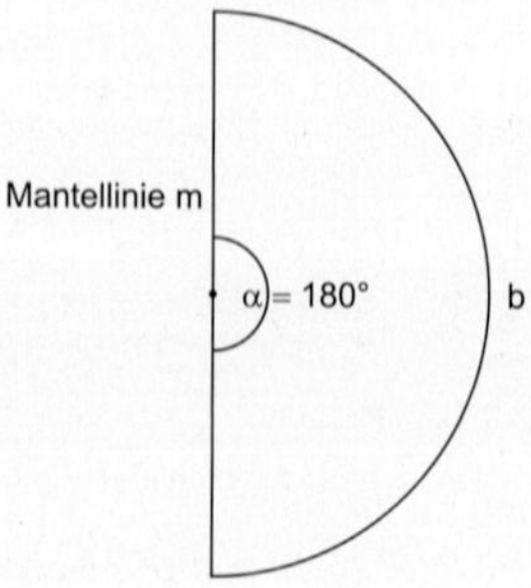

oder:

$$\alpha=\frac{r}{m}\cdot 360°=\frac{2{,}5\text{ cm}}{5\text{ cm}}\cdot 360°=180°$$

b) Ist der Axialschnitt eines Kegels ein gleichseitiges Dreieck, dann gilt allgemein:
$m=2\cdot r$
Es folgt:
$A_M=r\cdot\pi\cdot m=r\cdot\pi\cdot\ 2\cdot r=2r^2\pi$

Beachte: Die Mantelfläche ist in diesem Fall doppelt so groß wie der Grundkreis des Kegels ($r^2\pi$)!

Berechnung des Mittelpunktswinkels:

$$A_M=\frac{\alpha}{360°}\cdot m^2\cdot\pi$$

$$A_M=\frac{\alpha}{360°}\cdot(2r)^2\cdot\pi$$

$$A_M=\frac{\alpha}{360°}\cdot 4r^2\cdot\pi \quad \Big|\cdot\frac{360°}{4r^2\cdot\pi}$$

$$\alpha=\frac{A_M\cdot 360°}{4r^2\cdot\pi}$$

Setze $A_M=2r^2\pi$ ein.

$$\alpha=\frac{2\,\cancel{r^2}\cdot\cancel{\pi}\cdot 360°}{4\,\cancel{r^2}\cdot\cancel{\pi}}$$

$$\alpha=\frac{2}{4}\cdot 360°=180°$$

oder:

$$\alpha=\frac{r}{m}\cdot 360°=\frac{r}{2r}\cdot 360°=\frac{1}{2}\cdot 360°=180°$$

Der Mittelpunktswinkel ist also immer 180° groß und die Abwicklung somit ein Halbkreis.

Hinweise und Tipps

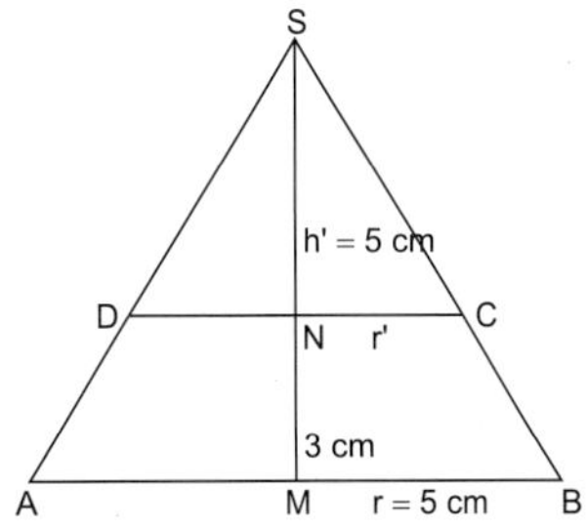

138 Differenz zweier Kegel:
DCS: Axialschnitt des „abgeschnittenen Kegels" K_1
ABS: Axialschnitt des Ausgangskegels K_2
ABCD: Axialschnitt des Kegelstumpfes

Berechnung des Volumens:

$$V_{Kegelstumpf} = V_{K_2} - V_{K_1} = \frac{1}{3} \cdot r^2 \cdot \pi \cdot h - \frac{1}{3} \cdot (r')^2 \cdot \pi \cdot h'$$

Berechnung von $r' = |\overline{NC}|$ mit dem Strahlensatz:

$$\frac{|\overline{NC}|}{|\overline{MB}|} = \frac{|\overline{SN}|}{|\overline{SM}|} \qquad | \cdot |\overline{MB}|$$

$$|\overline{NC}| = \frac{|\overline{SN}|}{|\overline{SM}|} \cdot |\overline{MB}|$$

$$|\overline{NC}| = \frac{5\text{ cm}}{8\text{ cm}} \cdot 5\text{ cm}$$

$$|\overline{NC}| = 3{,}125\text{ cm}$$

$$V_{Kegelstumpf} = \frac{1}{3} \cdot (5\text{ cm})^2 \cdot \pi \cdot 8\text{ cm} - \frac{1}{3} \cdot (3{,}125\text{ cm})^2 \cdot \pi \cdot 5\text{ cm}$$

$$V_{Kegelstumpf} = 209{,}44\text{ cm}^3 - 51{,}13\text{ cm}^3$$

$$V_{Kegelstumpf} = 158{,}31\text{ cm}^3$$

Berechnung der Mantelfläche:

$$A_{M_{Kegelstumpf}} = A_{M_{K_2}} - A_{M_{K_1}} = r \cdot \pi \cdot m - r' \cdot \pi \cdot m'$$

Berechnung von m und m' in den rechtwinkligen Dreiecken MBS und NCS:

$$m = |\overline{BS}| = \sqrt{|\overline{MB}|^2 + |\overline{SM}|^2} = \sqrt{5^2 + 8^2}\text{ cm} = 9{,}43\text{ cm}$$

$$m' = |\overline{CS}| = \sqrt{|\overline{NC}|^2 + |\overline{SN}|^2} = \sqrt{3{,}125^2 + 5^2}\text{ cm} = 5{,}90\text{ cm}$$

$$A_{M_{Kegelstumpf}} = 5\text{ cm} \cdot \pi \cdot 9{,}43\text{ cm} - 3{,}125\text{ cm} \cdot \pi \cdot 5{,}90\text{ cm}$$

$$A_{M_{Kegelstumpf}} = 148{,}13\text{ cm}^2 - 57{,}92\text{ cm}^2$$

$$A_{M_{Kegelstumpf}} = 90{,}21\text{ cm}^2$$

---

139 a) Axialschnitt:

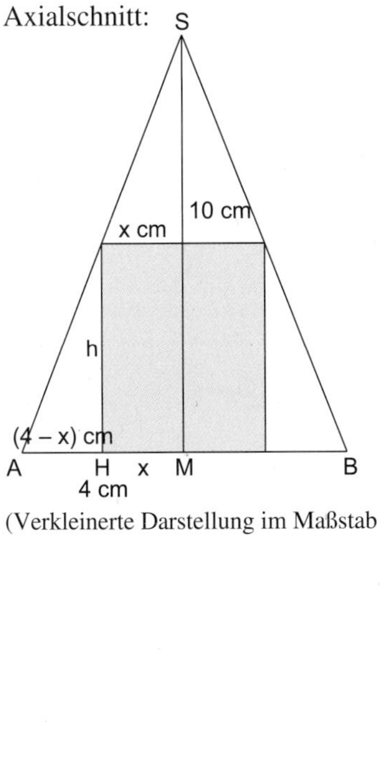

(Verkleinerte Darstellung im Maßstab 1 : 2)

„einbeschrieben" heißt:
Die Eckpunkte liegen auf den Begrenzungslinien des umgebenden Körpers.

- Der Radius des Zylinders ist x = 2 cm!
- Zeichne eine Strecke parallel zu AB mit 4 cm Länge, deren Endpunkte auf den Mantellinien des Kegels liegen.

✎ Hinweise und Tipps

b) Strahlensatz mit Zentrum A:

$$\frac{h}{|\overline{MS}|} = \frac{|\overline{AH}|}{|\overline{AM}|}$$

$$\frac{h(x)}{10\text{ cm}} = \frac{(4-x)\text{ cm}}{4\text{ cm}} \quad |\cdot 10\text{ cm}$$

$$h(x) = 2{,}5\cdot(4-x)\text{ cm}$$

$$h(x) = (10-2{,}5x)\text{ cm}$$

c) $A_M(x) = 2\cdot r\cdot\pi\cdot h(x)$

$A_M(x) = 2\cdot x\cdot\pi\cdot(10-2{,}5x)\text{ cm}^2$ — $r_{Zyl} = x$ cm

$A_M(x) = (-5x^2+20x)\cdot\pi\text{ cm}^2$

d) $A_M(x) = (-5x^2+20x)\cdot\pi\text{ cm}^2$ — Ergänze den Term in der Klammer quadratisch.

$A_M(x) = \{-5[x^2-4x]\}\cdot\pi\text{ cm}^2$

$A_M(x) = \{-5[x^2-4x+2^2-2^2]\}\cdot\pi\text{ cm}^2$

$A_M(x) = \{-5[(x-2)^2-4]\}\cdot\pi\text{ cm}^2$

$A_M(x) = \{-5(x-2)^2+20\}\cdot\pi\text{ cm}^2$

$A_{M_{max}} = 20\pi\text{ cm}^2$ für $x = 2$ — Faktor π beim Extremwert nicht vergessen!

e) Mantelflächeninhalt des Kegels:

$A_M = r\cdot\pi\cdot m = r\cdot\pi\cdot\sqrt{4^2+10^2}\text{ cm} = 43{,}08\pi\text{ cm}^2$ — Berechne $m = |\overline{SA}|$ im rechtwinkligen Dreieck AMS.

Davon 50 %:

$0{,}5\cdot 43{,}08\pi\text{ cm}^2 = 21{,}54\pi\text{ cm}^2$

$$\left|\begin{array}{ll} & A_M(x) = (-5x^2+20x)\cdot\pi\text{ cm}^2 \\ \wedge & A_M = 21{,}54\pi\text{ cm}^2 \end{array}\right.$$

$\Rightarrow \quad (-5x^2+20x)\cdot\pi = 21{,}54\pi \quad (\text{I} = \text{II}) \quad |:\pi$

$\Leftrightarrow \quad -5x^2+20x = 21{,}54 \quad |-21{,}54$

$\Leftrightarrow \quad -5x^2+20x-21{,}54 = 0$

Ausgangsform für die Lösungsformel
$a = -5;\ b = 20;\ c = -21{,}54$

$D = 20^2-4\cdot(-5)\cdot(-21{,}54) = -30{,}8 < 0$

$L = \emptyset$

Es gibt keinen solchen Zylinder.

---

140 a) Axialschnitt für $x = 2$:

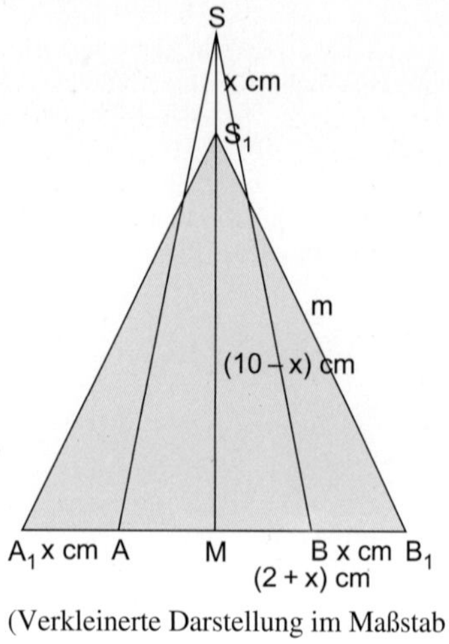

(Verkleinerte Darstellung im Maßstab 1 : 2)

✎ Hinweise und Tipps

b) $m^2 = |\overline{MB_n}|^2 + |\overline{S_nM}|^2 \quad |\sqrt{}$

$m(x) = \sqrt{(2+x)^2 + (10-x)^2}$ cm

$m(x) = \sqrt{4+4x+x^2+100-20x+x^2}$ cm

$m(x) = \sqrt{2x^2-16x+104}$ cm

Rechne im rechtwinkligen Dreieck MB_nS_n.

Binomische Formeln!

c) $m(x) = \sqrt{2x^2-16x+104}$ cm

$m(x) = \sqrt{2[x^2-8x+52]}$ cm

$m(x) = \sqrt{2[x^2-8x+4^2-4^2+52]}$ cm

$m(x) = \sqrt{2[(x-4)^2+36]}$ cm

$m(x) = \sqrt{2(x-4)^2+72}$ cm

$m_{min} = \sqrt{72}$ cm für $x = 4$

Zur Bestimmung des Extremwerts ergänze den Term unter der Wurzel quadratisch.

Beachte: Der Term steht unter der Wurzel! Für den Extremwert muss noch die Wurzel gezogen werden.

d) $\begin{array}{|l} m(x) = \sqrt{2x^2-16x+104}\text{ cm} \\ \wedge \quad m = 9\text{ cm} \\ \hline \end{array}$

$\Rightarrow \sqrt{2x^2-16x+104} = 9 \quad (\text{I} = \text{II}) \quad |^2$

$\Rightarrow 2x^2-16x+104 = 81 \quad |-81$

$\Leftrightarrow 2x^2-16x+23 = 0$

$D = (-16)^2 - 4\cdot 2\cdot 23 = 72$

$\Leftrightarrow x_{1/2} = \dfrac{16 \pm \sqrt{72}}{2\cdot 2}$

$x_1 = 6{,}12 \vee x_2 = 1{,}88$

$L = \{1{,}88; 6{,}12\}$

Beidseitiges Quadrieren beseitigt die Wurzel.

Ausgangsform für die Lösungsformel:
$a = 2;\ b = -16;\ c = 23$

$D = b^2 - 4ac > 0 \Rightarrow$ Es gibt zwei solche Kegel!

---

141 a) Fassungsvermögen $V_{Halbkugel}$:

$V_{Halbkugel} = \frac{1}{2}\cdot\frac{4}{3}\cdot r^3\cdot\pi$

$V_{Halbkugel} = \frac{1}{2}\cdot\frac{4}{3}\cdot|\overline{DE}|^3\cdot\pi$

$V_{Halbkugel} = \frac{1}{2}\cdot\frac{4}{3}\cdot(7{,}5\text{ cm})^3\cdot\pi = 281{,}25\cdot\pi\text{ cm}^3$

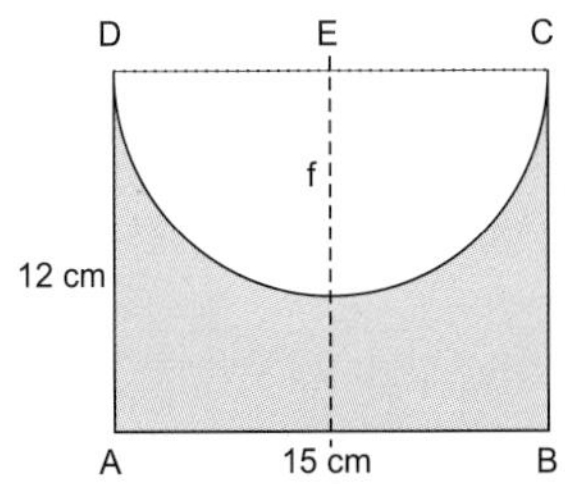

b) $V_{Zylinder} = r^2\cdot\pi\cdot h$

$V_{Zylinder} = |\overline{DE}|^2\cdot\pi\cdot|\overline{AD}|$

$V_{Zylinder} = (7{,}5\text{ cm})^2\cdot\pi\cdot 12\text{ cm}$

$V_{Zylinder} = 675\cdot\pi\text{ cm}^3$

$V_{Glaskörper} = V_{Zylinder} - V_{Halbkugel}$

$V_{Glaskörper} = 675\cdot\pi\text{ cm}^3 - 281{,}25\cdot\pi\text{ cm}^3$

$V_{Glaskörper} = 393{,}75\cdot\pi\text{ cm}^3 = 1\,237{,}00\text{ cm}^3$

Das Volumen der Schüssel ist das Volumen des Glaskörpers. (Zylinder, aus dem die Halbkugel ausgeschnitten wurde.)

c) Der Oberflächeninhalt setzt sich folgendermaßen zusammen:

$A_O = A_{Zylinder} + A_{M_{Zylinder}} + A_{O_{Halbkugel}}$

$A_{Zylinder} = r^2\cdot\pi = |\overline{DE}|^2\cdot\pi = (7{,}5\text{ cm})^2\cdot\pi = 56{,}25\pi\text{ cm}^2$

Hinweise und Tipps

$A_{M_{Zylinder}} = 2 \cdot r \cdot \pi \cdot h$
$A_{M_{Zylinder}} = 2 \cdot |\overline{DE}| \cdot \pi \cdot |\overline{AD}|$
$A_{M_{Zylinder}} = 2 \cdot 7{,}5\text{ cm} \cdot \pi \cdot 12\text{ cm}$
$A_{M_{Zylinder}} = 180\pi\text{ cm}^2$

$A_{O_{Halbkugel}} = \frac{1}{2} \cdot 4 \cdot r^2 \cdot \pi$
$A_{O_{Halbkugel}} = \frac{1}{2} \cdot 4 \cdot |\overline{DE}|^2 \cdot \pi$
$A_{O_{Halbkugel}} = 2 \cdot (7{,}5\text{ cm})^2 \cdot \pi$
$A_{O_{Halbkugel}} = 112{,}5\pi\text{ cm}^2$

$A_O = 56{,}25\pi\text{ cm}^2 + 180\pi\text{ cm}^2 + 112{,}5\pi\text{ cm}^2$
$A_O = 348{,}75\pi\text{ cm}^2 = 1095{,}63\text{ cm}^2$

---

142 a) Axialschnitt:

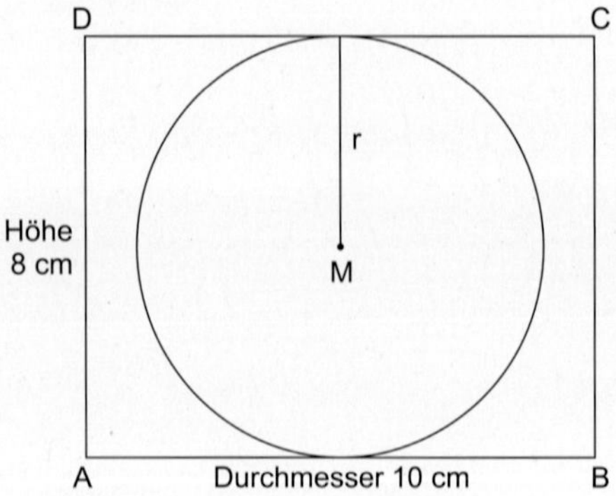

(Verkleinerte Darstellung im Maßstab 1 : 2)

Der Radius der Kugel ist durch die Höhe des Zylinders begrenzt. Also gilt: $r = 4$ cm.

Berechnung der Oberfläche:
$A_O = 4 \cdot r^2 \cdot \pi = 4 \cdot (4\text{ cm})^2 \cdot \pi = 64\pi\text{ cm}^2 = 201{,}06\text{ cm}^2$

Berechnung des Volumens:
$V = \frac{4}{3} \cdot r^3 \cdot \pi = \frac{4}{3} \cdot (4\text{ cm})^3 \cdot \pi = 268{,}08\text{ cm}^3$

b) $V_{Zylinder} = r_{Zylinder}{}^2 \cdot \pi \cdot h = (5\text{ cm})^2 \cdot \pi \cdot 8\text{ cm} = 628{,}32\text{ cm}^3$

Anteil in Prozent:
$GW = 628{,}32\text{ cm}^3$
$PW = 268{,}08\text{ cm}^3$

Einsetzen in die Prozentformel:

$$\frac{p}{100} = \frac{268{,}08\text{ cm}^3}{628{,}32\text{ cm}^3} \quad | \cdot 100$$

$$\Rightarrow \quad p = \frac{268{,}08}{628{,}32} \cdot 100 = 42{,}67$$

Der Anteil beträgt 42,67 %.

Hinweise und Tipps

143 Berechnung des Zylinderradius r_Z im rechtwinkligen Dreieck HMD:

$|\overline{HM}| = \sqrt{|\overline{MD}|^2 - |\overline{DH}|^2} = \sqrt{5^2 - 3^2}\text{ cm} = 4\text{ cm} = r_Z$

$V_{Zylinder} = r_Z{}^2 \cdot \pi \cdot h = (4\text{ cm})^2 \cdot \pi \cdot 6\text{ cm} = 301{,}59\text{ cm}^3$

Zeichne in den Kreis eine Sehne mit 6 cm Länge.

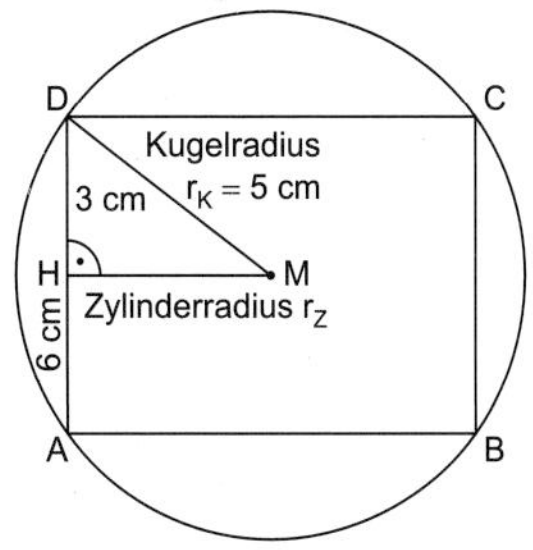

---

144 Zunächst Berechnung von α im rechtwinkligen Dreieck AES:

$\tan\alpha = \frac{|\overline{ES}|}{|\overline{AE}|}$

$\tan\alpha = \frac{8\text{ cm}}{5\text{ cm}}$

$\tan\alpha = 1{,}6$

$\alpha = 57{,}99°$

Berechnung des Inkugelradius $r_i = |\overline{EM}|$ im rechtwinkligen Dreieck AEM:

$\tan\frac{\alpha}{2} = \frac{|\overline{EM}|}{|\overline{AE}|}$

$\tan 29° = \frac{|\overline{EM}|}{5\text{ cm}} \qquad |\cdot 5\text{ cm}$

$|\overline{EM}| = 5\text{ cm} \cdot \tan 29°$

$|\overline{EM}| = 2{,}77\text{ cm} = r_i$

Berechnung des Umkugelradius $r_u = |\overline{MA}|$ im rechtwinkligen Dreieck AEM:

$|\overline{MA}| = \sqrt{|\overline{AE}|^2 + \overline{EM}|^2} = \sqrt{5^2 + 2{,}77^2} = 5{,}72\text{ cm} = r_u$

Berechnung der Kugelvolumina:

$V_{Inkugel} = \frac{4}{3} \cdot r_i{}^3 \cdot \pi = \frac{4}{3} \cdot (2{,}77\text{ cm})^3 \cdot \pi = 89{,}03\text{ cm}^3$

$V_{Umkugel} = \frac{4}{3} \cdot r_u{}^3 \cdot \pi = \frac{4}{3} \cdot (5{,}72\text{ cm})^3 \cdot \pi = 783{,}93\text{ cm}^3$

M ist der Schnittpunkt der Winkelhalbierenden im Dreieck ABS (Konstruktion des Inkreismittelpunkts!).

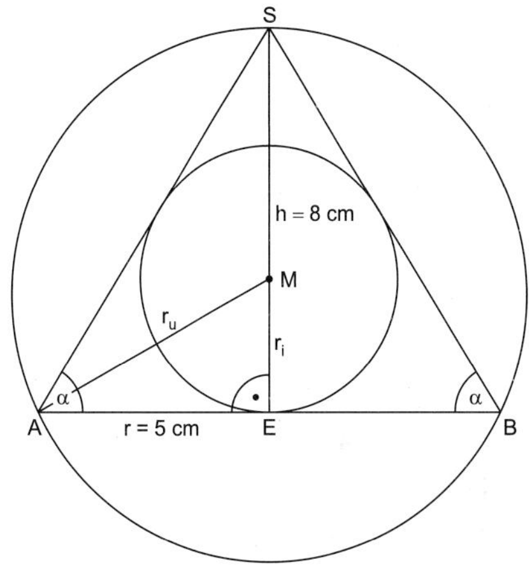

Satz des Pythagoras

Anmerkung: Der Radius geht in die Volumenformel der Kugeln in der 3. Potenz ein (r^3). Verdoppelt man den Radius r, so verachtfacht sich das Volumen!

$\underset{\uparrow\text{ doppelter Radius}}{\frac{4}{3} \cdot (2r)^3} \cdot \pi = \frac{4}{3} \cdot 8 \cdot r^3 \cdot \pi = \underset{\uparrow\text{ 8-faches Volumen}}{8} \cdot \underbrace{\frac{4}{3} \cdot r^3 \cdot \pi}_{V}$

145 a) Zeichnung im Maßstab 1:2:

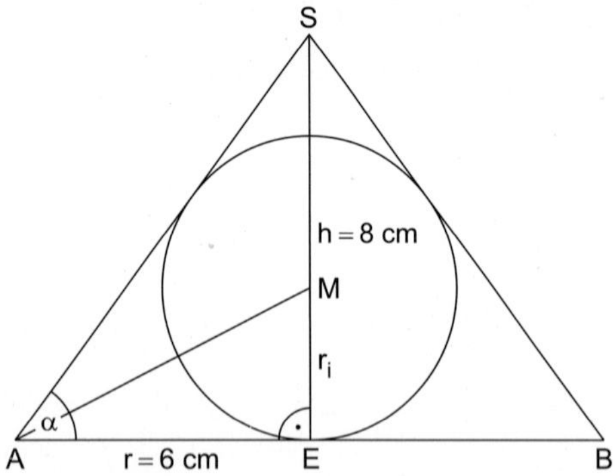

✎ Hinweise und Tipps

Der Axialschnitt der Inkugel ist der Inkreis des Dreiecks ABS. Der Inkreismittelpunkt M ist der Schnittpunkt der Winkelhalbierenden im Dreieck ABS.

Zunächst Berechnung von α im rechtwinkligen Dreieck AES:

$$\tan\alpha = \frac{|\overline{ES}|}{|\overline{AE}|}$$

$$\tan\alpha = \frac{8\text{ cm}}{6\text{ cm}}$$

$$\alpha = 53{,}13°$$

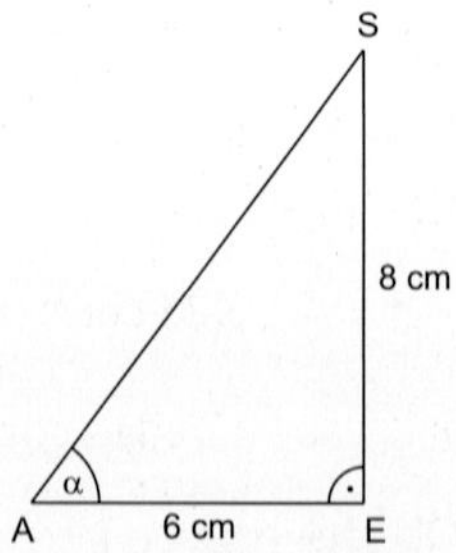

Berechnung des Inkugelradius $r_i = |\overline{EM}|$ im rechtwinkligen Dreieck AEM:

$$\tan\frac{\alpha}{2} = \frac{|\overline{EM}|}{|\overline{AE}|}$$

$$\tan 26{,}57° = \frac{|\overline{EM}|}{6\text{ cm}} \qquad |\cdot 6\text{ cm}$$

$$|\overline{EM}| = 6\text{ cm}\cdot\tan 26{,}57°$$

$$|\overline{EM}| = 3{,}00\text{ cm} = r_i$$

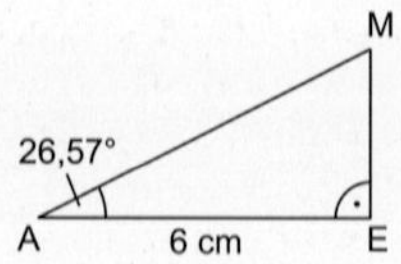

b) Berechnung des Kugelvolumens:

$$V_{Kugel} = \frac{4}{3}\cdot r_i^3\cdot\pi = \frac{4}{3}\cdot(3{,}00\text{ cm})^3\cdot\pi = 113{,}10\text{ cm}^3$$

Berechnung des Kegelvolumens:

$$V_{Kegel} = \frac{1}{3}\cdot r^2\cdot\pi\cdot h = \frac{1}{3}\cdot(6\text{ cm})^2\cdot\pi\cdot 8\text{ cm} = 301{,}59\text{ cm}^3$$

Berechnung des prozentualen Anteils:

$$\frac{V_{Kugel}}{V_{Kegel}} = \frac{113{,}10}{301{,}59} = 0{,}375 = 37{,}5\ \%$$

c) Zunächst Berechnung von $|\overline{HD}|$ mit dem Strahlensatz mit Zentrum S:

$$\frac{|\overline{HD}|}{|\overline{AE}|} = \frac{|\overline{SD}|}{|\overline{SE}|}$$

$$\frac{|\overline{HD}|}{6\text{ cm}} = \frac{|\overline{SE}| - 2\cdot r_i}{8\text{ cm}} \qquad |\cdot 6\text{ cm}$$

$$|\overline{HD}| = \frac{8\text{ cm} - 2\cdot 3\text{ cm}}{8\text{ cm}}\cdot 6\text{ cm}$$

$$|\overline{HD}| = \frac{2\text{ cm}}{8\text{ cm}}\cdot 6\text{ cm} = 1{,}5\text{ cm}$$

Berechne den Grundkreisradius $|\overline{HD}|$ des Kegels mit Axialschnitt HIS.

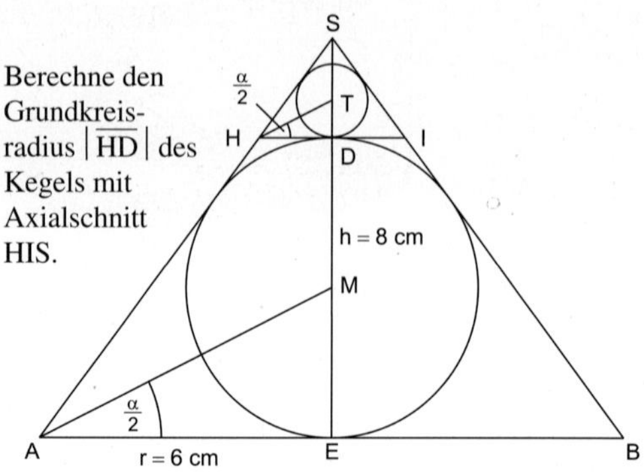

Berechnung des Winkels DHT im Dreieck HDT:

$\sphericalangle DHT = \sphericalangle EAM = \frac{\alpha}{2} = 26{,}57°$

Berechnung des Radius r_{klein} der kleinen Inkugel im rechtwinkligen Dreieck HDT:

$$\tan\frac{\alpha}{2} = \frac{|\overline{DT}|}{|\overline{HD}|}$$

$$\tan 26{,}57° = \frac{|\overline{DT}|}{1{,}5\text{ cm}} \quad |\cdot 1{,}5\text{ cm}$$

$$|\overline{DT}| = 1{,}5\text{ cm}\cdot\tan 26{,}57°$$

$$|\overline{DT}| = 0{,}75\text{ cm} = r_{klein}$$

Berechnung der Volumina:

$$V_{klein} = \frac{4}{3}\cdot r_{klein}{}^3\cdot\pi = \frac{4}{3}\cdot(0{,}75\text{ cm})^3\cdot\pi = 1{,}77\text{ cm}^3$$

$V_{groß} = 113{,}10\text{ cm}^3$ (siehe Teilaufgabe b)

Berechnung der Oberflächen:

$$O_{klein} = 4\cdot r_{klein}{}^2\cdot\pi = 4\cdot(0{,}75\text{ cm})^2\cdot\pi = 7{,}07\text{ cm}^2$$

$$O_{groß} = 4\cdot r_i{}^2\cdot\pi = 4\cdot(3\text{ cm})^2\cdot\pi = 113{,}10\text{ cm}^2$$

Aufstellen der Verhältnisse:

$$\frac{V_{groß}}{V_{klein}} = \frac{113{,}10\text{ cm}^3}{1{,}77\text{ cm}^3} = \frac{64}{1}$$

$$\frac{O_{groß}}{O_{klein}} = \frac{113{,}10\text{ cm}^2}{7{,}07\text{ cm}^2} = \frac{16}{1}$$

$$\frac{r_{groß}}{r_{klein}} = \frac{3\text{ cm}}{0{,}75\text{ cm}} = \frac{4}{1}$$

Beobachtung:
Vervierfacht sich der Radius, dann nimmt die Oberfläche auf das 4^2-Fache und das Volumen auf das 4^3-Fache zu!

Hinweise und Tipps

$\overline{HT}$ ist die Winkelhalbierende des Winkels DHS (Inkreiskonstruktion).

Stufenwinkel!

$r_{klein} = |\overline{DT}|$

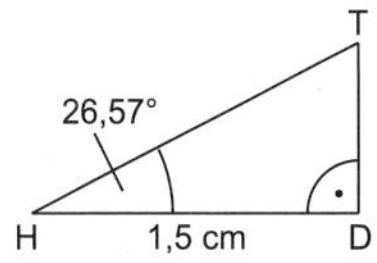

Kugelvolumen: $V = \frac{4}{3}\cdot r^3\cdot\pi$

Kugeloberfläche: $O = 4\cdot r^2\cdot\pi$

Hinweis: Diese Beobachtung stimmt für alle Kugeln, deren Radius vervierfacht wird, und ist unabhängig vom ursprünglichen Radius:

$$\frac{V_{groß}}{V_{klein}} = \frac{\frac{4}{3}\cdot(4r)^3\cdot\pi}{\frac{4}{3}\cdot r^3\cdot\pi} = \frac{4^3r^3}{r^3} = \frac{4^3}{1}$$

$$\frac{O_{groß}}{O_{klein}} = \frac{4\cdot(4r)^2\cdot\pi}{4\cdot r^2\cdot\pi} = \frac{4^2r^2}{r^2} = \frac{4^2}{1}$$

146 a) Skizze:

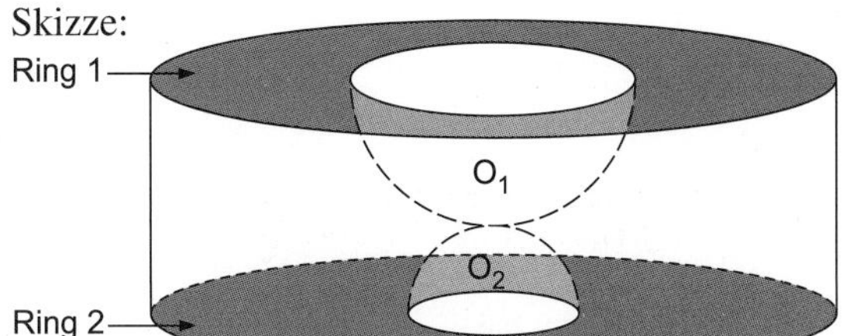

Ein Zylinder, aus dem zwei Halbkugeln ausgeschnitten sind, die sich berühren.

Hinweise und Tipps

b) $A_{O_{\text{Rotationskörper}}} = A_{M_{\text{Zylinder}}} + A_{O_1} + A_{O_2} + A_{\text{Ring}_1} + A_{\text{Ring}_2}$

Die Oberfläche besteht aus den Begrenzungsflächen.

Oberflächeninhalt der oberen Halbkugel:

$$A_{O_1} = \frac{1}{2}\cdot 4\cdot r_1^2\cdot\pi = \frac{1}{2}\cdot 4\cdot(3-x)^2\cdot\pi\text{ cm}^2 = 2\pi\cdot(3-x)^2\text{ cm}^2$$

Betrachte die Skizze in der Angabe.

Oberflächeninhalt der unteren Halbkugel:

$$A_{O_2} = \frac{1}{2}\cdot 4\cdot r_2^2\cdot\pi = \frac{1}{2}\cdot 4\cdot x^2\cdot\pi\text{ cm}^2 = 2\pi x^2\text{ cm}^2$$

Mantelflächeninhalt des Zylinders:

$$A_{M_{\text{Zylinder}}} = 2\cdot r\cdot\pi\cdot h = 2\cdot 5\text{ cm}\cdot\pi\cdot 3\text{ cm} = 30\pi\text{ cm}^2$$

Flächeninhalt oberer Kreisring:

$$A_{\text{Ring}_1} = r^2\cdot\pi - r_1^2\cdot\pi$$
$$A_{\text{Ring}_1} = (5\text{ cm})^2\cdot\pi - (3-x)^2\cdot\pi\text{ cm}^2$$
$$A_{\text{Ring}_1} = (25\pi - 9\pi + 6x\pi - x^2\pi)\text{ cm}^2$$
$$A_{\text{Ring}_1} = (16\pi + 6x\pi - x^2\pi)\text{ cm}^2$$

Flächeninhalt unterer Kreisring:

$$A_{\text{Ring}_2} = r^2\cdot\pi - r_2^2\cdot\pi$$
$$A_{\text{Ring}_2} = (5\text{ cm})^2\cdot\pi - x^2\cdot\pi\text{ cm}^2$$
$$A_{\text{Ring}_2} = (25\pi - x^2\pi)\text{ cm}^2$$

$$A_{O_{\text{Körper}}}(x) = [\underbrace{30\pi}_{A_{M_{\text{Zylinder}}}} + \underbrace{2\pi\cdot(3-x)^2}_{A_{O_1}} + \underbrace{2\pi x^2}_{A_{O_2}} + \underbrace{16\pi + 6x\pi - x^2\pi}_{A_{\text{Ring}_1}} + \underbrace{25\pi - x^2\pi}_{A_{\text{Ring}_2}}]\text{ cm}^2$$

$$A_{O_{\text{Körper}}}(x) = [71\pi + \underbrace{18\pi - 12x\pi + 2x^2\pi}_{O_1} + 6x\pi]\text{ cm}^2$$

Zusammengefasst und bin. Formel angewendet

$$A_{O_{\text{Körper}}}(x) = [89\pi - 6x\pi + 2x^2\pi]\text{ cm}^2$$
$$A_{O_{\text{Körper}}}(x) = (2x^2 - 6x + 89)\cdot\pi\text{ cm}^2$$

Ordne und klammere π aus!

c) $A_{O_{\text{Körper}}}(x) = 2[x^2 - 3x + 44{,}5]\cdot\pi\text{ cm}^2$

Ergänze quadratisch.

$A_{O_{\text{Körper}}}(x) = 2[x^2 - 3x + 1{,}5^2 - 1{,}5^2 + 44{,}5]\cdot\pi\text{ cm}^2$

Beachte: $-1{,}5^2 \neq (-1{,}5)^2$

$A_{O_{\text{Körper}}}(x) = 2[x^2 - 3x + 1{,}5^2 - 2{,}25 + 44{,}5]\cdot\pi\text{ cm}^2$

$A_{O_{\text{Körper}}}(x) = 2[(x-1{,}5)^2 + 42{,}25]\cdot\pi\text{ cm}^2$

$A_{O_{\text{Körper}}}(x) = [2(x-1{,}5)^2 + 84{,}5]\cdot\pi\text{ cm}^2$

$A_{O_{\text{Körper}}}(x) = [2\pi(x-1{,}5)^2 + 84{,}5\pi]\text{ cm}^2$

$A_{O_{\min}} = 84{,}5\pi\text{ cm}^2$ für $x = 1{,}5$

Angabe des Extremwertes sowie des zugehörigen Wertes von x

Die Oberfläche ist am kleinsten, wenn die beiden Halb kugeln gleich groß sind.

d)
$$\begin{array}{|l} A_{O_{\text{Körper}}}(x) = (2x^2 - 6x + 89)\cdot\pi\text{ cm}^2 \\ \wedge\quad A_{O_{\text{Körper}}} = 100\pi\text{ cm}^2 \end{array}$$

Setze die Oberflächenbedingungen gleich.

$$\Rightarrow\quad (2x^2 - 6x + 89)\cdot\pi = 100\pi\quad (\text{I} = \text{II})\quad |:\pi$$
$$\Leftrightarrow\quad 2x^2 - 6x + 89 = 100\quad |-100$$
$$\Leftrightarrow\quad 2x^2 - 6x - 11 = 0$$

$a = 2;\ b = -6;\ c = -11$

$$D = (-6)^2 - 4\cdot 2\cdot(-11) = 124$$

$$\Leftrightarrow\quad x_{1/2} = \frac{6 \pm \sqrt{124}}{2\cdot 2}$$

$$x_1 = 4{,}28 \quad\vee\quad (x_2 = -1{,}28)\qquad \mathbb{L} = \{4{,}28\}$$

Die Lösung x_2 scheidet aus. x wäre sonst eine negative Streckenlänge.

✎ Hinweise und Tipps

2.9 Grundbegriffe der Statistik

147 a) Maximum: Max = 16 — Der Merkmalswert 16 kg ist der **größte**.

Minimum: Min = 9 — Der Merkmalswert 9 kg ist der **kleinste**.

Modalwert: m = 13 — Der Merkmalswert 13 kg kommt **am häufigsten** vor.

Zentralwert: z = 12 — Werden die Daten der Größe nach **geordnet**, steht der Wert 12 kg **in der Mitte**:
9 10 11 **12** 13 13 16

Spannweite: R = 7 — Die **Differenz** aus **Maximal-** (16 kg) und **Minimalwert** (9 kg) beträgt 7 kg.

Arithmetisches Mittel:

$$\overline{x} = \frac{13+16+9+13+12+11+10}{7} = \frac{84}{7} = 12$$

b) Die Ergebnisse lassen sich nicht verallgemeinern, da die Stichprobe von 7 Kindern nicht repräsentativ ist.

---

148 a) 1 2 3 4 5 6 7 8 9 10

$$\overline{x} = \frac{1+2+3+4+5+6+7+8+9+10}{10} = \frac{55}{10} = 5{,}5$$

oder:
5,5 5,5 5,5 5,5 5,5 5,5 5,5 5,5 5,5 5,5

$$\overline{x} = \frac{10 \cdot 5{,}5}{10} = 5{,}5$$

b) 1 2 3 4 5 5 6 7 8 9
oder:
5 5 5 5 5 5 5 5 5 5

c) 1 2 4 8 16 32 64

d) 21 22 23 24 25 26 27 28 29

---

149 Tabelle A: Arithmetisches Mittel $\overline{x}$:

$$\frac{82{,}2+81{,}9+81{,}4+81{,}4+81{,}3+81{,}3+81{,}2+81{,}1+81}{9} = 81{,}4$$

(gerundet)

Tabelle B: Arithmetisches Mittel $\overline{x}$:

$$\frac{59{,}1+58{,}5+58{,}4+58+57{,}7+56{,}6+55{,}7+53{,}8+52{,}8}{9}$$

$= 56{,}7$ (gerundet)

Spannweite R: 82,2 − 52,8 = 29,4

150

$$\frac{10{,}35+10{,}16+9{,}84+x}{4} = 10$$

$$\frac{30{,}35+x}{4} = 10 \quad | \cdot 4$$

$$30{,}35 + x = 40 \quad | -30{,}35$$

$$x = 9{,}65$$

Er müsste also 9,65 s schaffen.

Er müsste annähernd Weltrekord laufen (Weltrekord: 9,58 s; Stand 2021).

Hinweise und Tipps

151 Tresor 1: $100 \cdot 100 \cdot 100 = 1\,000\,000$ Möglichkeiten
Tresor 2: $50 \cdot 50 \cdot 50 \cdot 50 = 6\,250\,000$ Möglichkeiten
Tresor 2 ist also schwerer zu knacken.

---

152 Es gibt $4 \cdot 3 \cdot 5 = 60$ Möglichkeiten.

Die Lösung ist vergleichbar mit dem Rechenweg bei einem Zahlenschloss mit drei Rädern, aber mit unterschiedlich vielen Möglichkeiten pro Rad.
Es gibt vier verschiedene Semmeln, drei verschiedene Belegungen und fünf verschiedene Beilagen.

---

153 $4 \cdot 10 \cdot 8 = 320$

Es reicht nicht ganz, da ein Jahr 365 Tage hat.

---

154 Sie haben insgesamt $11! = 11 \cdot 10 \cdot 9 \cdot \ldots \cdot 2 \cdot 1 = 39\,916\,800$ Möglichkeiten.

Der erste Spieler hat 11 Positionen zur Auswahl, der zweite nur noch 10, der dritte nur noch 9, der vierte nur noch 8, der fünfte nur noch 7, …, der zehnte nur noch 2 und der elfte nur noch 1 Position.

---

155 a) Es gibt $5! = 5 \cdot 4 \cdot 3 \cdot 2 \cdot 1 = 120$ Möglichkeiten.

b) Es gibt dann bei jedem Zug 5 Möglichkeiten, also $5 \cdot 5 \cdot 5 \cdot 5 \cdot 5 = 3\,125$ Möglichkeiten.

---

156 $8! = 8 \cdot 7 \cdot 6 \cdot 5 \cdot 4 \cdot 3 \cdot 2 \cdot 1 = 40\,320$

---

157 Insgesamt sind es $2+6+6+7+3+1 = 25$ Noten.

Zuerst bestimmt man, wie viele Noten insgesamt vergeben wurden.

Relative Häufigkeiten:

Note 1: $\frac{2}{25} = \frac{8}{100} = 0{,}08 = 8\,\%$

Die Note 1 wurde mit der absoluten Häufigkeit 2 erzielt (2 Mal).

Note 2: $\frac{6}{25} = \frac{24}{100} = 0{,}24 = 24\,\%$

Die Note 2 wurde mit der absoluten Häufigkeit 6 erzielt (6 Mal).

Note 3: $\frac{6}{25} = \frac{24}{100} = 0{,}24 = 24\,\%$

Usw.

Note 4: $\frac{7}{25} = \frac{28}{100} = 0{,}28 = 28\,\%$

Note 5: $\frac{3}{25} = \frac{12}{100} = 0{,}12 = 12\,\%$

Note 6: $\frac{1}{25} = \frac{4}{100} = 0{,}04 = 4\,\%$

Hinweise und Tipps

2.10 Zufallsexperimente

158 Gesamtanzahl: $3+5+1+0+2+1+1+3+3+1=20$

Relative Häufigkeiten:

Kugel Nr. 2: $\frac{5}{20}=\frac{25}{100}=25\,\%$

Kugel Nr. 4: $\frac{0}{20}=0\,\%$

Kugel Nr. 6: $\frac{1}{20}=\frac{5}{100}=5\,\%$

Zuerst bestimmt man aus der zweiten Zeile, wie oft insgesamt gezogen wurde.

Die Kugel Nr. 2 wurde mit der absoluten Häufigkeit 5 gezogen (5 Mal).

Usw.

---

159 $\Omega=\{2;\,3;\,4;\,5;\,6;\,7;\,8;\,9;\,10;\,11;\,12\}$

Die kleinste Summe entsteht, wenn zweimal die 1 gewürfelt wird. Die größte Summe entsteht, wenn zweimal die 6 gewürfelt wird. Alles dazwischen kann auch durch eine geeignete Augenzahl-Kombination erzielt werden.

160

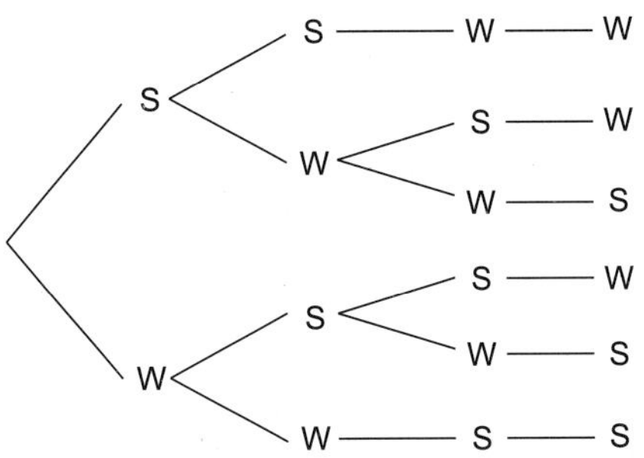

$\Omega=\{SSWW;\ SWSW;\ SWWS;\ WSSW;\ WSWS;\ WWSS\}$

W = Weiß, S = Schwarz
Entnimm die Ergebnisse der Züge entlang der Pfade und übertrage sie in den Ergebnisraum. Es gibt 6 Baum-Enden, also sind 6 Ergebnisse möglich.

---

161 „Man zieht einen Turm.“

---

162 $\Omega=\{$N-N; N-G; G-N; G-G$\}$

	Ereignis E	Gegenereignis $\overline{E}$
a)	E = {N-G; G-N}	$\overline{E}$ = {N-N; G-G}
b)	E = {N-N}	$\overline{E}$ = {N-G; G-N; G-G}
c)	E = {N-N; N-G; G-N}	$\overline{E}$ = {G-G}
d)	E = {G-G}	$\overline{E}$ = {N-N; N-G; G-N}

---

163 a)

	Wirkt	Wirkt nicht	Gesamt
Impfstoff A	31 %	**9 %**	40 %
Impfstoff B	**41 %**	**19 %**	**60 %**
Gesamt	**72 %**	28 %	100 %

b) Relative Häufigkeit, dass Impfstoff A wirkt:

$\frac{6\,200}{8\,000}=0{,}775=77{,}5\,\%$

Impfstoff A war bei 6 200 von 8 000 Personen wirksam.

Relative Häufigkeit, dass Impfstoff B wirkt:
$\frac{8\,200}{12\,000} = 0,683 = 68,3\,\%$

Impfstoff A ist also wirksamer als Impfstoff B.

Hinweise und Tipps

Impfstoff B war bei 8 200 von 12 000 Personen wirksam.

Die Stichproben sind ausreichend groß, um eine Aussage über die Wirksamkeit treffen zu können.

164

	Stracciatella	Kein Stracciatella	Gesamt
Schoko	**12**	38	**50**
Kein Schoko	10	28	38
Gesamt	**22**	66	**88**

a) Gesuchte relative Häufigkeit: $\frac{10}{38} = 26,3\,\%$

26,3 % von denen, die kein Schoko-Eis mögen, mögen Stracciatella-Eis.

b) Gesuchte relative Häufigkeit: $\frac{12}{50} = 24\,\%$

24 % von denen, die Schoko-Eis mögen, mögen auch Stracciatella-Eis.

Zuerst werden die **gegebenen Werte** eingetragen (25 % von 88 sind 22). Die restlichen Werte lassen sich dann aus der Tafel ermitteln.

---

165 a) Vierfeldertafel mit den absoluten Häufigkeiten:

Wurf 1 \ Wurf 2	Zahl	Wappen	Gesamt
Zahl	29	27	56
Wappen	20	24	44
Gesamt	49	51	100

b) Vierfeldertafel mit den relativen Häufigkeiten:

Wurf 1 \ Wurf 2	Zahl	Wappen	Gesamt
Zahl	29 %	27 %	56 %
Wappen	20 %	24 %	44 %
Gesamt	49 %	51 %	100 %

Betrachte jeweils die absoluten Häufigkeiten an den Baum-Enden. Es gab also 29 Mal das Ergebnis (Zahl | Zahl), 27 Mal (Zahl | Wappen), 20 Mal (Wappen | Zahl) und 24 Mal (Wappen | Wappen).

166

	Spielen Fußball	Spielen nicht Fußball	Gesamt
Jungen	12	**6**	**18**
Keine Jungen	3	9	12
Gesamt	**15**	15	**30**

9 sind keine Jungen und spielen nicht Fußball.

Zuerst werden die **gegebenen Werte** eingetragen (60 % von 30 sind 18). Die restlichen Werte lassen sich dann aus der Tafel ermitteln.

Hinweise und Tipps

167

	Smartphone	Kein Smartphone	Gesamt
Computer	340	60	400
Kein Computer	260	90	350
Gesamt	600	150	750

340 haben ein Smartphone und einen Computer.

---

168 Es sind $10+24+16+12+10+8=80$ Schokolinsen in der Tüte.

$P(\text{„Gelb"}) = \frac{16}{80} = 0,20 = 20\ \%$

Davon sind 16 gelb.

---

169 $P(\text{„Rot"}) = \frac{2}{5} = 0,40 = 40\ \%$

Es sind fünf Sektoren, zwei davon sind rot.

---

170 Es ergeben sich folgende Mittelpunktswinkel für die Sektoren:

Sektor Rot: $36°$

Sektor Schwarz: $3 \cdot 36° = 108°$

(oder 3 schwarze Sektoren mit je 36°)

Sektor Weiß: $6 \cdot 36° = 216°$

(Alternativ: $360° - 108° - 36° = 216°$)

(oder 6 weiße Sektoren mit je 36°)

Zeichnung:

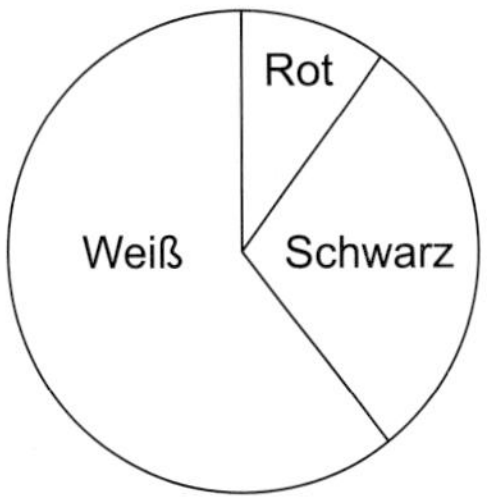

Ein Vollwinkel hat 360°. Ein Sektor mit dem Mittelpunktswinkel 36°deckt also 10 % der Fläche ab.

---

171 a) $P(\text{„Eichel"}) = \frac{8}{32} = \frac{1}{4} = 25\ \%$

Unter den 32 Karten gibt es 8 Eichel-Karten.

b) $P(\text{„Ober"}) = \frac{4}{32} = \frac{1}{8} = 12,5\ \%$

Es gibt 4 Ober im Spiel.

c) $P(\text{„Eichel-Ober"}) = \frac{1}{32} = 3,125\ \%$

Es gibt nur genau einen Eichel-Ober.

---

172 a) $P(\text{„Eichel"}) = \frac{6}{24} = 25\ \%$

b) $P(\text{„Ober"}) = \frac{4}{24} = \frac{1}{6}$

c) $P(\text{„Eichel-Ober"}) = \frac{1}{24}$

Hinweise und Tipps

173 a) $P(„20“) = \frac{1}{37}$

Es gibt insgesamt 37 mögliche Zahlen von 0 bis 36.

b) $P(„Schwarz“) = \frac{18}{37}$

Es gibt 18 schwarze Zahlen. Die Null ist weder rot noch schwarz.

c) $P(„1 bis 12“) = \frac{12}{37}$

d) Es gibt 37 Zahlen. Selbst wenn man auf jede Zahl 1 Euro setzt, bekommt man maximal nur 36 Euro zurück und 1 Euro bleibt bei der Bank.
Damit es fair wäre, müsste der Gewinn das 37-Fache des Einsatzes sein. Am Ende gewinnt also immer die Bank.

---

174 E: „Keine 6“; Gegenereignis $\overline{E}$: „Eine 6“

$P(\overline{E}) = \frac{1}{6}$, also $P(E) = 1 - \frac{1}{6} = \frac{5}{6}$.

Die Wahrscheinlichkeit, keine 6 zu würfeln, beträgt $\frac{5}{6}$.

---

175 P(„Nicht farbenblind“) = 1 – P(„Farbenblind“)
= 1 – 0,08 = 0,92, also 92 %

---

176 a) Es gibt $6 \cdot 6 = 36$ verschiedene Ergebnisse.

Ergebnisraum:
$\Omega = \{11; 12; 13; 14; 15; 16;$
$21; 22; 23; 24; 25; 26; \ldots; 61; \ldots; 66\}$

b) $P(„6er-Pasch“) = \frac{1}{36}$

„66“ ist das einzig mögliche Ergebnis von insgesamt 36 Ergebnissen.

c) $P(„Pasch“) = \frac{6}{36} = \frac{1}{6}$

6 von 36 Ergebnissen liefern einen Pasch: „11“; „22“; …; „66“

d) $P(„Kein Pasch“) = 1 - \frac{1}{6} = \frac{5}{6}$

Das ist die Wahrscheinlichkeit des Gegenereignisses zu Aufgabe c.

e) $P(„Kleiner als 60“) = \frac{30}{36} = \frac{5}{6}$

30 Zahlen im Ergebnisraum sind kleiner als 60.

f) E: „Keine 6“; $\overline{E}$: „Mindestens eine 6“

Gegenereignis zu „Keine 6“

$\overline{E} = \{16; 26; 36; 46; 56; 66; 61; 62; 63; 64; 65\}$

Es gibt 11 Ergebnisse zum Ereignis $\overline{E}$.

$P(\overline{E}) = \frac{11}{36}$; also: $P(E) = 1 - \frac{11}{36} = \frac{25}{36}$

Hinweise und Tipps

177 a) Mit K für Kopf und Z für Zahl ergibt sich das Baumdiagramm:

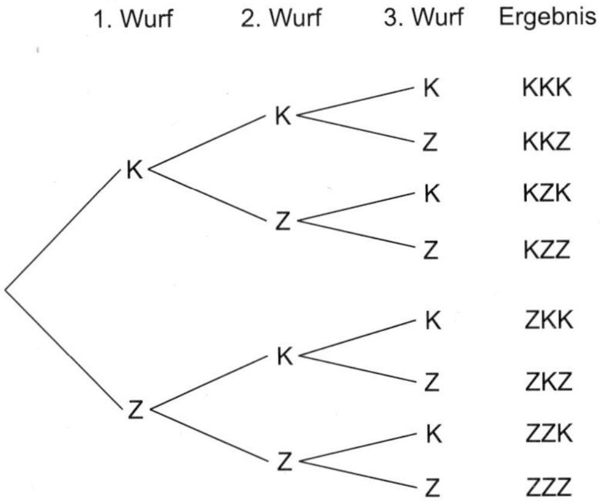

Ergebnisraum:
$\Omega = \{KKK; KKZ; KZK; KZZ; ZKK; ZKZ; ZZK; ZZZ\}$

Wahrscheinlichkeit, zu gewinnen:

$P(ZZZ) = \frac{1}{8} = 12{,}5\ \%$

Die Kombination ZZZ ist eine von 8 Möglichkeiten.

b) $P(\text{„Genau zweimal Zahl“}) = \frac{3}{8} = 37{,}5\ \%$

Es gibt genau 3 Pfade, die zu Ergebnissen führen, die genau zweimal Zahl enthalten (KZZ, ZKZ und ZZK).

178

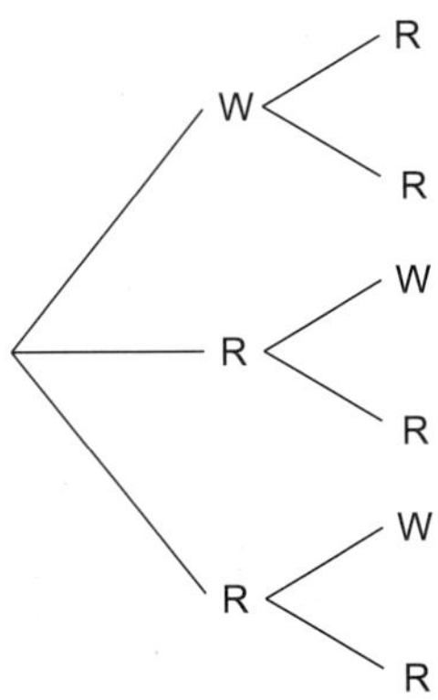

Im Baumdiagramm sieht man, dass es 2 Pfade gibt, die zum Ergebnis RR führen.
Insgesamt gibt es 6 mögliche Pfade.

Die Wahrscheinlichkeit für RR ist:

$P(RR) = \frac{2}{6}$

179

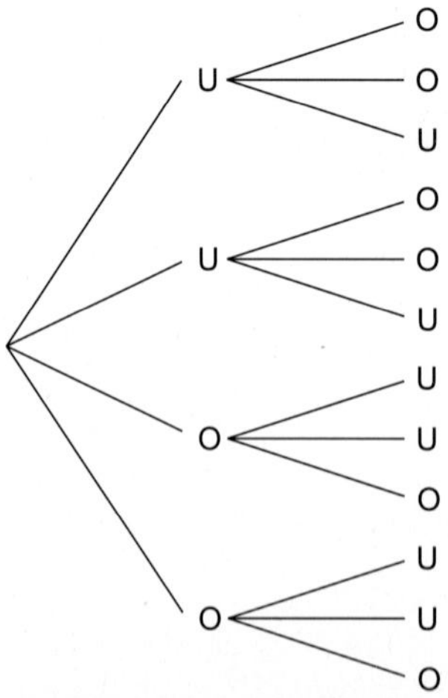

a) Die Wahrscheinlichkeit, zwei Ober hintereinander zu ziehen, beträgt:

$P(OO) = \frac{2}{12} = \frac{1}{6}$

b) Die gesuchte Wahrscheinlichkeit beträgt:

$P(\text{„Ein Unter und ein Ober“}) = \frac{8}{12} = \frac{2}{3}$

✎ Hinweise und Tipps

Zeichne dazu das Baumdiagramm.

Nach dem ersten Zug gibt es jeweils nur noch 3 Möglichkeiten.

Insgesamt ergeben sich 12 mögliche Ergebnisse.

Zum Ergebnis „Zwei Ober“ (OO) führen 2 Pfade.

Zum Ergebnis „Ein Unter und ein Ober“ (OU oder UO) führen 8 Pfade.

3 Grundwissen 10. Klasse

3.1 Potenzen und Potenzfunktionen

Hinweise und Tipps

180 Umfangsformel eines Quadrats mit der Seitenlänge a:

$$u = 4 \cdot a$$
$$\Leftrightarrow \quad 3{,}6\text{ m} = 4 \cdot a \quad \Big| \cdot \frac{1}{4}$$
$$\Leftrightarrow \quad a = 0{,}9\text{ m}$$

Setze den Wert des Umfangs u in die allgemeine Formel ein und löse nach a auf.

Die Seitenlänge des Quadrats beträgt 0,9 m.

Flächenformel eines Quadrats mit der Seitenlänge a:

$A = a^2 = (0{,}9\text{ m})^2 = 0{,}81\text{ m}^2$

Wert für a einsetzen und den Flächeninhalt berechnen

---

181 a) $\left(-\frac{2}{3}\right)^3 = -\frac{2^3}{3^3} = -\frac{8}{27}$

Zähler und Nenner werden mit dem Exponenten 3 potenziert.
Beachte: Der Potenzwert ist negativ, da die Basis negativ und der Exponent eine ungerade Zahl ist.

b) $15^0 = 1$

Eine 0 als Exponent liefert immer den Potenzwert 1.

c) $10^6 = 1\,000\,000$

Potenzen mit der Basis 10 werden als Zehnerpotenzen bezeichnet. Der Exponent gibt an, wie viele Nullen nach der 1 stehen.

d) $-3^6 = -729$

Beachte: $-3^6 \neq (-3)^6$
Der Exponent beeinflusst lediglich die Basis 3.

e) $(-2)^3 = -8$

Da der Exponent ungerade ist, gilt:
$(-2)^3 = (-2) \cdot (-2) \cdot (-2) = -2^3 = -8$

f) $(-2)^4 = 16$

Da der Exponent gerade ist, gilt:
$(-2)^4 = (-2) \cdot (-2) \cdot (-2) \cdot (-2) = 2^4 = 16$

---

182 a) $10^{-3} = \frac{1}{10^3} = \frac{1}{1\,000} = 0{,}001$

Beachte: $a^{-n} = \frac{1}{a^n}$

b) $\left(\frac{1}{5}\right)^{-3} = \left(\frac{5}{1}\right)^3 = 125$

Beachte: $\left(\frac{a}{b}\right)^{-n} = \left(\frac{b}{a}\right)^n$

c) $\left(\frac{2}{3}\right)^{-4} = \left(\frac{3}{2}\right)^4 = \frac{81}{16} = 5\frac{1}{16}$

Beachte: $\left(\frac{a}{b}\right)^{-n} = \left(\frac{b}{a}\right)^n$

d) $\frac{9}{3^{-2}} = \frac{9}{\left(\frac{1}{3}\right)^2} = 9 \cdot 3^2 = 9 \cdot 9 = 81$

---

183 a) $4^{-3} = \frac{1}{4^3} = \frac{1}{64}$

b) $8^{-2} = \frac{1}{8^2} = \frac{1}{64}$

Da die Basis positiv ist (und der Exponent eine gerade Zahl ist), ist der Potenzwert positiv.

c) $(-2)^{-3} = \frac{1}{(-2)^3} = \frac{1}{-8} = -\frac{1}{8}$

Da die Basis negativ ist und der Exponent eine ungerade Zahl ist, ist der Potenzwert negativ.

d) $-2^{-3} = -\frac{1}{2^3} = -\frac{1}{8}$

Der Exponent beeinflusst nur die Basis 2.

Hinweise und Tipps

184 a) $1\text{ mm} = 10^x\text{ m}$

$\Leftrightarrow\ x = -3$, da $10^{-3}\text{ m} = \frac{1}{10^3}\text{ m} = \frac{1}{1\,000}\text{ m} = 1\text{ mm}$

Grundbeziehungen: $1\text{ km} = 1\,000\text{ m} = 10^3\text{ m}$
$1\text{ m} = 10\text{ dm} = 10^0\text{ m}$
$1\text{ dm} = 10\text{ cm} = 10^{-1}\text{ m}$
$1\text{ cm} = 10\text{ mm} = 10^{-2}\text{ m}$
$1\text{ mm} = 10^{-3}\text{ m}$

b) $1\text{ mm}^2 = 10^x\text{ m}^2$

$\Leftrightarrow\ x = -6$, da

$10^{-6}\text{ m}^2 = \frac{1}{10^6}\text{ m}^2 = \frac{1}{1\,000\,000}\text{ m}^2 = 1\text{ mm}^2$

Grundbeziehungen: $1\text{ km}^2 = 100\text{ ha (Hektar)} = 10^6\text{ m}^2$
$1\text{ ha} = 100\text{ a (Ar)} = 10^4\text{ m}^2$
$1\text{ a} = 100\text{ m}^2 = 10^2\text{ m}^2$
$1\text{ m}^2 = 100\text{ dm}^2 = 10^0\text{ m}^2$
$1\text{ dm}^2 = 100\text{ cm}^2 = 10^{-2}\text{ m}^2$
$1\text{ cm}^2 = 100\text{ mm}^2 = 10^{-4}\text{ m}^2$
$1\text{ mm}^2 = 10^{-6}\text{ m}^2$

c) $1\text{ mm}^3 = 10^x\text{ m}^3$

$x = -9$, da $10^{-9}\text{ m}^3 = \frac{1}{10^9}\text{ m}^3 = \frac{1}{1\,000\,000\,000}\text{ m}^3 = 1\text{ mm}^3$

Grundbeziehungen: $1\text{ m}^3 = 1\,000\text{ dm}^3 = 10^0\text{ m}^3$
$1\text{ dm}^3 = 1\,000\text{ cm}^3 = 10^{-3}\text{ m}^3$
$1\text{ cm}^3 = 1\,000\text{ mm}^3 = 10^{-6}\text{ m}^3$
$1\text{ mm}^3 = 10^{-9}\text{ m}^3$

d) $1\text{ mg} = 10^x\text{ t}$

$\Leftrightarrow\ x = -9$, da $10^{-9}\text{ t} = \frac{1}{10^9}\text{ t} = \frac{1}{1\,000\,000\,000}\text{ t} = 1\text{ mg}$

Grundbeziehungen: $1\text{ t} = 1\,000\text{ kg} = 10^0\text{ t}$
$1\text{ kg} = 1\,000\text{ g} = 10^{-3}\text{ t}$
$1\text{ g} = 1\,000\text{ mg} = 10^{-6}\text{ t}$
$1\text{ mg} = 10^{-9}\text{ t}$

---

185 a) $(5^{-4} : 5^3) \cdot 5^9 = 5^{-4-3} \cdot 5^9 = 5^{-7} \cdot 5^9 = 5^{-7+9} = 5^2 = 25$

Anwendung des 2. und des 1. Potenzgesetzes

b) $\frac{3x^6 \cdot 2x^4}{2x^2 \cdot 5x^3} = \frac{3x^6 \cdot \cancel{2}x^4}{\cancel{2}x^2 \cdot 5x^3} = \frac{3x^{6+4}}{5x^{2+3}} = \frac{3x^{10}}{5x^5} = \frac{3}{5}x^5$

Denke an frühzeitiges Kürzen.
Gleiche Basis, also werden bei der Multiplikation die Exponenten addiert.
Anwendung des 2. Potenzgesetzes: $x^{10-5} = x^5$

c) $\left(\frac{4}{ab}\right)^3 \cdot \left(\frac{a^3b^2}{4}\right)^3 = \left(\frac{\cancel{4}}{\cancel{a} \cdot \cancel{b}} \cdot \frac{a^{\cancel{3}^2}b^{\cancel{2}^1}}{\cancel{4}}\right)^3 = (a^2b)^3 = a^6b^3$

Anwendung des 3. Potenzgesetzes: Die Exponenten stimmen überein, die Basen werden multipliziert.
Der Klammerausdruck kann durch Anwendung des 5. Potenzgesetzes eliminiert werden.

d) $(2x^2y^3)^3 \cdot (5x^3y)^2 = 2^{\mathbf{3}}x^{2\cdot\mathbf{3}}y^{3\cdot\mathbf{3}} \cdot 5^{\mathbf{2}}x^{3\cdot\mathbf{2}}y^{\mathbf{2}}$

Anwendung des 5. Potenzgesetzes. Beachte: $2 = 2^1$, damit kann auch für 2 das Potenzgesetz angewendet werden: $(2^1)^3 = 2^{1\cdot 3} = 2^3$

$= 8x^6y^9 \cdot 25x^6y^2$

Kommutativgesetz der Multiplikation anwenden

$= 8 \cdot 25x^6 \cdot x^6 \cdot y^9 \cdot y^2$

$= 200x^{6+6}y^{9+2}$

$= 200x^{12}y^{11}$

Anwendung des 1. Potenzgesetzes:
$x^6 \cdot x^6 = x^{6+6} = x^{12}$
$y^9 \cdot y^2 = y^{9+2} = y^{11}$

e) $\frac{36x^4}{6x^{-5}} + \frac{30x^2}{5x^{-3}} = \frac{6x^4}{x^{-5}} + \frac{6x^2}{x^{-3}}$

Rechtzeitiges Kürzen vereinfacht die Aufgabe.

$= 6 \cdot (x^4 : x^{-5}) + 6 \cdot (x^2 : x^{-3})$

$= 6x^{4-(-5)} + 6x^{2-(-3)}$

$= 6x^9 + 6x^5$

Bei gleichen Basen werden die Exponenten subtrahiert.

f) $(a^2 + 6a + 9) \cdot (a+3)^3 = (a+3)^2 \cdot (a+3)^3$

$= (a+3)^{2+3}$

$= (a+3)^5$

Beachte die Anwendung der 1. binomischen Formel in der 1. Klammer. 1. Potenzgesetz anwenden

Hinweise und Tipps

186 a) $\frac{x^{2n-1}}{x^{n+3}} = x^{2n-1-(n+3)} = x^{2n-1-n-3} = x^{n-4}$

Division von Potenzen mit gleicher Basis: Anwendung des 2. Potenzgesetzes: Subtraktion der Exponenten

b) $\frac{(xy)^{4n-2}}{(xy)^{2(n-1)}} = (xy)^{4n-2-2(n-1)} = (xy)^{4n-2-2n+2} = (xy)^{2n}$

Division von Potenzen mit gleicher Basis: Anwendung des 2. Potenzgesetzes: Subtraktion der Exponenten

c) $\frac{(a^2-b^2)^{3x}}{(a+b)^{3x}} = \left(\frac{\cancel{(a+b)}(a-b)}{\cancel{(a+b)}}\right)^{3x} = (a-b)^{3x}$

Division von Potenzen mit gleichem Exponenten: Anwendung des 4. Potenzgesetzes

Vereinfache durch Anwendung der 3. binomischen Formel.

d) $\frac{(a+b)^{12x+5}}{(b+a)^{8x}} = \frac{(a+b)^{12x+5}}{(a+b)^{8x}}$

$= (a+b)^{12x+5-8x}$

$= (a+b)^{4x+5}$

Kommutativgesetz der Addition: $b+a=a+b$

Division von Potenzen mit gleicher Basis: Subtraktion der Exponenten

e) $a^x \cdot a^{x-1} : a^{2x} = a^{x+x-1} : a^{2x}$

$= a^{2x-1} : a^{2x}$

$= a^{2x-1-2x}$

$= a^{-1}$

$= \frac{1}{a}$

Multiplikation /Division von Potenzen mit gleicher Basis:
Anwendung des 1. Potenzgesetzes: Addition der Exponenten

Anwendung des 2. Potenzgesetzes: Subtraktion der Exponenten

f) $(n+0,25m)^{0,5x-1} \cdot (n+0,25m)^{1+0,5x}$

$= (n+0,25m)^{0,5x-1+1+0,5x}$

$= (n+0,25m)^x$

Multiplikation von Potenzen mit gleicher Basis: Anwendung des 1. Potenzgesetzes: Addition der Exponenten

g) $\left(\frac{1}{2}a\right)^b \cdot (16a^2)^b = \left(\frac{1}{2}a \cdot 16a^2\right)^b = \left(\frac{1}{2} \cdot 16 \cdot a \cdot a^2\right)^b = (8a^3)^b$

Multiplikation von Potenzen mit gleichem Exponenten: Anwendung des 3. Potenzgesetzes: Multiplikation der Basen

h) $\left(\frac{5}{x}\right)^{2a+1} \cdot (2x)^{2a+1} = \left(\frac{5}{x} \cdot 2x\right)^{2a+1} = 10^{2a+1}$

Multiplikation von Potenzen mit gleichem Exponenten: Anwendung des 3. Potenzgesetzes

---

187 a) $16^3 : \left[-\left(\frac{1}{4}\right)^{-3}\right] = 16^3 : [-4^3]$

$= 16^3 : (-4)^3$

$= [16 : (-4)]^3$

$= (-4)^3$

$= -64$

Beachte: $\left(\frac{a}{b}\right)^{-n} = \left(\frac{b}{a}\right)^n$

Wende das 4. Potenzgesetz an.

b) $(\sqrt{32})^{-1} : (\sqrt{72})^{-1} = \frac{1}{\sqrt{32}} : \frac{1}{\sqrt{72}}$

$= \frac{1}{\sqrt{16 \cdot 2}} : \frac{1}{\sqrt{36 \cdot 2}}$

$= \frac{1}{4\sqrt{2}} : \frac{1}{6\sqrt{2}}$

$= \frac{1}{4\sqrt{2}} \cdot \frac{6\sqrt{2}}{1}$

Beachte: $a^{-n} = \frac{1}{a^n}$

Teilweises Radizieren

Multipliziere mit dem Kehrbruch.

Kürze mit dem Produkt $2\sqrt{2}$.

✎ Hinweise und Tipps

$$=\frac{6\sqrt{2}}{4\sqrt{2}}$$
$$=1\frac{1}{2}$$

c) $\frac{6^{-2}\cdot 24^{-2}}{36^{-2}}=\frac{(6\cdot 24)^{-2}}{36^{-2}}=\left(\frac{6\cdot 24}{36}\right)^{-2}=4^{-2}=\frac{1}{4^2}=\frac{1}{16}$

Anwendung des 3. Potenzgesetzes und Anwendung des 4. Potenzgesetzes Kürze.

d) $2^{-4}\cdot\frac{0{,}125}{8^{-3}}=\frac{1}{2^4}\cdot 0{,}125\cdot\frac{1}{8^{-3}}$

$0{,}125=\frac{1}{8}$

$$=\frac{1}{2^4}\cdot\frac{1}{8}\cdot 8^3$$

Kürze.

$$=\frac{1}{2^4}\cdot 8^2$$

Ersetze $8=2^3$.

$$=\frac{(2^3)^2}{2^4}$$

Wende das 5. Potenzgesetz an.

$$=\frac{2^6}{2^4}$$

Wende das 2. Potenzgesetz an.

$$=2^2$$
$$=4$$

---

188 a) $v_{\text{Raumschiff}}=\frac{1}{1\,000}\cdot 3\cdot 10^5\ \frac{\text{km}}{\text{s}}$

Beachte:
Der Buchstabe s wird sowohl als Symbol der Größeneinheit Sekunde als auch als Formelsymbol für den Weg verwendet.

$$v_{\text{Raumschiff}}=10^{-3}\cdot 3\cdot 10^5\ \frac{\text{km}}{\text{s}}$$
$$v_{\text{Raumschiff}}=3\cdot 10^{-3}\cdot 10^5\ \frac{\text{km}}{\text{s}}$$
$$v_{\text{Raumschiff}}=3\cdot 10^2\ \frac{\text{km}}{\text{s}}\ \left(=300\ \frac{\text{km}}{\text{s}}\right)$$

$$\text{Geschwindigkeit}=\frac{\text{Weg}}{\text{Zeit}}$$
$$\Leftrightarrow\quad \text{Zeit}=\frac{\text{Weg}}{\text{Geschwindigkeit}}$$

Dividiere den Erdumfang durch die Geschwindigkeit des Raumschiffs.

$$\Leftrightarrow\quad t=\frac{4\cdot 10^4\ \cancel{\text{km}}}{3\cdot 10^2\ \frac{\cancel{\text{km}}}{\text{s}}}$$
$$\Leftrightarrow\quad t=\frac{4}{3}\cdot 10^2\ \text{s}$$
$$\Leftrightarrow\quad t=133\frac{1}{3}\ \text{s}$$

Das Raumschiff umrundet die Erde in $133\frac{1}{3}$ Sekunden.

b) $\text{Zeit}=\frac{\text{Weg}}{\text{Geschwindigkeit}}$

Dividiere die Entfernung von der Erde zur Sonne durch die Geschwindigkeit des Raumschiffs.

$$\Leftrightarrow\quad t=\frac{1{,}5\cdot 10^8\ \cancel{\text{km}}}{3\cdot 10^2\ \frac{\cancel{\text{km}}}{\text{s}}}$$
$$\Leftrightarrow\quad t=\frac{1{,}5}{3}\cdot 10^6\ \text{s}$$

Hinweise und Tipps

$\Leftrightarrow \quad t = \frac{1}{2} \cdot 1\,000\,000 \text{ s} = 500\,000 \text{ s} = 138\frac{8}{9} \text{ h} = 5 \text{ d } 18\frac{8}{9} \text{ h}$

Die Reise dauert 5 Tage und $18\frac{8}{9}$ Stunden.

189

x	–1,2	–1	–0,8	–0,6	–0,4	–0,2	0	0,2	0,4	0,6	0,8	1	1,2
f_1: $y = x^5$	–2,49	–1	–0,33	–0,08	–0,01	0,00	0,00	0,00	0,01	0,08	0,33	1	2,49
f_2: $y = x^6$	2,99	1	0,26	0,05	0,00	0,00	0,00	0,00	0,00	0,05	0,26	1	2,99

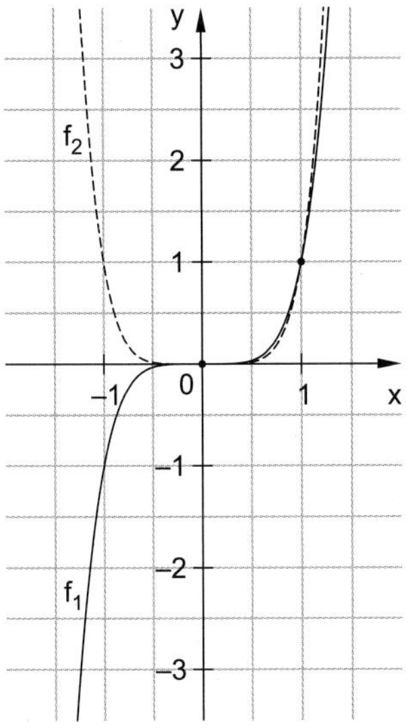

$D_{f_1} = \mathbb{R} \qquad D_{f_2} = \mathbb{R}$

$W_{f_1} = \mathbb{R} \qquad W_{f_2} = \mathbb{R}_0^+$

Der Graph zu f_1 ist punktsymmetrisch bezüglich des Ursprungs O(0 | 0).

Der Graph zu f_2 ist achsensymmetrisch bezüglich der y-Achse (s: x = 0).

Gemeinsame Punkte von f_1 und f_2 sind die Punkte mit den Koordinaten (0 | 0) und (1 | 1).

190 a) Es ist zu zeigen: $f(-x) = -f(x)$

Es gilt:

$f(-x) = (-x)^5 = [(-1) \cdot x]^5 = (-1)^5 \cdot x^5 = -1 \cdot f(x) = -f(x)$

Beispiel:

$f(-1) = (-1)^5 = [-1 \cdot 1]^5 = (-1)^5 \cdot 1^5 = -1 \cdot f(1) = -f(1)$

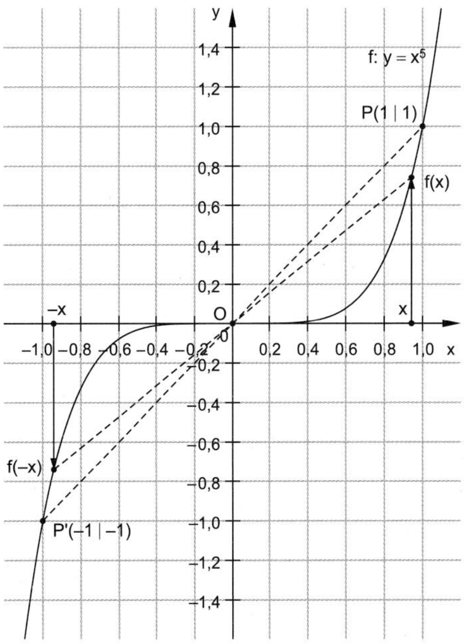

Hinweise und Tipps

b) Es ist zu zeigen: $f(-x) = f(x)$

Es gilt:
$f(-x) = (-x)^6 = [(-1) \cdot x]^6 = (-1)^6 \cdot x^6 = 1 \cdot f(x) = f(x)$

Beispiel:
$f(-1) = (-1)^6 = [-1 \cdot 1]^6 = (-1)^6 \cdot 1^6 = 1 \cdot f(1) = f(1)$

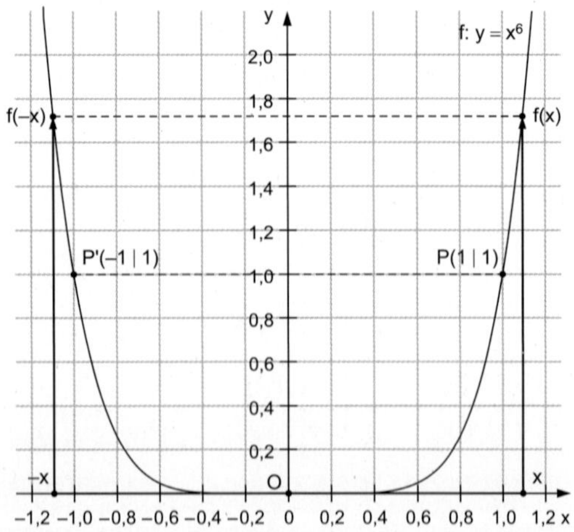

191 a) Parabel 10. Ordnung

b) $D = \mathbb{R}$; $W = \mathbb{R}_0^+$

c) $P_1(-1 \mid 1)$; $O(0 \mid 0)$; $P_2(1 \mid 1)$

d) $f(-a) = b$

f ist achsensymmetrisch, also gilt: $f(-a) = f(a) = b$

192 a) Berechnung von a:

$$P(-2 \mid 6) \in f: \quad y = a \cdot x^3$$
$$\Leftrightarrow \quad 6 = a \cdot (-2)^3$$
$$\Leftrightarrow \quad 6 = a \cdot (-8) \quad \left| \cdot \left(-\frac{1}{8}\right)\right.$$
$$\Leftrightarrow \quad a = -\frac{3}{4}$$

Setze die Werte von x bzw. y in die Funktionsgleichung ein.

b) Berechnung von a:

$$P\left(1\frac{1}{2} \,\middle|\, -2\frac{1}{4}\right) \in f: \quad y = a \cdot x^4$$
$$\Leftrightarrow \quad -2\frac{1}{4} = a \cdot \left(1\frac{1}{2}\right)^4 \quad \text{mit } \left(1\frac{1}{2}\right)^4 = \left(\frac{3}{2}\right)^4 = \frac{81}{16}$$
$$\Leftrightarrow \quad -\frac{9}{4} = a \cdot \frac{81}{16} \quad \left| \cdot \frac{16}{81}\right.$$
$$\Leftrightarrow \quad a = -\frac{4}{9}$$

Setze die Werte von x bzw. y in die Funktionsgleichung ein.

193 Berechnung von a:

$$A(1 \mid 4) \in f: \quad y = a \cdot x^n$$
$$\Leftrightarrow \quad 4 = a \cdot 1^n$$
$$\Leftrightarrow \quad 4 = a \cdot 1$$
$$\Leftrightarrow \quad a = 4$$

Die Koordinaten von A und B erfüllen die Funktionsgleichung.

Hinweise und Tipps

Berechnung von n:

$B(2\,|\,32) \in f$: $\quad y = a \cdot x^n \quad |\, a = 4$

$\Leftrightarrow \quad 32 = 4 \cdot 2^n \quad |: 4$

$\Leftrightarrow \quad 2^n = 8$

$\Leftrightarrow \quad n = 3$

also: f: $y = 4 \cdot x^3$

Setze a = 4 und B(2 | 32) ein.

---

194 a) $D = \mathbb{R} \setminus \{0\}$; $W = \mathbb{R} \setminus \{0\}$

x	–10	–9	–8	–7	–6	–5	–4	–3	–2	–1	0
h: $y = 25x^{-1}$	–2,5	–2,78	–3,13	–3,57	–4,17	–5	–6,25	–8,33	–12,5	–25	n. d.

x	1	2	3	4	5	6	7	8	9	10
h: $y = 25x^{-1}$	25	12,5	8,33	6,25	5	4,17	3,57	3,13	2,78	2,5

b)

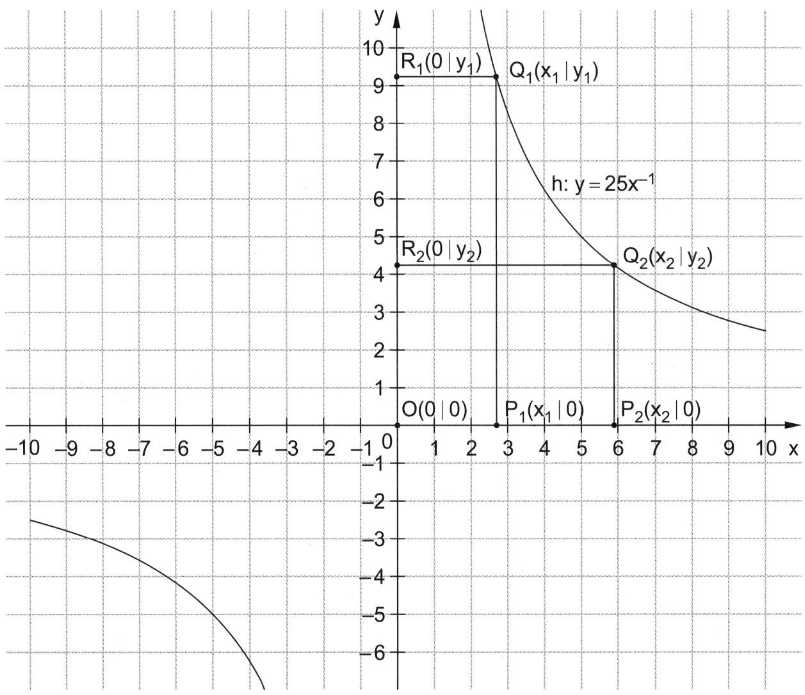

c) Die Flächeninhalte der Rechtecke $OP_nQ_nR_n$ sind alle gleich 25 FE, da mit Punkten $Q_n(x_n\,|\,y_n) \in$ h: $y = 25x^{-1}$ stets gilt:

$$x_n \cdot y_n = x_n \cdot 25x_n^{-1} = x_n \cdot \frac{25}{x_n} = 25$$

---

195 a) Es ist zu zeigen: $f(-x) = f(x)$

Es gilt: $f(-x) = (-x)^{-4} = \frac{1}{(-x)^4} = \frac{1}{x^4} = x^{-4} = f(x)$

Da der Exponent gerade ist, gilt: $(-x)^4 = x^4$

b) Es ist zu zeigen: $f(-x) = -f(x)$

Es gilt: $f(-x) = (-x)^{-5} = \frac{1}{(-x)^5} = \frac{1}{-x^5} = -x^{-5} = -f(x)$

Da der Exponent ungerade ist, gilt: $(-x)^5 = -x^5$

Hinweise und Tipps

196 a)

x	–3	–2,5	–2	–1,5	–1	–0,5	0	0,5	1	1,5	2	2,5	3
f_1: $y = 2x^{-2}$	0,22	0,32	0,5	0,89	2	8	n. d.	8	2	0,89	0,5	0,32	0,22
f_2: $y = \frac{1}{3}x^{-3}$	–0,01	–0,02	–0,04	–0,10	–0,33	–2,67	n. d.	2,67	0,33	0,10	0,04	0,02	0,01
f_3: $y = 8x^{-4}$	0,10	0,20	0,5	1,58	8	128	n. d.	128	8	1,58	0,5	0,20	0,10

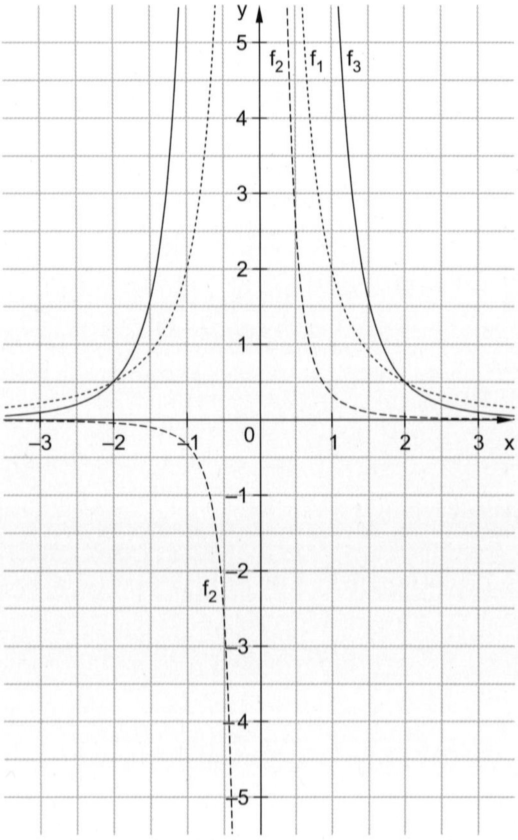

b) f_1: $y = 2x^{-2}$: $D = \mathbb{R} \setminus \{0\}$; $W = \mathbb{R}^+$
Vertikale Asymptote: a_1: $x = 0$
Horizontale Asymptote: a_2: $y = 0$

f_2: $y = \frac{1}{3}x^{-3}$: $D = \mathbb{R} \setminus \{0\}$; $W = \mathbb{R} \setminus \{0\}$
Vertikale Asymptote: a_1: $x = 0$
Horizontale Asymptote: a_2: $y = 0$

f_3: $y = 8x^{-4}$: $D = \mathbb{R} \setminus \{0\}$; $W = \mathbb{R}^+$
Vertikale Asymptote: a_1: $x = 0$
Horizontale Asymptote: a_2: $y = 0$

$y = 2x^{-2} = \frac{2}{x^2}$

Beachte: Der Nenner darf nicht 0 sein.

Hinweise und Tipps

197 a)

x	–2	–1,6	–1,2	–0,8	–0,4	0	0,4	0,8	1,2	1,6	2
p: $y=-\frac{1}{2}x^3$	4	2,05	0,86	0,26	0,03	0	–0,03	–0,26	–0,86	–2,05	–4

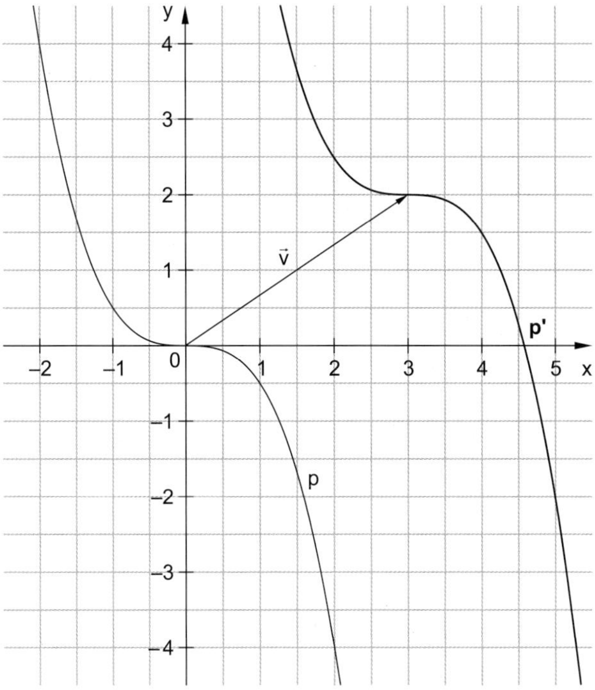

b) $p\colon y=-\frac{1}{2}x^3 \xmapsto{\vec{v}=\binom{3}{2}} p'$

$P\left(x \,\middle|\, -\frac{1}{2}x^3\right) \xmapsto{\vec{v}=\binom{3}{2}} P'(x'\,|\,y')$

Anwendung der Formel $y=a\cdot(x-v_x)^n+v_y$:

$p\colon y=-\frac{1}{2}x^3 \xmapsto{\vec{v}=\binom{3}{2}} p'\colon y=-\frac{1}{2}(x-3)^3+2$

alternativ:
Vektorkette:

$\overrightarrow{OP'}=\overrightarrow{OP}\oplus\vec{v}$ — $P\left(x \,\middle|\, -\frac{1}{2}x^3\right)$

$\Leftrightarrow \begin{pmatrix}x'\\y'\end{pmatrix}=\begin{pmatrix}x\\-\frac{1}{2}x^3\end{pmatrix}\oplus\begin{pmatrix}3\\2\end{pmatrix}$

$\Leftrightarrow \left| \begin{array}{l} x'=x+3\\ \wedge\ y'=-\frac{1}{2}x^3+2 \end{array}\right.$ — Löse Gleichung I nach x auf.

$\Leftrightarrow \left| \begin{array}{l} x=x'-3\\ \wedge\ y'=-\frac{1}{2}(x'-3)^3+2 \end{array}\right.$ — Einsetzen von x' – 3 für x in Gleichung II

also: $p'\colon y=-\frac{1}{2}(x-3)^3+2$ — Umbenennen von x' und y' in x und y

Hinweise und Tipps

198 a) $f\colon y=\frac{1}{3}x^{-3}-3 \xmapsto{\vec{v}=\binom{-2}{6}} f'$

$P\left(x \,\middle|\, \frac{1}{3}x^{-3}-3\right) \xmapsto{\vec{v}=\binom{-2}{6}} P'(x'|y')$

Vektorvergleich:

$$\overrightarrow{PP'}=\vec{v}$$

$$\Leftrightarrow \begin{pmatrix} x'-x \\ y'-\left(\frac{1}{3}x^{-3}-3\right)\end{pmatrix}=\begin{pmatrix}-2\\6\end{pmatrix}$$

$$\Leftrightarrow \begin{pmatrix} x'-x \\ y'-\frac{1}{3}x^{-3}+3\end{pmatrix}=\begin{pmatrix}-2\\6\end{pmatrix}$$

$$\Leftrightarrow \left| \begin{array}{l} x'-x=-2 \\ \wedge\ y'-\frac{1}{3}x^{-3}+3=6 \end{array}\right.$$

$$\Leftrightarrow \left| \begin{array}{l} x=x'+2 \\ \wedge\ y'=\frac{1}{3}x^{-3}+3 \end{array}\right.$$

$$\Leftrightarrow \left| \begin{array}{l} x=x'+2 \\ \wedge\ y'=\frac{1}{3}(x'+2)^{-3}+3 \end{array}\right.$$

also: $f'\colon y=\frac{1}{3(x+2)^3}+3$ bzw. $f'\colon y=\frac{1}{3}(x+2)^{-3}+3$

Die Berechnung ist auch mithilfe der Vektorkette $\overrightarrow{OP'}=\overrightarrow{OP}\oplus\vec{v}$ möglich.

Die Gleichung zu f' lässt sich auch durch Anwendung der Formel $y=a(x-v_x)^n+v_y$ bestimmen.

Löse Gleichung I nach x auf.

Setze x' + 2 für x in Gleichung II ein.

Umbenennen von x' und y' in x und y

b) $D=\mathbb{R}\setminus\{-2\}$; $W=\mathbb{R}\setminus\{3\}$
Vertikale Asymptote: $a_1\colon x=-2$
Horizontale Asymptote: $a_2\colon y=3$

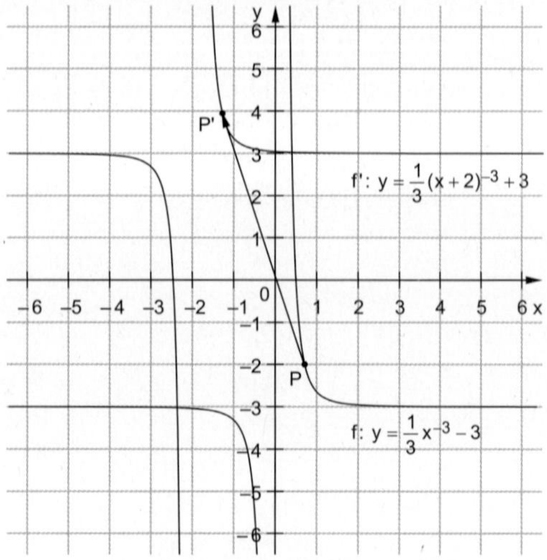

199 a) $f\colon y=1{,}5\cdot(x-2)^{-5}+1$
$D=\mathbb{R}\setminus\{2\}$
$W=\mathbb{R}\setminus\{1\}$
Vertikale Asymptote: $a_1\colon x=2$
Horizontale Asymptote: $a_2\colon y=1$
Der Graph ist punktsymmetrisch bzgl. des Punktes $P(2\,|\,1)$.

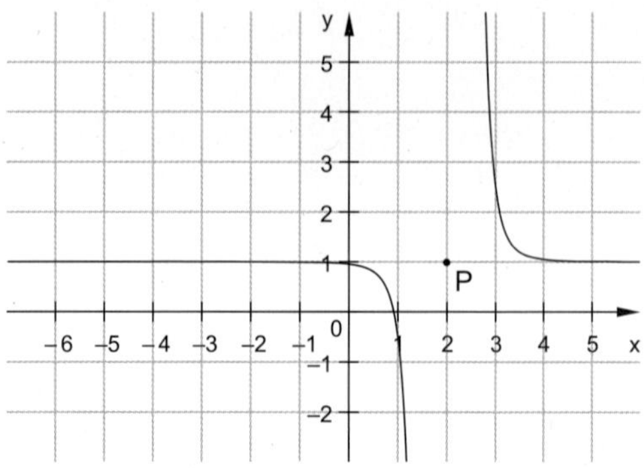

Hinweise und Tipps

b) f: $y = -3 \cdot (x+1)^{-6} + 4$

$D = \mathbb{R} \setminus \{-1\}$

$W = \{y \mid y < 4\}$

Vertikale Asymptote: a_1: $x = -1$

Horizontale Asymptote: a_2: $y = 4$

Der Graph ist achsensymmetrisch bzgl. der Geraden mit der Gleichung $x = -1$.

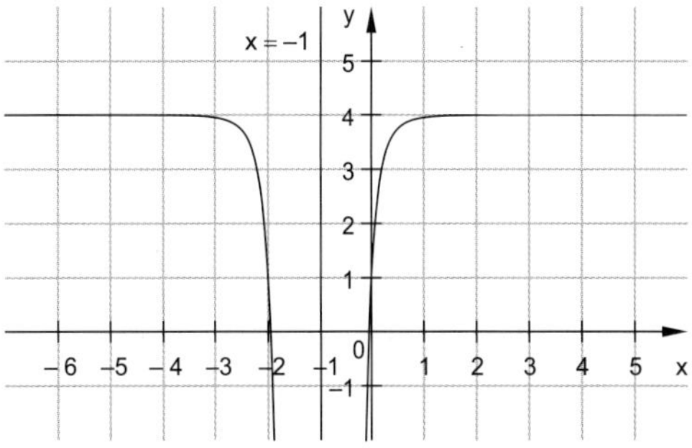

c) f: $y = \frac{1}{2} \cdot \left(x - \frac{3}{2}\right)^{-8} + \frac{5}{6}$

$D = \mathbb{R} \setminus \left\{\frac{3}{2}\right\}$

$W = \left\{y \,\middle|\, y > \frac{5}{6}\right\}$

Vertikale Asymptote: a_1: $x = \frac{3}{2}$

Horizontale Asymptote: a_2: $y = \frac{5}{6}$

Der Graph ist achsensymmetrisch bzgl. der Geraden mit der Gleichung $x = \frac{3}{2}$.

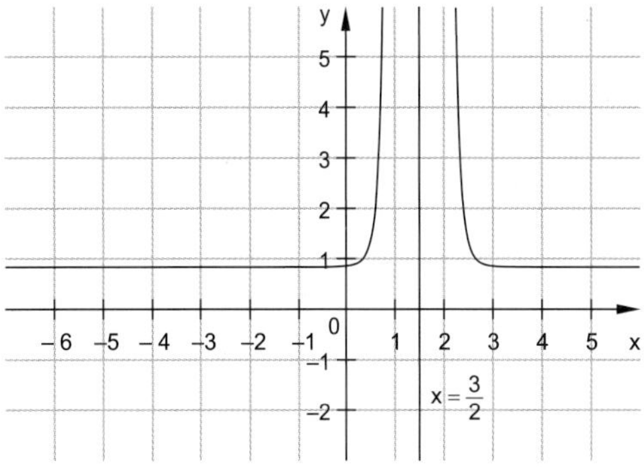

d) f: $y = 4{,}3 \cdot (x+2{,}9)^{-11} + 1{,}7$

$D = \mathbb{R} \setminus \{-2{,}9\}$

$W = \mathbb{R} \setminus \{1{,}7\}$

Vertikale Asymptote: a_1: $x = -2{,}9$

Horizontale Asymptote: a_2: $y = 1{,}7$

Der Graph ist punktsymmetrisch bzgl. des Punktes $P(-2{,}9 \mid 1{,}7)$.

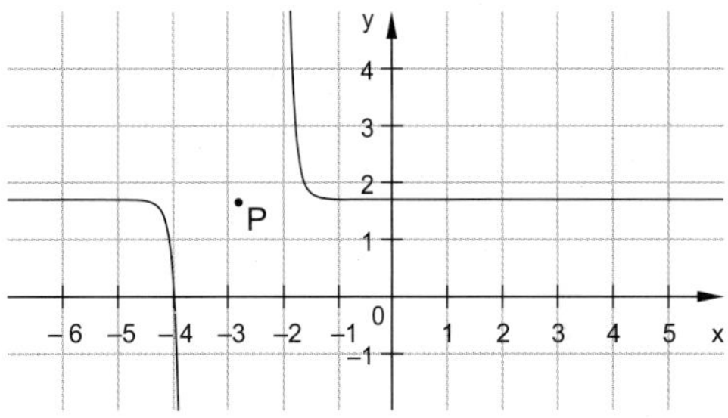

200 a) f:

$$y = 2(x+3)^{-2} - 8$$

$$0 = 2(x+3)^{-2} - 8 \quad \Big| +8$$

$$\Leftrightarrow \quad 8 = 2(x+3)^{-2} \quad \Big| \cdot \frac{1}{8}(x+3)^2$$

$$\Leftrightarrow \quad (x+3)^2 = \frac{1}{4} \quad \Big| \sqrt{}$$

$$\Leftrightarrow \quad |x+3| = \frac{1}{2}$$

$$\Leftrightarrow \quad x+3 = -\frac{1}{2} \;\vee\; x+3 = \frac{1}{2}$$

$$\Leftrightarrow \quad x = -3\frac{1}{2} \;\vee\; x = -2\frac{1}{2}$$

$$L = \left\{-3\frac{1}{2}; -2\frac{1}{2}\right\}$$

Die Nullstelle einer Funktion ist der Wert x_0 für den $f(x_0) = 0$ gilt. Man setzt 0 für y in die Funktionsgleichung ein, um x_0 zu erhalten.

Beachte: $\sqrt{a^2} = |a|$ bzw. $\sqrt{(x+3)^2} = |x+3|$

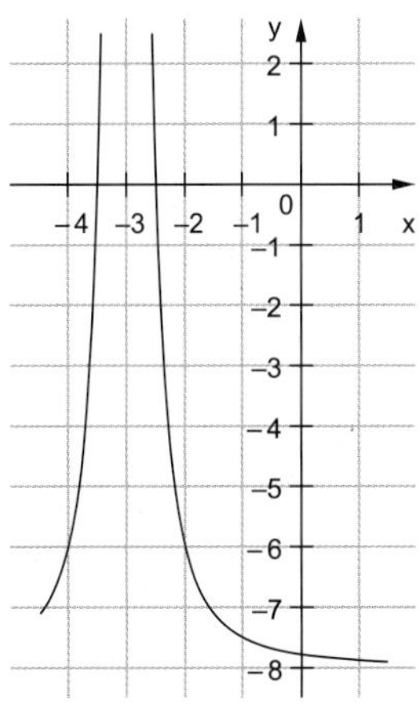

Hinweise und Tipps

b) f: $y = \frac{3}{(x-2)^2} - 1{,}5$

$$0 = \frac{3}{(x-2)^2} - 1{,}5 \quad |+1{,}5$$

$$\Leftrightarrow \quad 1{,}5 = \frac{3}{(x-2)^2} \quad \left|\cdot \frac{(x-2)^2}{1{,}5}\right.$$

$$\Leftrightarrow \quad (x-2)^2 = 2 \quad |\sqrt{}$$

$$\Leftrightarrow \quad |x-2| = \sqrt{2}$$

$$\Leftrightarrow \quad x-2 = -\sqrt{2} \quad \vee \quad x-2 = \sqrt{2}$$

$$\Leftrightarrow \quad x = 2-\sqrt{2} \quad \vee \quad x = 2+\sqrt{2}$$

$$L = \{2-\sqrt{2}; 2+\sqrt{2}\}$$

Die Nullstelle einer Funktion ist der Wert x_0 für den $f(x_0) = 0$ gilt. Man setzt 0 für y in die Funktionsgleichung ein, um x_0 zu erhalten.

Beachte: $\sqrt{a^2} = |a|$ bzw. $\sqrt{(x-2)^2} = |x-2|$

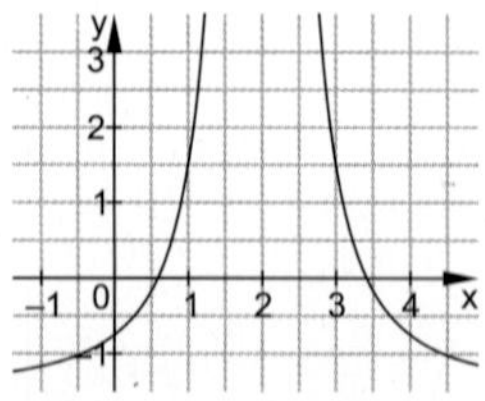

---

201 $p_1 \cap p_2 = \{P; Q\}$

Schnittpunktbedingung:

$$\begin{array}{l|l} p_1: & \quad y = -0{,}25(x-3)^3 - 5 \\ p_2: & \wedge \; y = -0{,}25(x-2)^3 - 1 \end{array}$$

$$\Leftrightarrow \quad -0{,}25(x-3)^3 - 5 = -0{,}25(x-2)^3 - 1 \quad (\text{I} = \text{II}) \; |+1$$

$$\Leftrightarrow \quad -0{,}25(x-3)^3 - 4 = -0{,}25(x-2)^3 \quad |\cdot(-4)$$

$$\Leftrightarrow \quad (x-3)^3 + 16 = (x-2)^3$$

$$\Leftrightarrow \quad (x^2-6x+9)(x-3) + 16 = (x^2-4x+4)(x-2)$$

$$\Leftrightarrow \quad x^3 - 3x^2 - 6x^2 + 18x + 9x - 27 + 16 = x^3 - 2x^2 - 4x^2 + 8x + 4x - 8 \quad |-x^3$$

$$\Leftrightarrow \quad -9x^2 + 27x - 11 = -6x^2 + 12x - 8$$

$$\Leftrightarrow \quad -3x^2 + 15x - 3 = 0 \quad \left|\cdot\left(-\frac{1}{3}\right)\right.$$

$$\Leftrightarrow \quad x^2 - 5x + 1 = 0$$

Wende die Lösungsformel für quadratische Gleichungen an.

$$D = b^2 - 4ac = (-5)^2 - 4 \cdot 1 \cdot 1 = 21$$

$$\Leftrightarrow \quad x_{1/2} = \frac{5 \pm \sqrt{21}}{2 \cdot 1}$$

$$\Leftrightarrow \quad x_1 = 4{,}79 \quad \vee \quad x_2 = 0{,}21$$

$$L = \{0{,}21; 4{,}79\}$$

$$P(0{,}21 \,|\, -0{,}25(0{,}21-2)^3 - 1) = P(0{,}21 \,|\, 0{,}43)$$

$$Q(4{,}79 \,|\, -0{,}25(4{,}79-2)^3 - 1) = Q(4{,}79 \,|\, -6{,}43)$$

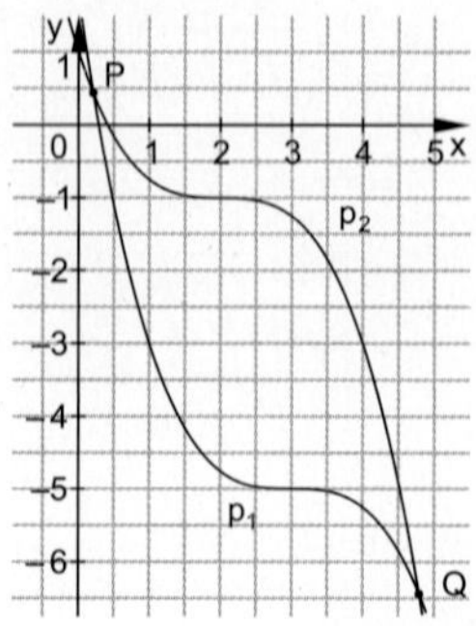

---

202 a) $\sqrt{a} = a^{\frac{1}{2}}$

b) $\sqrt[4]{x^5} = x^{\frac{5}{4}}$

$\sqrt[n]{a^m} = a^{\frac{m}{n}}$

c) $\frac{1}{\sqrt{x}} = \frac{1}{x^{\frac{1}{2}}} = x^{-\frac{1}{2}}$

d) $\frac{1}{\sqrt[11]{x^6}} = \frac{1}{x^{\frac{6}{11}}} = x^{-\frac{6}{11}}$

Hinweise und Tipps

203 a) $\sqrt[3]{8} = \sqrt[3]{2^3} = 2$

b) $\sqrt[3]{1\,000} = \sqrt[3]{10^3} = 10$

c) $\sqrt[4]{0{,}0016} = \sqrt[4]{\frac{16}{10\,000}} = \sqrt[4]{\frac{2^4}{10^4}} = \sqrt[4]{\left(\frac{1}{5}\right)^4} = \frac{1}{5}$

d) $\sqrt[4]{625} = \sqrt[4]{5^4} = 5$

e) $\sqrt[3]{\frac{8}{27}} = \sqrt[3]{\left(\frac{2}{3}\right)^3} = \frac{2}{3}$

f) $64^{\frac{1}{2}} = \sqrt[2]{64} = \sqrt[2]{8^2} = 8$

g) $64^{\frac{1}{6}} = \sqrt[6]{64} = \sqrt[6]{2^6} = 2$

h) $0{,}008^{\frac{1}{3}} = \sqrt[3]{0{,}008} = \sqrt[3]{0{,}2^3} = 0{,}2$

i) $8^{\frac{2}{3}} = \sqrt[3]{8^2} = \sqrt[3]{64} = \sqrt[3]{4^3} = 4$

j) $81^{0{,}75} = 81^{\frac{3}{4}} = \sqrt[4]{81^3} = (\sqrt[4]{3^4})^3 = 3^3 = 27$

Ist der Exponent eine Dezimalzahl, so ist diese in einen Bruch umzuformen.

k) $10\,000^{-\frac{3}{4}} = 10\,000^{\frac{-3}{4}}$

$= \sqrt[4]{10\,000^{-3}}$

$= (\sqrt[4]{10^4})^{-3}$

$= \frac{1}{(10)^3}$

$= \frac{1}{1\,000}$

Ist der Exponent ein negativer Bruch, so muss der Nenner stets positiv sein.

Beachte: $a^{-n} = \frac{1}{a^n}$

l) $25^{-1{,}5} = 25^{-\frac{3}{2}} = 25^{\frac{-3}{2}} = (\sqrt{25})^{-3} = \frac{1}{(\sqrt{25})^3} = \frac{1}{5^3} = \frac{1}{125}$

Ist der Exponent ein negativer Bruch, so muss der Nenner stets positiv sein.

Beachte: $a^{-n} = \frac{1}{a^n}$

---

204 a)

$x^4 = 81 \quad |\sqrt[4]{\;}$

$\Leftrightarrow x = \sqrt[4]{81}$

$\Leftrightarrow x = \sqrt[4]{3^4}$

$\Leftrightarrow x = 3$

$L = \{3\}$

$x = -\sqrt[4]{81}$ kommt als Lösung nicht infrage, weil nach der nichtnegativen Lösung der Gleichung gesucht wird.

b)

$x^3 - 11 = 114 \quad |+11$

$\Leftrightarrow x^3 = 125 \quad |\sqrt[3]{\;}$

$\Leftrightarrow x = \sqrt[3]{125}$

$\Leftrightarrow x = \sqrt[3]{5^3}$

$\Leftrightarrow x = 5$

$L = \{5\}$

Hinweise und Tipps

c) $6x^{\frac{1}{3}} - 24 = 12 \quad |+24$

$\Leftrightarrow \quad 6x^{\frac{1}{3}} = 36 \quad |\cdot\frac{1}{6}$

$\Leftrightarrow \quad x^{\frac{1}{3}} = 6 \quad |^{\frac{3}{1}}$

$\Leftrightarrow \quad x = 6^3$

$\Leftrightarrow \quad x = 216$

$L = \{216\}$

d) $12x^3 - 8^2 = 2^{-1} + 4\,051\frac{1}{2}$

$\Leftrightarrow \quad 12x^3 - 64 = \frac{1}{2} + 4\,051\frac{1}{2}$

$\Leftrightarrow \quad 12x^3 - 64 = 4\,052 \quad |+64$

$\Leftrightarrow \quad 12x^3 = 4\,116 \quad |\cdot\frac{1}{12}$

$\Leftrightarrow \quad x^3 = 343 \quad |\sqrt[3]{\ }$

$\Leftrightarrow \quad x = \sqrt[3]{343}$

$\Leftrightarrow \quad x = \sqrt[3]{7^3}$

$\Leftrightarrow \quad x = 7$

$L = \{7\}$

e) $-\frac{3}{2}x^4 - 68\frac{3}{4} = -1\,000 - \left(\frac{5}{2}\right)^2$

$\Leftrightarrow \quad -\frac{3}{2}x^4 - 68\frac{3}{4} = -1\,000 - \frac{25}{4}$

$\Leftrightarrow \quad -\frac{3}{2}x^4 - 68\frac{3}{4} = -1\,006\frac{1}{4} \quad |+68\frac{3}{4}$

$\Leftrightarrow \quad -\frac{3}{2}x^4 = -937\frac{1}{2} \quad |\cdot\left(-\frac{2}{3}\right)$

$\Leftrightarrow \quad x^4 = 625 \quad |\sqrt[4]{\ }$

$\Leftrightarrow \quad x = \sqrt[4]{625}$

$\Leftrightarrow \quad x = \sqrt[4]{5^4}$

$\Leftrightarrow \quad x = 5$

$L = \{5\}$

$x = -\sqrt[4]{625}$ kommt als Lösung nicht infrage, weil nach der nichtnegativen Lösung der Gleichung gesucht wird.

f) $(x^2 - 9)(x^2 + 9) = -65$

Wende die 3. binomische Formel an.

$\Leftrightarrow \quad x^4 - 81 = -65 \quad |+81$

$\Leftrightarrow \quad x^4 = 16 \quad |\sqrt[4]{\ }$

$\Leftrightarrow \quad x = \sqrt[4]{16}$

$\Leftrightarrow \quad x = \sqrt[4]{2^4}$

$\Leftrightarrow \quad x = 2$

$L = \{2\}$

$x = -\sqrt[4]{16}$ kommt als Lösung nicht infrage, weil nach der nichtnegativen Lösung der Gleichung gesucht wird.

---

205 a) $\sqrt[4]{16 \cdot 81 \cdot x^4} = \sqrt[4]{2^4 \cdot 3^4 \cdot x^4} = \sqrt[4]{(2 \cdot 3 \cdot x)^4} = 2 \cdot 3 \cdot x = 6x$

b) $\sqrt[3]{64 \cdot 0{,}008} = \sqrt[3]{4^3 \cdot 0{,}2^3} = \sqrt[3]{(4 \cdot 0{,}2)^3} = 4 \cdot 0{,}2 = 0{,}8$

Hinweise und Tipps

c) $\sqrt[4]{10\,000 \cdot 625 \cdot y^4} = \sqrt[4]{10^4 \cdot 5^4 \cdot y^4}$
$= \sqrt[4]{(10 \cdot 5 \cdot y)^4}$
$= 10 \cdot 5 \cdot y$
$= 50y$

d) $\sqrt[7]{x^{11} \cdot 128 \cdot x^{-4}} = \sqrt[7]{128 \cdot x^{11} \cdot x^{-4}}$
$= \sqrt[7]{2^7 \cdot x^{11+(-4)}}$
$= \sqrt[7]{2^7 \cdot x^7}$
$= \sqrt[7]{(2 \cdot x)^7}$
$= 2x$

Wende das 1. Potenzgesetz an.

206 a) $\sqrt{144} \cdot \sqrt{32} = 12 \cdot \sqrt{16 \cdot 2}$
$= 12 \cdot \sqrt{4^2 \cdot 2}$
$= 12 \cdot \sqrt{4^2} \cdot \sqrt{2}$
$= 12 \cdot 4 \cdot \sqrt{2}$
$= 48\sqrt{2}$

b) $8^{\frac{1}{3}} : \sqrt[3]{125} = \sqrt[3]{8} : \sqrt[3]{125} = 2 : 5 = 0{,}4$

c) $\sqrt[17]{11} \cdot 6^{\frac{1}{17}} = \sqrt[17]{11} \cdot \sqrt[17]{6} = \sqrt[17]{11 \cdot 6} = \sqrt[17]{66}$

d) $5 \cdot 343^{\frac{1}{3}} - 11 \cdot \sqrt[4]{81} = 5 \cdot \sqrt[3]{343} - 11 \cdot \sqrt[4]{3^4}$
$= 5 \cdot \sqrt[3]{7^3} - 11 \cdot \sqrt[4]{3^4}$
$= 5 \cdot 7 - 11 \cdot 3$
$= 2$

e) $\sqrt[3]{3x^2} \cdot \sqrt[3]{9x} = \sqrt[3]{3x^2 \cdot 9x}$
$= \sqrt[3]{3 \cdot 3^2 \cdot x \cdot x^2}$
$= \sqrt[3]{3^3 x^3}$
$= \sqrt[3]{(3x)^3}$
$= 3x$

f) $\sqrt[3]{2xy^{-1}} : \sqrt[3]{16x^4y^2} = \sqrt[3]{\frac{2xy^{-1}}{16x^4y^2}}$
$= \sqrt[3]{\frac{2x}{16x^4y^2 \cdot y}}$
$= \sqrt[3]{\frac{1}{8x^3y^3}}$
$= \sqrt[3]{\left(\frac{1}{2xy}\right)^3}$
$= \frac{1}{2xy}$

Kürze.

Hinweise und Tipps

207 a) f: $y = x^{0,25}$

f^{-1}: $x = y^{0,25}$

$\Leftrightarrow \quad x = y^{\frac{1}{4}} \quad \Big| \; ^{\frac{4}{1}}$

$\Leftrightarrow \quad (y^{\frac{1}{4}})^{\frac{4}{1}} = x^{\frac{4}{1}}$

$\Leftrightarrow \quad y^{\frac{1}{4} \cdot \frac{4}{1}} = x^4$

$\Leftrightarrow \quad y = x^4$

$D_{f^{-1}} = \mathbb{R}_0^+; \; W_{f^{-1}} = \mathbb{R}_0^+$

Beide Seiten der Gleichung werden mit der Zahl $\frac{4}{1}$ potenziert. Da x, y $\in \mathbb{R}_0^+$, erhält man dadurch eine äquivalente Gleichung.

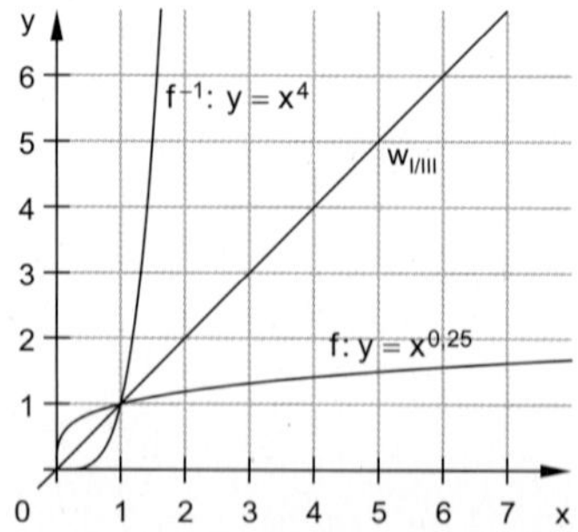

b) f: $y = x^{-\frac{2}{3}}$

f^{-1}: $x = y^{-\frac{2}{3}} \quad \Big| \; ^{-\frac{3}{2}}$

$\Leftrightarrow \quad y = x^{-\frac{3}{2}}$

$D_{f^{-1}} = \mathbb{R}^+; \; W_{f^{-1}} = \mathbb{R}^+$

Beachte: $x^{-\frac{m}{n}} = \frac{1}{x^{\frac{m}{n}}}$

Beide Seiten der Gleichung werden mit der Zahl $-\frac{3}{2}$ potenziert. Da x, y $\in \mathbb{R}_0^+$, erhält man dadurch eine äquivalente Gleichung.

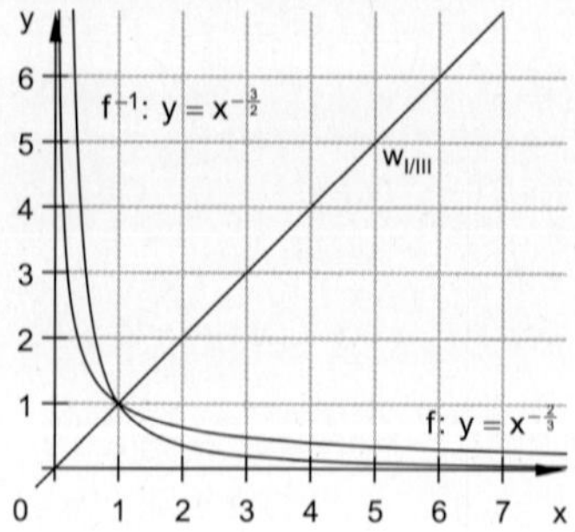

c) f: $y = x^{-0,6}$

f^{-1}: $x = y^{-0,6}$

$\Leftrightarrow \quad x = y^{-\frac{6}{10}} \quad \Big| \; ^{-\frac{10}{6}}$

$\Leftrightarrow \quad y = x^{-\frac{5}{3}}$

$D_{f^{-1}} = \mathbb{R}^+; \; W_{f^{-1}} = \mathbb{R}^+$

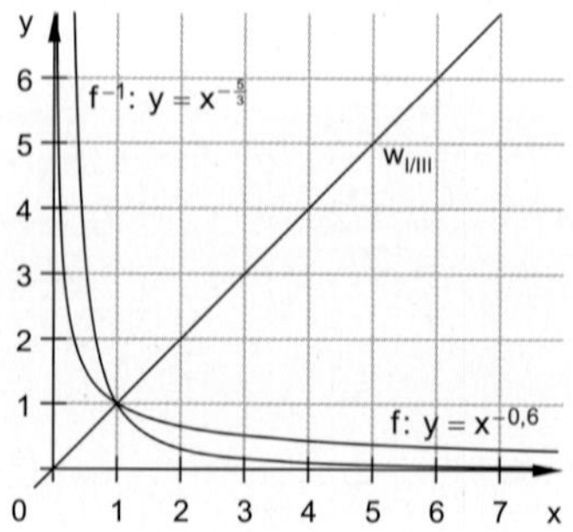

---

208 a) f: $y = x^{-3}$

$D_f = \mathbb{R}^+; \quad W_f = \mathbb{R}^+$

Vertikale Asymptote: a_1: $x = 0$
Horizontale Asymptote: a_2: $y = 0$

Berechnung der Gleichung der Umkehrfunktion:

f^{-1}: $x = y^{-3} \quad \Big| \; ^{-\frac{1}{3}}$

$\Leftrightarrow \quad y = x^{-\frac{1}{3}}$

$D_{f^{-1}} = \mathbb{R}^+; \quad W_{f^{-1}} = \mathbb{R}^+$

Vertikale Asymptote: a_1: $x = 0$
Horizontale Asymptote: a_2: $y = 0$

Hinweise und Tipps

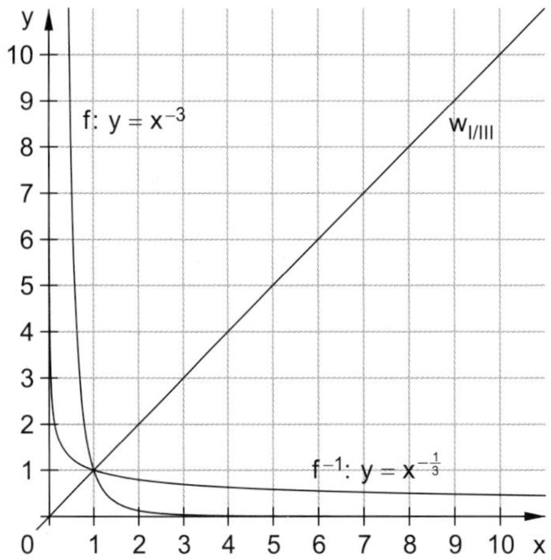

b) $f\colon y = x^{-\frac{3}{4}}$

$D_f = \mathbb{R}^+;\quad W_f = \mathbb{R}^+$

Vertikale Asymptote: $a_1\colon x = 0$
Horizontale Asymptote: $a_2\colon y = 0$

Berechnung der Gleichung der Umkehrfunktion:

$f^{-1}\colon x = y^{-\frac{3}{4}} \quad \Big|^{-\frac{4}{3}}$

$\Leftrightarrow \quad y = x^{-\frac{4}{3}}$

$D_{f^{-1}} = \mathbb{R}^+;\quad W_{f^{-1}} = \mathbb{R}^+$

Vertikale Asymptote: $a_1\colon x = 0$
Horizontale Asymptote: $a_2\colon y = 0$

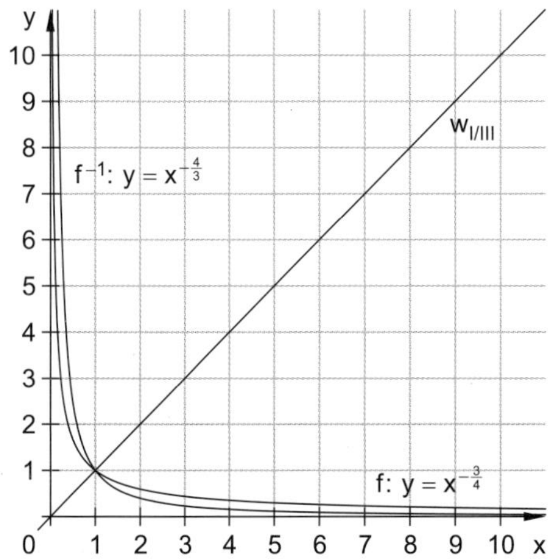

c) $f\colon y = x^{\frac{2}{5}}$

$D_f = \mathbb{R}_0^+;\ W_f = \mathbb{R}_0^+$

keine Asymptoten

Berechnung der Gleichung der Umkehrfunktion:

$f^{-1}\colon\ x = y^{\frac{2}{5}} \quad \Big|^{\frac{5}{2}}$

$\Leftrightarrow \quad y = x^{\frac{5}{2}}$

$D_{f^{-1}} = \mathbb{R}_0^+;\ W_{f^{-1}} = \mathbb{R}_0^+$

keine Asymptoten

Hinweise und Tipps

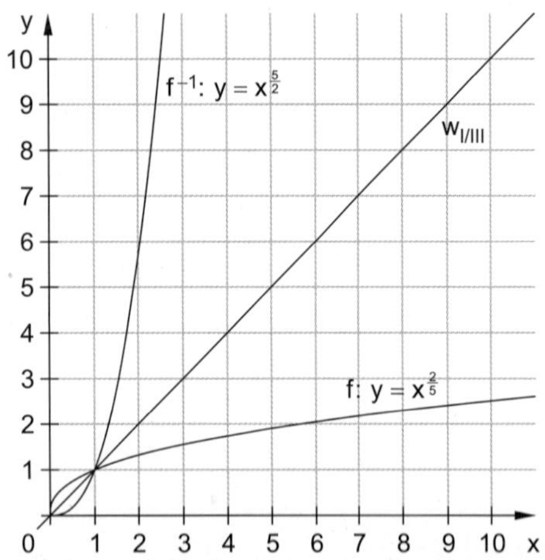

209 a) f: $y = x^{\frac{1}{3}} \xrightarrow{\vec{v}=\binom{2}{3}}$ f': $y = (x-2)^{\frac{1}{3}} + 3$

Anwendung der Formel $y = a(x - v_x)^n + v_y$

b) f: $y = 5x^{-\frac{2}{7}} \xrightarrow{\vec{v}=\binom{-1}{6}}$ f': $y = 5(x+1)^{-\frac{2}{7}} + 6$

c) f: $y = \sqrt[6]{x} \xrightarrow{\vec{v}=\binom{-3}{-4}}$ f': $y = \sqrt[6]{x+3} - 4$

d) f: $y = \frac{1}{4}\sqrt[3]{x} \xrightarrow{\vec{v}=\binom{5}{-7}}$ f': $y = \frac{1}{4}\sqrt[3]{x-5} - 7$

210 a) f: $y = (x+3)^{\frac{1}{2}} - 4$

$D = \{x \mid x \geq -3\}$
$W = \{x \mid x \geq -4\}$
keine Asymptoten

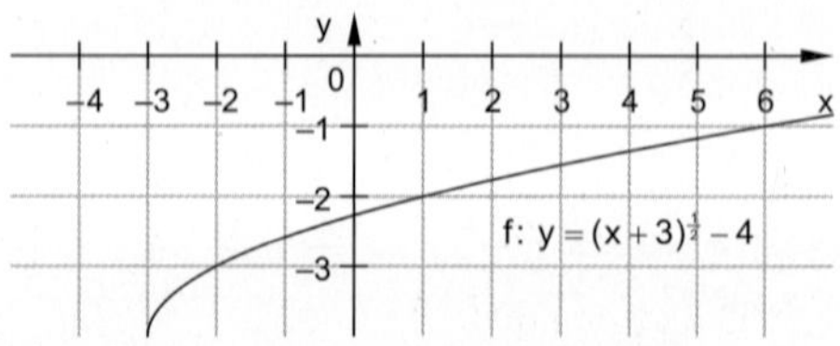

b) f: $y = -2(x-1)^{\frac{1}{5}} + 3$

$D = \{x \mid x \geq 1\}$
$W = \{x \mid x \leq 3\}$
keine Asymptoten

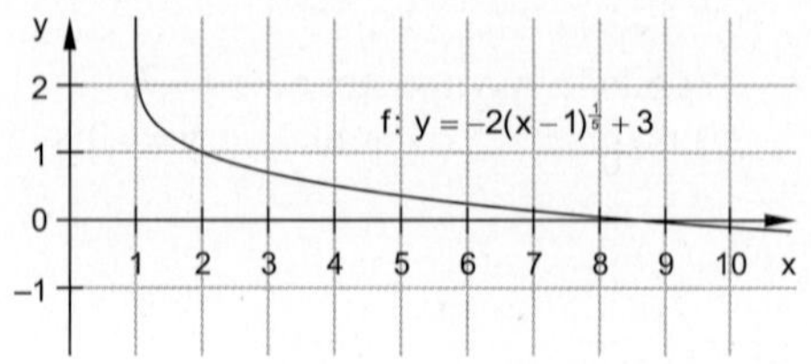

c) f: $y = 4(x+6)^{\frac{1}{3}} - 3$

$D = \{x \mid x \geq -6\}$
$W = \{x \mid x \geq -3\}$
keine Asymptoten

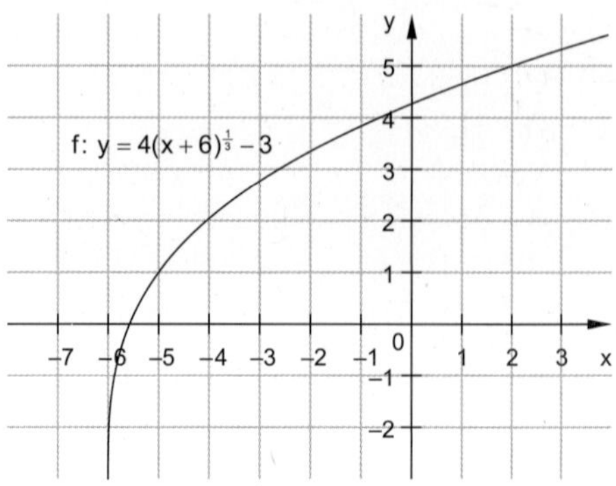

Hinweise und Tipps

d) f: $y = 2(x+1{,}5)^{-\frac{2}{5}} + 0{,}5$

$D = \{x \mid x > -1{,}5\}$
$W = \{x \mid x > 0{,}5\}$
Vertikale Asymptote: a_1: $x = -1{,}5$
Horizontale Asymptote: a_2: $y = 0{,}5$

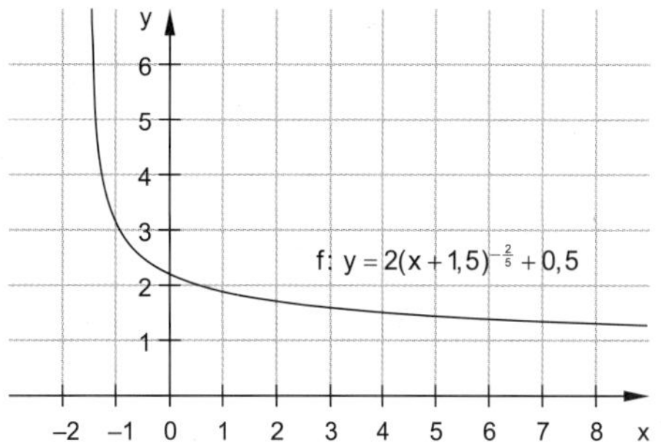

e) f: $y = -3(x-0{,}75)^{-\frac{1}{2}} - 2{,}5$

$D = \{x \mid x > 0{,}75\}$
$W = \{x \mid x < -2{,}5\}$
Vertikale Asymptote: a_1: $x = 0{,}75$
Horizontale Asymptote: a_2: $y = -2{,}5$

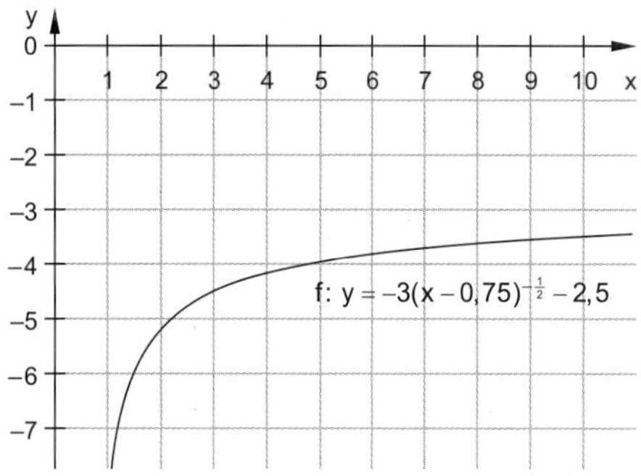

f) f: $y = 4x^{\frac{1}{4}} - 1$

$D = \{x \mid x \geq 0\}$
$W = \{x \mid x \geq -1\}$
keine Asymptoten

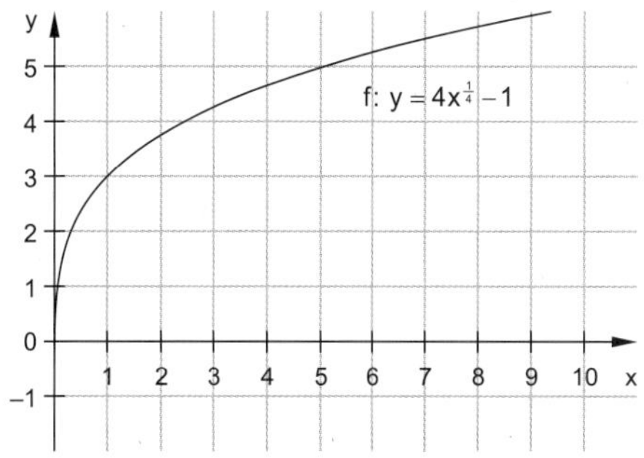

g) f: $y = \frac{3}{\sqrt[5]{x+7}} - 0{,}8$

$D = \{x \mid x > -7\}$
$W = \{x \mid x > -0{,}8\}$
Vertikale Asymptote: a_1: $x = -7$
Horizontale Asymptote: a_2: $y = -0{,}8$

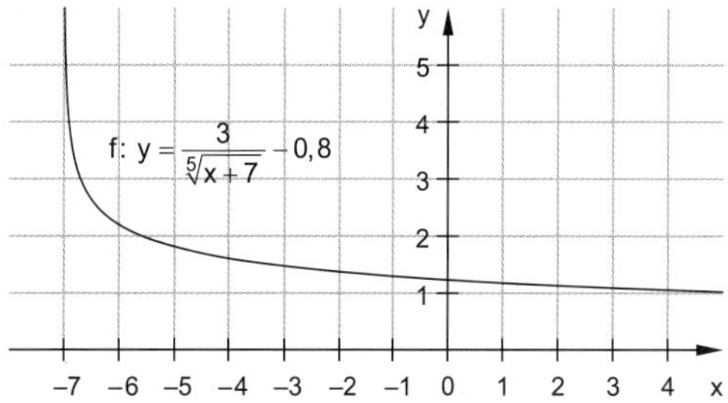

h) f: $y = -\frac{1}{\sqrt[3]{x-0{,}72}} + 1{,}86$

$D = \{x \mid x > 0{,}72\}$
$W = \{x \mid x < 1{,}86\}$
Vertikale Asymptote: a_1: $x = 0{,}72$
Horizontale Asymptote: a_2: $y = 1{,}86$

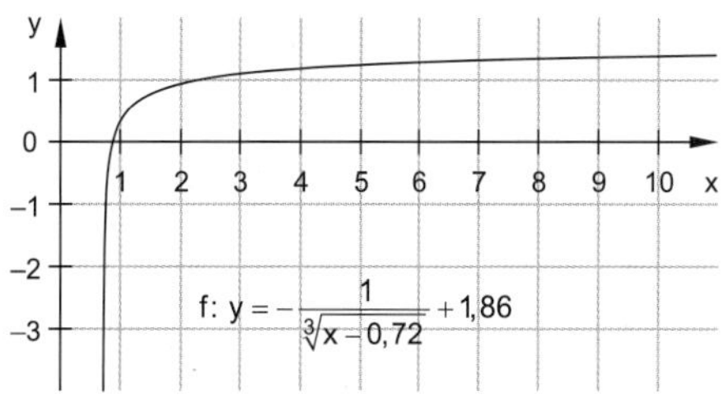

---

211 a) Parallelverschiebung mit $\vec{v} = \begin{pmatrix} -3 \\ -4 \end{pmatrix}$

b) Parallelverschiebung mit $\vec{v} = \begin{pmatrix} 1 \\ 3 \end{pmatrix}$

Streckung mit dem Faktor: $a = -2$

Hinweise und Tipps

c) Parallelverschiebung mit $\vec{v} = \begin{pmatrix} -6 \\ -3 \end{pmatrix}$

Streckung mit dem Faktor: $a = 4$

d) Parallelverschiebung mit $\vec{v} = \begin{pmatrix} -1,5 \\ 0,5 \end{pmatrix}$

Streckung mit dem Faktor: $a = 2$

e) Parallelverschiebung mit $\vec{v} = \begin{pmatrix} 0,75 \\ -2,5 \end{pmatrix}$

Spiegelung an der x-Achse
Streckung mit dem Faktor: $a = -3$

f) Parallelverschiebung mit $\vec{v} = \begin{pmatrix} 0 \\ -1 \end{pmatrix}$

Streckung mit dem Faktor: $a = 4$

g) Parallelverschiebung mit $\vec{v} = \begin{pmatrix} -7 \\ -0,8 \end{pmatrix}$

Streckung mit dem Faktor: $a = 3$

h) Parallelverschiebung mit $\vec{v} = \begin{pmatrix} 0,72 \\ 1,86 \end{pmatrix}$

Spiegelung an der x-Achse

---

212 a) $D = \mathbb{R} \setminus \{4\};\ W = \mathbb{R} \setminus \{-3\}$

b) Berechnung der Gleichung der Umkehrfunktion:

$$f:\quad y = (-2x+8)^{-1} - 3$$

Vertausche x und y.

$$f^{-1}:\quad x = (-2y+8)^{-1} - 3 \quad | +3$$

$$\Leftrightarrow \quad x + 3 = (-2y+8)^{-1} \quad | ^{-1}$$

$$\Leftrightarrow \quad -2y + 8 = (x+3)^{-1} \quad | -8$$

$$\Leftrightarrow \quad -2y = (x+3)^{-1} - 8 \quad \Big| \cdot \left(-\frac{1}{2}\right)$$

$$\Leftrightarrow \quad y = -\frac{1}{2}(x+3)^{-1} + 4$$

also: $f^{-1}\colon y = -\frac{1}{2}(x+3)^{-1} + 4$

c) Die Aufgabe lässt sich lösen, indem die Koordinaten der Schnittpunkte der Graphen von f und f^{-1} berechnet werden:

Schnittpunktbedingung:

$$\begin{array}{l|l} f: & y = (-2x+8)^{-1} - 3 \\ f^{-1}: & \wedge\ y = -\frac{1}{2}(x+3)^{-1} + 4 \end{array}$$

Einfacher, und damit vorzuziehen, ist die Ermittlung der Schnittpunktkoordinaten des Graphen zu f und der Winkelhalbierenden $w_{I/III}$:

Berechnung der Koordinaten der Schnittpunkte $f \cap w_{I/III} = \{S_1; S_2\}$:

Hinweise und Tipps

Schnittpunktbedingung:

$$\begin{array}{ll} f: & y=(-2x+8)^{-1}-3 \\ w_{I/III}: & \wedge\ y=x \end{array}$$

$$\Leftrightarrow \begin{array}{l} x=(-2x+8)^{-1}-3 \quad (I+II)\ |+3 \\ \wedge\ y=x \end{array}$$

$$\Leftrightarrow \begin{array}{l} x+3=\dfrac{1}{(-2x+8)} \quad |\cdot(-2x+8) \\ \wedge\ y=x \end{array}$$

$$\Leftrightarrow \begin{array}{l} (x+3)(-2x+8)=1 \\ \wedge\ y=x \end{array}$$

$$\Leftrightarrow \quad (x+3)(-2x+8)=1$$

$$\Leftrightarrow \quad -2x^2+8x-6x+24=1 \quad |-1$$

$$\Leftrightarrow \quad -2x^2+2x+23=0 \quad \left|\cdot\left(-\frac{1}{2}\right)\right.$$

$$\Leftrightarrow \quad x^2-x-11\frac{1}{2}=0$$

Normalform der quadratischen Gleichung

$$D=(-1)^2-4\cdot 1\cdot\left(-11\frac{1}{2}\right)=47$$

$D=b^2-4ac$

$$x_{1/2}=\frac{1\pm\sqrt{47}}{2}$$

$x_1=3{,}93 \vee x_2=-2{,}93$

$L=\{-2{,}93;\ 3{,}93\}$

somit: $S_1(-2{,}93\,|\,-2{,}93)$ und $S_2(3{,}93\,|\,3{,}93)$

Zeichnung:

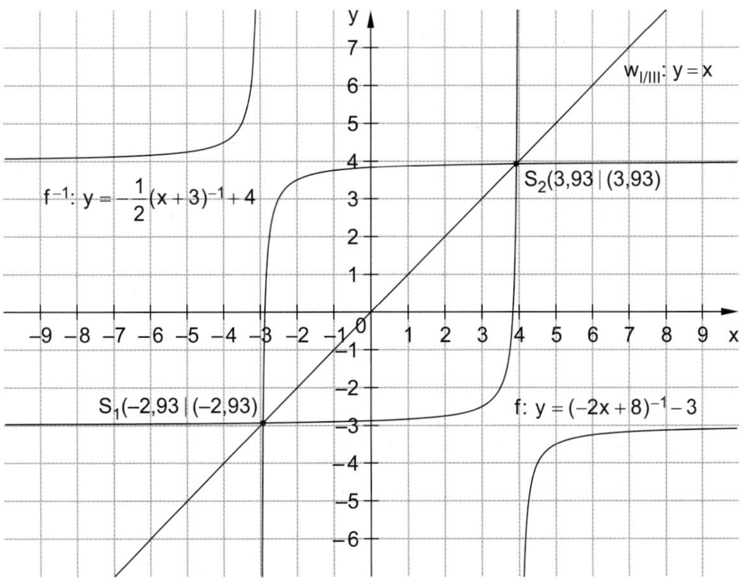

Hinweise und Tipps

213 a) $D = \mathbb{R}^+$; $W = \{y \mid y > 4\}$;
Vertikale Asymptote: a_1: $x = 0$
Horizontale Asymptote: a_2: $y = 4$

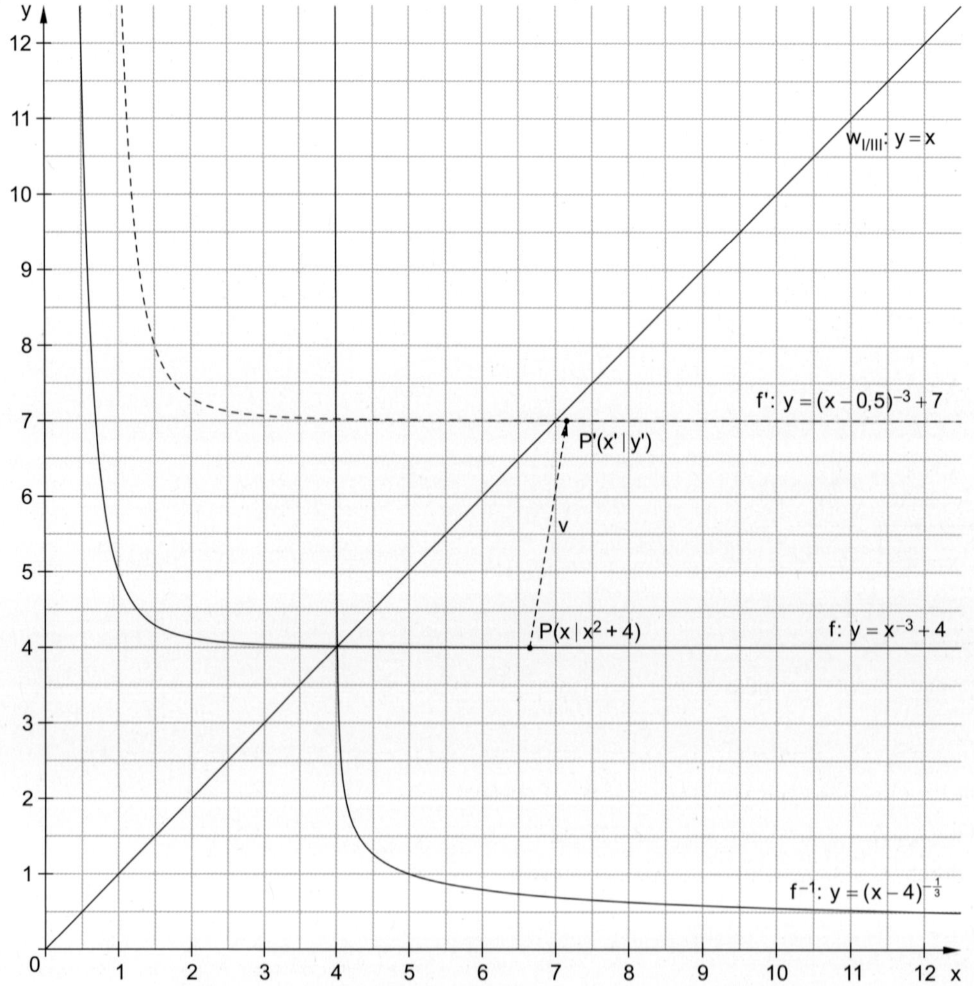

b) Berechnung der Gleichung der Umkehrfunktion:

Vertausche x und y.
Löse die Gleichung nach y auf.

$$f\colon\quad y = x^{-3} + 4$$
$$f^{-1}\colon\quad x = y^{-3} + 4 \qquad \left| -4\right.$$
$$\Leftrightarrow\quad y^{-3} = x - 4 \qquad \left| ^{-\frac{1}{3}}\right.$$
$$\Leftrightarrow\quad y = (x-4)^{-\frac{1}{3}}$$
$$\Leftrightarrow\quad y = \frac{1}{\sqrt[3]{x-4}}$$
$$\Leftrightarrow\quad y = \sqrt[3]{\frac{1}{x-4}}$$

also: f^{-1}: $y = \sqrt[3]{\frac{1}{x-4}}$

Hinweise und Tipps

c) Berechnung der Gleichung von f':

$$f\colon y = x^{-3} + 4 \quad \xmapsto{\vec{v} = \binom{0,5}{3}} \quad f'$$

$$P(x \mid x^{-3} + 4) \quad \xmapsto{\vec{v} = \binom{0,5}{3}} \quad P'(x' \mid y')$$

$$\overrightarrow{PP'} \in \vec{v}$$

$$\begin{pmatrix} x' - x \\ y' - (x^{-3} + 4) \end{pmatrix} = \begin{pmatrix} 0,5 \\ 3 \end{pmatrix}$$

$$\Leftrightarrow \begin{pmatrix} x' - x \\ y' - x^{-3} - 4 \end{pmatrix} = \begin{pmatrix} 0,5 \\ 3 \end{pmatrix}$$

$$\Leftrightarrow \left| \begin{array}{l} x' - x = 0,5 \\ \wedge\ y' - x^{-3} - 4 = 3 \end{array} \right. \quad \begin{array}{l} |+x-0,5 \\ |+x^{-3}+4 \end{array}$$

Löse Gleichung I nach x auf.

$$\Leftrightarrow \left| \begin{array}{l} x = x' - 0,5 \\ \wedge\ y' = x^{-3} + 7 \end{array} \right.$$

Setze $x' - 0,5$ für x in Gleichung II ein.

$$\Leftrightarrow \left| \begin{array}{l} x = x' - 0,5 \\ \wedge\ y' = (x' - 0,5)^{-3} + 7 \end{array} \right.$$

Potenzdarstellung

$$\Leftrightarrow \left| \begin{array}{l} x = x' - 0,5 \\ \wedge\ y' = \dfrac{1}{(x' - 0,5)^3} + 7 \end{array} \right.$$

also: $f'\colon y = (x - 0,5)^{-3} + 7$ oder $f'\colon y = \dfrac{1}{(x - 0,5)^3} + 7$

---

214 a) Der Graph zur Funktion f mit $y = 2(x + 2,5)^{-\frac{1}{3}} + 4$ entsteht aus dem Graphen der Funktion mit der Gleichung $y = 2x^{-\frac{1}{3}}$ durch Parallelverschiebung mit dem Vektor $\vec{v} = \binom{-2,5}{4}$.

$D = \{x \mid x > -2,5\}$:

$$y = 2(x + 2,5)^{-\frac{1}{3}} + 4 = \frac{2}{(x + 2,5)^{\frac{1}{3}}} + 4 = \frac{2}{\sqrt[3]{x + 2,5}} + 4$$

Der Term unter der Wurzel darf nicht negativ sein, der Nenner nicht den Wert 0 annehmen, somit muss gelten: $x + 2,5 > 0 \;\Leftrightarrow\; x > -2,5$

$W = \{y \mid y > 4\}$;
Vertikale Asymptote: a_1: $x = -2,5$
Horizontale Asymptote: a_2: $y = 4$

b) Berechnung der Gleichung der Umkehrfunktion f^{-1}:

$$f\colon \quad y = 2(x + 2,5)^{-\frac{1}{3}} + 4$$

Vertausche x und y.

$$f^{-1}\colon \quad x = 2(y + 2,5)^{-\frac{1}{3}} + 4 \quad |-4$$

Löse die Gleichung nach y auf.

$$\Leftrightarrow \quad x - 4 = 2(y + 2,5)^{-\frac{1}{3}} \quad \left| \cdot \frac{1}{2} \right.$$

$$\Leftrightarrow \quad \frac{1}{2}(x - 4) = (y + 2,5)^{-\frac{1}{3}}$$

$$\Leftrightarrow \quad \left(\frac{1}{2}x - 2\right) = (y + 2,5)^{-\frac{1}{3}} \quad |(-3)$$

Hinweise und Tipps

$$\Leftrightarrow \quad y+2{,}5=\left(\frac{1}{2}x-2\right)^{-3} \qquad |-2{,}5$$

$$\Leftrightarrow \quad y=\left(\frac{1}{2}x-2\right)^{-3}-2{,}5$$

also: f^{-1}: $y=\left(\frac{1}{2}x-2\right)^{-3}-2{,}5$

Gleichung der Umkehrfunktion f^{-1}

$D_{f^{-1}}=\{x\,|\,x>4\}$; $W_{f^{-1}}=\{y\,|\,y>-2{,}5\}$

c) Zeichnung:

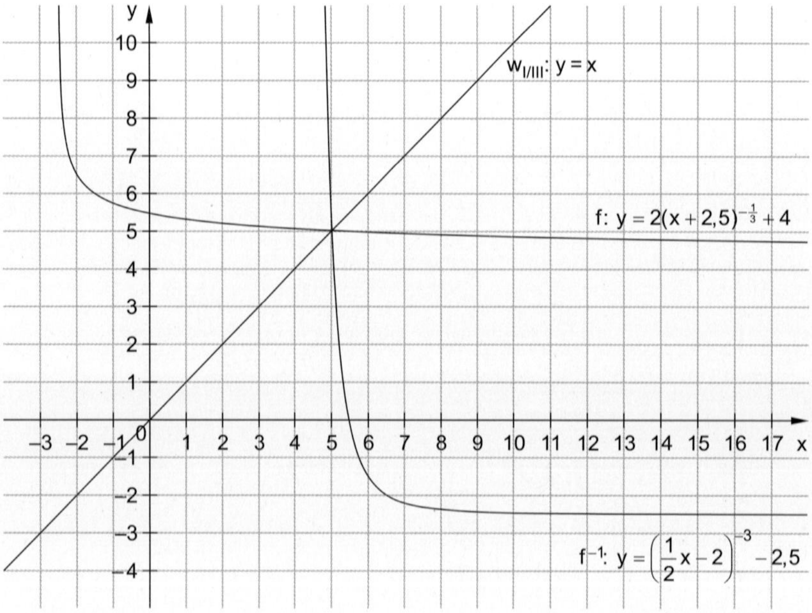

3.2 Exponential- und Logarithmusfunktionen

215 a) $A(0\,|\,0{,}125)\in f$: $\quad y=k\cdot a^x$

$$\Leftrightarrow \quad 0{,}125=k\cdot a^0$$
$$\Leftrightarrow \quad 0{,}125=k\cdot 1$$
$$\Leftrightarrow \quad k=0{,}125$$

Setze die Koordinaten des Schnittpunktes A mit der y-Achse in die allgemeine Funktionsgleichung $y=k\cdot a^x$ ein und ermittle den Wert von k. Beachte: $a^0=1$

$B(2\,|\,18)\in f$: $\quad y=0{,}125\cdot a^x$

$$\Leftrightarrow \quad 18=0{,}125\cdot a^2 \qquad |\cdot 8$$
$$\Leftrightarrow \quad a^2=144 \qquad |\sqrt{\;}$$
$$\Rightarrow \quad a=12$$

Setze die Koordinaten des Punktes B in die Funktionsgleichung mit dem jetzt bekannten Wert für k ein.

Radiziere.

also: f: $y=0{,}125\cdot 12^x$

Funktionsgleichung angeben

b) $B(0\,|\,2{,}5)\in f$: $\quad y=k\cdot a^x$

$$\Leftrightarrow \quad 2{,}5=k\cdot a^0$$
$$\Leftrightarrow \quad k=2{,}5$$

Setze zuerst die Koordinaten des Schnittpunktes B mit der y-Achse in die allgemeine Funktionsgleichung $y=k\cdot a^x$ ein und ermittle den Wert von k. Beachte: $a^0=1$

$A(-2\,|\,10) \in f: \quad y = 2{,}5 \cdot a^x$

$\Leftrightarrow \quad 10 = 2{,}5 \cdot a^{-2} \quad |: 2{,}5 \text{ bzw. } \left|\cdot \frac{2}{5}\right.$

$\Leftrightarrow \quad a^{-2} = 4 \quad \left|^{-\frac{1}{2}}\right.$

$\Rightarrow \quad a = \frac{1}{2}$

also: f: $y = 2{,}5 \cdot 0{,}5^x$

Hinweise und Tipps

Setze die Koordinaten des Punktes A in die Funktionsgleichung mit dem jetzt bekannten Wert für k ein.

Funktionsgleichung angeben

---

216 a) f: $y = 3^x$

$D = \mathbb{R}; \; W = \mathbb{R}^+$

(Horizontale) Asymptote: a: $y = 0$

Wertetabelle:

x	−4	−3	−2	−1	0	1	2
f: $y = 3^x$	0,01	0,04	0,11	0,33	1	3	9

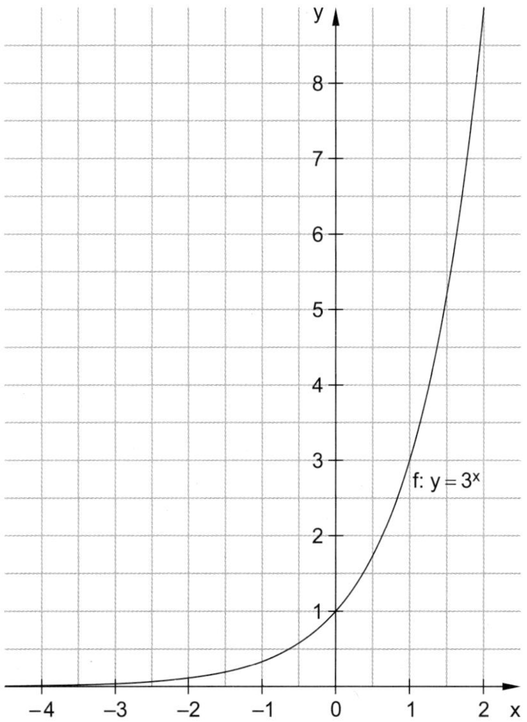

b) f: $y = -2 \cdot 5^x$

$D = \mathbb{R}; \; W = \mathbb{R}^-$

(Horizontale) Asymptote: a: $y = 0$

Wertetabelle:

x	−4	−3	−2	−1	0	1	2
f: $y = -2 \cdot 5^x$	−0,00	−0,02	−0,08	−0,4	−2	−10	−50

Hinweise und Tipps

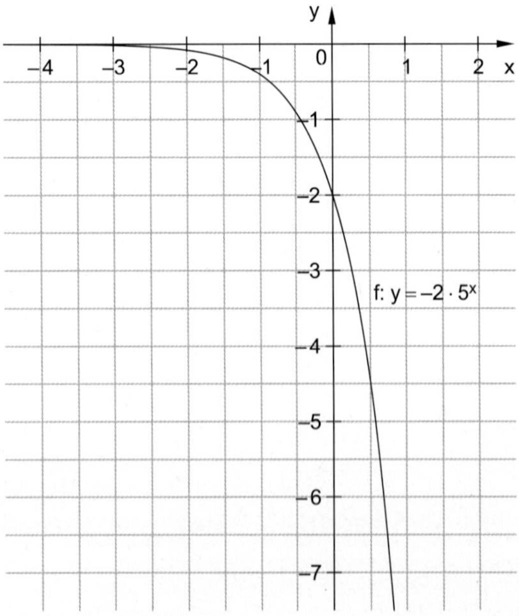

c) f: $y = \frac{1}{4} \cdot 3^{x+2}$

$D = \mathbb{R}$; $W = \mathbb{R}^+$

(Horizontale) Asymptote: a: $y = 0$

Wertetabelle:

x	−4	−3	−2	−1	0	1	2
f: $y = \frac{1}{4} \cdot 3^{x+2}$	0,03	0,08	0,25	0,75	2,25	6,75	20,25

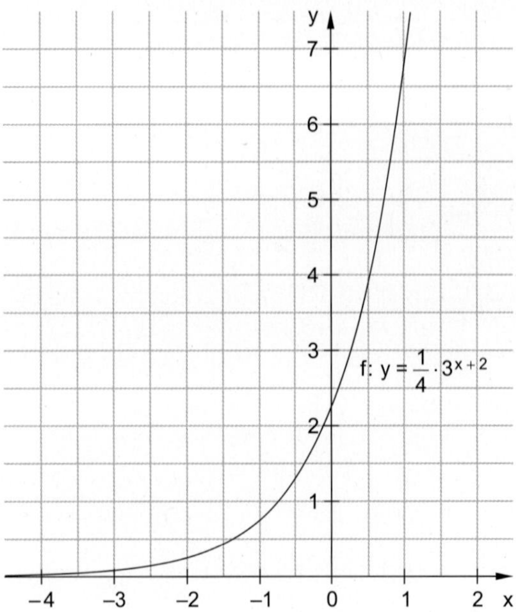

Hinweise und Tipps

d) $y = -5 + 4 \cdot 3^{x-1}$
$D = \mathbb{R};\ W = \{y \mid y > -5\}$
(Horizontale) Asymptote: a: $y = -5$
Wertetabelle:

x	−4	−3	−2	−1	0	1	2
f: $y = -5 + 4 \cdot 3^{x-1}$	−4,98	−4,95	−4,85	−4,56	−3,67	−1	7

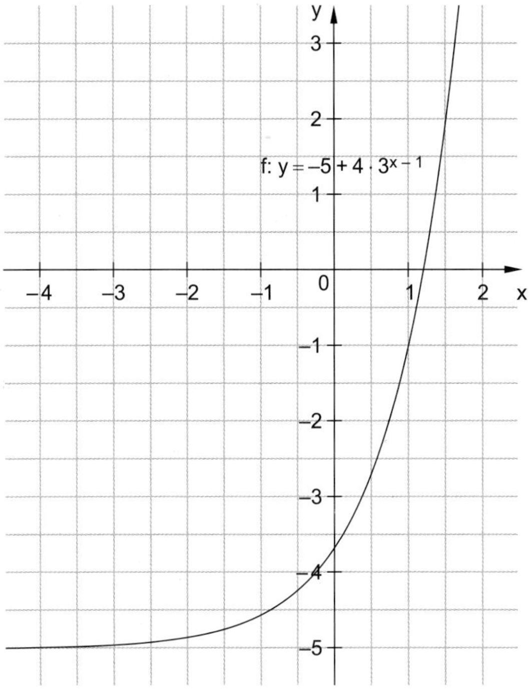

e) f: $y = -0,5 \cdot 2^{1,5x} + 2,5$
$D = \mathbb{R};\ W = \{y \mid y < 2,5\}$
(Horizontale) Asymptote: a: $y = 2,5$
Wertetabelle:

x	−4	−3	−2	−1	0	1	2
f: $y = -0,5 \cdot 2^{1,5x} + 2,5$	2,49	2,48	2,44	2,32	2	1,09	−1,5

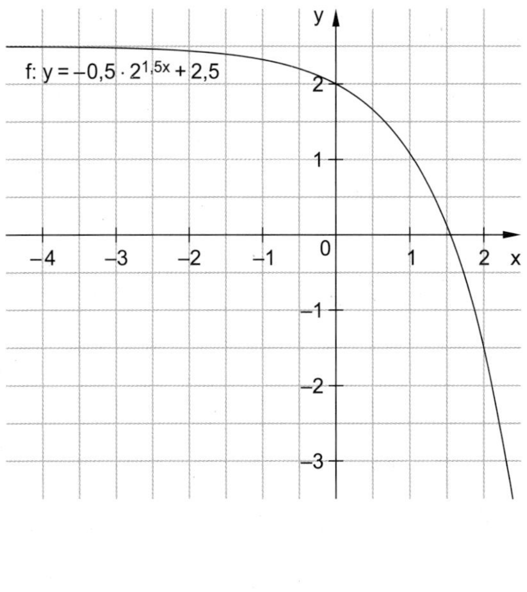

Hinweise und Tipps

f) f: $y = 1{,}4 \cdot 6^{0{,}5x} - 1{,}7$
$D = \mathbb{R}$; $W = \{y \mid y > -1{,}7\}$
(Horizontale) Asymptote: a: $y = -1{,}7$
Wertetabelle:

x	–4	–3	–2	–1	0	1	2
f: $y = 1{,}4 \cdot 6^{0{,}5x} - 1{,}7$	–1,66	–1,61	–1,47	–1,13	–0,3	1,73	6,7

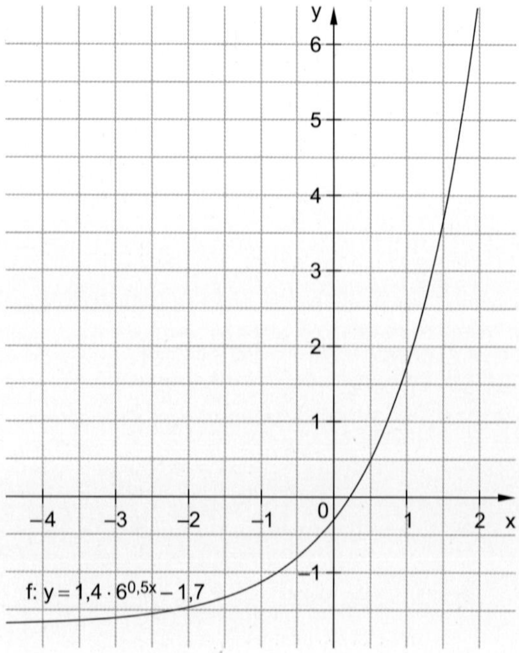

217 a) f: $y = 2^x \xmapsto{\vec{v} = \binom{1}{-4}} f'$

$P(x \mid 2^x) \xmapsto{\vec{v} = \binom{1}{-4}} P(x' \mid y')$

$$\binom{x'}{y'} = \binom{x}{2^x} \oplus \binom{1}{-4}$$ Vektorform

$\Leftrightarrow$ $x' = x + 1 \;\wedge\; y' = 2^x - 4$ Parameterdarstellung von f'

$\Leftrightarrow$ $x = x' - 1 \;\wedge\; y' = 2^{x'-1} - 4$ Einsetzen von $x = x' - 1$ aus I in II

also: f': $y = 2^{x-1} - 4$ Gleichung des Bildgraphen

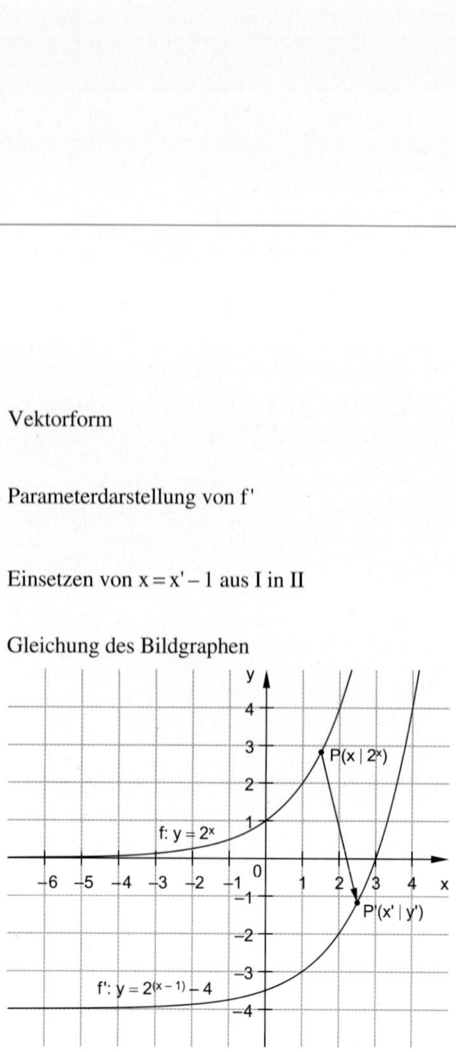

Hinweise und Tipps

b) e: $y = 5^{x+1} \xmapsto{\vec{v}=\binom{-2}{3}} e'$

$P(x \mid 5^{x+1}) \xmapsto{\vec{v}=\binom{-2}{3}} P(x' \mid y')$

$\binom{x'}{y'} = \binom{x}{5^{x+1}} \oplus \binom{-2}{3}$ — Parameterdarstellung von e'

$\Leftrightarrow \quad \begin{array}{|l} x' = x - 2 \\ \wedge \; y' = 5^{x+1} + 3 \end{array}$

$\Leftrightarrow \quad \begin{array}{|l} x = x' + 2 \\ \wedge \; y' = 5^{(x'+2)+1} + 3 \end{array}$ — Einsetzen von $x = x' + 2$ aus I in II

$\Leftrightarrow \quad e'\text{: } y = 5^{x+3} + 3$

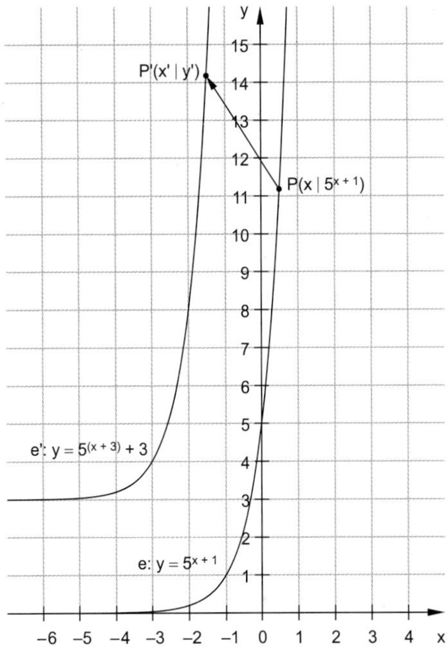

218 $\log_5 12$ ist die Zahl, mit der 5 potenziert werden muss, um 12 zu erhalten: $5^{\log_5 12} = 12$

219 a) $\log_2 16 = 4$ da $2^4 = 16$

b) $\log_4 256 = 4$ da $4^4 = 256$

c) $\log_8 \frac{1}{64} = -2$ da $8^{-2} = \frac{1}{64}$

d) $\log_2 \frac{1}{8} = -3$ da $2^{-3} = \frac{1}{8}$

e) $\log_2 0$ nicht definiert! — Für alle $x \in \mathbb{R}$ gilt: $2^x > 0$

f) $\log_5 1 = 0$ da $5^0 = 1$

220 a) $\log_{10} 10\,000 = 4$ da $10^4 = 10\,000$
$L = \{10\,000\}$

b) $\log_2 32 = 5$ da $2^5 = 32$
$L = \{32\}$

Hinweise und Tipps

c) $\log_6 216 = 3$ da $6^3 = 216$
$L = \{216\}$

d) $\log_8 1 = 0$ da $8^0 = 1$
$L = \{1\}$

e) $\log_{0,5} 0{,}25 = 2$ da $0{,}5^2 = 0{,}25$
$L = \{0{,}25\}$

f) $\log_{\frac{3}{2}} \frac{4}{9} = -2$ da $\left(\frac{3}{2}\right)^{-2} = \frac{4}{9}$

$L = \left\{\frac{4}{9}\right\}$

---

221 a) $\log_5 125 = 3$ da $5^3 = 125$

b) $\log_{\frac{2}{3}} \frac{4}{9} = 2$ da $\left(\frac{2}{3}\right)^2 = \frac{4}{9}$

c) $\log_{\sqrt{2}} 2 = 2$ da $\sqrt{2}^2 = 2$

d) $\log_{\sqrt{3}} 9 = 4$ da $\sqrt{3}^4 = 9$

e) $\log_5 \frac{1}{5} = -1$ da $5^{-1} = \frac{1}{5}$

f) $\log_2 \frac{1}{32} = -5$ da $2^{-5} = \frac{1}{32}$

---

222 a) $\lg 5 = 0{,}699$ Probe: $10^{0{,}699} = 5{,}000$

b) $\lg 12 = 1{,}079$ Probe: $10^{1{,}079} = 11{,}995$

c) $\lg \frac{4}{5} = -0{,}097$ Probe: $10^{-0{,}097} = 0{,}800$

d) $\lg 23{,}45 = 1{,}370$ Probe: $10^{1{,}370} = 23{,}442$

e) $\lg \sqrt[4]{4\,321} = 0{,}909$ Probe: $10^{0{,}909} = 8{,}110$
$(\sqrt[4]{4\,321} = 8{,}108)$

f) $\lg 10 = 1$ Probe: $10^1 = 10$ Klar!

---

223 a)
$$\lg x = 0{,}125$$
$$\Leftrightarrow \quad x = 10^{0{,}125}$$
$$\Leftrightarrow \quad x = 1{,}334$$
$L = \{1{,}334\}$

Probe: $\lg 1{,}334 = 0{,}125$

b)
$$\lg x = -2{,}5$$
$$\Leftrightarrow \quad x = 10^{-2{,}5}$$
$$\Leftrightarrow \quad x = 0{,}003$$
$L = \{0{,}003\}$

Probe: $\lg 0{,}003 = -2{,}523$

Hinweise und Tipps

c) $\lg x = \frac{3}{4}$

$\Leftrightarrow \quad x = 10^{\frac{3}{4}}$

$\Leftrightarrow \quad x = 5{,}623$

$L = \{5{,}623\}$

Probe: $\lg 5{,}623 = 0{,}750 = \frac{3}{4}$

d) $\lg x = \sqrt{19}$

$\Leftrightarrow \quad x = 10^{\sqrt{19}}$

$\Leftrightarrow \quad x = 22\,850{,}670$

$L = \{22\,850{,}670\}$

Probe: $\lg 22\,850{,}670 = 4{,}359$

$(\sqrt{19} = 4{,}359)$

---

224 a) $\log_2 3 = \frac{\lg 3}{\lg 2} = 1{,}58$

ETR: [LOG] [3] [÷] [LOG] [2] [=]

b) $\log_3 \sqrt{8} = \frac{\lg \sqrt{8}}{\lg 3} = 0{,}95$

ETR: [LOG] [SHIFT] [√] [8] [÷] [LOG] [3] [=]

c) $\log_{12} 3{,}5 = \frac{\lg 3{,}5}{\lg 12} = 0{,}50$

d) $\log_{1{,}4} 246 = \frac{\lg 246}{\lg 1{,}4} = 16{,}36$

e) $\log_{\frac{1}{2}} \frac{3}{4} = \frac{\lg \frac{3}{4}}{\lg \frac{1}{2}} = 0{,}42$

f) $\log_{\sqrt{13}} (22 \cdot \sqrt{7}) = \frac{\lg(22 \cdot \sqrt{7})}{\lg \sqrt{13}} = 3{,}17$

---

225 a) $\log_2 10 = \frac{\log_5 10}{\log_5 2}$

b) $\log_{0{,}5} \frac{1}{64} = \frac{\log_9 \frac{1}{64}}{\log_9 0{,}5}$

c) $\lg 4{,}5 = \frac{\log_3 4{,}5}{\log_3 10}$

d) $\log_3 6 = \frac{\log_{\sqrt{2}} 6}{\log_{\sqrt{2}} 3}$

Hinweise und Tipps

226 a)

$$5^x = 1{,}2$$
$$\Leftrightarrow \quad x = \log_5 1{,}2$$
$$\Leftrightarrow \quad x = \frac{\lg 1{,}2}{\lg 5}$$
$$\Leftrightarrow \quad x = 0{,}11$$
$$L = \{0{,}11\}$$

Logarithmiere.

b)

$$\frac{1}{2}\cdot 7^x = 6 \qquad |\cdot 2$$
$$\Leftrightarrow \quad 7^x = 12$$
$$\Leftrightarrow \quad x = \log_7 12$$
$$\Leftrightarrow \quad x = \frac{\lg 12}{\lg 7}$$
$$\Leftrightarrow \quad x = 1{,}28$$
$$L = \{1{,}28\}$$

Löse nach 7^x auf.

Logarithmiere.

c)

$$8^x + 123 = 321 \qquad |-123$$
$$\Leftrightarrow \quad 8^x = 198$$
$$\Leftrightarrow \quad x = \log_8 198$$
$$\Leftrightarrow \quad x = \frac{\lg 198}{\lg 8}$$
$$\Leftrightarrow \quad x = 2{,}54$$
$$L = \{2{,}54\}$$

Löse nach 8^x auf.

Logarithmiere.

d)

$$5\cdot 2^x - 19 = 3 \qquad |+19$$
$$\Leftrightarrow \quad 5\cdot 2^x = 22 \qquad \left|\cdot \frac{1}{5}\right.$$
$$\Leftrightarrow \quad 2^x = \frac{22}{5}$$
$$\Leftrightarrow \quad x = \log_2 \frac{22}{5}$$
$$\Leftrightarrow \quad x = \frac{\lg \frac{22}{5}}{\lg 2}$$
$$\Leftrightarrow \quad x = 2{,}14$$
$$L = \{2{,}14\}$$

Löse nach 2^x auf.

Logarithmiere.

e)

$$-\frac{4}{3}\cdot 7^x + \frac{2}{9} = 0 \qquad \left|-\frac{2}{9}\right.$$
$$\Leftrightarrow \quad -\frac{4}{3}\cdot 7^x = -\frac{2}{9} \qquad \left|\cdot\left(-\frac{3}{4}\right)\right.$$
$$\Leftrightarrow \quad 7^x = \frac{1}{6}$$
$$\Leftrightarrow \quad x = \log_7 \frac{1}{6}$$
$$\Leftrightarrow \quad x = \frac{\lg \frac{1}{6}}{\lg 7}$$
$$\Leftrightarrow \quad x = -0{,}92$$
$$L = \{-0{,}92\}$$

Löse nach 7^x auf.

Logarithmiere.

Hinweise und Tipps

f) $\frac{2}{3}\cdot 2^{x+1}-5=0 \quad |+5$

Löse nach 2^{x+1} auf.

$\Leftrightarrow \frac{2}{3}\cdot 2^{x+1}=5 \quad |\cdot\frac{3}{2}$

$\Leftrightarrow 2^{x+1}=\frac{15}{2}$

Logarithmiere.

$\Leftrightarrow x+1=\log_2\frac{15}{2}$

Löse nach x auf.

$\Leftrightarrow x+1=\frac{\lg\frac{15}{2}}{\lg 2} \quad |-1$

$\Leftrightarrow x=\frac{\lg\frac{15}{2}}{\lg 2}-1$

$\Leftrightarrow x=1,91$

$L=\{1,91\}$

g) $-\frac{1}{2}(3^{x+4}-5)=-6 \quad |\cdot(-2)$

Löse nach 3^{x+4} auf.

$\Leftrightarrow 3^{x+4}-5=12 \quad |+5$

$\Leftrightarrow 3^{x+4}=17$

Logarithmiere.

$\Leftrightarrow x+4=\log_3 17$

Löse nach x auf.

$\Leftrightarrow x+4=\frac{\lg 17}{\lg 3} \quad |-4$

$\Leftrightarrow x=\frac{\lg 17}{\lg 3}-4$

$\Leftrightarrow x=-1,42$

$L=\{-1,42\}$

h) $2\frac{1}{2}\cdot 3^{2x-1}=4 \quad |\cdot\frac{2}{5}$

Löse nach 3^{2x-1} auf.

$\Leftrightarrow 3^{2x-1}=\frac{8}{5}$

Logarithmiere.

$\Leftrightarrow 2x-1=\log_3\frac{8}{5}$

Löse nach x auf.

$\Leftrightarrow 2x-1=\frac{\lg\frac{8}{5}}{\lg 3} \quad |+1$

$\Leftrightarrow 2x=\frac{\lg\frac{8}{5}}{\lg 3}+1 \quad |\cdot\frac{1}{2}$

$\Leftrightarrow x=\frac{1}{2}\cdot\left(\frac{\lg\frac{8}{5}}{\lg 3}+1\right)$

$\Leftrightarrow x=0,71$

$L=\{0,71\}$

Hinweise und Tipps

227 a)

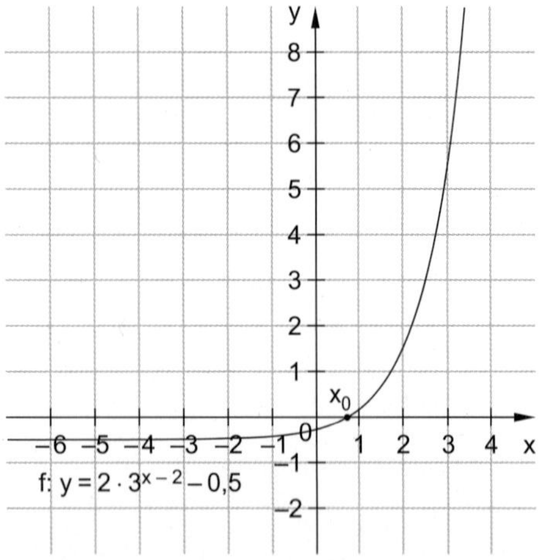

$D=\mathbb{R}$
$W=\{y\,|\,y>-0{,}5\}$
(Horizontale) Asymptote: a: $y=-0{,}5$

b)

	$2\cdot 3^{x-2}-0{,}5=0$	$\vert +0{,}5$	Bedingung Nullstelle: $y=0$ Löse nach 3^{x-2} auf.
$\Leftrightarrow$	$2\cdot 3^{x-2}=0{,}5$	$\vert :2$	
$\Leftrightarrow$	$3^{x-2}=0{,}25$		Logarithmiere.
$\Leftrightarrow$	$x-2=\dfrac{\lg 0{,}25}{\lg 3}$	$\vert +2$	Löse nach x auf.
$\Leftrightarrow$	$x=\dfrac{\lg 0{,}25}{\lg 3}+2$		
$\Leftrightarrow$	$x=0{,}74$		Nullstelle

$L=\{0{,}74\}$

228 a)

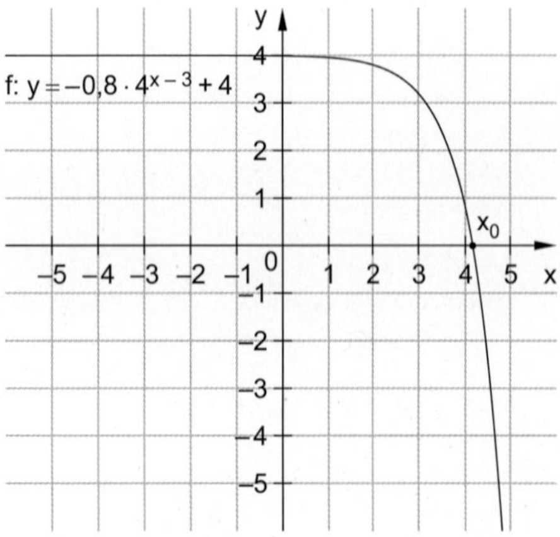

$D=\mathbb{R}$
$W=\{y\,|\,y<4\}$
(Horizontale) Asymptote: a: $y=4$

b)

	$-0{,}8\cdot 4^{x-3}+4=0$	$\vert -4$	Bedingung Nullstelle: $y=0$ Löse nach 4^{x-3} auf.
$\Leftrightarrow$	$-0{,}8\cdot 4^{x-3}=-4$	$\vert :(-0{,}8)$	
$\Leftrightarrow$	$4^{x-3}=5$		Logarithmiere.
$\Leftrightarrow$	$x-3=\dfrac{\lg 5}{\lg 4}$	$\vert +3$	

Hinweise und Tipps

$\Leftrightarrow \quad x = \frac{\lg 5}{\lg 4} + 3$

$\Leftrightarrow \quad x = 4{,}16$ — Nullstelle

$L = \{4{,}16\}$

---

229 a) $\lg 3 + \lg 4 + \lg 5 = \lg(3 \cdot 4 \cdot 5) = \lg 60$

Der Logarithmus eines Produkts ist gleich der Summe der Logarithmen aus den Faktoren.

b) $\lg 9 - \lg 8 - \lg 7 = \lg\left(\frac{9}{8}\right) - \lg 7 = \lg\left(\frac{9}{8} : 7\right) = \lg \frac{9}{56}$

Der Logarithmus eines Quotienten ist gleich der Differenz der Logarithmen von Dividend und Divisor.

c) $1 + \lg 2 = \lg 10 + \lg 2 = \lg(10 \cdot 2) = \lg 20$

Beachte: $\lg 10 = 1$, da $10^1 = 10$
Anwendung des 1. Logarithmensatzes

d) $\frac{1}{2}\lg x + 4\lg y = \lg \sqrt{x} + \lg y^4 = \lg \sqrt{x}\, y^4 = \lg x^{\frac{1}{2}} y^4$

Beachte: $x^{\frac{1}{2}} = \sqrt[2]{x} = \sqrt{x}$

e) $\frac{1}{3}(\lg 243 - \lg 9) = \frac{1}{3}\lg \frac{243}{9} = \frac{1}{3}\lg 27 = \lg 27^{\frac{1}{3}} = \lg \sqrt[3]{27} = \lg 3$

Anwendung des 2. Logarithmensatzes
Anwendung des 3. Logarithmensatzes

f) $4\log_4 6 - \log_4 3 = \log_4 6^4 - \log_4 3 = \log_4\left(\frac{1\,296}{3}\right) = \log_4 432$

Anwendung des 3. Logarithmensatzes
Anwendung des 2. Logarithmensatzes

g) $5\log_a x + \frac{1}{2}\log_a y = \log_a x^5 + \log_a y^{\frac{1}{2}} = \log_a (x^5 y^{\frac{1}{2}})$

Anwendung des 3. Logarithmensatzes
Anwendung des 1. Logarithmensatzes

h) $2 \cdot \log_3 5 + 5 \cdot \log_3 2 = \log_3 5^2 + \log_3 2^5$
$= \log_3(5^2 \cdot 2^5)$
$= \log_3(25 \cdot 32)$
$= \log_3 800$

i) $4 \cdot \log_8 3 - 2 \cdot \log_8 6 = \log_8 3^4 - \log_8 6^2$ — Anwendung des 3. Logarithmensatzes
$= \log_8 81 - \log_8 36$ — Anwendung des 2. Logarithmensatzes
$= \log_8 \frac{81}{36}$
$= \log_8 \frac{9}{4}$

j) $1 + \log_{19} 2 = \log_{19} 19 + \log_{19} 2 = \log_{19}(19 \cdot 2) = \log_{19} 38$

Beachte: $1 = \log_{19} 19$

---

230 a) $\frac{1}{3}\log_2 27 - \frac{1}{4}\log_2 16 + 1 = \log_2 3$

$\Leftrightarrow \quad \log_2 27^{\frac{1}{3}} - \log_2 16^{\frac{1}{4}} + 1 = \log_2 3$ — $27^{\frac{1}{3}} = \sqrt[3]{27} = 3;\ 16^{\frac{1}{4}} = \sqrt[4]{16} = 2$

$\Leftrightarrow \quad \log_2 3 - \log_2 2 + 1 = \log_2 3$

$\Leftrightarrow \quad \log_2 \frac{3}{2} + 1 = \log_2 3$

$\Leftrightarrow \quad \log_2 \frac{3}{2} + \log_2 2 = \log_2 3$

$\Leftrightarrow \quad \log_2\left(\frac{3}{2} \cdot 2\right) = \log_2 3$

$\Leftrightarrow \quad \log_2 3 = \log_2 3 \quad$ (wahr)

Hinweise und Tipps

b) $\frac{1}{2}\log_{0,25} x^{10} - 4\log_{0,25} x = \log_{0,25} x$

$\Leftrightarrow \log_{0,25}(x^{10})^{\frac{1}{2}} - \log_{0,25} x^4 = \log_{0,25} x$

$\Leftrightarrow \log_{0,25} x^{10\cdot\frac{1}{2}} - \log_{0,25} x^4 = \log_{0,25} x$

$\Leftrightarrow \log_{0,25} x^5 - \log_{0,25} x^4 = \log_{0,25} x$

$\Leftrightarrow \log_{0,25}(x^5 : x^4) = \log_{0,25} x$

$\Leftrightarrow \log_{0,25} x = \log_{0,25} x$ (wahr)

---

231 a) $12\cdot 0,5^{x-4} = 8 \quad \left|\cdot\frac{1}{12}\right.$ — Löse nach $0,5^{x-4}$ auf.

$\Leftrightarrow 0,5^{x-4} = \frac{2}{3}$ — Logarithmiere.

$\Leftrightarrow x-4 = \log_{0,5}\frac{2}{3} \quad |+4$ — Löse nach x auf.

$\Leftrightarrow x = \log_{0,5}\frac{2}{3}+4$

$\Leftrightarrow x = 4,58$

$L=\{4,58\}$

b) $\frac{1}{4}\left(\frac{2}{5}\cdot 2^{x+7}-10\right)=5 \quad |\cdot 4$ — Löse nach 2^{x+7} auf.

$\Leftrightarrow \frac{2}{5}\cdot 2^{x+7}-10=20 \quad |+10$

$\Leftrightarrow \frac{2}{5}\cdot 2^{x+7}=30 \quad \left|\cdot\frac{5}{2}\right.$

$\Leftrightarrow 2^{x+7}=75$ — Logarithmiere.

$\Leftrightarrow x+7=\log_2 75 \quad |-7$ — Löse nach x auf.

$\Leftrightarrow x=\log_2 75-7$

$\Leftrightarrow x=-0,77$

$L=\{-0,77\}$

c) $6\cdot\log_2(6x-x^2)-4=15,02 \quad |+4$

$\Leftrightarrow 6\cdot\log_2(6x-x^2)=19,02 \quad |:6$

$\Leftrightarrow \log_2(6x-x^2)=3,17$ — Beachte: $x=\log_a b \Leftrightarrow a^x=b$

$\Leftrightarrow 6x-x^2=2^{3,17}$

$\Leftrightarrow 6x-x^2=9,00 \quad |+x^2-6x$

$\Leftrightarrow x^2-6x+9=0$ — Bilde das Binom.

$\Leftrightarrow (x-3)^2=0$ — Die Anwendung der Lösungsformel für quadratische Gleichungen wäre auch möglich.

$\Leftrightarrow x=3$

$L=\{3\}$

d) $\log_2(x-1)+5=\log_2(x+4)$

$\Leftrightarrow \log_2(x-1)-\log_2(x+4)=-5$ — Wende den 2. Logarithmensatz an.

$\Leftrightarrow \log_2\frac{x-1}{x+4}=-5$ — Beachte: $x=\log_a b \Leftrightarrow a^x=b$

$\Leftrightarrow \frac{x-1}{x+4}=2^{-5}$

Hinweise und Tipps

$\Leftrightarrow \quad \frac{x-1}{x+4} = \frac{1}{32} \quad | \cdot (x+4)$

$\Leftrightarrow \quad x-1 = \frac{1}{32} \cdot (x+4)$

$\Leftrightarrow \quad x-1 = \frac{1}{32}x + \frac{1}{8} \quad \left| -\frac{1}{32}x + 1 \right.$

$\Leftrightarrow \quad \frac{31}{32}x = \frac{9}{8} \quad \left| \cdot \frac{32}{31} \right.$

$\Leftrightarrow \quad x = 1\frac{5}{31}$

$L = \left\{1\frac{5}{31}\right\}$

e) $5^{x-1} + \left(\frac{1}{4}\right)^{-1} = 5^{x+2} - 368$

$\left(\frac{1}{4}\right)^{-1} = \left(\frac{4}{1}\right)^{1} = 4$

$\Leftrightarrow \quad 5^{x-1} + 4 = 5^{x+2} - 368 \quad | -4$

$\Leftrightarrow \quad 5^{x-1} = 5^{x+2} - 372 \quad | -5^{x+2}$

$\Leftrightarrow \quad 5^{x-1} - 5^{x+2} = -372$

Wende das 1. Potenzgesetz an.

$\Leftrightarrow \quad 5^x \cdot 5^{-1} - 5^x \cdot 5^2 = -372$

Klammere den gemeinsamen Faktor 5^x aus.

$\Leftrightarrow \quad 5^x \cdot (5^{-1} - 5^2) = -372$

$\Leftrightarrow \quad 5^x \cdot (-24{,}8) = -372 \quad | : (-24{,}8)$

$\Leftrightarrow \quad 5^x = 15$

$\Leftrightarrow \quad x = \log_5 15$

$\Leftrightarrow \quad x = 1{,}68$

$L = \{1{,}68\}$

f) $5 + 2 \cdot 1{,}5^{x+4} = 10 + 2 \cdot 1{,}5^x \quad | -5$

$\Leftrightarrow \quad 2 \cdot 1{,}5^{x+4} = 5 + 2 \cdot 1{,}5^x \quad | -2 \cdot 1{,}5^x$

$\Leftrightarrow \quad 2 \cdot 1{,}5^{x+4} - 2 \cdot 1{,}5^x = 5$

Klammere den gemeinsamen Faktor 2 aus.

$\Leftrightarrow \quad 2(1{,}5^{x+4} - 1{,}5^x) = 5 \quad | : 2$

$\Leftrightarrow \quad 1{,}5^{x+4} - 1{,}5^x = 2{,}5$

$\Leftrightarrow \quad 1{,}5^x \cdot 1{,}5^4 - 1{,}5^x = 2{,}5$

Klammere den gemeinsamen Faktor $1{,}5^x$ aus.

$\Leftrightarrow \quad 1{,}5^x \left[\left(\frac{3}{2}\right)^4 - 1\right] = \frac{5}{2}$

$\Leftrightarrow \quad \frac{65}{16} \cdot 1{,}5^x = \frac{5}{2} \quad \left| \cdot \frac{16}{65} \right.$

$\Leftrightarrow \quad 1{,}5^x = \frac{8}{13}$

Beachte: $x = \log_a b \Leftrightarrow a^x = b$

$\Leftrightarrow \quad x = \log_{1,5} \frac{8}{13}$

$\Leftrightarrow \quad x = -1{,}20$

$L = \{-1{,}20\}$

g) $\log_5(12+x) + 6 = -\log_5(x-3) + 9 \quad | -6$

$\Leftrightarrow \quad \log_5(12+x) = -\log_5(x-3) + 3 \quad | +\log_5(x-3)$

$\Leftrightarrow \quad \log_5(12+x) + \log_5(x-3) = 3$

$\Leftrightarrow \quad \log_5(x+12)(x-3) = 3$

$\Leftrightarrow \quad (x+12)(x-3) = 5^3$

Hinweise und Tipps

$\Leftrightarrow \quad x^2-3x+12x-36=125$

$\Leftrightarrow \quad x^2+9x-36=125 \quad |-125$

$\Leftrightarrow \quad x^2+9x-161=0$

$D=9^2-4\cdot 1\cdot(-161)=725$

Wende die Lösungsformel für quadratische Gleichungen an.

$\Leftrightarrow \quad x_{1/2}=\dfrac{-9\pm\sqrt{725}}{2}$

$\Leftrightarrow \quad x_1=8{,}96 \;\; (\vee \;\; x_2=-17{,}96\notin D)$

$L=\{8{,}96\}$

h) $2\cdot\log_4(x^2+10x-9)-7=1 \quad |+7$

$\Leftrightarrow \quad 2\cdot\log_4(x^2+10x-9)=8 \quad |:2$

$\Leftrightarrow \quad \log_4(x^2+10x-9)=4$

$\Leftrightarrow \quad x^2+10x-9=4^4$

$\Leftrightarrow \quad x^2+10x-9=256 \quad |-256$

$\Leftrightarrow \quad x^2+10x-265=0$

$D=10^2-4\cdot 1\cdot(-265)=1160$

Wende die Lösungsformel für quadratische Gleichungen an.

$\Leftrightarrow \quad x_{1/2}=\dfrac{-10\pm\sqrt{1160}}{2}$

$\Leftrightarrow \quad x_1=12{,}03 \;\vee\; x_2=-22{,}03$

$L=\{-22{,}03;\ 12{,}03\}$

---

232 a) $\log_3(2x+4)=4+\log_3(2x-1)$

$\Leftrightarrow \quad \log_3(2x+4)-\log_3(2x-1)=4$

Wende den 2. Logarithmensatz an.

$\Leftrightarrow \quad \log_3\dfrac{2x+4}{2x-1}=4$

Beachte: $x=\log_a b \;\Leftrightarrow\; a^x=b$

$\Leftrightarrow \quad \dfrac{2x+4}{2x-1}=3^4$

$\Leftrightarrow \quad \dfrac{2x+4}{2x-1}=81 \quad |\cdot(2x-1)$

$\Leftrightarrow \quad 2x+4=162x-81 \quad |-162x-4$

$\Leftrightarrow \quad -160x=-85 \quad \left|\cdot\left(-\dfrac{1}{160}\right)\right.$

$\Leftrightarrow \quad x=\dfrac{85}{160}=\dfrac{17}{32}$

$L=\left\{\dfrac{17}{32}\right\}$

b) $\log_5(x-1)+\log_5(2+x)=\log_5(3x-2) \quad |-\log_5(3x-2)$

Wende den 1. Logarithmensatz an.

$\Leftrightarrow \log_5(x-1)(2+x)-\log_5(3x-2)=0$

Wende den 2. Logarithmensatz an.

$\Leftrightarrow \quad \log_5\dfrac{(x-1)(2+x)}{(3x-2)}=0$

Beachte: $x=\log_a b \;\Leftrightarrow\; a^x=b$

$\Leftrightarrow \quad \dfrac{(x-1)(2+x)}{(3x-2)}=5^0$

$\Leftrightarrow \quad \dfrac{(x-1)(2+x)}{(3x-2)}=1 \quad |\cdot(3x-2)$

Hinweise und Tipps

$\Leftrightarrow \quad 2x + x^2 - 2 - x = 3x - 2$

$\Leftrightarrow \quad x^2 + x - 2 = 3x - 2 \quad |-3x+2$

$\Leftrightarrow \quad x^2 - 2x = 0$

$\Leftrightarrow \quad x(x-2) = 0$

$\Leftrightarrow \quad (x_1 = 0 \notin D \ \vee) \ x_2 = 2$

$L = \{2\}$

Die Numeri der vorkommenden Logarithmen müssen positiv sein. Daher gilt: $D = \{x \mid x > 1\}$

c) $2\log_y x = \log_y 16 - 2\log_y 12$

Wende den 3. Logarithmensatz an.

$\Leftrightarrow \quad \log_y x^2 = \log_y 16 - \log_y 12^2$

Wende den 2. Logarithmensatz an.

$\Leftrightarrow \quad \log_y x^2 = \log_y \frac{16}{12^2}$

$\Leftrightarrow \quad \log_y x^2 = \log_y \frac{4^2}{(3 \cdot 4)^2}$

$\Leftrightarrow \quad \log_y x^2 = \log_y \frac{1}{3^2}$

$\Leftrightarrow \quad \log_y x^2 = \log_y \frac{1}{9}$

$\Leftrightarrow \quad x^2 = \frac{1}{9} \quad |\sqrt{\ }$

$\Leftrightarrow \quad |x| = \sqrt{\frac{1}{9}}$

$\Leftrightarrow \quad (x_1 = -\frac{1}{3} \notin D \ \vee) \ x_2 = \frac{1}{3}$

Die Numeri der vorkommenden Logarithmen müssen positiv sein. Daher gilt: $D = \{x \mid x > 0\}$

$L = \left\{\frac{1}{3}\right\}$

d) $5\log_2 \sqrt{x} + \log_2 \sqrt[4]{x} = \frac{1}{4} + 2\log_2 x \quad |-2\log_2 x$

$\Leftrightarrow \quad 5\log_2 \sqrt{x} + \log_2 \sqrt[4]{x} - 2\log_2 x = \frac{1}{4}$

$\Leftrightarrow \quad \log_2 (\sqrt{x})^5 + \log_2 x^{\frac{1}{4}} - \log_2 x^2 = \frac{1}{4}$

$\Leftrightarrow \quad \log_2 \frac{x^{\frac{5}{2}} \cdot x^{\frac{1}{4}}}{x^2} = \log_2 2^{\frac{1}{4}}$

$\Leftrightarrow \quad \log_2 \frac{x^{\frac{5}{2}+\frac{1}{4}}}{x^2} = \log_2 2^{\frac{1}{4}}$

$\Leftrightarrow \quad \log_2 \frac{x^{\frac{11}{4}}}{x^2} = \log_2 2^{\frac{1}{4}}$

$\Leftrightarrow \quad \log_2 x^{2\frac{3}{4} - 2} = \log_2 2^{\frac{1}{4}}$

$\Leftrightarrow \quad \log_2 x^{\frac{3}{4}} = \log_2 2^{\frac{1}{4}}$

$\Leftrightarrow \quad x^{\frac{3}{4}} = 2^{\frac{1}{4}} \quad |^{\frac{4}{3}}$

$\Leftrightarrow \quad x = 2^{\frac{1}{3}}$

$\Leftrightarrow \quad x = \sqrt[3]{2}$

$L = \{\sqrt[3]{2}\}$

Hinweise und Tipps

233 a) $f\colon\ y = 5^x$

$f^{-1}\colon\ x = 5^y$

$\Leftrightarrow\ y = \log_5 x$

$D_f = \mathbb{R}$; $W_f = \mathbb{R}^+$; Horizontale Asymptote: a: $y = 0$

$D_{f^{-1}} = \mathbb{R}^+$; $W_{f^{-1}} = \mathbb{R}$; Vertikale Asymptote: a: $x = 0$

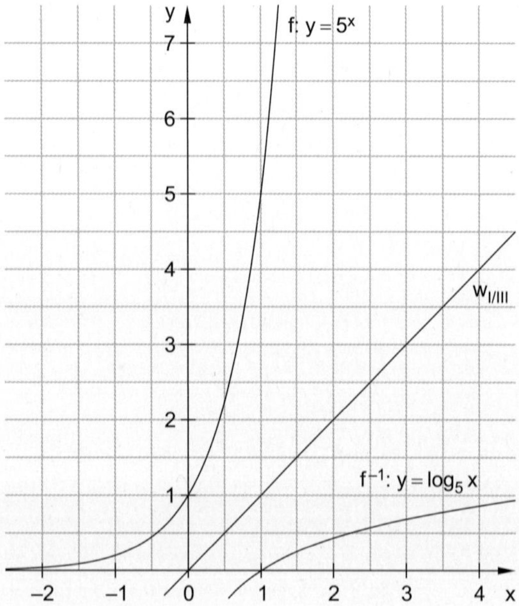

b) $f\colon\ y = 2{,}8^x$

$f^{-1}\colon\ x = 2{,}8^y$

$\Leftrightarrow\ y = \log_{2,8} x$

$D_f = \mathbb{R}$; $W_f = \mathbb{R}^+$; Horizontale Asymptote: a: $y = 0$

$D_{f^{-1}} = \mathbb{R}^+$; $W_{f^{-1}} = \mathbb{R}$; Vertikale Asymptote: a: $x = 0$

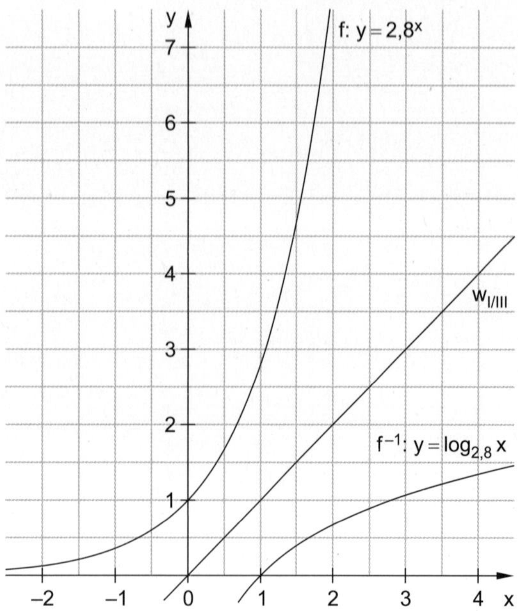

Hinweise und Tipps

234 a) $D = \mathbb{R}$; $W = \{y \mid y > -2\}$; a: $y = -2$

b)
$$5^{4x-3} - 2 = 0 \quad |+2$$
$$\Leftrightarrow \quad 5^{4x-3} = 2$$
Logarithmiere.
$$\Leftrightarrow \quad 4x - 3 = \log_5 2 \quad |+3$$
$$\Leftrightarrow \quad 4x = \log_5 2 + 3 \quad \left| \cdot \frac{1}{4} \right.$$
$$\Leftrightarrow \quad x = 0{,}86$$
$L = \{0{,}86\}$

c)
$$f: \quad y = 5^{4x-3} - 2$$
Vertausche die Variablen x und y.
$$f^{-1}: \quad x = 5^{4y-3} - 2 \quad |+2$$
$$\Leftrightarrow \quad 5^{4y-3} = x + 2$$
$$\Leftrightarrow \quad 4y - 3 = \log_5(x+2) \quad |+3$$
$$\Leftrightarrow \quad 4y = \log_5(x+2) + 3 \quad \left| \cdot \frac{1}{4} \right.$$
$$\Leftrightarrow \quad y = \frac{1}{4}[\log_5(x+2) + 3]$$
$$\Leftrightarrow \quad y = \frac{1}{4}\log_5(x+2) + \frac{3}{4}$$
Gleichung der Umkehrfunktion f^{-1}

d)

x	–1	0	1	2	3	4	5	6
$y = \frac{1}{4}\log_5(x+2) + \frac{3}{4}$	0,75	0,86	0,92	0,96	1	1,03	1,05	1,07

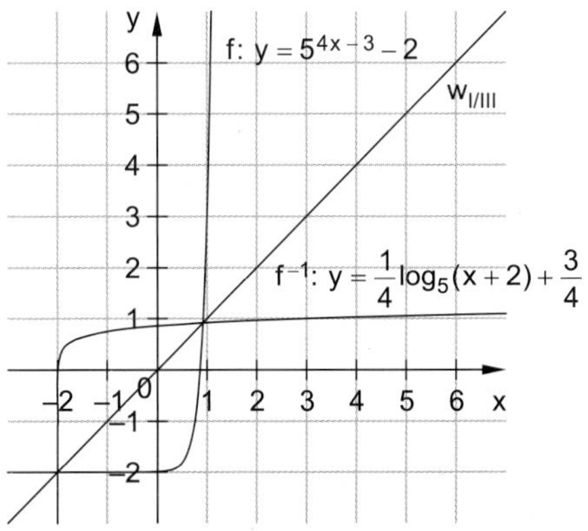

235 a) Ausführliche Berechnung mithilfe des Parameterverfahrens:

$$f: y = -3 \cdot \log_{1,5} x \xmapsto{\vec{v} = \binom{-4}{5}} f'$$

$$P(x \mid -3 \cdot \log_{1,5} x) \xmapsto{\vec{v} = \binom{-4}{5}} P'(x' \mid y')$$

$$\binom{x'}{y'} = \binom{x}{-3 \cdot \log_{1,5} x} \oplus \binom{-4}{5}$$

$$\Leftrightarrow \quad \begin{array}{|l} x' = x - 4 \\ \wedge \ y' = -3 \cdot \log_{1,5} x + 5 \end{array}$$

$$\Leftrightarrow \quad \begin{array}{|l} x = x' + 4 \\ \wedge \ y' = -3 \cdot \log_{1,5} x + 5 \end{array}$$

Hinweise und Tipps

$$\Leftrightarrow \left| \begin{array}{l} x = x' + 4 \\ \wedge\ y' = -3 \cdot \log_{1,5}(x'+4) + 5 \end{array} \right.$$

also: f': $y = -3 \cdot \log_{1,5}(x+4) + 5$

Berechnung mithilfe der Formel:

$$f\colon y = -3 \cdot \log_{1,5} x \xmapsto{\vec{v} = \binom{-4}{5}} f'\colon y = -3 \cdot \log_{1,5}(x+4) + 5$$

$$y = k \cdot \log_a x \xmapsto{\vec{v} = \binom{v_x}{v_y}} y = k \cdot \log_a (x - v_x) + v_y$$

$D_f = \mathbb{R}^+$ $W_f = \mathbb{R}$ Vertikale Asymptote: a: $x = 0$

$D_{f'} = \{x \mid x > -4\}$ $W_{f'} = \mathbb{R}$ Vertikale Asymptote: a: $x = -4$

x	0,5	1	1,5	2	2,5	3
$y = -3 \cdot \log_{1,5} x$	5,13	0	–3	5,13	–6,78	–8,13

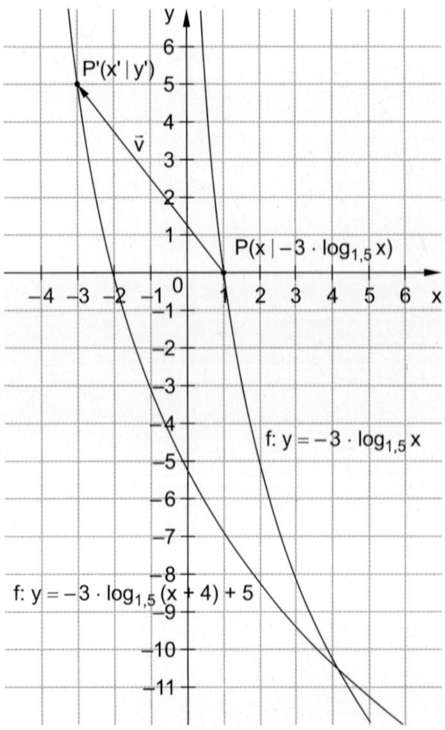

b) Ausführliche Berechnung mithilfe des Parameterverfahrens:

$$f\colon y = \frac{1}{2} \cdot \log_{12} 4x \xmapsto{\vec{v} = \binom{-2,5}{-1,5}} f'$$

$$P\left(x \,\middle|\, \frac{1}{2} \cdot \log_{12} 4x\right) \xmapsto{\vec{v} = \binom{-2,5}{-1,5}} P'(x' \mid y')$$

$$\binom{x'}{y'} = \begin{pmatrix} x \\ \frac{1}{2} \cdot \log_{12} 4x \end{pmatrix} \oplus \binom{-2,5}{-1,5}$$

$$\Leftrightarrow \left| \begin{array}{l} x' = x - 2,5 \\ \wedge\ y' = \frac{1}{2} \cdot \log_{12} 4x - 1,5 \end{array} \right.$$

Löse nach x auf …

$$\Leftrightarrow \left| \begin{array}{l} x = x' + 2,5 \\ \wedge\ y' = \frac{1}{2} \cdot \log_{12} 4x - 1,5 \end{array} \right.$$

… und setze den Term für x in Gleichung II ein.

Hinweise und Tipps

$$\Leftrightarrow \left| \begin{array}{l} x = x' + 2{,}5 \\ \wedge\ y' = \frac{1}{2} \cdot \log_{12} 4(x' + 2{,}5) - 1{,}5 \end{array} \right.$$

also: $f'\colon y = \frac{1}{2} \cdot \log_{12} 4(x + 2{,}5) - 1{,}5$

Berechnung mithilfe der Formel:

$$f\colon y = \frac{1}{2} \cdot \log_{12} 4x \xmapsto{\vec{v} = \binom{-2{,}5}{-1{,}5}} f'\colon y = \frac{1}{2} \cdot \log_{12} 4(x + 2{,}5) - 1{,}5$$

$$y = k \cdot \log_a x \xmapsto{\vec{v} = \binom{v_x}{v_y}} y = k \cdot \log_a (x - v_x) + v_y$$

$D_f = \mathbb{R}^+$ $\quad W_f = \mathbb{R}$ $\quad$ Vertikale Asymptote: a: $x = 0$

$D_{f'} = \{x \mid x > -2{,}5\}$ $\quad W_{f'} = \mathbb{R}$ $\quad$ Vertikale Asymptote: a: $x = -2{,}5$

x	0,5	1	1,5	2	2,5	3	3,5
$y = \frac{1}{2} \cdot \log_{12} 4x$	0,14	0,28	0,36	0,42	0,46	0,5	0,53

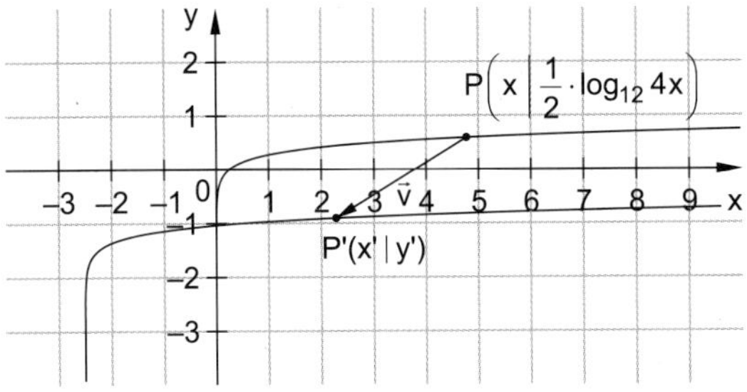

c) Ausführliche Berechnung mithilfe des Parameterverfahrens:

$$f\colon y = \lg\left(x + \frac{3}{4}\right) \xmapsto{\vec{v} = \binom{7}{5\frac{1}{2}}} f'$$

$$P\left(x \,\middle|\, \lg\left(x + \frac{3}{4}\right)\right) \xmapsto{\vec{v} = \binom{7}{5\frac{1}{2}}} P'(x' \mid y')$$

$$\binom{x'}{y'} = \binom{x}{\lg\left(x + \frac{3}{4}\right)} \oplus \binom{7}{5\frac{1}{2}}$$ Vektorform

$$\Leftrightarrow \left| \begin{array}{l} x' = x + 7 \\ \wedge\ y' = \lg\left(x + \frac{3}{4}\right) + 5\frac{1}{2} \end{array} \right.$$ Koordinatenform

$$\Leftrightarrow \left| \begin{array}{l} x = x' - 7 \\ \wedge\ y' = \lg\left(x + \frac{3}{4}\right) + 5\frac{1}{2} \end{array} \right.$$ Löse nach x auf …

$$\Leftrightarrow \left| \begin{array}{l} x = x' - 7 \\ \wedge\ y' = \lg\left(x' - 7 + \frac{3}{4}\right) + 5\frac{1}{2} \end{array} \right.$$ … und setze den Term für x in Gleichung II ein.

also: $f'\colon y = \lg\left(x - 6\frac{1}{4}\right) + 5\frac{1}{2}$

Berechnung mithilfe der Formel:

$$f\colon y = \lg\left(x + \frac{3}{4}\right) \xmapsto{\vec{v} = \binom{7}{5\frac{1}{2}}} f'\colon y = \lg\left(x - 6\frac{1}{4}\right) + 5\frac{1}{2}$$

$$y = k \cdot \log_a x \xmapsto{\vec{v} = \binom{v_x}{v_y}} y = k \cdot \log_a (x - v_x) + v_y$$

Hinweise und Tipps

$D_f = \left\{x \mid x > -\frac{3}{4}\right\}$ $W_f = \mathbb{R}$ Vertikale Asymptote: a: $x = -\frac{3}{4}$

$D_{f'} = \left\{x \,\middle|\, x > 6\frac{1}{4}\right\}$ $W_{f'} = \mathbb{R}$ Vertikale Asymptote: a: $x = 6\frac{1}{4}$

x	0	0,5	1	1,5	2	2,5	3	3,5
$y = \lg\left(x + \frac{3}{4}\right)$	−0,12	0,1	0,24	0,35	0,44	0,51	0,57	0,63

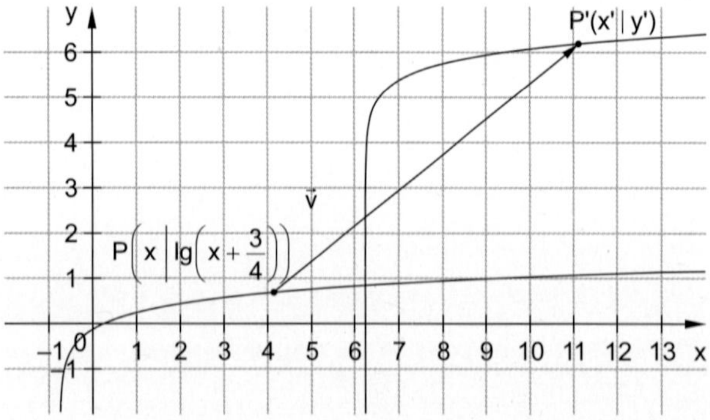

236 a) f: $y = 2^{x+3}$

$D_f = \mathbb{R}$; $W_f = \mathbb{R}^+$

Berechnung der Umkehrfunktion f^{-1}:

f: $y = 2^{x+3}$ — Vertausche x und y.

f^{-1}: $x = 2^{y+3}$

$\Leftrightarrow\ 2^{y+3} = x$ — Löse nach y auf.

$\Leftrightarrow\ y + 3 = \log_2 x \quad |-3$ — Logarithmieren

$\Leftrightarrow\ y = \log_2 x - 3$

also: f^{-1}: $y = \log_2 x - 3$

$D_{f^{-1}} = \mathbb{R}^+$; $W_{f^{-1}} = \mathbb{R}$

x	−6	−5	−4	−3	−2	−1	0
f: $y = 2^{x+3}$	0,125	0,25	0,5	1	2	4	8

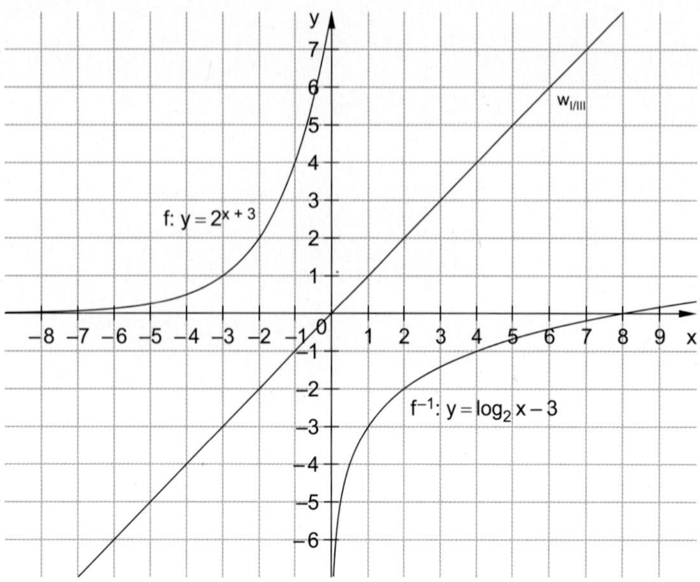

b) f: $y = \frac{2}{3} \cdot \log_4 x$

Hinweise und Tipps: Da der Numerus des Logarithmus stets positiv sein muss, muss gelten: $x > 0 \Rightarrow D_f = \mathbb{R}^+$

$D_f = \mathbb{R}^+$; $W_f = \mathbb{R}$

Berechnung der Umkehrfunktion f^{-1}:

f: $y = \frac{2}{3} \cdot \log_4 x$ — Vertausche x und y.

f^{-1}: $x = \frac{2}{3} \cdot \log_4 y$

$\Leftrightarrow \frac{2}{3} \cdot \log_4 y = x \quad \left| \cdot \frac{3}{2} \right.$ — Löse nach y auf.

$\Leftrightarrow \log_4 y = \frac{3}{2} x$

$\Leftrightarrow y = 4^{\frac{3}{2}x}$

also: f^{-1}: $y = 4^{\frac{3}{2}x}$

$D_{f^{-1}} = \mathbb{R}$; $W_{f^{-1}} = \mathbb{R}^+$

x	0,5	1	1,5	2	2,5	3	3,5
f: $y = \frac{2}{3} \cdot \log_4 x$	−0,33	0	0,19	0,33	0,44	0,53	0,60

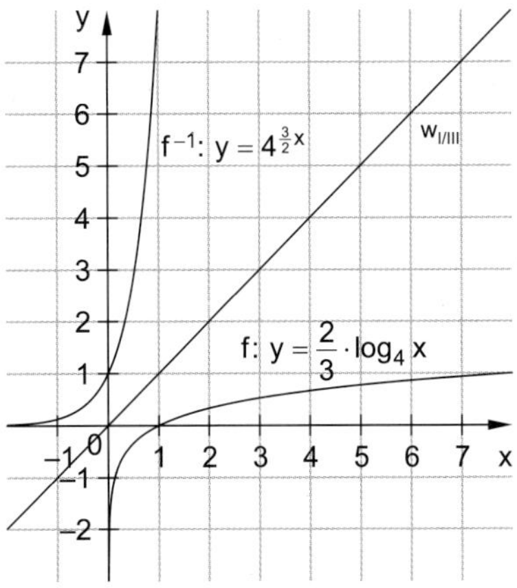

c) f: $y = \log_2(x + 1{,}5) + 3$

$D_f = \{x \mid x > -1{,}5\}$; $W_f = \mathbb{R}$

Berechnung der Umkehrfunktion f^{-1}:

f: $y = \log_2(x + 1{,}5) + 3$ — Vertausche x und y.

f^{-1}: $x = \log_2(y + 1{,}5) + 3$

$\Leftrightarrow \log_2(y + 1{,}5) + 3 = x \quad |-3$ — Löse nach y auf.

$\Leftrightarrow \log_2(y + 1{,}5) = x - 3$ — Potenziere.

$\Leftrightarrow y + 1{,}5 = 2^{x-3} \quad |-1{,}5$

$\Leftrightarrow y = 2^{x-3} - 1{,}5$

also: f^{-1}: $y = 2^{x-3} - 1{,}5$

$D_{f^{-1}} = \mathbb{R}$; $W_{f^{-1}} = \{y \mid y > -1{,}5\}$

x	−1	−0,5	0	0,5	1	1,5	2
f: $y = \log_2(x + 1{,}5) + 3$	2	3	3,58	4	4,32	4,58	4,81

Hinweise und Tipps

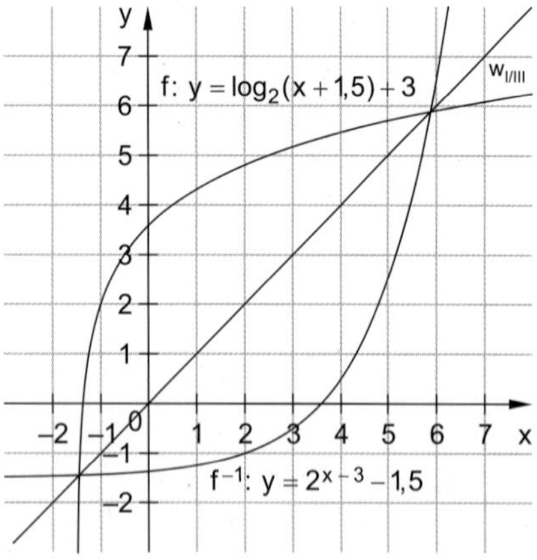

d) f: $y = \frac{1}{3} \cdot 7^{(x-5)} - 4$

$D_f = \mathbb{R};\ W_f = \{y \mid y > -4\}$

Berechnung der Umkehrfunktion f^{-1}:

f: $y = \frac{1}{3} \cdot 7^{x-5} - 4$ — Vertausche x und y.

f^{-1}: $x = \frac{1}{3} \cdot 7^{y-5} - 4$

$\Leftrightarrow \frac{1}{3} \cdot 7^{(y-5)} - 4 = x \quad |+4$ — Löse nach y auf.

$\Leftrightarrow \frac{1}{3} \cdot 7^{(y-5)} = x + 4 \quad |\cdot 3$

$\Leftrightarrow 7^{(y-5)} = 3(x+4)$

$\Leftrightarrow y - 5 = \log_7(3x+12)$

$\Leftrightarrow y = \log_7(3x+12) + 5$

also: f^{-1}: $y = \log_7(3x+12) + 5$

$D_{f^{-1}} = \{x \mid x > -4\};\ W_{f^{-1}} = \mathbb{R}$

x	0	1	2	3	4	5	6	7
f: $y = \frac{1}{3} \cdot 7^{(x-5)} - 4$	−4,00	−4,00	−4,00	−3,99	−3,95	−3,67	−1,67	12,33

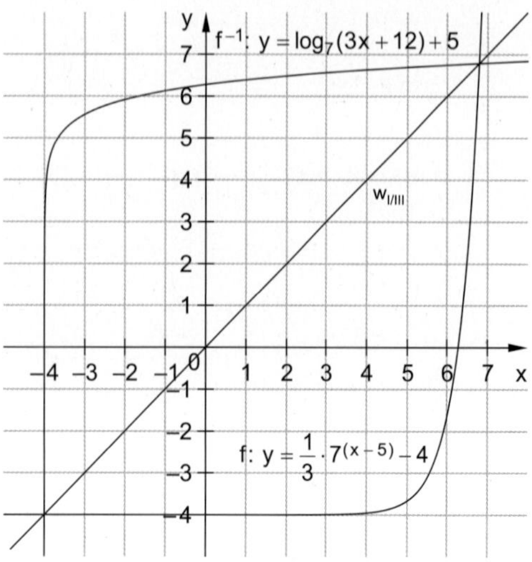

Hinweise und Tipps

237 a) $D_f = \mathbb{R};\ W_f = \{y \mid y > 2\}$; Horizontale Asymptote a: $y = 2$

b)

$$
\begin{aligned}
&f: && y = \frac{1}{4}\cdot 3^{x+1} + 2 \\
&f^{-1}: && x = \frac{1}{4}\cdot 3^{y+1} + 2 \quad \big| -2 \\
&\Leftrightarrow && x - 2 = \frac{1}{4}\cdot 3^{y+1} \quad \big| \cdot 4 \\
&\Leftrightarrow && 4(x-2) = 3^{y+1} \\
&\Leftrightarrow && \log_3 4(x-2) = y + 1 \quad \big| -1 \\
&\Leftrightarrow && y = \log_3 4(x-2) - 1
\end{aligned}
$$

Vertausche x und y.

Löse nach y auf.

Logarithmiere.

Gleichung der Umkehrfunktion

c) Bestimmung der Bildgleichung mittels Formel:

$$f: y = \frac{1}{4}\cdot 3^{x+1} + 2 \xmapsto{\vec{v} = \binom{2}{-4}} f': y = \frac{1}{4}\cdot 3^{x+1-2} + 2 + (-4)$$

$$\Leftrightarrow\ y = \frac{1}{4}\cdot 3^{x-1} - 2$$

Berechnung der Bildgleichung mittels Parameterverfahren:

$$f: y = \frac{1}{4}\cdot 3^{x+1} + 2 \xmapsto{\vec{v} = \binom{2}{-4}} f'$$

$$P\left(x \,\middle|\, \frac{1}{4}\cdot 3^{x+1} + 2\right) \xmapsto{\vec{v} = \binom{2}{-4}} P'(x' \mid y')$$

$$\Leftrightarrow\ \binom{x'}{y'} = \begin{pmatrix} x \\ \frac{1}{4}\cdot 3^{x+1} + 2 \end{pmatrix} \oplus \binom{2}{-4}$$

$$\Leftrightarrow\ \binom{x'}{y'} = \begin{pmatrix} x + 2 \\ \frac{1}{4}\cdot 3^{x+1} + 2 - 4 \end{pmatrix}$$

$$\Leftrightarrow\ \binom{x'}{y'} = \begin{pmatrix} x + 2 \\ \frac{1}{4}\cdot 3^{x+1} - 2 \end{pmatrix}$$

$$\Leftrightarrow\ \begin{array}{|l} x' = x + 2 \quad \big| -2 \\ \wedge\ y' = \frac{1}{4}\cdot 3^{x+1} - 2 \end{array}$$

$$\Leftrightarrow\ \begin{array}{|l} x = x' - 2 \\ \wedge\ y' = \frac{1}{4}\cdot 3^{x'-2+1} - 2 \end{array}$$

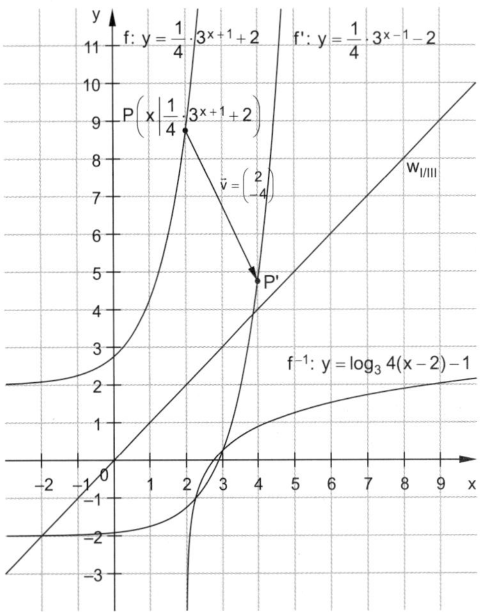

somit: $f': y = \frac{1}{4}\cdot 3^{x-1} - 2$

Gleichung des Bildgraphen

238 a)

x	−4	−3	−2	−1	0	1	2	3	4	5
$f_1: y = -\log_2(x+4) - 3$	n. d.	−3	−4	−4,58	−5	−5,32	−5,58	−5,81	−6	−6,17
$f_2: y = \log_2(x+5) - 1$	−1	0	0,58	1	1,32	1,58	1,81	2	2,17	2,32

✎ Hinweise und Tipps

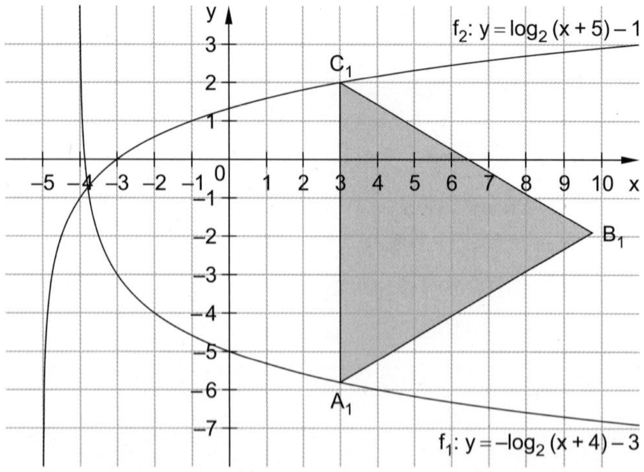

b) $D_{f_1} = \{x \mid x > -4\}$; $W_{f_1} = \mathbb{R}$
Vertikale Asymptote: a: $x = -4$

Da der Numerus des Logarithmus stets positiv sein muss, muss gelten: $x+4>0 \Leftrightarrow x>-4$
Als Termwert kann sich jede reelle Zahl ergeben.

c) Berechnung der Koordinaten von S:

$f_1 \cap f_2 = \{S\}$

f_1: $\quad y = -\log_2(x+4)-3$
f_2: $\wedge \; y = \log_2(x+5)-1$

$\Rightarrow \quad -\log_2(x+4)-3 = \log_2(x+5)-1 \qquad (I = II) \mid +\log_2(x+4)$

$\Leftrightarrow \quad -3 = \log_2(x+5)+\log_2(x+4)-1 \qquad \mid +1$

$\Leftrightarrow \quad \log_2(x+5)+\log_2(x+4) = -2$

$\Leftrightarrow \quad \log_2[(x+5)(x+4)] = -2$

$\Leftrightarrow \quad \log_2(x^2+9x+20) = -2$

$\Leftrightarrow \quad x^2+9x+20 = 2^{-2}$

$\Leftrightarrow \quad x^2+9x+20 = 0{,}25 \qquad \mid -0{,}25$

$\Leftrightarrow \quad x^2+9x+19{,}75 = 0$

$$x_{1/2} = \frac{-9 \pm \sqrt{9^2-4\cdot 1\cdot 19{,}75}}{2\cdot 1}$$

$\Leftrightarrow \quad x_1 = -3{,}79 \quad (\vee \; x_2 = -5{,}21 \notin D_{f_1})$

$L = \{-3{,}79\}$

$S(-3{,}79 \mid \log_2(-3{,}79+5)-1) = S(-3{,}79 \mid -0{,}72)$

Koordinaten des Schnittpunktes S

d) Einzeichnen des Dreiecks $A_1B_1C_1$

e) Berechnung von u:

$u = |\overline{A_nB_n}| + |\overline{C_nA_n}| + |\overline{B_nC_n}|$

$u = 3\cdot|\overline{C_nA_n}|$

$u = 3\cdot(y_{C_n} - y_{A_n})$ LE

$u(x) = 3[\log_2(x+5)-1-(-\log_2(x+4)-3)]$ LE

$u(x) = 3[\log_2(x+5)-1+\log_2(x+4)+3]$ LE

$u(x) = 3[\log_2(x+5)+\log_2(x+4)+2]$ LE

$u(x) = 3[\log_2[(x+5)(x+4)]+2]$ LE

$u(x) = [3\log_2(x^2+9x+20)+6]$ LE

$D_u = \{x \mid x > -4\}$

Da die Dreiecke $A_nB_nC_n$ gleichseitig sind, gilt:
$|\overline{A_nB_n}| = |\overline{C_nA_n}| = |\overline{B_nC_n}|$
Somit lässt sich der Umfang mittels des Terms $3\cdot|\overline{C_nA_n}|$ berechnen.
Der Term $\log_2(x+4)$ ist nur definiert für $x>-4$.

Hinweise und Tipps

f) $\begin{array}{|ll} & u(x) = [3\log_2(x^2+9x+20)+6]\text{ LE} \\ \wedge & u = 15\text{ LE} \end{array}$

$$\begin{aligned}
&\Rightarrow & 3\log_2(x^2+9x+20)+6 &= 15 \quad (\text{I} = \text{II}) & &|-6\\
&\Leftrightarrow & 3\log_2(x^2+9x+20) &= 9 & &\left|\cdot\frac{1}{3}\right.\\
&\Leftrightarrow & \log_2(x^2+9x+20) &= 3 & &\\
&\Leftrightarrow & x^2+9x+20 &= 2^3 & &\\
&\Leftrightarrow & x^2+9x+20 &= 8 & &|-8\\
&\Leftrightarrow & x^2+9x+12 &= 0 & &
\end{aligned}$$

Potenziere.

$$x_{1/2} = \frac{-9 \pm \sqrt{9^2 - 4\cdot 1\cdot 12}}{2\cdot 1}$$

$\Leftrightarrow \quad x_1 = -1{,}63 \;\; (\vee \;\; x_2 = -7{,}37 \notin D_{f_1})$

$L = \{-1{,}63\}$

239 a)

x	−7	−6	−5	−4	−3	−2	−1	0	1	2	3	4	5
f: $y = -\log_4(-x+5)+1{,}5$	−0,29	−0,23	−0,16	−0,08	0,00	0,10	0,21	0,34	0,5	0,71	1	1,5	n. d.

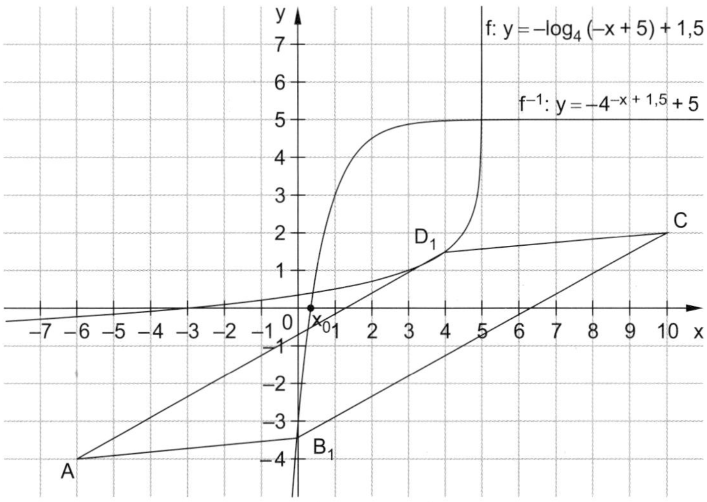

- Zeichne A(−6 | −4), C(10 | 2) und $D_1(4\,|\,1{,}5)$
- $\overrightarrow{AB_1} = \overrightarrow{D_1C} = \begin{pmatrix} 10-4 \\ 2-1{,}5 \end{pmatrix} = \begin{pmatrix} 6 \\ 0{,}5 \end{pmatrix}$

b) Berechnung der Gleichung von f^{-1}:

$$\begin{aligned}
&f: & y &= -\log_4(-x+5)+1{,}5 & &\\
&f^{-1}: & x &= -\log_4(-y+5)+1{,}5 & &|-1{,}5\\
&\Leftrightarrow & x-1{,}5 &= -\log_4(-y+5) & &|\cdot(-1)\\
&\Leftrightarrow & \log_4(-y+5) &= -x+1{,}5 & &\\
&\Leftrightarrow & -y+5 &= 4^{-x+1{,}5} & &|-5\\
&\Leftrightarrow & -y &= 4^{-x+1{,}5}-5 & &|\cdot(-1)\\
&\Leftrightarrow & y &= -4^{-x+1{,}5}+5 & &
\end{aligned}$$

Potenziere.

Löse nach y auf.

c) $D_{f^{-1}} = \mathbb{R}$; $W_{f^{-1}} = \{y \mid y < 5\}$

Berechnung der Nullstelle von f^{-1}:

$$\begin{aligned}
&f^{-1}: & y &= -4^{-x+1{,}5}+5 & &\\
&\overset{y=0}{\Leftrightarrow} & 0 &= -4^{-x+1{,}5}+5 & &|-5\\
&\Leftrightarrow & -5 &= -4^{-x+1{,}5} & &|\cdot(-1)
\end{aligned}$$

Hinweise und Tipps

$\Leftrightarrow\; 4^{-x+1,5} = 5$ — Logarithmiere.

$\Leftrightarrow\; -x+1,5 = \log_4 5 \quad |-1,5$

$\Leftrightarrow\; -x = \log_4 5 - 1,5 \quad |\cdot(-1)$

$\Leftrightarrow\; x = 0,34$

$L = \{0,34\}$

d) Einzeichnen von AB_1CD_1

e) Berechnung des Trägergraphen der Punkte B_n:

$\overrightarrow{AB_n} = \overrightarrow{D_nC}$ — Bedingung für Parallelogramm: $\overline{AB_n}$ und $\overline{D_nC}$ sind gleich lang und zueinander parallel

$$\Leftrightarrow \begin{pmatrix} x_{B_n} - (-6) \\ y_{B_n} - (-4) \end{pmatrix} = \begin{pmatrix} 10 - x \\ 2 - [-\log_4(-x+5) + 1,5] \end{pmatrix}$$

$$\Leftrightarrow \begin{pmatrix} x_{B_n} + 6 \\ y_{B_n} + 4 \end{pmatrix} = \begin{pmatrix} 10 - x \\ 2 + \log_4(-x+5) - 1,5 \end{pmatrix}$$

$$\Leftrightarrow \left| \begin{array}{ll} x_{B_n} + 6 = 10 - x & |-10 \\ \wedge\; y_{B_n} + 4 = 2 + \log_4(-x+5) - 1,5 & |-4 \end{array} \right.$$

$$\Leftrightarrow \left| \begin{array}{ll} -x = x_{B_n} - 4 & |\cdot(-1) \\ \wedge\; y_{B_n} = \log_4(-x+5) - 3,5 & \end{array} \right.$$

Löse nach x auf und setze dann den Term $x = -x_{B_n} + 4$ für x in Gleichung II ein.

$$\Leftrightarrow \left| \begin{array}{l} x = -x_{B_n} + 4 \\ \wedge\; y_{B_n} = \log_4(-x+5) - 3,5 \end{array} \right.$$

$$\Leftrightarrow \left| \begin{array}{l} x = -x_{B_n} + 4 \\ \wedge\; y_{B_n} = \log_4[-(-x_{B_n}+4)+5] - 3,5 \end{array} \right.$$

$$\Leftrightarrow \left| \begin{array}{l} x = -x_{B_n} + 4 \\ \wedge\; y_{B_n} = \log_4(x_{B_n}+1) - 3,5 \end{array} \right.$$

$t_{B_n}: y = \log_4(x+1) - 3,5$ — Gleichung des Trägergraphen der Punkte B_n

240 a) Startkapital in €: 2 500

x	0	1	2	3	4	5
$y = 2\,500 \cdot 1,05^x$	2 500	2 625	2 756,25	2 894,06	3 038,77	3 190,70

x	6	7	8	9	10
$y = 2\,500 \cdot 1,05^x$	3 350,24	3 517,75	3 693,64	3 878,32	4 072,24

b) Laura verfügt seit dem Jahr 2019 über 3 500 €.

c) $y = 2\,500 \cdot 1,05^x = 2\,500 \cdot 1,05^{50} = 28\,668,50$ — Zeit in Jahren x = 50 einsetzen

A: Laura würde nach 50 Jahren über 28 668,50 € verfügen.

d) Einsetzen von 4 500 für y

$y = 2\,500 \cdot 1,05^x$

$\Leftrightarrow\; 4\,500 = 2\,500 \cdot 1,05^x \quad |:2\,500$

$\Leftrightarrow\; 1,8 = 1,05^x$

$\Leftrightarrow\; x = \log_{1,05} 1,8$

$\Leftrightarrow\; x = 12,05$

$L = \{12,05\}$

A: Laura verfügt nach ca. 12 Jahren über diese Summe.

Hinweise und Tipps

241 a)

x	0	5	10	15	20	25
$y = 52\,000 \cdot 1{,}035^x$	52 000	61 760	73 351	87 118	103 469	122 889

x	30	35	40	45	50
$y = 52\,000 \cdot 1{,}035^x$	145 953	173 347	205 882	244 523	290 416

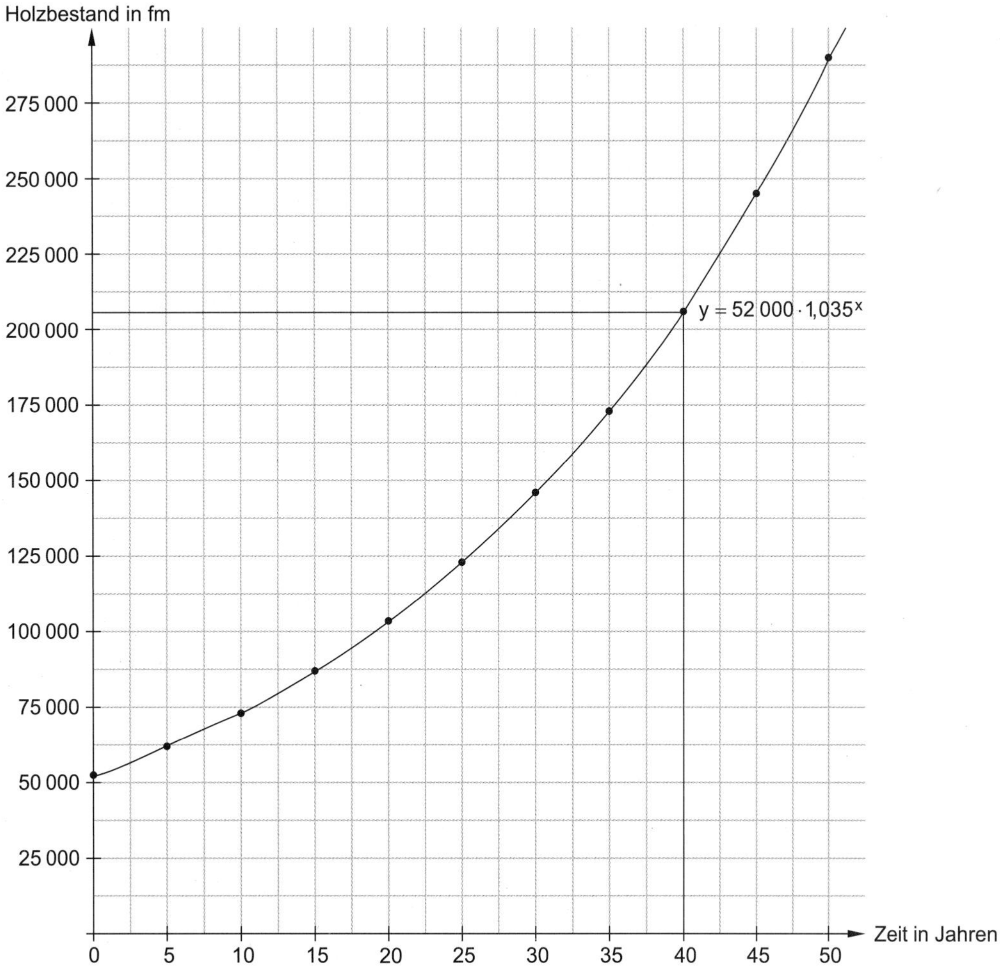

b) Vervierfachung:

$52\,000\text{ fm} \cdot 4 = 208\,000\text{ fm}$

Nach ca. 40 Jahren hat sich der Waldbestand vervierfacht.

Probe:

$$\left.\begin{array}{l} 1{,}035^{40} \approx 3{,}96 \\ 1{,}035^{41} \approx 4{,}1 \end{array}\right\} \text{Faktor 4}$$

$$V(40) = 52\,000 \cdot 1{,}035^{40} = 205\,882\text{ fm}$$

$$V(41) = 52\,000 \cdot 1{,}035^{41} = 213\,087\text{ fm}$$

c)

Setze $52\,000 \cdot 1{,}25 = 65\,000$ für V(x) ein.

$$V(x) = 52\,000 \cdot 1{,}035^x$$

$$\Leftrightarrow \quad 65\,000 = 52\,000 \cdot 1{,}035^x \quad |:52\,000$$

$$\Leftrightarrow \quad 1{,}25 = 1{,}035^x$$

$$\Leftrightarrow \quad x = \log_{1{,}035} 1{,}25$$

$$\Leftrightarrow \quad x = 6{,}49$$

$L = \{6{,}49\}$

A: Der Holzbestand hat sich nach ca. 6,49 Jahren um 25 % vergrößert.

Hinweise und Tipps

242 a) Dieser Vorgang kann durch die Gleichung $m(x) = 120 \cdot 0{,}985^x$ dargestellt werden.

Abklingfaktor: $1 - \frac{1{,}5}{100} = 0{,}985$

b) $m(x) = 120 \cdot 0{,}985^x$ kg

$m(15) = 120 \cdot 0{,}985^{15}$ kg $= 95{,}7$ kg

Nach 15 Wochen würde er nur noch etwa 95,7 kg wiegen.

Setze für die Zeit x = 15 ein.

c)

x	0	5	10	15	20	25	30	35
$y = 120 \cdot 0{,}985^x$	120	111,3	103,2	95,7	88,7	82,2	76,3	70,7

x-Achse: 1 cm ≙ 5 Wochen
y-Achse: 1 cm ≙ 10 kg

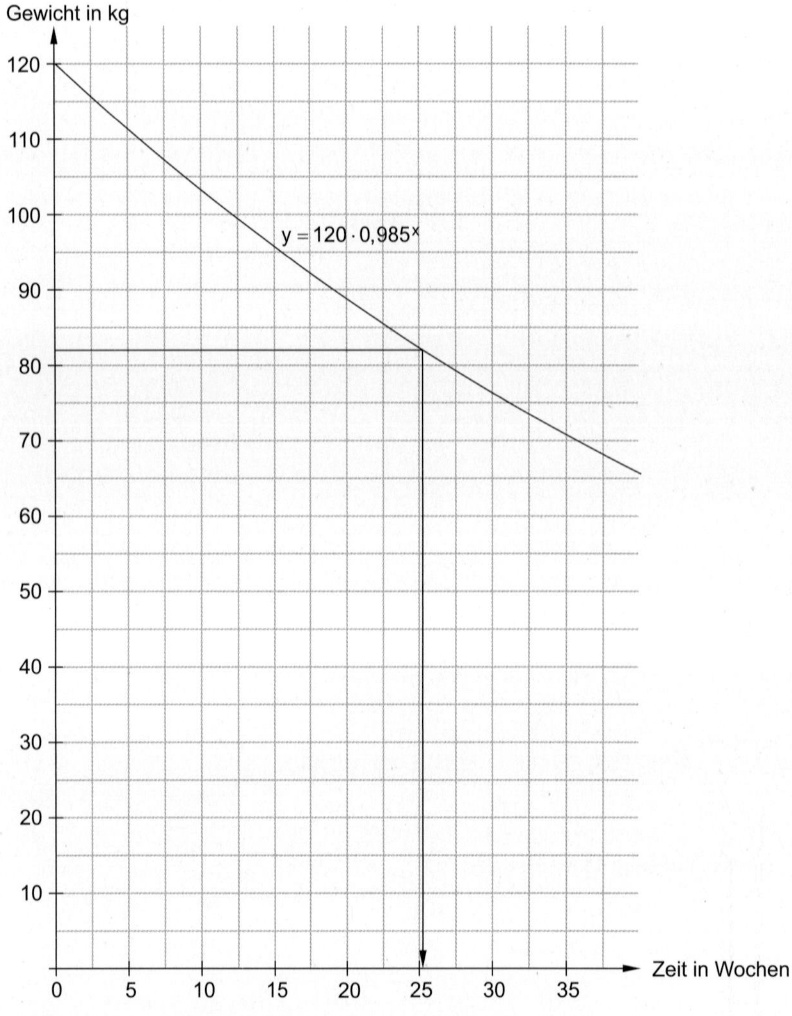

d) Er hätte sein Wunschgewicht nach etwa 25 Wochen, also ca. einem halben Jahr erreicht.

e) $$m(x) = m_0 \cdot \left(1 + \frac{p}{100}\right)^x$$

$$\Leftrightarrow \quad 106\text{ kg} = 82\text{ kg} \cdot \left(1 + \frac{p}{100}\right)^{20} \quad \left| \cdot \frac{1}{82\text{ kg}}\right.$$

$$\Leftrightarrow \quad \frac{53}{41} = \left(1 + \frac{p}{100}\right)^{20} \quad \left| \,^{\frac{1}{20}}\right.$$

Setze die Werte für m(x), m_0 und x ein:
$x = 5 \cdot 4 = 20$ (5 Monate entsprechen 20 Wochen)

Hinweise und Tipps

$$\Leftrightarrow\quad 1+\frac{p}{100}=\left(\frac{53}{41}\right)^{\frac{1}{20}}\qquad |-1$$

$$\Leftrightarrow\quad \frac{p}{100}=\left(\frac{53}{41}\right)^{\frac{1}{20}}-1\qquad |\cdot 100$$

$$\Leftrightarrow\quad p=100\cdot\left[\left(\frac{53}{41}\right)^{\frac{1}{20}}-1\right]$$

$$\Leftrightarrow\quad p=1,29$$

$L=\{1{,}29\}$

A: Die prozentuale wöchentliche Zunahme beträgt ca. 1,29 %.

---

243 a) $y=2,5\cdot 1,018^x=2,5\cdot 1,018^{62}=7,56$

Es hätten 2012 ca. 7,56 Mrd. Menschen auf der Erde gelebt.

Wachstumsfaktor: $1+\frac{1,8}{100}=1,018$
Startwert: 2,5 Milliarden
Zeit in Jahren: $x=62$

b)
$$y=2,5\cdot 1,018^x$$
$$\Leftrightarrow\quad 7,0=2,5\cdot 1,018^x\qquad |:2,5$$
$$\Leftrightarrow\quad 2,8=1,018^x$$
$$\Leftrightarrow\quad x=\log_{1,018}2,8$$
$$\Leftrightarrow\quad x=57,71$$

$L=\{57{,}71\}$

A: Dieser Wert wäre etwa für das Jahr (1950 + 58) 2008 erwartet worden.

c)
$$y=y_0\cdot\left(1+\frac{p}{100}\right)^x$$

$x=2\,050-2\,011=39$

$$\Leftrightarrow\quad 10=7\cdot\left(1+\frac{p}{100}\right)^{39}\qquad \left|\cdot\frac{1}{7}\right.$$

$$\Leftrightarrow\quad \frac{10}{7}=\left(1+\frac{p}{100}\right)^{39}\qquad |^{\frac{1}{39}}$$

$$\Leftrightarrow\quad 1+\frac{p}{100}=\left(\frac{10}{7}\right)^{\frac{1}{39}}\qquad |-1$$

$$\Leftrightarrow\quad \frac{p}{100}=\left(\frac{10}{7}\right)^{\frac{1}{39}}-1\qquad |\cdot 100$$

$$\Leftrightarrow\quad p=100\cdot\left[\left(\frac{10}{7}\right)^{\frac{1}{39}}-1\right]$$

$$\Leftrightarrow\quad p=0,92$$

$L=\{0{,}92\}$

A: Die angenommene Wachstumsrate beträgt ca. 0,92 %.

---

244 a) Gegeben: Startkapital: $K_0=12\,000$ €
Zinssatz: $p=4{,}5$
Kapital nach n Jahren: $K_n=24\,000$ €
Gesucht: Anzahl der Zinsjahre: n

Die Gleichung $y=12\,000\cdot 1{,}045^x$ beschreibt diesen (Wachstums-)Prozess. Dabei ist x die Anzahl der Jahre und y der Zahlenwert des Kapitals.

Hinweise und Tipps

$$K_n = K_0 \cdot \left(1+\frac{p}{100}\right)^n$$

$$\Leftrightarrow \quad 24\,000\,€ = 12\,000\,€ \cdot 1{,}045^n \quad \Big|\cdot \frac{1}{12\,000\,€}$$

$$\Leftrightarrow \quad 1{,}045^n = 2$$

Logarithmiere.

$$\Leftrightarrow \quad n = \log_{1{,}045} 2$$

$$\Leftrightarrow \quad n = 15{,}75$$

$L = \{15{,}75\}$

A: Das Kapital hat sich nach 15,75 Jahren verdoppelt.

b) Gegeben: Startkapital: $K_0 = 12\,000$ €
Anzahl der Zinsjahre: $n = 8$
Kapital nach n Jahren: $K_n = 24\,000$ €
Gesucht: Zinssatz: p

$$K_n = K_0 \cdot \left(1+\frac{p}{100}\right)^n$$

$$\Leftrightarrow \quad 24\,000\,€ = 12\,000\,€ \cdot \left(1+\frac{p}{100}\right)^8 \quad \Big|\cdot \frac{1}{12\,000\,€}$$

$$\Leftrightarrow \quad \left(1+\frac{p}{100}\right)^8 = 2 \quad \Big|\,\sqrt[8]{}$$

$$\Leftrightarrow \quad 1+\frac{p}{100} = 2^{\frac{1}{8}} \quad |-1$$

Da p positiv ist, handelt es sich hier um eine Äquivalenzumformung.

$$\Leftrightarrow \quad \frac{p}{100} = 2^{\frac{1}{8}} - 1 \quad |\cdot 100$$

$$\Leftrightarrow \quad p = 100 \cdot (2^{\frac{1}{8}} - 1)$$

$$\Leftrightarrow \quad p = 9{,}05$$

$L = \{9{,}05\}$

A: Der Zinssatz beträgt 9,05 %.

c) Gegeben: Startkapital: K_0
Anzahl der Zinsjahre: $n = 8$
Kapital nach n Jahren: $K_n = 2K_0$
Gesucht: Zinssatz: p

$$K_n = K_0 \cdot \left(1+\frac{p}{100}\right)^n$$

$$\Leftrightarrow \quad 2K_0 = K_0 \cdot \left(1+\frac{p}{100}\right)^8 \quad |:K_0$$

Kürzen des Faktors K_0. Das Ergebnis der Gleichung ist somit unabhängig vom Anfangskapital K_0.

$$\Leftrightarrow \quad 2 = \left(1+\frac{p}{100}\right)^8 \quad \Big|\,\sqrt[8]{}$$

$$\Leftrightarrow \quad 2^{\frac{1}{8}} = 1+\frac{p}{100} \quad |-1$$

$$\Leftrightarrow \quad 2^{\frac{1}{8}} - 1 = \frac{p}{100} \quad |\cdot 100$$

$$\Leftrightarrow \quad p = 100 \cdot (2^{\frac{1}{8}} - 1)$$

$$\Leftrightarrow \quad p = 9{,}05$$

$L = \{9{,}05\}$

A: Unabhängig vom Anfangskapital beträgt der Zinssatz (in Prozent) 9,05 %.

Hinweise und Tipps

245 a) Gegeben: Anfangsmasse: $N_0 = 50$ mg
Zerfallszeitraum in Tagen: $t = 7$
Noch vorhandene Masse zum Zeitpunkt t:
$N(t) = 27{,}31$ mg
Gesucht: Halbwertszeit: T

$$N(t) = N_0 \cdot 0{,}5^{\frac{t}{T}}$$

Setze die gegebenen Werte in die Funktionsgleichung ein.

$$\Leftrightarrow \quad 27{,}31\text{ mg} = 50\text{ mg} \cdot 0{,}5^{\frac{7}{T}} \qquad \left| \cdot \frac{1}{50\text{ mg}} \right.$$

$$\Leftrightarrow \quad \frac{27{,}31}{50} = 0{,}5^{\frac{7}{T}}$$

$$\Leftrightarrow \quad \frac{7}{T} = \log_{0{,}5} \frac{27{,}31}{50} \qquad \left| \cdot \frac{T}{\log_{0{,}5} 0{,}55} \right.$$

$$\Leftrightarrow \quad T = \frac{7}{\log_{0{,}5} \frac{27{,}31}{50}}$$

$$\Leftrightarrow \quad T = 8{,}02$$

$L = \{8{,}02\}$

A: Die Halbwertszeit beträgt ca. 8 Tage.

b) Gegeben: Anfangsmasse: $N_0 = 50$ mg
Halbwertszeit in Tagen: $T = 8$
Zerfallszeitraum in Tagen: $t = 28$
Gesucht: Noch vorhandene Masse zum Zeitpunkt t: N(28)

$$N(t) = N_0 \cdot 0{,}5^{\frac{t}{T}}$$

$$N(28) = 50\text{ mg} \cdot 0{,}5^{\frac{28}{8}} = 4{,}42\text{ mg}$$

$L = \{4{,}42\}$

A: Nach 28 Tagen sind nur noch etwa 4,42 mg Jod-131 vorhanden.

c)
- Argumentative Lösung:
  Nach 8 Tagen sind noch 50 % der Ausgangsmenge vorhanden, die restlichen 50 % sind zerfallen. Nach weiteren 8 Tagen sind noch 25 % der Ausgangsmasse vorhanden, sodass also nach 16 Tagen 75 % der Ausgangsmasse zerfallen sind.
- Rechnerische Lösung:
  Gegeben: Anfangsmasse: $N_0 = 50$ mg
  Halbwertszeit in Tagen: $T = 8$
  Noch vorhandene Masse zum Zeitpunkt t:
  $N(t) = 50\text{ mg} \cdot 0{,}25 = 12{,}50$ mg
  Gesucht: Zerfallszeitraum in Tagen: t

$$N(t) = N_0 \cdot 0{,}5^{\frac{t}{T}}$$

$$\Leftrightarrow \quad 12{,}50\text{ mg} = 50\text{ mg} \cdot 0{,}5^{\frac{t}{8}} \qquad \left| \cdot \frac{1}{50\text{ mg}} \right.$$

$$\Leftrightarrow \quad 0{,}25 = 0{,}5^{\frac{t}{8}}$$

$$\Leftrightarrow \quad \frac{t}{8} = \log_{0{,}5} 0{,}25 \qquad | \cdot 8$$

$$\Leftrightarrow \quad t = 8 \cdot 2$$

$$\Leftrightarrow \quad t = 16$$

$L = \{16\}$

A: Nach 16 Tagen sind 75 % der Ausgangsmasse zerfallen.

Hinweise und Tipps

Die Gleichung $y = 1\,250 \cdot 0{,}5^{\frac{t}{27}}$ beschreibt den radioaktiven Zerfall von Pb-214.

246 a) Gegeben: Anfangsmasse: $N_0 = 1\,250$ g
Halbwertszeit in Minuten: $T = 27$
Noch vorhandene Masse zum Zeitpunkt t:
$N(t) = 200$ g
Gesucht: Zerfallszeitraum in Minuten: t

$$N(t) = N_0 \cdot 0{,}5^{\frac{t}{T}}$$
$$\Leftrightarrow \quad 200\text{ g} = 1\,250\text{ g} \cdot 0{,}5^{\frac{t}{27}} \quad \left| \cdot \frac{1}{1\,250\text{ g}} \right.$$
$$\Leftrightarrow \quad 0{,}16 = 0{,}5^{\frac{t}{27}}$$
$$\Leftrightarrow \quad \frac{t}{27} = \log_{0,5} 0{,}16 \quad |\cdot 27$$
$$\Leftrightarrow \quad t = 27 \cdot \log_{0,5} 0{,}16$$
$$\Leftrightarrow \quad t = 71{,}38$$
$L = \{71{,}38\}$

A: Nach ca. 71,38 Minuten sind nur noch 200 g Pb-214 übrig.

b) Gegeben: Anfangsmasse: N_0
Halbwertszeit in Minuten: $T = 27$
Noch vorhandene Masse zum Zeitpunkt t:
$N(t) = N_0 \cdot 0{,}05$
Gesucht: Zerfallszeitraum in Minuten: t

$$N(t) = N_0 \cdot 0{,}5^{\frac{t}{T}}$$
$$\Leftrightarrow \quad N_0 \cdot 0{,}05 = N_0 \cdot 0{,}5^{\frac{t}{27}} \quad |:N_0$$
$$\Leftrightarrow \quad 0{,}05 = 0{,}5^{\frac{t}{27}}$$
$$\Leftrightarrow \quad \frac{t}{27} = \log_{0,5} 0{,}05 \quad |\cdot 27$$
$$\Leftrightarrow \quad t = 27 \cdot \log_{0,5} 0{,}05$$
$$\Leftrightarrow \quad t = 116{,}69$$
$L = \{116{,}69\}$

A: Nach ca. 116,69 Minuten sind nur noch 5 % der Anfangsmasse übrig.

---

247 a) Bakterienkultur 1:

$$f_1\colon\ y = 25 \cdot \left(1 + \frac{5}{100}\right)^x \text{ mg}$$
$$y = 25 \cdot 1{,}05^x \text{ mg}$$

$a > 0$: Wachstumsprozess

Bakterienkultur 2:

$$f_2\colon\ y = 42 \cdot \left(1 - \frac{12}{100}\right)^x \text{ mg}$$
$$y = 42 \cdot 0{,}88^x \text{ mg}$$

$a < 0$: Abklingprozess

b)

x	0	1	2	3	4	5	6	7	8	9	10
$f_1\colon y_1 = 25 \cdot 1{,}05^x$	25	26,25	27,56	28,94	30,39	31,91	33,50	35,18	36,94	38,78	40,72
$f_2\colon y_2 = 42 \cdot 0{,}88^x$	42	36,96	32,53	28,62	25,19	22,16	19,50	17,16	15,10	13,29	11,70

Hinweise und Tipps

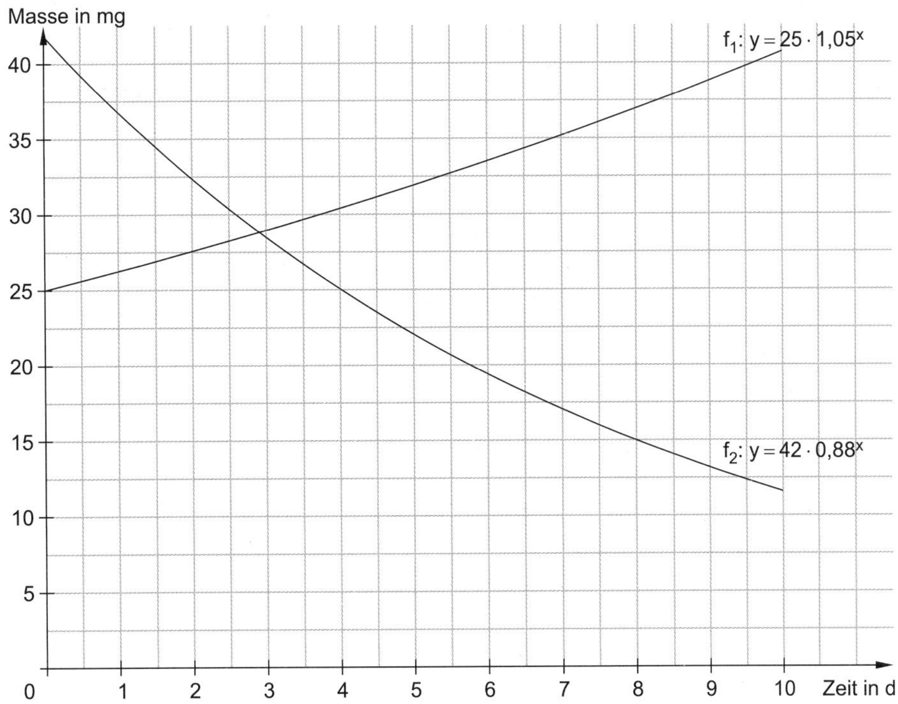

c) $f_1: \; y = 25 \cdot 1{,}05^x$

$y = 25 \cdot 1{,}05^{18} = 60{,}17$

A: Die Masse beträgt nach 18 Tagen ca. 60 mg.

d) $f_2:$

$$\begin{aligned} & y = 42 \cdot 0{,}88^x \\ \Leftrightarrow \quad & 5 = 42 \cdot 0{,}88^x \quad \left| \cdot \frac{1}{42} \right. \\ \Leftrightarrow \quad & 0{,}12 = 0{,}88^x \\ \Leftrightarrow \quad & 0{,}88^x = 0{,}12 \\ \Leftrightarrow \quad & x = \log_{0{,}88} 0{,}12 \\ \Leftrightarrow \quad & x = 16{,}59 \end{aligned}$$

Logarithmiere.

$L = \{16{,}59\}$

A: Nach 16,59 Tagen hat die zweite Bakterienkultur eine Masse von 5 mg.

e)

$$\left| \begin{aligned} & y = 25 \cdot 1{,}05^x \\ \wedge \; & y = 42 \cdot 0{,}88^x \end{aligned} \right.$$

$$\begin{aligned} \Rightarrow \quad & 25 \cdot 1{,}05^x = 42 \cdot 0{,}88^x \quad (\mathrm{I} = \mathrm{II}) \quad \left| \cdot \frac{1}{25 \cdot 0{,}88^x} \right. \\ \Leftrightarrow \quad & \frac{1{,}05^x}{0{,}88^x} = \frac{42}{25} \\ \Leftrightarrow \quad & 1{,}19^x = 1{,}68 \\ \Leftrightarrow \quad & x = \log_{1{,}19} 1{,}68 \\ \Leftrightarrow \quad & x = 2{,}98 \end{aligned}$$

$L = \{2{,}98\}$

A: Nach etwa 3 Tagen sind die beiden Kulturen gleich schwer.

Hinweise und Tipps

3.3 Trigonometrie

248 a) $\alpha = 0°$:

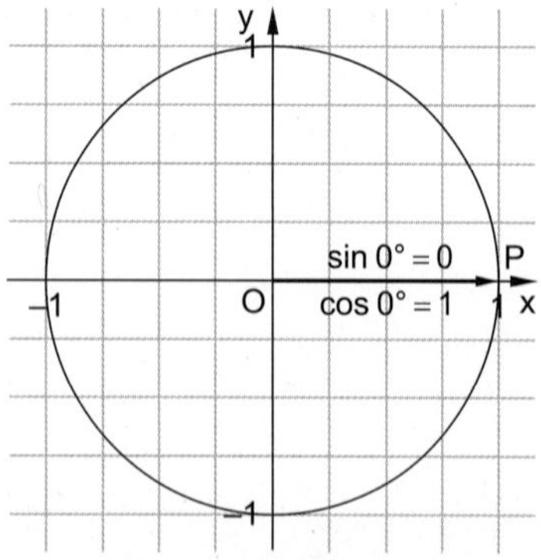

In diesem Fall entsteht kein Dreieck. Deshalb ist $\sin 0° = 0$.

b) $\alpha = 90°$:

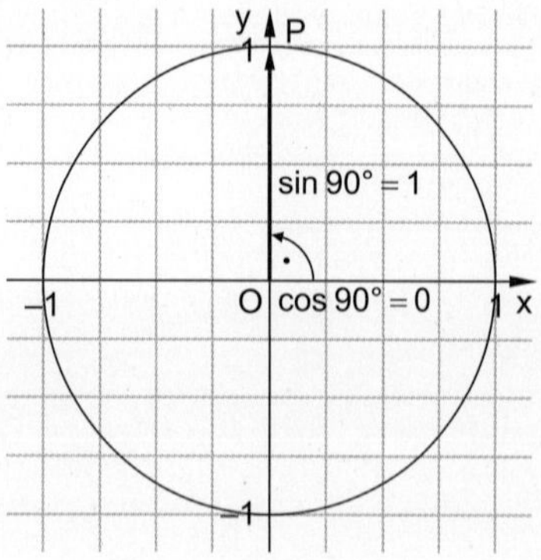

In diesem Fall entsteht kein Dreieck. Deshalb ist $\cos 90° = 0$.

c) $\alpha = 180°$:

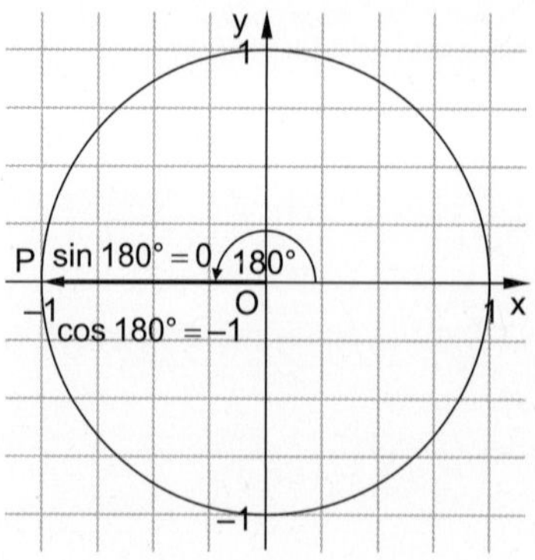

In diesem Fall entsteht kein Dreieck. Deshalb ist $\sin 180° = 0$.

d) $\alpha = 270°$:

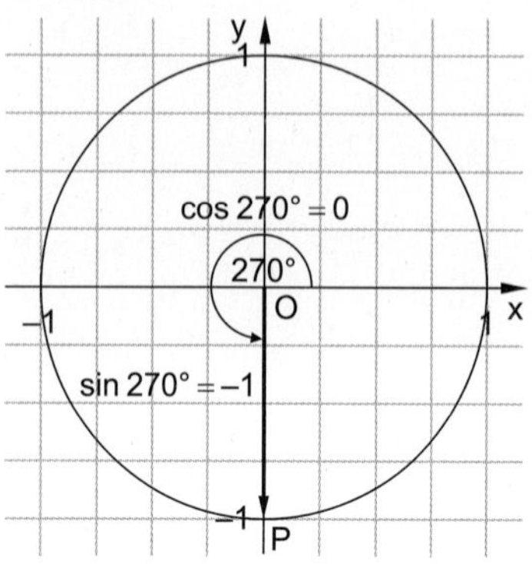

In diesem Fall entsteht kein Dreieck. Deshalb ist $\cos 270° = 0$.

e) $\alpha = 120°$:

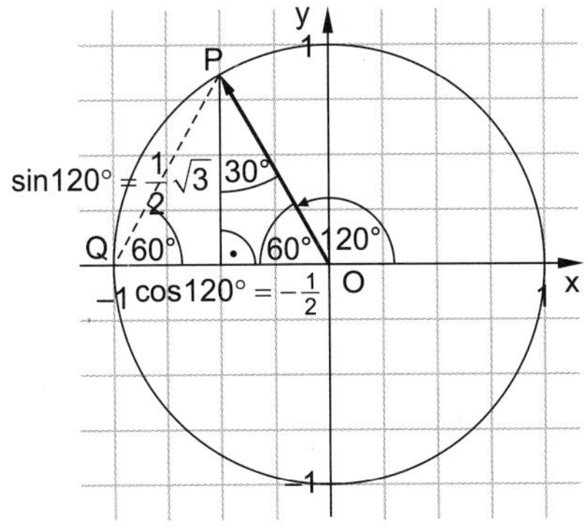

Hinweise und Tipps

Das Dreieck QOP ist ein gleichseitiges Dreieck mit der Seitenlänge 1 LE und der Höhe $h_P = \frac{1}{2}\sqrt{3}$ LE.

Es gilt also (Vorzeichen beachten!):

$$\overrightarrow{OP} = \begin{pmatrix} \cos 120° \\ \sin 120° \end{pmatrix} = \begin{pmatrix} -\frac{1}{2} \\ \frac{1}{2}\sqrt{3} \end{pmatrix}$$

f) $\alpha = 150°$:

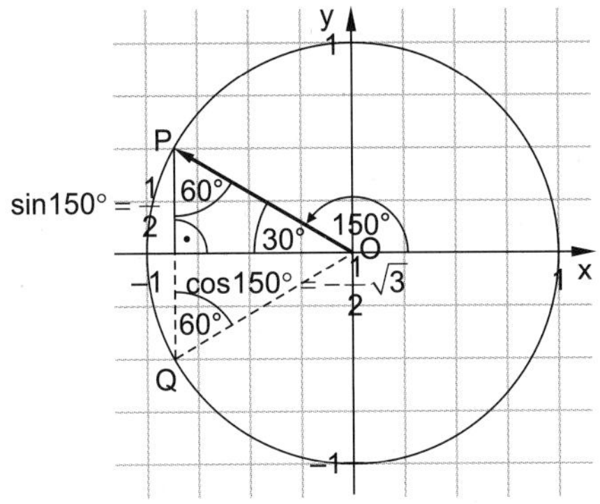

Das Dreieck QOP ist ein gleichseitiges Dreieck mit der Seitenlänge 1 LE und der Höhe $h_O = \frac{1}{2}\sqrt{3}$ LE.

Es gilt also (Vorzeichen beachten!):

$$\overrightarrow{OP} = \begin{pmatrix} \cos 150° \\ \sin 150° \end{pmatrix} = \begin{pmatrix} -\frac{1}{2}\sqrt{3} \\ \frac{1}{2} \end{pmatrix}$$

---

249 a)

$\cos 30° = \frac{1}{2}\sqrt{3}$	(w)	
$-\sin 30° = \frac{1}{2}$	(f)	Korrekt: $-\sin 30° = -\frac{1}{2}$
$\sin(-30°) = -\frac{1}{2}$	(w)	
$\cos(-30°) = -\frac{1}{2}\sqrt{3}$	(f)	Korrekt: $\cos(-30°) = \frac{1}{2}\sqrt{3}$

b)

$\cos 90° = 0$	(w)	
$-\sin 90° = -1$	(w)	
$\sin(-90°) = 1$	(f)	Korrekt: $\sin(-90°) = -1$
$-\cos(-90°) = 1$	(f)	Korrekt: $-\cos(-90°) = 0$

c)

$\cos 60° = \frac{1}{2}\sqrt{2}$	(f)	Korrekt: $\cos 60° = \frac{1}{2}$
$-\sin 60° = -\frac{1}{2}\sqrt{2}$	(f)	Korrekt: $-\sin 60° = -\frac{1}{2}\sqrt{3}$
$\sin 60° = \frac{1}{2}$	(f)	Korrekt: $\sin 60° = \frac{1}{2}\sqrt{3}$
$\cos(-60°) = \frac{1}{2}$	(w)	

Hinweise und Tipps

d) $\cos(2\cdot 22{,}5°) = -\frac{1}{2}\sqrt{2}$ (f) Korrekt: $\cos(2\cdot 22{,}5°) = \frac{1}{2}\sqrt{2}$

$\sin(2\cdot 22{,}5°) = \frac{1}{2}\sqrt{2}$ (w)

$\sin(-2\cdot 22{,}5°) = -\frac{1}{2}\sqrt{2}$ (w)

$-\cos(2\cdot 22{,}5°) = \frac{1}{2}\sqrt{2}$ (f) Korrekt: $-\cos 2\cdot 22{,}5° = -\frac{1}{2}\sqrt{2}$

e) $\cos(-30°) = -\frac{1}{2}\sqrt{3}$ (f) Korrekt: $\cos(-30°) = \cos 30° = \frac{1}{2}\sqrt{3}$

$-\sin(-30°) = \frac{1}{2}$ (w)

$\sin(-30°) = \frac{1}{2}$ (f) Korrekt: $\sin(-30°) = -\sin 30° = -\frac{1}{2}$

$-\cos 30° = -\frac{1}{2}\sqrt{3}$ (w)

f) $\cos(-270°) = 0$ (w)

$-\sin(-270°) = 1$ (f) Korrekt: $-\sin(-270°) = \sin 270° = -1$

$\sin(-270°) = 1$ (w)

$\cos(-270°) = 1$ (f) Korrekt: $\cos(-270°) = \cos 270° = 0$

---

250 a) $\sin 35° = \sin(180° - 145°) = \sin \mathbf{145°}$
oder:
$\sin 35° = \sin(180° - 35°) = \sin \mathbf{145°}$

Anwendung der Supplementbeziehung: $\sin(180° - \alpha) = \sin\alpha$

b) $\sin 106° = \sin(180° - 74°) = \sin \mathbf{74°}$
oder:
$\sin 106° = \sin(180° - 106°) = \sin \mathbf{74°}$

Anwendung der Supplementbeziehung: $\sin(180° - \alpha) = \sin\alpha$

c) $\sin 237° = \sin(180° + 57°) = -\sin \mathbf{57°} = -\sin(180° - 57°)$
$= -\sin \mathbf{123°}$
oder:
$\sin 237° = -\sin(360° - 237°) = -\sin \mathbf{123°} = -\sin(180° - 123°)$
$= -\sin \mathbf{57°}$

Anwendung der Beziehung: $\sin(180° + \alpha) = -\sin\alpha$

d) $\sin 348° = \sin(360° - 12°) = -\sin \mathbf{12°}$

Anwendung der Beziehung: $\sin(360° - \alpha) = -\sin\alpha$

e) $\cos 41° = \cos(180° - 139°) = -\cos \mathbf{139°}$

Anwendung der Supplementbeziehung: $\cos(180° - \alpha) = -\cos\alpha$

f) $\cos 112° = \cos(180° - 68°) = -\cos \mathbf{68°}$

Anwendung der Supplementbeziehung: $\cos(180° - \alpha) = -\cos\alpha$

g) $\cos 243° = \cos(180° + 63°) = -\cos \mathbf{63°}$

Anwendung der Beziehung: $\cos(180° + \alpha) = -\cos\alpha$

h) $\cos 314° = \cos(360° - 46°) = \cos \mathbf{46°}$

Anwendung der Beziehung: $\cos(360° - \alpha) = \cos\alpha$

---

251 a)
$\cos\alpha = \sin 24°$
$\Leftrightarrow \cos\alpha = \cos(90° - 24°)$
$\Leftrightarrow \cos\alpha = \cos 66°$
$\Leftrightarrow \alpha = 66°$

Komplementbeziehung: $\sin\alpha = \cos(90° - \alpha)$

Hinweise und Tipps

b) $\sin\alpha = \cos 78°$

$\Leftrightarrow \sin\alpha = \sin(90° - 78°)$

$\Leftrightarrow \sin\alpha = \sin 12°$

$\Leftrightarrow \alpha = 12°$

Komplementbeziehung: $\cos\alpha = \sin(90° - \alpha)$

c) $\cos 325° - \sin\alpha = 0 \quad | + \sin\alpha$

$\Leftrightarrow \cos 325° = \sin\alpha$

$\Leftrightarrow \cos(360° - 325°) = \sin\alpha$

$\Leftrightarrow \cos 35° = \sin\alpha$

$\Leftrightarrow \sin(90° - 35°) = \sin\alpha$

$\Leftrightarrow \sin 55° = \sin\alpha$

$\Leftrightarrow \alpha = 55°$

Beziehung in gegenüberliegenden Quadranten: $\cos(360° - \alpha) = \cos\alpha$

Komplementbeziehung: $\cos\alpha = \sin(90° - \alpha)$

d) $\sin 123° - \cos\alpha = 0 \quad | + \cos\alpha$

$\Leftrightarrow \sin 123° = \cos\alpha$

$\Leftrightarrow \sin(180° - 123°) = \cos\alpha$

$\Leftrightarrow \sin 57° = \cos\alpha$

$\Leftrightarrow \cos(90° - 57°) = \cos\alpha$

$\Leftrightarrow \cos 33° = \cos\alpha$

$\Leftrightarrow \alpha = 33°$

Supplementbeziehung: $\sin(180° - \alpha) = \sin\alpha$

Komplementbeziehung: $\sin\alpha = \cos(90° - \alpha)$

---

252 a) Es gilt:

$\alpha_1 \in \,]0°; 90°[$ und $\alpha_2 \in \,]90°; 180°[$

Der Taschenrechner liefert:

[SIN⁻¹] $0{,}8 = 53{,}13°$

Es folgt:

$\sin\alpha = 0{,}8$

$\Leftrightarrow \alpha_1 = 53{,}13° \lor \alpha_2 = 180° - \alpha_1$

$\Leftrightarrow \alpha_1 = 53{,}13° \lor \alpha_2 = 180° - 53{,}13°$

$\Leftrightarrow \alpha_1 = 53{,}13° \lor \alpha_2 = 126{,}87°$

$L = \{53{,}13°; 126{,}87°\}$

Wegen $\sin\alpha = 0{,}8 \in \,]0; 1[$ gehören die gesuchten Winkelmaße zu Winkeln im I. und II. Quadranten.

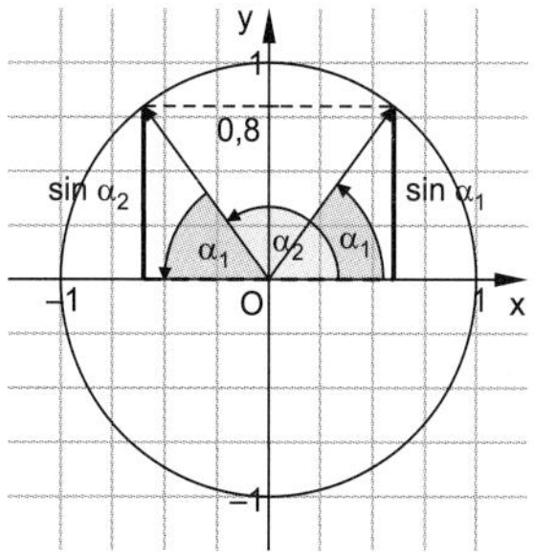

b) Es gilt:

$\alpha_1 \in \,]180°; 270°[$ und $\alpha_2 \in \,]270°; 360°[$

Der Taschenrechner liefert:

[SIN⁻¹] $-0{,}71 = -45{,}23° \quad (\alpha^* = 45{,}23°)$

Es folgt:

$\sin\alpha = -0{,}71$

$\Leftrightarrow \alpha_1 = 180° + \alpha^* \quad \lor \alpha_2 = 360° - \alpha^*$

$\Leftrightarrow \alpha_1 = 180° + 45{,}23° \quad \lor \alpha_2 = 360° - 45{,}23°$

$\Leftrightarrow \alpha_1 = 225{,}23° \quad \lor \alpha_2 = 314{,}77°$

$L = \{225, 23°; 314{,}77°\}$

Wegen $\sin\alpha = -0{,}71 \in \,]-1; 0[$ gehören die gesuchten Winkelmaße zu Winkeln im III. und IV. Quadranten.

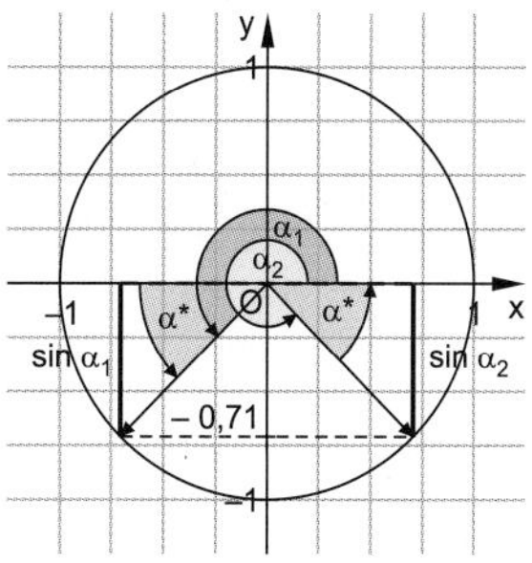

c) Es gilt:
$\alpha_1 \in\ ]0°; 90°[$ und $\alpha_2 \in\ ]270°; 360°[$

Der Taschenrechner liefert:
$\boxed{\text{COS}^{-1}}\ 0{,}9 = 25{,}84°$

Es folgt:

$$\cos\alpha = 0{,}9$$
$$\Leftrightarrow\ \alpha_1 = 25{,}84° \ \vee\ \alpha_2 = 360° - \alpha_1$$
$$\Leftrightarrow\ \alpha_1 = 25{,}84° \ \vee\ \alpha_2 = 360° - 25{,}84°$$
$$\Leftrightarrow\ \alpha_1 = 25{,}84° \ \vee\ \alpha_2 = 334{,}16°$$

$L = \{25{,}84°; 334{,}16°\}$

Hinweise und Tipps

Wegen $\cos\alpha = 0{,}9 \in\ ]0; 1[$ gehören die gesuchten Winkelmaße zu Winkeln im I. und IV. Quadranten.

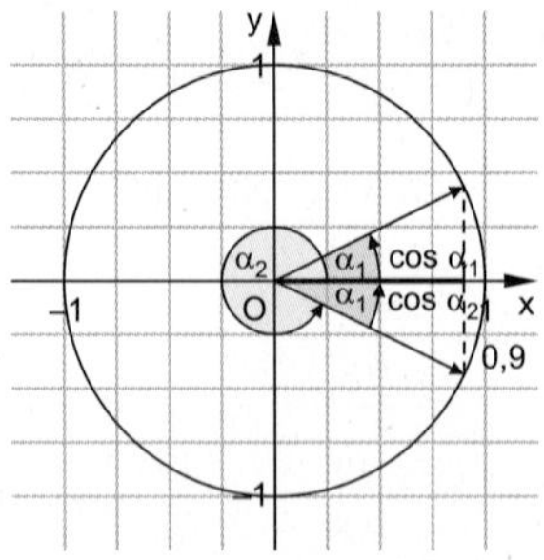

d) Es gilt:
$\alpha_1 \in\ ]90°; 180°[$ und $\alpha_2 \in\ ]180°; 270°[$

Der Taschenrechner liefert:
$\boxed{\text{COS}^{-1}}\ -0{,}5 = 120°$

Es folgt:

$$\cos\alpha = -0{,}5$$
$$\Leftrightarrow\ \alpha_1 = 120° \ \vee\ \alpha_2 = 360° - \alpha_1$$
$$\Leftrightarrow\ \alpha_1 = 120° \ \vee\ \alpha_2 = 360° - 120°$$
$$\Leftrightarrow\ \alpha_1 = 120° \ \vee\ \alpha_2 = 240°$$

$L = \{120°; 240°\}$

Wegen $\cos\alpha = -0{,}5 \in\ ]-1; 0[$ gehören die gesuchten Winkelmaße zu Winkeln im II. und III. Quadranten.

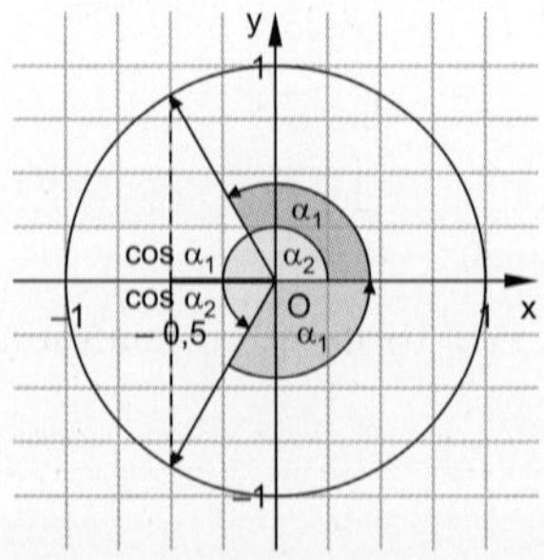

e) Es gilt:
$\alpha_1 \in\ ]0°; 90°[$ und $\alpha_2 \in\ ]180°; 270°[$

Der Taschenrechner liefert:
$\boxed{\text{TAN}^{-1}}\ 0{,}75 = 36{,}87°$

Es folgt:

$$\tan\alpha = 0{,}75$$
$$\Leftrightarrow\ \alpha_1 = 36{,}87° \ \vee\ \alpha_2 = 180° + \alpha_1$$
$$\Leftrightarrow\ \alpha_1 = 36{,}87° \ \vee\ \alpha_2 = 180° + 36{,}87°$$
$$\Leftrightarrow\ \alpha_1 = 36{,}87° \ \vee\ \alpha_2 = 216{,}87°$$

$L = \{36{,}87°; 216{,}87°\}$

Wegen $\tan\alpha = 2{,}5 \in \mathbb{R}_0^+$ gehören die gesuchten Winkelmaße zu Winkeln im I. und III. Quadranten.

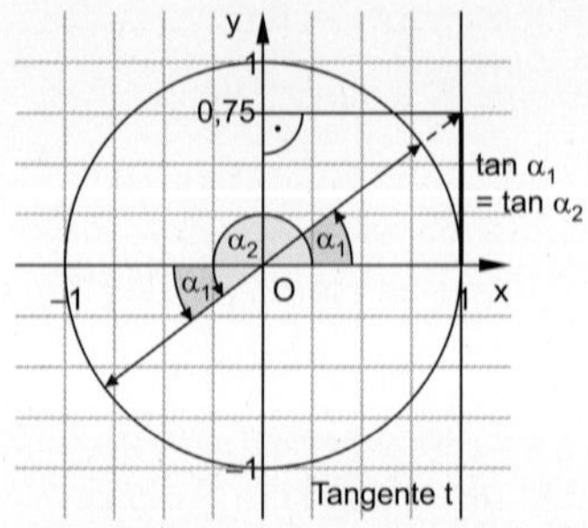

f) Es gilt:
$\alpha_1 \in\ ]90°; 180°[$ und $\alpha_2 \in\ ]270°; 360°[$

Der Taschenrechner liefert:
$\boxed{\text{TAN}^{-1}}\ -0{,}4 = -21{,}80° \quad (\alpha^* = 21{,}80°)$

Es folgt:

$$\tan\alpha = -0{,}4$$
$$\Leftrightarrow\ \alpha_1 = 180° - \alpha^* \ \vee\ \alpha_2 = 360° - \alpha^*$$
$$\Leftrightarrow\ \alpha_1 = 180° - 21{,}80° \ \vee\ \alpha_2 = 360° - 21{,}80°$$
$$\Leftrightarrow\ \alpha_1 = 158{,}20° \ \vee\ \alpha_2 = 338{,}20°$$

$L = \{158{,}20°; 338{,}20°\}$

Wegen $\tan\alpha = 2{,}5 \in \mathbb{R}_0^+$ gehören die gesuchten Winkelmaße zu Winkeln im I. und III. Quadranten.

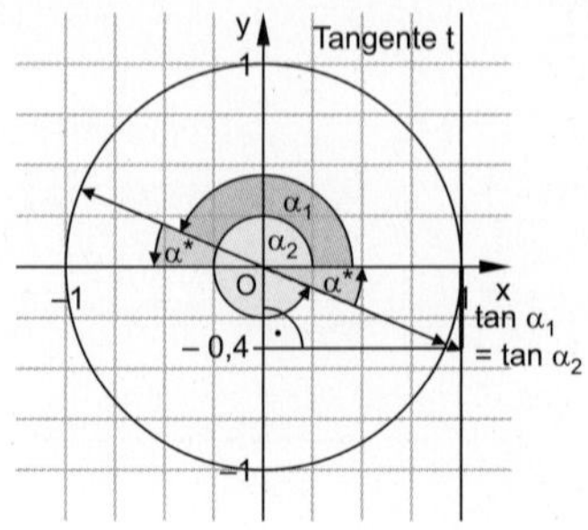

Hinweise und Tipps

253 Berechnung des Maßes des Steigungswinkels α der Geraden g: $y = x + 1$:

$m = 1 \Rightarrow \tan\alpha = 1$

$\Rightarrow \alpha = 45°$

Berechnung des Maßes des Steigungswinkels β der Geraden h: $y = 0{,}5x + 1$:

$m = 0{,}5 \Rightarrow \tan\beta = 0{,}5$

$\Rightarrow \beta = 26{,}57°$

Berechnung der Maße der Schnittwinkel:
Schnittwinkelmaß γ_1 von $\sphericalangle(h; g)$:
$\gamma_1 = \alpha - \beta = 45° - 26{,}57° = 18{,}43°$

Schnittwinkelmaß γ_2 von $\sphericalangle(g; h)$:
$\gamma_2 = 180° - \gamma_1 = 180° - 18{,}43° = 161{,}57°$

Die Steigungswinkel der Geraden sind jeweils deren Schnittwinkel mit jeder Parallelen zur x-Achse.

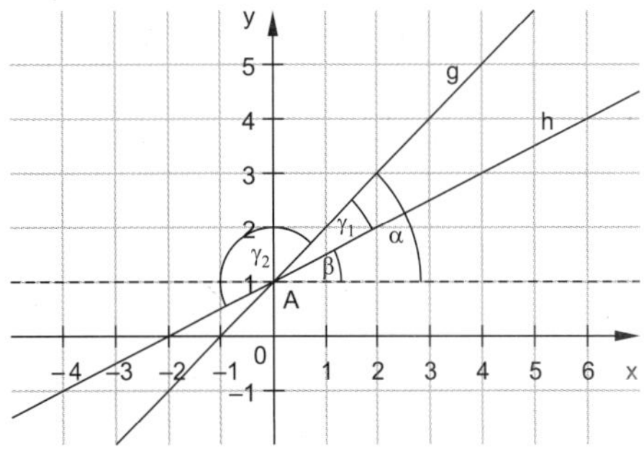

Zwei Geraden besitzen immer zwei Schnittwinkel, die sich zu 180° ergänzen.

---

254 Zunächst Berechnung der Steigung m der Geraden g:
$m = \tan\alpha = \tan 30° = 0{,}58$

Einsetzen von $P(2\,|\,0)$ in die Normalform der Geradengleichung:

$y = mx + t$

$0 = 0{,}58 \cdot 2 + t$

$t = -1{,}16$

also: g: $y = 0{,}58x - 1{,}16$

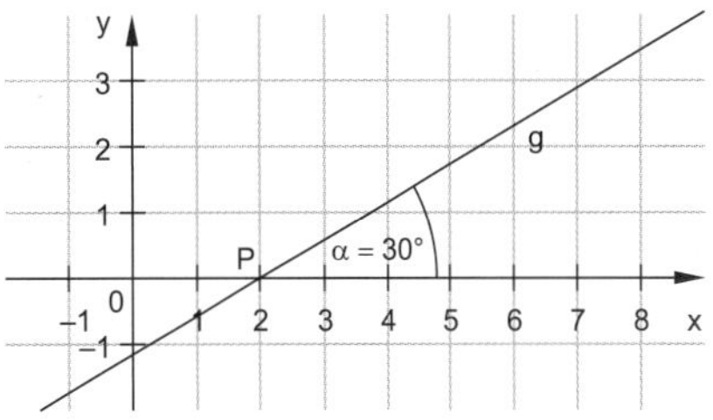

---

255 Berechnung des Flächeninhalts:

$$A_{\Delta ABC} = \frac{1}{2} \cdot a \cdot b \cdot \sin\gamma = \frac{1}{2} \cdot 5\text{ cm} \cdot 6\text{ cm} \cdot \sin 80° = 14{,}77\text{ cm}^2$$

Berechnung des Abstands $|\overline{AE}|$ des Punktes A von $\overline{BC}$:

$$A_{\Delta ABC} = \frac{1}{2} \cdot g \cdot h$$

$$A_{\Delta ABC} = \frac{1}{2} \cdot |\overline{BC}| \cdot |\overline{AE}| \qquad \Big| \cdot \frac{2}{|\overline{BC}|}$$

$$|\overline{AE}| = \frac{2 \cdot A_{\Delta ABC}}{|\overline{BC}|}$$

$$|\overline{AE}| = \frac{2 \cdot 14{,}77\text{ cm}^2}{5\text{ cm}}$$

$$|\overline{AE}| = 5{,}91\text{ cm}$$

Analoge Berechnung des Abstandes $|\overline{BD}|$ des Punktes B von $\overline{CA}$:

$$|\overline{BD}| = \frac{2 \cdot A_{\Delta ABC}}{|\overline{CA}|} = \frac{2 \cdot 14{,}77}{6\text{ cm}} = 4{,}92\text{ cm}$$

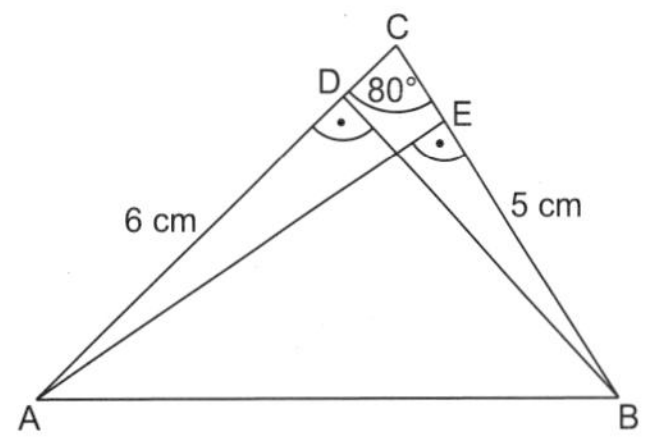

Die Abstände sind die Lote auf die gegenüberliegenden Seiten, also die Höhen.

Setze den Flächeninhalt und die Grundlinie ein.

Hinweise und Tipps

256 Berechnung von $|\overline{AB}|$ mithilfe der Fläche des gleichschenkligen Dreiecks ABC:

$$A_{\Delta ABC} = \frac{1}{2} \cdot |\overline{AB}| \cdot |\overline{BC}| \cdot \sin\beta \quad \text{mit } |\overline{BC}| = |\overline{AB}|$$

$$5\,\text{dm}^2 = \frac{1}{2} \cdot |\overline{AB}|^2 \cdot \sin 50° \quad \Big| \cdot \frac{2}{\sin 50°}$$

$$|\overline{AB}|^2 = \frac{2 \cdot 5\,\text{dm}^2}{\sin 50°} \quad \Big| \sqrt{}$$

$$|\overline{AB}| = \sqrt{\frac{10}{\sin 50°}}\,\text{dm}$$

$$|\overline{AB}| = 3{,}61\,\text{dm}$$

Die Innenwinkel einer Raute sind bereits durch die Angabe eines Innenwinkels festgelegt (gegenüberliegende Winkel sind gleich groß; Winkelsumme 360°).

Die Raute lässt sich in zwei gleich große gleichschenklige Dreiecke zerlegen.

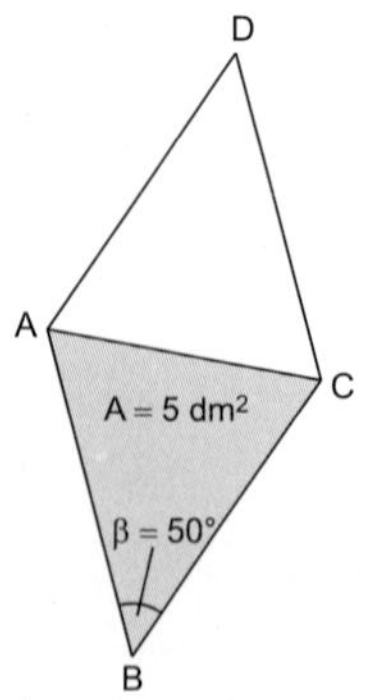

257 Zeichnung:

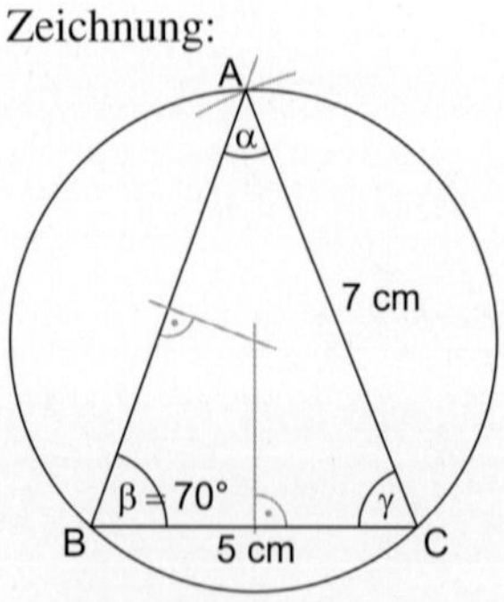

(verkleinerte Darstellung im Maßstab 1 : 2)

- Zeichne $\overline{BC}$ mit a = 5 cm Länge.
- Zeichne den Winkel CBA mit dem Maß β = 70°.
- Zeichne einen Kreis um C mit Radius r = 7 cm.
- A ist der Schnittpunkt des freien Schenkels von β mit dem Kreis.

Berechnung von α mit dem Sinussatz:

$$\frac{\sin\alpha}{|\overline{BC}|} = \frac{\sin\beta}{|\overline{CA}|}$$

$$\frac{\sin\alpha}{5\,\text{cm}} = \frac{\sin 70°}{7\,\text{cm}} \quad \Big| \cdot 5\,\text{cm}$$

$$\sin\alpha = \frac{\sin 70°}{7\,\text{cm}} \cdot 5\,\text{cm}$$

$$\sin\alpha = 0{,}6712\ldots$$

$$\alpha_1 = 42{,}16° \quad (\vee\ \alpha_2 = 180° - 42{,}16° = 137{,}84°)$$

Beginne mit der gesuchten Größe im Zähler, das erleichtert das Umstellen der Gleichung.

Berechne den Winkel α mithilfe der SIN⁻¹-Taste des Taschenrechners.

α_2 ist keine Lösung $(\alpha_2 + \beta > 180°)$.

Berechnung von γ:

$$\gamma = 180° - \beta - \alpha = 180° - 70° - 42{,}16° = 67{,}84°$$

Winkelsumme im Dreieck

Berechnung von $|\overline{AB}|$ mit dem Sinussatz:

$$\frac{|\overline{AB}|}{\sin\gamma} = \frac{|\overline{CA}|}{\sin\beta}$$

$$\frac{|\overline{AB}|}{\sin 67{,}84°} = \frac{7\,\text{cm}}{\sin 70°} \quad \Big| \cdot \sin 67{,}84°$$

$$|\overline{AB}| = \frac{7\,\text{cm}}{\sin 70°} \cdot \sin 67{,}84°$$

$$|\overline{AB}| = 6{,}90\,\text{cm}$$

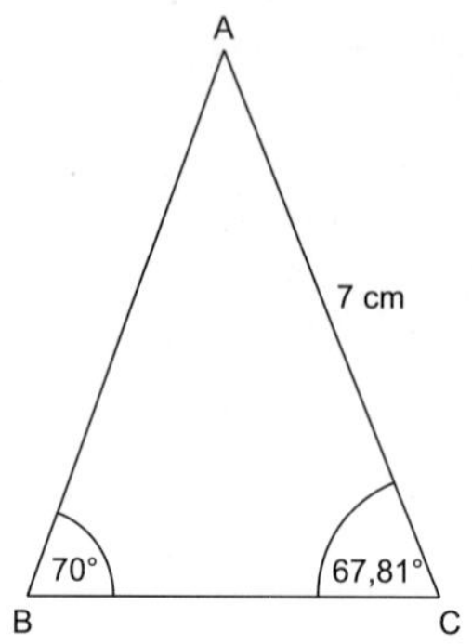

Hinweise und Tipps

Berechnung des Flächeninhalts des Dreiecks ABC:

$$A=\frac{1}{2}\cdot|\overline{AB}|\cdot|\overline{CA}|\cdot\sin\alpha$$

$$A=\frac{1}{2}\cdot 6{,}90\text{ cm}\cdot 7\text{ cm}\cdot\sin 42{,}16^\circ$$

$$A=16{,}21\text{ cm}^2$$

---

258 Zeichnung:

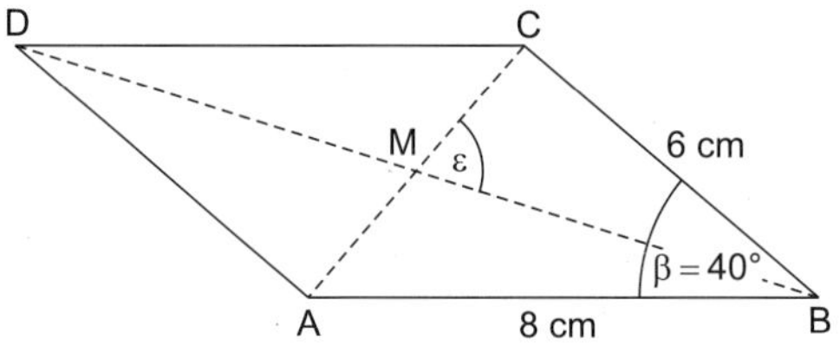

(verkleinerte Darstellung im Maßstab 1 : 2)

- Zeichne $\overline{AB}$ mit 8 cm Länge.
- Trage den 40°-Winkel an und zeichne $\overline{BC}$ mit 6 cm Länge.
- Verschiebe A mit dem Vektor $\overrightarrow{BC}$ parallel auf D.

Berechnung von $|\overline{CA}|$ im Dreieck ABC mithilfe des Kosinussatzes (SWS):

$$|\overline{CA}|=\sqrt{|\overline{AB}|^2+|\overline{BC}|^2-2\cdot|\overline{AB}|\cdot|\overline{BC}|\cdot\cos\beta}$$

$$|\overline{CA}|=\sqrt{8^2+6^2-2\cdot 8\cdot 6\cdot\cos 40^\circ}\text{ cm}$$

$$|\overline{CA}|=5{,}14\text{ cm}$$

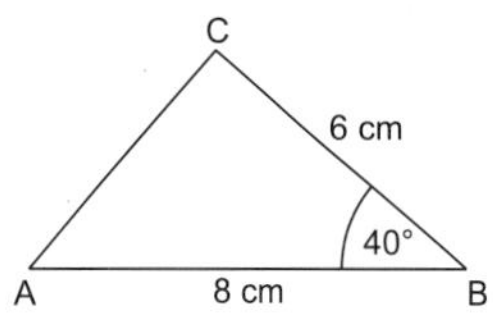

Berechnung von $|\overline{BD}|$ im Dreieck ABD mithilfe des Kosinussatzes (SWS):

$$|\overline{BD}|=\sqrt{|\overline{AB}|^2+|\overline{DA}|^2-2\cdot|\overline{AB}|\cdot|\overline{DA}|\cdot\cos\sphericalangle BAD}$$

$$|\overline{BD}|=\sqrt{|\overline{AB}|^2+|\overline{DA}|^2-2\cdot|\overline{AB}|\cdot|\overline{DA}|\cdot\cos(180^\circ-\beta)}$$

$$|\overline{BD}|=\sqrt{8^2+6^2-2\cdot 8\cdot 6\cdot\cos(180^\circ-40^\circ)}\text{ cm}$$

$$|\overline{BD}|=13{,}17\text{ cm}$$

Benachbarte Winkel im Parallelogramm ergänzen sich zu 180°. Deshalb gilt: $\sphericalangle BAD=180^\circ-\beta$

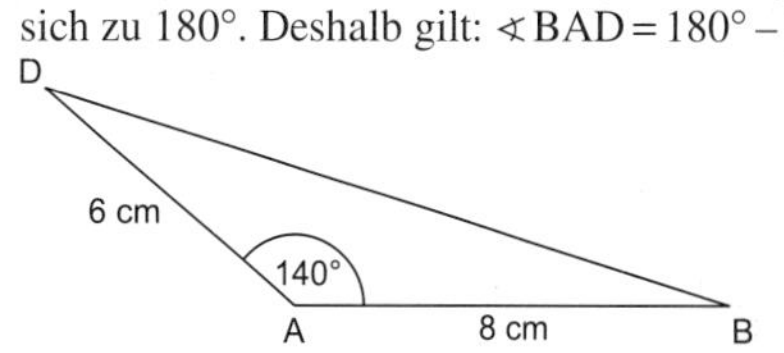

Berechnung von ε mithilfe des Kosinussatzes im Dreieck BCM (SSS):

$$\cos\varepsilon=\frac{|\overline{MB}|^2+|\overline{CM}|^2-|\overline{BC}|^2}{2\cdot|\overline{MB}|\cdot|\overline{CM}|}$$

$$\cos\varepsilon=\frac{6{,}59^2+2{,}57^2-6^2}{2\cdot 6{,}59\cdot 2{,}57}$$

$$\varepsilon=65{,}53^\circ$$

Beginne mit der Seite, die dem gesuchten Winkel gegenüberliegt.

Die Diagonalen halbieren sich gegenseitig.

Es gilt also: $|\overline{MB}|=0{,}5\cdot|\overline{DB}|=6{,}59\text{ cm}$

$|\overline{CM}|=0{,}5\cdot|\overline{CA}|=2{,}57\text{ cm}$

---

259 Planfigur:

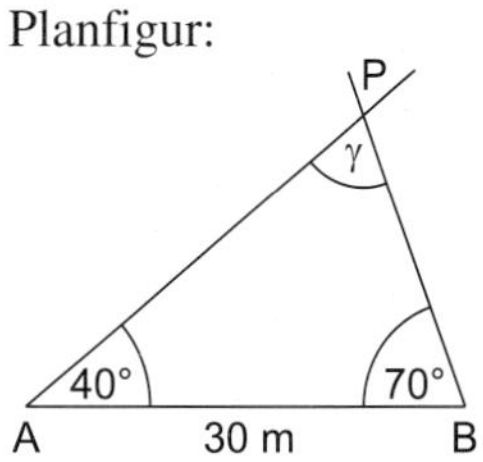

Zunächst Berechnung von γ:

$\gamma=180^\circ-40^\circ-70^\circ=70^\circ$

Hinweise und Tipps

Bestimmung von $|\overline{PA}|$:
Wegen $\sphericalangle PBA = \gamma = 70°$ ist das Dreieck ABP gleichschenklig mit Basis $\overline{BP}$. Somit gilt:

$|\overline{AB}| = |\overline{PA}| = 30 \text{ m}$

Schenkel im gleichschenkligen Dreieck

Berechnung von $|\overline{BP}|$ mit dem Sinussatz:

$$\frac{|\overline{BP}|}{\sin\alpha} = \frac{|\overline{AB}|}{\sin\gamma}$$

$$\frac{|\overline{BP}|}{\sin 40°} = \frac{30 \text{ m}}{\sin 70°} \quad | \cdot \sin 40°$$

$$|\overline{BP}| = \frac{30 \text{ m}}{\sin 70°} \cdot \sin 40°$$

$$|\overline{BP}| = 20{,}52 \text{ m}$$

260 Planfigur:

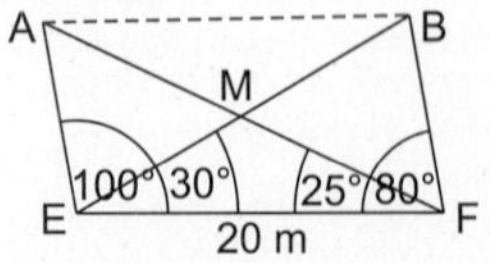

Zunächst Berechnung von $|\overline{BE}|$ im Dreieck EFB mit dem Sinussatz:

$$\frac{|\overline{BE}|}{\sin \sphericalangle BFE} = \frac{|\overline{EF}|}{\sin \sphericalangle EBF}$$

$\sphericalangle EBF = 180° - 30° - 80° = 70°$
(Winkelsumme im Dreieck EFB)

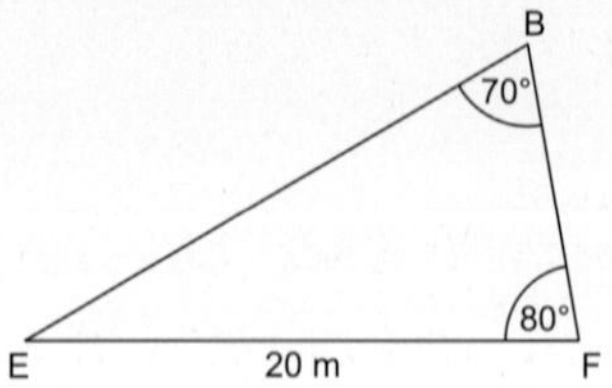

$$\frac{|\overline{BE}|}{\sin 80°} = \frac{20 \text{ m}}{\sin 70°} \quad | \cdot \sin 80°$$

$$|\overline{BE}| = \frac{20 \text{ m}}{\sin 70°} \cdot \sin 80°$$

$$|\overline{BE}| = 20{,}96 \text{ m}$$

Berechnung von $|\overline{AE}|$ im Dreieck EFA mit dem Sinussatz:

$$\frac{|\overline{AE}|}{\sin \sphericalangle AFE} = \frac{|\overline{EF}|}{\sin \sphericalangle EAF}$$

$\sphericalangle EAF = 180° - 100° - 25° = 55°$
(Winkelsumme im Dreieck EFA)

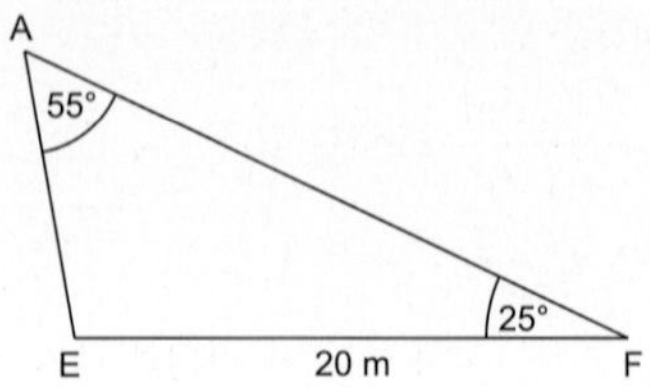

$$\frac{|\overline{AE}|}{\sin 25°} = \frac{20 \text{ m}}{\sin 55°} \quad | \cdot \sin 25°$$

$$|\overline{AE}| = \frac{20 \text{ m}}{\sin 55°} \cdot \sin 25°$$

$$|\overline{AE}| = 10{,}32 \text{ m}$$

Berechnung von $|\overline{BA}|$ im Dreieck EBA mit dem Kosinussatz:

$$|\overline{BA}| = \sqrt{|\overline{EB}|^2 + |\overline{AE}|^2 - 2 \cdot |\overline{EB}| \cdot |\overline{AE}| \cdot \cos \sphericalangle BEA}$$

$$|\overline{BA}| = \sqrt{20{,}96^2 + 10{,}32^2 - 2 \cdot 20{,}96 \cdot 10{,}32 \cdot \cos 70°} \text{ m}$$

$\sphericalangle BEA = 100° - 30° = 70°$

$$|\overline{BA}| = 19{,}95 \text{ m}$$

Hinweise und Tipps

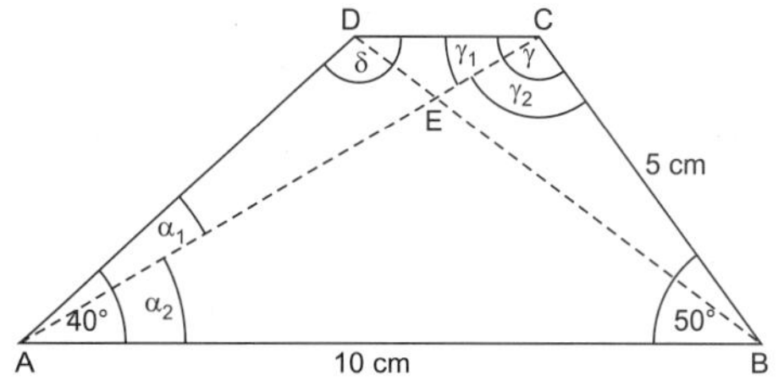

261 Berechnung von $|\overline{CA}|$ im Dreieck ABC mit dem Kosinussatz:

$|\overline{CA}| = \sqrt{|\overline{AB}|^2 + |\overline{BC}|^2 - 2 \cdot |\overline{AB}| \cdot |\overline{BC}| \cdot \cos\beta}$

$|\overline{CA}| = \sqrt{10^2 + 5^2 - 2 \cdot 10 \cdot 5 \cdot \cos 50°}$ cm

$|\overline{CA}| = 7{,}79$ cm

Zunächst Berechnung von $\gamma_2 = \sphericalangle ACB$ im Dreieck ABC mit dem Sinussatz:

$\frac{\sin\gamma_2}{|\overline{AB}|} = \frac{\sin\beta}{|\overline{CA}|}$

$\frac{\sin\gamma_2}{10\text{ cm}} = \frac{\sin 50°}{7{,}79\text{ cm}} \qquad |\cdot 10\text{ cm}$

$\sin\gamma_2 = \frac{\sin 50°}{7{,}79\text{ cm}} \cdot 10\text{ cm}$

$\sin\gamma_2 = 0{,}9833\ldots$

$(\gamma_{2_1} = 79{,}54° \;\vee)\; \gamma_{2_2} = 180° - 79{,}54° = 100{,}46°$

Beachte: Zu jedem Sinuswert gibt es zwei mögliche Winkel γ_{2_1} und γ_{2_2} mit $\gamma_{2_2} = 180° - \gamma_{2_1}$.
Berechnet man einen Winkel mit dem Sinussatz, müssen immer beide Lösungen überprüft werden. Solche Fälle lassen sich vermeiden, wenn man, falls möglich, den Kosinussatz verwendet.

$\cos\gamma_2 = \frac{|\overline{CA}|^2 + |\overline{BC}|^2 - |\overline{AB}|^2}{2 \cdot |\overline{CA}| \cdot |\overline{BC}|}$

$\vdots$

$\gamma_2 = 100{,}46°$

Weil $\alpha_2 = \sphericalangle BAC < \alpha = 40°$ gilt, muss aufgrund der Winkelsumme im Dreieck ABC gelten:
$\gamma_2 > 180° - 50° - 40° = 90°$

Berechnung von γ_1:

$\gamma_1 = \gamma - \gamma_2 = 130° - 100{,}46° = 29{,}54°$

Trapezeigenschaft: $\beta + \gamma = 180° \Rightarrow \gamma = 130°$

Berechnung von α_2 und α_1:

$\alpha_2 = \gamma_1 = 29{,}54°$

$\alpha_1 = \alpha - \alpha_2 = 40° - 29{,}54° = 10{,}46°$

α_2 ist Z-Winkel zu γ_1; könnte auch über die Winkelsumme im Dreieck ABC bestimmt werden.

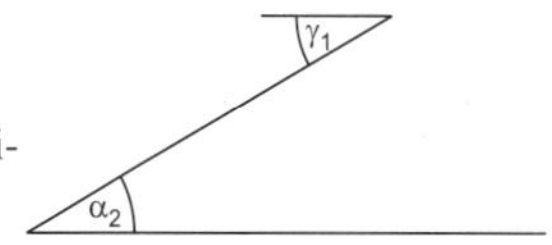

Berechnung von δ:

$\delta = 180° - \alpha = 180° - 40° = 140°$

Trapezeigenschaft: $\alpha + \delta = 180°$
Alternativ: Winkelsumme im Dreieck ACD

Berechnung von $|\overline{CD}|$ im Dreieck ACD mit dem Sinussatz:

$\frac{|\overline{CD}|}{\sin\alpha_1} = \frac{|\overline{AC}|}{\sin\delta}$

$\frac{|\overline{CD}|}{\sin 10{,}46°} = \frac{7{,}79\text{ cm}}{\sin 140°} \qquad |\cdot \sin 10{,}46°$

$|\overline{CD}| = \frac{7{,}79\text{ cm}}{\sin 140°} \cdot \sin 10{,}46°$

$|\overline{CD}| = 2{,}20$ cm

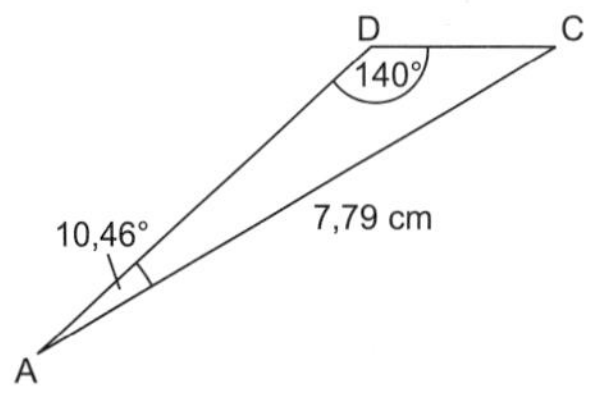

Berechnung von $|\overline{DB}|$ im Dreieck BCD mit dem Kosinussatz:

$|\overline{DB}| = \sqrt{|\overline{CD}|^2 + |\overline{BC}|^2 - 2 \cdot |\overline{CD}| \cdot |\overline{BC}| \cdot \cos\gamma}$

$|\overline{DB}| = \sqrt{2{,}20^2 + 5^2 - 2 \cdot 2{,}20 \cdot 5 \cdot \cos 130°}$ cm

$|\overline{DB}| = 6{,}63$ cm

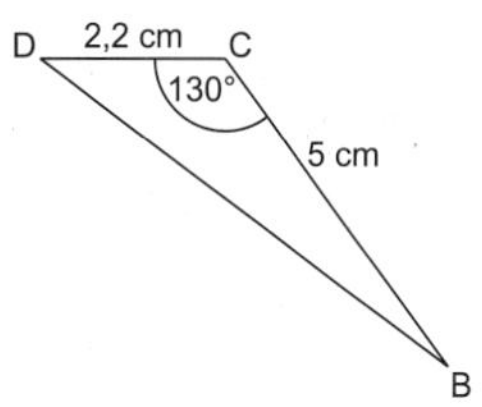

✎ Hinweise und Tipps

262 a) Zeichnung:

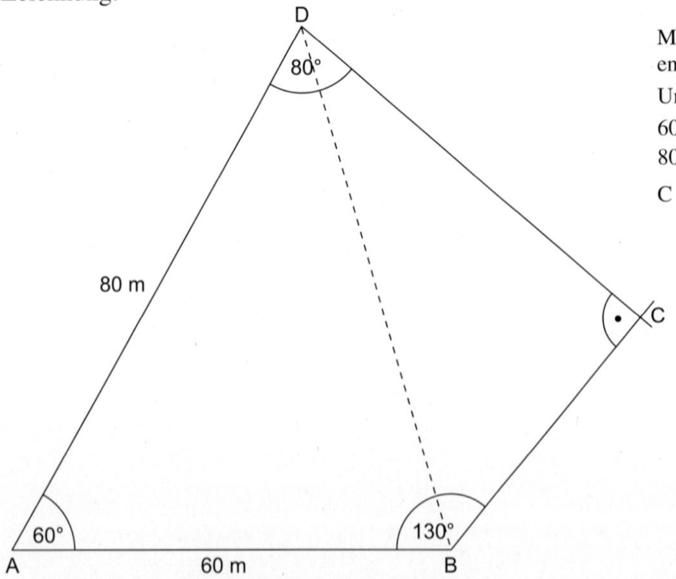

(Zeichnung im Maßstab 1 : 1 000)

Maßstab 1 : 1 000 bedeutet, 1 cm in der Zeichnung entspricht 1 000 cm = 10 m in der Wirklichkeit.

Umrechnung für die Zeichnung:

60 m ≙ 6 cm

80 m ≙ 8 cm

C ist der Schnittpunkt von [BC und [DC.

b) Berechnung von $\sphericalangle DCB$:

$\sphericalangle DCB = 360° - \sphericalangle BAD - \sphericalangle CBA - \sphericalangle ADC$

$\sphericalangle DCB = 360° - 60° - 130° - 80°$

$\sphericalangle DCB = 90°$

Winkelsumme im Viereck

Berechnung von $|\overline{BD}|$ im Dreieck ABD mit dem Kosinussatz:

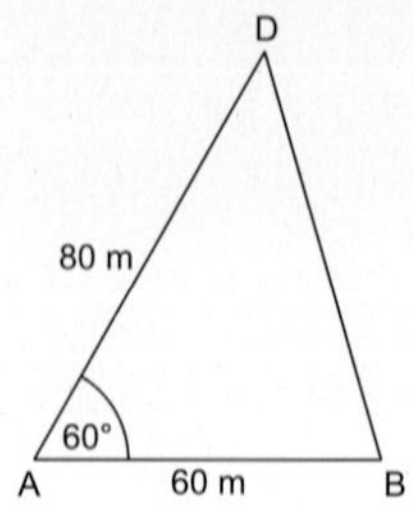

$|\overline{BD}| = \sqrt{|\overline{AB}|^2 + |\overline{DA}|^2 - 2 \cdot |\overline{AB}| \cdot |\overline{DA}| \cdot \cos \sphericalangle BAD}$

$|\overline{BD}| = \sqrt{60^2 + 80^2 - 2 \cdot 60 \cdot 80 \cdot \cos 60°}$ m

$|\overline{BD}| = 72{,}11$ m

Berechnung von $\sphericalangle DBA = \beta_1$ im Dreieck ABD mithilfe des Kosinussatzes (SSS):

$$\cos \beta_1 = \frac{|\overline{AB}|^2 + |\overline{BD}|^2 - |\overline{DA}|^2}{2 \cdot |\overline{AB}| \cdot |\overline{BD}|}$$

$$\cos \beta_1 = \frac{60^2 + 72{,}11^2 - 80^2}{2 \cdot 60 \cdot 72{,}11}$$

$\beta_1 = 73{,}90°$

Alternativ könnte man den Winkel auch mit dem Sinussatz berechnen. Allerdings muss dann die zweite Lösung mit der Winkelsumme geprüft werden. Verwende deshalb, wenn möglich, zur Winkelberechnung den Kosinussatz, vor allem, wenn unter anderem 3 Seitenlängen gegeben sind!

Berechnung von $\sphericalangle CBD = \beta_2$:

$\beta_2 = \beta - \beta_1 = 130° - 73{,}90° = 56{,}10°$

Berechnung von $|\overline{BC}|$ im rechtwinkligen Dreieck BCD:

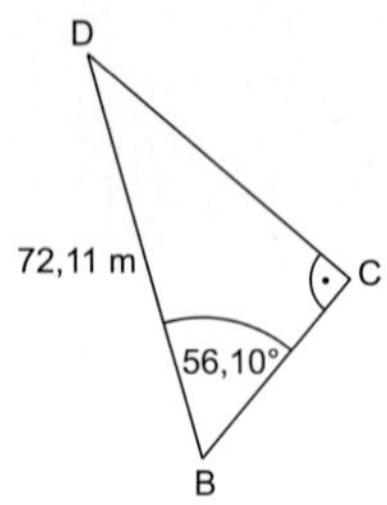

$$\cos \beta_2 = \frac{|\overline{BC}|}{|\overline{DB}|}$$

$$\cos 56{,}10° = \frac{|\overline{BC}|}{72{,}11 \text{ m}} \qquad | \cdot 72{,}11 \text{ m}$$

$|\overline{BC}| = 72{,}11 \text{ m} \cdot \cos 56{,}10°$

$|\overline{BC}| = 40{,}22$ m

Hinweise und Tipps

Berechnung von $|\overline{CD}|$ im rechtwinkligen Dreieck BCD:

$|\overline{CD}| = \sqrt{|\overline{DB}|^2 - |\overline{BC}|^2}$

$|\overline{CD}| = \sqrt{(72{,}11\text{ m})^2 - (40{,}22\text{ m})^2}$

$|\overline{CD}| = 59{,}85\text{ m}$

Da das Dreieck rechtwinklig ist, kann der Satz des Pythagoras angewandt werden. Alternativ könnte die Strecke auch mithilfe der Sinus- oder Tangensbeziehung im rechtwinkligen Dreieck BCD berechnet werden.

---

263 Berechnung von $|\overline{AB}|$, $|\overline{BC}|$ und $|\overline{CA}|$:

$\overrightarrow{AB} = \begin{pmatrix}4-1\\2-1\end{pmatrix} = \begin{pmatrix}3\\1\end{pmatrix} \Rightarrow |\overline{AB}| = \sqrt{3^2+1^2}\text{ LE} = \sqrt{10}\text{ LE}$

$\overrightarrow{BC} = \begin{pmatrix}3-4\\5-2\end{pmatrix} = \begin{pmatrix}-1\\3\end{pmatrix} \Rightarrow |\overline{BC}| = \sqrt{(-1)^2+3^2}\text{ LE} = \sqrt{10}\text{ LE}$

$\overrightarrow{CA} = \begin{pmatrix}1-3\\1-5\end{pmatrix} = \begin{pmatrix}-2\\-4\end{pmatrix} \Rightarrow |\overline{CA}| = \sqrt{(-2)^2+(-4)^2}\text{ LE} = \sqrt{20}\text{ LE}$

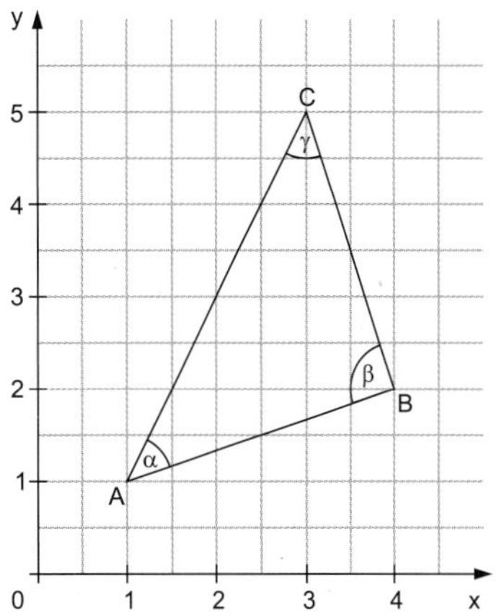

Berechnung von α mit dem Kosinussatz (SSS):

$\cos\alpha = \dfrac{|\overline{AB}|^2 + |\overline{CA}|^2 - |\overline{BC}|^2}{2\cdot|\overline{AB}|\cdot|\overline{CA}|}$

$\cos\alpha = \dfrac{\sqrt{10}^2 + \sqrt{20}^2 - \sqrt{10}^2}{2\cdot\sqrt{10}\cdot\sqrt{20}}$

Vereinfache den Zähler und kürze dann mit $\sqrt{20}$.

$\cos\alpha = \dfrac{10+20-10}{2\cdot\sqrt{200}}$

$\cos\alpha = \dfrac{20}{2\cdot\sqrt{100\cdot 2}}$

$\cos\alpha = \dfrac{10}{\sqrt{100\cdot 2}}$

$\cos\alpha = \dfrac{10}{10\sqrt{2}}$

$\cos\alpha = \dfrac{1}{\sqrt{2}}$

$\alpha = 45°$

Bestimmung von γ:
Da $|\overline{AB}| = |\overline{BC}|$, ist das Dreieck ABC gleichschenklig mit Basis $\overline{CA}$. Somit gilt:
$\gamma = \alpha = 45°$

Berechnung von β:
$\beta = 180° - \alpha - \gamma = 180° - 45° - 45° = 90°$

Winkelsumme im Dreieck

264 a) Zeichnung:

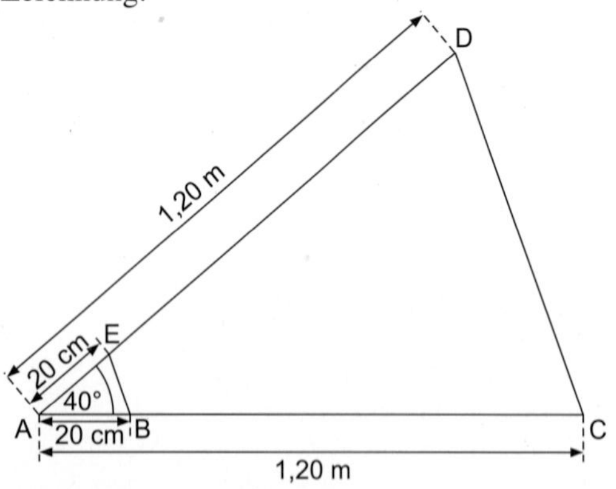

(Zeichnung im Maßstab 1 : 20)

Hinweise und Tipps

Maßstab: 1 : 20
Umrechnung für die Zeichnung:
20 cm ≙ 1 cm
1,20 m ≙ 6 cm

b) Berechnung von $|\overline{BE}|$ im Dreieck ABE mit dem Kosinussatz (SWS):

$$|\overline{BE}| = \sqrt{|\overline{AB}|^2 + |\overline{EA}|^2 - 2 \cdot |\overline{AB}| \cdot |\overline{EA}| \cdot \cos\alpha}$$

$$|\overline{BE}| = \sqrt{0{,}2^2 + 0{,}2^2 - 2 \cdot 0{,}2 \cdot 0{,}2 \cdot \cos 40^\circ}\ \text{m}$$

$$|\overline{BE}| = 0{,}137\ \text{m}$$

3 Nachkommastellen, da auf mm genau zu rechnen ist.

Berechnung von $|\overline{CD}|$ mit dem Strahlensatz:

$|\overline{EB}| \parallel |\overline{CD}|$

Alternativ könnte man $|\overline{CD}|$ auch mit dem Kosinussatz berechnen.

$$\frac{|\overline{CD}|}{|\overline{BE}|} = \frac{|\overline{AC}|}{|\overline{AB}|}$$

$$\frac{|\overline{CD}|}{0{,}137\ \text{m}} = \frac{1{,}2\ \text{m}}{0{,}2\ \text{m}} \qquad |\cdot 0{,}137\ \text{m}$$

$$|\overline{CD}| = \frac{1{,}2\ \text{m}}{0{,}2\ \text{m}} \cdot 0{,}137\ \text{m}$$

$$|\overline{CD}| = 0{,}822\ \text{m}$$

Berechnung des Flächeninhalts:

$$A_{\text{Stufe}} = A_{\Delta ACD} - A_{\Delta ABE}$$

$$A_{\text{Stufe}} = \frac{1}{2} \cdot |\overline{AC}| \cdot |\overline{DA}| \cdot \sin 40^\circ - \frac{1}{2} \cdot |\overline{AB}| \cdot |\overline{EA}| \cdot \sin 40^\circ$$

$$A_{\text{Stufe}} = \frac{1}{2} \cdot (1{,}2\ \text{m})^2 \cdot \sin 40^\circ - \frac{1}{2} \cdot (0{,}2\ \text{m})^2 \cdot \sin 40^\circ$$

Klammere die gemeinsamen Faktoren $\frac{1}{2}$ und $\sin 40^\circ$ aus.

$$A_{\text{Stufe}} = \frac{1}{2} \cdot \sin 40^\circ \cdot [(1{,}2\ \text{m})^2 - (0{,}2\ \text{m})^2]$$

$$A_{\text{Stufe}} = 0{,}45\ \text{m}^2$$

---

265 Zeichnung:

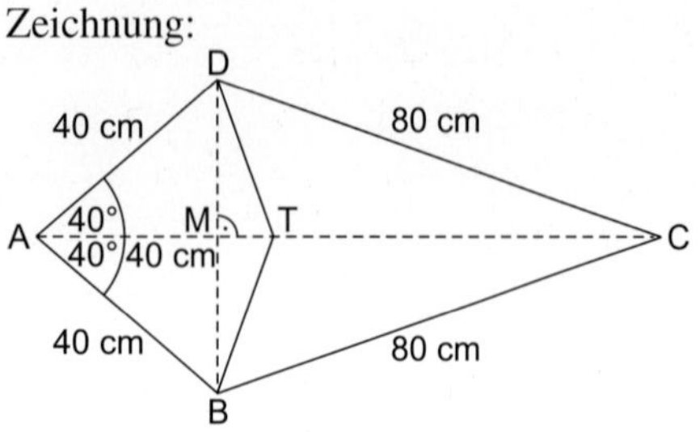

(Zeichnung im Maßstab 1 : 20)

Maßstab 1 : 20
Umrechnung für die Zeichnung:
40 cm ≙ 2 cm
80 cm ≙ 4 cm

Zeichnung:

- Zeichne $\sphericalangle BAD = 80^\circ$ und trage $\overline{AD}$ und $\overline{AB}$ mit 2 cm Länge ein.
- Zeichne die Winkelhalbierende [AC.
- Zeichne einen Kreis um D mit Radius 4 cm.
- Der Schnittpunkt des Kreises mit [AC ist C.

Hinweise und Tipps

Berechnung von $|\overline{TD}| = |\overline{TB}|$ im Dreieck ATD mit dem Kosinussatz (SWS):

Die Dreiecke ABT und ATD sind kongruent (SWS).

$|\overline{TD}| = \sqrt{|\overline{AT}|^2 + |\overline{DA}|^2 - 2 \cdot |\overline{AT}| \cdot |\overline{DA}| \cdot \cos \sphericalangle CAD}$

$|\overline{TD}| = \sqrt{40^2 + 40^2 - 2 \cdot 40 \cdot 40 \cdot \cos 40°}$ cm

$|\overline{TD}| = 27{,}36 \text{ cm} = |\overline{TB}|$

Berechnung von $\sphericalangle DCB$:
Zunächst Berechnung von $|\overline{MD}|$ im rechtwinkligen Dreieck AMD:

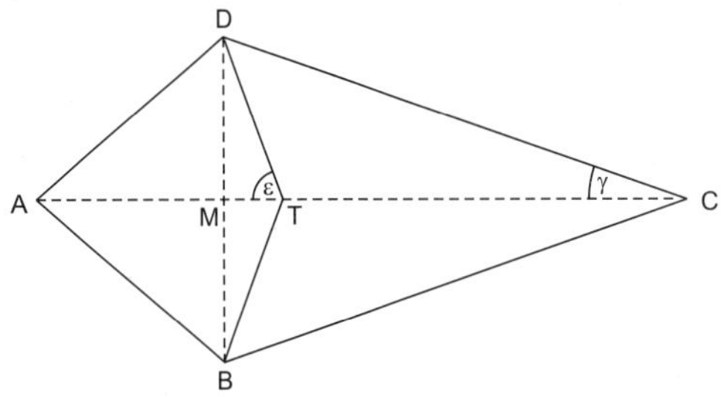

$\sin \sphericalangle CAD = \frac{|\overline{MD}|}{|\overline{DA}|}$

$\sin 40° = \frac{|\overline{MD}|}{40 \text{ cm}} \quad | \cdot 40 \text{ cm}$

$|\overline{MD}| = 40 \text{ cm} \cdot \sin 40°$

$|\overline{MD}| = 25{,}71 \text{ cm}$

Berechnung von $\sphericalangle DCM = \gamma$ im rechtwinkligen Dreieck MCD:

$\sin \gamma = \frac{|\overline{DM}|}{|\overline{CD}|}$

$\sin \gamma = \frac{25{,}71 \text{ cm}}{80 \text{ cm}}$

$\gamma = 18{,}75°$

$\Rightarrow \quad \sphericalangle DCB = 2 \cdot \gamma = 37{,}5°$

Berechnung von $|\overline{AC}|$:
Zunächst Berechnung von $\sphericalangle ADC = \delta$:
$\delta = 180° - \sphericalangle CAD - \gamma = 180° - 40° - 18{,}75° = 121{,}25°$

Winkelsumme im Dreieck ACD

Berechnung von $|\overline{AC}|$ im Dreieck ACD mit dem Kosinussatz:

$|\overline{AC}| = \sqrt{|\overline{CD}|^2 + |\overline{DA}|^2 - 2 \cdot |\overline{CD}| \cdot |\overline{DA}| \cdot \cos \delta}$

$|\overline{AC}| = \sqrt{80^2 + 40^2 - 2 \cdot 80 \cdot 40 \cdot \cos 121{,}25}$ cm

$|\overline{AC}| = 106{,}40$ cm

Berechnung von $\sphericalangle DTM = \varepsilon$ im Dreieck MTD (rechtwinklig):

$\sin \varepsilon = \frac{|\overline{DM}|}{|\overline{TD}|}$

$\sin \varepsilon = \frac{25{,}71 \text{ cm}}{27{,}36 \text{ cm}}$

$\varepsilon = 70{,}00°$

$\Rightarrow \quad \sphericalangle DTB = 2 \cdot \varepsilon = 140°$

266 a)

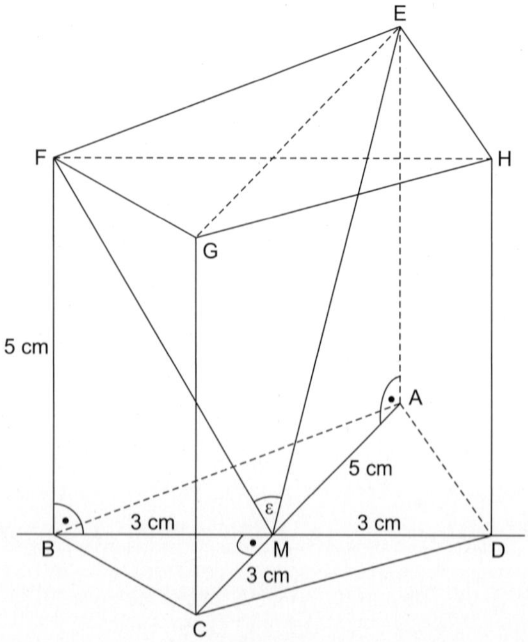

Hinweise und Tipps

Die Symmetrieachse des Drachenvierecks ist $\overline{AC}$, da $|\overline{AM}| \neq |\overline{MC}|$.
M ist also der Mittelpunkt von $\overline{BD}$, da eine Diagonale von der Symmetrieachse halbiert wird.

- $\overline{CM}$ wird verzerrt und verkürzt.
- $\overline{MA}$ wird verzerrt und verkürzt.

b) Berechnung des Volumens:

$$V = A_G \cdot h = \frac{1}{2} \cdot |\overline{AC}| \cdot |\overline{BD}| \cdot |\overline{AE}| = \frac{1}{2} \cdot 6 \text{ cm} \cdot 8 \text{ cm} \cdot 5 \text{ cm}$$
$$= 120 \text{ cm}^3$$

Die Grundfläche ist das Drachenviereck ABCD mit $A_{ABCD} = \frac{1}{2} \cdot |\overline{AC}| \cdot |\overline{BD}|$.

Berechnung der Mantelfläche:
Zunächst Berechnung von $|\overline{AB}|$:

$$|\overline{AB}| = \sqrt{|\overline{BM}|^2 + |\overline{MA}|^2} = \sqrt{3^2 + 5^2} \text{ cm} = \sqrt{34} \text{ cm}$$

Satz des Pythagoras im rechtwinkligen Dreieck BMA

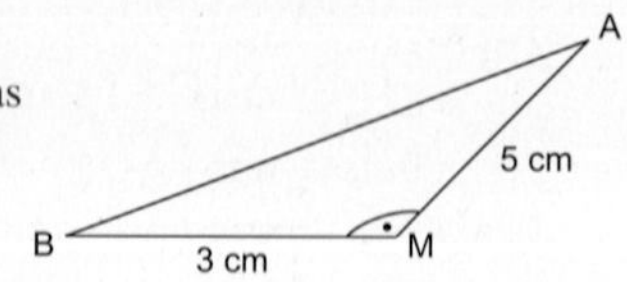

Berechnung von $|\overline{BC}|$:

$$|\overline{BC}| = \sqrt{|\overline{CM}|^2 + |\overline{MB}|^2} = \sqrt{3^2 + 3^2} \text{ cm} = \sqrt{18} \text{ cm}$$

Satz des Pythagoras im rechtwinkligen Dreieck BCM

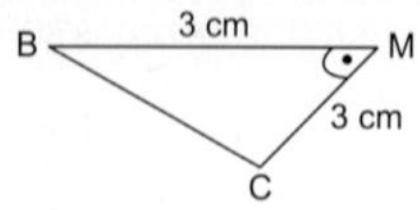

Berechnung der Mantelfläche:

$$M = 2 \cdot A_{BCGF} + 2 \cdot A_{BAEF}$$
$$M = 2 \cdot |\overline{BC}| \cdot h + 2 \cdot |\overline{BA}| \cdot h$$
$$M = 2 \cdot \sqrt{18} \text{ cm} \cdot 5 \text{ cm} + 2 \cdot \sqrt{34} \text{ cm} \cdot 5 \text{ cm}$$
$$M = 2 \cdot 5 \cdot (\sqrt{18} + \sqrt{34}) \text{ cm}^2$$
$$M = 100{,}74 \text{ cm}^2$$

$A_{BCGF} = A_{CDHG}$; $A_{BAEF} = A_{ADHE}$
da $|\overline{BC}| = |\overline{CD}|$ und $|\overline{BA}| = |\overline{AD}|$

c) Zunächst Berechnung von $|\overline{ME}|$:

$$|\overline{ME}| = \sqrt{|\overline{MA}|^2 + |\overline{AE}|^2} = \sqrt{5^2 + 5^2} \text{ cm} = \sqrt{50} \text{ cm}$$

Satz des Pythagoras im rechtwinkligen Dreieck MAE

Zunächst Berechnung von $|\overline{MF}|$:

$$|\overline{MF}| = \sqrt{|\overline{BM}|^2 + |\overline{FB}|^2} = \sqrt{3^2 + 5^2} \text{ cm} = \sqrt{34} \text{ cm}$$

Satz des Pythagoras im rechtwinkligen Dreieck BMF

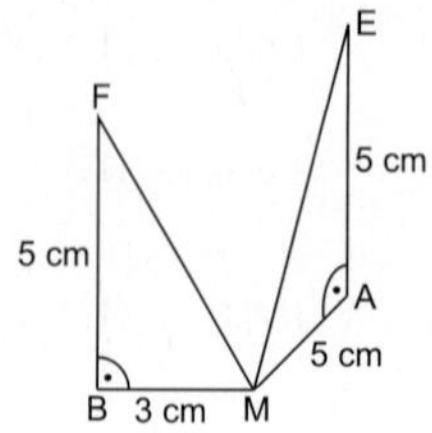

Berechnung von ε mit dem Kosinussatz im Dreieck FME:

$$\cos\varepsilon = \frac{|\overline{FM}|^2 + |\overline{ME}|^2 - |\overline{EF}|^2}{2 \cdot |\overline{FM}| \cdot |\overline{ME}|}$$

$$\cos\varepsilon = \frac{\sqrt{34}^2 + \sqrt{50}^2 - \sqrt{34}^2}{2 \cdot \sqrt{34} \cdot \sqrt{50}}$$

$$\varepsilon = 52{,}67°$$

$\overline{EF}$ liegt gegenüber von ε.
Es gilt: $|\overline{EF}| = |\overline{AB}| = \sqrt{34}$ cm

267 Axialschnitt:

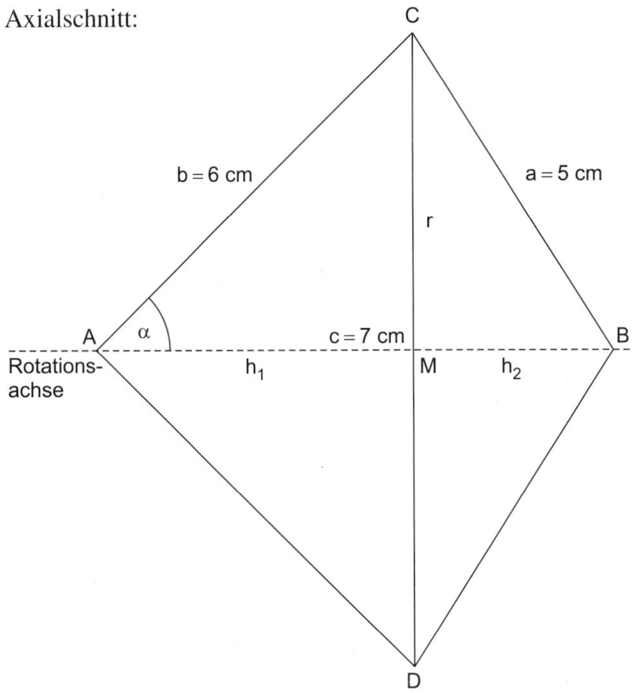

Hinweise und Tipps

Axialschnitt CAD:
Kegel K_1 mit $r = |\overline{MC}|$ und Höhe $h_1 = |\overline{AM}|$

Axialschnitt CDB:
Kegel K_2 mit $r = |\overline{MC}|$ und Höhe $h_2 = |\overline{MB}|$

Zunächst Berechnung von $\sphericalangle BAC = \alpha$ im Dreieck ABC mit dem Kosinussatz:

$$\cos\alpha = \frac{|\overline{CA}|^2 + |\overline{AB}|^2 - |\overline{BC}|^2}{2 \cdot |\overline{CA}| \cdot |\overline{AB}|}$$

$$\cos\alpha = \frac{6^2 + 7^2 - 5^2}{2 \cdot 6 \cdot 7}$$

$$\alpha = 44{,}42°$$

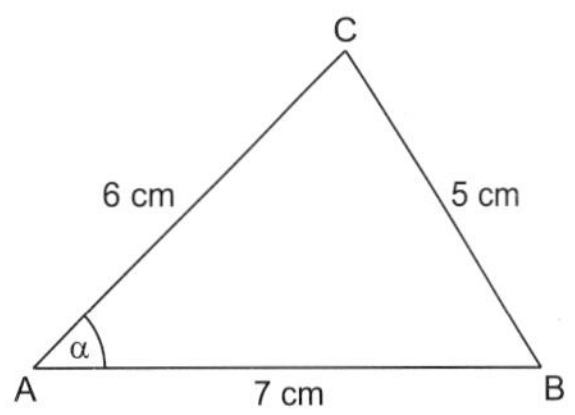

Berechnung von r im rechtwinkligen Dreieck AMC:

$$\sin\alpha = \frac{r}{|\overline{CA}|}$$

$$\sin 44{,}42° = \frac{r}{6\text{ cm}} \qquad |\cdot 6\text{ cm}$$

$$r = 6\text{ cm} \cdot \sin 44{,}42°$$

$$r = 4{,}20\text{ cm}$$

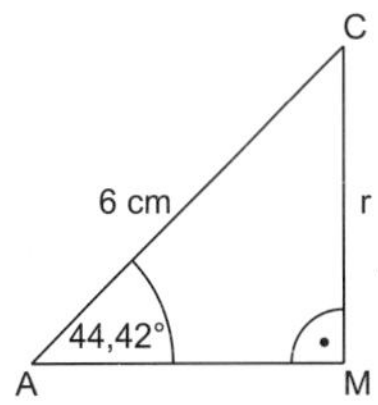

Berechnung des Volumens des Doppelkegels:

$$V_{Doppelkegel} = V_{K_1} + V_{K_2}$$

$$V_{Doppelkegel} = \frac{1}{3} \cdot r^2 \cdot \pi \cdot h_1 + \frac{1}{3} \cdot r^2 \cdot \pi \cdot h_2$$

Klammere $\frac{1}{3} \cdot r^2 \cdot \pi$ aus.

$$V_{Doppelkegel} = \frac{1}{3} \cdot r^2 \cdot \pi \cdot (h_1 + h_2)$$

$h_1 + h_2 = c = 7$ cm

$$V_{Doppelkegel} = \frac{1}{3} \cdot (4{,}20\text{ cm})^2 \cdot \pi \cdot 7\text{ cm}$$

$$V_{Doppelkegel} = 129{,}31\text{ cm}^3$$

Berechnung der Oberfläche des Doppelkegels:

Die Oberfläche des Doppelkegels besteht aus den zwei Mantelflächen der Kegel K_1 und K_2.
$m_1 = |\overline{CA}| = 6$ cm; $m_2 = |\overline{BC}| = 5$ cm

$$O = M_1 + M_2$$

$$O = r \cdot \pi \cdot m_1 + r \cdot \pi \cdot m_2$$

$$O = 4{,}20\text{ cm} \cdot \pi \cdot 6\text{ cm} + 4{,}20\text{ cm} \cdot \pi \cdot 5\text{ cm}$$

$$O = 145{,}14\text{ cm}^2$$

✎ Hinweise und Tipps

268 a) Zeichnung:

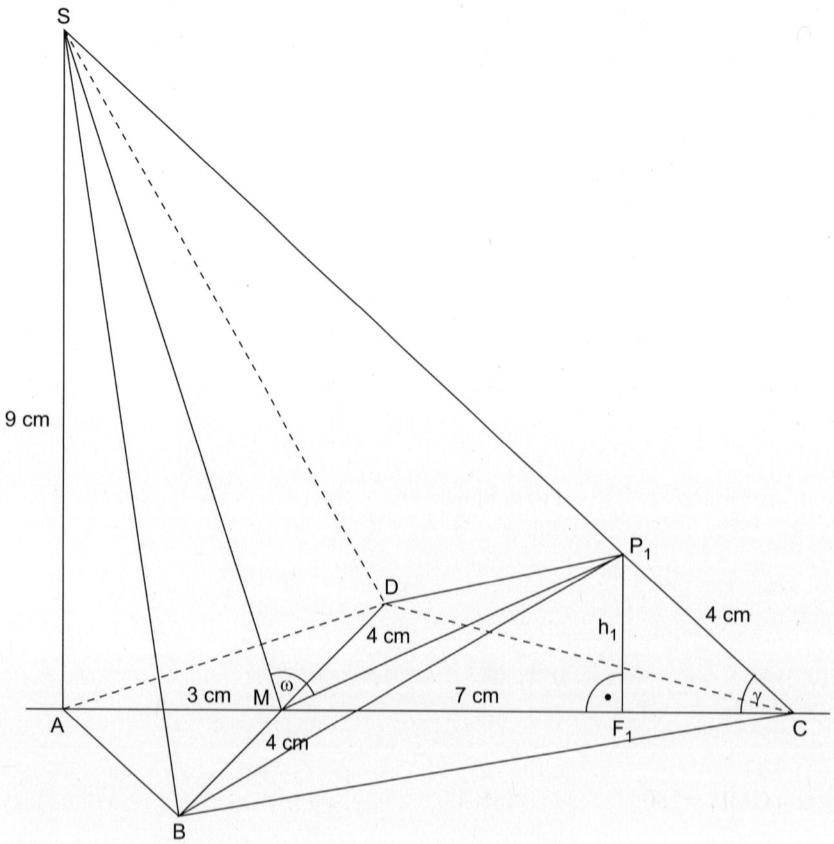

Berechnung von $|\overline{CS}|$ im rechtwinkligen Dreieck ACS:

$|\overline{CS}| = \sqrt{|\overline{AC}|^2 + |\overline{SA}|^2} = \sqrt{10^2 + 9^2}\ \text{cm} = 13{,}45\ \text{cm}$

Satz des Pythagoras

Berechnung von γ im rechtwinkligen Dreieck ACS:

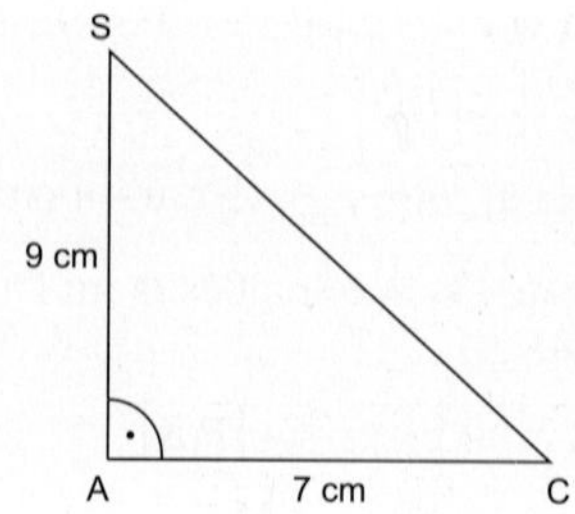

$$\tan\gamma = \frac{|\overline{SA}|}{|\overline{AC}|}$$

$$\tan\gamma = \frac{9\ \text{cm}}{10\ \text{cm}}$$

$$\tan\gamma = 0{,}9$$
$$\gamma = 41{,}99°$$

b) Einzeichnen der Pyramide $BCDP_1$

Berechnung der Höhe $h_1 = |\overline{P_1F_1}|$ mit dem 2. Strahlensatz:

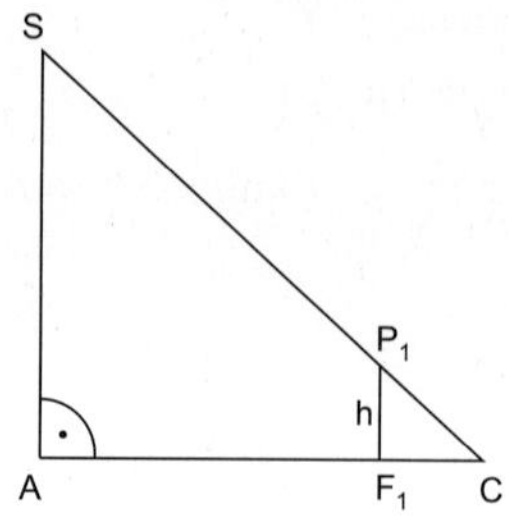

$$\frac{h_1}{|\overline{SA}|} = \frac{|\overline{CP_1}|}{|\overline{CS}|}$$

$$\frac{h_1}{9\ \text{cm}} = \frac{4\ \text{cm}}{13{,}45\ \text{cm}} \quad |\cdot 9\ \text{cm}$$

$$h_1 = \frac{36}{13{,}45}\ \text{cm}$$

$$h_1 = 2{,}68\ \text{cm}$$

Hinweise und Tipps

Berechnung von $|\overline{P_1M}|$ mit dem Kosinussatz im Dreieck MCP_1:

$$|\overline{P_1M}| = \sqrt{|\overline{MC}|^2 + |\overline{CP_1}|^2 - 2 \cdot |\overline{MC}| \cdot |\overline{CP_1}| \cdot \cos\gamma}$$

$$|\overline{P_1M}| = \sqrt{7^2 + 4^2 - 2 \cdot 7 \cdot 4 \cdot \cos 41{,}99°} \text{ cm}$$

$$|\overline{P_1M}| = 4{,}84 \text{ cm}$$

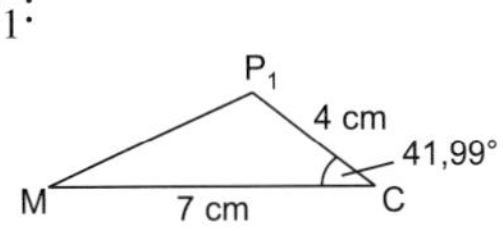

Berechnung des Winkelmaßes ω von Winkel P_1MS:
Zunächst Berechnung von $\sphericalangle SMA$ im rechtwinkligen Dreieck AMS:

$$\tan\sphericalangle SMA = \frac{|\overline{SA}|}{|\overline{AM}|}$$

$$\tan\sphericalangle SMA = \frac{9 \text{ cm}}{3 \text{ cm}}$$

$$\tan\sphericalangle SMA = 3$$

$$\sphericalangle SMA = 71{,}57°$$

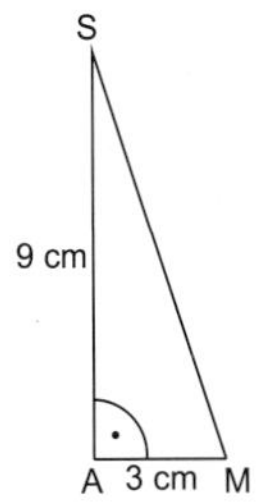

Berechnung von $\sphericalangle CMP_1$ im Dreieck MCP_1 mit dem Sinussatz:

$$\frac{\sin\sphericalangle CMP_1}{|\overline{CP_1}|} = \frac{\sin\gamma}{|\overline{P_1M}|}$$

$$\frac{\sin\sphericalangle CMP_1}{4 \text{ cm}} = \frac{\sin 41{,}99°}{4{,}84 \text{ cm}} \qquad | \cdot 4 \text{ cm}$$

$$\sin\sphericalangle CMP_1 = \frac{\sin 41{,}99°}{4{,}84 \text{ cm}} \cdot 4 \text{ cm}$$

$$\sin\sphericalangle CMP_1 = 0{,}5528\ldots$$

$$\sphericalangle CMP_1 = 33{,}57° \quad (\vee\ \sphericalangle CMP_1 = 180° - 33{,}57° = 146{,}43°)$$

$\sphericalangle CMP_1 = 146{,}43°$ ist keine Lösung, da sonst die Winkelsumme im Dreieck MCP_1 größer als 180° wäre.

Berechnung des Winkelmaßes ω:

$$\omega = 180° - \sphericalangle CMP_1 - \sphericalangle SMA = 180° - 33{,}57° - 71{,}57° = 74{,}86°$$

Die Winkel P_1MS, SMA und CMP_1 ergeben zusammen einen gestreckten Winkel.

oder:

Zunächst Berechnung von $|\overline{MS}|$ im Dreieck AMS:

$$|\overline{MS}| = \sqrt{|\overline{AM}|^2 + |\overline{SA}|^2} = \sqrt{3^2 + 9^2} \text{ cm} = 9{,}49 \text{ cm}$$

Satz des Pythagoras

Berechnung von $|\overline{P_1S}|$:

$$|\overline{P_1S}| = |\overline{CS}| - |\overline{CP_1}| = 13{,}45 \text{ cm} - 4 \text{ cm} = 9{,}45 \text{ cm}$$

Berechnung des Winkelmaßes ω im Dreieck MP_1S mit dem Kosinussatz:

$$\cos\omega = \frac{|\overline{MP_1}|^2 + |\overline{SM}|^2 - |\overline{P_1S}|^2}{2 \cdot |\overline{MP_1}| \cdot |\overline{SM}|}$$

$$\cos\omega = \frac{4{,}84^2 + 9{,}49^2 - 9{,}45^2}{2 \cdot 4{,}84 \cdot 9{,}49}$$

$$\omega = 74{,}74°$$

Tippt man den gesamten Term in den TR ein, so setzt man am besten jeweils eine Klammer um den Zähler und um den Nenner.

Die Abweichung zur anderen Lösungsvariante ist rundungsbedingt.

c) Berechnung der Pyramidenhöhe h in Abhängigkeit von x:

$$\frac{h(x)}{|\overline{SA}|} = \frac{|\overline{CP_n}|}{|\overline{CS}|}$$

$$\frac{h(x)}{9 \text{ cm}} = \frac{x \text{ cm}}{13{,}45 \text{ cm}} \qquad | \cdot 9 \text{ cm}$$

$$h(x) = \frac{9 \text{ cm}}{13{,}45 \text{ cm}} \cdot x \text{ cm}$$

$$h(x) = 0{,}67 \cdot x \text{ cm}$$

2. Strahlensatz

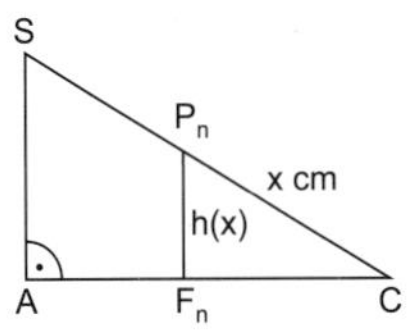

Hinweise und Tipps

Berechnung des Pyramidenvolumens in Abhängigkeit von x:

$$V = \frac{1}{3} \cdot A_G \cdot h$$

$$V(x) = \underbrace{\frac{1}{3} \cdot \frac{1}{2} \cdot |\overline{DB}| \cdot |\overline{MC}|}_{\text{Grundfläche}} \cdot h(x)$$

$$V(x) = \frac{1}{3} \cdot \frac{1}{2} \cdot 8\text{ cm} \cdot 7\text{ cm} \cdot 0{,}67 \cdot x\text{ cm}$$

$$V(x) = 6{,}25 \cdot x\text{ cm}^3$$

Überlege, was in der Formel von x abhängig ist. Hier ist nur die Höhe von x abhängig. Die Grundfläche ist die Fläche des Dreiecks BCD und damit unabhängig von x.

d) Berechnung von x, sodass $V(x) = 20\text{ cm}^3$:

$$\left| \begin{array}{l} V(x) = 6{,}25 \cdot x\text{ cm}^3 \\ \wedge \quad V = 20\text{ cm}^3 \end{array} \right.$$

$$\Rightarrow \quad 6{,}25x = 20 \qquad (\text{I} = \text{II}) \quad |:6{,}25$$

$$\Leftrightarrow \quad x = 3{,}2$$

$$L = \{3{,}2\}$$

e) Berechnung von V_{BCDP_1} für $x = 4$:

So wurde P_1 festgelegt in Teilaufgabe b.

$$V_{BCDP_1} = V(4) = 6{,}25 \cdot 4\text{ cm}^3 = 25\text{ cm}^3$$

Einsetzen von $x = 4$ in $V(x) = 6{,}25 \cdot x\text{ cm}^3$

Berechnung von V_{BCDP_3} mit dem Dreisatz:

Das Volumen V_{BCDP_3} beträgt 80 % von V_{BCDP_1}

$$100\,\% \mathrel{\hat{=}} 25\text{ cm}^3$$

$$1\,\% \mathrel{\hat{=}} 0{,}25\text{ cm}^3$$

$$80\,\% \mathrel{\hat{=}} 0{,}25\text{ cm}^3 \cdot 80 = 20\text{ cm}^3$$

Das Volumen von $BCDP_3$ beträgt also 20 cm^3.

Berechnung von h(x), sodass $V_{BCDP_3} = 20\text{ cm}^3$:
Mit Teilaufgabe d folgt:

$$V(x) = 20\text{ cm}^3 \quad \Leftrightarrow \quad x = 3{,}2$$

$$\Rightarrow \quad h(3{,}2) = 0{,}67 \cdot 3{,}2\text{ cm} = 2{,}14\text{ cm}$$

$x = 3{,}2$ in $h(x) = 0{,}67 \cdot x$ cm eingesetzt.

f) Zunächst Berechnung des minimalen Flächeninhaltes:

Berechnung von $|\overline{P_0M}|$ im rechtwinkligen Dreieck MCP_0:

Die Fläche des Dreiecks DBP_n ist am kleinsten, wenn die Höhe $|\overline{MP_n}|$ des Dreiecks am kürzesten ist. Das Lot von M auf $\overline{CS}$ ergibt P_0.

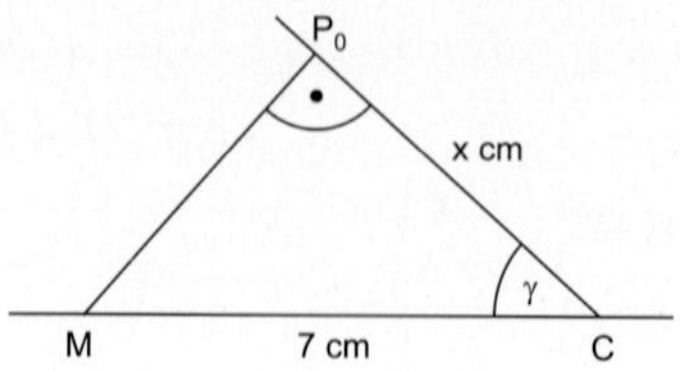

$$\sin\gamma = \frac{|\overline{P_0M}|}{\overline{MC}}$$

$$\sin 41{,}99° = \frac{|\overline{P_0M}|}{7\text{ cm}} \qquad |\cdot 7\text{ cm}$$

$$|\overline{P_0M}| = 7\text{ cm} \cdot \sin 41{,}99°$$

$$|\overline{P_0M}| = 4{,}68\text{ cm}$$

Die kürzeste Höhe ist $|\overline{P_0M}| = 4{,}68$ cm.

Berechnung des kleinsten Flächeninhalts A_{min}:

$$A_{min} = \frac{1}{2} \cdot |\overline{BD}| \cdot |\overline{MP_0}| = \frac{1}{2} \cdot 8\text{ cm} \cdot 4{,}68\text{ cm} = 18{,}72\text{ cm}^2$$

Extremwertberechnung:

$$\cos\gamma = \frac{x\text{ cm}}{|\overline{MC}|}$$

Betrachte wieder das rechtwinklige Dreieck MCP_0.

$$\cos 41{,}99° = \frac{x\text{ cm}}{7\text{ cm}} \qquad |\cdot 7\text{ cm}$$

$$x\text{ cm} = 7\text{ cm} \cdot \cos 41{,}99°$$

$$x\text{ cm} = 5{,}20\text{ cm}$$

Hinweise und Tipps

269 a)

$$\cos\varphi = -0{,}5 \qquad G = [0°;\ 180°]$$
$$\Leftrightarrow \quad \varphi = 120°$$
$$L = \{120°\}$$

Die Kosinusfunktion besitzt im II. und III. Quadranten negative Funktionswerte. Für $G = [0°;\ 180°]$ existiert nur die Lösung im II. Quadranten: $\varphi = 120°$

b)

$$3\cdot(2\sin\varphi - 1{,}5) = -4\sin\varphi + 5{,}5 \qquad G = [0°;\ 180°]$$

Löse die Klammer auf.

$$\Leftrightarrow \quad 6\sin\varphi - 4{,}5 = -4\sin\varphi + 5{,}5 \quad |+4\sin\varphi + 4{,}5$$

Fasse gleichartige Summanden zusammen.

$$\Leftrightarrow \quad 10\sin\varphi = 10 \quad |:10$$
$$\Leftrightarrow \quad \sin\varphi = 1$$
$$\Leftrightarrow \quad \varphi = 90°$$
$$L = \{90°\}$$

c)

$$5\cos^2\varphi + 2 = 6 - 3\sin^2\varphi \quad |-2 \qquad G = [0°;\ 180°]$$

$\cos^2\varphi = 1 - \sin^2\varphi$

$$\Leftrightarrow \quad 5(1 - \sin^2\varphi) = 4 - 3\sin^2\varphi$$

Löse die Klammer auf.

$$\Leftrightarrow \quad 5 - 5\sin^2\varphi = 4 - 3\sin^2\varphi \quad |+5\sin^2\varphi - 4$$

Fasse zusammen.

$$\Leftrightarrow \quad 2\sin^2\varphi = 1 \quad \left|\cdot\frac{1}{2}\right.$$
$$\Leftrightarrow \quad \sin^2\varphi = \frac{1}{2} \quad |\sqrt{\ }$$
$$\Leftrightarrow \quad |\sin\varphi| = \sqrt{\frac{1}{2}}$$
$$\Leftrightarrow \quad \sin\varphi = \frac{1}{2}\sqrt{2} \quad \vee \quad \sin\varphi = -\frac{1}{2}\sqrt{2}$$

$\sqrt{\frac{1}{2}} = \sqrt{\frac{1}{4}\cdot 2} = \sqrt{\frac{1}{4}}\cdot\sqrt{2} = \frac{1}{2}\sqrt{2}$

$$\Leftrightarrow \quad \varphi_1 = 45° \ \vee\ \varphi_2 = 135° \quad (\vee\ \varphi_3 = 225° \notin G \ \vee\ \varphi_4 = 315° \notin G)$$
$$L = \{45°;\ 135°\}$$

d)

$$-8\cdot|\cos\varphi| = -6 \quad \left|\cdot\left(-\frac{1}{8}\right)\right. \qquad G = [0°;\ 180°]$$
$$\Leftrightarrow \quad |\cos\varphi| = \frac{3}{4}$$
$$\Leftrightarrow \quad \cos\varphi = \frac{3}{4} \quad \vee \quad \cos\varphi = -\frac{3}{4}$$
$$\Leftrightarrow \quad \varphi_1 = 41{,}41° \ \vee\ \varphi_2 = 360° - \varphi_1 \ \vee\ \varphi_3 = 138{,}59° \ \vee\ \varphi_4 = 360° - \varphi_3$$
$$\Leftrightarrow \quad \varphi_1 = 41{,}41° \ \vee\ \varphi_2 = 360° - 41{,}41° \ \vee\ \varphi_3 = 138{,}59° \ \vee\ \varphi_4 = 360° - 138{,}59°$$
$$\Leftrightarrow \quad \varphi_1 = 41{,}41° \ (\vee\ \varphi_2 = 318{,}59° \notin G) \ \vee\ \varphi_3 = 138{,}59° \ (\vee\ \varphi_4 = 221{,}41° \notin G)$$
$$L = \{41{,}41°;\ 138{,}59°\}$$

Beachte: $\cos 138{,}59° = -0{,}75$
aber: $|\cos 138{,}59°| = 0{,}75$

e)

$$6(1 + \sin\varphi) = 12\cdot 2(1 - \sin\varphi) \quad |:6 \qquad G = [0°;\ 180°]$$
$$\Leftrightarrow \quad 1 + \sin\varphi = 4\cdot(1 - \sin\varphi)$$

Löse die Klammer auf.

$$\Leftrightarrow \quad 1 + \sin\varphi = 4 - 4\sin\varphi \quad |+4\sin\varphi - 1$$

Fasse die gleichartigen Summanden $\sin\varphi$ und $4\sin\varphi$ zusammen.

$$\Leftrightarrow \quad 5\sin\varphi = 3 \quad \left|\cdot\frac{1}{5}\right.$$
$$\Leftrightarrow \quad \sin\varphi = \frac{3}{5}$$
$$\Leftrightarrow \quad \varphi_1 = 36{,}87° \ \vee\ \varphi_2 = 180° - \varphi_1$$

Supplementbeziehung: $\sin(180° - \varphi) = \sin\varphi$

$$\Leftrightarrow \quad \varphi_1 = 36{,}87° \ \vee\ \varphi_2 = 180° - 36{,}87°$$
$$\Leftrightarrow \quad \varphi_1 = 36{,}87° \ \vee\ \varphi_2 = 143{,}13°$$
$$L = \{36{,}87°;\ 143{,}13°\}$$

Hinweise und Tipps

f)
$$-2{,}5\cdot\sin\varphi-5=3\cdot\sin\varphi \quad |+2{,}5\cdot\sin\varphi \qquad G=[0°;\,180°]$$
$$\Leftrightarrow \quad 5{,}5\cdot\sin\varphi=-5 \quad \Big|\cdot\frac{1}{5{,}5}$$
$$\Leftrightarrow \quad \sin\varphi=-\frac{10}{11} \quad (\varphi^*=65{,}38°)$$
$$\Leftrightarrow \quad \varphi_1=180°+\varphi^* \ \vee\ \varphi_2=360°-\varphi^*$$
$$\Leftrightarrow \quad \varphi_1=180°+65{,}38° \ \vee\ \varphi_2=360°-65{,}38°$$
$$\Leftrightarrow \quad (\varphi_1=245{,}38°\notin \mathbb{G}) \ \vee\ (\varphi_2=294{,}62°\notin \mathbb{G})$$
$$L=\varnothing$$

Fasse die gleichartigen Summanden $2{,}5\cdot\sin\varphi$ und $3\cdot\sin\varphi$ zusammen.

Der Taschenrechner zeigt ein negatives Winkelmaß an.

Bestimmung der zugehörigen positiven Winkelmaße

g)
$$4\sin\varphi=3\sin\varphi+2\cos\varphi \quad |-3\sin\varphi \qquad G=[0°;\,180°]$$
$$\Leftrightarrow \quad \sin\varphi=2\cos\varphi$$

Hier ist eine Fallunterscheidung notwendig.

1. Fall:
$\cos\varphi=0 \ \Rightarrow\ \varphi=90°$

Probe:
$$\sin 90°=2\cos 90°$$
$$\Leftrightarrow \quad 1=0 \qquad \text{(f)}$$

2. Fall:
$\cos\varphi\neq 0$
$$\Rightarrow \quad \frac{\sin\varphi}{\cos\varphi}=2$$
$$\Leftrightarrow \quad \tan\varphi=2$$
$$\Leftrightarrow \quad \varphi_1=63{,}43° \ \vee\ \varphi_2=180°+\varphi_1$$
$$\Leftrightarrow \quad \varphi_1=63{,}43° \ \vee\ \varphi_2=180°+63{,}43°$$
$$\Leftrightarrow \quad \varphi_1=63{,}43° \ (\vee\ \varphi_2=243{,}43°\notin G)$$
$$L=\{63{,}43°\}$$

Es gilt: $\frac{\sin\varphi}{\cos\varphi}=\tan\varphi$

Beachte: $\tan\varphi=\tan(180°+\varphi)$

h)
$$\cos^2\varphi=8\sin^2\varphi \qquad G=[0°;\,180°]$$
$$\Leftrightarrow \quad 1-\sin^2\varphi=8\sin^2\varphi \quad |+\sin^2\varphi$$
$$\Leftrightarrow \quad 1=9\sin^2\varphi \quad \Big|\cdot\frac{1}{9}$$
$$\Leftrightarrow \quad \sin^2\varphi=\frac{1}{9} \quad |\sqrt{\ }$$
$$\Leftrightarrow \quad |\sin\varphi|=\frac{1}{3}$$
$$\Leftrightarrow \quad \sin\varphi_{1/2}=\frac{1}{3} \ \vee\ \sin\varphi_{3/4}=-\frac{1}{3} \quad (\varphi^*=19{,}47°)$$
$$\Leftrightarrow \quad \varphi_1=19{,}47° \ \vee\ \varphi_2=180°-\varphi_1 \ \vee\ \varphi_3=180°+\varphi^* \ \vee\ \varphi_4=360°-\varphi^*$$
$$\Leftrightarrow \quad \varphi_1=19{,}47° \ \vee\ \varphi_2=180°-19{,}47° \ \vee\ \varphi_3=180°+19{,}47 \ \vee\ \varphi_4=360°-19{,}47$$
$$\Leftrightarrow \quad \varphi_1=19{,}47° \ \vee\ \varphi_2=160{,}53° \ (\vee\ \varphi_3=199{,}47°\notin G \ \vee\ \varphi_4=340{,}53°\notin G)$$
$$L=\{19{,}47°;\,160{,}53°\}$$

Benutze: $\sin^2\varphi+\cos^2\varphi=1 \ \Leftrightarrow\ \cos^2\varphi=1-\sin^2\varphi$

i)
$$4\sin\varphi-2=6\cos\varphi \qquad G=[0°;\,180°]$$
$$\Leftrightarrow \quad 4\sqrt{1-\cos^2\varphi}-2=6\cos\varphi \quad |:4$$
$$\Leftrightarrow \quad \sqrt{1-\cos^2\varphi}-0{,}5=1{,}5\cos\varphi \quad |+0{,}5$$
$$\Leftrightarrow \quad \sqrt{1-\cos^2\varphi}=1{,}5\cos\varphi+0{,}5 \quad |^2$$
$$\Rightarrow \quad 1-\cos^2\varphi=(1{,}5\cos\varphi+0{,}5)^2$$

Wegen $\varphi\in G=[0°;\,180°]$ gilt $\sin\varphi\geq 0$, also: $\sin\varphi=\sqrt{1-\cos^2\varphi}$

Quadriere die Wurzelgleichung. Somit ist bei den Lösungselementen die Probe zu machen.

Hinweise und Tipps

$\Leftrightarrow \quad 1-\cos^2\varphi = 2{,}25\cos^2\varphi + 1{,}5\cos\varphi + 0{,}25$

Anwendung der 1. binomischen Formel

$\Leftrightarrow 3{,}25\cos^2\varphi + 1{,}5\cos\varphi - 0{,}75 = 0$

Nach null auflösen und Lösungsformel für quadratische Gleichungen anwenden

$\Leftrightarrow \quad \cos\varphi_{1/2} = \dfrac{-1{,}5 \pm \sqrt{1{,}5^2 - 4\cdot 3{,}25\cdot(-0{,}75)}}{2\cdot 3{,}25}$

$\Leftrightarrow \quad \varphi_1 = 72{,}41° \vee \varphi_2 = 139{,}79°$

Wegen $\varphi \in G = [0°;\ 180°]$ sind $360 - \varphi_1$ und $360 - \varphi_2$ keine Lösungen.

Probe:
Einsetzen in $4\sin\varphi - 2 = 6\cos\varphi$:
$\varphi_1 = 72{,}41°$: $\quad 1{,}81 = 1{,}81 \quad$ (w)
$\varphi_2 = 139{,}79°$: $\quad 0{,}58 = -4{,}58 \quad$ (f)
$L = \{72{,}41°\}$

j) $\quad 1{,}5\cos\varphi = 3 - 3\sin\varphi \qquad G = [0°;\ 180°]$

Wegen $\varphi \in G = [0°;\ 180°]$ gilt $\sin\varphi \geq 0$, also: $\sin\varphi = \sqrt{1-\cos^2\varphi}$

$\Leftrightarrow \quad 1{,}5\cos\varphi = 3 - 3\sqrt{1-\cos^2\varphi}$

$\Leftrightarrow \quad 1{,}5\cos\varphi - 3 = -3\sqrt{1-\cos^2\varphi} \qquad |:(-3)$

$\Leftrightarrow \quad -0{,}5\cos\varphi + 1 = \sqrt{1-\cos^2\varphi} \qquad |^2$

$\Rightarrow \quad (1 - 0{,}5\cos\varphi)^2 = 1 - \cos^2\varphi$

Quadriere die Wurzelgleichung. Somit ist bei den Lösungselementen die Probe zu machen.

$\Leftrightarrow 1 - \cos\varphi + 0{,}25\cos^2\varphi = 1 - \cos^2\varphi \qquad |+\cos^2\varphi - 1$

$\Leftrightarrow \quad 1{,}25\cos^2\varphi - \cos\varphi = 0$

Klammere $\cos\varphi$ aus.

$\Leftrightarrow \quad \cos\varphi(1{,}25\cos\varphi - 1) = 0$

$\Leftrightarrow \quad \cos\varphi_1 = 0 \quad \vee \quad 1{,}25\cos\varphi_2 - 1 = 0$

$\Leftrightarrow \quad \cos\varphi_1 = 0 \quad \vee \quad \cos\varphi_2 = 0{,}8$

$\Leftrightarrow \quad \varphi_1 = 90° \quad \vee \quad \varphi_2 = 36{,}87°$

Wegen $\varphi \in G = [0°;\ 180°]$ sind $360 - \varphi_1$ und $360 - \varphi_2$ keine Lösungen.

Probe:
Einsetzen in $1{,}5\cos\varphi = 3 - 3\sin\varphi$:
$\varphi_1 = 90°$: $\quad 0 = 0 \quad$ (w)
$\varphi_2 = 36{,}87°$: $\quad 1{,}20 = 1{,}20 \quad$ (w)
$L = \{36{,}87°;\ 90°\}$

---

270 a) $\quad \sin^2\alpha = \dfrac{1}{4} \quad |\sqrt{\ } \qquad G = [0°;\ 360°]$

Reinquadratische Gleichung (Keine Anwendung der Lösungsformel!)

$\Leftrightarrow \quad |\sin\alpha| = \sqrt{\dfrac{1}{4}}$

Radizieren

$\Leftrightarrow \quad \sin\alpha_{1/2} = \dfrac{1}{2} \quad \vee \quad \sin\alpha_{3/4} = -\dfrac{1}{2}$

$\Leftrightarrow \quad \alpha_1 = 30° \vee \alpha_2 = 150° \vee \alpha_3 = 210° \vee \alpha_4 = 330°$

Beachte: $\sin\alpha = \sin(180° - \alpha)$ und $-\sin\alpha = \sin(180° + \alpha) = \sin(360° - \alpha)$

$L = \{30°;\ 150°;\ 210°;\ 330°\}$

b) $\quad \cos^2\alpha - \dfrac{1}{4} = 0 \quad \left|+\dfrac{1}{4}\right. \qquad G = [0°;\ 360°]$

Reinquadratische Gleichung (Keine Anwendung der Lösungsformel!)

$\Leftrightarrow \quad \cos^2\alpha = \dfrac{1}{4} \quad |\sqrt{\ }$

Radiziere.

$\Leftrightarrow \quad |\cos\alpha| = \sqrt{\dfrac{1}{4}}$

$\Leftrightarrow \quad \cos\alpha_{1/2} = \dfrac{1}{2} \quad \vee \quad \cos\alpha_{3/4} = -\dfrac{1}{2}$

Beachte: $\cos\alpha = \cos(360° - \alpha)$ und $-\cos\alpha = \sin(180° - \alpha) = \cos(180° + \alpha)$

$\Leftrightarrow \quad \alpha_1 = 60° \vee \alpha_2 = 300° \vee \alpha_3 = 120° \vee \alpha_4 = 240°$

$L = \{60°;\ 120°;\ 240°;\ 300°\}$

Hinweise und Tipps

c) $\tan^2\alpha - 3 = 0 \quad |+3 \qquad G = [0°; 360°]$

$\Leftrightarrow \tan^2\alpha = 3 \quad |\sqrt{\ }$

$\Leftrightarrow |\tan\alpha| = \sqrt{3}$

$\Leftrightarrow \tan\alpha = \sqrt{3} \quad \vee \quad \tan\alpha = -\sqrt{3}$

$\Leftrightarrow \alpha = 60° \vee \alpha = 240° \vee \alpha = 120° \vee \alpha = 300°$

$L = \{60°; 120°; 240°; 300°\}$

Beachte: $\tan\alpha = \tan(180° + \alpha)$ und
$-\tan\alpha = \tan(180° - \alpha) = \tan(360° - \alpha)$

Beachte: Aus der Grundmenge G müssen die beiden Elemente $\alpha = 90°$ und $\alpha = 270°$ entfernt werden, da $\tan 90°$ und $\tan 270°$ nicht definiert sind, somit gilt: $D = G \setminus \{90°; 270°\}$

d) $\cos^2\varphi - 1 = 2\sin\varphi \qquad G = [0°; 360°]$

$\Leftrightarrow 1 - \sin^2\varphi - 1 = 2\sin\varphi$

$\Leftrightarrow -\sin^2\varphi = 2\sin\varphi \quad |+\sin^2\varphi$

$\Leftrightarrow \sin^2\varphi + 2\sin\varphi = 0$

$\Leftrightarrow \sin\varphi(\sin\varphi + 2) = 0$

$\Leftrightarrow \sin\varphi_{1/2} = 0 \quad \vee \quad \sin\varphi_{3/4} + 2 = 0$

$\Leftrightarrow \sin\varphi_{1/2} = 0 \quad (\vee \quad \sin\varphi_{3/4} = -2)$

$\Leftrightarrow \varphi_1 = 0° \vee \varphi_2 = 180°$

$L = \{0°; 180°\}$

Benutze: $\sin^2\varphi + \cos^2\varphi = 1 \Leftrightarrow \cos^2\varphi = 1 - \sin^2\varphi$

Klammere $\sin\varphi$ aus.
Beachte: Das Produkt $\sin\varphi(\sin\varphi + 2)$ hat den Wert null, wenn mindestens einer der Faktoren null ist.

Beachte: $\sin\varphi \in [-1; +1]$

oder:

$\sin^2\varphi + 2\sin\varphi = 0$

$\Leftrightarrow \sin\varphi_{1/2} = \dfrac{-2 \pm \sqrt{2^2 - 4\cdot 1\cdot 0}}{2\cdot 1}$

$\Leftrightarrow \sin\varphi_{1/2} = 0 \quad (\vee \ \sin\varphi_{3/4} = -2)$

$\Leftrightarrow \varphi_1 = 0° \vee \varphi_2 = 180°$

$L = \{0°; 180°\}$

Wende die Lösungsformel für quadratische Gleichungen an.

e) $5\cos^2\varphi - \sin^2\varphi = 5 \qquad G = [0°; 360°]$

$\Leftrightarrow 5\cos^2\varphi - (1 - \cos^2\varphi) = 5$

$\Leftrightarrow 5\cos^2\varphi - 1 + \cos^2\varphi = 5$

$\Leftrightarrow 6\cos^2\varphi - 1 = 5 \quad |+1$

$\Leftrightarrow 6\cos^2\varphi = 6 \quad |:6$

$\Leftrightarrow \cos^2\varphi = 1 \quad |\sqrt{\ }$

$\Leftrightarrow |\cos\varphi| = 1$

$\Leftrightarrow \cos\varphi_{1/2} = 1 \quad \vee \quad \cos\varphi_3 = -1$

$\Leftrightarrow \varphi_1 = 0° \vee \varphi_2 = 360° \vee \varphi_3 = 180°$

$L = \{0°; 180°; 360°\}$

Benutze: $\sin^2\varphi + \cos^2\varphi = 1 \Leftrightarrow \sin^2\varphi = 1 - \cos^2\varphi$

f) $\tan\varphi = 12 \qquad G = [0°; 360°]$

$\Leftrightarrow \varphi_1 = 85{,}24° \vee \varphi_2 = 180° + \varphi_1$

$\Leftrightarrow \varphi_1 = 85{,}24° \vee \varphi_2 = 180° + 85{,}24°$

$\Leftrightarrow \varphi_1 = 85{,}24° \vee \varphi_2 = 265{,}24°$

$L = \{85{,}24°; 265{,}24°\}$

Die Tangensfunktion besitzt im I. und III. Quadranten positive Funktionswerte.
2. Winkelmaß: $\tan\varphi = \tan(180° + \varphi)$

g) $\cos 5\varphi = -0{,}2 \qquad G = [0°; 360°]$

$\Leftrightarrow 5\varphi_1 = 101{,}54° \vee 5\varphi_2 = 360° - 101{,}54°$

$\Leftrightarrow \varphi_1 = 20{,}31° \vee 5\varphi_2 = 258{,}46°$

$\Leftrightarrow \varphi_1 = 20{,}31° \vee \varphi_2 = 51{,}69°$

$L = \{20{,}31°; 51{,}69°\}$

Bestimme zunächst infrage kommende Werte für 5φ.
Beachte: $\cos\varphi = \cos(360° - \varphi)$

Hinweise und Tipps

h) $5\cdot\frac{\sin\varphi}{\cos\varphi}=150 \quad |:5 \qquad G=[0°; 360°]\setminus\{90°; 270°\}$

Hier gilt: $D=G\setminus\{90°; 270°\}$

$\Leftrightarrow \quad \frac{\sin\varphi}{\cos\varphi}=30$

Beachte: $\tan\varphi=\frac{\sin\varphi}{\cos\varphi}$

$\Leftrightarrow \quad \tan\varphi=30$

$\Leftrightarrow \quad \varphi_1=88{,}09° \;\vee\; \varphi_2=268{,}09°$

Beachte: $\tan\alpha=\tan(180°+\alpha)$

$L=\{88{,}09°; 268{,}09°\}$

i) $\cos^2\varphi+2=9-3\sin^2\varphi \qquad G=[0°; 360°]$

Ersetze $\cos^2\varphi$ durch $1-\sin^2\varphi$.
Fasse zusammen.

$\Leftrightarrow \quad 1-\sin^2\varphi+2=9-3\sin^2\varphi$

$\Leftrightarrow \quad 3-\sin^2\varphi=9-3\sin^2\varphi \quad |+3\sin^2\varphi-3$

$\Leftrightarrow \quad 2\sin^2\varphi=6 \quad |:2$

$\Leftrightarrow \quad \sin^2\varphi=3$

$\Leftrightarrow \quad |\sin\varphi|=\sqrt{3}$

$\Leftrightarrow \quad \sin\varphi_{1/2}=\sqrt{3} \;\vee\; \sin\varphi_{3/4}=-\sqrt{3}$

$\Leftrightarrow \quad (\sin\varphi_{1/2}=1{,}73 \;\vee\; \sin\varphi_{3/4}=-1{,}73)$

Beachte: $\sin\varphi\in[-1; +1]$

$L=\emptyset$

j) $0{,}4\cos\varphi+\cos^2\varphi=0 \qquad G=[0°; 360°]$

$\Leftrightarrow \quad \cos\varphi(0{,}4+\cos\varphi)=0$

$\Leftrightarrow \quad \cos\varphi_{1/2}=0 \;\vee\; 0{,}4+\cos\varphi_{3/4}=0$

$\Leftrightarrow \quad \cos\varphi_{1/2}=0 \;\vee\; \cos\varphi_{3/4}=-0{,}4$

$\Leftrightarrow \quad \varphi_1=90° \;\vee\; \varphi_2=270° \;\vee\; \varphi_3=113{,}58° \;\vee\; \varphi_4=246{,}42°$

$L=\{90°; 113{,}58°; 246{,}42°; 270°\}$

k) $2\sin^2\varphi=\sin\varphi+2 \qquad G=[0°; 360°]$

$\Leftrightarrow \quad 2\sin^2\varphi-\sin\varphi-2=0$

$\Leftrightarrow \quad \sin\varphi_{1/2}=\frac{1\pm\sqrt{(-1)^2-4\cdot2\cdot(-2)}}{2\cdot2}$

$\Leftrightarrow \quad (\sin\varphi_{1/2}=1{,}28 \;\vee) \quad \sin\varphi_{3/4}=-0{,}78 \quad (\varphi^*=51{,}26°)$

$\Rightarrow \quad \varphi_3=180°+\varphi^* \;\vee\; \varphi_4=360°-\varphi^*$

$\varphi_3=180°+51{,}26° \;\vee\; \varphi_4=360°-51{,}26°$

$\varphi_3=231{,}26° \;\vee\; \varphi_4=308{,}74°$

$L=\{231{,}26°; 308{,}74°\}$

l) $8\cos^2\alpha-12=-14\sin^2\alpha \qquad G=[0°; 360°]$

$\Leftrightarrow \quad 8(1-\sin^2\alpha)-12=-14\sin^2\alpha$

$\Leftrightarrow \quad 8-8\sin^2\alpha-12=-14\sin^2\alpha \quad |+14\sin^2\alpha$

$\Leftrightarrow \quad 6\sin^2\alpha-4=0 \quad |+4$

$\Leftrightarrow \quad 6\sin^2\alpha=4 \quad \left|\cdot\frac{1}{6}\right.$

$\Leftrightarrow \quad \sin^2\alpha=\frac{2}{3} \quad |\sqrt{\;}$

$\Leftrightarrow \quad \sin\alpha=\sqrt{\frac{2}{3}} \;\vee\; \sin\alpha=-\sqrt{\frac{2}{3}} \quad (\alpha^*=54{,}74°)$

$\Leftrightarrow \quad \alpha_1=54{,}74° \;\vee\; \alpha_2=180°-\alpha_1 \;\vee\; \alpha_3=180°+\alpha^* \;\vee\; \alpha_4=360°-\alpha^*$

$\Leftrightarrow \quad \alpha_1=54{,}74° \;\vee\; \alpha_2=180°-54{,}74° \;\vee\; \alpha_3=180°+54{,}74° \;\vee\; \alpha_4=360°-54{,}74°$

$\Leftrightarrow \quad \alpha_1=54{,}74° \;\vee\; \alpha_2=125{,}26° \;\vee\; \alpha_3=234{,}74° \;\vee\; \alpha_4=305{,}26°$

$L=\{54{,}74°; 125{,}26°; 234{,}74°; 305{,}26°\}$

Hinweise und Tipps

271 a)

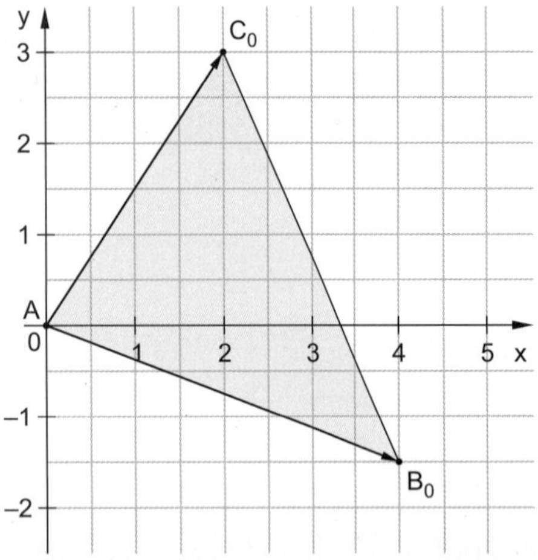

$$\overrightarrow{AB_n} = \begin{pmatrix} 8\sin^2 45° \\ -\cos^2 45° - 1 \end{pmatrix} = \begin{pmatrix} 8\left(\frac{1}{2}\sqrt{2}\right)^2 \\ -\left(\frac{1}{2}\sqrt{2}\right)^2 - 1 \end{pmatrix} = \begin{pmatrix} 4 \\ -1{,}5 \end{pmatrix}$$

$$\overrightarrow{AC_n} = \begin{pmatrix} 4\sin^2 45° \\ 2\cos^2 45° + 2 \end{pmatrix} = \begin{pmatrix} 4\left(\frac{1}{2}\sqrt{2}\right)^2 \\ 2\left(\frac{1}{2}\sqrt{2}\right)^2 + 2 \end{pmatrix} = \begin{pmatrix} 2 \\ 3 \end{pmatrix}$$

b) $\overrightarrow{AB_n} = \begin{pmatrix} 8\sin^2\alpha \\ -\cos^2\alpha - 1 \end{pmatrix}$; $\overrightarrow{AC_n} = \begin{pmatrix} 4\sin^2\alpha \\ 2\cos^2\alpha + 2 \end{pmatrix}$

$$A(\alpha) = \frac{1}{2} \cdot \begin{vmatrix} 8\sin^2\alpha & 4\sin^2\alpha \\ (-\cos^2\alpha - 1) & (2\cos^2\alpha + 2) \end{vmatrix} \text{ FE}$$ Flächenberechnung mittels Determinante

$$A(\alpha) = \frac{1}{2} \cdot [8\sin^2\alpha \cdot (2\cos^2\alpha + 2) - (-\cos^2\alpha - 1) \cdot 4\sin^2\alpha] \text{ FE}$$

$$A(\alpha) = \frac{1}{2} \cdot [16\sin^2\alpha\cos^2\alpha + 16\sin^2\alpha + 4\sin^2\alpha\cos^2\alpha + 4\sin^2\alpha] \text{ FE}$$ Fasse zusammen.

$$A(\alpha) = \frac{1}{2} \cdot [20\sin^2\alpha\cos^2\alpha + 20\sin^2\alpha] \text{ FE}$$ Ersetze $\cos^2\alpha$ durch $(1 - \sin^2\alpha)$.

$$A(\alpha) = \frac{1}{2} \cdot [20\sin^2\alpha(1 - \sin^2\alpha) + 20\sin^2\alpha] \text{ FE}$$

$$A(\alpha) = \frac{1}{2} \cdot [20\sin^2\alpha - 20\sin^4\alpha + 20\sin^2\alpha] \text{ FE}$$ Ordne nach Potenzen von Sinus.

$$A(\alpha) = \frac{1}{2} \cdot [-20\sin^4\alpha + 40\sin^2\alpha] \text{ FE}$$ Multipliziere aus.

$$A(\alpha) = [-10\sin^4\alpha + 20\sin^2\alpha] \text{ FE}$$

c) $\quad A(\alpha) = [-10\sin^4\alpha + 20\sin^2\alpha]$ FE
$\wedge \quad A = 10$ FE

$\Rightarrow \quad -10\sin^4\alpha + 20\sin^2\alpha = 10 \quad (\text{I} = \text{II}) \quad | -10$
$\Leftrightarrow \quad -10\sin^4\alpha + 20\sin^2\alpha - 10 = 0$

Ersetze (substituiere) $\sin^2\alpha$ durch x und $\sin^4\alpha$ durch x^2:
$\Leftrightarrow \quad -10x^2 + 20x - 10 = 0$

$\Leftrightarrow \quad x_{1/2} = \dfrac{-20 \pm \sqrt{20^2 - 4 \cdot (-10) \cdot (-10)}}{2 \cdot (-10)}$

Die Diskriminante D* hat den Wert 0. Somit existiert nur eine Lösung.

$\Leftrightarrow \quad x = 1$

Rückgängigmachung der Substitution:
$\sin^2\alpha = 1 \quad | \sqrt{\;}$
$\Leftrightarrow \quad \sin\alpha = 1 \quad \vee \quad \sin\alpha = -1$
$\Leftrightarrow \quad \alpha_1 = 90° \quad \vee \quad (\alpha_2 = 270° \notin G)$
$L = \{90°\}$

Hinweise und Tipps

d) $A(\alpha) = [-10\sin^4\alpha + 20\sin^2\alpha]$ FE
$\wedge$ $A = 15$ FE

$\Rightarrow \quad -10\sin^4\alpha + 20\sin^2\alpha = 15 \quad (I = II) \quad |-15$

$\Leftrightarrow \quad -10\sin^4\alpha + 20\sin^2\alpha - 15 = 0$

Ersetze (substituiere) $\sin^2\alpha$ durch x und $\sin^4\alpha$ durch x^2:

$\Leftrightarrow \quad -10x^2 + 20x - 15 = 0$

$\Leftrightarrow \quad x_{1/2} = \dfrac{-20 \pm \sqrt{20^2 - 4\cdot(-10)\cdot(-15)}}{2\cdot(-10)}$

$L = \varnothing$

Der Radikand (Diskriminante D) ist negativ, somit existiert kein Schardreieck mit einem Flächeninhalt von 15 FE.

---

272 $|\overrightarrow{AB_n}| = \sqrt{(2\sin\alpha)^2 + (2\cos\alpha + 2)^2}$ — Betrag des Vektors aus den Koordinaten von $\overrightarrow{AB}$

$|\overrightarrow{AB_n}| = \sqrt{4\sin^2\alpha + 4\cos^2\alpha + 8\cos\alpha + 4}$

$|\overrightarrow{AB_n}| = \sqrt{4\cdot(\sin^2\alpha + \cos^2\alpha + 2\cos\alpha + 1)}$ — Radiziere teilweise: $\sqrt{4} = 2$

$|\overrightarrow{AB_n}| = 2\sqrt{\sin^2\alpha + \cos^2\alpha + 2\cos\alpha + 1}$ — Beachte: $\sin^2\alpha + \cos^2\alpha = 1$

$|\overrightarrow{AB_n}| = 2\sqrt{1 + 2\cos\alpha + 1}$

$|\overrightarrow{AB_n}| = 2\sqrt{2 + 2\cos\alpha}$

$|\overrightarrow{AC_n}| = \sqrt{(5\sin\alpha)^2 + (5\cos\alpha - 5)^2}$ — Betrag des Vektors aus den Koordinaten von $\overrightarrow{AC}$

$|\overrightarrow{AC_n}| = \sqrt{25\sin^2\alpha + 25\cos^2\alpha - 50\cos\alpha + 25}$

$|\overrightarrow{AC_n}| = \sqrt{25\cdot(\sin^2\alpha + \cos^2\alpha - 2\cos\alpha + 1)}$ — Radiziere teilweise: $\sqrt{25} = 5$

$|\overrightarrow{AC_n}| = 5\sqrt{\sin^2\alpha + \cos^2\alpha - 2\cos\alpha + 1}$ — Benutze: $\sin^2\alpha + \cos^2\alpha = 1$

$|\overrightarrow{AC_n}| = 5\sqrt{1 - 2\cos\alpha + 1}$

$|\overrightarrow{AC_n}| = 5\sqrt{2 - 2\cos\alpha}$

Es muss gelten:

$|\overrightarrow{AB_n}| = |\overrightarrow{AC_n}|$ — Gleichsetzen der Beträge

$\Leftrightarrow \quad 2\sqrt{2 + 2\cos\alpha} = 5\sqrt{2 - 2\cos\alpha} \quad |:2$ — Löse nach α auf.

$\Leftrightarrow \quad \sqrt{2 + 2\cos\alpha} = 2{,}5\sqrt{2 - 2\cos\alpha} \quad |^2$

$\Leftrightarrow \quad 2 + 2\cos\alpha = 6{,}25(2 - 2\cos\alpha)$

$\Leftrightarrow \quad 2 + 2\cos\alpha = 12{,}5 - 12{,}5\cos\alpha \quad |+12{,}5\cos\alpha - 2$

$\Leftrightarrow \quad 14{,}5\cos\alpha = 10{,}5$

$\Leftrightarrow \quad \cos\alpha = \dfrac{21}{29}$

$\Leftrightarrow \quad \alpha_1 = 43{,}60° \quad (\vee \quad \alpha_2 = 316{,}40° \notin \mathbb{G})$

$L = \{43{,}60°\}$

Hinweise und Tipps

273

$$\left|\begin{array}{l} |\overline{PQ}| = \sqrt{\dfrac{9}{4\cos(\varphi+24^\circ)}}\ \text{LE} \\ \wedge\ |\overline{PQ}| = 3\ \text{LE} \end{array}\right.$$

$\Rightarrow \sqrt{\dfrac{9}{4\cos(\varphi+24^\circ)}} = 3 \qquad (\text{I} = \text{II}) \quad |^2$

Quadriere Links- und Rechtsterm.

$\Rightarrow \dfrac{9}{4\cos(\varphi+24^\circ)} = 9 \qquad |\cdot 4\cos(\varphi+24^\circ)$

Löse nach $\cos(\varphi+24^\circ)$ auf.

$\Leftrightarrow 36\cos(\varphi+24^\circ) = 9 \qquad \left|\cdot\dfrac{1}{36}\right.$

$\Leftrightarrow \cos(\varphi+24^\circ) = 0,25$

Bestimme zunächst die für $\varphi + 24^\circ$ infrage kommenden Werte.

$\Leftrightarrow \varphi_1 + 24^\circ = 75,52^\circ \ \vee\ \varphi_2 + 24^\circ = 360^\circ - 75,52^\circ$

$\Leftrightarrow \varphi_1 = 51,52^\circ \ \vee\ \varphi_2 + 24^\circ = 284,48^\circ$

$\Leftrightarrow \varphi_1 = 51,52^\circ \ \vee\ \varphi_2 = 260,48^\circ$

$L = \{51,52^\circ;\ 260,48^\circ\}$

---

274 a) $\cos(360^\circ+\varphi) = \cos 360^\circ \cdot \cos\varphi - \sin 360^\circ \cdot \sin\varphi$
$= 1\cdot\cos\varphi - 0\cdot\sin\varphi$
$= \cos\varphi$

$\cos(\alpha+\beta) = \cos\alpha\cdot\cos\beta - \sin\alpha\cdot\sin\beta$

b) $\sin(180^\circ-\varphi) = \sin 180^\circ \cdot \cos\varphi - \cos 180^\circ \cdot \sin\varphi$
$= 0\cdot\cos\varphi - (-1)\cdot\sin\varphi$
$= \sin\varphi$

$\sin(\alpha-\beta) = \sin\alpha\cdot\cos\beta - \cos\alpha\cdot\sin\beta$

c) $\cos(90^\circ-\varphi) = \cos 90^\circ \cdot \cos\varphi + \sin 90^\circ \cdot \sin\varphi$
$= 0\cdot\cos\varphi + 1\cdot\sin\varphi$
$= \sin\varphi$

$\cos(\alpha-\beta) = \cos\alpha\cdot\cos\beta + \sin\alpha\cdot\sin\beta$

d) $\sin(90^\circ+\varphi) = \sin 90^\circ \cdot \cos\varphi + \cos 90^\circ \cdot \sin\varphi$
$= 1\cdot\cos\varphi + 0\cdot\sin\varphi$
$= \cos\varphi$

$\sin(\alpha+\beta) = \sin\alpha\cdot\cos\beta + \cos\alpha\cdot\sin\beta$

e) $\cos(180^\circ+\varphi) = \cos 180^\circ \cdot \cos\varphi - \sin 180^\circ \cdot \sin\varphi$
$= -1\cdot\cos\varphi - 0\cdot\sin\varphi$
$= -\cos\varphi$

$\cos(\alpha+\beta) = \cos\alpha\cdot\cos\beta - \sin\alpha\cdot\sin\beta$

f) $\sin(360^\circ-\varphi) = \sin 360^\circ \cdot \cos\varphi - \cos 360^\circ \cdot \sin\varphi$
$= 0\cdot\cos\varphi - 1\cdot\sin\varphi$
$= -\sin\varphi$

$\sin(\alpha-\beta) = \sin\alpha\cdot\cos\beta - \cos\alpha\cdot\sin\beta$

---

275 a) $\cos 120^\circ = \cos(30^\circ + 90^\circ)$
$= \cos 30^\circ \cdot \cos 90^\circ - \sin 30^\circ \cdot \sin 90^\circ$
$= \frac{1}{2}\sqrt{3}\cdot 0 - \frac{1}{2}\cdot 1$
$= -\frac{1}{2}$

b) $\sin 150^\circ = \sin(60^\circ + 90^\circ)$
$= \sin 60^\circ \cdot \cos 90^\circ + \cos 60^\circ \cdot \sin 90^\circ$
$= \frac{1}{2}\sqrt{3}\cdot 0 + \frac{1}{2}\cdot 1$
$= \frac{1}{2}$

Hinweise und Tipps

c) $\sin 75° = \sin(30° + 45°)$
$= \sin 30° \cdot \cos 45° + \cos 30° \cdot \sin 45°$
$= \frac{1}{2} \cdot \frac{1}{2}\sqrt{2} + \frac{1}{2}\sqrt{3} \cdot \frac{1}{2}\sqrt{2}$
$= \frac{1}{4}\sqrt{2} + \frac{1}{4}\sqrt{6}$
$= \frac{1}{4}(\sqrt{2} + \sqrt{6})$

d) $\cos 15° = \cos(45° - 30°)$
$= \cos 45° \cdot \cos 30° + \sin 45° \cdot \sin 30°$
$= \frac{1}{2}\sqrt{2} \cdot \frac{1}{2}\sqrt{3} + \frac{1}{2}\sqrt{2} \cdot \frac{1}{2}$
$= \frac{1}{4}\sqrt{6} + \frac{1}{4}\sqrt{2}$
$= \frac{1}{4}(\sqrt{6} + \sqrt{2})$

e) $\sin 15° = \sin(45° - 30°)$
$= \sin 45° \cdot \cos 30° - \cos 45° \cdot \sin 30°$
$= \frac{1}{2}\sqrt{2} \cdot \frac{1}{2}\sqrt{3} - \frac{1}{2}\sqrt{2} \cdot \frac{1}{2}$
$= \frac{1}{4}\sqrt{6} - \frac{1}{4}\sqrt{2}$
$= \frac{1}{4}(\sqrt{6} - \sqrt{2})$

f) $\cos 75° = \cos(30° + 45°)$
$= \cos 30° \cdot \cos 45° - \sin 30° \cdot \sin 45°$
$= \frac{1}{2}\sqrt{3} \cdot \frac{1}{2}\sqrt{2} - \frac{1}{2} \cdot \frac{1}{2}\sqrt{2}$
$= \frac{1}{4}\sqrt{6} - \frac{1}{4}\sqrt{2}$
$= \frac{1}{4}(\sqrt{6} - \sqrt{2})$

---

276 a) $\tan 15° = \frac{\sin 15°}{\cos 15°} = \frac{\frac{1}{4}(\sqrt{6} - \sqrt{2})}{\frac{1}{4}(\sqrt{6} + \sqrt{2})} = \frac{\sqrt{6} - \sqrt{2}}{\sqrt{6} + \sqrt{2}}$
$= \frac{\sqrt{2}(\sqrt{3} - 1)}{\sqrt{2}(\sqrt{3} + 1)} = \frac{\sqrt{3} - 1}{\sqrt{3} + 1}$

b) $\tan 75° = \frac{\sin 75°}{\cos 75°} = \frac{\frac{1}{4}(\sqrt{2} + \sqrt{6})}{\frac{1}{4}(\sqrt{6} - \sqrt{2})} = \frac{\sqrt{6} + \sqrt{2}}{\sqrt{6} - \sqrt{2}}$
$= \frac{\sqrt{2}(\sqrt{3} + 1)}{\sqrt{2}(\sqrt{3} - 1)} = \frac{\sqrt{3} + 1}{\sqrt{3} - 1}$

Hinweise und Tipps

277 a) $\sin(\beta+30°)=\frac{1}{2}\sin\beta \qquad G=[0°;180°]$

Wende ein Additionstheorem an.

$$\Leftrightarrow \sin\beta\cos 30°+\cos\beta\sin 30°=\frac{1}{2}\sin\beta$$

$$\Leftrightarrow \sin\beta\cdot\frac{1}{2}\sqrt{3}+\cos\beta\cdot\frac{1}{2}=\frac{1}{2}\sin\beta \qquad |\cdot 2$$

$$\Leftrightarrow \sqrt{3}\sin\beta+\cos\beta=\sin\beta \qquad |-\sqrt{3}\sin\beta$$

$$\Leftrightarrow \cos\beta=\sin\beta-\sqrt{3}\sin\beta$$

$$\Leftrightarrow \cos\beta=(1-\sqrt{3})\sin\beta$$

1. Fall:
$\cos\beta=0 \Rightarrow \beta=90°$

Probe:

$$\cos 90°=(1-\sqrt{3})\sin 90°$$

$$\Leftrightarrow 0=1-\sqrt{3} \qquad (f)$$

2. Fall:
$\cos\varphi\neq 0$

$$\Leftrightarrow \cos\beta=(1-\sqrt{3})\sin\beta \qquad \left|\cdot\frac{1}{\cos\beta\cdot(1-\sqrt{3})}\right.$$

$$\Leftrightarrow \frac{1}{(1-\sqrt{3})}=\frac{\sin\beta}{\cos\beta}$$

$$\Leftrightarrow \tan\beta=\frac{1}{(1-\sqrt{3})} \qquad (\beta^*=53,79°)$$

$$\Leftrightarrow \beta=180°-\beta^*$$

$$\Leftrightarrow \beta=180°-53,79°$$

$$\Leftrightarrow \beta=126,21°$$

$L=\{126,21°\}$

b) $\cos(120°-\varphi)=\cos\varphi \qquad G=[0°;180°]$

$$\Leftrightarrow \cos 120°\cos\varphi+\sin 120°\sin\varphi=\cos\varphi$$

$$\Leftrightarrow -\frac{1}{2}\cos\varphi+\frac{1}{2}\sqrt{3}\sin\varphi=\cos\varphi \qquad \left|+\frac{1}{2}\cos\varphi\right.$$

$$\Leftrightarrow \frac{1}{2}\sqrt{3}\sin\varphi=\frac{3}{2}\cos\varphi \qquad \left|\cdot\frac{2}{\sqrt{3}}\right.$$

$$\Leftrightarrow \sin\varphi=\frac{3}{\sqrt{3}}\cos\varphi$$

1. Fall:
$\cos\varphi=0 \Rightarrow \varphi=90°$

Probe:

$$\sin 90°=\frac{3}{\sqrt{3}}\cos 90°$$

$$\Leftrightarrow 1=0 \qquad (f)$$

Hinweise und Tipps

2. Fall:

$\cos\varphi \neq 0$

$\Rightarrow \quad \frac{\sin\varphi}{\cos\varphi} = \frac{3}{\sqrt{3}}$

$\Leftrightarrow \quad \tan\varphi = \sqrt{3}$

$\Leftrightarrow \quad \varphi_1 = 60° \;\vee\; (\varphi_2 = 180° + 60° = 240° \notin \mathbb{G})$

$L = \{60°\}$

c) $4{,}25 = \frac{6 \cdot \sin\varphi}{\sin(48{,}60° + \varphi)}$ $\quad \mathbb{G} = [0°; 180°]$

$\Leftrightarrow \quad 4{,}25 \cdot \sin(48{,}60° + \varphi) = 6 \cdot \sin\varphi \quad |:4{,}25$

$\Leftrightarrow \quad \sin(48{,}60° + \varphi) = 1{,}41 \cdot \sin\varphi$

$\Leftrightarrow \quad \sin 48{,}60° \cos\varphi + \cos 48{,}60° \sin\varphi = 1{,}41 \cdot \sin\varphi$

$\Leftrightarrow \quad 0{,}75 \cos\varphi + 0{,}66 \sin\varphi = 1{,}41 \cdot \sin\varphi$

$\Leftrightarrow \quad 0{,}75 \cos\varphi = 0{,}75 \sin\varphi \quad |:0{,}75$

$\Leftrightarrow \quad \cos\varphi = \sin\varphi$

1. Fall:

$\cos\varphi = 0 \;\Rightarrow\; \varphi = 90°$

Probe:

$\cos 90° = \sin 90°$

$\Leftrightarrow \quad 0 = 1 \quad$ (f)

2. Fall:

$\cos\varphi \neq 0$

$\Rightarrow \quad \frac{\sin\varphi}{\cos\varphi} = 1$

$\Leftrightarrow \quad \tan\varphi = 1$

$L = \{45°\}$

Für 45° ist $\sin\varphi = \cos\varphi$.

---

278 a) $\cos(60° + \varphi) = \sqrt{3}\sin\varphi \quad \mathbb{G} = [0°; 360°]$

$\cos(\alpha + \beta) = \cos\alpha \cdot \cos\beta - \sin\alpha \cdot \sin\beta$

$\Leftrightarrow \quad \cos 60° \cos\varphi - \sin 60° \sin\varphi = \sqrt{3}\sin\varphi$

$\Leftrightarrow \quad \frac{1}{2}\cos\varphi - \frac{1}{2}\sqrt{3}\sin\varphi = \sqrt{3}\sin\varphi \quad \left| +\frac{1}{2}\sqrt{3}\sin\varphi \right.$

$\Leftrightarrow \quad \frac{1}{2}\cos\varphi = \frac{3}{2}\sqrt{3}\sin\varphi \quad |\cdot 2$

$\Leftrightarrow \quad \cos\varphi = 3\sqrt{3}\sin\varphi$

1. Fall:

$\cos\varphi = 0 \;\Rightarrow\; \varphi = 90°$

Probe:

$\cos 90° = 3\sqrt{3}\sin 90°$

$\Leftrightarrow \quad 0 = 3\sqrt{3} \quad$ (f)

2. Fall:

$\cos\varphi \neq 0$

$\Rightarrow \quad \frac{\sin\varphi}{\cos\varphi} = \frac{1}{3\sqrt{3}}$

$\Leftrightarrow \quad \tan\varphi = \frac{1}{3\sqrt{3}}$

Hinweise und Tipps

$\Leftrightarrow \quad \varphi_1 = 10{,}89° \lor \varphi_2 = 180° + \varphi_1$
$\Leftrightarrow \quad \varphi_1 = 10{,}89° \lor \varphi_2 = 190{,}89°$
$L = \{10{,}89°;\ 190{,}89°\}$

b) $\sin(45° + \varphi) = \frac{1}{2}\sqrt{2}\cos\varphi \quad G = [0°; 360°]$

$\Leftrightarrow \quad \sin 45° \cos\varphi + \cos 45° \sin\varphi = \frac{1}{2}\sqrt{2}\cos\varphi$

$\Leftrightarrow \quad \frac{1}{2}\sqrt{2}\cos\varphi + \frac{1}{2}\sqrt{2}\sin\varphi = \frac{1}{2}\sqrt{2}\cos\varphi \quad \left| -\frac{1}{2}\sqrt{2}\cos\varphi \right.$

$\Leftrightarrow \quad \frac{1}{2}\sqrt{2}\sin\varphi = 0 \quad |\cdot\sqrt{2}$

$\Leftrightarrow \quad \sin\varphi = 0$

$\Leftrightarrow \quad \varphi_1 = 0° \lor \varphi_2 = 180°$

$L = \{0°;\ 180°\}$

c) $4\sin\alpha = 1 - 6\cos\alpha \quad |+6\cos\alpha \quad G = [0°; 360°]$

$\Leftrightarrow \quad 4\sin\alpha + 6\cos\alpha = 1$

$\Leftrightarrow \quad 4\left(\sin\alpha + \frac{3}{2}\cos\alpha\right) = 1$

Ersetze: $\frac{3}{2} = \tan\varphi = \frac{\sin\varphi}{\cos\varphi}$, wobei $\varphi = 56{,}31°$

$\Leftrightarrow \quad 4\left(\sin\alpha + \frac{\sin 56{,}31°}{\cos 56{,}31°}\cos\alpha\right) = 1$

Klammere $\frac{1}{\cos 56{,}31°}$ aus.

$\Leftrightarrow \quad \frac{4}{\cos 56{,}31°}(\sin\alpha\cos 56{,}31° + \sin 56{,}31°\cos\alpha) = 1 \quad \left| \cdot \frac{\cos 56{,}31°}{4} \right.$

$\Leftrightarrow \quad \sin(\alpha + 56{,}31°) = 0{,}14$

$\Leftrightarrow \quad \alpha_1 + 56{,}31° = 8{,}05° \lor \alpha_2 + 56{,}31° = 180° - 8{,}05°$

$\Leftrightarrow \quad \alpha_1 = -48{,}26° \lor \alpha_2 + 56{,}31° = 171{,}95°$

$\Leftrightarrow \quad \alpha_1 = 360° - 48{,}26° \lor \alpha_2 = 115{,}64°$

$\Leftrightarrow \quad \alpha_1 = 311{,}74° \lor \alpha_2 = 115{,}64°$

$L = \{115{,}64°;\ 311{,}74\}$

---

279 a) $T(\alpha) = 5\sin\alpha + 1{,}5$

Minimum:

$T(\alpha)$ erreicht ein Minimum, wenn $\sin\alpha$ ein Minimum annimmt.

Im Intervall [0°; 360°[erreicht $\sin\alpha$ den minimalen Funktionswert –1 bei 270°.

also: $T_{min} = 5(-1) + 1{,}5 = -3{,}5$ für $\alpha = 270°$

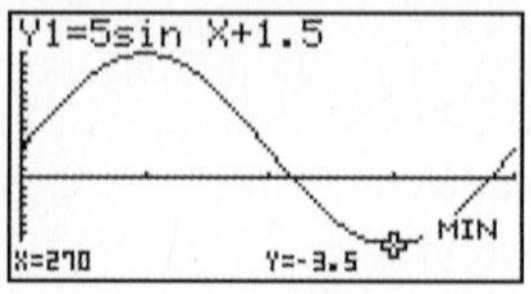

Maximum:

$T(\alpha)$ erreicht ein Maximum, wenn $\sin\alpha$ ein Maximum annimmt.

Im Intervall [0°; 360°[erreicht $\sin\alpha$ den maximalen Funktionswert 1 bei 90°.

also: $T_{max} = 5 \cdot 1 + 1{,}5 = 6{,}5$ für $\alpha = 90°$

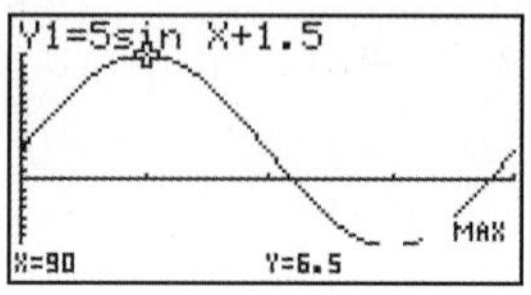

b) $T(\beta) = \cos\beta + 4$

Minimum:

$T(\beta)$ erreicht ein Minimum, wenn $\cos\beta$ ein Minimum annimmt.

✎ Hinweise und Tipps

Im Intervall [0°; 360°[erreicht $\cos\alpha$ den minimalen Funktionswert –1 bei 180°.
also: $T_{min} = -1 + 4 = 3$ für $\beta = 180°$

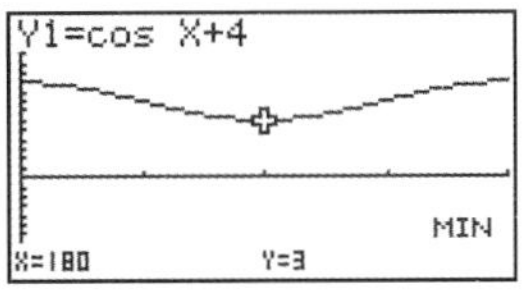

Maximum:
$T(\beta)$ erreicht ein Maximum, wenn $\cos\beta$ ein Maximum annimmt.
Im Intervall [0°; 360°[erreicht $\cos\beta$ den maximalen Funktionswert 1 bei 0°.
also: $T_{max} = 1 + 4 = 5$ für $\beta = 0°$

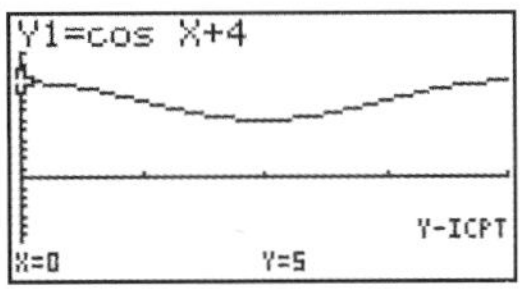

c) $T(\gamma) = 8 - \sin\gamma$
Minimum:
$T(\gamma)$ erreicht ein Minimum, wenn $\sin\gamma$ ein Maximum annimmt.
Im Intervall [0°; 360°[erreicht $\sin\gamma$ den maximalen Funktionswert 1 bei 90°.
also: $T_{min} = 8 - 1 = 7$ für $\gamma = 90°$

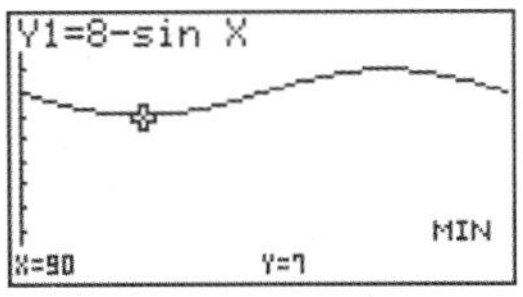

Maximum:
$T(\gamma)$ erreicht ein Maximum, wenn $\sin\gamma$ ein Minimum annimmt.
Im Intervall [0°; 360°[erreicht $\sin\gamma$ den minimalen Funktionswert –1 bei 270°.
also: $T_{max} = 8 - (-1) = 9$ für $\gamma = 270°$

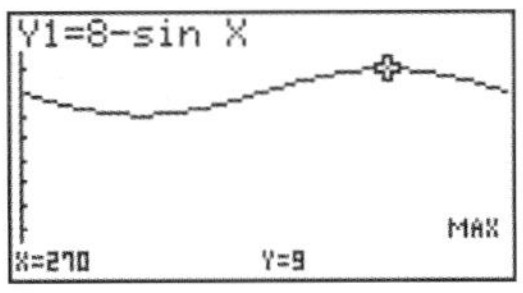

d) $T(\delta) = 10 - \cos 2\delta$
Minimum:
$T(\delta)$ erreicht ein Minimum, wenn $\cos 2\delta$ ein Maximum annimmt.
Im Intervall [0°; 360°[erreicht $\cos 2\delta$ den maximalen Funktionswert 1 bei $2\delta = 0°$ oder $2\delta = 360°$:

$\delta \in [0°; 360°[\Leftrightarrow 2\delta \in [0°; 720°[$

$$\cos 2\delta = 1$$
$$\Leftrightarrow \quad 2\delta_1 = 0° \vee 2\delta_2 = 360°$$
$$\Leftrightarrow \quad \delta_1 = 0° \vee \delta_2 = 180°$$

also: $T_{min} = 10 - 1 = 9$ für $\delta_1 = 0°$ oder $\delta_2 = 180°$

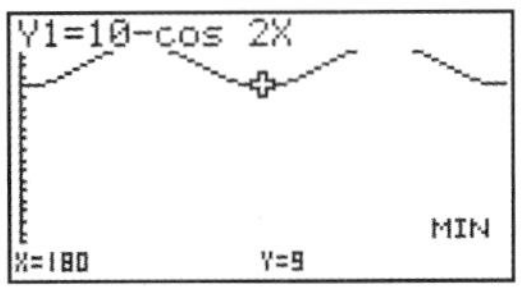

Maximum:
$T(\delta)$ erreicht ein Maximum, wenn $\cos 2\delta$ ein Minimum annimmt.
Im Intervall [0°; 360°[erreicht $\cos 2\delta$ den minimalen Funktionswert –1 bei $2\delta = 180°$ oder $2\delta = 180° + 360° = 540°$:

$\delta \in [0°; 360°[\Leftrightarrow 2\delta \in [0°; 720°[$

$$\cos 2\delta = -1$$
$$\Leftrightarrow \quad 2\delta = 180° \vee 2\delta = 540°$$
$$\Leftrightarrow \quad \delta = 90° \vee \delta = 270°$$

also: $T_{max} = 10 - (-1) = 11$ für $\delta_1 = 90°$ oder $\delta_2 = 270°$

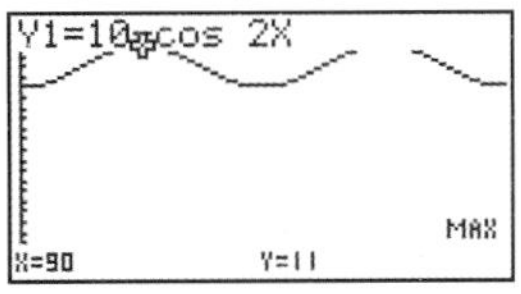

280 $A = |\overrightarrow{AB} \ \ \overrightarrow{AD_n}|$

$$A(\alpha) = \begin{vmatrix} 8 & (2+3\cos\alpha) \\ (-4) & (4-2\cos\alpha) \end{vmatrix} \text{FE}$$

$A(\alpha) = [8 \cdot (4 - 2\cos\alpha) - (-4) \cdot (2 + 3\cos\alpha)]$ FE

$A(\alpha) = [32 - 16\cos\alpha + 8 + 12\cos\alpha]$ FE

$A(\alpha) = [-4\cos\alpha + 40]$ FE

$\overrightarrow{OD_1} = \overrightarrow{AD_1} = \begin{pmatrix} 2+3\cos\alpha^* \\ 4-2\cos\alpha^* \end{pmatrix} = \begin{pmatrix} -1 \\ 6 \end{pmatrix}$ mit $\alpha^* = 180°$ (siehe unten)

$\overrightarrow{OC_1} = \overrightarrow{AD_1} + \overrightarrow{AB} = \begin{pmatrix} -1 \\ 6 \end{pmatrix} + \begin{pmatrix} 8 \\ -4 \end{pmatrix} = \begin{pmatrix} 7 \\ 2 \end{pmatrix}$

Hinweise und Tipps

Der Term $-4\cos\alpha + 40$ wird maximal, wenn der Minuend $-4\cos\alpha$ minimal wird. Dies ist der Fall für:

$\cos\alpha^* = -1$

$\Leftrightarrow \quad \alpha^* = 180°$

$L = \{180°\}$

Für $\alpha^* = 180°$ entsteht das Parallelogramm mit maximalem Flächeninhalt.

Der maximale Flächeninhalt beträgt somit:

$(-4\cos 180° + 40)$ FE $= (-4 \cdot (-1) + 40)$ FE $= 44$ FE

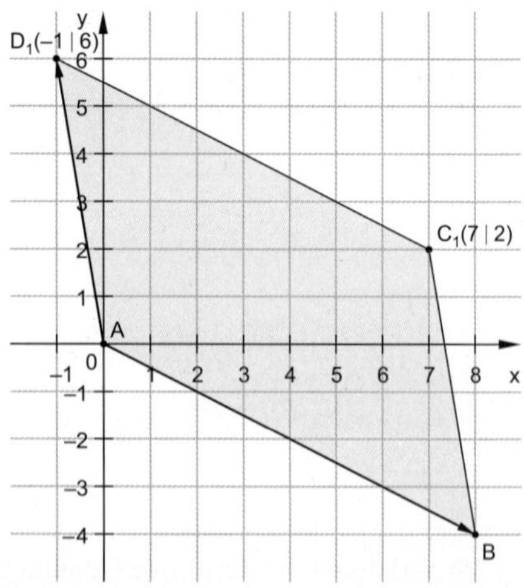

---

281 Berechnung des Flächeninhalts $A(\alpha)$ der Dreiecke AB_nC_n in Abhängigkeit von α:

$$A = \frac{1}{2} \cdot |\overrightarrow{AB_n} \quad \overrightarrow{AC_n}|$$

$$A(\alpha) = \frac{1}{2} \cdot \begin{vmatrix} 6\cos\alpha & 5 \\ -8\sin\alpha & 10\cos\alpha \end{vmatrix} \text{ FE}$$

$$A(\alpha) = \frac{1}{2} \cdot [6\cos\alpha \cdot 10\cos\alpha - (-8\sin\alpha) \cdot 5] \text{ FE}$$

$$A(\alpha) = \frac{1}{2} \cdot [60\cos^2\alpha + 40\sin\alpha] \text{ FE}$$

$$A(\alpha) = \frac{1}{2} \cdot [60 \cdot (1 - \sin^2\alpha) + 40\sin\alpha] \text{ FE}$$

$$A(\alpha) = \frac{1}{2} \cdot [60 - 60\sin^2\alpha + 40\sin\alpha] \text{ FE}$$

$$A(\alpha) = (-30\sin^2\alpha + 20\sin\alpha + 30) \text{ FE}$$

Extremwertbestimmung:

$$A(\alpha) = (-30\sin^2\alpha + 20\sin\alpha + 30) \text{ FE}$$

$$A(\alpha) = -30\left[\sin^2\alpha - \frac{2}{3}\sin\alpha - 1\right] \text{ FE}$$

Ergänze quadratisch.

$$A(\alpha) = -30\left[\sin^2\alpha - \frac{2}{3}\sin\alpha + \left(\frac{1}{3}\right)^2 - \left(\frac{1}{3}\right)^2 - 1\right] \text{ FE}$$

$$A(\alpha) = -30\left[\left(\sin\alpha - \frac{1}{3}\right)^2 - 1\frac{1}{9}\right] \text{ FE}$$

$$A(\alpha) = \left[-30\left(\sin\alpha - \frac{1}{3}\right)^2 + 33\frac{1}{3}\right] \text{ FE}$$

Man erhält den minimalen Flächeninhalt für:

$\sin\alpha = 1$

$\Leftrightarrow \quad \alpha = 90°$

$L_{min} = \{90°\}$

$$\overrightarrow{AB_1} = \begin{pmatrix} 6\cos 90° \\ -8\sin 90° \end{pmatrix} = \begin{pmatrix} 0 \\ -8 \end{pmatrix}$$

$$\overrightarrow{AC_1} = \begin{pmatrix} 5 \\ 10\cos 90° \end{pmatrix} = \begin{pmatrix} 5 \\ 0 \end{pmatrix}$$

✐ Hinweise und Tipps

also:

$$A_{min} = \left[-30\left(\sin 90° - \frac{1}{3}\right)^2 + 33\frac{1}{3}\right] \text{FE}$$

$$A_{min} = \left[-30\left(1 - \frac{1}{3}\right)^2 + 33\frac{1}{3}\right] \text{FE}$$

$$A_{min} = 20 \text{ FE} \quad \text{für } \alpha = 90°$$

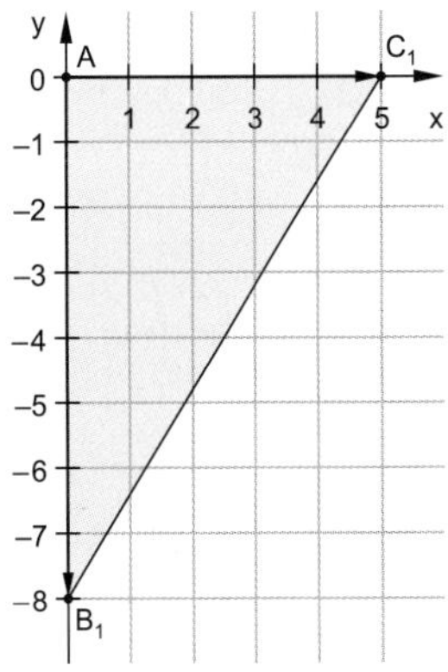

Man erhält den maximalen Flächeninhalt für:

$$\sin\alpha = \frac{1}{3}$$

$$\Leftrightarrow \quad \alpha_1 = 19{,}47° \ \vee \ \alpha_2 = 180° - 19{,}47° = 160{,}53°$$

$$L_{max} = \{19{,}47°;\ 160{,}53°\}$$

also:

$$A_{max} = \left[-30\left(\frac{1}{3} - \frac{1}{3}\right)^2 + 33\frac{1}{3}\right] \text{FE}$$

$$A_{max} = 33\frac{1}{3} \text{ FE} \quad \text{für } \alpha_1 = 19{,}47° \text{ oder } \alpha_2 = 160{,}53°$$

$$\overrightarrow{AB_2} = \begin{pmatrix} 6\cos 19{,}47° \\ -8\sin 19{,}47° \end{pmatrix} = \begin{pmatrix} 5{,}66 \\ -2{,}67 \end{pmatrix}$$

$$\overrightarrow{AC_2} = \begin{pmatrix} 5 \\ 10\cos 19{,}47° \end{pmatrix} = \begin{pmatrix} 5 \\ 9{,}43 \end{pmatrix}$$

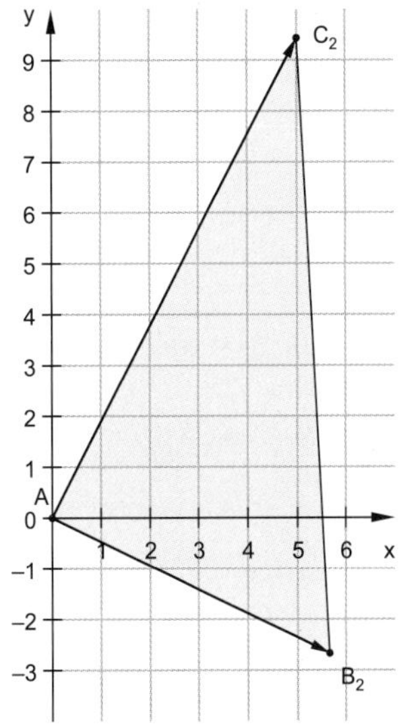

---

282 $T(\alpha) = 15\cos^2\alpha + 10\sin\alpha$

Ersetze: $\cos^2\alpha = 1 - \sin^2\alpha$

$T(\alpha) = 15(1 - \sin^2\alpha) + 10\sin\alpha$

$T(\alpha) = 15 - 15\sin^2\alpha + 10\sin\alpha$

Ordnen nach Potenzen von $\sin\alpha$

$T(\alpha) = -15\sin^2\alpha + 10\sin\alpha + 15$

Klammere den Vorfaktor des quadratischen Terms aus.

$$T(\alpha) = -15\left[\sin^2\alpha - \frac{2}{3}\sin\alpha - 1\right]$$

Ergänze quadratisch.

$$T(\alpha) = -15\left[\sin^2\alpha - \frac{2}{3}\sin\alpha + \left(\frac{1}{3}\right)^2 - \left(\frac{1}{3}\right)^2 - 1\right]$$

Wende die binomische Formel an.

$$T(\alpha) = -15\left[\left(\sin\alpha - \frac{1}{3}\right)^2 - \frac{1}{9} - 1\right]$$

Fasse zusammen.

✎ Hinweise und Tipps

$$T(\alpha) = -15\left[\left(\sin\alpha - \frac{1}{3}\right)^2 - 1\frac{1}{9}\right]$$

$$T(\alpha) = -15\left(\sin\alpha - \frac{1}{3}\right)^2 + 16\frac{2}{3}$$

Berechnung des minimalen Termwertes:

$T(\alpha)$ wird minimal, wenn $\left(\sin\alpha - \frac{1}{3}\right)^2$ den größten Wert annimmt. Dies gilt für:

$$\sin\alpha = 1$$

$$\Leftrightarrow \quad \alpha = 90°$$

$$L = \{90°\}$$

also: $T_{min} = \left[-15\left(\sin 90° - \frac{1}{3}\right)^2 + 16\frac{2}{3}\right] = 10$ für $\alpha = 90°$

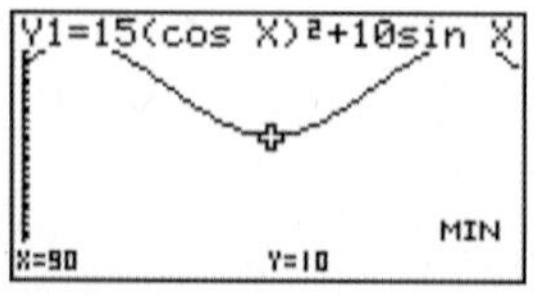

$\sin\alpha = -1$ bzw. $\sin\alpha < 0$ ist wegen $\alpha \in [0; 180°]$ ausgeschlossen.

Berechnung des maximalen Termwertes:

$T(\alpha)$ wird maximal, wenn $\left(\sin\alpha - \frac{1}{3}\right)^2$ den kleinsten Wert annimmt.

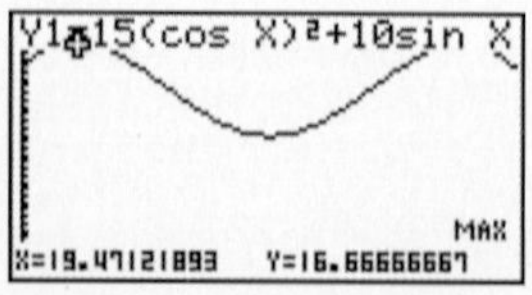

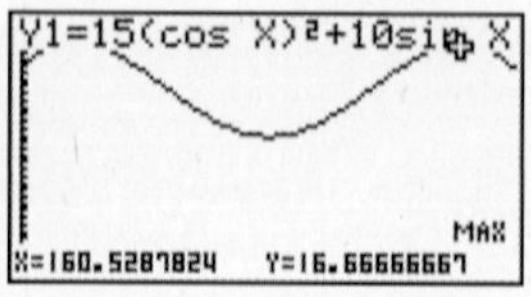

Dies gilt für:

$$\sin\alpha - \frac{1}{3} = 0 \quad \left| +\frac{1}{3}\right.$$

$$\Leftrightarrow \quad \sin\alpha = \frac{1}{3}$$

$$\Leftrightarrow \quad \alpha = 19{,}47° \ \vee \ \alpha = 160{,}53°$$

$$L = \{19{,}47°; 160{,}53°\}$$

also: $T_{max} = 16\frac{2}{3}$ für $\alpha_1 = 19{,}47°$ oder $\alpha_2 = 160{,}53°$

---

283 a) $T(\varphi) = 2\cos^2\varphi + 3\cos\varphi - 4 \qquad \varphi \in [0°; 180°[$

$$T(\varphi) = 2\left[\cos^2\varphi + \frac{3}{2}\cos\varphi - 2\right]$$

$$T(\varphi) = 2\left[\cos^2\varphi + \frac{3}{2}\cos\varphi + \left(\frac{3}{4}\right)^2 - \left(\frac{3}{4}\right)^2 - 2\right]$$

$$T(\varphi) = 2\left[\left(\cos\varphi + \frac{3}{4}\right)^2 - \frac{9}{16} - 2\right]$$

$$T(\varphi) = 2\left[\left(\cos\varphi + \frac{3}{4}\right)^2 - 2\frac{9}{16}\right]$$

$$T(\varphi) = 2\left(\cos\varphi + \frac{3}{4}\right)^2 - 5\frac{1}{8}$$

- Der Term $T(\varphi)$ hat ein Minimum, wenn $\left(\cos\varphi + \frac{3}{4}\right)^2 = 0$.
  Dies ist der Fall für $\cos\varphi = -\frac{3}{4}$, also für $\varphi = 138{,}59°$ ($\varphi = 221{,}41° \notin G$).

  also: $T_{min} = -5\frac{1}{8}$ für $\varphi = 138{,}59°$

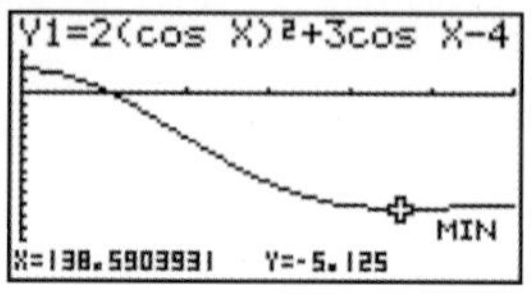

✎ Hinweise und Tipps

- Der Term T(φ) hat ein Maximum, wenn $\left(\cos\varphi + \frac{3}{4}\right)^2$ am größten ist.
  Dies ist der Fall für $\cos\varphi = 1$, also für $\varphi = 0°$.
  also: $T_{max} = 1$ für $\varphi = 0°$

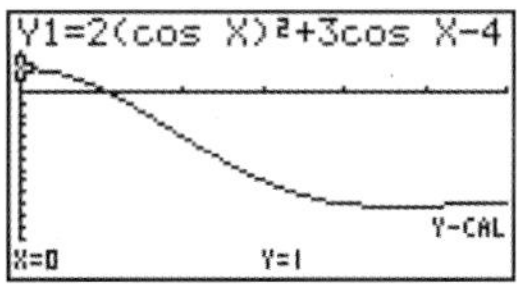

b) $T(\varphi) = 4\sin^2\varphi + 6\cos\varphi - 8 \qquad \varphi \in [0°; 180°]$

$T(\varphi) = 4(1-\cos^2\varphi) + 6\cos\varphi - 8$

$T(\varphi) = 4 - 4\cos^2\varphi + 6\cos\varphi - 8$

$T(\varphi) = -4\cos^2\varphi + 6\cos\varphi - 4$

$T(\varphi) = -4[\cos^2\varphi - \frac{3}{2}\cos\varphi + 1]$

$$T(\varphi) = -4\left[\cos^2\varphi - \frac{3}{2}\cos\varphi + \left(\frac{3}{4}\right)^2 - \left(\frac{3}{4}\right)^2 + 1\right]$$

$$T(\varphi) = -4\left[\left(\cos\varphi - \frac{3}{4}\right)^2 - \frac{9}{16} + 1\right]$$

$$T(\varphi) = -4\left[\left(\cos\varphi - \frac{3}{4}\right)^2 + \frac{7}{16}\right]$$

$$T(\varphi) = -4\left(\cos\varphi - \frac{3}{4}\right)^2 - \frac{7}{4}$$

- Der Term T(φ) hat ein Minimum, wenn $(\cos\varphi - 0{,}75)^2$ am größten ist. Dies ist der Fall für $\cos\varphi = -1$, also für $\varphi = 180°$.
  also: $T_{min} = -14$ für $\varphi = 180°$

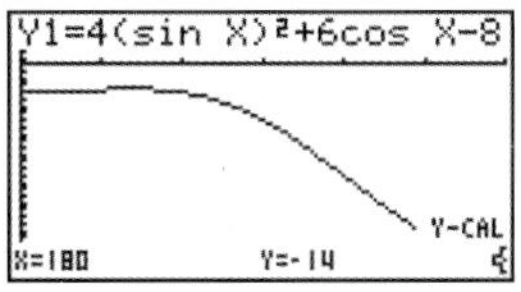

- Der Term T(φ) hat ein Maximum, wenn $(\cos\varphi - 0{,}75)^2 = 0$.
  Dies ist der Fall für $\cos\varphi = 0{,}75$, also für $\varphi = 41{,}41°$ ($\varphi = 318{,}59° \notin G$).
  also: $T_{max} = -1{,}75$ für $\varphi = 41{,}41°$

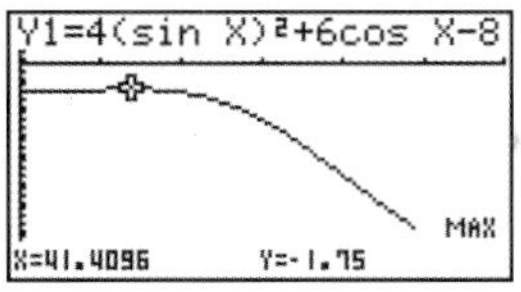

c) $T(\varphi) = -0{,}5\cos^2\varphi + 4\cos\varphi + 1 \qquad \varphi \in [0°; 180°]$

$T(\varphi) = -0{,}5[\cos^2\varphi - 8\cos\varphi - 2]$

$T(\varphi) = -0{,}5[\cos^2\varphi - 8\cos\varphi + 4^2 - 4^2 - 2]$

$T(\varphi) = -0{,}5[(\cos\varphi - 4)^2 - 16 - 2]$

$T(\varphi) = -0{,}5(\cos\varphi - 4)^2 + 9$

- Der Term T(φ) wird minimal, wenn cos φ den kleinsten Wert –1 annimmt. Dies ist für $\varphi = 180°$ der Fall.
  also: $T_{min} = -0{,}5(-1-4)^2 + 9 = -3{,}5$ für $\varphi_1 = 180°$

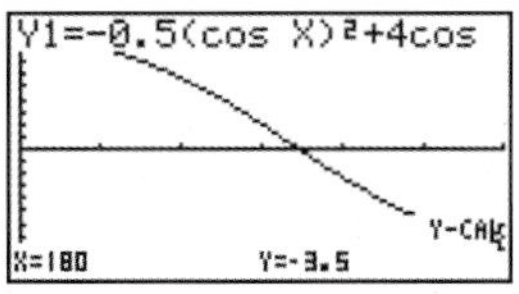

- T(φ) wird maximal, wenn cos φ den größten Wert (+1) annimmt. Dies ist für $\varphi = 0°$ der Fall.
  also: $T_{max} = -0{,}5(+1-4)^2 + 9 = 4{,}5$ für $\varphi = 0°$

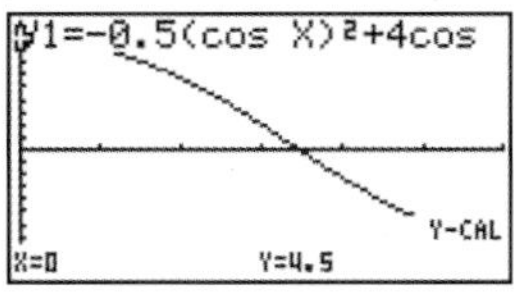

Hinweise und Tipps

284 a) $T(\varphi) = 0{,}5\sin\varphi + 4\cos\varphi \qquad \varphi \in [0°;\ 270°]$

Klammere den Faktor 0,5 aus.

$$T(\varphi) = 0{,}5(\sin\varphi + 8\cos\varphi)$$

Ersetze 8 durch $\tan\varphi = \frac{\sin\varphi}{\cos\varphi}$, wobei $\varphi = \tan^{-1}(8) = 82{,}87°$ ist.

$$T(\varphi) = 0{,}5\left(\sin\varphi + \frac{\sin 82{,}87°}{\cos 82{,}87°}\cdot\cos\varphi\right)$$

Klammere $\frac{1}{\cos 82{,}87°}$ aus.

$$T(\varphi) = 0{,}5\left(\sin\varphi\cdot\frac{\cos 82{,}87°}{\cos 82{,}87°} + \frac{\sin 82{,}87°}{\cos 82{,}87°}\cdot\cos\varphi\right)$$

$$T(\varphi) = \frac{0{,}5}{\cos 82{,}87°}(\sin\varphi\cdot\cos 82{,}87° + \sin 82{,}87°\cdot\cos\varphi)$$

Vereinfache: $\frac{0{,}5}{\cos 82{,}87°} = 4{,}03$

$$T(\varphi) = 4{,}03\cdot(\sin\varphi\cdot\cos 82{,}87° + \cos\varphi\cdot\sin 82{,}87°)$$

Wende ein Additionstheorem an.

$$T(\varphi) = 4{,}03\cdot\sin(\varphi + 82{,}87°)$$

- Der Term $T(\varphi)$ hat ein Minimum, wenn $\sin(\varphi + 82{,}87°) = -1$, also für $\varphi + 82{,}87° = 270°$ bzw. $\varphi = 187{,}13°$:
  also: $T_{min} = -4{,}03$ für $\varphi = 187{,}13°$

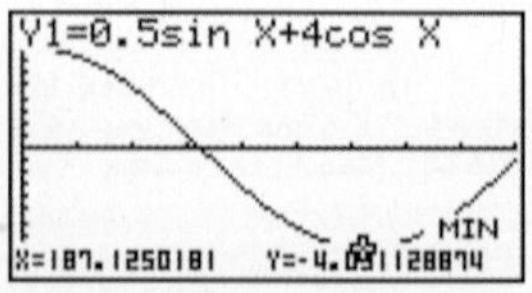

- Der Term $T(\varphi)$ hat ein Maximum, wenn $\sin(\varphi + 82{,}87°) = 1$, also für $\varphi + 82{,}87° = 90°$ bzw. $\varphi = 7{,}13°$:
  also: $T_{max} = 4{,}03$ für $\varphi = 7{,}13°$

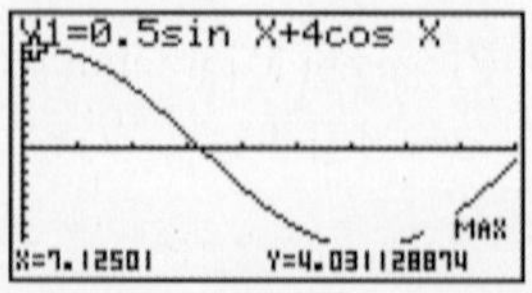

b) $T(\varphi) = \cos(\varphi - 60°) + \sin(\varphi + 30°) \qquad \varphi \in [0°;\ 360°]$

Wende Additionstheoreme an.

$$T(\varphi) = \cos\varphi\cos 60° + \sin\varphi\sin 60° + \sin\varphi\cos 30° + \cos\varphi\sin 30°$$

Vereinfache.

$$T(\varphi) = \frac{1}{2}\cos\varphi + \frac{1}{2}\sqrt{3}\sin\varphi + \frac{1}{2}\sqrt{3}\sin\varphi + \frac{1}{2}\cos\varphi$$

Zusammenfassen

$$T(\varphi) = \cos\varphi + \sqrt{3}\sin\varphi$$

Ersetze $\sqrt{3} = \tan\varphi = \frac{\sin\varphi}{\cos\varphi}$, wobei $\varphi = \tan^{-1}(\sqrt{3}) = 60°$ ist.

$$T(\varphi) = \cos\varphi + \frac{\sin 60°}{\cos 60°}\sin\varphi$$

Klammere $\frac{1}{\cos 60°}$ aus.

$$T(\varphi) = \frac{1}{\cos 60°}(\cos\varphi\cos 60° + \sin\varphi\sin 60°)$$

Vereinfache $\frac{1}{\cos 60°} = 2$ und wende das Additionstheorem an.

$$T(\varphi) = 2\cos(\varphi - 60°)$$

- Der Term $T(\varphi)$ hat ein Minimum, wenn $\cos(\varphi - 60°) = -1$, also für $\varphi - 60° = 180°$ bzw. $\varphi = 240°$:
  also: $T_{min} = -2$ für $\varphi = 240°$

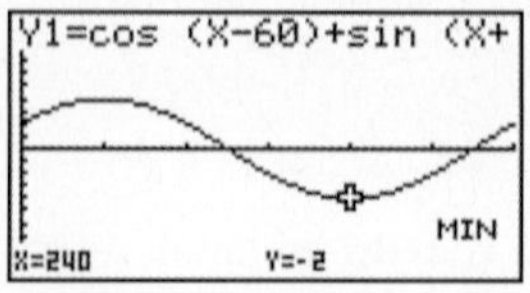

- Der Term $T(\varphi)$ hat ein Maximum, wenn $\cos(\varphi - 60°) = 1$, also für $\varphi - 60° = 0°$ bzw. $\varphi = 60°$:
  also: $T_{max} = 2$ für $\varphi = 60°$

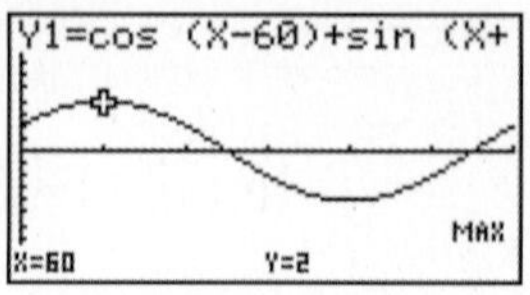

c) $T(\varphi) = \sin\varphi - \cos(30° + \varphi) + 5 \qquad \varphi \in [0°; 360°]$

$T(\varphi) = \sin\varphi - (\cos 30° \cos\varphi - \sin 30° \sin\varphi) + 5$

$T(\varphi) = \sin\varphi - \left(\frac{1}{2}\sqrt{3}\cos\varphi - \frac{1}{2}\sin\varphi\right) + 5$

$T(\varphi) = \sin\varphi - \frac{1}{2}\sqrt{3}\cos\varphi + \frac{1}{2}\sin\varphi + 5$

$T(\varphi) = \frac{3}{2}\sin\varphi - \frac{1}{2}\sqrt{3}\cos\varphi + 5$

$T(\varphi) = \frac{3}{2}\left(\sin\varphi - \frac{\sqrt{3}}{3}\cos\varphi\right) + 5$

$T(\varphi) = \frac{3}{2}\left(\sin\varphi - \frac{\sin 30°}{\cos 30°}\cos\varphi\right) + 5$

$T(\varphi) = \frac{3}{2\cos 30°}(\sin\varphi\cos 30° - \cos\varphi\sin 30°) + 5$

$T(\varphi) = \sqrt{3}\sin(\varphi - 30°) + 5$

- Der Term $T(\varphi)$ hat ein Minimum, wenn $\sin(\varphi - 30°) = -1$, also für $\varphi - 30° = 270°$ bzw. $\varphi = 300°$:
  also: $T_{min} = 3{,}27$ für $\varphi = 300°$
- Der Term $T(\varphi)$ hat ein Maximum, wenn $\sin(\varphi - 30°) = 1$, also für $\varphi - 30° = 90°$ bzw. $\varphi = 120°$:
  also: $T_{max} = 6{,}73$ für $\varphi = 120°$

Hinweise und Tipps

Wende ein Additionstheorem an.
Vereinfache.

Fasse zusammen.

Ersetze $\frac{\sqrt{3}}{3} = \tan\varphi = \frac{\sin\varphi}{\cos\varphi}$, wobei $\varphi = \tan^{-1}\left(\frac{\sqrt{3}}{3}\right) = 30°$ ist.

Klammere $\frac{1}{\cos 30°}$ aus.

Vereinfache $\frac{3}{2\cos 30°} = \frac{3}{\sqrt{3}} = \sqrt{3}$ und wende das Additionstheorem an.

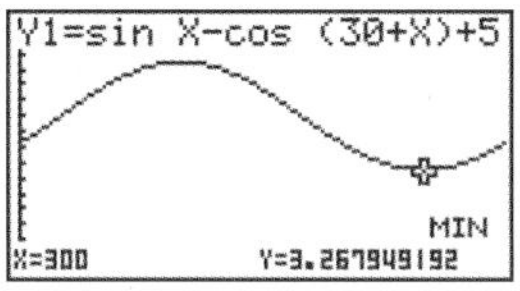

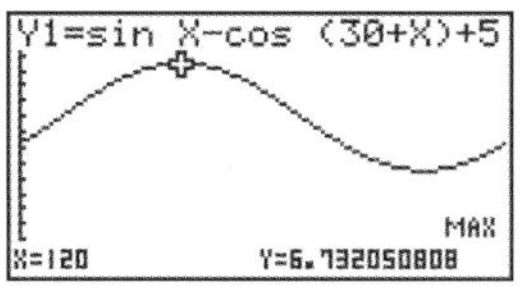

---

285 $\quad \sin(\varphi - 30°) = 0$

$\Leftrightarrow \quad \varphi_1 - 30° = 0° \quad \vee \quad \varphi_2 - 30° = 180°$

$\Leftrightarrow \quad \varphi_1 = 30° \quad \vee \quad \varphi_2 = 210°$

$G =]30°; 210°[$

Das flächenkleinste Dreieck entsteht, wenn der Nennerterm $\sin(\varphi - 30°)$ im Intervall $]30°; 210°[$ seinen größten Wert annimmt. Dies ist der Fall für:

$\sin(\varphi - 30°) = 1$

$\Leftrightarrow \quad \varphi - 30° = 90°$

$\Leftrightarrow \quad \varphi = 120°$

$L = \{120°\}$

---

286 a) $\overrightarrow{AC_1} = \begin{pmatrix} 6 + 3\sin 100° \\ 5\cos^2 100° \end{pmatrix} = \begin{pmatrix} 8{,}95 \\ 0{,}15 \end{pmatrix}$

$\overrightarrow{AC_2} = \begin{pmatrix} 6 + 3\sin 150° \\ 5\cos^2 150° \end{pmatrix} = \begin{pmatrix} 7{,}50 \\ 3{,}75 \end{pmatrix}$

$\overrightarrow{AC_3} = \begin{pmatrix} 6 + 3\sin 240° \\ 5\cos^2 240° \end{pmatrix} = \begin{pmatrix} 3{,}40 \\ 1{,}25 \end{pmatrix}$

Hinweise und Tipps

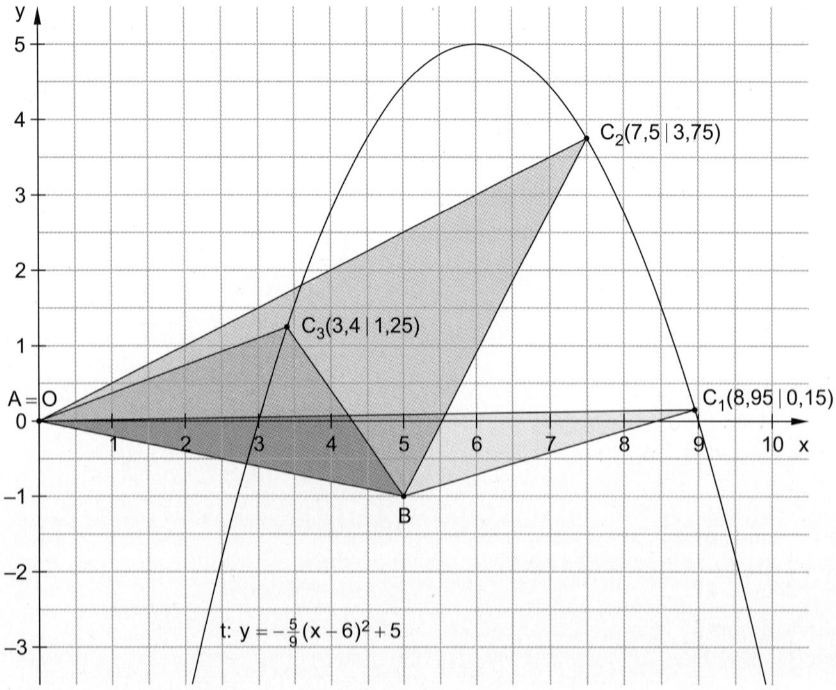

b) Berechnung des Trägergraphen von $C_n(x \mid y)$:

$$\overrightarrow{AC_n} = \begin{pmatrix} 6+3\sin\alpha \\ 5\cos^2\alpha \end{pmatrix}$$

$$\Leftrightarrow \begin{pmatrix} x-0 \\ y-0 \end{pmatrix} = \begin{pmatrix} 6+3\sin\alpha \\ 5\cos^2\alpha \end{pmatrix}$$

$$\Leftrightarrow \begin{array}{|l} x = 6+3\sin\alpha \\ \wedge\ y = 5\cos^2\alpha \end{array} \quad \Big| -6$$

Löse die erste Gleichung nach $\sin\alpha$ auf und ersetze in der zweiten Gleichung den Term $\cos^2\alpha$ durch den Term $1-\sin^2\alpha$.

$$\Leftrightarrow \begin{array}{|l} x-6 = 3\sin\alpha \\ \wedge\ y = 5(1-\sin^2\alpha) \end{array} \quad \Big| \cdot \frac{1}{3}$$

$$\Leftrightarrow \begin{array}{|l} \sin\alpha = \frac{1}{3}(x-6) \\ \wedge\ y = 5(1-\sin^2\alpha) \end{array}$$

$$\Leftrightarrow \begin{array}{|l} \sin\alpha = \frac{1}{3}x-2 \\ \wedge\ y = 5-5\sin^2\alpha \end{array}$$

t: $y = 5-5\left(\frac{1}{3}x-2\right)^2$ oder: t: $y = 5-5\left(\frac{1}{3}\right)^2(x-6)^2$

Ersetze den Term $\sin\alpha$ durch $\frac{1}{3}x-2 = \frac{1}{3}(x-6)$.

$y = 5-5\left(\frac{1}{9}x^2-\frac{4}{3}x+4\right)$ $\qquad$ $y = 5-\frac{5}{9}(x-6)^2$

$y = 5-\frac{5}{9}x^2+6\frac{2}{3}x-20$ $\qquad$ $y = -\frac{5}{9}(x-6)^2+5$

$y = -\frac{5}{9}x^2+6\frac{2}{3}x-15$

Hinweise und Tipps

c) Aufspannende Pfeile:

$$\overrightarrow{AB} = \begin{pmatrix} 5 \\ -1 \end{pmatrix};\ \overrightarrow{AC_n} = \begin{pmatrix} 6+3\sin\alpha \\ 5\cos^2\alpha \end{pmatrix}$$

Berechnung des Flächeninhalts A in Abhängigkeit von α:

$$A(\alpha) = \frac{1}{2}\begin{vmatrix} 5 & (6+3\sin\alpha) \\ (-1) & 5\cos^2\alpha \end{vmatrix}\ \text{FE}$$

$$A(\alpha) = \frac{1}{2}[5\cdot 5\cos^2\alpha - (-1)(6+3\sin\alpha)]\ \text{FE}$$

$$A(\alpha) = \frac{1}{2}[25(1-\sin^2\alpha) + 6 + 3\sin\alpha]\ \text{FE}$$

$$A(\alpha) = \frac{1}{2}[25 - 25\sin^2\alpha + 6 + 3\sin\alpha]\ \text{FE}$$

$$A(\alpha) = \left(-12\frac{1}{2}\sin^2\alpha + 1\frac{1}{2}\sin\alpha + 15\frac{1}{2}\right)\ \text{FE}$$

Berechnung von A_{max}:

$$A(\alpha) = \left(-12\frac{1}{2}\sin^2\alpha + 1\frac{1}{2}\sin\alpha + 15\frac{1}{2}\right)\ \text{FE}$$

$$A(\alpha) = -12\frac{1}{2}\left[\sin^2\alpha - \frac{3}{25}\sin\alpha - 1\frac{6}{25}\right]\ \text{FE}$$

$$A(\alpha) = -12\frac{1}{2}\left[\sin^2\alpha - \frac{3}{25}\sin\alpha + \left(\frac{3}{50}\right)^2 - \left(\frac{3}{50}\right)^2 - 1\frac{6}{25}\right]\ \text{FE}$$

$$A(\alpha) = -12\frac{1}{2}\left[\left(\sin\alpha - \frac{3}{50}\right)^2 - 1\frac{609}{2\,500}\right]\ \text{FE}$$

$$A(\alpha) = \left[-12\frac{1}{2}\left(\sin\alpha - \frac{3}{50}\right)^2 + 15\frac{109}{200}\right]\ \text{FE}$$

Der Term $A(\alpha)$ hat ein Maximum, wenn $\sin\alpha - \frac{3}{50} = 0$ ist, also für $\sin\alpha = \frac{3}{50}$ bzw. $\alpha_1 = 3{,}44°$ oder $\alpha_2 = 176{,}56°$

$A_{max} = 15{,}545$ FE für $\alpha_1 = 3{,}44°$ oder $\alpha_2 = 176{,}56°$

Hinweise und Tipps

3.4 Skalarprodukt von Vektoren

287 a) $\vec{a} \odot \vec{b} = \begin{pmatrix} 2 \\ 1 \end{pmatrix} \odot \begin{pmatrix} 3 \\ 4 \end{pmatrix} = 2 \cdot 3 + 1 \cdot 4 = 6 + 4 = 10$

Produkt der x-Koordinaten + Produkt der y-Koordinaten

b) $\vec{a} \odot \vec{b} = \begin{pmatrix} -6 \\ 9 \end{pmatrix} \odot \begin{pmatrix} 10 \\ -5 \end{pmatrix} = -6 \cdot 10 + 9 \cdot (-5) = -60 - 45 = -105$

Produkt der x-Koordinaten + Produkt der y-Koordinaten

c) $\vec{a} \odot \vec{b} = \begin{pmatrix} -\frac{1}{2} \\ -\frac{1}{3} \end{pmatrix} \odot \begin{pmatrix} \frac{3}{4} \\ -\frac{9}{8} \end{pmatrix} = -\frac{1}{2} \cdot \frac{3}{4} + \left(-\frac{1}{3}\right) \cdot \left(-\frac{9}{8}\right)$

$= -\frac{3}{8} + \frac{9}{24}$

$= -\frac{3}{8} + \frac{3}{8}$

$= 0$

Produkt der x-Koordinaten + Produkt der y-Koordinaten

Da das Skalarprodukt den Wert null besitzt, sind die Vektoren $\vec{a}$ und $\vec{b}$ orthogonal.

d) $\vec{a} \odot \vec{b} = \begin{pmatrix} 5\sqrt{3} \\ -\sqrt{7} \end{pmatrix} \odot \begin{pmatrix} -\sqrt{3} \\ 2\sqrt{7} \end{pmatrix} = 5\sqrt{3} \cdot (-\sqrt{3}) + (-\sqrt{7}) \cdot 2\sqrt{7}$

$= -5 \cdot 3 - 2 \cdot 7$

$= -15 - 14$

$= -29$

Beachte: $\sqrt{3} \cdot (-\sqrt{3}) = -(\sqrt{3})^2 = -3$

---

288 a) Es muss gelten:

$\overrightarrow{AB} \odot \overrightarrow{AC} = 0$

$\Leftrightarrow \quad \begin{pmatrix} 12 \\ x \end{pmatrix} \odot \begin{pmatrix} 0,5 \\ -3 \end{pmatrix} = 0$

$\Leftrightarrow \quad 12 \cdot 0,5 + x \cdot (-3) = 0$

$\Leftrightarrow \quad 6 - 3x = 0 \quad | +3x$

$\Leftrightarrow \quad 3x = 6 \quad | :3$

$\Leftrightarrow \quad x = 2$

$L = \{2\}$

Produkt der x-Koordinaten + Produkt der y-Koordinaten

Probe:
Für $x = 2$ stehen die Vektoren $\overrightarrow{AB}$ und $\overrightarrow{AC}$ aufeinander senkrecht: $12 \cdot 0,5 + 2 \cdot (-3) = 0$

b) Es muss gelten:

$\overrightarrow{AB} \odot \overrightarrow{AC} = 0$

$\Leftrightarrow \quad \begin{pmatrix} x+1 \\ 2x \end{pmatrix} \odot \begin{pmatrix} 4 \\ 5 \end{pmatrix} = 0$

$\Leftrightarrow \quad (x+1) \cdot 4 + 2x \cdot 5 = 0$

$\Leftrightarrow \quad 4x + 4 + 10x = 0$

$\Leftrightarrow \quad 14x + 4 = 0 \quad | -4$

$\Leftrightarrow \quad 14x = -4 \quad | :14$

$\Leftrightarrow \quad x = -\frac{2}{7}$

$L = \left\{-\frac{2}{7}\right\}$

Produkt der x-Koordinaten + Produkt der y-Koordinaten
Beim Ausmultiplizieren Klammern gesetzt

Probe:
Für $x = -\frac{2}{7}$ stehen die Vektoren $\overrightarrow{AB}$ und $\overrightarrow{AC}$ aufeinander senkrecht:
$\left(-\frac{2}{7} + 1\right) \cdot 4 + 2 \cdot \left(-\frac{2}{7}\right) \cdot 5 = 0$

Hinweise und Tipps

c) Es muss gelten:

$$\overrightarrow{AB} \odot \overrightarrow{AC} = 0$$

$$\Leftrightarrow \begin{pmatrix} 3 \\ \frac{1}{x} \end{pmatrix} \odot \begin{pmatrix} -\frac{1}{4}x \\ 3 \end{pmatrix} = 0$$

Produkt der x-Koordinaten + Produkt der y-Koordinaten

$$\Leftrightarrow 3 \cdot \left(-\frac{1}{4}x\right) + \frac{1}{x} \cdot 3 = 0$$

$$\Leftrightarrow -\frac{3}{4}x + \frac{3}{x} = 0 \quad \left| -\frac{3}{x} \right.$$

Zuerst die Strichumformung …

$$\Leftrightarrow -\frac{3}{4}x = -\frac{3}{x} \quad | \cdot x$$

dann die Punktumformungen.

$$\Leftrightarrow -\frac{3}{4}x^2 = -3 \quad \left| \cdot \left(-\frac{4}{3}\right) \right.$$

$$\Leftrightarrow x^2 = 4 \quad | \sqrt{\ }$$

$$\Leftrightarrow |x| = 2$$

$x_1 = -2 \vee x_2 = 2$

$L = \{-2; 2\}$

Probe:

x_1: $3 \cdot \left(-\frac{1}{4} \cdot (-2)\right) + \left(\frac{1}{-2}\right) \cdot 3 = 3 \cdot \frac{1}{2} + \left(-\frac{3}{2}\right) = 0$

x_2: $3 \cdot \left(-\frac{1}{4} \cdot 2\right) + \frac{1}{2} \cdot 3 = 3 \cdot \left(-\frac{1}{2}\right) + \frac{3}{2} = 0$

d) Es muss gelten:

$$\overrightarrow{AB} \odot \overrightarrow{AC} = 0$$

$$\Leftrightarrow \begin{pmatrix} \frac{1}{2}x^2 + 1 \\ -3x \end{pmatrix} \odot \begin{pmatrix} 12 \\ 2x - 1 \end{pmatrix} = 0$$

$$\Leftrightarrow \left(\frac{1}{2}x^2 + 1\right) \cdot 12 + (-3x) \cdot (2x - 1) = 0$$

$$\Leftrightarrow 6x^2 + 12 - 6x^2 + 3x = 0$$

$$\Leftrightarrow 3x + 12 = 0 \quad | -12$$

$$\Leftrightarrow 3x = -12 \quad | :3$$

$$\Leftrightarrow x = -4$$

$L = \{-4\}$

Probe:

$\left[\frac{1}{2} \cdot (-4)^2 + 1\right] \cdot 12 + [-3 \cdot (-4)] \cdot [2 \cdot (-4) - 1]$

$= \left(\frac{1}{2} \cdot 16 + 1\right) \cdot 12 + 12 \cdot (-8 - 1)$

$= 9 \cdot 12 + 12 \cdot (-9)$

$= 0$

289 a) Ein Rechteck liegt vor, wenn die beiden Pfeile $\overrightarrow{OB}$ und $\overrightarrow{OD_n}$ senkrecht aufeinanderstehen. Das Skalarprodukt hat dann den Wert null:

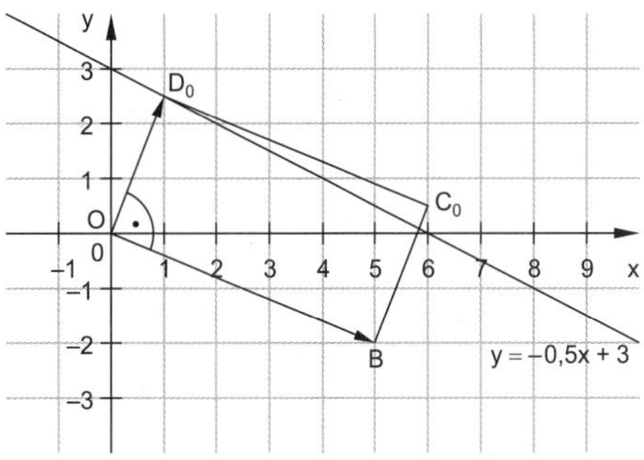

$$\overrightarrow{OB} \odot \overrightarrow{OD_0} = 0$$

$$\Leftrightarrow \begin{pmatrix} 5 \\ -2 \end{pmatrix} \odot \begin{pmatrix} x \\ -0{,}5x + 3 \end{pmatrix} = 0$$

$$\Leftrightarrow 5x + (-2) \cdot (-0{,}5x + 3) = 0$$

$$\Leftrightarrow 5x + x - 6 = 0$$

$$\Leftrightarrow 6x - 6 = 0 \quad | +6$$

$$\Leftrightarrow 6x = 6 \quad | :6$$

$$\Leftrightarrow x = 1$$

$L = \{1\}$

$D_0(1 \mid -0{,}5 \cdot 1 + 3) = D_0\,(1 \mid 2{,}5)$

$x = 1$ in $y = -0{,}5x + 3$ eingesetzt

b) Das Skalarprodukt der Pfeile $\overrightarrow{OB}$ und $\overrightarrow{OD_1}$ hat gemäß der Voraussetzung den Wert null:

$$\overrightarrow{OB} \odot \overrightarrow{OD_1} = 0$$

$$\Leftrightarrow \quad \begin{pmatrix} 5 \\ -2 \end{pmatrix} \odot \begin{pmatrix} 6\cos\varphi \\ 3\cos\varphi + 2 \end{pmatrix} = 0$$

$$\Leftrightarrow \quad 5 \cdot 6\cos\varphi + (-2)\cdot(3\cos\varphi + 2) = 0$$

$$\Leftrightarrow \quad 30\cos\varphi - 6\cos\varphi - 4 = 0$$

$$\Leftrightarrow \quad 24\cos\varphi - 4 = 0 \quad |+4$$

$$\Leftrightarrow \quad 24\cos\varphi = 4 \quad |:24$$

$$\Leftrightarrow \quad \cos\varphi = \frac{1}{6}$$

$\varphi_1 = 80{,}41° \vee (\varphi_2 = 360° - 80{,}41° \notin G)$

$L = \{80{,}41°\}$

$D_1(6\cos 80{,}41° \mid 3\cos 80{,}41° + 2) = D_1(1 \mid 2{,}5)$

Hinweise und Tipps

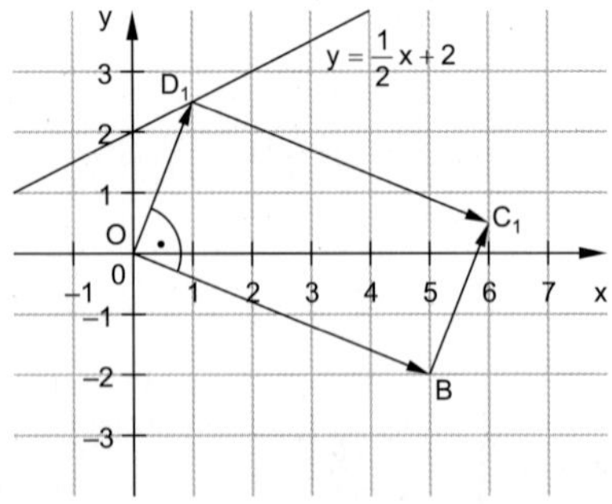

Setzt man $x = 6\cos\varphi$, folgt

$\overrightarrow{OD_n} = \begin{pmatrix} 6\cos\varphi \\ 3\cos\varphi + 2 \end{pmatrix} = \begin{pmatrix} x \\ \frac{1}{2}x + 2 \end{pmatrix}$.

Also liegen die Punkte D_n auf der Geraden $y = \frac{1}{2}x + 2$.

290 a)

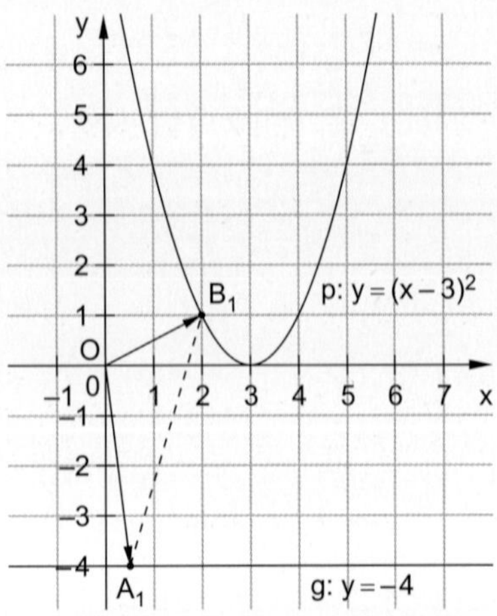

$\overrightarrow{OA_1} = \begin{pmatrix} \frac{1}{4}\cdot 2 \\ -4 \end{pmatrix} = \begin{pmatrix} \frac{1}{2} \\ -4 \end{pmatrix}$ und $\overrightarrow{OB_1} = \begin{pmatrix} 2 \\ (2-3)^2 \end{pmatrix} = \begin{pmatrix} 2 \\ 1 \end{pmatrix}$

b) Bedingung für in O rechtwinklige Dreiecke:

$$\overrightarrow{OA_n} \odot \overrightarrow{OB_n} = 0$$

$\overrightarrow{OA_n} \perp \overrightarrow{OB_n} \Leftrightarrow \overrightarrow{OA_n} \odot \overrightarrow{OB_n} = 0$

$$\Leftrightarrow \quad \begin{pmatrix} \frac{1}{4}x \\ -4 \end{pmatrix} \odot \begin{pmatrix} x \\ (x-3)^2 \end{pmatrix} = 0$$

$$\Leftrightarrow \quad \frac{1}{4}x \cdot x + (-4)(x-3)^2 = 0$$

Wende die 2. binomische Formel an.

$$\Leftrightarrow \quad \frac{1}{4}x^2 + (-4)(x^2 - 6x + 9) = 0$$

Löse die Klammer auf.

$$\Leftrightarrow \quad \frac{1}{4}x^2 - 4x^2 + 24x - 36 = 0$$

$$\Leftrightarrow \quad -3\frac{3}{4}x^2 + 24x - 36 = 0$$

Wende die Lösungsformel quadratischer Gleichungen an.

$$D = b^2 - 4ac = 24^2 - 4\cdot\left(-3\frac{3}{4}\right)\cdot(-36) = 36$$

$$\Leftrightarrow \quad x_{1/2} = \frac{-24 \pm \sqrt{36}}{2\cdot\left(-\frac{15}{4}\right)}$$

$x_1 = 2{,}4 \vee x_2 = 4$

$L = \{2{,}4;\ 4\}$

Es existieren somit zwei rechtwinklige Dreiecke.

Hinweise und Tipps

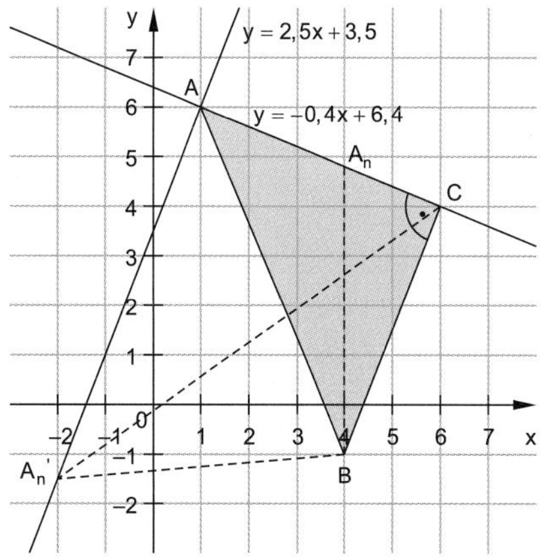

291 Zunächst sind die Koordinaten der aufspannenden Vektoren zu berechnen:

$A(x\,|\,y);\ \overrightarrow{CA} = \begin{pmatrix} x-6 \\ y-4 \end{pmatrix};\ \overrightarrow{CB} = \begin{pmatrix} 4-6 \\ -1-4 \end{pmatrix} = \begin{pmatrix} -2 \\ -5 \end{pmatrix}$

Berechnung von A(x):

$$A(x) = \frac{1}{2} \cdot \begin{vmatrix} x-6 & -2 \\ y-4 & -5 \end{vmatrix} \text{ FE}$$

$$A(x) = \frac{1}{2} \cdot [(x-6)\cdot(-5) - (y-4)\cdot(-2)] \text{ FE}$$

$$A(x) = \frac{1}{2} \cdot [-5x + 30 + 2y - 8] \text{ FE}$$

$$A(x) = (-2{,}5x + y + 11) \text{ FE}$$

1. Bedingung: Das Dreieck hat den Flächeninhalt 14,5 FE:

$$\begin{vmatrix} & A(x) = (-2{,}5x + y + 11) \text{ FE} \\ \wedge & A = 14{,}5 \text{ FE} \end{vmatrix}$$

$\Rightarrow\ -2{,}5x + y + 11 = 14{,}5 \quad (I = II) \quad |+2{,}5x - 11$

$\Leftrightarrow\ y = 2{,}5x + 3{,}5$

Alle Punkte A_n', die auf der zu BC parallelen Geraden mit der Gleichung $y = 2{,}5x + 3{,}5$ liegen, erzeugen mit den Punkten B und C Dreiecke $A_n'BC$ mit einem Flächeninhalt von 14,5 FE.

2. Bedingung: Das Dreieck ist in C rechtwinklig:

$$\overrightarrow{CA} \odot \overrightarrow{CB} = 0$$

$\Leftrightarrow\ \begin{pmatrix} x-6 \\ y-4 \end{pmatrix} \odot \begin{pmatrix} -2 \\ -5 \end{pmatrix} = 0$

$\Leftrightarrow\ (x-6)\cdot(-2) + (y-4)\cdot(-5) = 0$

$\Leftrightarrow\ -2x + 12 - 5y + 20 = 0$

$\Leftrightarrow\ -5y - 2x + 32 = 0 \quad |+2x - 32$

$\Leftrightarrow\ -5y = 2x - 32 \quad |:(-5)$

$\Leftrightarrow\ y = -0{,}4x + 6{,}4$

Das Skalarprodukt der Vektoren $\overrightarrow{CA}$ und $\overrightarrow{CB}$ muss den Wert null besitzen.

Produkt der x-Koordinaten + Produkt der y-Koordinaten

Alle Punkte A_n, die auf der auf BC senkrecht stehenden Geraden mit der Gleichung $y = -0{,}4x + 6{,}4$ links von C liegen, erzeugen mit den Punkten B und C (in C) rechtwinklige Dreiecke A_nBC.

Berechnung des Wertes von x, sodass die 1. und die 2. Bedingung erfüllt sind:

Schnittpunktbedingung:

$$\begin{vmatrix} & y = 2{,}5x + 3{,}5 \\ \wedge & y = -0{,}4x + 6{,}4 \end{vmatrix}$$

$\Rightarrow\ 2{,}5x + 3{,}5 = -0{,}4x + 6{,}4 \quad (I = II) \quad |+0{,}4x - 3{,}5$

$\Leftrightarrow\ 2{,}9x = 2{,}9 \quad |:2{,}9$

$\Leftrightarrow\ x = 1$

also: $A(x\,|\,y) = A(x\,|\,2{,}5x + 3{,}5) = A(1\,|\,2{,}5 \cdot 1 + 3{,}5) = A(1\,|\,6)$

Um den Punkt A zu finden, dessen Koordinaten beide Gleichungen und damit beide Bedingungen zugleich erfüllen, löst man das lineare Gleichungssystem.

---

292 a) Zunächst Berechnung der Koordinaten des Lotfußpunktes Q:
Koordinaten des Pfeils $\overrightarrow{PQ}$ in Abhängigkeit von x:

$$\overrightarrow{PQ}(x) = \begin{pmatrix} x-8 \\ -2x+5-5 \end{pmatrix} = \begin{pmatrix} x-8 \\ -2x \end{pmatrix}$$

Wegen $Q \in g$ gilt: $Q(x\,|\,-2x+5)$

Bestimmung von $\vec{m}_g$:

$$m_g = -2 \ \Rightarrow\ \vec{m}_g = \begin{pmatrix} 1 \\ -2 \end{pmatrix}$$

Aus dem Steigungsfaktor m_g lassen sich die Koordinaten des Steigungspfeils $\vec{m}_g$ direkt ableiten.

Hinweise und Tipps

Skalarprodukt:

$$\overrightarrow{PQ} \odot \vec{m}_g = 0$$

Da die Pfeile $\overrightarrow{PQ}$ und $\vec{m}_g$ senkrecht aufeinanderstehen, hat das Skalarprodukt der zugehörigen Vektoren den Wert null.

$$\Leftrightarrow \quad \begin{pmatrix} x-8 \\ -2x \end{pmatrix} \odot \begin{pmatrix} 1 \\ -2 \end{pmatrix} = 0$$

$$\Leftrightarrow \quad (x-8) \cdot 1 + (-2x) \cdot (-2) = 0$$

Multipliziere aus.

$$\Leftrightarrow \quad x - 8 + 4x = 0$$

Fasse zusammen.

$$\Leftrightarrow \quad 5x - 8 = 0 \quad |+8$$

Löse nach x auf.

$$\Leftrightarrow \quad 5x = 8 \quad |:5$$

$$\Leftrightarrow \quad x = 1{,}6$$

$L = \{1{,}6\}$

$Q(1{,}6 \mid -2 \cdot 1{,}6 + 5) = Q(1{,}6 \mid 1{,}8)$

Einsetzen der x-Koordinate 1,6 in die Geradengleichung $y = -2x + 5$

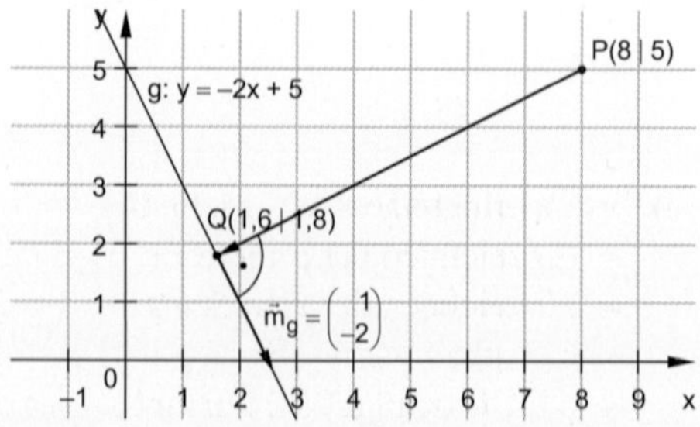

Berechnung der Streckenlänge $|\overline{PQ}|$:

Koordinaten des Pfeils $\overrightarrow{PQ}$:

$$\overrightarrow{PQ} = \begin{pmatrix} 1{,}6-8 \\ 1{,}8-5 \end{pmatrix} = \begin{pmatrix} -6{,}4 \\ -3{,}2 \end{pmatrix}$$

Für die Länge der Strecke $|\overline{PQ}|$ gilt:

$$|\overline{PQ}| = \sqrt{(-6{,}4)^2 + (-3{,}2)^2} \text{ LE} = \sqrt{51{,}2} \text{ LE} = 7{,}16 \text{ LE}$$

Der Abstand des Punktes P zur Geraden g beträgt 7,16 LE.

b) Zunächst Berechnung der Koordinaten des Lotfußpunktes Q:

Koordinaten des Pfeils $\overrightarrow{PQ}$ in Abhängigkeit von x:

$$\overrightarrow{PQ}(x) = \begin{pmatrix} x-3 \\ \frac{3}{2}x + 9 - (-2) \end{pmatrix} = \begin{pmatrix} x-3 \\ \frac{3}{2}x + 11 \end{pmatrix}$$

Wegen $Q \in g$ gilt: $Q\left(x \mid \frac{3}{2}x + 9\right)$

Bestimmung von $\vec{m}_g$:

$$m_g = \frac{3}{2} \quad \Rightarrow \quad \vec{m}_g = \begin{pmatrix} 2 \\ 3 \end{pmatrix}$$

Aus dem Steigungsfaktor m_g lassen sich die Koordinaten des Steigungspfeils $\vec{m}_g$ direkt ableiten.

Skalarprodukt:

$$\overrightarrow{PQ} \odot \vec{m}_g = 0$$

Da die Pfeile $\overrightarrow{PQ}$ und $\vec{m}_g$ senkrecht aufeinanderstehen, hat das Skalarprodukt der zugehörigen Vektoren den Wert null.

$$\Leftrightarrow \quad \begin{pmatrix} x-3 \\ \frac{3}{2}x + 11 \end{pmatrix} \odot \begin{pmatrix} 2 \\ 3 \end{pmatrix} = 0$$

$$\Leftrightarrow \quad (x-3) \cdot 2 + \left(\frac{3}{2}x + 11\right) \cdot 3 = 0$$

Multipliziere aus.

$$\Leftrightarrow \quad 2x - 6 + \frac{9}{2}x + 33 = 0$$

Fasse zusammen.

$$\Leftrightarrow \quad \frac{13}{2}x + 27 = 0 \quad |-27$$

Löse nach x auf.

$$\Leftrightarrow \quad \frac{13}{2}x = -27 \quad \left|\cdot\left(\frac{2}{13}\right)\right.$$

$$\Leftrightarrow \quad x = -4\frac{2}{13}$$

$$L = \left\{-4\frac{2}{13}\right\}$$

$$Q\left(-4\frac{2}{13} \;\middle|\; \frac{3}{2} \cdot \left(-4\frac{2}{13}\right) + 9\right) = Q\left(-4\frac{2}{13} \;\middle|\; -6\frac{3}{13} + 9\right)$$

$$= Q\left(-4\frac{2}{13} \;\middle|\; 2\frac{10}{13}\right)$$

Einsetzen der x-Koordinate $-4\frac{2}{13}$ in die Geradengleichung $y = \frac{3}{2}x + 9$

Berechnung der Streckenlänge $|\overline{PQ}|$:

Koordinaten des Pfeils $\overrightarrow{PQ}$:

$$\overrightarrow{PQ} = \begin{pmatrix} -4\frac{2}{13} - 3 \\ 2\frac{10}{13} - (-2) \end{pmatrix} = \begin{pmatrix} -7\frac{2}{13} \\ 4\frac{10}{13} \end{pmatrix}$$

Für die Länge der Strecke $\overline{PQ}$ gilt:

$$|\overline{PQ}| = \sqrt{\left(-7\frac{2}{13}\right)^2 + \left(4\frac{10}{13}\right)^2} \text{ LE} = 8,60 \text{ LE}$$

Der Abstand des Punktes P zur Geraden g beträgt 8,60 LE.

Hinweise und Tipps

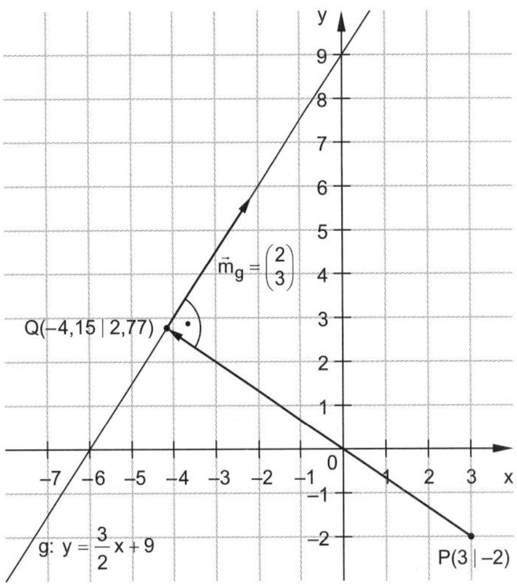

293 a) Vorüberlegungen zur Zeichnung:

- Einzeichnen der Punkte B(–3 | –1) und D(2 | 6,5)
- Einzeichnen der Geraden g: $y = -0,25x + 3,5$
- C liegt auf der Geraden g und das Maß γ des Winkels $\sphericalangle DCB$ beträgt 90°. Zeichne daher den Thaleskreis über $\overline{BD}$. Einer der Schnittpunkte mit der Geraden g ist der Punkt C. Die Orientierung des Drachenvierecks ABCD zeigt an, welcher der richtige ist.
- Spiegeln des Punktes C an der Symmetrieachse BD liefert den Punkt A

Zeichnung:

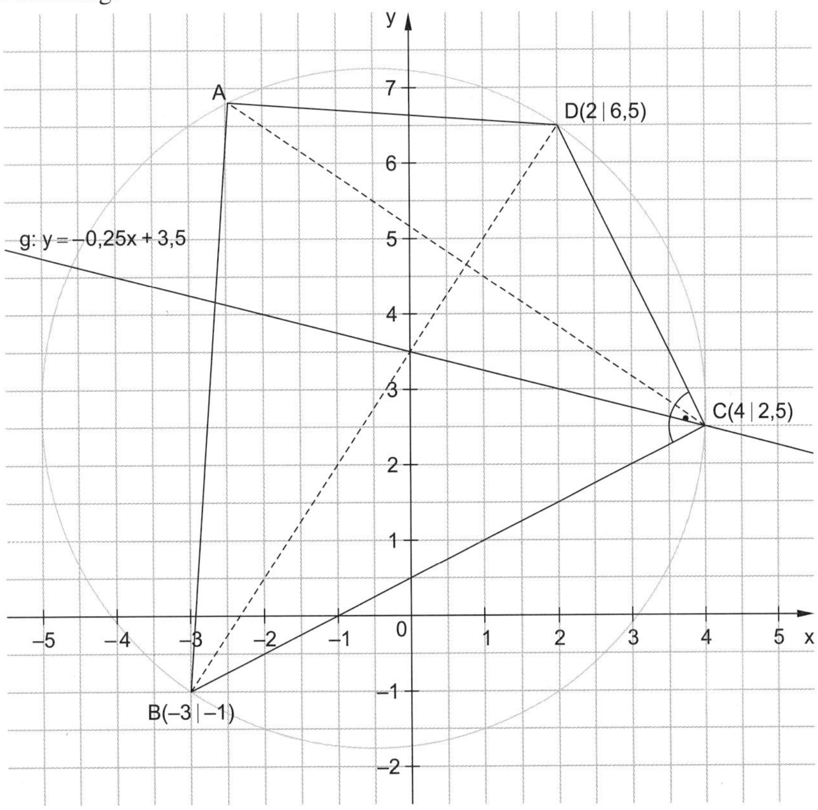

Hinweise und Tipps

b) Bestimmung der Koordinaten des Punktes C:

1. Bedingung:

$C \in g \Rightarrow C(x|-0{,}25x+3{,}5)$

2. Bedingung:

$\overline{BC} \perp \overline{DC} \Leftrightarrow \overrightarrow{BC} \odot \overrightarrow{DC} = 0$

Der Punkt C liegt auf der Geraden g und zugleich auf dem Thaleskreis über $\overline{BD}$.

Allgemeine Koordinaten der Punkte auf der Geraden g

Orthogonalitätsbedingung

Berechnung der Koordinaten der Pfeile $\overrightarrow{BC}$ und $\overrightarrow{CD}$:

$$\overrightarrow{BC} = \begin{pmatrix} x-(-3) \\ -0{,}25x+3{,}5-(-1) \end{pmatrix} = \begin{pmatrix} x+3 \\ -0{,}25x+4{,}5 \end{pmatrix}$$

$$\overrightarrow{DC} = \begin{pmatrix} x-2 \\ -0{,}25x+3{,}5-6{,}5 \end{pmatrix} = \begin{pmatrix} x-2 \\ -0{,}25x-3 \end{pmatrix}$$

Berechnung der Koordinaten des Punktes C:

$$\overrightarrow{BC} \odot \overrightarrow{DC} = 0$$

$$\Leftrightarrow \begin{pmatrix} x+3 \\ -0{,}25x+4{,}5 \end{pmatrix} \odot \begin{pmatrix} x-2 \\ -0{,}25x-3 \end{pmatrix} = 0$$

$$\Leftrightarrow (x+3)\cdot(x-2) + \left(-\frac{1}{4}x+\frac{9}{2}\right)\cdot\left(-\frac{1}{4}x-3\right) = 0$$

$$\Leftrightarrow x^2-2x+3x-6+\frac{1}{16}x^2+\frac{3}{4}x-\frac{9}{8}x-\frac{27}{2} = 0$$

$$\Leftrightarrow \frac{17}{16}x^2+\frac{5}{8}x-\frac{39}{2} = 0 \quad \Big| \cdot \frac{16}{17}$$

$$\Leftrightarrow x^2+\frac{10}{17}x-\frac{312}{17} = 0$$

Da die Pfeile $\overrightarrow{BC}$ und $\overrightarrow{DC}$ aufeinander senkrecht stehen müssen, hat das Skalarprodukt der zugehörigen Vektoren den Wert null.

$$D = b^2-4ac = \left(\frac{10}{17}\right)^2 - 4\cdot 1\cdot\left(-\frac{312}{17}\right) = 73{,}76$$

$$\Leftrightarrow x_{1/2} = \frac{-\frac{10}{17} \pm \sqrt{73{,}76}}{2}$$

$x_1 = 4{,}00 \vee (x_2 = -4{,}59)$

$L = \{4\}$

$C(4|-0{,}25\cdot 4+3{,}5) = C(4|2{,}5)$

Es muss gelten: $x_C > 0$.
Durch Einsetzen der x-Koordinate 4 in die Geradengleichung $y = -0{,}25x+3{,}5$ erhält man die zugehörige y-Koordinate des Punktes C.

---

294 a) Berechnung von $\sphericalangle(\vec{a}; \vec{b}) = \varphi$:

$$\cos\varphi = \frac{\vec{a} \odot \vec{b}}{|\vec{a}|\cdot|\vec{b}|}$$

$$\cos\varphi = \frac{\begin{pmatrix} 8 \\ 10 \end{pmatrix} \odot \begin{pmatrix} -3 \\ 5 \end{pmatrix}}{\sqrt{8^2+10^2}\cdot\sqrt{(-3)^2+5^2}}$$

$$\cos\varphi = \frac{8\cdot(-3)+10\cdot 5}{\sqrt{164}\cdot\sqrt{34}}$$

$$\cos\varphi = \frac{-24+50}{\sqrt{164\cdot 34}}$$

$$\cos\varphi = \frac{26}{\sqrt{5\,576}}$$

$$\varphi = 69{,}62°$$

Berechnung von $\sphericalangle(\vec{b}; \vec{a}) = \varphi^*$:

$\varphi^* = 360° - \varphi = 360° - 69{,}62° = 290{,}38°$

✎ Hinweise und Tipps

b) Berechnung von $\sphericalangle(\vec{a}; \vec{b}) = \varphi$:

$$\cos\varphi = \frac{\vec{a} \odot \vec{b}}{|\vec{a}| \cdot |\vec{b}|}$$

$$\cos\varphi = \frac{\begin{pmatrix}-5\\1\end{pmatrix} \odot \begin{pmatrix}-2\\-4\end{pmatrix}}{\sqrt{(-5)^2+1^2} \cdot \sqrt{(-2)^2+(-4)^2}}$$

$$\cos\varphi = \frac{-5\cdot(-2)+1\cdot(-4)}{\sqrt{26}\cdot\sqrt{20}}$$

$$\cos\varphi = \frac{10-4}{\sqrt{26\cdot 20}}$$

$$\cos\varphi = \frac{6}{\sqrt{520}}$$

$$\varphi = 74,74°$$

Berechnung von $\sphericalangle(\vec{b}; \vec{a}) = \varphi^*$:

$\varphi^* = 360° - \varphi = 360° - 74,74° = 285,26°$

---

295 Zeichnung:

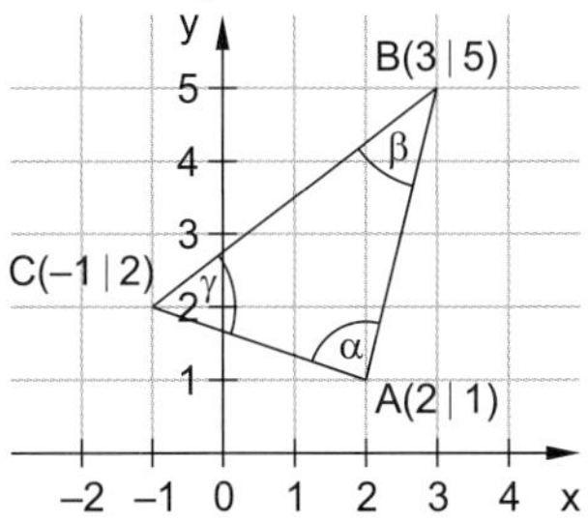

Berechnung von α:

$\overrightarrow{AB} = \begin{pmatrix}3-2\\5-1\end{pmatrix} = \begin{pmatrix}1\\4\end{pmatrix}$; $\overrightarrow{AC} = \begin{pmatrix}-1-2\\2-1\end{pmatrix} = \begin{pmatrix}-3\\1\end{pmatrix}$

α wird als Zwischenwinkel der Vektoren $\overrightarrow{AB}$ und $\overrightarrow{AC}$ berechnet.

$$\cos\alpha = \frac{\overrightarrow{AB} \odot \overrightarrow{AC}}{|\overrightarrow{AB}| \cdot |\overrightarrow{AC}|}$$

Setze die Vektorkoordinaten ein.

$$\cos\alpha = \frac{\begin{pmatrix}1\\4\end{pmatrix} \odot \begin{pmatrix}-3\\1\end{pmatrix}}{\sqrt{1^2+4^2} \cdot \sqrt{(-3)^2+1^2}}$$

$$\cos\alpha = \frac{1\cdot(-3)+4\cdot 1}{\sqrt{17}\cdot\sqrt{10}}$$

$$\cos\alpha = \frac{-3+4}{\sqrt{17\cdot 10}}$$

$$\cos\alpha = \frac{1}{\sqrt{170}}$$

$$\alpha = 85,60°$$

Berechnung von β:

$\overrightarrow{BA} = \begin{pmatrix}2-3\\1-5\end{pmatrix} = \begin{pmatrix}-1\\-4\end{pmatrix}$; $\overrightarrow{BC} = \begin{pmatrix}-1-3\\2-5\end{pmatrix} = \begin{pmatrix}-4\\-3\end{pmatrix}$

β wird als Zwischenwinkel der Vektoren $\overrightarrow{BA}$ und $\overrightarrow{BC}$ berechnet.

Hinweise und Tipps

$$\cos\beta = \frac{\overrightarrow{BA} \odot \overrightarrow{BC}}{|\overrightarrow{BA}| \cdot |\overrightarrow{BC}|}$$

Setze die Vektorkoordinaten ein.

$$\cos\beta = \frac{\begin{pmatrix}-1\\-4\end{pmatrix} \odot \begin{pmatrix}-4\\-3\end{pmatrix}}{\sqrt{(-1)^2+(-4)^2} \cdot \sqrt{(-4)^2+(-3)^2}}$$

$$\cos\beta = \frac{-1\cdot(-4)+(-4)\cdot(-3)}{\sqrt{17}\cdot\sqrt{25}}$$

$$\cos\beta = \frac{4+12}{\sqrt{17\cdot 25}}$$

$$\cos\beta = \frac{16}{\sqrt{425}}$$

$$\beta = 39{,}09°$$

Berechnung von γ:

$\gamma = 180° - (\alpha+\beta) = 180° - (85{,}60° + 39{,}09°) = 55{,}31°$

Innenwinkelsumme im Dreieck: $\alpha+\beta+\gamma = 180°$

---

296 Zeichnung:

Wegen $x_B = 6$ liegt der Punkt B auf der Parallelen zur y-Achse mit der Gleichung $x = 6$.

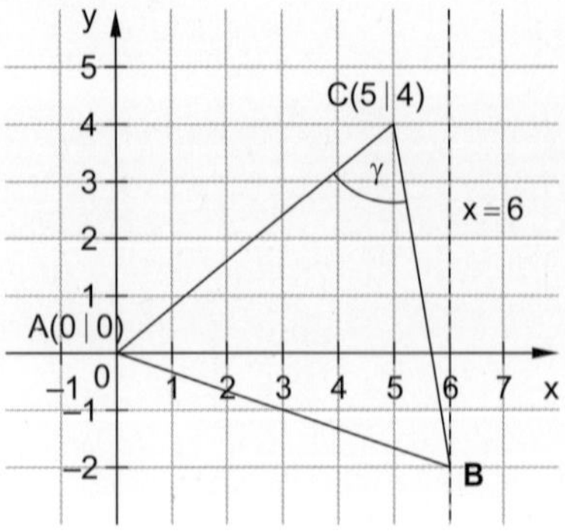

Berechnung von y_B:

$\overrightarrow{CA} = \begin{pmatrix}0-5\\0-4\end{pmatrix} = \begin{pmatrix}-5\\-4\end{pmatrix}$; $\overrightarrow{CB} = \begin{pmatrix}6-5\\y_B-4\end{pmatrix} = \begin{pmatrix}1\\y_B-4\end{pmatrix}$

Beachte: $B(6\,|\,y_B)$

$$\cos\gamma = \frac{\overrightarrow{CA} \odot \overrightarrow{CB}}{|\overrightarrow{CA}| \cdot |\overrightarrow{CB}|}$$

$$\Leftrightarrow \quad \cos 60{,}80° = \frac{\begin{pmatrix}-5\\-4\end{pmatrix} \odot \begin{pmatrix}1\\y_B-4\end{pmatrix}}{\sqrt{(-5)^2+(-4)^2}\cdot\sqrt{1^2+(y_B-4)^2}}$$

$$\Leftrightarrow \quad \cos 60{,}80° = \frac{-5\cdot 1+(-4)\cdot(y_B-4)}{\sqrt{41}\cdot\sqrt{1+y_B{}^2-8y_B+16}}$$

$$\Leftrightarrow \quad \cos 60{,}80° = \frac{-4y_B+11}{\sqrt{41}\cdot\sqrt{y_B{}^2-8y_B+17}} \quad \Big|\cdot(\sqrt{41}\cdot\sqrt{y_B{}^2-8y_B+17})$$

Löse die Gleichung nach y_B auf.

$$\Leftrightarrow \quad \sqrt{41}\cdot\sqrt{y_B{}^2-8y_B+17}\cdot\cos 60{,}80° = -4y_B+11 \quad \Big|\,^2$$

$$\Rightarrow \quad 41\cdot(y_B{}^2-8y_B+17)\cdot\cos^2 60{,}80° = (-4y_B+11)^2$$

$$\Leftrightarrow \quad 9{,}76\cdot(y_B{}^2-8y_B+17) = 16y_B{}^2-88y_B+121$$

$$\Leftrightarrow \quad 9{,}76y_B{}^2-78{,}08y_B+165{,}92 = 16y_B{}^2-88y_B+121$$

$$\Leftrightarrow \quad 6{,}24y_B{}^2-9{,}92y_B-44{,}92 = 0$$

Hinweise und Tipps

$\Leftrightarrow \quad \sqrt{41}\cdot\sqrt{y_B{}^2-8y_B+17}\cdot\cos 60{,}80° = -4y_B+11 \quad |^2$

$\Rightarrow \quad 41\cdot(y_B{}^2-8y_B+17)\cdot\cos^2 60{,}80° = (-4y_B+11)^2$

$\Leftrightarrow \quad 9{,}76\cdot(y_B{}^2-8y_B+17) = 16y_B{}^2-88y_B+121$

$\Leftrightarrow \quad 9{,}76y_B{}^2-78{,}08y_B+165{,}92 = 16y_B{}^2-88y_B+121$

$\Leftrightarrow \quad 6{,}24y_B{}^2-9{,}92y_B-44{,}92 = 0$

Quadriere Links- und Rechtsterm.

$\cos^2(60{,}80°) = (\cos 60{,}80°)^2 = 0{,}238\ldots$

$D = b^2-4ac = (-9{,}92)^2-4\cdot 6{,}24\cdot(-44{,}92) = 1\,219{,}61$

$\Leftrightarrow \quad y_{B_{1/2}} = \dfrac{-(-9{,}92)\pm\sqrt{1\,219{,}61}}{2\cdot 6{,}24}$

Anwendung der Lösungsformel für quadratische Gleichungen

$y_{B_1} = 3{,}59 \vee y_{B_2} = -2{,}00$

Wegen $0 < \cos 60{,}80° = \dfrac{-4y_B+11}{\sqrt{41}\cdot\sqrt{y_B{}^2-8y_B+17}}$ folgt $-4y_B+11>0$.

Weil $-4\cdot y_{B_1}+11 = -14{,}36+11 < 0$ gilt, fällt $y_{B_1} = 3{,}59$ als Lösung weg.

$L = \{-2{,}00\}$

$B(6\,|-2)$

Berechnung von β:

$\overrightarrow{BA} = \begin{pmatrix} 0-6 \\ 0-(-2) \end{pmatrix} = \begin{pmatrix} -6 \\ 2 \end{pmatrix}; \quad \overrightarrow{BC} = \begin{pmatrix} 5-6 \\ 4-(-2) \end{pmatrix} = \begin{pmatrix} -1 \\ 6 \end{pmatrix}$

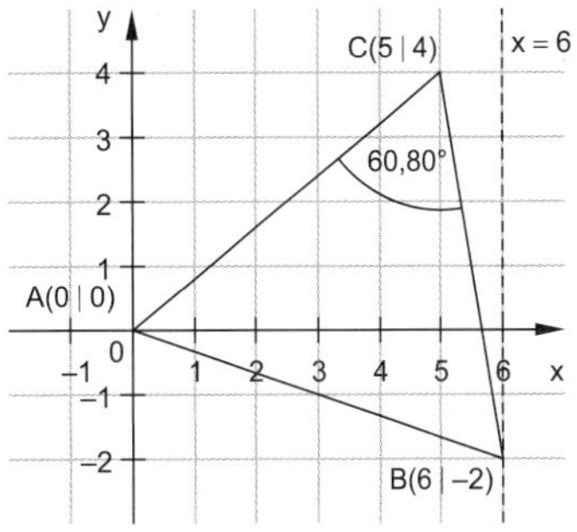

$\cos\beta = \dfrac{\overrightarrow{BA}\odot\overrightarrow{BC}}{|\overrightarrow{BA}|\cdot|\overrightarrow{BC}|}$

$\cos\beta = \dfrac{\begin{pmatrix} -6 \\ 2 \end{pmatrix}\odot\begin{pmatrix} -1 \\ 6 \end{pmatrix}}{\sqrt{(-6)^2+2^2}\cdot\sqrt{(-1)^2+6^2}}$

$\cos\beta = \dfrac{-6\cdot(-1)+2\cdot 6}{\sqrt{40}\cdot\sqrt{37}}$

$\cos\beta = \dfrac{6+12}{\sqrt{40\cdot 37}}$

$\cos\beta = \dfrac{18}{\sqrt{1\,480}}$

$\beta = 62{,}10°$

Berechnung von α:

$\alpha = 180°-(\beta+\gamma) = 180°-(62{,}10°+60{,}80°) = 57{,}10°$

Innenwinkelsumme im Dreieck: $\alpha+\beta+\gamma = 180°$

297 a)

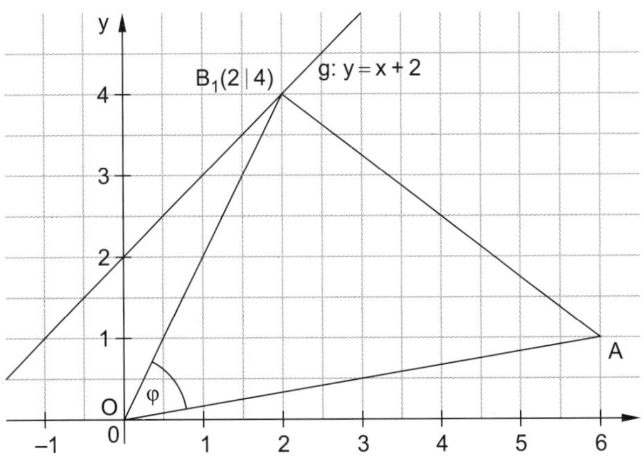

Hinweise und Tipps

b) $\overrightarrow{OA} = \begin{pmatrix} 6 \\ 1 \end{pmatrix}$; $\overrightarrow{OB_n} = \begin{pmatrix} x \\ x+2 \end{pmatrix}$

Koordinaten der Punkte $B_n \in g$: $B_n(x \mid x+2)$

$$\cos\varphi = \frac{\overrightarrow{OA} \odot \overrightarrow{OB}}{|\overrightarrow{OA}| \cdot |\overrightarrow{OB}|}$$

$$\Leftrightarrow \quad \cos 60° = \frac{\begin{pmatrix} 6 \\ 1 \end{pmatrix} \odot \begin{pmatrix} x \\ x+2 \end{pmatrix}}{\sqrt{6^2+1^2} \cdot \sqrt{x^2+(x+2)^2}}$$

$$\Leftrightarrow \quad \cos 60° = \frac{6 \cdot x + 1 \cdot (x+2)}{\sqrt{37} \cdot \sqrt{x^2+x^2+4x+4}}$$

$$\Leftrightarrow \quad \cos 60° = \frac{7x+2}{\sqrt{37} \cdot \sqrt{2x^2+4x+4}} \qquad |\cdot(\sqrt{37} \cdot \sqrt{2x^2+4x+4})$$

$$\Leftrightarrow \quad \sqrt{37} \cdot \sqrt{2x^2+4x+4} \cdot \cos 60° = 7x+2 \qquad |^2$$

Quadriere Links- und Rechtsterm.

$$\Rightarrow \quad 37 \cdot (2x^2+4x+4) \cdot \cos^2 60° = (7x+2)^2$$

$\cos^2(60°) = (\cos 60°)^2 = 0{,}25$

$$\Leftrightarrow \quad 9{,}25 \cdot (2x^2+4x+4) = 49x^2+28x+4$$

$$\Leftrightarrow \quad 18{,}50x^2+37x+37 = 49x^2+28x+4$$

$$\Leftrightarrow \quad 30{,}50x^2-9x-33 = 0$$

$$D = b^2-4ac = (-9)^2-4 \cdot 30{,}50 \cdot (-33) = 4\,107$$

$$\Leftrightarrow \quad x_{B_{1/2}} = \frac{-(-9) \pm \sqrt{4\,107}}{2 \cdot 30{,}50}$$

Anwendung der Lösungsformel für quadratische Gleichungen

$x_{B_1} = 1{,}20 \;\vee\; (x_{B_2} = -0{,}90)$

$L = \{1{,}20\}$

Da $\cos 60° > 0$ und $7 \cdot (-0{,}9) + 2 < 0$ ist, fällt $x_{B_1} = -0{,}9$ als Lösung weg.

---

298 g: $y = -\frac{1}{2}x + 3$: $\quad m_g = -\frac{1}{2} \quad$ somit $\vec{m}_g = \begin{pmatrix} 2 \\ -1 \end{pmatrix}$

h: $y = \frac{3}{4}x - 2$: $\quad m_h = \frac{3}{4} \quad$ somit $\vec{m}_h = \begin{pmatrix} 4 \\ 3 \end{pmatrix}$

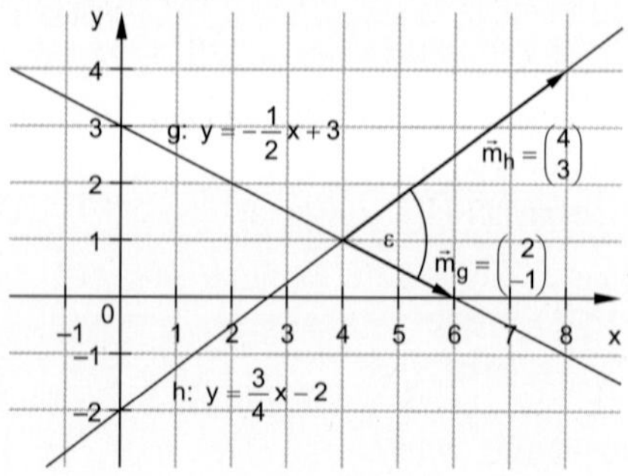

Bestimmung des Schnittwinkels:

$$\cos\varepsilon = \frac{\vec{m}_g \odot \vec{m}_h}{|\vec{m}_g| \cdot |\vec{m}_h|}$$

$$\cos\varepsilon = \frac{\begin{pmatrix} 2 \\ -1 \end{pmatrix} \odot \begin{pmatrix} 4 \\ 3 \end{pmatrix}}{\sqrt{2^2+(-1)^2} \cdot \sqrt{4^2+3^2}}$$

$$\cos\varepsilon = \frac{2 \cdot 4 + (-1) \cdot 3}{\sqrt{5} \cdot \sqrt{25}}$$

$$\cos\varepsilon = \frac{5}{\sqrt{125}}$$

$$\varepsilon = 63{,}43°$$

Für das Maß ε^* des Schnittwinkels $\sphericalangle(h; g)$ gilt:

$\varepsilon^* = 180° - \varepsilon = 180° - 63{,}43° = 116{,}57°$

Hinweise und Tipps

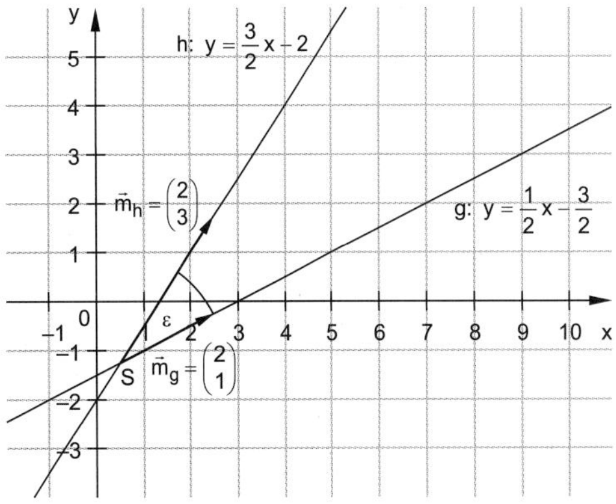

299 a) Zunächst Bestimmung der Steigungsvektoren:

$$\begin{aligned} g:\ & 2y - x = -3 && \mid +x \\ \Leftrightarrow\ & 2y = x - 3 && \mid :2 \\ \Leftrightarrow\ & y = \frac{1}{2}x - \frac{3}{2} \end{aligned}$$

$$\begin{aligned} h:\ & 4y - 6x + 8 = 0 && \mid +6x - 8 \\ \Leftrightarrow\ & 4y = 6x - 8 && \mid :4 \\ \Leftrightarrow\ & y = \frac{3}{2}x - 2 \end{aligned}$$

$m_g = \frac{1}{2}$ somit $\vec{m}_g = \begin{pmatrix} 2 \\ 1 \end{pmatrix}$

$m_h = \frac{3}{2}$ somit $\vec{m}_h = \begin{pmatrix} 2 \\ 3 \end{pmatrix}$

Bestimmung des Schnittwinkels:

$$\cos\varepsilon = \frac{\vec{m}_g \odot \vec{m}_h}{|\vec{m}_g| \cdot |\vec{m}_h|}$$

$$\cos\varepsilon = \frac{\begin{pmatrix} 2 \\ 1 \end{pmatrix} \odot \begin{pmatrix} 2 \\ 3 \end{pmatrix}}{\sqrt{2^2+1^2} \cdot \sqrt{2^2+3^2}}$$

$$\cos\varepsilon = \frac{2 \cdot 2 + 1 \cdot 3}{\sqrt{5} \cdot \sqrt{13}}$$

$$\cos\varepsilon = \frac{7}{\sqrt{65}}$$

$$\varepsilon = 29{,}74°$$

Für das Maß ε^* des Schnittwinkels $\sphericalangle(h;\, g)$ gilt:
$\varepsilon^* = 180° - \varepsilon = 180° - 29{,}74° = 150{,}26°$

b) Berechnung der Koordinaten des Schnittpunktes S:
$g \cap h = \{S\}$
Schnittpunktbedingung:

$$\begin{array}{l|l} g: & y = \frac{1}{2}x - \frac{3}{2} \\ h: & \wedge\ y = \frac{3}{2}x - 2 \end{array}$$

$$\Rightarrow \frac{1}{2}x - \frac{3}{2} = \frac{3}{2}x - 2 \qquad (I = II) \left| -\frac{1}{2}x + 2 \right.$$

$$\Leftrightarrow x = \frac{1}{2}$$

$$L = \left\{\frac{1}{2}\right\}$$

$$S\left(\frac{1}{2} \,\middle|\, \frac{1}{2} \cdot \frac{1}{2} - \frac{3}{2}\right) = S\left(\frac{1}{2} \,\middle|\, -1\frac{1}{4}\right)$$

Berechnung der Winkelhalbierenden mit $P_n(x \mid y) \in w$:

$$\overrightarrow{SP_n} = \begin{pmatrix} x - \frac{1}{2} \\ y - \left(-1\frac{1}{4}\right) \end{pmatrix} = \begin{pmatrix} x - \frac{1}{2} \\ y + \frac{5}{4} \end{pmatrix}$$

Koordinaten des Pfeils $\overrightarrow{SP_n}$

Bedingung für alle Punkte $P_n(x\,|\,y)$ auf der Winkelhalbierenden des Schnittwinkels der Geraden g und h:

$$\frac{\vec{m}_g \odot \overrightarrow{SP_n}}{|\vec{m}_g|\cdot|\overrightarrow{SP_n}|}=\frac{\vec{m}_h \odot \overrightarrow{SP_n}}{|\vec{m}_h|\cdot|\overrightarrow{SP_n}|} \qquad |\cdot|\overrightarrow{SP_n}|$$

$$\Leftrightarrow \quad \frac{\vec{m}_g \odot \overrightarrow{SP_n}}{|\vec{m}_g|}=\frac{\vec{m}_h \odot \overrightarrow{SP_n}}{|\vec{m}_h|}$$

$$\Leftrightarrow \quad \frac{\begin{pmatrix}2\\1\end{pmatrix}\odot\begin{pmatrix}x-\frac{1}{2}\\y+\frac{5}{4}\end{pmatrix}}{\sqrt{2^2+1^2}}=\frac{\begin{pmatrix}2\\3\end{pmatrix}\odot\begin{pmatrix}x-\frac{1}{2}\\y+\frac{5}{4}\end{pmatrix}}{\sqrt{2^2+3^2}}$$

$$\Leftrightarrow \quad \frac{2\cdot\left(x-\frac{1}{2}\right)+1\cdot\left(y+\frac{5}{4}\right)}{\sqrt{5}}=\frac{2\cdot\left(x-\frac{1}{2}\right)+3\cdot\left(y+\frac{5}{4}\right)}{\sqrt{13}}$$

$$\Leftrightarrow \quad \frac{2x+y+\frac{1}{4}}{\sqrt{5}}=\frac{2x+3y+\frac{11}{4}}{\sqrt{13}} \qquad |\cdot(\sqrt{5}\cdot\sqrt{13})$$

$$\Leftrightarrow \quad \sqrt{13}\cdot\left(2x+y+\frac{1}{4}\right)=\sqrt{5}\cdot\left(2x+3y+\frac{11}{4}\right)$$

$$\Leftrightarrow \quad 2\sqrt{13}x+\sqrt{13}y+\frac{1}{4}\sqrt{13}=2\sqrt{5}x+3\sqrt{5}y+\frac{11}{4}\sqrt{5} \qquad \left|-2\sqrt{13}x-\frac{1}{4}\sqrt{13}-3\sqrt{5}y\right.$$

$$\Leftrightarrow \quad \sqrt{13}y-3\sqrt{5}y=2\sqrt{5}x-2\sqrt{13}x+\frac{11}{4}\sqrt{5}-\frac{1}{4}\sqrt{13}$$

$$\Leftrightarrow \quad -3{,}10y=-2{,}74x+5{,}25 \qquad |:(-3{,}10)$$

$$\Leftrightarrow \quad y=0{,}88x-1{,}69$$

w: $y=0{,}88x-1{,}69$

Gleichung der Winkelhalbierenden

Hinweise und Tipps

Da die Winkelhalbierende den Schnittwinkel der Geraden g und h halbiert, sind die spitzen Schnittwinkel zwischen der Winkelhalbierenden und den Geraden g und h jeweils gleich groß.

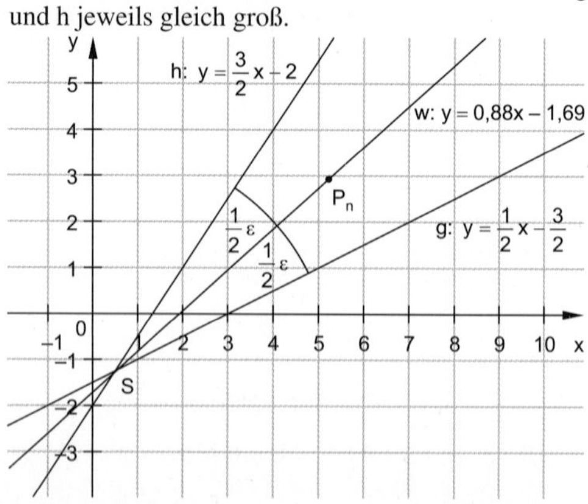

300 a) Berechnung der Pfeilkoordinaten:

$$\varphi_1=30°:\quad \overrightarrow{AB_1}=\begin{pmatrix}4\cdot\tan 30°\\-\frac{1}{\tan 30°}\end{pmatrix}=\begin{pmatrix}2{,}31\\-1{,}73\end{pmatrix}$$

$$\overrightarrow{AD_1}=\begin{pmatrix}5\cdot\tan 30°\\\frac{3}{\tan 30°}\end{pmatrix}=\begin{pmatrix}2{,}89\\5{,}20\end{pmatrix}$$

$$\varphi_2=45°:\quad \overrightarrow{AB_2}=\begin{pmatrix}4\cdot\tan 45°\\-\frac{1}{\tan 45°}\end{pmatrix}=\begin{pmatrix}4\\-1\end{pmatrix}$$

$$\overrightarrow{AD_2}=\begin{pmatrix}5\cdot\tan 45°\\\frac{3}{\tan 45°}\end{pmatrix}=\begin{pmatrix}5\\3\end{pmatrix}$$

Vorüberlegungen zur Zeichnung:

- Wegen A(0 | 0) sind $\overrightarrow{AB_1}=\begin{pmatrix}2{,}31\\-1{,}73\end{pmatrix}$, $\overrightarrow{AD_1}=\begin{pmatrix}2{,}89\\5{,}20\end{pmatrix}$, $\overrightarrow{AB_2}=\begin{pmatrix}4\\-1\end{pmatrix}$ und $\overrightarrow{AD_2}=\begin{pmatrix}5\\3\end{pmatrix}$ Ortsvektoren. Somit gilt $B_1(2{,}31\,|\,-1{,}73)$, $D_1(2{,}89\,|\,5{,}20)$, $B_2(4\,|\,-1)$ und $D_2(5\,|\,3)$.
- Die Koordinaten von C_1 und C_2 erhält man über:
  $\overrightarrow{AC_1}=\overrightarrow{AD_1}\oplus\overrightarrow{D_1C_1}=\overrightarrow{AD_1}\oplus\overrightarrow{AB_1}$, also $C_1(5{,}20\,|\,3{,}47)$
  $\overrightarrow{AC_2}=\overrightarrow{AD_2}\oplus\overrightarrow{D_2C_2}=\overrightarrow{AD_2}\oplus\overrightarrow{AB_2}$, also $C_2(9\,|\,2)$

Im Parallelogramm $AB_nC_nD_n$ sind die gegenüberliegenden Seiten parallel. Deshalb ist $\overrightarrow{D_nC_n}=\overrightarrow{AB_n}$. Die Koordinaten von C_n erhält man somit über: $\overrightarrow{AC_n}=\overrightarrow{AD_n}\oplus\overrightarrow{D_nC_n}$

Hinweise und Tipps

Zeichnung:

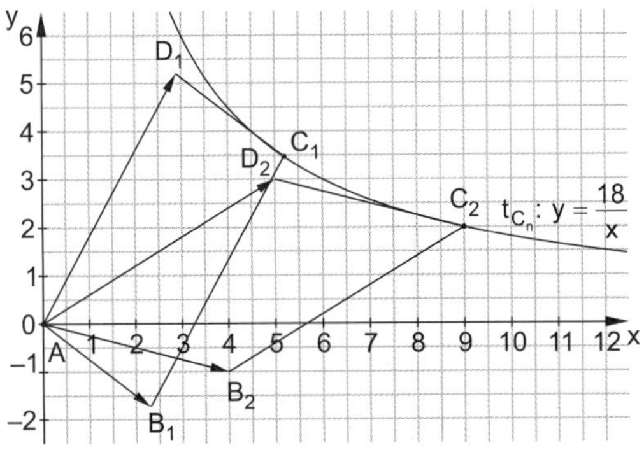

(verkleinerte Darstellung im Maßstab 1 : 2)

b) Berechnung der Gleichung des Trägergraphen t_{C_n}:
$\overrightarrow{OC_n} = \overrightarrow{OB_n} \oplus \overrightarrow{B_nC_n} = \overrightarrow{AB_n} \oplus \overrightarrow{AD_n}$ mit $C_n(x\,|\,y)$

Im Parallelogramm $AB_nC_nD_n$ sind gegenüberliegende Seiten parallel. Deshalb gilt:
$\overrightarrow{B_nC_n} = \overrightarrow{AD_n} = \begin{pmatrix} 5\cdot\tan\varphi \\ \frac{3}{\tan\varphi} \end{pmatrix}$

$$\Leftrightarrow \begin{pmatrix} x \\ y \end{pmatrix} = \begin{pmatrix} 4\cdot\tan\varphi \\ -\frac{1}{\tan\varphi} \end{pmatrix} \oplus \begin{pmatrix} 5\cdot\tan\varphi \\ \frac{3}{\tan\varphi} \end{pmatrix}$$

$$\Leftrightarrow \begin{pmatrix} x \\ y \end{pmatrix} = \begin{pmatrix} 9\cdot\tan\varphi \\ \frac{2}{\tan\varphi} \end{pmatrix}$$

$$\Leftrightarrow \left| \begin{array}{l} x = 9\cdot\tan\varphi \quad |:9 \\ \wedge\ y = \frac{2}{\tan\varphi} \end{array} \right.$$

Löse Gleichung I nach $\tan\varphi$ auf.

$$\Leftrightarrow \left| \begin{array}{l} \tan\varphi = \frac{x}{9} \\ \wedge\ y = \frac{2}{\frac{x}{9}} \end{array} \right.$$

Einsetzen von $\frac{x}{9}$ für $\tan\varphi$ in Gleichung II.
$\frac{2}{\frac{x}{9}} = 2 : \frac{x}{9} = 2\cdot\frac{9}{x} = \frac{18}{x}$

$$\Leftrightarrow \left| \begin{array}{l} \tan\varphi = \frac{x}{9} \\ \wedge\ y = \frac{18}{x} \end{array} \right.$$

also: $t_{C_n}: y = \frac{18}{x}$

Gleichung des Trägergraphen der Punkte C_n

Einzeichnen des Graphen zu t_{C_n}

c) Berechnung von φ, sodass ein Rechteck entsteht:
Bedingung für Rechteck:
$\overrightarrow{AB_3} \perp \overrightarrow{AD_3} \quad \Leftrightarrow \quad \overrightarrow{AB_3} \odot \overrightarrow{AD_3} = 0$

Ein Parallelogramm ist ein Rechteck, wenn zwei Seiten senkrecht aufeinanderstehen. Dies ist hier der Fall, wenn die Pfeile $\overrightarrow{AB_3}$ und $\overrightarrow{AD_3}$ orthogonal sind.

Es gilt: $\overrightarrow{AB_3}(\varphi) = \begin{pmatrix} 4\cdot\tan\varphi \\ -\frac{1}{\tan\varphi} \end{pmatrix}$; $\overrightarrow{AD_3}(\varphi) = \begin{pmatrix} 5\cdot\tan\varphi \\ \frac{3}{\tan\varphi} \end{pmatrix}$

Skalarprodukt:

$$\overrightarrow{AB_3} \odot \overrightarrow{AD_3} = 0$$

Skalarprodukt orthogonaler Vektoren

$$\Leftrightarrow \begin{pmatrix} 4\cdot\tan\varphi \\ -\frac{1}{\tan\varphi} \end{pmatrix} \odot \begin{pmatrix} 5\cdot\tan\varphi \\ \frac{3}{\tan\varphi} \end{pmatrix} = 0$$

$$\Leftrightarrow 4\cdot\tan\varphi\cdot 5\cdot\tan\varphi + \left(-\frac{1}{\tan\varphi}\right)\cdot\frac{3}{\tan\varphi} = 0$$

Hinweise und Tipps

$$20 \cdot \tan^2 \varphi - \frac{3}{\tan^2 \varphi} = 0 \qquad | \cdot \tan^2 \varphi$$

$$\Leftrightarrow \quad 20 \cdot \tan^4 \varphi - 3 = 0 \qquad | +3$$

$$\Leftrightarrow \quad 20 \cdot \tan^4 \varphi = 3 \qquad | : 20$$

$$\Leftrightarrow \quad \tan^4 \varphi = \frac{3}{20} \qquad | \sqrt[4]{}$$

$$\Leftrightarrow \quad |\tan \varphi| = \sqrt[4]{\frac{3}{20}}$$

$$\Leftrightarrow \quad \left(\tan \varphi_1 = -\sqrt[4]{\frac{3}{20}} \quad \vee\right) \quad \tan \varphi_2 = \sqrt[4]{\frac{3}{20}}$$

$$\Leftrightarrow \quad \varphi = 31{,}90°$$

$$L = \{31{,}90°\}$$

301 a) Berechnung der Pfeilkoordinaten:

$\varphi_1 = 30°$: $\overrightarrow{AD_1} = \begin{pmatrix} 5 \cdot \cos 30° \\ 6 \cdot \sin^2 30° \end{pmatrix} = \begin{pmatrix} 4{,}33 \\ 1{,}5 \end{pmatrix}$

$\varphi_2 = 120°$: $\overrightarrow{AD_2} = \begin{pmatrix} 5 \cdot \cos 120° \\ 6 \cdot \sin^2 120° \end{pmatrix} = \begin{pmatrix} -2{,}5 \\ 4{,}5 \end{pmatrix}$

Vorüberlegungen zur Zeichnung:

- Wegen $A(0|0)$ sind $\overrightarrow{AB} = \begin{pmatrix} 6 \\ -3 \end{pmatrix}$, $\overrightarrow{AD_1} = \begin{pmatrix} 4{,}33 \\ 1{,}5 \end{pmatrix}$ und $\overrightarrow{AD_2} = \begin{pmatrix} -2{,}5 \\ 4{,}5 \end{pmatrix}$ Ortsvektoren. Somit gilt $B(6|-3)$, $D_1(4{,}33|1{,}5)$ und $D_2(-2{,}5|4{,}5)$.
- Die Koordinaten von C_1 und C_2 erhält man über:
  $\overrightarrow{AC_1} = \overrightarrow{AD_1} \oplus \overrightarrow{D_1C_1} = \overrightarrow{AD_1} \oplus \overrightarrow{AB}$, also $C_1(10{,}33|-1{,}5)$
  $\overrightarrow{AC_2} = \overrightarrow{AD_2} \oplus \overrightarrow{D_2C_2} = \overrightarrow{AD_2} \oplus \overrightarrow{AB}$, also $C_2(3{,}5|1{,}5)$

Im Parallelogramm ABC_nD_n sind die gegenüberliegenden Seiten parallel. Deshalb ist $\overrightarrow{D_nC_n} = \overrightarrow{AB}$. Die Koordinaten von C_n erhält man somit über: $\overrightarrow{AC_n} = \overrightarrow{AD_n} \oplus \overrightarrow{D_nC_n}$

Zeichnung:

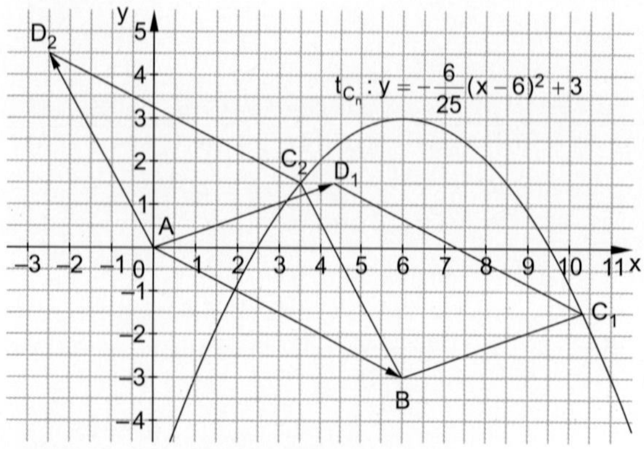

(verkleinerte Darstellung im Maßstab 1 : 2)

b) Berechnung von φ, sodass ein Rechteck entsteht:
Bedingung für Rechteck:
$\overrightarrow{AB} \perp \overrightarrow{AD_3} \quad \Leftrightarrow \quad \overrightarrow{AB} \odot \overrightarrow{AD_3} = 0$

Es gilt: $\overrightarrow{AB} = \begin{pmatrix} 6 \\ -3 \end{pmatrix}$; $\overrightarrow{AD_n}(\varphi) = \begin{pmatrix} 5 \cdot \cos \varphi \\ 6 \cdot \sin^2 \varphi \end{pmatrix}$

Ein Parallelogramm ist ein Rechteck, wenn zwei Seiten senkrecht aufeinander stehen. Dies ist hier der Fall, wenn die Pfeile $\overrightarrow{AB}$ und $\overrightarrow{AD_3}$ orthogonal sind.

Hinweise und Tipps

Skalarprodukt:

$$\overrightarrow{AB} \odot \overrightarrow{AD_3} = 0$$

Skalarprodukt orthogonaler Vektoren

$$\Leftrightarrow \begin{pmatrix} 6 \\ -3 \end{pmatrix} \odot \begin{pmatrix} 5\cdot\cos\varphi \\ 6\cdot\sin^2\varphi \end{pmatrix} = 0$$

$$\Leftrightarrow 6\cdot 5\cdot\cos\varphi + (-3)\cdot 6\cdot\sin^2\varphi = 0$$

$$\Leftrightarrow 30\cdot\cos\varphi - 18\cdot\sin^2\varphi = 0$$

Setze $(1-\cos^2\varphi)$ für $\sin^2\varphi$ ein.

$$\Leftrightarrow 30\cdot\cos\varphi - 18\cdot(1-\cos^2\varphi) = 0$$

$$\Leftrightarrow 30\cdot\cos\varphi - 18 + 18\cdot\cos^2\varphi = 0$$

$$\Leftrightarrow 18\cdot\cos^2\varphi + 30\cdot\cos\varphi - 18 = 0 \quad \left|\cdot\frac{1}{18}\right.$$

$$\Leftrightarrow \cos^2\varphi + \frac{5}{3}\cdot\cos\varphi - 1 = 0$$

$$D = b^2 - 4ac = \left(1\frac{1}{3}\right)^2 - 4\cdot 1\cdot(-1) = 6\frac{7}{9}$$

$$\Leftrightarrow \cos\varphi_{1/2} = \frac{-30 \pm \sqrt{6\frac{7}{9}}}{2\cdot 1}$$

$$\Leftrightarrow \cos\varphi_1 = 0{,}47 \quad (\vee \ \cos\varphi_2 = -2{,}14)$$

$$\Rightarrow \varphi_1 = 61{,}97°$$

Beachte: $-1 \le \cos\varphi \le +1$

$L = \{61{,}97°\}$

c) Berechnung von $A_{ABC_nD_n}(\varphi)$:

$$\overrightarrow{AB} = \begin{pmatrix} 6 \\ -3 \end{pmatrix}; \ \overrightarrow{AD_n}(\varphi) = \begin{pmatrix} 5\cdot\cos\varphi \\ 6\cdot\sin^2\varphi \end{pmatrix}$$

Aufspannende Vektoren der Parallelogramme ABC_nD_n

$$A_{ABC_nD_n}(\varphi) = \begin{vmatrix} 6 & 5\cdot\cos\varphi \\ (-3) & 6\cdot\sin^2\varphi \end{vmatrix} \text{ FE}$$

Berechnung des Flächeninhalts mittels Determinante

$$A_{ABC_nD_n}(\varphi) = [6\cdot 6\sin^2\varphi - (-3)\cdot 5\cdot\cos\varphi] \text{ FE}$$

$$A_{ABC_nD_n}(\varphi) = [36\cdot\sin^2\varphi + 15\cdot\cos\varphi] \text{ FE}$$

Verwende: $\sin^2\varphi = 1 - \cos^2\varphi$

$$A_{ABC_nD_n}(\varphi) = [36\cdot(1-\cos^2\varphi) + 15\cdot\cos\varphi] \text{ FE}$$

$$A_{ABC_nD_n}(\varphi) = (36 - 36\cdot\cos^2\varphi + 15\cdot\cos\varphi) \text{ FE}$$

$$A_{ABC_nD_n}(\varphi) = (-36\cdot\cos^2\varphi + 15\cdot\cos\varphi + 36) \text{ FE}$$

d) Überprüfung, ob ein Parallelogramm mit einem Flächeninhalt von 40 FE existiert:

$$\begin{vmatrix} & A_{ABC_nD_n}(\varphi) = (-36\cos^2\varphi + 15\cos\varphi + 36) \text{ FE} \\ \wedge & A_{ABC_nD_n} = 40 \text{ FE} \end{vmatrix}$$

$$\Rightarrow -36\cdot\cos^2\varphi + 15\cdot\cos\varphi + 36 = 40 \quad (\text{I} = \text{II}) \ \left|-40\right.$$

$$\Leftrightarrow -36\cdot\cos^2\varphi + 15\cdot\cos\varphi - 4 = 0$$

$$D = b^2 - 4ac = 15^2 - 4\cdot(-36)\cdot(-4) = -351$$

Da $D < 0$ existiert keine Lösung. Es gibt somit kein Parallelogramm mit einem Flächeninhalt von 40 FE.

e) Extremwertberechnung:

$$A_{ABC_nD_n}(\varphi) = (-36\cdot\cos^2\varphi + 15\cdot\cos\varphi + 36) \text{ FE}$$

Klammere den Faktor –36 vor $\cos^2\varphi$ aus.

$$A_{ABC_nD_n}(\varphi) = -36\cdot\left(\cos^2\varphi - \frac{5}{12}\cdot\cos\varphi - 1\right) \text{ FE}$$

Ergänze quadratisch.

Hinweise und Tipps

$$A_{ABC_nD_n}(\varphi) = -36 \cdot \left[\cos^2\varphi - \frac{5}{12}\cdot\cos\varphi + \left(\frac{5}{24}\right)^2 - \left(\frac{5}{24}\right)^2 - 1\right] \text{FE}$$

Wende die 2. binomischen Formel an.

$$A_{ABC_nD_n}(\varphi) = -36 \cdot \left[\left(\cos\varphi - \frac{5}{24}\right)^2 - \frac{25}{576} - 1\right] \text{FE}$$

$$A_{ABC_nD_n}(\varphi) = -36 \cdot \left[\left(\cos\varphi - \frac{5}{24}\right)^2 - 1\frac{25}{576}\right] \text{FE}$$

Multipliziere aus.

$$A_{ABC_nD_n}(\varphi) = \left[-36 \cdot \left(\cos\varphi - \frac{5}{24}\right)^2 + 37\frac{9}{16}\right] \text{FE}$$

Negativer Faktor vor der Klammer → Maximum
Wähle φ so, dass die Klammer 0 ergibt.

$A_{max} = 37\frac{9}{16}$ FE für $\cos\varphi = \frac{5}{24}$, also für $\varphi = 77{,}98°$.

f) Berechnung der Gleichung des Trägergraphen t_{C_n}:

$\overrightarrow{OC_n} = \overrightarrow{OB} \oplus \overrightarrow{BC_n} = \overrightarrow{AB} \oplus \overrightarrow{AD_n}$ mit $C_n(x\,|\,y)$

Im Parallelogramm ABC_nD_n sind gegenüberliegende Seiten parallel. Deshalb gilt:
$\overrightarrow{BC_n} = \overrightarrow{AD_n} = \begin{pmatrix} 5\cdot\cos\varphi \\ 6\cdot\sin^2\varphi \end{pmatrix}$

$$\Leftrightarrow \begin{pmatrix} x \\ y \end{pmatrix} = \begin{pmatrix} 6 \\ -3 \end{pmatrix} \oplus \begin{pmatrix} 5\cdot\cos\varphi \\ 6\cdot\sin^2\varphi \end{pmatrix}$$

$$\Leftrightarrow \begin{pmatrix} x \\ y \end{pmatrix} = \begin{pmatrix} 6+5\cdot\cos\varphi \\ -3+6\cdot\sin^2\varphi \end{pmatrix}$$

$$\Leftrightarrow \begin{vmatrix} x = 6+5\cdot\cos\varphi & |-6 \\ \wedge\; y = -3+6\cdot\sin^2\varphi & \end{vmatrix}$$

Löse Gleichung I nach $\cos\varphi$ auf.
Verwende: $\sin^2\varphi = 1 - \cos^2\varphi$

$$\Leftrightarrow \begin{vmatrix} 5\cdot\cos\varphi = x-6 & |:5 \\ \wedge\; y = -3+6\cdot(1-\cos^2\varphi) & \end{vmatrix}$$

$$\Leftrightarrow \begin{vmatrix} \cos\varphi = \frac{1}{5}x - \frac{6}{5} \\ \wedge\; y = 3-6\cos^2\varphi \end{vmatrix}$$

Setze $\frac{1}{5}x - \frac{6}{5}$ für $\cos\varphi$ in Gleichung II ein.

$$\Leftrightarrow \begin{vmatrix} \cos\varphi = \frac{1}{5}x - \frac{6}{5} \\ \wedge\; y = 3-6\cdot\left(\frac{1}{5}x - \frac{6}{5}\right)^2 \end{vmatrix}$$

also: t_{C_n}: $y = -6\cdot\left(\frac{1}{5}(x-6)\right)^2 + 3$

$$y = -6\cdot\left(\left(\frac{1}{5}\right)^2(x-6)^2\right) + 3$$

$$y = -\frac{6}{25}(x-6)^2 + 3$$

Gleichung des Trägergraphen der Punkte C_n

oder:

t_{C_n}: $y = -6\cdot\left(\frac{1}{5}x - \frac{6}{5}\right)^2 + 3$

$$y = -6\cdot\left(\frac{1}{25}x^2 - \frac{12}{25}x + \frac{36}{25}\right) + 3$$

$$y = -\frac{6}{25}x^2 + \frac{72}{25}x - \frac{216}{25} + 3$$

$$y = -\frac{6}{25}x^2 + 2\frac{22}{25}x - 5\frac{16}{25}$$

Gleichung des Trägergraphen der Punkte C_n

Einzeichnen des Graphen zu t_{C_n}

Hinweise und Tipps

g) Bestätigung der oberen Intervallgrenze $\varphi < 144{,}40°$:
Im Grenzfall haben die Vektoren $\overrightarrow{AB}$ und $\overrightarrow{AD_n}$ entgegengesetzte Richtungen. Somit sind die Steigungen der Geraden AB und AD_n gleich.
Berechnung der Steigungsfaktoren aus den Koordinaten der Steigungspfeile:

$$\overrightarrow{AB} = \begin{pmatrix} 6 \\ -3 \end{pmatrix}, \quad \text{also} \quad m_{AB} = \frac{-3}{6} = -\frac{1}{2}$$

$$\overrightarrow{AD_n} = \begin{pmatrix} 5 \cdot \cos\varphi \\ 6 \cdot \sin^2\varphi \end{pmatrix}, \quad \text{also} \quad m_{AD_n} = \frac{6 \cdot \sin^2\varphi}{5 \cdot \cos\varphi}$$

Gleichsetzen:

Gleichsetzen der Steigungsfaktoren

$$m_{AB} = m_{AD_n}$$

$$\Leftrightarrow \quad -\frac{1}{2} = \frac{6 \cdot \sin^2\varphi}{5 \cdot \cos\varphi} \quad \Big| \cdot (2 \cdot 5 \cdot \cos\varphi)$$

$$\Leftrightarrow \quad -1 \cdot 5 \cdot \cos\varphi = 2 \cdot 6 \cdot \sin^2\varphi$$

$$\Leftrightarrow \quad -5 \cdot \cos\varphi = 12(1 - \cos^2\varphi)$$

$$\Leftrightarrow \quad -5 \cdot \cos\varphi = 12 - 12 \cdot \cos^2\varphi \quad \big| -12 + 12 \cdot \cos^2\varphi$$

$$\Leftrightarrow \quad 12 \cdot \cos^2\varphi - 5 \cdot \cos\varphi - 12 = 0 \quad \Big| \cdot \frac{1}{12}$$

$$\Leftrightarrow \quad \cos^2\varphi - \frac{5}{12} \cdot \cos\varphi - 1 = 0$$

$$D = b^2 - 4ac = \left(-\frac{5}{12}\right)^2 - 4 \cdot 1 \cdot (-1) = 4\frac{25}{144}$$

$$\Leftrightarrow \quad \cos\varphi_{1/2} = \frac{-\left(-\frac{5}{12}\right) \pm \sqrt{4\frac{25}{144}}}{2 \cdot 1}$$

$$\Leftrightarrow \quad (\cos\varphi_1 = 1{,}230 \;\vee)\; \cos\varphi_2 = -0{,}813$$

$-1 \le \cos\varphi \le 1$

$$\Leftrightarrow \quad \varphi = 144{,}39°$$

$L = \{144{,}39°\}$

oder:
Im Grenzfall liegen $\overline{AB}$ und $\overline{C_nD_n}$ auf einer Geraden, d. h., das Parallelogramm hat den Flächeninhalt 0 FE:

$$\begin{array}{|l} A_{ABC_nD_n}(\varphi) = (-36\cos^2\varphi + 15\cos\varphi + 36)\text{ FE} \\ \wedge \quad A_{ABC_nD_n} = 0\text{ FE} \\ \hline \end{array}$$

$$\Rightarrow \quad -36 \cdot \cos^2\varphi + 15 \cdot \cos\varphi + 36 = 0 \quad (\text{I} = \text{II})$$

$$D = b^2 - 4ac = 15^2 - 4 \cdot (-36) \cdot 36 = 5\,409$$

$$\Leftrightarrow \quad \cos\varphi_{1/2} = \frac{-15 \pm \sqrt{5\,409}}{2 \cdot (-36)}$$

$$\Leftrightarrow \quad \cos\varphi_1 = -0{,}813 \;(\vee\; \cos\varphi_2 = 1{,}230)$$

$-1 \le \cos\varphi \le 1$

$$\Leftrightarrow \quad \varphi = 144{,}39°$$

$L = \{144{,}39°\}$

Hinweise und Tipps

3.5 Abbildungen im Koordinatensystem

302 a) $\begin{pmatrix}3 & 5\\4 & 6\end{pmatrix}\odot\begin{pmatrix}2\\7\end{pmatrix}=\begin{pmatrix}3\cdot 2+5\cdot 7\\4\cdot 2+6\cdot 7\end{pmatrix}=\begin{pmatrix}41\\50\end{pmatrix}$ — Zeile · Spalte = Koordinate

b) $\begin{pmatrix}3 & -6\\-8 & 1\end{pmatrix}\odot\begin{pmatrix}9\\4\end{pmatrix}=\begin{pmatrix}3\cdot 9+(-6)\cdot 4\\(-8)\cdot 9+1\cdot 4\end{pmatrix}=\begin{pmatrix}3\\-68\end{pmatrix}$ — Zeile · Spalte = Koordinate

c) $\begin{pmatrix}0 & -2\\1 & 1\end{pmatrix}\odot\begin{pmatrix}2\\0\end{pmatrix}=\begin{pmatrix}0\cdot 2+(-2)\cdot 0\\1\cdot 2+1\cdot 0\end{pmatrix}=\begin{pmatrix}0\\2\end{pmatrix}$

d) $\begin{pmatrix}-\frac{1}{2}\sqrt{2} & \frac{1}{2}\sqrt{2}\\\frac{1}{2}\sqrt{2} & -\frac{1}{2}\sqrt{2}\end{pmatrix}\odot\begin{pmatrix}-\sqrt{2}\\\sqrt{2}\end{pmatrix}=\begin{pmatrix}-\frac{1}{2}\sqrt{2}\cdot(-\sqrt{2})+\frac{1}{2}\sqrt{2}\cdot\sqrt{2}\\\frac{1}{2}\sqrt{2}\cdot(-\sqrt{2})+\left(-\frac{1}{2}\sqrt{2}\right)\cdot\sqrt{2}\end{pmatrix}$ — $-\frac{1}{2}\sqrt{2}\cdot(-\sqrt{2})=\frac{1}{2}(\sqrt{2})^2=\frac{1}{2}\cdot 2=1$

$=\begin{pmatrix}1+1\\-1-1\end{pmatrix}$

$=\begin{pmatrix}2\\-2\end{pmatrix}$

---

303 $\begin{pmatrix}x'\\y'\end{pmatrix}=\begin{pmatrix}\cos 2\cdot 75° & \sin 2\cdot 75°\\\sin 2\cdot 75° & -\cos 2\cdot 75°\end{pmatrix}\odot\begin{pmatrix}x\\y\end{pmatrix}$ — Einsetzen von $\alpha = 75°$

$\Leftrightarrow \begin{pmatrix}x'\\y'\end{pmatrix}=\begin{pmatrix}\cos 150° & \sin 150°\\\sin 150° & -\cos 150°\end{pmatrix}\odot\begin{pmatrix}x\\y\end{pmatrix}$

$\Leftrightarrow \begin{pmatrix}x'\\y'\end{pmatrix}=\begin{pmatrix}-\frac{1}{2}\sqrt{3} & \frac{1}{2}\\\frac{1}{2} & \frac{1}{2}\sqrt{3}\end{pmatrix}\odot\begin{pmatrix}x\\y\end{pmatrix}$ — Abbildungsgleichung in Matrixform; Zeile · Spalte = Koordinate

$\Leftrightarrow \left| \begin{array}{l} x'=-\frac{1}{2}\sqrt{3}x+\frac{1}{2}y \\ \wedge\ y'=\frac{1}{2}x+\frac{1}{2}\sqrt{3}y \end{array}\right.$ — Abbildungsgleichung in Koordinatenform

---

304 a) g_1: $y = 2x$

Berechnung des Winkelmaßes α:

$\tan\alpha = 2$

$\Rightarrow \alpha = 63{,}43°$

$\Rightarrow 2\alpha = 126{,}86°$

$\Rightarrow \cos 2\alpha = -0{,}60 \wedge \sin 2\alpha = 0{,}80$

Das Maß α lässt sich mithilfe der Beziehung $\tan\alpha = m$ aus dem Steigungsfaktor m berechnen.

Bestimmung der Abbildungsgleichung:

$\begin{pmatrix}x'\\y'\end{pmatrix}=\begin{pmatrix}-0{,}60 & 0{,}80\\0{,}80 & 0{,}60\end{pmatrix}\odot\begin{pmatrix}x\\y\end{pmatrix}$ — Matrixform

$\Leftrightarrow \left| \begin{array}{l} x'=-0{,}60x+0{,}80y \\ \wedge\ y'=0{,}80x+0{,}60y \end{array}\right.$ — Koordinatenform

b) g_2: $y = -\frac{1}{2}x$

Berechnung des Winkelmaßes α:

$\tan\alpha = -\frac{1}{2}$

$\Rightarrow \alpha = -26{,}57°$

$\Rightarrow 2\alpha = -53{,}14°$

$\Rightarrow \cos 2\alpha = 0{,}60 \wedge \sin 2\alpha = -0{,}80$

Berechnung des Maßes α des Steigungswinkels mithilfe der Beziehung $\tan\alpha = m$

Hinweise und Tipps

Bestimmung der Abbildungsgleichung:

$$\begin{pmatrix} x' \\ y' \end{pmatrix} = \begin{pmatrix} 0,60 & -0,80 \\ -0,80 & -0,60 \end{pmatrix} \odot \begin{pmatrix} x \\ y \end{pmatrix}$$

Matrixform

$$\Leftrightarrow \quad \begin{array}{|l} x' = 0,60x - 0,80y \\ \wedge \; y' = -0,80x - 0,60y \end{array}$$

Koordinatenform

---

305 Zeichnung:

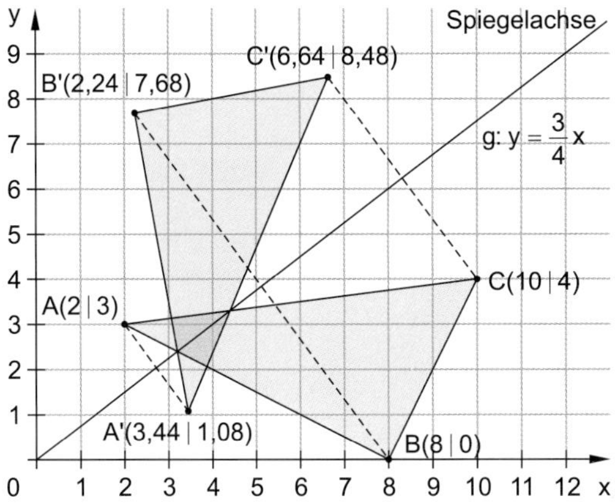

Berechnung des Winkelmaßes α:

$g: \; y = \frac{3}{4}x$

$\tan \alpha = \frac{3}{4}$

Berechnung des Maßes α des Steigungswinkels mithilfe der Beziehung $\tan \alpha = m$

$\Rightarrow \quad \alpha = 36,87°$

$\Rightarrow \quad 2\alpha = 73,74°$

$\Rightarrow \quad \cos 2\alpha = 0,28 \;\wedge\; \sin 2\alpha = 0,96$

Bestimmung der Abbildungsgleichung in Matrixform:

$$\begin{pmatrix} x' \\ y' \end{pmatrix} = \begin{pmatrix} \cos 2\alpha & \sin 2\alpha \\ \sin 2\alpha & -\cos 2\alpha \end{pmatrix} \odot \begin{pmatrix} x \\ y \end{pmatrix} = \begin{pmatrix} 0,28 & 0,96 \\ 0,96 & -0,28 \end{pmatrix} \odot \begin{pmatrix} x \\ y \end{pmatrix}$$

Berechnung der Koordinaten von A'(x' | y'):

$$\begin{pmatrix} x' \\ y' \end{pmatrix} = \begin{pmatrix} 0,28 & 0,96 \\ 0,96 & -0,28 \end{pmatrix} \odot \begin{pmatrix} 2 \\ 3 \end{pmatrix} = \begin{pmatrix} 0,28 \cdot 2 + 0,96 \cdot 3 \\ 0,96 \cdot 2 - 0,28 \cdot 3 \end{pmatrix} = \begin{pmatrix} 3,44 \\ 1,08 \end{pmatrix}$$

Einsetzen der Koordinaten des Urpunktes A(2 | 3)

also: A'(3,44 | 1,08)

Koordinaten des Bildpunktes A'

Berechnung der Koordinaten von B'(x' | y'):

$$\begin{pmatrix} x' \\ y' \end{pmatrix} = \begin{pmatrix} 0,28 & 0,96 \\ 0,96 & -0,28 \end{pmatrix} \odot \begin{pmatrix} 8 \\ 0 \end{pmatrix} = \begin{pmatrix} 0,28 \cdot 8 + 0,96 \cdot 0 \\ 0,96 \cdot 8 - 0,28 \cdot 0 \end{pmatrix} = \begin{pmatrix} 2,24 \\ 7,68 \end{pmatrix}$$

Einsetzen der Koordinaten des Urpunktes B(8 | 0)

also: B'(2,24 | 7,68)

Koordinaten des Bildpunktes B'

Berechnung der Koordinaten von C'(x' | y'):

$$\begin{pmatrix} x' \\ y' \end{pmatrix} = \begin{pmatrix} 0,28 & 0,96 \\ 0,96 & -0,28 \end{pmatrix} \odot \begin{pmatrix} 10 \\ 4 \end{pmatrix} = \begin{pmatrix} 0,28 \cdot 10 + 0,96 \cdot 4 \\ 0,96 \cdot 10 - 0,28 \cdot 4 \end{pmatrix} = \begin{pmatrix} 6,64 \\ 8,48 \end{pmatrix}$$

Einsetzen der Koordinaten des Urpunktes C(10 | 4)

also: C'(6,64 | 8,48)

Koordinaten des Bildpunktes C'

Hinweise und Tipps

306 Zeichnung:

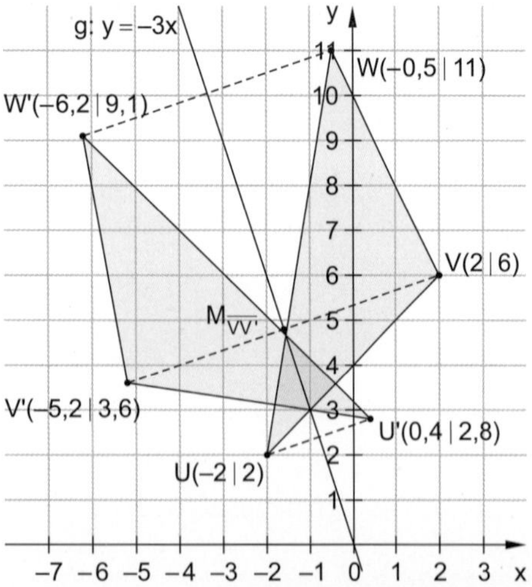

Berechnung der Mittelpunktskoordinaten von $\overline{VV'}$:

$$M_{\overline{VV'}}\left(\frac{x_V + x_{V'}}{2} \,\middle|\, \frac{y_V + y_{V'}}{2}\right) = M_{\overline{VV'}}\left(\frac{2-5,2}{2} \,\middle|\, \frac{6+3,6}{2}\right)$$
$$= M_{\overline{VV'}}(-1,6 \mid 4,8)$$

Die Spiegelachse g verläuft durch den Mittelpunkt $M_{\overline{VV'}}$.
Anwendung der Formel zur Ermittlung der Koordinaten des Mittelpunktes

Für den Steigungspfeil der Geraden g gilt:

$$\vec{m}_g = \overrightarrow{m_{OM_{\overline{VV'}}}} = \overrightarrow{OM_{\overline{VV'}}} = \begin{pmatrix} -1,6 \\ 4,8 \end{pmatrix}$$

also: $m_g = -\frac{4,8}{1,6} = -3$ und g: $y = -3x$

Die Spiegelachse ist eine Ursprungsgerade, deren Steigungsfaktor sich aus den Koordinaten von $M_{\overline{VV'}}$ berechnen lässt.

Berechnung des Winkelmaßes α:

$$\tan\alpha = -3$$
$$\Rightarrow \quad \alpha = -71,57°$$
$$\Rightarrow \quad 2\alpha = -143,14°$$
$$\Rightarrow \quad \cos 2\alpha = -0,80 \wedge \sin 2\alpha = -0,60$$

Berechnung von α mithilfe der Beziehung $\tan\alpha = m$

Bestimmung der Abbildungsgleichung in Matrixform:

$$\begin{pmatrix} x' \\ y' \end{pmatrix} = \begin{pmatrix} \cos 2\alpha & \sin 2\alpha \\ \sin 2\alpha & -\cos 2\alpha \end{pmatrix} \odot \begin{pmatrix} x \\ y \end{pmatrix} = \begin{pmatrix} -0,80 & -0,60 \\ -0,60 & 0,80 \end{pmatrix} \odot \begin{pmatrix} x \\ y \end{pmatrix}$$

Berechnung der Koordinaten von U'(x' | y'):

$$\begin{pmatrix} x' \\ y' \end{pmatrix} = \begin{pmatrix} -0,80 & -0,60 \\ -0,60 & 0,80 \end{pmatrix} \odot \begin{pmatrix} -2 \\ 2 \end{pmatrix} = \begin{pmatrix} -0,80 \cdot (-2) - 0,60 \cdot 2 \\ -0,60 \cdot (-2) + 0,80 \cdot 2 \end{pmatrix} = \begin{pmatrix} 0,40 \\ 2,80 \end{pmatrix}$$

also: U'(0,4 | 2,8)

Berechnung der Koordinaten von W(x | y):

$$\begin{pmatrix} -6,2 \\ 9,1 \end{pmatrix} = \begin{pmatrix} -0,80 & -0,60 \\ -0,60 & 0,80 \end{pmatrix} \odot \begin{pmatrix} x \\ y \end{pmatrix}$$

Einsetzen der Koordinaten von W'(−6,2 | 9,1) für x' und y'

$$\Leftrightarrow \begin{pmatrix} -6,2 \\ 9,1 \end{pmatrix} = \begin{pmatrix} -0,80 \cdot x - 0,60 \cdot y \\ -0,60 \cdot x + 0,80 \cdot y \end{pmatrix}$$

$$\Leftrightarrow \left| \begin{array}{l} -6,2 = -0,80x - 0,60y \quad |+0,60y \\ \wedge \ 9,1 = -0,60x + 0,80y \end{array} \right.$$

Löse Gleichung I nach x auf.

$$\Leftrightarrow \left| \begin{array}{l} -6,2 + 0,60y = -0,80x \quad |:(-0,80) \\ \wedge \ 9,1 = -0,60x + 0,80y \end{array} \right.$$

$$\Leftrightarrow \left| \begin{array}{l} x = 7,75 - 0,75y \\ \wedge \ 9,1 = -0,60 \cdot (7,75 - 0,75y) + 0,80y \end{array} \right.$$

Einsetzen von 7,75 – 0,75y für x in Gleichung II. Löse die runde Klammer auf.

Hinweise und Tipps

$$\Leftrightarrow \left| \begin{array}{l} x = 7{,}75 - 0{,}75y \\ \wedge\ 9{,}1 = -4{,}65 + 0{,}45y + 0{,}80y \quad |+4{,}65 \end{array} \right.$$

Fasse zusammen und löse Gleichung II nach y auf.

$$\Leftrightarrow \left| \begin{array}{l} x = 7{,}75 - 0{,}75y \\ \wedge\ 13{,}75 = 1{,}25y \quad |:1{,}25 \end{array} \right.$$

$$\Leftrightarrow \left| \begin{array}{l} x = 7{,}75 - 0{,}75 \cdot 11 \\ \wedge\ y = 11 \end{array} \right.$$

Einsetzen von $y = 11$ für y in Gleichung I.

$$\Leftrightarrow \left| \begin{array}{l} x = -0{,}5 \\ \wedge\ y = 11 \end{array} \right.$$

$L = \{(-0{,}5 \,|\, 11)\}$

also: $W(-0{,}5 \,|\, 11)$

---

307 a) $g\colon y = -\frac{1}{4}x - 2 \xmapsto{s:\ y = 2x} g'$

Berechnung des Winkelmaßes α:

$$\tan\alpha = 2$$
$$\Rightarrow \quad \alpha = 63{,}43°$$
$$\Rightarrow \quad 2\alpha = 126{,}86°$$
$$\Rightarrow \quad \cos 2\alpha = -0{,}60 \ \wedge\ \sin 2\alpha = 0{,}80$$

Berechnung des Maßes α des Steigungswinkels der Ursprungsgeraden g aus dem Steigungsfaktor $m = 2$

Für die Punkte $P\left(x \,\middle|\, -\frac{1}{4}x - 2\right)$ auf g und die Bildpunkte $P'(x' \,|\, y')$ auf g' gilt:

$$P\left(x \,\middle|\, -\tfrac{1}{4}x - 2\right) \xmapsto{s:\ y = 2x} P'(x' \,|\, y')$$

$$\begin{pmatrix} x' \\ y' \end{pmatrix} = \begin{pmatrix} \cos 2\alpha & \sin 2\alpha \\ \sin 2\alpha & -\cos 2\alpha \end{pmatrix} \odot \begin{pmatrix} x \\ -\frac{1}{4}x - 2 \end{pmatrix}$$

Abbildung eines allgemeinen Punktes $P\left(x \,\middle|\, -\frac{1}{4}x - 2\right) \in g$

$$\Leftrightarrow \begin{pmatrix} x' \\ y' \end{pmatrix} = \begin{pmatrix} -0{,}60 & 0{,}80 \\ 0{,}80 & 0{,}60 \end{pmatrix} \odot \begin{pmatrix} x \\ -\frac{1}{4}x - 2 \end{pmatrix}$$

$$\Leftrightarrow \begin{pmatrix} x' \\ y' \end{pmatrix} = \begin{pmatrix} -0{,}60 \cdot x + 0{,}80 \cdot \left(-\frac{1}{4}x - 2\right) \\ 0{,}80 \cdot x + 0{,}60 \cdot \left(-\frac{1}{4}x - 2\right) \end{pmatrix}$$

$$\Leftrightarrow \begin{pmatrix} x' \\ y' \end{pmatrix} = \begin{pmatrix} -0{,}60x - 0{,}20x - 1{,}60 \\ 0{,}80x - 0{,}15x - 1{,}20 \end{pmatrix}$$

$$\Leftrightarrow \begin{pmatrix} x' \\ y' \end{pmatrix} = \begin{pmatrix} -0{,}80x - 1{,}60 \\ 0{,}65x - 1{,}20 \end{pmatrix}$$

Übergang zur Koordinatenform

$$\Leftrightarrow \left| \begin{array}{l} x' = -0{,}80x - 1{,}60 \quad |+1{,}60 \\ \wedge\ y' = 0{,}65x - 1{,}20 \end{array} \right.$$

Löse Gleichung I nach x auf.

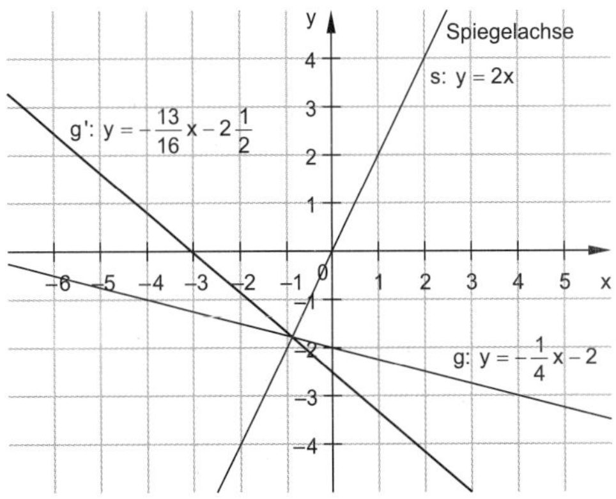

$$\Leftrightarrow \left| \begin{array}{l} x' + 1{,}60 = -0{,}80x \\ \wedge\ y' = 0{,}65x - 1{,}20 \end{array} \right.$$

$$\Leftrightarrow \left| \begin{array}{l} x' + \frac{8}{5} = -\frac{4}{5}x \quad \left|\cdot\left(-\frac{5}{4}\right)\right. \\ \wedge\ y' = \frac{13}{20}x - \frac{6}{5} \end{array} \right.$$

Hinweise und Tipps

$$\Leftrightarrow \left|\begin{array}{l} x = -\frac{5}{4}x' - 2 \\ \wedge\ y' = \frac{13}{20} \cdot \left(-\frac{5}{4}x' - 2\right) - \frac{6}{5} \end{array}\right.$$

Einsetzen von $-\frac{5}{4}x' - 2$ für x in Gleichung II

$$\Leftrightarrow \left|\begin{array}{l} x = -\frac{5}{4}x' - 2 \\ \wedge\ y' = -\frac{13}{16}x' - \frac{13}{10} - \frac{6}{5} \end{array}\right.$$

also: g': $y = -\frac{13}{16}x - 2\frac{1}{2}$

b) $g\colon y = 2x + 1 \xmapsto{s = OP} g'$

Berechnung des Steigungsfaktors der Ursprungsgeraden s = OP:

$\vec{m}_{OP} = \overrightarrow{OP} = \begin{pmatrix} 3 \\ 4 \end{pmatrix}$; also $m_{OP} = \frac{4}{3}$

Es gilt $\vec{m} = \begin{pmatrix} v_x \\ v_y \end{pmatrix}$, also $m = \frac{v_y}{v_x}$.

Berechnung des Winkelmaßes α:

$$\tan\alpha = \frac{4}{3}$$
$$\Rightarrow \quad \alpha = 53{,}13°$$
$$\Rightarrow \quad 2\alpha = 106{,}26°$$
$$\Rightarrow \quad \cos 2\alpha = -0{,}28 \ \wedge\ \sin 2\alpha = 0{,}96$$

Berechnung von α mithilfe der Beziehung $\tan\alpha = m$

Für die Punkte $P(x\,|\,2x + 1)$ auf g und die Bildpunkte $P'(x'\,|\,y')$ auf g' gilt:

$$P(x\,|\,2x+1) \xmapsto{s = OP} P'(x'\,|\,y')$$

$$\begin{pmatrix} x' \\ y' \end{pmatrix} = \begin{pmatrix} \cos 2\alpha & \sin 2\alpha \\ \sin 2\alpha & -\cos 2\alpha \end{pmatrix} \odot \begin{pmatrix} x \\ 2x+1 \end{pmatrix}$$

$$\Leftrightarrow \begin{pmatrix} x' \\ y' \end{pmatrix} = \begin{pmatrix} -0{,}28 & 0{,}96 \\ 0{,}96 & 0{,}28 \end{pmatrix} \odot \begin{pmatrix} x \\ 2x+1 \end{pmatrix}$$

$$\Leftrightarrow \begin{pmatrix} x' \\ y' \end{pmatrix} = \begin{pmatrix} -0{,}28 \cdot x + 0{,}96 \cdot (2x+1) \\ 0{,}96 \cdot x + 0{,}28 \cdot (2x+1) \end{pmatrix}$$

$$\Leftrightarrow \begin{pmatrix} x' \\ y' \end{pmatrix} = \begin{pmatrix} -0{,}28x + 1{,}92x + 0{,}96 \\ 0{,}96x + 0{,}56x + 0{,}28 \end{pmatrix}$$

$$\Leftrightarrow \begin{pmatrix} x' \\ y' \end{pmatrix} = \begin{pmatrix} 1{,}64x + 0{,}96 \\ 1{,}52x + 0{,}28 \end{pmatrix}$$

Abbildung eines allgemeinen Punktes $P(x\,|\,2x + 1) \in g$

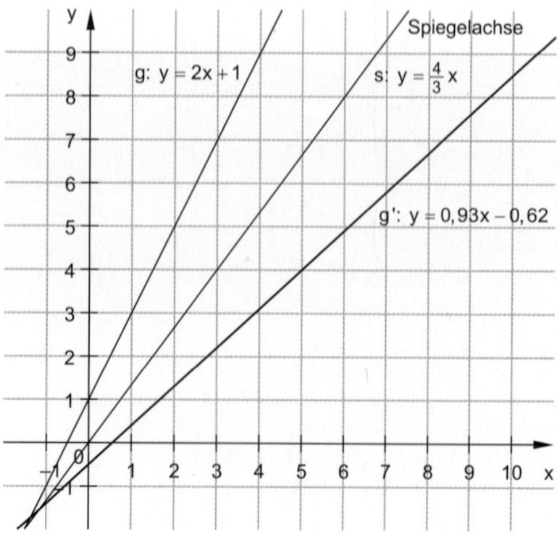

$$\Leftrightarrow \left|\begin{array}{l} x' = 1{,}64x + 0{,}96 \\ \wedge\ y' = 1{,}52x + 0{,}28 \end{array}\right. \quad |-0{,}96$$

$$\Leftrightarrow \left|\begin{array}{l} x' - 0{,}96 = 1{,}64x \\ \wedge\ y' = 1{,}52x + 0{,}28 \end{array}\right. \quad |:1{,}64$$

$$\Leftrightarrow \left|\begin{array}{l} x = 0{,}61x' - 0{,}59 \\ \wedge\ y' = 1{,}52 \cdot (0{,}61x' - 0{,}59) + 0{,}28 \end{array}\right.$$

Einsetzen von $0{,}61x' - 0{,}59$ für x in Gleichung II

$$\Leftrightarrow \left|\begin{array}{l} x = 0{,}61x' - 0{,}59 \\ \wedge\ y' = 0{,}93x' - 0{,}90 + 0{,}28 \end{array}\right.$$

also: g': $y = 0{,}93x - 0{,}62$

Hinweise und Tipps

308 a) $f\colon y = \frac{2}{3}x + 4 \xmapsto{\text{y-Achse}} f'$

Für die Punkte $P\left(x \mid \frac{2}{3}x + 4\right)$ auf f und die Bildpunkte $P'(x' \mid y')$ auf f' gilt:

$$P\left(x \,\middle|\, \frac{2}{3}x + 4\right) \xmapsto{\text{y-Achse}} P'(x' \mid y')$$

Abbildung eines allgemeinen Punktes P ∈ f

$$\begin{pmatrix} x' \\ y' \end{pmatrix} = \begin{pmatrix} -1 & 0 \\ 0 & 1 \end{pmatrix} \odot \begin{pmatrix} x \\ \frac{2}{3}x + 4 \end{pmatrix}$$

$$\Leftrightarrow \begin{pmatrix} x' \\ y' \end{pmatrix} = \begin{pmatrix} -1 \cdot x + 0 \cdot \left(\frac{2}{3}x + 4\right) \\ 0 \cdot x + 1 \cdot \left(\frac{2}{3}x + 4\right) \end{pmatrix}$$

$$\Leftrightarrow \begin{pmatrix} x' \\ y' \end{pmatrix} = \begin{pmatrix} -x \\ \frac{2}{3}x + 4 \end{pmatrix}$$

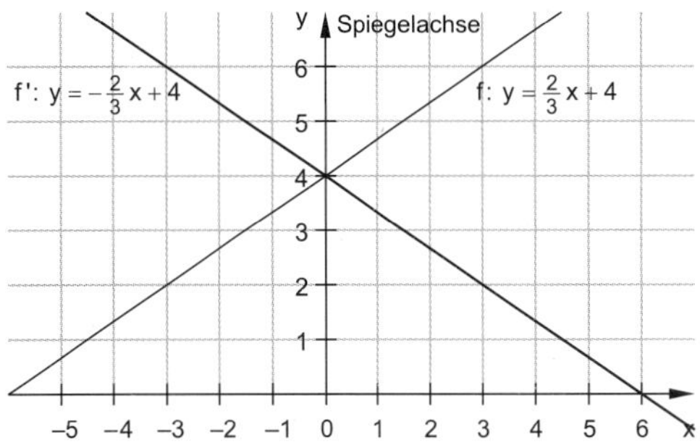

$$\Leftrightarrow \left| \begin{array}{l} x' = -x \\ \wedge\ y' = \frac{2}{3}x + 4 \end{array} \right.$$

Löse Gleichung I nach x auf und setze –x' für x in Gleichung II ein.

$$\Leftrightarrow \left| \begin{array}{l} x = -x' \\ \wedge\ y' = \frac{2}{3} \cdot (-x') + 4 \end{array} \right.$$

also: $f'\colon y = -\frac{2}{3}x + 4$

b) $f\colon y = \frac{2}{x} \xmapsto{\text{x-Achse}} f'$

$$P\left(x \,\middle|\, \frac{2}{x}\right) \xmapsto{\text{x-Achse}} P'(x' \mid y')$$

Abbildung eines allgemeinen Punktes P ∈ f

$$\begin{pmatrix} x' \\ y' \end{pmatrix} = \begin{pmatrix} 1 & 0 \\ 0 & -1 \end{pmatrix} \odot \begin{pmatrix} x \\ \frac{2}{x} \end{pmatrix}$$

$$\Leftrightarrow \begin{pmatrix} x' \\ y' \end{pmatrix} = \begin{pmatrix} 1 \cdot x + 0 \cdot \frac{2}{x} \\ 0 \cdot x - 1 \cdot \frac{2}{x} \end{pmatrix}$$

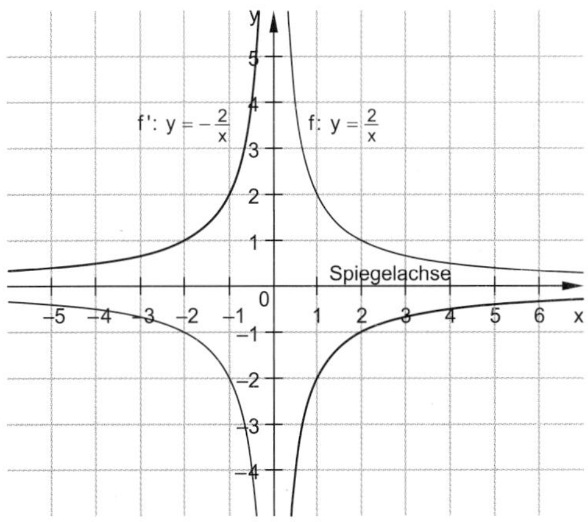

$$\Leftrightarrow \begin{pmatrix} x' \\ y' \end{pmatrix} = \begin{pmatrix} x \\ -\frac{2}{x} \end{pmatrix}$$

$$\Leftrightarrow \left| \begin{array}{l} x' = x \\ \wedge\ y' = -\frac{2}{x} \end{array} \right.$$

also: $f'\colon y = -\frac{2}{x}$

Umbenennen von x' und y' in x und y

c) $f\colon y = 2^{x+1} \xmapsto{w_{I/III}} f'$

$$P(x \mid 2^{x+1}) \xmapsto{w_{I/III}} P'(x' \mid y')$$

Abbildung eines allgemeinen Punktes P ∈ f

$$\begin{pmatrix} x' \\ y' \end{pmatrix} = \begin{pmatrix} 0 & 1 \\ 1 & 0 \end{pmatrix} \odot \begin{pmatrix} x \\ 2^{x+1} \end{pmatrix}$$

$$\Leftrightarrow \begin{pmatrix} x' \\ y' \end{pmatrix} = \begin{pmatrix} 0 \cdot x + 1 \cdot 2^{x+1} \\ 1 \cdot x + 0 \cdot 2^{x+1} \end{pmatrix}$$

✎ Hinweise und Tipps

$$\Leftrightarrow \begin{pmatrix} x' \\ y' \end{pmatrix} = \begin{pmatrix} 2^{x+1} \\ x \end{pmatrix}$$

$$\Leftrightarrow \left| \begin{array}{l} x' = 2^{x+1} \\ \wedge \; y' = x \end{array} \right.$$

$$\Leftrightarrow \left| \begin{array}{l} \log_2 x' = x + 1 \quad |-1 \\ \wedge \quad y' = x \end{array} \right.$$

$$\Leftrightarrow \left| \begin{array}{l} x = \log_2 x' - 1 \\ \wedge \; y' = \log_2 x' - 1 \end{array} \right.$$

also: f': $y = \log_2 x - 1$

Eliminiere die Variable x (Parameter) aus Gleichung II.

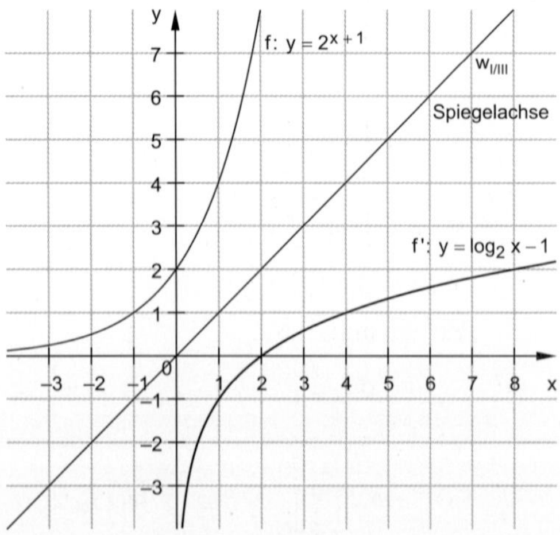

309 a) Berechnung der Koordinaten von P'(x'|y'):

$$P(6|-4) \xmapsto{O(0|0);\ \alpha = 270^\circ} P'(x'|y')$$

$$\begin{pmatrix} x' \\ y' \end{pmatrix} = \begin{pmatrix} \cos 270^\circ & -\sin 270^\circ \\ \sin 270^\circ & \cos 270^\circ \end{pmatrix} \odot \begin{pmatrix} 6 \\ -4 \end{pmatrix}$$

Einsetzen der Koordinaten des Urpunktes

$$\Leftrightarrow \begin{pmatrix} x' \\ y' \end{pmatrix} = \begin{pmatrix} 0 & 1 \\ -1 & 0 \end{pmatrix} \odot \begin{pmatrix} 6 \\ -4 \end{pmatrix}$$

$$\Leftrightarrow \begin{pmatrix} x' \\ y' \end{pmatrix} = \begin{pmatrix} 0 \cdot 6 + 1 \cdot (-4) \\ -1 \cdot 6 + 0 \cdot (-4) \end{pmatrix}$$

$$\Leftrightarrow \begin{pmatrix} x' \\ y' \end{pmatrix} = \begin{pmatrix} -4 \\ -6 \end{pmatrix}$$

also: P'(−4|−6)

Zeichnung:

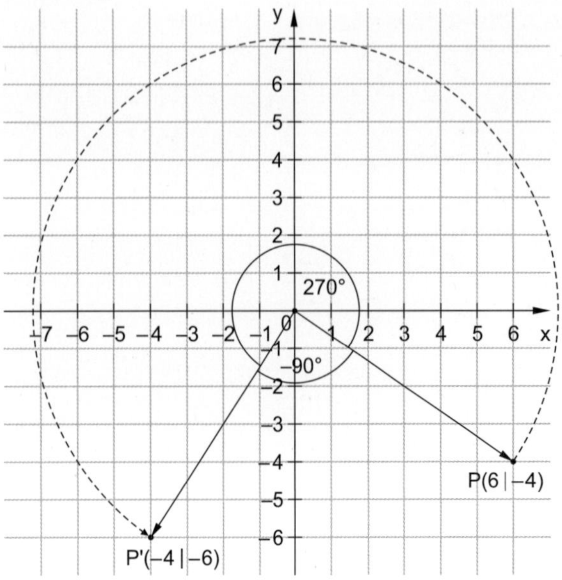

Hinweise und Tipps

b) Berechnung der Koordinaten von P'(x' | y'):

$$\begin{pmatrix} x' \\ y' \end{pmatrix} = \begin{pmatrix} \cos(-60°) & -\sin(-60°) \\ \sin(-60°) & \cos(-60°) \end{pmatrix} \odot \begin{pmatrix} -1 \\ 5 \end{pmatrix}$$

Einsetzen der Koordinaten des Urpunktes für x und y

$$\Leftrightarrow \begin{pmatrix} x' \\ y' \end{pmatrix} = \begin{pmatrix} \frac{1}{2} & \frac{1}{2}\sqrt{3} \\ -\frac{1}{2}\sqrt{3} & \frac{1}{2} \end{pmatrix} \odot \begin{pmatrix} -1 \\ 5 \end{pmatrix}$$

$$\Leftrightarrow \begin{pmatrix} x' \\ y' \end{pmatrix} = \begin{pmatrix} \frac{1}{2}\cdot(-1)+\frac{1}{2}\sqrt{3}\cdot 5 \\ -\frac{1}{2}\sqrt{3}\cdot(-1)+\frac{1}{2}\cdot 5 \end{pmatrix}$$

$$\Leftrightarrow \begin{pmatrix} x' \\ y' \end{pmatrix} = \begin{pmatrix} 3,83 \\ 3,37 \end{pmatrix}$$

also: P'(3,83 | 3,37)

Zeichnung:

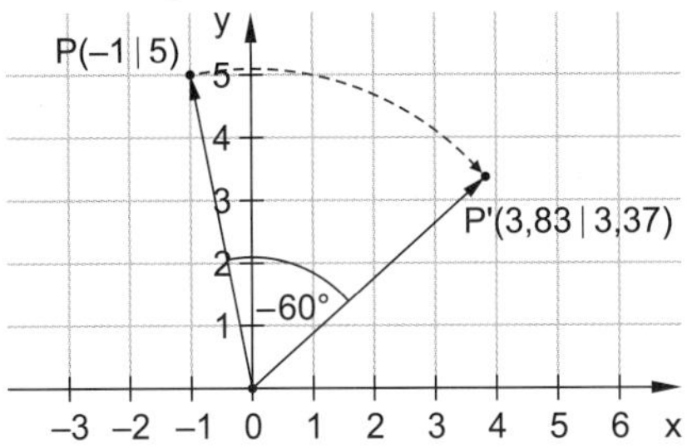

310 a) Berechnung der Koordinaten von P(x | y):

$$\begin{pmatrix} x' \\ y' \end{pmatrix} = \begin{pmatrix} \cos 110° & -\sin 110° \\ \sin 110° & \cos 110° \end{pmatrix} \odot \begin{pmatrix} x \\ y \end{pmatrix}$$

$$\Leftrightarrow \begin{pmatrix} x \\ y \end{pmatrix} = \begin{pmatrix} \cos(-110°) & -\sin(-110°) \\ \sin(-110°) & \cos(-110°) \end{pmatrix} \odot \begin{pmatrix} x' \\ y' \end{pmatrix}$$

$$\Leftrightarrow \begin{pmatrix} x \\ y \end{pmatrix} = \begin{pmatrix} -0,34 & +0,94 \\ -0,94 & -0,34 \end{pmatrix} \odot \begin{pmatrix} -7 \\ 2 \end{pmatrix}$$

$$\Leftrightarrow \begin{pmatrix} x \\ y \end{pmatrix} = \begin{pmatrix} -0,34\cdot(-7)+0,94\cdot 2 \\ -0,94\cdot(-7)-0,34\cdot 2 \end{pmatrix}$$

$$\Leftrightarrow \begin{pmatrix} x \\ y \end{pmatrix} = \begin{pmatrix} 4,26 \\ 5,9 \end{pmatrix}$$

also: P(4,26 | 5,9)

Sind bei einer Drehung um O(0 | 0) die Koordinaten des Bildpunktes P' sowie das Maß des Drehwinkels α bekannt, so erhält man die Koordinaten des zugehörigen Urpunktes P durch Drehung von P' um O(0 | 0) mit dem Drehwinkelmaß $(-\alpha)$ oder $(360° - \alpha)$.
Alternativ erhält man die Lösung auch durch Einsetzen der Koordinaten von P' in die Abbildungsgleichung für das Drehwinkelmaß α. Allerdings erfordert dieser Weg einen größeren Rechenaufwand.

b) Berechnung der Koordinaten von P(x | y):

$$\begin{pmatrix} x' \\ y' \end{pmatrix} = \begin{pmatrix} \cos(-60°) & -\sin(-60°) \\ \sin(-60°) & \cos(-60°) \end{pmatrix} \odot \begin{pmatrix} x \\ y \end{pmatrix}$$

$$\Leftrightarrow \begin{pmatrix} x \\ y \end{pmatrix} = \begin{pmatrix} \cos 60° & -\sin 60° \\ \sin 60° & \cos 60° \end{pmatrix} \odot \begin{pmatrix} x' \\ y' \end{pmatrix}$$

$$\Leftrightarrow \begin{pmatrix} x \\ y \end{pmatrix} = \begin{pmatrix} \frac{1}{2} & -\frac{1}{2}\sqrt{3} \\ \frac{1}{2}\sqrt{3} & \frac{1}{2} \end{pmatrix} \odot \begin{pmatrix} 5 \\ -5 \end{pmatrix}$$

$$\Leftrightarrow \begin{pmatrix} x \\ y \end{pmatrix} = \begin{pmatrix} \frac{1}{2}\cdot 5-\frac{1}{2}\sqrt{3}\cdot(-5) \\ \frac{1}{2}\sqrt{3}\cdot 5+\frac{1}{2}\cdot(-5) \end{pmatrix}$$

$$\Leftrightarrow \begin{pmatrix} x \\ y \end{pmatrix} = \begin{pmatrix} 6,83 \\ 1,83 \end{pmatrix}$$

also: P(6,83 | 1,83)

Hinweise und Tipps

311 Berechnung der Koordinaten von A'(x' | y'):

$$\begin{pmatrix} x' \\ y' \end{pmatrix} = \begin{pmatrix} \cos 150° & -\sin 150° \\ \sin 150° & \cos 150° \end{pmatrix} \odot \begin{pmatrix} 2 \\ -3 \end{pmatrix}$$

Einsetzen der Koordinaten von A in die Abbildungsgleichung

$$\Leftrightarrow \begin{pmatrix} x' \\ y' \end{pmatrix} = \begin{pmatrix} \cos 150° \cdot 2 - \sin 150° \cdot (-3) \\ \sin 150° \cdot 2 + \cos 150° \cdot (-3) \end{pmatrix}$$

$$\Leftrightarrow \begin{pmatrix} x' \\ y' \end{pmatrix} = \begin{pmatrix} -0{,}23 \\ 3{,}60 \end{pmatrix}$$

also: A'(–0,23 | 3,60)

Berechnung der Koordinaten von B'(x' | y'):

$$\begin{pmatrix} x' \\ y' \end{pmatrix} = \begin{pmatrix} \cos 150° & -\sin 150° \\ \sin 150° & \cos 150° \end{pmatrix} \odot \begin{pmatrix} 6 \\ 3 \end{pmatrix}$$

Einsetzen der Koordinaten von B in die Abbildungsgleichung

$$\Leftrightarrow \begin{pmatrix} x' \\ y' \end{pmatrix} = \begin{pmatrix} \cos 150° \cdot 6 - \sin 150° \cdot 3 \\ \sin 150° \cdot 6 + \cos 150° \cdot 3 \end{pmatrix}$$

$$\Leftrightarrow \begin{pmatrix} x' \\ y' \end{pmatrix} = \begin{pmatrix} -6{,}70 \\ 0{,}40 \end{pmatrix}$$

also: B'(–6,70 | 0,40)

Berechnung der Koordinaten von C'(x' | y'):

$$\begin{pmatrix} x' \\ y' \end{pmatrix} = \begin{pmatrix} \cos 150° & -\sin 150° \\ \sin 150° & \cos 150° \end{pmatrix} \odot \begin{pmatrix} -1 \\ 5 \end{pmatrix}$$

Einsetzen der Koordinaten von C in die Abbildungsgleichung

$$\Leftrightarrow \begin{pmatrix} x' \\ y' \end{pmatrix} = \begin{pmatrix} \cos 150° \cdot (-1) - \sin 150° \cdot 5 \\ \sin 150° \cdot (-1) + \cos 150° \cdot 5 \end{pmatrix}$$

$$\Leftrightarrow \begin{pmatrix} x' \\ y' \end{pmatrix} = \begin{pmatrix} -1{,}63 \\ -4{,}83 \end{pmatrix}$$

also: C'(–1,63 | –4,83)

Zeichnung:

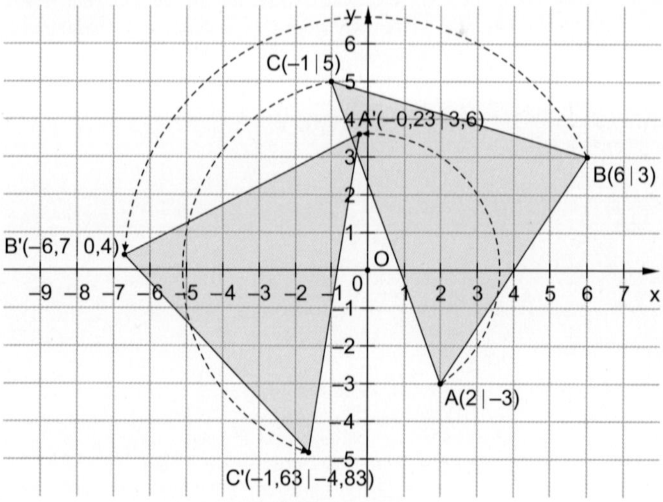

312 Berechnung der Gleichung der Bildgeraden:

$$g\colon y = 2{,}5x + 5 \xrightarrow{O(0|0);\ \alpha = 323{,}13°} g'$$

$$P(x \mid 2{,}5x + 5) \xrightarrow{O(0|0);\ \alpha = 323{,}13°} P'(x' \mid y')$$

Für jeden Punkt P(x | y) der Geraden g mit y = 2,5x + 5 gilt: P(x | 2,5x + 5)

$$\begin{pmatrix} x' \\ y' \end{pmatrix} = \begin{pmatrix} \cos 323{,}13° & -\sin 323{,}13° \\ \sin 323{,}13° & \cos 323{,}13° \end{pmatrix} \odot \begin{pmatrix} x \\ 2{,}5x + 5 \end{pmatrix}$$

Einsetzen der Koordinaten von P(x | 2,5x + 5) in die Abbildungsgleichung

$$\Leftrightarrow \begin{pmatrix} x' \\ y' \end{pmatrix} = \begin{pmatrix} 0{,}80 & 0{,}60 \\ -0{,}60 & 0{,}80 \end{pmatrix} \odot \begin{pmatrix} x \\ 2{,}5x + 5 \end{pmatrix}$$

Hinweise und Tipps

$$\Leftrightarrow \begin{pmatrix} x' \\ y' \end{pmatrix} = \begin{pmatrix} 0,80 \cdot x + 0,60 \cdot (2,5x+5) \\ -0,60 \cdot x + 0,80 \cdot (2,5x+5) \end{pmatrix}$$

$$\Leftrightarrow \begin{pmatrix} x' \\ y' \end{pmatrix} = \begin{pmatrix} 0,80x + 1,50x + 3,00 \\ -0,60x + 2,00x + 4,00 \end{pmatrix}$$

$$\Leftrightarrow \begin{pmatrix} x' \\ y' \end{pmatrix} = \begin{pmatrix} 2,30x + 3,00 \\ 1,40x + 4,00 \end{pmatrix}$$

Übergang zur Koordinatenform

$$\Leftrightarrow \left| \begin{array}{l} x' = 2,30x + 3,00 \quad |-3,00 \\ \wedge\ y' = 1,40x + 4,00 \end{array} \right.$$

$$\Leftrightarrow \left| \begin{array}{l} 2,30x = x' - 3,00 \quad |:2,30 \\ \wedge\ y' = 1,40x + 4,00 \end{array} \right.$$

Löse Gleichung I nach x auf.

$$\Leftrightarrow \left| \begin{array}{l} x = 0,43x' - 1,30 \\ \wedge\ y' = 1,40 \cdot (0,43x' - 1,30) + 4,00 \end{array} \right.$$

Einsetzen von $0,43x' - 1,30$ für x in Gleichung II

$$\Leftrightarrow \left| \begin{array}{l} x = 0,43x' - 1,30 \\ \wedge\ y' = 0,60x' - 1,82 + 4,00 \end{array} \right.$$

$$\Leftrightarrow \left| \begin{array}{l} x = 0,43x' - 1,30 \\ \wedge\ y' = 0,60x' + 2,18 \end{array} \right.$$

Umbenennen von x' und y' in x und y

also: g': $y = 0,60x + 2,18$

Gleichung der Bildgeraden

Zeichnung:

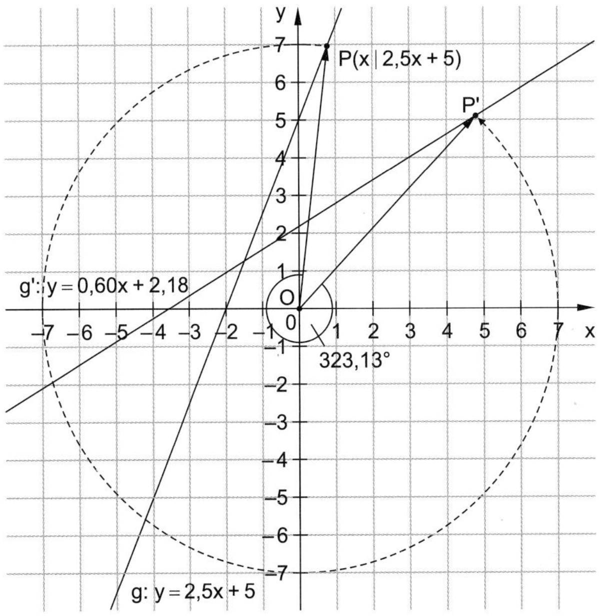

313 Berechnung der Koordinaten von P'(x' | y'):

$$\begin{pmatrix} x' \\ y' \end{pmatrix} = \begin{pmatrix} \cos 80° & -\sin 80° \\ \sin 80° & \cos 80° \end{pmatrix} \odot \begin{pmatrix} -2 \\ -5 \end{pmatrix}$$

Einsetzen der Koordinaten von P in die Abbildungsgleichung

$$\Leftrightarrow \begin{pmatrix} x' \\ y' \end{pmatrix} = \begin{pmatrix} \cos 80° \cdot (-2) - \sin 80° \cdot (-5) \\ \sin 80° \cdot (-2) + \cos 80° \cdot (-5) \end{pmatrix}$$

$$\Leftrightarrow \begin{pmatrix} x' \\ y' \end{pmatrix} = \begin{pmatrix} 4,58 \\ -2,84 \end{pmatrix}$$

also: P'(4,58 | −2,84)

Hinweise und Tipps

Berechnung der Koordinaten von Q'(x' | y'):

$$\begin{pmatrix} x' \\ y' \end{pmatrix} = \begin{pmatrix} \cos 80° & -\sin 80° \\ \sin 80° & \cos 80° \end{pmatrix} \odot \begin{pmatrix} 4 \\ 1 \end{pmatrix}$$

Einsetzen der Koordinaten von Q in die Abbildungsgleichung

$$\Leftrightarrow \begin{pmatrix} x' \\ y' \end{pmatrix} = \begin{pmatrix} \cos 80° \cdot 4 - \sin 80° \cdot 1 \\ \sin 80° \cdot 4 + \cos 80° \cdot 1 \end{pmatrix}$$

$$\Leftrightarrow \begin{pmatrix} x' \\ y' \end{pmatrix} = \begin{pmatrix} -0{,}29 \\ 4{,}11 \end{pmatrix}$$

also: Q'(–0,29 | 4,11)

Berechnung der Länge der Urstrecke:

$$\overrightarrow{PQ} = \begin{pmatrix} 4-(-2) \\ 1-(-5) \end{pmatrix} = \begin{pmatrix} 6 \\ 6 \end{pmatrix}$$

$$|\overrightarrow{PQ}| = \sqrt{6^2 + 6^2} \text{ LE} = 8{,}49 \text{ LE}$$

Berechnung der Länge der Bildstrecke:

$$\overrightarrow{P'Q'} = \begin{pmatrix} -0{,}29 - 4{,}58 \\ 4{,}11 - (-2{,}84) \end{pmatrix} = \begin{pmatrix} -4{,}87 \\ 6{,}95 \end{pmatrix}$$

$$|\overrightarrow{P'Q'}| = \sqrt{(-4{,}87)^2 + 6{,}95^2} \text{ LE} = 8{,}49 \text{ LE}$$

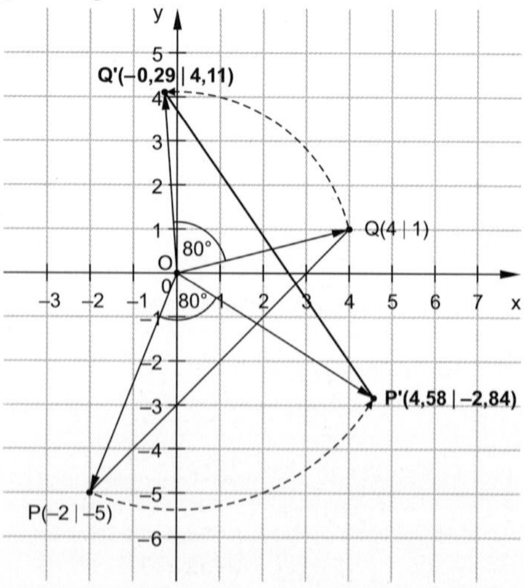

314 Berechnung des Drehwinkelmaßes:

$$P(10 \mid 0) \xmapsto{O(0|0);\ \alpha} P'(-8 \mid 6)$$

$$\begin{pmatrix} -8 \\ 6 \end{pmatrix} = \begin{pmatrix} \cos\alpha & -\sin\alpha \\ \sin\alpha & \cos\alpha \end{pmatrix} \odot \begin{pmatrix} 10 \\ 0 \end{pmatrix}$$

Einsetzen von Ur- und Bildpunktkoordinaten in die Abbildungsgleichung

$$\Leftrightarrow \begin{pmatrix} -8 \\ 6 \end{pmatrix} = \begin{pmatrix} \cos\alpha \cdot 10 - \sin\alpha \cdot 0 \\ \sin\alpha \cdot 10 + \cos\alpha \cdot 0 \end{pmatrix}$$

$$\Leftrightarrow \begin{pmatrix} -8 \\ 6 \end{pmatrix} = \begin{pmatrix} 10\cos\alpha \\ 10\sin\alpha \end{pmatrix}$$

Übergang zur Koordinatenform

$$\Leftrightarrow \left| \begin{array}{ll} -8 = 10\cos\alpha & |:10 \\ \wedge\ \ 6 = 10\sin\alpha & |:10 \end{array} \right.$$

$$\Leftrightarrow \left| \begin{array}{l} \cos\alpha = -0{,}8 \\ \wedge\ \sin\alpha = 0{,}6 \end{array} \right.$$

1. Bedingung: $\cos\alpha = -0{,}8$ und 2. Bedingung: $\sin\alpha = 0{,}6$

$\Leftrightarrow \alpha_1 = 143{,}13° \vee \alpha_2 = 360° - \alpha_1 \quad \wedge \quad \alpha_3 = 36{,}87° \vee \alpha_4 = 180° - \alpha_3$

$\Leftrightarrow \alpha_1 = 143{,}13° \vee \alpha_2 = 360° - 143{,}13° \quad \wedge \quad \alpha_3 = 36{,}87° \vee \alpha_4 = 180° - 36{,}87°$

$\Leftrightarrow \alpha_1 = 143{,}13° \vee \alpha_2 = 216{,}87° \quad \wedge \quad \alpha_3 = 36{,}87° \vee \alpha_4 = 143{,}13°$

$L = \{143{,}13°\}$

Das gemeinsame Winkelmaß $\alpha = 143{,}13°$ erfüllt beide Bedingungen.

315 Berechnung der Gleichung der Bildgeraden:

Drehung um $\alpha_1 = 90°$:

$$g \xmapsto{O(0|0);\ \alpha_1 = 90°} g_1'$$

$$P(x \mid -3x+4) \xmapsto{O(0|0);\ \alpha_1 = 90°} P_1'(x' \mid y')$$

Allgemeine Koordinaten von Punkten $P \in g$: $P(x \mid -3x+4)$

$$\begin{pmatrix} x' \\ y' \end{pmatrix} = \begin{pmatrix} 0 & -1 \\ 1 & 0 \end{pmatrix} \odot \begin{pmatrix} x \\ -3x+4 \end{pmatrix}$$

Einsetzen der Koordinaten von $P(x \mid -3x+4)$ in die Abbildungsgleichung

$$\Leftrightarrow \begin{pmatrix} x' \\ y' \end{pmatrix} = \begin{pmatrix} 0 \cdot x - 1 \cdot (-3x+4) \\ 1 \cdot x - 0 \cdot (-3x+4) \end{pmatrix}$$

$$\Leftrightarrow \begin{pmatrix} x' \\ y' \end{pmatrix} = \begin{pmatrix} 3x-4 \\ x \end{pmatrix}$$

Übergang zur Koordinatenform

✎ Hinweise und Tipps

$\Leftrightarrow \left| \begin{array}{l} x' = 3x - 4 \quad |+4 \\ \wedge\ y' = x \end{array} \right.$

$\Leftrightarrow \left| \begin{array}{l} 3x = x' + 4 \quad |:3 \\ \wedge\ y' = x \end{array} \right.$

$\Leftrightarrow \left| \begin{array}{l} x = \frac{1}{3}x' + \frac{4}{3} \\ \wedge\ y' = \frac{1}{3}x' + \frac{4}{3} \end{array} \right.$

Einsetzen von $\frac{1}{3}x' + \frac{4}{3}$ für x in Gleichung II.

Gleichung der Bildgeraden: g_1': $y = \frac{1}{3}x + 1\frac{1}{3}$

Umbenennen von x' und y' in x und y

Drehung um $\alpha_2 = 180°$:

$g \xmapsto{O(0|0);\ \alpha_2 = 180°} g_2'$

$P(x\,|-3x+4) \xmapsto{O(0|0);\ \alpha_2 = 180°} P_2'(x'\,|\,y')$

Allgemeine Koordinaten von Punkten $P \in g$: $P(x\,|-3x+4)$

$\begin{pmatrix} x' \\ y' \end{pmatrix} = \begin{pmatrix} -1 & 0 \\ 0 & -1 \end{pmatrix} \odot \begin{pmatrix} x \\ -3x+4 \end{pmatrix}$

Einsetzen der Koordinaten von $P(x\,|-3x+4)$ in die Abbildungsgleichung

$\Leftrightarrow \begin{pmatrix} x' \\ y' \end{pmatrix} = \begin{pmatrix} -1 \cdot x + 0 \cdot (-3x+4) \\ 0 \cdot x - 1 \cdot (-3x+4) \end{pmatrix}$

$\Leftrightarrow \begin{pmatrix} x' \\ y' \end{pmatrix} = \begin{pmatrix} -x \\ 3x-4 \end{pmatrix}$

Übergang zur Koordinatenform

$\Leftrightarrow \left| \begin{array}{l} x' = -x \quad |\cdot(-1) \\ \wedge\ y' = 3x - 4 \end{array} \right.$

$\Leftrightarrow \left| \begin{array}{l} x = -x' \\ \wedge\ y' = 3 \cdot (-x') - 4 \end{array} \right.$

Einsetzen von –x' für x in Gleichung II.

$\Leftrightarrow \left| \begin{array}{l} x = -x' \\ \wedge\ y' = -3x' - 4 \end{array} \right.$

Gleichung der Bildgeraden: g_2': $y = -3x - 4$

316 a) Zeichnung:

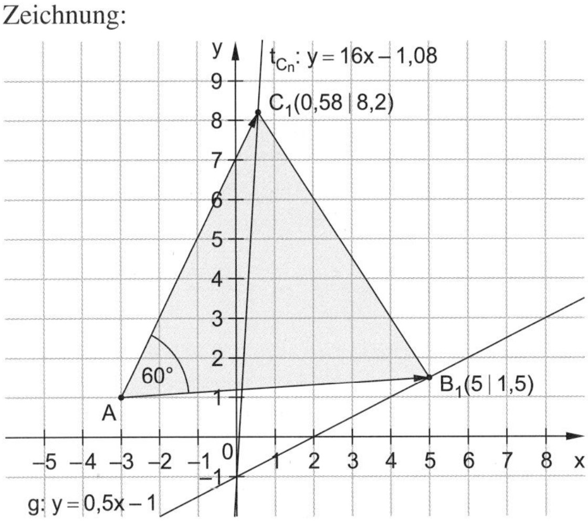

b) Berechnung der Koordinaten von $C_n(x'\,|\,y')$:
Drehung des Pfeils $\overrightarrow{AB_n}$ um A mit $\alpha = 60°$:

$\overrightarrow{AB_n} \xmapsto{A(-3|1);\ \alpha = 60°} \overrightarrow{AC_n}$

Das Maß α des Winkels $\sphericalangle B_nAC_n$ beträgt 60°, da dies das Maß jedes Innenwinkels im gleichseitigen Dreieck ist.

Hinweise und Tipps

$$\begin{pmatrix} x'-(-3) \\ y'-1 \end{pmatrix} = \begin{pmatrix} \cos 60° & -\sin 60° \\ \sin 60° & \cos 60° \end{pmatrix} \odot \begin{pmatrix} x-(-3) \\ 0{,}5x-1-1 \end{pmatrix}$$

$B_n(x\,|\,0{,}5x-1) \in g$

$$\Leftrightarrow \quad \begin{pmatrix} x'+3 \\ y'-1 \end{pmatrix} = \begin{pmatrix} \frac{1}{2} & -\frac{1}{2}\sqrt{3} \\ \frac{1}{2}\sqrt{3} & \frac{1}{2} \end{pmatrix} \odot \begin{pmatrix} x+3 \\ \frac{1}{2}x-2 \end{pmatrix}$$

Zeile · Spalte = Koordinate

$$\Leftrightarrow \quad \begin{pmatrix} x'+3 \\ y'-1 \end{pmatrix} = \begin{pmatrix} \frac{1}{2}(x+3)-\frac{1}{2}\sqrt{3}\left(\frac{1}{2}x-2\right) \\ \frac{1}{2}\sqrt{3}(x+3)+\frac{1}{2}\left(\frac{1}{2}x-2\right) \end{pmatrix}$$

Beachte das Minuszeichen vor der Klammer.

$$\Leftrightarrow \quad \begin{pmatrix} x'+3 \\ y'-1 \end{pmatrix} = \begin{pmatrix} \frac{1}{2}x+\frac{3}{2}-\frac{1}{4}\sqrt{3}x+\sqrt{3} \\ \frac{1}{2}\sqrt{3}x+\frac{3}{2}\sqrt{3}+\frac{1}{4}x-1 \end{pmatrix}$$

$$\Leftrightarrow \quad \begin{pmatrix} x'+3 \\ y'-1 \end{pmatrix} = \begin{pmatrix} 0{,}07x+3{,}23 \\ 1{,}12x+1{,}60 \end{pmatrix}$$

$$\Leftrightarrow \quad \begin{vmatrix} x'+3 = 0{,}07x+3{,}23 & |-3 \\ \wedge\ y'-1 = 1{,}12x+1{,}60 & |+1 \end{vmatrix}$$

Löse die Gleichungen nach x' bzw. y' auf.

$$\Leftrightarrow \quad \begin{vmatrix} x' = 0{,}07x+0{,}23 \\ \wedge\ y' = 1{,}12x+2{,}6 \end{vmatrix}$$

also: $C_n(0{,}07x+0{,}23\,|\,1{,}12x+2{,}6)$

Berechnung der Gleichung des Trägergraphen t_{C_n} der Punkte C_n:

$$\begin{vmatrix} x' = 0{,}07x+0{,}23 & |-0{,}23 \\ \wedge\ y' = 1{,}12x+2{,}60 & \end{vmatrix}$$

Löse Gleichung I nach x auf.

$$\Leftrightarrow \quad \begin{vmatrix} 0{,}07x = x'-0{,}23 & |:0{,}07 \\ \wedge\ y' = 1{,}12x+2{,}60 & \end{vmatrix}$$

$$\Leftrightarrow \quad \begin{vmatrix} x = 14{,}29x'-3{,}29 \\ \wedge\ y' = 1{,}12\cdot(14{,}29x'-3{,}29)+2{,}60 \end{vmatrix}$$

Einsetzen von 14,29x' – 3,29 für x in Gleichung II.

$$\Leftrightarrow \quad \begin{vmatrix} x = 14{,}29x'-3{,}29 \\ \wedge\ y' = 16{,}00x'-3{,}68+2{,}60 \end{vmatrix}$$

$$\Leftrightarrow \quad \begin{vmatrix} x = 14{,}29x'-3{,}29 \\ \wedge\ y' = 16x'-1{,}08 \end{vmatrix}$$

also: $t_{C_n}: y = 16x-1{,}08$

Umbenennen von x' und y' in x und y

317 a) Zeichnung:

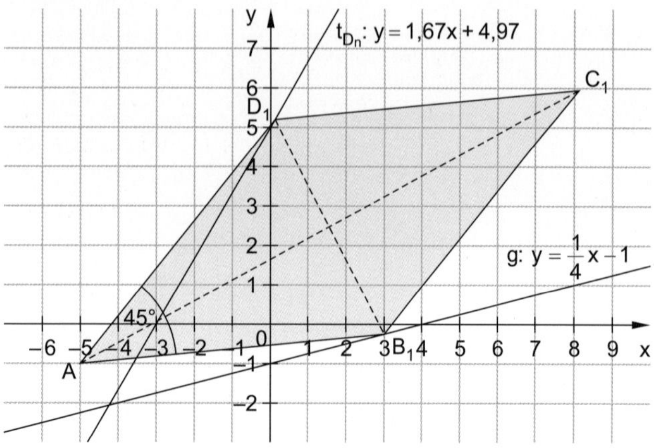

Hinweise und Tipps

b) Berechnung der Koordinaten von $D_n(x'|y')$:
Drehung des Pfeils $\overrightarrow{AB_n}$ um A mit $\alpha = 45°$:

$$\overrightarrow{AB_n} \xmapsto{A(-5|-1);\ \alpha=45°} \overrightarrow{AD_n}$$

$$\begin{pmatrix} x'-(-5) \\ y'-(-1) \end{pmatrix} = \begin{pmatrix} \cos 45° & -\sin 45° \\ \sin 45° & \cos 45° \end{pmatrix} \odot \begin{pmatrix} x-(-5) \\ \frac{1}{4}x-1-(-1) \end{pmatrix}$$

$B_n\left(x \middle| \frac{1}{4}x-1\right) \in g$

$$\Leftrightarrow \begin{pmatrix} x'+5 \\ y'+1 \end{pmatrix} = \begin{pmatrix} \frac{1}{2}\sqrt{2} & -\frac{1}{2}\sqrt{2} \\ \frac{1}{2}\sqrt{2} & \frac{1}{2}\sqrt{2} \end{pmatrix} \odot \begin{pmatrix} x+5 \\ \frac{1}{4}x \end{pmatrix}$$

Zeile · Spalte = Koordinate

$$\Leftrightarrow \begin{pmatrix} x'+5 \\ y'+1 \end{pmatrix} = \begin{pmatrix} \frac{1}{2}\sqrt{2}(x+5)-\frac{1}{2}\sqrt{2}\cdot\frac{1}{4}x \\ \frac{1}{2}\sqrt{2}(x+5)+\frac{1}{2}\sqrt{2}\cdot\frac{1}{4}x \end{pmatrix}$$

Löse die Klammern auf und fasse zusammen.

$$\Leftrightarrow \begin{pmatrix} x'+5 \\ y'+1 \end{pmatrix} = \begin{pmatrix} \frac{1}{2}\sqrt{2}x+\frac{5}{2}\sqrt{2}-\frac{1}{8}\sqrt{2}x \\ \frac{1}{2}\sqrt{2}x+\frac{5}{2}\sqrt{2}+\frac{1}{8}\sqrt{2}x \end{pmatrix}$$

$$\Leftrightarrow \begin{pmatrix} x'+5 \\ y'+1 \end{pmatrix} = \begin{pmatrix} \frac{3}{8}\sqrt{2}x+\frac{5}{2}\sqrt{2} \\ \frac{5}{8}\sqrt{2}x+\frac{5}{2}\sqrt{2} \end{pmatrix}$$

$$\Leftrightarrow \left| \begin{array}{ll} x'+5 = \frac{3}{8}\sqrt{2}x+\frac{5}{2}\sqrt{2} & |-5 \\ \wedge\ y'+1 = \frac{5}{8}\sqrt{2}x+\frac{5}{2}\sqrt{2} & |-1 \end{array} \right.$$

Löse die Gleichungen nach x' bzw. y' auf.

$$\Leftrightarrow \left| \begin{array}{l} x' = \frac{3}{8}\sqrt{2}x-1{,}46 \\ \wedge\ y' = \frac{5}{8}\sqrt{2}x+2{,}54 \end{array} \right.$$

also: $D_n\left(\frac{3}{8}\sqrt{2}x-1{,}46 \middle| \frac{5}{8}\sqrt{2}x+2{,}54\right)$

Berechnung der Gleichung des Trägergraphen t_{D_n} der Punkte D_n:

$$\Leftrightarrow \left| \begin{array}{ll} x' = \frac{3}{8}\sqrt{2}x-1{,}46 & |+1{,}46 \\ \wedge\ y' = \frac{5}{8}\sqrt{2}x+2{,}54 & \end{array} \right.$$

Löse Gleichung I nach x auf.

$$\Leftrightarrow \left| \begin{array}{ll} \frac{3}{8}\sqrt{2}x = x'+1{,}46 & \left| \cdot\frac{8}{3\sqrt{2}} \right. \\ \wedge\ y' = \frac{5}{8}\sqrt{2}x+2{,}54 & \end{array} \right.$$

$$\Leftrightarrow \left| \begin{array}{l} x = 1{,}89x'+2{,}75 \\ \wedge\ y' = \frac{5}{8}\sqrt{2}(1{,}89x'+2{,}75)+2{,}54 \end{array} \right.$$

Einsetzen von $1{,}89x'+2{,}75$ für x in Gleichung II.

$$\Leftrightarrow \left| \begin{array}{l} x = 1{,}89x'+2{,}75 \\ \wedge\ y' = 1{,}67x'+2{,}43+2{,}54 \end{array} \right.$$

$$\Leftrightarrow \left| \begin{array}{l} x = 1{,}89x'+2{,}75 \\ \wedge\ y' = 1{,}67x'+4{,}97 \end{array} \right.$$

also: t_{D_n}: $y = 1{,}67x+4{,}97$

Umbenennen von x' und y' in x und y

Hinweise und Tipps

318 a) Zeichnung:

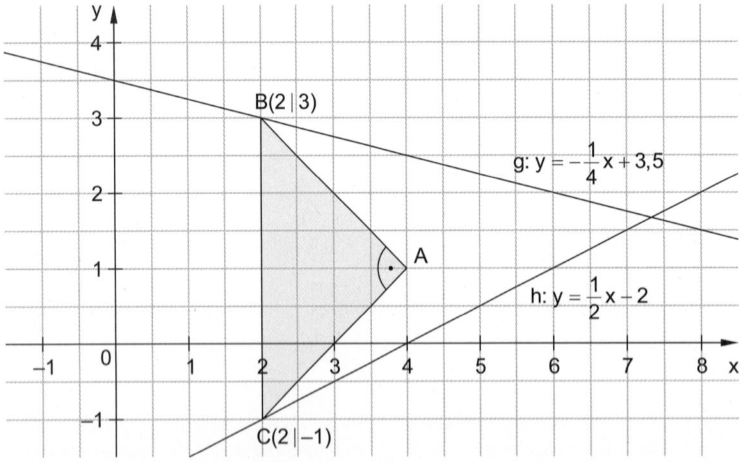

b) $\overrightarrow{AC} \xmapsto{A(4|1);\ \alpha = -90^\circ} \overrightarrow{AB}$

mit $B\left(x_B \,\middle|\, -\frac{1}{4}x_B + 3\frac{1}{2}\right)$ und $C\left(x_C \,\middle|\, \frac{1}{2}x_C - 2\right)$

$$\begin{pmatrix} x_B - 4 \\ -\frac{1}{4}x_B + 3\frac{1}{2} - 1 \end{pmatrix} = \begin{pmatrix} \cos(-90^\circ) & -\sin(-90^\circ) \\ \sin(-90^\circ) & \cos(-90^\circ) \end{pmatrix} \odot \begin{pmatrix} x_C - 4 \\ \frac{1}{2}x_C - 2 - 1 \end{pmatrix}$$

Einsetzen der allgemeinen Koordinaten der Punkte B und C in die Abbildungsgleichung

$$\Leftrightarrow \quad \begin{pmatrix} x_B - 4 \\ -\frac{1}{4}x_B + 2\frac{1}{2} \end{pmatrix} = \begin{pmatrix} 0 & 1 \\ -1 & 0 \end{pmatrix} \odot \begin{pmatrix} x_C - 4 \\ \frac{1}{2}x_C - 3 \end{pmatrix}$$

$$\Leftrightarrow \quad \begin{pmatrix} x_B - 4 \\ -\frac{1}{4}x_B + 2\frac{1}{2} \end{pmatrix} = \begin{pmatrix} 0 \cdot (x_C - 4) + 1 \cdot \left(\frac{1}{2}x_C - 3\right) \\ -1 \cdot (x_C - 4) + 0 \cdot \left(\frac{1}{2}x_C - 3\right) \end{pmatrix}$$

$$\Leftrightarrow \quad \begin{pmatrix} x_B - 4 \\ -\frac{1}{4}x_B + 2\frac{1}{2} \end{pmatrix} = \begin{pmatrix} \frac{1}{2}x_C - 3 \\ -x_C + 4 \end{pmatrix}$$

Von der Vektorform zur Koordinatenform

$$\Leftrightarrow \quad \begin{vmatrix} x_B - 4 = \frac{1}{2}x_C - 3 & \left| +4 \right. \\ \wedge \ -\frac{1}{4}x_B + 2\frac{1}{2} = -x_C + 4 & \left| + x_C + \frac{1}{4}x_B - 2\frac{1}{2} \right. \end{vmatrix}$$

Löse Gleichung I nach x_B auf.

Löse Gleichung II nach x_C auf.

$$\Leftrightarrow \quad \begin{vmatrix} x_B = \frac{1}{2}x_C + 1 \\ \wedge \ x_C = \frac{1}{4}x_B + 1\frac{1}{2} \end{vmatrix}$$

Setze $\frac{1}{2}x_C + 1$ für x_B in Gleichung II ein.

$$\Leftrightarrow \quad \begin{vmatrix} x_B = \frac{1}{2}x_C + 1 \\ \wedge \ x_C = \frac{1}{4} \cdot \left(\frac{1}{2}x_C + 1\right) + 1\frac{1}{2} \end{vmatrix}$$

$$\Leftrightarrow \quad \begin{vmatrix} x_B = \frac{1}{2}x_C + 1 \\ \wedge \ x_C = \frac{1}{8}x_C + \frac{1}{4} + \frac{3}{2} & \left| -\frac{1}{8}x_C \right. \end{vmatrix}$$

Löse Gleichung II nach x_C auf.

$$\Leftrightarrow \quad \begin{vmatrix} x_B = \frac{1}{2}x_C + 1 \\ \wedge \ \frac{7}{8}x_C = \frac{7}{4} & \left| \cdot \frac{8}{7} \right. \end{vmatrix}$$

Hinweise und Tipps

$$\Leftrightarrow \left| \begin{array}{l} x_B = \frac{1}{2}x_C + 1 \\ \wedge\ x_C = 2 \end{array} \right.$$

Setze 2 für x_C in Gleichung I ein.

$$\Leftrightarrow \left| \begin{array}{l} x_B = 2 \\ \wedge\ x_C = 2 \end{array} \right.$$

$L = \{(2|2)\}$

$x_B = 2$: $y_B = -\frac{1}{4}\cdot 2 + 3\frac{1}{2} = 3$ also: B(2|3) — Koordinaten des gesuchten Punktes B

$x_C = 2$: $y_C = \frac{1}{2}\cdot 2 - 2 = -1$ also: C(2|−1) — Koordinaten des gesuchten Punktes C

---

319 a) $f\colon y = \log(x+2)+1 \xmapsto{\vec{v} = \binom{-2}{3}} f'$

Für die Punkte $P(x\,|\log(x+2)+1)$ auf dem Graphen zu f und die Bildpunkte $P'(x'|y')$ auf dem Graphen zu f' gilt:

$$P(x\,|\log(x+2)+1) \xmapsto{\vec{v} = \binom{-2}{3}} P'(x'|y')$$

$$\binom{x'}{y'} = \binom{x}{y} \oplus \binom{v_x}{v_y}$$

Abbildungsgleichung der Parallelverschiebung in Vektorform

$$\Leftrightarrow \binom{x'}{y'} = \binom{x}{\log(x+2)+1} \oplus \binom{-2}{3}$$

Einsetzen der Koordinaten des Urpunktes $P(x\,|\log(x+2)+1)$ in die Abbildungsgleichung

$$\Leftrightarrow \binom{x'}{y'} = \binom{x-2}{\log(x+2)+1+3}$$

$$\Leftrightarrow \left| \begin{array}{l} x' = x - 2 \qquad |+2 \\ \wedge\ y' = \log(x+2)+4 \end{array} \right.$$

Bestimmung der Gleichung von f' mit dem Parameterverfahren

$$\Leftrightarrow \left| \begin{array}{l} x = x' + 2 \\ \wedge\ y' = \log((x'+2)+2)+4 \end{array} \right.$$

Ersetzen des Parameters x in Gleichung II durch den Term $x'+2$

$$\Leftrightarrow \left| \begin{array}{l} x = x' + 2 \\ \wedge\ y' = \log(x'+4)+4 \end{array} \right.$$

Umbenennen von x' und y' in x und y

also: $f'\colon y = \log(x+4)+4$ — Gleichung der Bildfunktion

Zeichnung:

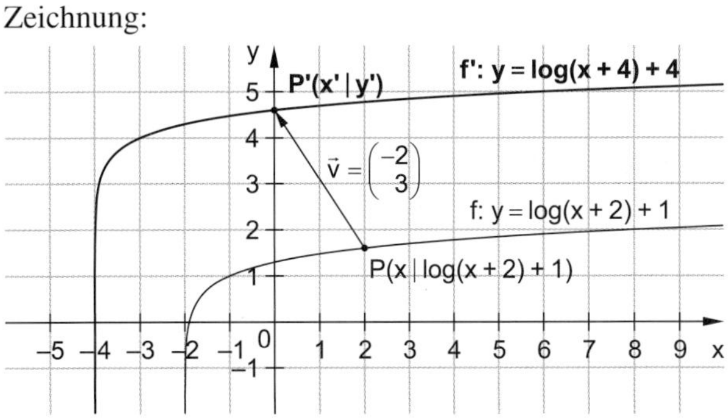

b) $f\colon y = -x^2 + 2x + 1 \xmapsto{\vec{v} = \binom{5}{1}} f'$

$$P(x\,|-x^2+2x+1) \xmapsto{\vec{v} = \binom{5}{1}} P'(x'|y')$$

Hinweise und Tipps

$\begin{pmatrix} x' \\ y' \end{pmatrix} = \begin{pmatrix} x \\ y \end{pmatrix} \oplus \begin{pmatrix} v_x \\ v_y \end{pmatrix}$

Abbildungsgleichung der Parallelverschiebung in Vektorform

$\Leftrightarrow \begin{pmatrix} x' \\ y' \end{pmatrix} = \begin{pmatrix} x \\ -x^2+2x+1 \end{pmatrix} \oplus \begin{pmatrix} 5 \\ 1 \end{pmatrix}$

Einsetzen der Koordinaten des Urpunktes $P(x\,|\,-x^2+2x+1)$ in die Abbildungsgleichung

$\Leftrightarrow \begin{pmatrix} x' \\ y' \end{pmatrix} = \begin{pmatrix} x+5 \\ -x^2+2x+1+1 \end{pmatrix}$

$\Leftrightarrow \left| \begin{array}{l} x' = x+5 \quad |-5 \\ \wedge\; y' = -x^2+2x+2 \end{array} \right.$

Löse Gleichung I nach x auf.

$\Leftrightarrow \left| \begin{array}{l} x = x'-5 \\ \wedge\; y' = -(x'-5)^2+2(x'-5)+2 \end{array} \right.$

Ersetzen des Parameters x durch den Term $x'-5$ in Gleichung II.
Wende die 2. binomische Formel an.

$\Leftrightarrow \left| \begin{array}{l} x = x'-5 \\ \wedge\; y' = -(x'^2-10x'+25)+2x'-10+2 \end{array} \right.$

$\Leftrightarrow \left| \begin{array}{l} x = x'-5 \\ \wedge\; y' = -x'^2+10x'-25+2x'-8 \end{array} \right.$

Fasse zusammen.

$\Leftrightarrow \left| \begin{array}{l} x = x'-5 \\ \wedge\; y' = -x'^2+12x'-33 \end{array} \right.$

Umbenennen von x' und y' in x und y

also: f': $y = -x^2+12x-33$

Gleichung der Bildfunktion f'

Zeichnung:

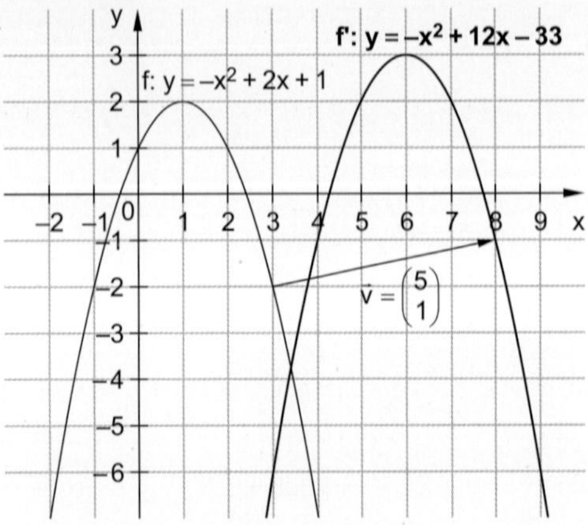

c) f: $y = 2^{x-3}+4 \xmapsto{\vec{v}=\binom{-2}{-2}} f'$

$P(x\,|\,2^{x-3}+4) \xmapsto{\vec{v}=\binom{-2}{-2}} P'(x'\,|\,y')$

$\begin{pmatrix} x' \\ y' \end{pmatrix} = \begin{pmatrix} x \\ y \end{pmatrix} \oplus \begin{pmatrix} v_x \\ v_y \end{pmatrix}$

Abbildungsgleichung der Parallelverschiebung in Vektorform

$\Leftrightarrow \begin{pmatrix} x' \\ y' \end{pmatrix} = \begin{pmatrix} x \\ 2^{x-3}+4 \end{pmatrix} \oplus \begin{pmatrix} -2 \\ -2 \end{pmatrix}$

Einsetzen der Koordinaten des Urpunktes $P(x\,|\,2^{x-3}+4)$ in die Abbildungsgleichung

$\Leftrightarrow \begin{pmatrix} x' \\ y' \end{pmatrix} = \begin{pmatrix} x-2 \\ 2^{x-3}+4-2 \end{pmatrix}$

$\Leftrightarrow \left| \begin{array}{l} x' = x-2 \quad |+2 \\ \wedge\; y' = 2^{x-3}+2 \end{array} \right.$

Löse Gleichung I nach x auf.

$\Leftrightarrow \left| \begin{array}{l} x = x'+2 \\ \wedge\; y' = 2^{(x'+2)-3}+2 \end{array} \right.$

Ersetzen des Parameters x durch den Term $x'+2$ in Gleichung II.

Hinweise und Tipps

$$\Leftrightarrow \left| \begin{array}{l} x = x' + 2 \\ \wedge\ y' = 2^{x'-1} + 2 \end{array} \right.$$

also: f': $y = 2^{x-1} + 2$ — Gleichung der Bildfunktion f'

Zeichnung:

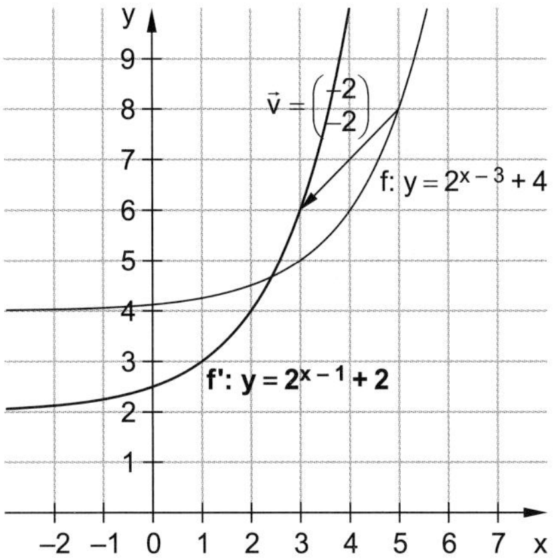

---

320 a) f: $y = -\frac{3}{4}x + 2 \xmapsto{Z(0|0);\ k=-3} f'$

Für jeden Punkt P der Geraden g mit der Gleichung $y = -\frac{3}{4}x + 2$ gilt: $P\left(x \,\middle|\, -\frac{3}{4}x + 2\right)$

$$P\left(x \,\middle|\, -\frac{3}{4}x + 2\right) \xmapsto{Z(0|0);\ k=-3} P'(x'\,|\,y')$$

Das Streckungszentrum Z liegt nicht im Ursprung.

$$\begin{pmatrix} x' \\ y' \end{pmatrix} = k \cdot \begin{pmatrix} x \\ y \end{pmatrix}$$

Abbildungsgleichung der zentrischen Streckung in Vektorform

$$\Leftrightarrow \begin{pmatrix} x' \\ y' \end{pmatrix} = -3 \cdot \begin{pmatrix} x \\ -\frac{3}{4}x + 2 \end{pmatrix}$$

Einsetzen der Koordinaten des Urpunktes $P\left(x \,\middle|\, -\frac{3}{4}x + 2\right)$ in die Abbildungsgleichung

$$\Leftrightarrow \begin{pmatrix} x' \\ y' \end{pmatrix} = \begin{pmatrix} -3 \cdot x \\ -3 \cdot \left(-\frac{3}{4}x + 2\right) \end{pmatrix}$$

Multiplikation mit dem Streckungsfaktor $k = -3$

$$\Leftrightarrow \begin{pmatrix} x' \\ y' \end{pmatrix} = \begin{pmatrix} -3x \\ \frac{9}{4}x - 6 \end{pmatrix}$$

$$\Leftrightarrow \left| \begin{array}{l} x' = -3x \qquad \left| \cdot \left(-\frac{1}{3}\right) \right. \\ \wedge\ y' = \frac{9}{4}x - 6 \end{array} \right.$$

Löse Gleichung I nach x auf.

$$\Leftrightarrow \left| \begin{array}{l} x = -\frac{1}{3}x' \\ \wedge\ y' = \frac{9}{4} \cdot \left(-\frac{1}{3}x'\right) - 6 \end{array} \right.$$

Einsetzen von $-\frac{1}{3}x'$ für x in Gleichung II

$$\Leftrightarrow \left| \begin{array}{l} x = -\frac{1}{3}x' \\ \wedge\ y' = -\frac{3}{4}x' - 6 \end{array} \right.$$

also: f': $y = -\frac{3}{4}x - 6$

✎ Hinweise und Tipps

Zeichnung:

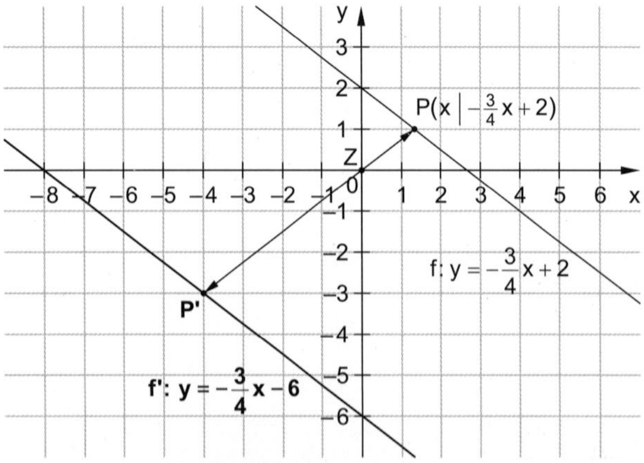

b) $f\colon y=-x^3-1 \xmapsto{Z(-5|3);\ k=2} f'$

$\overrightarrow{ZP} \xmapsto{Z(-5|3);\ k=2} \overrightarrow{ZP'}$

Das Streckungszentrum Z liegt nicht im Ursprung.

$$\begin{pmatrix} x'-x_Z \\ y'-y_Z \end{pmatrix} = k\cdot\begin{pmatrix} x-x_Z \\ y-y_Z \end{pmatrix}$$

Abbildungsgleichung der zentrischen Streckung in Vektorform

$$\Leftrightarrow \begin{pmatrix} x'-(-5) \\ y'-3 \end{pmatrix} = 2\cdot\begin{pmatrix} x-(-5) \\ -x^3-1-3 \end{pmatrix}$$

Einsetzen der Koordinaten des Urpunktes $P(x\,|\,-x^3-1)$ in die Abbildungsgleichung

$$\Leftrightarrow \begin{pmatrix} x'+5 \\ y'-3 \end{pmatrix} = \begin{pmatrix} 2\cdot(x+5) \\ 2\cdot(-x^3-4) \end{pmatrix}$$

Multiplikation mit dem Streckungsfaktor $k=2$

$$\Leftrightarrow \begin{pmatrix} x'+5 \\ y'-3 \end{pmatrix} = \begin{pmatrix} 2x+10 \\ -2x^3-8 \end{pmatrix}$$

Übergang zur Koordinatenform

$$\Leftrightarrow \left|\begin{array}{ll} x'+5=2x+10 & |-10 \\ \wedge\ y'-3=-2x^3-8 & |+3 \end{array}\right.$$

Löse Gleichung I nach x auf.

$$\Leftrightarrow \left|\begin{array}{ll} x'-5=2x & |:2 \\ \wedge\ y'=-2x^3-5 & \end{array}\right.$$

$$\Leftrightarrow \left|\begin{array}{l} x=\frac{1}{2}x'-\frac{5}{2} \\ \wedge\ y'=-2\left(\frac{1}{2}x'-\frac{5}{2}\right)^3-5 \end{array}\right.$$

Einsetzen von $\frac{1}{2}x'-\frac{5}{2}$ für x in Gleichung II.

$$\Leftrightarrow \left|\begin{array}{l} x=\frac{1}{2}x'-\frac{5}{2} \\ \wedge\ y'=-2\left[\frac{1}{2}\cdot(x'-5)\right]^3-5 \end{array}\right.$$

Beachte: $(a\cdot b)^3=a^3\cdot b^3$

$$\Leftrightarrow \left|\begin{array}{l} x=\frac{1}{2}x'-\frac{5}{2} \\ \wedge\ y'=-2\cdot\left(\frac{1}{2}\right)^3\cdot(x'-5)^3-5 \end{array}\right.$$

$$\Leftrightarrow \left|\begin{array}{l} x=\frac{1}{2}x'-\frac{5}{2} \\ \wedge\ y'=-2\cdot\frac{1}{8}(x'-5)^3-5 \end{array}\right.$$

✐ Hinweise und Tipps

$$\Leftrightarrow \left| \begin{array}{l} x = \frac{1}{2}x' - \frac{5}{2} \\ \wedge\ y' = -\frac{1}{4}(x'-5)^3 - 5 \end{array} \right.$$

also: $f'\!: y = -\frac{1}{4}(x-5)^3 - 5$

Zeichnung:

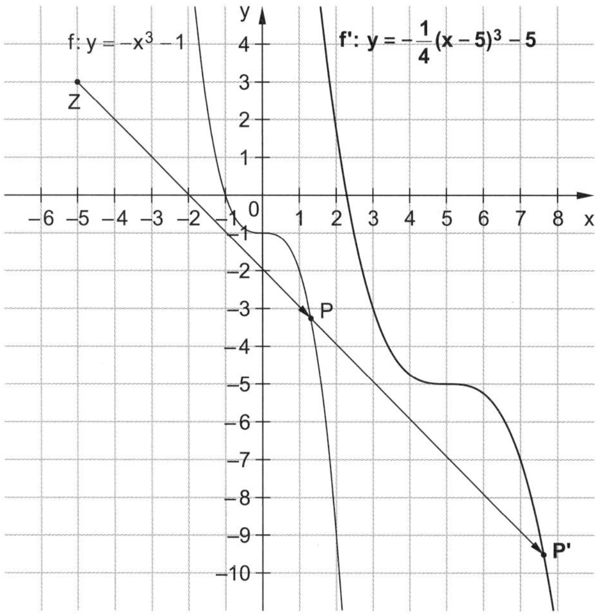

c) $f\!: y = 3x^{-2} + 4 \xrightarrow{Z(-1|-1);\ k=\frac{1}{4}} f'$

$\overrightarrow{ZP} \xrightarrow{Z(-1|-1);\ k=\frac{1}{4}} \overrightarrow{ZP'}$

Das Streckungszentrum Z liegt nicht im Ursprung.

$$\begin{pmatrix} x'-x_Z \\ y'-y_Z \end{pmatrix} = k \cdot \begin{pmatrix} x-x_Z \\ y-y_Z \end{pmatrix}$$

Abbildungsgleichung der zentrischen Streckung in Vektorform

$$\Leftrightarrow \begin{pmatrix} x'-(-1) \\ y'-(-1) \end{pmatrix} = \frac{1}{4} \cdot \begin{pmatrix} x-(-1) \\ 3x^{-2}+4-(-1) \end{pmatrix}$$

Einsetzen der Koordinaten des Urpunktes $P(x\,|\,3x^{-2}+4)$ in die Abbildungsgleichung

$$\Leftrightarrow \begin{pmatrix} x'+1 \\ y'+1 \end{pmatrix} = \frac{1}{4} \cdot \begin{pmatrix} x+1 \\ 3x^{-2}+5 \end{pmatrix}$$

Multipliziere mit dem Stauchungsfaktor $k = \frac{1}{4}$.

$$\Leftrightarrow \begin{pmatrix} x'+1 \\ y'+1 \end{pmatrix} = \begin{pmatrix} \frac{1}{4} \cdot (x+1) \\ \frac{1}{4} \cdot (3x^{-2}+5) \end{pmatrix}$$

$$\Leftrightarrow \begin{pmatrix} x'+1 \\ y'+1 \end{pmatrix} = \begin{pmatrix} \frac{1}{4}x + \frac{1}{4} \\ \frac{3}{4}x^{-2} + \frac{5}{4} \end{pmatrix}$$

Übergang zur Koordinatenform

$$\Leftrightarrow \left| \begin{array}{ll} x'+1 = \frac{1}{4}x + \frac{1}{4} & \left| -\frac{1}{4} \right. \\ \wedge\ y'+1 = \frac{3}{4}x^{-2} + \frac{5}{4} & \left| -1 \right. \end{array} \right.$$

Löse Gleichung I nach x auf.

$$\Leftrightarrow \left| \begin{array}{ll} x' + \frac{3}{4} = \frac{1}{4}x & \left| \cdot 4 \right. \\ \wedge\ y' = \frac{3}{4}x^{-2} + \frac{1}{4} & \end{array} \right.$$

Hinweise und Tipps

$$\Leftrightarrow \quad x = 4x' + 3 \;\wedge\; y' = \frac{3}{4}(4x'+3)^{-2} + \frac{1}{4}$$

Einsetzen von 4x' + 3 für x in Gleichung II.
Beachte: $(a \cdot b)^{-2} = a^{-2} \cdot b^{-2}$

$$\Leftrightarrow \quad x = 4x' + 3 \;\wedge\; y' = \frac{3}{4}\left[4^{-2}\left(x' + \frac{3}{4}\right)^{-2}\right] + \frac{1}{4}$$

$4^{-2} = \left(\frac{1}{4}\right)^2 = \frac{1}{16}$

$$\Leftrightarrow \quad x = 4x' + 3 \;\wedge\; y' = \frac{3}{4} \cdot \frac{1}{16}\left[\left(x' + \frac{3}{4}\right)^{-2}\right] + \frac{1}{4}$$

$$\Leftrightarrow \quad x = 4x' + 3 \;\wedge\; y' = \frac{3}{64}\left(x' + \frac{3}{4}\right)^{-2} + \frac{1}{4}$$

also: $f'\colon y = \frac{3}{64}\left(x + \frac{3}{4}\right)^{-2} + \frac{1}{4}$

Umbenennen von x' und y' in x und y

Zeichnung:

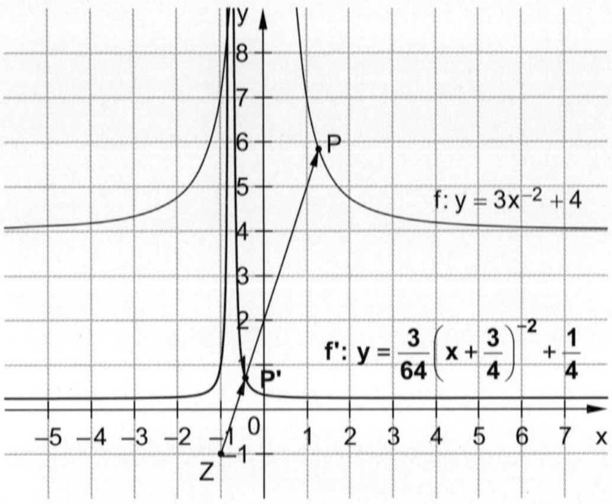

Hinweise und Tipps

321 Zeichnung:

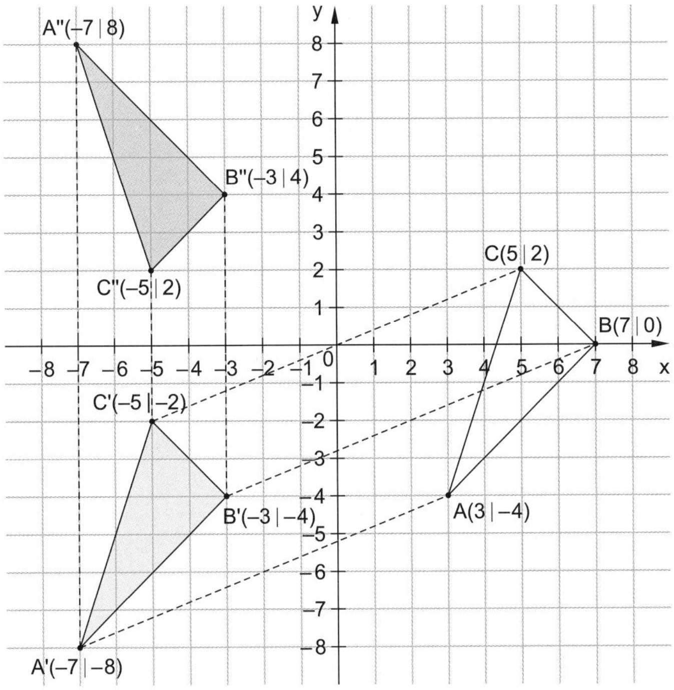

$$\Delta ABC \xmapsto{\vec{v}=\begin{pmatrix}-10\\-4\end{pmatrix}} \Delta A'B'C' \xmapsto{\text{x-Achse}} \Delta A''C''B''$$

1. Abbildung:
Parallelverschiebung mit dem Vektor $\vec{v}=\begin{pmatrix}-10\\-4\end{pmatrix}$:

$$\begin{pmatrix}x'\\y'\end{pmatrix}=\begin{pmatrix}x\\y\end{pmatrix}\oplus\begin{pmatrix}-10\\-4\end{pmatrix}$$

2. Abbildung:
Achsenspiegelung an der x-Achse:

$$\begin{pmatrix}x''\\y''\end{pmatrix}=\begin{pmatrix}1&0\\0&-1\end{pmatrix}\odot\begin{pmatrix}x'\\y'\end{pmatrix}$$

Sonderfall der Achsenspiegelung, somit $\begin{pmatrix}1&0\\0&-1\end{pmatrix}$

Ersatzabbildung:

$$\begin{pmatrix}x''\\y''\end{pmatrix}=\begin{pmatrix}1&0\\0&-1\end{pmatrix}\odot\left[\begin{pmatrix}x\\y\end{pmatrix}\oplus\begin{pmatrix}-10\\-4\end{pmatrix}\right]$$

Berechnung der Koordinaten von A":

$$\begin{pmatrix}x_{A''}\\y_{A''}\end{pmatrix}=\begin{pmatrix}1&0\\0&-1\end{pmatrix}\odot\left[\begin{pmatrix}x_A\\y_A\end{pmatrix}\oplus\begin{pmatrix}-10\\-4\end{pmatrix}\right]$$

Setze die Koordinaten von A(3 | –4) in die Gleichung der Ersatzabbildung ein.

$$\Leftrightarrow \begin{pmatrix}x_{A''}\\y_{A''}\end{pmatrix}=\begin{pmatrix}1&0\\0&-1\end{pmatrix}\odot\left[\begin{pmatrix}3\\-4\end{pmatrix}\oplus\begin{pmatrix}-10\\-4\end{pmatrix}\right]$$

Berechne zuerst die eckige Klammer.

$$\Leftrightarrow \begin{pmatrix}x_{A''}\\y_{A''}\end{pmatrix}=\begin{pmatrix}1&0\\0&-1\end{pmatrix}\odot\begin{pmatrix}-7\\-8\end{pmatrix}$$

$$\Leftrightarrow \begin{pmatrix}x_{A''}\\y_{A''}\end{pmatrix}=\begin{pmatrix}1\cdot(-7)+0\cdot(-8)\\0\cdot(-7)-1\cdot(-8)\end{pmatrix}$$

$$\Leftrightarrow \begin{pmatrix}x_{A''}\\y_{A''}\end{pmatrix}=\begin{pmatrix}-7\\8\end{pmatrix}$$

also: A"(–7 | 8)

Hinweise und Tipps

Berechnung der Koordinaten von B'':

$$\begin{pmatrix} x_{B''} \\ y_{B''} \end{pmatrix} = \begin{pmatrix} 1 & 0 \\ 0 & -1 \end{pmatrix} \odot \left[\begin{pmatrix} 7 \\ 0 \end{pmatrix} \oplus \begin{pmatrix} -10 \\ -4 \end{pmatrix}\right]$$

Einsetzen der Koordinaten von B(7 | 0) in:

$$\begin{pmatrix} x_{B''} \\ y_{B''} \end{pmatrix} = \begin{pmatrix} 1 & 0 \\ 0 & -1 \end{pmatrix} \odot \left[\begin{pmatrix} x_B \\ y_B \end{pmatrix} \oplus \begin{pmatrix} -10 \\ -4 \end{pmatrix}\right]$$

$$\Leftrightarrow \begin{pmatrix} x_{B''} \\ y_{B''} \end{pmatrix} = \begin{pmatrix} 1 & 0 \\ 0 & -1 \end{pmatrix} \odot \begin{pmatrix} -3 \\ -4 \end{pmatrix}$$

$$\Leftrightarrow \begin{pmatrix} x_{B''} \\ y_{B''} \end{pmatrix} = \begin{pmatrix} 1\cdot(-3)+0\cdot(-4) \\ 0\cdot(-3)-1\cdot(-4) \end{pmatrix}$$

$$\Leftrightarrow \begin{pmatrix} x_{B''} \\ y_{B''} \end{pmatrix} = \begin{pmatrix} -3 \\ 4 \end{pmatrix}$$

also: B''(–3 | 4)

Berechnung der Koordinaten von V'':

$$\begin{pmatrix} x_{C''} \\ y_{C''} \end{pmatrix} = \begin{pmatrix} 1 & 0 \\ 0 & -1 \end{pmatrix} \odot \left[\begin{pmatrix} 5 \\ 2 \end{pmatrix} \oplus \begin{pmatrix} -10 \\ -4 \end{pmatrix}\right]$$

Einsetzen der Koordinaten von C(5 | 2) in:

$$\begin{pmatrix} x_{C''} \\ y_{C''} \end{pmatrix} = \begin{pmatrix} 1 & 0 \\ 0 & -1 \end{pmatrix} \odot \left[\begin{pmatrix} x_C \\ y_C \end{pmatrix} \oplus \begin{pmatrix} -10 \\ -4 \end{pmatrix}\right]$$

$$\Leftrightarrow \begin{pmatrix} x_{C''} \\ y_{C''} \end{pmatrix} = \begin{pmatrix} 1 & 0 \\ 0 & -1 \end{pmatrix} \odot \begin{pmatrix} -5 \\ -2 \end{pmatrix}$$

$$\Leftrightarrow \begin{pmatrix} x_{C''} \\ y_{C''} \end{pmatrix} = \begin{pmatrix} 1\cdot(-5)+0\cdot(-2) \\ 0\cdot(-5)-1\cdot(-2) \end{pmatrix}$$

$$\Leftrightarrow \begin{pmatrix} x_{C''} \\ y_{C''} \end{pmatrix} = \begin{pmatrix} -5 \\ 2 \end{pmatrix}$$

also: C''(–5 | 2)

---

322 1. Abbildung:
Achsenspiegelung an g mit $y = \frac{1}{2}x$

2. Abbildung:
Drehung um O(0 | 0) und $\varphi = 30°$

$$P(x\,|\,y) \xmapsto{g:\ y=\frac{1}{2}x} P^* \xmapsto{Z=O(0|0);\ \varphi=30°} P'(x'\,|\,y')$$

Berechnung des Winkelmaßes α:

$$\tan\alpha = m_g = \frac{1}{2}$$

$$\Rightarrow \quad \alpha = 26{,}57°$$

$$\Rightarrow \quad 2\alpha = 53{,}14°$$

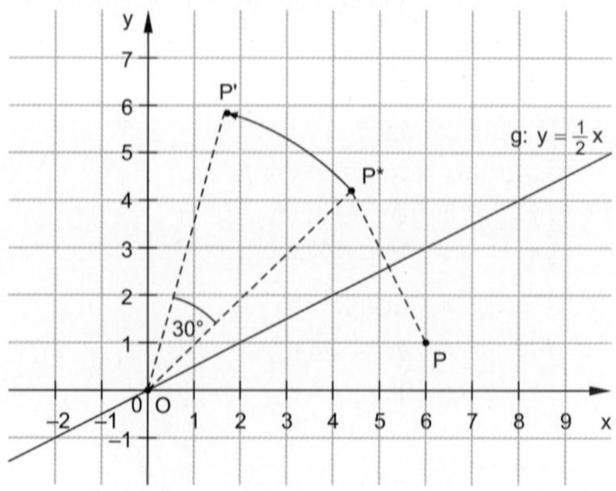

Berechnung der allgemeinen Koordinaten:

$$\begin{pmatrix} x' \\ y' \end{pmatrix} = \underbrace{\begin{pmatrix} \cos\varphi & -\sin\varphi \\ \sin\varphi & \cos\varphi \end{pmatrix} \odot \left[\underbrace{\begin{pmatrix} \cos 2\alpha & \sin 2\alpha \\ \sin 2\alpha & -\cos 2\alpha \end{pmatrix} \odot \begin{pmatrix} x \\ y \end{pmatrix}}_{\text{1. Abbildung: Achsenspiegelung}}\right]}_{\text{2. Abbildung: Drehung}}$$

Einsetzen der Winkelmaße in die Abbildungsgleichung:
$\varphi = 30°$ (Drehung);
$\alpha = 53{,}14°$ (Achsenspiegelung)

$$\Leftrightarrow \begin{pmatrix} x' \\ y' \end{pmatrix} = \begin{pmatrix} \cos 30° & -\sin 30° \\ \sin 30° & \cos 30° \end{pmatrix} \odot \left[\begin{pmatrix} \cos 53{,}14° & \sin 53{,}14° \\ \sin 53{,}14° & -\cos 53{,}14° \end{pmatrix} \odot \begin{pmatrix} x \\ y \end{pmatrix}\right]$$

$$\Leftrightarrow \begin{pmatrix} x' \\ y' \end{pmatrix} = \begin{pmatrix} \frac{1}{2}\sqrt{3} & -\frac{1}{2} \\ \frac{1}{2} & \frac{1}{2}\sqrt{3} \end{pmatrix} \odot \left[\begin{pmatrix} 0{,}60 & 0{,}80 \\ 0{,}80 & -0{,}60 \end{pmatrix} \odot \begin{pmatrix} x \\ y \end{pmatrix}\right]$$

$$\Leftrightarrow \begin{pmatrix} x' \\ y' \end{pmatrix} = \begin{pmatrix} \frac{1}{2}\sqrt{3} & -\frac{1}{2} \\ \frac{1}{2} & \frac{1}{2}\sqrt{3} \end{pmatrix} \odot \begin{pmatrix} 0{,}60x + 0{,}80y \\ 0{,}80x - 0{,}60y \end{pmatrix}$$

Zeile · Spalte = Koordinate

Hinweise und Tipps

$$\Leftrightarrow \begin{pmatrix} x' \\ y' \end{pmatrix} = \begin{pmatrix} \frac{1}{2}\sqrt{3}(0,60x+0,80y)-\frac{1}{2}(0,80x-0,60y) \\ \frac{1}{2}(0,60x+0,80y)+\frac{1}{2}\sqrt{3}(0,80x-0,60y) \end{pmatrix}$$

$$\Leftrightarrow \begin{pmatrix} x' \\ y' \end{pmatrix} = \begin{pmatrix} 0,52x+0,69y-0,40x+0,30y \\ 0,30x+0,40y+0,69x-0,52y \end{pmatrix}$$

$$\Leftrightarrow \begin{pmatrix} x' \\ y' \end{pmatrix} = \begin{pmatrix} 0,12x+0,99y \\ 0,99x-0,12y \end{pmatrix}$$

Koordinaten von P' in Abhängigkeit von x und y

also: $P'(0,12x+0,99y \mid 0,99x-0,12y)$

---

323 Zeichnung:

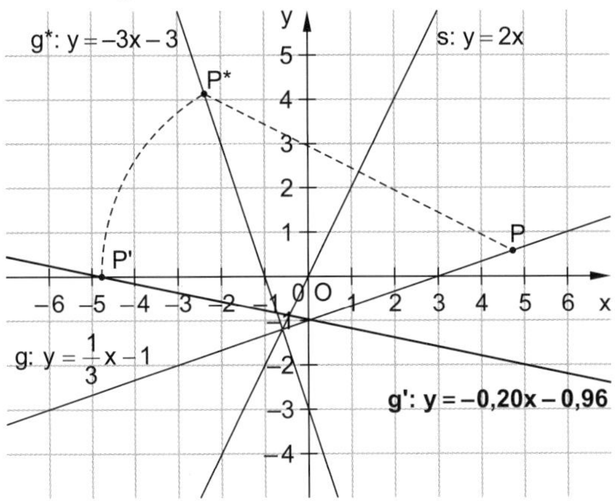

$$g\colon y=\frac{1}{3}x-1 \xmapsto{s:\ y=2x} g^* \xmapsto{O(0\mid 0);\ \varphi=60^\circ} g'$$

1. Abbildung:
Achsenspiegelung an der Ursprungsgeraden mit $y=2x$:

$$\begin{pmatrix} x^* \\ y^* \end{pmatrix} = \begin{pmatrix} \cos 2\alpha & \sin 2\alpha \\ \sin 2\alpha & -\cos 2\alpha \end{pmatrix} \odot \begin{pmatrix} x \\ y \end{pmatrix}$$

2. Abbildung:
Drehung um O mit $\varphi=60^\circ$:

$$\begin{pmatrix} x' \\ y' \end{pmatrix} = \begin{pmatrix} \cos\varphi & -\sin\varphi \\ \sin\varphi & \cos\varphi \end{pmatrix} \odot \begin{pmatrix} x^* \\ y^* \end{pmatrix}$$

Ersatzabbildung:

$$\begin{pmatrix} x' \\ y' \end{pmatrix} = \underbrace{\begin{pmatrix} \cos\varphi & -\sin\varphi \\ \sin\varphi & \cos\varphi \end{pmatrix} \odot \left[\underbrace{\begin{pmatrix} \cos 2\alpha & \sin 2\alpha \\ \sin 2\alpha & -\cos 2\alpha \end{pmatrix} \odot \begin{pmatrix} x \\ y \end{pmatrix}}_{\text{1. Abbildung: Achsenspiegelung}}\right]}_{\text{2. Abbildung: Drehung}}$$

Berechnung des Winkelmaßes α:

$$\tan\alpha = m_g = 2$$
$$\Rightarrow \quad \alpha = 63,43^\circ$$
$$\Rightarrow \quad 2\alpha = 126,86^\circ$$

✎ Hinweise und Tipps

Berechnung der Gleichung der Geraden g':

$$\begin{pmatrix} x' \\ y' \end{pmatrix} = \begin{pmatrix} \cos 60° & -\sin 60° \\ \sin 60° & \cos 60° \end{pmatrix} \odot \left[\begin{pmatrix} \cos 126{,}86° & \sin 126{,}86° \\ \sin 126{,}86° & -\cos 126{,}86° \end{pmatrix} \odot \begin{pmatrix} x \\ \frac{1}{3}x - 1 \end{pmatrix} \right]$$

Einsetzen der Winkelmaße in die Abbildungsgleichung: $\alpha = 126{,}86°$ (Achsenspiegelung); $\varphi = 60°$ (Drehung)

$$\Leftrightarrow \begin{pmatrix} x' \\ y' \end{pmatrix} = \begin{pmatrix} \cos 60° & -\sin 60° \\ \sin 60° & \cos 60° \end{pmatrix} \odot \begin{pmatrix} -0{,}60x + 0{,}80 \cdot \left(\frac{1}{3}x - 1\right) \\ 0{,}80x + 0{,}60 \cdot \left(\frac{1}{3}x - 1\right) \end{pmatrix}$$

$$\Leftrightarrow \begin{pmatrix} x' \\ y' \end{pmatrix} = \begin{pmatrix} \cos 60° & -\sin 60° \\ \sin 60° & \cos 60° \end{pmatrix} \odot \begin{pmatrix} -0{,}60x + 0{,}27x - 0{,}80 \\ 0{,}80x + 0{,}20x - 0{,}60 \end{pmatrix}$$

$$\Leftrightarrow \begin{pmatrix} x' \\ y' \end{pmatrix} = \begin{pmatrix} \frac{1}{2} & -\frac{1}{2}\sqrt{3} \\ \frac{1}{2}\sqrt{3} & \frac{1}{2} \end{pmatrix} \odot \begin{pmatrix} -0{,}33x - 0{,}80 \\ x - 0{,}60 \end{pmatrix}$$

$$\Leftrightarrow \begin{pmatrix} x' \\ y' \end{pmatrix} = \begin{pmatrix} \frac{1}{2} \cdot (-0{,}33x - 0{,}80) - \frac{1}{2}\sqrt{3} \cdot (x - 0{,}60) \\ \frac{1}{2}\sqrt{3} \cdot (-0{,}33x - 0{,}80) + \frac{1}{2} \cdot (x - 0{,}60) \end{pmatrix}$$

Löse die Klammern auf.

$$\Leftrightarrow \begin{pmatrix} x' \\ y' \end{pmatrix} = \begin{pmatrix} -0{,}17x - 0{,}40 - 0{,}87x + 0{,}52 \\ -0{,}29x - 0{,}69 + 0{,}5x - 0{,}30 \end{pmatrix}$$

Fasse zusammen.

$$\Leftrightarrow \begin{pmatrix} x' \\ y' \end{pmatrix} = \begin{pmatrix} -1{,}04x + 0{,}12 \\ 0{,}21x - 0{,}99 \end{pmatrix}$$

$$\Leftrightarrow \begin{array}{|l} x' = -1{,}04x + 0{,}12 \quad | +1{,}04x - x' \\ \wedge\ y' = 0{,}21x - 0{,}99 \end{array}$$

Löse Gleichung I nach x auf.

$$\Leftrightarrow \begin{array}{|l} 1{,}04x = -x' + 0{,}12 \quad | :1{,}04 \\ \wedge\ y' = 0{,}21x - 0{,}99 \end{array}$$

$$\Leftrightarrow \begin{array}{|l} x = -0{,}96x' + 0{,}12 \\ \wedge\ y' = 0{,}21 \cdot (-0{,}96x' + 0{,}12) - 0{,}99 \end{array}$$

Einsetzen von $-0{,}96x' + 0{,}12$ für x in Gleichung II.

$$\Leftrightarrow \begin{array}{|l} x = -0{,}96x' + 0{,}12 \\ \wedge\ y' = -0{,}20x' + 0{,}03 - 0{,}99 \end{array}$$

$$\Leftrightarrow \begin{array}{|l} x = -0{,}96x' + 0{,}12 \\ \wedge\ y' = -0{,}20x' - 0{,}96 \end{array}$$

Umbenennen von x' und y' in x und y

also: g'': $y = -0{,}20x - 0{,}96$

Hinweise und Tipps

324 a) Zeichnung:

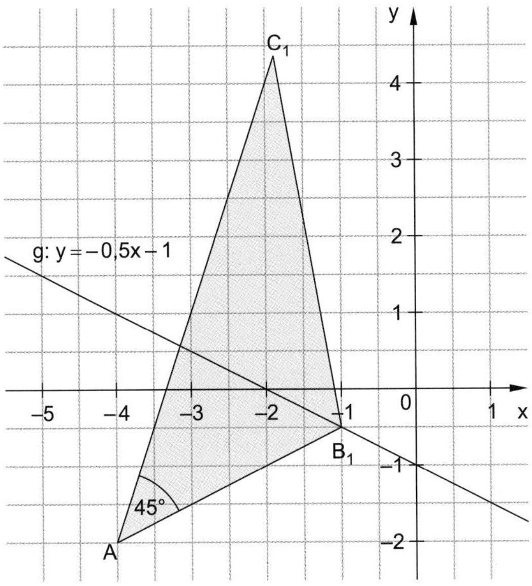

b) 1. Abbildung:
Die Pfeile $\overrightarrow{AB_n}$ werden um A mit dem Winkelmaß $\alpha = 45°$ gedreht

2. Abbildung:
und anschließend mit dem Faktor $k = 2$ am Zentrum A gestreckt:

$$\overrightarrow{AB_n} \xmapsto{A(-4|-2);\ \alpha=45°} \overrightarrow{AB_n^*} \xmapsto{A(-4|-2);\ k=2} \overrightarrow{AC_n}$$

mit $C_n(x'|y')$

$$\overrightarrow{AC_n} = \begin{pmatrix} x'-(-4) \\ y'-(-2) \end{pmatrix} = \begin{pmatrix} x'+4 \\ y'+2 \end{pmatrix};\ \overrightarrow{AB_n} = \begin{pmatrix} x-(-4) \\ -\frac{1}{2}x-1-(-2) \end{pmatrix} = \begin{pmatrix} x+4 \\ -\frac{1}{2}x+1 \end{pmatrix}$$

$B_n\left(x \middle| -\frac{1}{2}x-1\right)$

$$\begin{pmatrix} x'+4 \\ y'+2 \end{pmatrix} = 2 \cdot \underbrace{\left[\underbrace{\begin{pmatrix} \cos 45° & -\sin 45° \\ \sin 45° & \cos 45° \end{pmatrix} \odot \begin{pmatrix} x+4 \\ -\frac{1}{2}x+1 \end{pmatrix}}_{\text{1. Abbildung: Drehung}} \right]}_{\text{2. Abbildung: Zentrische Streckung}}$$

$$\Leftrightarrow \begin{pmatrix} x'+4 \\ y'+2 \end{pmatrix} = 2 \cdot \left[\begin{pmatrix} \frac{1}{2}\sqrt{2} & -\frac{1}{2}\sqrt{2} \\ \frac{1}{2}\sqrt{2} & \frac{1}{2}\sqrt{2} \end{pmatrix} \odot \begin{pmatrix} x+4 \\ -\frac{1}{2}x+1 \end{pmatrix} \right]$$

$$\Leftrightarrow \begin{pmatrix} x'+4 \\ y'+2 \end{pmatrix} = 2 \cdot \left[\begin{pmatrix} \frac{1}{2}\sqrt{2} \cdot (x+4) - \frac{1}{2}\sqrt{2}\left(-\frac{1}{2}x+1\right) \\ \frac{1}{2}\sqrt{2} \cdot (x+4) + \frac{1}{2}\sqrt{2}\left(-\frac{1}{2}x+1\right) \end{pmatrix} \right]$$

Minuszeichen vor der Klammer beachten

$$\Leftrightarrow \begin{pmatrix} x'+4 \\ y'+2 \end{pmatrix} = 2 \cdot \left[\begin{pmatrix} \frac{1}{2}\sqrt{2}x + 2\sqrt{2} + \frac{1}{4}\sqrt{2}x - \frac{1}{2}\sqrt{2} \\ \frac{1}{2}\sqrt{2}x + 2\sqrt{2} - \frac{1}{4}\sqrt{2}x + \frac{1}{2}\sqrt{2} \end{pmatrix} \right]$$

Fasse die gleichartigen Summanden zusammen.

$$\Leftrightarrow \begin{pmatrix} x'+4 \\ y'+2 \end{pmatrix} = 2 \cdot \begin{pmatrix} \frac{3}{4}\sqrt{2}x + \frac{3}{2}\sqrt{2} \\ \frac{1}{4}\sqrt{2}x + \frac{5}{2}\sqrt{2} \end{pmatrix}$$

Multipliziere den Vektor mit dem Skalar 2.

$$\Leftrightarrow \begin{pmatrix} x'+4 \\ y'+2 \end{pmatrix} = \begin{pmatrix} \frac{3}{2}\sqrt{2}x + 3\sqrt{2} \\ \frac{1}{2}\sqrt{2}x + 5\sqrt{2} \end{pmatrix}$$

Hinweise und Tipps

$$\Leftrightarrow \left| \begin{array}{ll} x'+4=\frac{3}{2}\sqrt{2}x+3\sqrt{2} & |-4 \\ \wedge\ y'+2=\frac{1}{2}\sqrt{2}x+5\sqrt{2} & |-2 \end{array} \right.$$

Löse Gleichung I nach x' auf.

Löse Gleichung II nach y' auf.

$$\Leftrightarrow \left| \begin{array}{l} x'=2{,}12x+0{,}24 \\ \wedge\ y'=0{,}71x+5{,}07 \end{array} \right.$$

also: $C_n(2{,}12x+0{,}24 \mid 0{,}71x+5{,}07)$

Koordinaten von C_n in Abhängigkeit von der Abszisse x der Punkte B_n

---

325 a) Zeichnung:

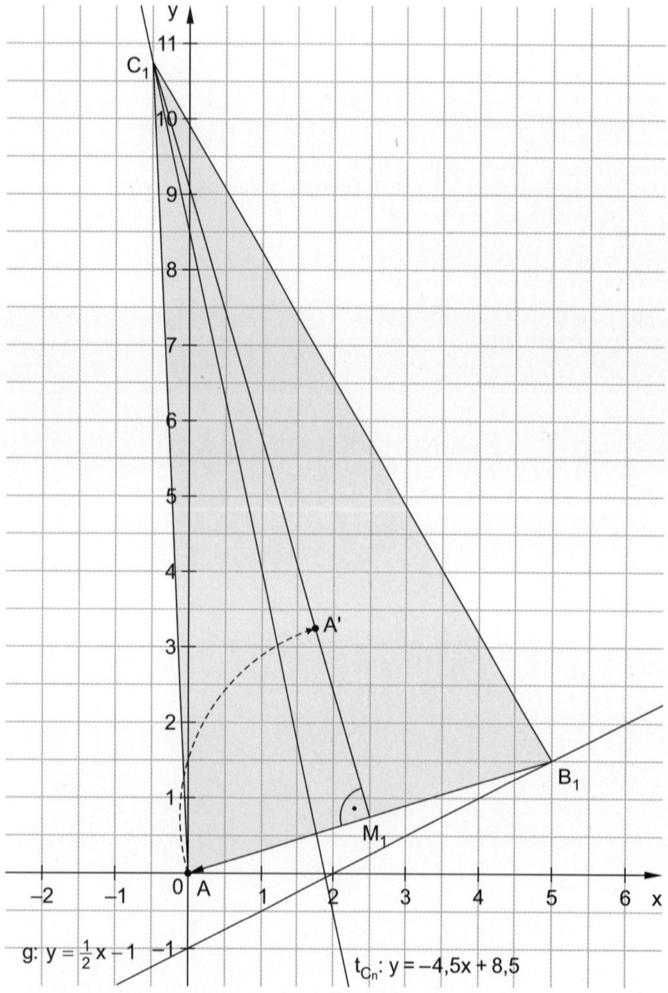

b) $\overrightarrow{AC_n} = \overrightarrow{AM_n} \oplus \overrightarrow{M_nC_n}$

1. Abbildung:
Drehung von A um M_n mit $\varphi = -90°$

2. Abbildung:
Zentrische Streckung von $\overrightarrow{M_nA'}$ mit $Z = M_n$ und $k = 4$

$\overrightarrow{M_nA} \xrightarrow{M_n;\ \varphi=-90°} \overrightarrow{M_nA'} \xrightarrow{M_n;\ k=4} \overrightarrow{M_nC_n}$

mit $C_n(x' \mid y')$

Hinweise und Tipps

Zunächst Berechnung der Koordinaten der Punkte M_n in Abhängigkeit von x:

$$M_n\left(\frac{x_A+x_B}{2} \;\middle|\; \frac{y_A+y_B}{2}\right)=M_n\left(\frac{0+x}{2} \;\middle|\; \frac{0+\frac{1}{2}x-1}{2}\right)=M_n\left(\frac{1}{2}x \;\middle|\; \frac{1}{4}x-\frac{1}{2}\right)$$

also: $\overrightarrow{M_nA}=\begin{pmatrix}-\frac{1}{2}x\\ -\frac{1}{4}x+\frac{1}{2}\end{pmatrix}$

Berechnung der Koordinaten der Punkte C_n:

$$\overrightarrow{AC_n}=\overrightarrow{AM_n}\oplus\overrightarrow{M_nC_n}$$

$\overrightarrow{M_nC_n}=4\cdot\overrightarrow{M_nA'}$

$$\Leftrightarrow \begin{pmatrix}x'\\y'\end{pmatrix}=\begin{pmatrix}\frac{1}{2}x\\ \frac{1}{4}x-\frac{1}{2}\end{pmatrix}\oplus 4\cdot\underbrace{\left[\underbrace{\begin{pmatrix}\cos(-90^\circ) & -\sin(-90^\circ)\\ \sin(-90^\circ) & \cos(-90^\circ)\end{pmatrix}\odot\begin{pmatrix}-\frac{1}{2}x\\ -\frac{1}{4}x+\frac{1}{2}\end{pmatrix}}_{\text{1. Abbildung: Drehung}}\right]}_{\text{2. Abbildung: Zentrische Streckung}}$$

$$\Leftrightarrow \begin{pmatrix}x'\\y'\end{pmatrix}=\begin{pmatrix}\frac{1}{2}x\\ \frac{1}{4}x-\frac{1}{2}\end{pmatrix}\oplus 4\cdot\left[\begin{pmatrix}0 & 1\\ -1 & 0\end{pmatrix}\odot\begin{pmatrix}-\frac{1}{2}x\\ -\frac{1}{4}x+\frac{1}{2}\end{pmatrix}\right]$$

Erst Drehung, dann Streckung

$$\Leftrightarrow \begin{pmatrix}x'\\y'\end{pmatrix}=\begin{pmatrix}\frac{1}{2}x\\ \frac{1}{4}x-\frac{1}{2}\end{pmatrix}\oplus 4\cdot\begin{pmatrix}0\cdot\left(-\frac{1}{2}x\right)+1\cdot\left(-\frac{1}{4}x+\frac{1}{2}\right)\\ -1\cdot\left(-\frac{1}{2}x\right)+0\cdot\left(-\frac{1}{4}x+\frac{1}{2}\right)\end{pmatrix}$$

$$\Leftrightarrow \begin{pmatrix}x'\\y'\end{pmatrix}=\begin{pmatrix}\frac{1}{2}x\\ \frac{1}{4}x-\frac{1}{2}\end{pmatrix}\oplus 4\cdot\begin{pmatrix}-\frac{1}{4}x+\frac{1}{2}\\ \frac{1}{2}x\end{pmatrix}$$

$$\Leftrightarrow \begin{pmatrix}x'\\y'\end{pmatrix}=\begin{pmatrix}\frac{1}{2}x\\ \frac{1}{4}x-\frac{1}{2}\end{pmatrix}\oplus\begin{pmatrix}-x+2\\ 2x\end{pmatrix}$$

$$\Leftrightarrow \begin{pmatrix}x'\\y'\end{pmatrix}=\begin{pmatrix}-\frac{1}{2}x+2\\ 2\frac{1}{4}x-\frac{1}{2}\end{pmatrix}$$

also: $C_n\left(-\frac{1}{2}x+2 \;\middle|\; 2\frac{1}{4}x-\frac{1}{2}\right)$

c) Berechnung der Gleichung des Trägergraphen der Punkte C_n:

$$\begin{pmatrix}x'\\y'\end{pmatrix}=\begin{pmatrix}-\frac{1}{2}x+2\\ 2\frac{1}{4}x-\frac{1}{2}\end{pmatrix}$$

$$\Leftrightarrow \left|\begin{array}{l} x'=-\frac{1}{2}x+2 \qquad \left|+\frac{1}{2}x-x'\right.\\ \wedge\; y'=\frac{9}{4}x-\frac{1}{2}\end{array}\right.$$

Löse Gleichung I nach x auf.

$$\Leftrightarrow \left|\begin{array}{l} \frac{1}{2}x=-x'+2 \qquad |\cdot 2\\ \wedge\; y'=\frac{9}{4}x-\frac{1}{2}\end{array}\right.$$

$$\Leftrightarrow \left|\begin{array}{l} x=-2x'+4\\ \wedge\; y'=\frac{9}{4}(-2x'+4)-\frac{1}{2}\end{array}\right.$$

Einsetzen von –2x' + 4 für x in Gleichung II.

Hinweise und Tipps

$$\Leftrightarrow \left| \begin{array}{l} x = -2x' + 4 \\ \wedge\ y' = -\frac{9}{2}x' + 9 - \frac{1}{2} \end{array} \right.$$

$$\Leftrightarrow \left| \begin{array}{l} x = -2x' + 4 \\ \wedge\ y' = -4\frac{1}{2}x' + 8\frac{1}{2} \end{array} \right.$$

also: $t_{C_n}: y = -4\frac{1}{2}x + 8\frac{1}{2}$

Umbenennen von x' und y' in x und y

---

326 a) Zeichnung:

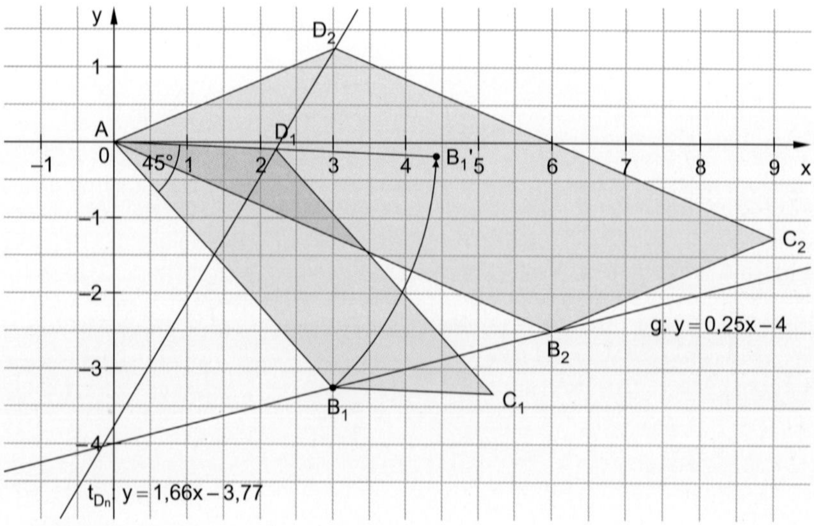

b) 1. Abbildung:
Drehung von $\overrightarrow{AB_n}$ um A(0|0) mit $\varphi = 45°$.

2. Abbildung:
Zentrische Streckung von $\overrightarrow{AB_n}'$ mit Z = A(0|0) und $k = \frac{1}{2}$.

$$\overrightarrow{AB_n} \xmapsto{A(0|0);\ \varphi = 45°} \overrightarrow{AB_n}' \xmapsto{Z = A(0|0);\ k = \frac{1}{2}} \overrightarrow{AD_n}$$

mit $D_n(x'|y')$

$$\begin{pmatrix} x' \\ y' \end{pmatrix} = \underbrace{\frac{1}{2} \cdot \underbrace{\left[\begin{pmatrix} \cos 45° & -\sin 45° \\ \sin 45° & \cos 45° \end{pmatrix} \odot \begin{pmatrix} x \\ \frac{1}{4}x - 4 \end{pmatrix}\right]}_{\text{1. Abbildung: Drehung}}}_{\text{2. Abbildung: Zentrische Streckung}}$$

Beachte: $\overrightarrow{AD_n} = \frac{1}{2} \cdot \overrightarrow{AB_n}$

$$\Leftrightarrow \begin{pmatrix} x' \\ y' \end{pmatrix} = \frac{1}{2} \cdot \left[\begin{pmatrix} \frac{1}{2}\sqrt{2} & -\frac{1}{2}\sqrt{2} \\ \frac{1}{2}\sqrt{2} & \frac{1}{2}\sqrt{2} \end{pmatrix} \odot \begin{pmatrix} x \\ \frac{1}{4}x - 4 \end{pmatrix}\right]$$

$$\Leftrightarrow \begin{pmatrix} x' \\ y' \end{pmatrix} = \frac{1}{2} \cdot \left[\begin{pmatrix} \frac{1}{2}\sqrt{2} \cdot x - \frac{1}{2}\sqrt{2} \cdot \left(\frac{1}{4}x - 4\right) \\ \frac{1}{2}\sqrt{2} \cdot x + \frac{1}{2}\sqrt{2} \cdot \left(\frac{1}{4}x - 4\right) \end{pmatrix}\right]$$

$$\Leftrightarrow \begin{pmatrix} x' \\ y' \end{pmatrix} = \frac{1}{2} \cdot \begin{pmatrix} \frac{1}{2}\sqrt{2}x - \frac{1}{8}\sqrt{2}x + 2\sqrt{2} \\ \frac{1}{2}\sqrt{2}x + \frac{1}{8}\sqrt{2}x - 2\sqrt{2} \end{pmatrix}$$

Fasse zusammen.

$$\Leftrightarrow \begin{pmatrix} x' \\ y' \end{pmatrix} = \frac{1}{2} \cdot \begin{pmatrix} \frac{3}{8}\sqrt{2}x + 2\sqrt{2} \\ \frac{5}{8}\sqrt{2}x - 2\sqrt{2} \end{pmatrix}$$

Hinweise und Tipps

$$\Leftrightarrow \quad \begin{pmatrix} x' \\ y' \end{pmatrix} = \begin{pmatrix} \frac{3}{16}\sqrt{2}x + \sqrt{2} \\ \frac{5}{16}\sqrt{2}x - \sqrt{2} \end{pmatrix}$$

also: $D_n\left(\frac{3}{16}\sqrt{2}x + \sqrt{2} \;\middle|\; \frac{5}{16}\sqrt{2}x - \sqrt{2}\right)$

Koordinaten der Punkte D_n in Abhängigkeit von x

c) Berechnung der Gleichung des Trägergraphen t_{D_n}:

$$\begin{pmatrix} x' \\ y' \end{pmatrix} = \begin{pmatrix} \frac{3}{16}\sqrt{2}x + \sqrt{2} \\ \frac{5}{16}\sqrt{2}x - \sqrt{2} \end{pmatrix}$$

$$\Leftrightarrow \quad \left| \begin{array}{ll} x' = \frac{3}{16}\sqrt{2}x + \sqrt{2} & \quad | -\sqrt{2} \\ \wedge \; y' = \frac{5}{16}\sqrt{2}x - \sqrt{2} & \end{array} \right.$$

Löse Gleichung I nach x auf.

$$\Leftrightarrow \quad \left| \begin{array}{ll} \frac{3}{16}\sqrt{2}x = x' - \sqrt{2} & \quad \left| \cdot \frac{16}{3\sqrt{2}} \right. \\ \wedge \; y' = \frac{5}{16}\sqrt{2}x - \sqrt{2} & \end{array} \right.$$

$$\Leftrightarrow \quad \left| \begin{array}{l} x = \frac{16}{3\sqrt{2}}x' - \frac{16}{3} \\ \wedge \; y' = \frac{5}{16}\sqrt{2}\left(\frac{16}{3\sqrt{2}}x' - \frac{16}{3}\right) - \sqrt{2} \end{array} \right.$$

Einsetzen von $\frac{16}{3\sqrt{2}}x' - \frac{16}{3}$ für x in Gleichung II.

$$\Leftrightarrow \quad \left| \begin{array}{l} x = \frac{16}{3\sqrt{2}}x' - \frac{16}{3} \\ \wedge \; y' = \frac{5}{3}x' - \frac{5}{3}\sqrt{2} - \sqrt{2} \end{array} \right.$$

$$\Leftrightarrow \quad \left| \begin{array}{l} x = \frac{16}{3\sqrt{2}}x' - \frac{16}{3} \\ \wedge \; y' = 1\frac{2}{3}x' - 3{,}77 \end{array} \right.$$

also: t_{D_n}: $y = 1\frac{2}{3}x - 3{,}77$

327 a) Zeichnung:

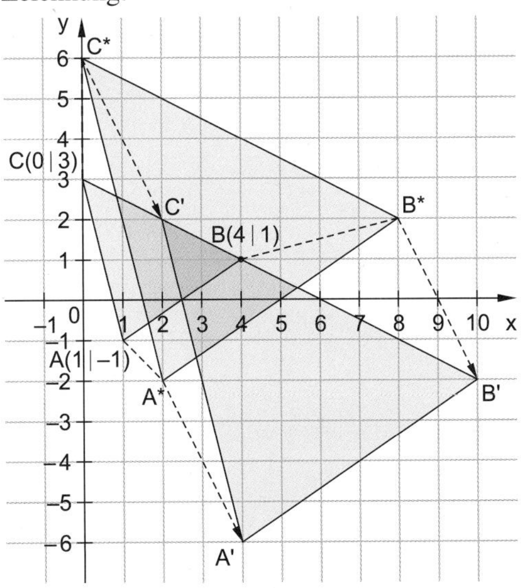

Hinweise und Tipps

$$P(x\,|\,y) \xmapsto[\;]{\substack{\text{1. Abbildung: } Z(0|0);\ k=2 \\ \text{2. Abbildung: } \vec{v}=\binom{2}{-4}}} P'(x'\,|\,y')$$

Abbildungsvorschrift:

$$\begin{pmatrix} x' \\ y' \end{pmatrix} = \underbrace{\underbrace{2\cdot\begin{pmatrix} x \\ y \end{pmatrix}}_{\text{1. Abbildung}} \oplus \begin{pmatrix} 2 \\ -4 \end{pmatrix}}_{\text{2. Abbildung}}$$

b) Berechnung der Koordinaten von A':

$$\begin{pmatrix} x_{A'} \\ y_{A'} \end{pmatrix} = 2\cdot\begin{pmatrix} 1 \\ -1 \end{pmatrix} \oplus \begin{pmatrix} 2 \\ -4 \end{pmatrix} = \begin{pmatrix} 2\cdot 1 \\ 2\cdot(-1) \end{pmatrix} \oplus \begin{pmatrix} 2 \\ -4 \end{pmatrix} = \begin{pmatrix} 2+2 \\ -2-4 \end{pmatrix} = \begin{pmatrix} 4 \\ -6 \end{pmatrix}$$

Einsetzen der Koordinaten von A(1 | −1) in die Abbildungsgleichung

also: A'(4 | −6)

c) Berechnung der Fixpunktkoordinaten von F:

$$\begin{pmatrix} x' \\ y' \end{pmatrix} = 2\cdot\begin{pmatrix} x \\ y \end{pmatrix} \oplus \begin{pmatrix} 2 \\ -4 \end{pmatrix}$$

Fixpunktbedingung F(x' | y') = F(x | y):

$$\begin{pmatrix} x \\ y \end{pmatrix} = \begin{pmatrix} 2\cdot x \\ 2\cdot y \end{pmatrix} \oplus \begin{pmatrix} 2 \\ -4 \end{pmatrix}$$

Ersetze: $\binom{x'}{y'}$ durch $\binom{x}{y}$

$$\Leftrightarrow \begin{pmatrix} x \\ y \end{pmatrix} = \begin{pmatrix} 2\cdot x+2 \\ 2\cdot y-4 \end{pmatrix}$$

$$\Leftrightarrow \left| \begin{array}{ll} x = 2x+2 & |-x-2 \\ \wedge\ y = 2y-4 & |-y+4 \end{array} \right.$$

$$\Leftrightarrow \left| \begin{array}{l} x = -2 \\ \wedge\ y = 4 \end{array} \right.$$

L = {(−2 | 4)}

also: F(−2 | 4)

d) Berechnung der Geradengleichung von BC:

$$\overrightarrow{BC} = \vec{m}_{BC} = \begin{pmatrix} 0-4 \\ 3-1 \end{pmatrix} = \begin{pmatrix} -4 \\ 2 \end{pmatrix}$$

also: $m_{BC} = \frac{2}{-4} = -\frac{1}{2}$

Einsetzen in die Normalform:

$$C(0|3) \in BC:\ y = m_{BC}\cdot x + t \Leftrightarrow 3 = -\frac{1}{2}\cdot 0 + t$$
$$\Leftrightarrow t = 3$$

oder: Aus C(0 | 3) ∈ g lässt sich auch sofort erkennen, dass der y-Achsenabschnitt t = 3 ist.

Geradengleichung von BC: $y = -\frac{1}{2}x + 3$

$$BC \xmapsto[\;]{\substack{\text{1. Abbildung: } Z(0|0);\ k=2 \\ \text{2. Abbildung: } \vec{v}=\binom{2}{-4}}} B'C'$$

Stimmen die Gleichungen von BC und B'C' überein, ist BC eine Fixgerade.

Mit $P\left(x \,\middle|\, -\frac{1}{2}x+3\right)$ auf BC und P'(x' | y') auf B'C' gilt:

$$\begin{pmatrix} x' \\ y' \end{pmatrix} = 2\cdot\begin{pmatrix} x \\ -\frac{1}{2}x+3 \end{pmatrix} \oplus \begin{pmatrix} 2 \\ -4 \end{pmatrix}$$

$$\Leftrightarrow \begin{pmatrix} x' \\ y' \end{pmatrix} = \begin{pmatrix} 2\cdot x \\ 2\cdot\left(-\frac{1}{2}x+3\right) \end{pmatrix} \oplus \begin{pmatrix} 2 \\ -4 \end{pmatrix}$$

Hinweise und Tipps

$\Leftrightarrow \begin{pmatrix} x' \\ y' \end{pmatrix} = \begin{pmatrix} 2x+2 \\ -x+6-4 \end{pmatrix}$

$\Leftrightarrow \begin{pmatrix} x' \\ y' \end{pmatrix} = \begin{pmatrix} 2x+2 \\ -x+2 \end{pmatrix}$

$\Leftrightarrow \left| \begin{array}{l} x' = 2x+2 \quad |-2 \\ \wedge\ y' = -x+2 \end{array} \right.$

Löse Gleichung I nach x auf.

$\Leftrightarrow \left| \begin{array}{l} 2x = x'-2 \quad |:2 \\ \wedge\ y' = -x+2 \end{array} \right.$

$\Leftrightarrow \left| \begin{array}{l} x = \frac{1}{2}x'-1 \\ \wedge\ y' = -\left(\frac{1}{2}x'-1\right)+2 \end{array} \right.$

Einsetzen von $\frac{1}{2}x'-1$ für x in Gleichung II.

also: $y' = -\frac{1}{2}x'+1+2$

also: $B'C'\colon y = -\frac{1}{2}x+3$

Umbenennen von x' und y' in x und y

Die Gleichungen von BC und B'C' stimmen überein:
B'C' ist eine Fixgerade.

---

328 a) $\left| \begin{array}{l} x' = -\frac{1}{2}x+3 \\ \wedge\ y' = -\frac{1}{2}y+1\frac{1}{2} \end{array} \right.$

Fixpunktbedingung $(x'|y') = (x|y)$:

Für die Fixpunktkoordinaten gilt: $x' = x \wedge y' = y$
Ersetze also x' und y' durch x und y

$\Leftrightarrow \left| \begin{array}{ll} x = -\frac{1}{2}x+3 & |+\frac{1}{2}x \\ \wedge\ y = -\frac{1}{2}y+1\frac{1}{2} & |+\frac{1}{2}y \end{array} \right.$

Löse Gleichung I nach x auf.

Löse Gleichung II nach y auf.

$\Leftrightarrow \left| \begin{array}{ll} \frac{3}{2}x = 3 & |\cdot\frac{2}{3} \\ \wedge\ \frac{3}{2}y = \frac{3}{2} & |\cdot\frac{2}{3} \end{array} \right.$

$\Leftrightarrow \left| \begin{array}{l} x = 2 \\ \wedge\ y = 1 \end{array} \right.$

$L = \{(2|1)\}$
also: $F(2|1)$

b) Berechnung der Koordinaten von A':

$\left| \begin{array}{l} x' = -\frac{1}{2}x+3 \\ \wedge\ y' = -\frac{1}{2}y+1\frac{1}{2} \end{array} \right.$

Setze die Koordinaten von $A(-5|1)$ für x und y ein.

$\Leftrightarrow \left| \begin{array}{l} x' = -\frac{1}{2}\cdot(-5)+3 \\ \wedge\ y' = -\frac{1}{2}\cdot 1+1\frac{1}{2} \end{array} \right.$

Hinweise und Tipps

$$\Leftrightarrow \left| \begin{array}{l} x' = 5\frac{1}{2} \\ \wedge\ y' = 1 \end{array} \right.$$

$$L = \left\{\left(5\frac{1}{2} \,\middle|\, 1\right)\right\}$$

also: $A'\left(5\frac{1}{2} \,\middle|\, 1\right)$

c) Überprüfung, ob g Fixgerade ist (Parameterverfahren):

$$\left| \begin{array}{l} x' = -\frac{1}{2}x + 3 \\ \wedge\ y' = -\frac{1}{2}y + 1\frac{1}{2} \end{array} \right.$$

Für jeden Punkt P der Geraden g gilt: $P\left(x \,\middle|\, -\frac{1}{2}x + 2\right)$

$$\Leftrightarrow \left| \begin{array}{l} x' = -\frac{1}{2}x + 3 \\ \wedge\ y' = -\frac{1}{2} \cdot \left(-\frac{1}{2}x + 2\right) + 1\frac{1}{2} \end{array} \right. \quad \left| +\frac{1}{2}x - x' \right.$$

Einsetzen der x- bzw. y-Koordinate des allgemeinen Geradenpunkts in die Abbildungsgleichung

$$\Leftrightarrow \left| \begin{array}{l} \frac{1}{2}x = -x' + 3 \\ \wedge\ y' = \frac{1}{4}x - 1 + 1\frac{1}{2} \end{array} \right. \quad |\cdot 2$$

Löse Gleichung I nach x (Parameter) auf.

$$\Leftrightarrow \left| \begin{array}{l} x = -2x' + 6 \\ \wedge\ y' = \frac{1}{4}x + \frac{1}{2} \end{array} \right.$$

Setze $-2x' + 6$ für x in Gleichung II ein.

$$\Leftrightarrow \left| \begin{array}{l} x = -2x' + 6 \\ \wedge\ y' = \frac{1}{4}(-2x' + 6) + \frac{1}{2} \end{array} \right.$$

$$\Leftrightarrow \left| \begin{array}{l} x = -2x' + 6 \\ \wedge\ y' = -\frac{1}{2}x' + \frac{3}{2} + \frac{1}{2} \end{array} \right.$$

$$\Leftrightarrow \left| \begin{array}{l} x = -2x' + 6 \\ \wedge\ y' = -\frac{1}{2}x' + 2 \end{array} \right.$$

also: $g'\!: y = -\frac{1}{2}x + 2$

Umbenennen von x' und y' in x und y

Die Bildgerade g' besitzt dieselbe Gleichung wie die Urgerade g. Damit ist gezeigt, dass die Gerade g Fixgerade ist.

Die Fixgerade verläuft durch das Zentrum Z(2 | 1) der zentrischen Streckung mit $k = \frac{1}{2}$.

d) Zeichnung:

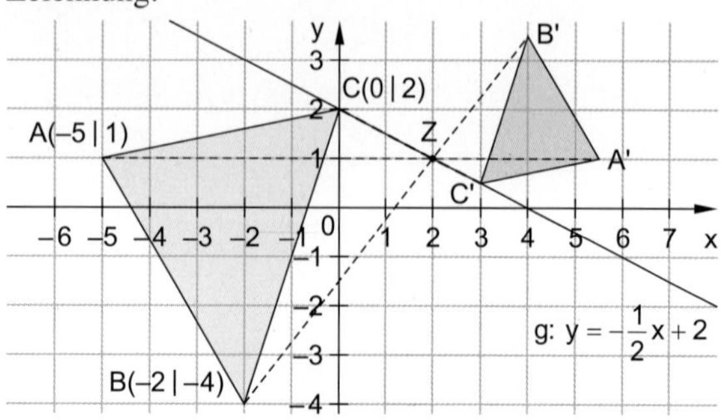

Hinweise und Tipps

3.6 Pfadregeln in Baumdiagrammen

329

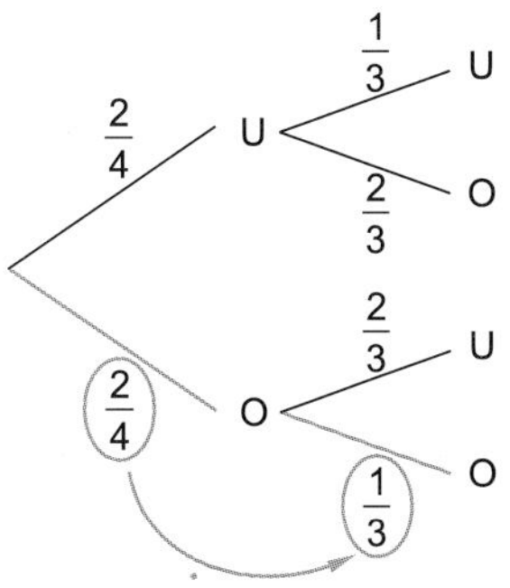

Die Wahrscheinlichkeit für das Ergebnis „Zweimal Ober“ beträgt dann nach der Pfad-Multiplikationsregel:

$$P(OO) = \frac{2}{4} \cdot \frac{1}{3} = \frac{2}{12} = \frac{1}{6}$$

Beachte: Nach dem 1. Zug ändern sich die Wahrscheinlichkeiten, da nur noch 3 Karten übrig sind.

---

330 Es ergibt sich eine Wahrscheinlichkeit von:

$$P = \frac{8}{32} \cdot \frac{7}{31} \cdot \frac{6}{30} \cdot \frac{5}{29} \cdot \frac{4}{28} \cdot \frac{3}{27} \cdot \frac{2}{26} \cdot \frac{1}{25}$$

$$= \frac{40\,320}{424\,097\,856\,000} = \frac{1}{10\,518\,300}$$

Bei der 1. Karte hat man noch 8 Möglichkeiten (bei 32 Karten) – entweder einen der 4 Ober oder einen der 4 Unter. Bei der 2. Karte hat man noch 7 Möglichkeiten (bei 31 Karten) usw.

---

331 a)

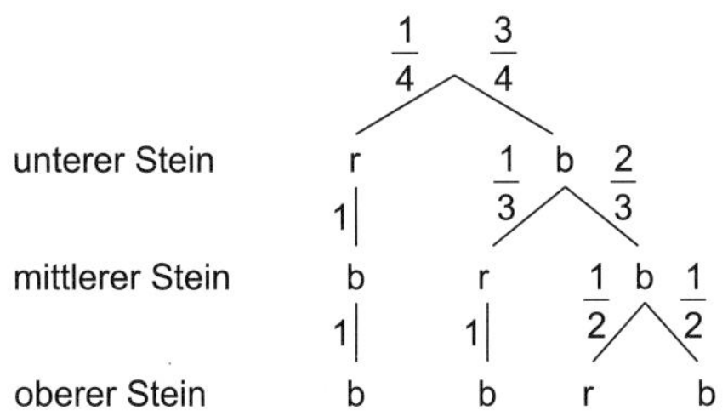

Abzählen ergibt insgesamt 4 Möglichkeiten.

b) $P(\text{„blau-blau-rot“}) = \frac{3}{4} \cdot \frac{2}{3} \cdot \frac{1}{2} = \frac{6}{24} = \frac{1}{4}$

Verwende die Pfad-Multiplikationsregel.

332

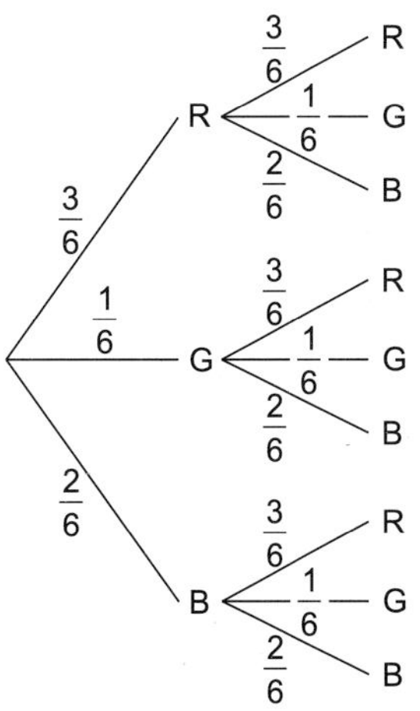

✐ Hinweise und Tipps

a) $P(RG) = \frac{3}{6} \cdot \frac{1}{6} = \frac{3}{36} = \frac{1}{12}$

Nur das Ergebnis RG ist günstig. Dessen Wahrscheinlichkeit ergibt sich mit der Pfad-Multiplikationsregel.

b) $P(RG) = \frac{1}{12}$ (vgl. Teilaufgabe a)

$P(GR) = \frac{1}{6} \cdot \frac{3}{6} = \frac{1}{12}$

Da die Reihenfolge egal ist, gibt es jetzt zwei günstige Ergebnisse, die zu dem Ereignis gehören: RG und GR

P(„eine rote und eine grüne") $= \frac{1}{12} + \frac{1}{12} = \frac{1}{6}$

Nach der Pfad-Additionsregel addiert man diese beiden Wahrscheinlichkeiten.

---

333 a)

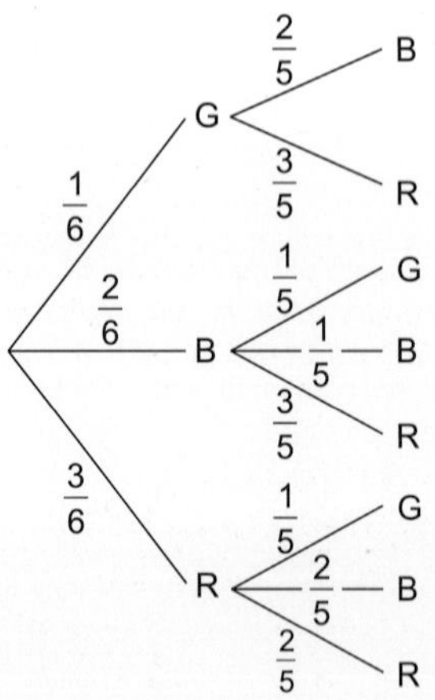

b) i) $P(GB) = \frac{1}{6} \cdot \frac{2}{5} = \frac{2}{30} = \frac{1}{15}$

ii) $P(BB) = \frac{2}{6} \cdot \frac{1}{5} = \frac{2}{30} = \frac{1}{15}$

iii) $P(GR) = \frac{1}{6} \cdot \frac{3}{5} = \frac{3}{30}$

$P(RG) = \frac{3}{6} \cdot \frac{1}{5} = \frac{3}{30}$

P(„eine rote und eine gelbe") $= \frac{3}{30} + \frac{3}{30} = \frac{6}{30} = \frac{1}{5}$
$= 20\ \%$

---

334 a) $P(RR) = \frac{5}{12} \cdot \frac{4}{11} = \frac{5}{33} = 15{,}15\ \%$

Das Zeichnen eines Baumdiagramms ist nicht verlangt. Stattdessen hilft folgende Überlegung: Beim 1. Zug sind 5 von 12 Kugeln rot, beim 2. Zug 4 von 11.

b) $P(RB) = \frac{5}{12} \cdot \frac{4}{11} = \frac{5}{33} = 15{,}15\ \%$

Beim 1. Zug sind 5 von 12 Kugeln rot. Beim 2. Zug sind 4 von 11 Kugeln blau.

c) $P(BR) = \frac{4}{12} \cdot \frac{5}{11} = \frac{5}{33} = 15{,}15\ \%$

Beim 1. Zug sind 4 von 12 Kugeln blau. Beim 2. Zug sind 5 von 11 Kugeln rot.

P(„eine blaue und eine rote") $= 15{,}15\ \% + 15{,}15\ \%$
$= 30{,}30\ \%$

Zusammen mit der Wahrscheinlichkeit aus Teilaufgabe b und der Pfad-Additionsregel ergibt sich die gesuchte Wahrscheinlichkeit.

Hinweise und Tipps

d) $P(RR) = \frac{5}{12} \cdot \frac{4}{11}$

$P(BB) = \frac{4}{12} \cdot \frac{3}{11}$

$P(WW) = \frac{3}{12} \cdot \frac{2}{11}$

Das Gegenereignis zum Ereignis E: „verschiedene Farben“ ist $\overline{E}$: „gleiche Farbe“.
Um die Wahrscheinlichkeiten für $\overline{E}$ zu erhalten, benötigt man die drei Wahrscheinlichkeiten, die zu gleichen Farben führen.

$$\begin{aligned} P(\text{„verschiedene Farben“}) &= 1 - P(\text{„gleiche Farben“}) \\ &= 1 - (P(RR) + P(BB) + P(WW)) \\ &= 1 - \left(\frac{5}{12} \cdot \frac{4}{11} + \frac{4}{12} \cdot \frac{3}{11} + \frac{3}{12} \cdot \frac{2}{11}\right) \\ &= \frac{47}{66} = 71{,}21\ \% \end{aligned}$$

Die Wahrscheinlichkeiten von Ereignis und Gegenereignis ergeben addiert 100 % oder 1.
Um die Wahrscheinlichkeit von E zu erhalten, zieht man also die Wahrscheinlichkeit von $\overline{E}$ von 1 ab.

---

335 a) $100\ \% - 8\ \% = 92\ \%$ der Männer sind nicht farbenblind.

$P(\text{„keiner farbenblind“}) = 0{,}92 \cdot 0{,}92 \cdot 0{,}92 \cdot 0{,}92 = 0{,}72$

Die Wahrscheinlichkeit, dass vier zufällig ausgewählte Männer nicht farbenblind sind, beträgt also 72 %.

Die Wahrscheinlichkeit, dass man viermal nacheinander einen Mann wählt, der nicht farbenblind ist, berechnet man mit der Pfad-Multiplikationsregel.

b) Das Gegenereignis zu E: „mindestens einer farbenblind“ ist: $\overline{E}$: „keiner farbenblind“

$$\begin{aligned} P(\text{„mindestens einer farbenblind“}) &= P(E) \\ &= 1 - P(\overline{E}) \\ &= 1 - 72\ \% = 28\ \% \end{aligned}$$

Stelle dir den Ergebnisraum vor:

$\underbrace{(f, f, f, f), (f, n, n, n), (f, f, n, n,), (f, f, f, n),}_{\text{mindestens einmal farbenblind (f) dabei}}$

$\underbrace{(f, f, f, f), \ldots, (n, n, n, f),}_{\text{mindestens einmal farbenblind dabei}}$ $\underbrace{(n, n, n, n)}_{\text{keiner farbenblind (n)}}$

Die Wahrscheinlichkeiten von Ereignis und Gegenereignis ergeben addiert 100 %.

---

336 a) Baumdiagramm-Ausschnitt:

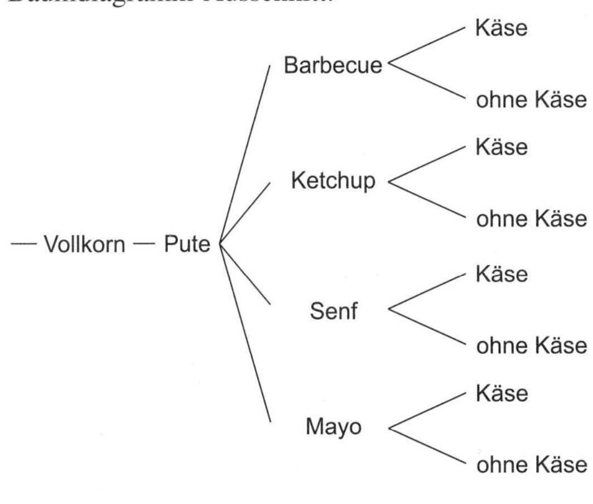

Es gibt 8 Kombinationen mit Vollkornsemmel und Pute.

b) Insgesamt gibt es $3 \cdot 4 \cdot 4 \cdot 2 = 96$ Kombinationen.

Es werden kombiniert: 3 Semmeln, 4 Beläge, 4 Soßen und die 2 Wahlmöglichkeiten „mit Käse“ oder „ohne Käse“.

c) $P(\text{„mit Tofu, Ketchup und Käse“}) = \frac{3}{3} \cdot \frac{1}{4} \cdot \frac{1}{4} \cdot \frac{1}{2} = \frac{1}{32}$

Gehe davon aus, dass alle Kombinationen gleich wahrscheinlich sind (Laplace-Experiment) und nutze die Pfad-Multiplikationsregel:
Auf der 1. Stufe sind alle 3 von 3 Semmeln günstig.
Auf der 2. Stufe ist 1 von 4 Belägen günstig (Tofu).
Auf der 3. Stufe ist 1 von 4 Soßen günstig (Ketchup).
Auf der 4. Stufe ist 1 von 2 Wahlmöglichkeiten günstig (mit Käse).

✐ Hinweise und Tipps

kurz: P(„mit Tofu, Ketchup und Käse“) $= \frac{1}{4} \cdot \frac{1}{4} \cdot \frac{1}{2} = \frac{1}{32}$

Du kannst die Rechnung abkürzen und die Stufen, bei denen alle Möglichkeiten günstig sind, weglassen.

d) P(„Weißmehl mit Rindfleisch“) $= \frac{1}{3} \cdot \frac{1}{4} = \frac{1}{12}$

Auf der 1. Stufe ist 1 von 3 Semmeln günstig.
Auf der 2. Stufe ist 1 von 4 Belägen günstig.
Bei den anderen Stufen ist jede Möglichkeit günstig.

P(„mit Hühnchen und Senf“) $= \frac{1}{4} \cdot \frac{1}{4} = \frac{1}{16}$

Auf der 2. Stufe ist 1 von 4 Belägen günstig.
Auf der 3. Stufe ist 1 von 4 Soßen günstig.
Bei den anderen Stufen ist jede Möglichkeit günstig.

Wahrscheinlichkeit, mit der man entweder einen Weißmehl-Burger mit Rindfleisch oder ein Hühnchen-Burger mit Senf erhält:

$P = \frac{1}{12} + \frac{1}{16} = \frac{16}{192} + \frac{12}{192} = \frac{28}{192} = \frac{7}{48}$

Nutze die Pfad-Additionsregel.

337 a) Es gibt $3 \cdot 4 \cdot 3 = 36$ Varianten.

b) P(Diesel – Rot – Business) $= \frac{1}{36}$

Gehe davon aus, dass alle Optionen gleich wahrscheinlich geklickt werden (Laplace-Experiment).
Die Variante „Roter Diesel mit Business-Paket“ ist 1 von 36 Varianten.

Oder mit der Pfad-Multiplikationsregel:
P(Diesel – Rot – Business) $= \frac{1}{3} \cdot \frac{1}{4} \cdot \frac{1}{3} = \frac{1}{36}$

c) P(E-Motor – Blau) $= \frac{1}{3} \cdot \frac{1}{4} = \frac{1}{12}$

Pfad-Multiplikationsregel:
Auf der 1. Stufe ist 1 von 3 Motorvarianten günstig (E-Motor). Auf der 2. Stufe ist 1 von 4 Farben günstig (Blau). Auf der 3. Stufe sind alle Ausstattungslinien günstig.

Diese Wahrscheinlichkeit entspricht nicht 20 % $= \frac{1}{5}$.

d) Baumdiagramm-Ausschnitt:

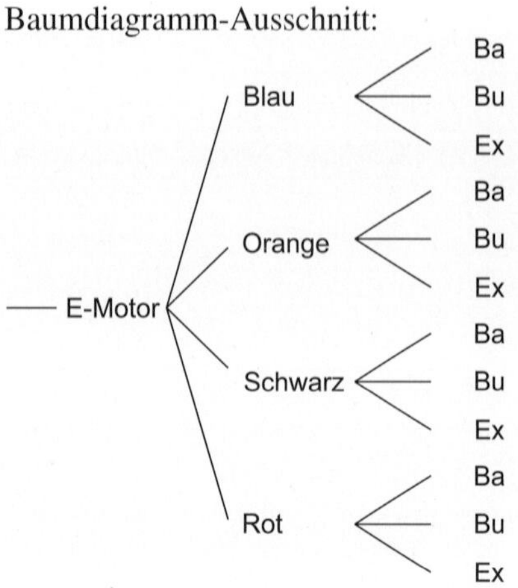

Es gibt also 12 Varianten mit E-Motor.

e) $P(\text{Schwarz} - \text{Basic}) = \frac{1}{4} \cdot \frac{1}{3} = \frac{1}{12}$

Hinweise und Tipps

Pfad-Multiplikationsregel:
Auf der 1. Stufe sind alle 3 Motorvarianten günstig.
Auf der 2. Stufe ist 1 von 4 Farben günstig (Schwarz).
Auf der 3. Stufe ist 1 von 3 Ausstattungslinien günstig (Basic).

Alternative ohne Pfadregeln: Stellt man sich das vollständige Baumdiagramm vor, erkennt man, dass es 3 verschiedene Varianten mit „Schwarz – Basic" gibt. 3 von 36 ergibt eine Wahrscheinlichkeit von $\frac{3}{36} = \frac{1}{12}$.

$P(\text{Diesel} - \text{Orange}) = \frac{1}{3} \cdot \frac{1}{4} = \frac{1}{12}$

Pfad-Multiplikationsregel:
Auf der 1. Stufe ist 1 von 3 Motorvarianten günstig (Diesel).
Auf der 2. Stufe ist 1 von 4 Farben günstig (Orange).
Auf der 3. Stufe ist jede Möglichkeit günstig.

Gesuchte Wahrscheinlichkeit mit der Pfad-Additionsregel:

$P = \frac{1}{12} + \frac{1}{12} = \frac{1}{6}$

Man addiert die beiden Wahrscheinlichkeiten.

---

338 a) $0{,}95 \cdot 0{,}95 \cdot 0{,}95 = 0{,}857$

Also wirkt der Impfstoff mit einer Wahrscheinlichkeit von ca. 85,7 % bei allen drei Personen.

b) $0{,}05 \cdot 0{,}05 \cdot 0{,}05 = 0{,}0001$

Also wirkt der Impfstoff mit einer Wahrscheinlichkeit von ca. 0,01 % bei keiner der drei Personen.

c) E: „wirkt mindestens einmal nicht" ist das Gegenereignis zu $\overline{E}$: „wirkt bei allen drei Personen".

$P(E) = 1 - P(\overline{E}) = 100\,\% - 85{,}7\,\% = 14{,}3\,\%$

Also wirkt der Impfstoff mit einer Wahrscheinlichkeit von ca. 14,3 % mindestens einmal nicht.

---

339 a) Die Wahrscheinlichkeit, alle richtig (r) zu erraten, beträgt:

$P(rrrr) = \frac{1}{3} \cdot \frac{1}{3} \cdot \frac{1}{3} \cdot \frac{1}{3} = \frac{1}{81} = 0{,}012 = 1{,}2\,\%$

b) Die Wahrscheinlichkeit, immer falsch (f) zu raten, beträgt:

$P(ffff) = \frac{2}{3} \cdot \frac{2}{3} \cdot \frac{2}{3} \cdot \frac{2}{3} = \frac{16}{81} = 0{,}198 = 19{,}8\,\%$

Hinweise und Tipps

c)

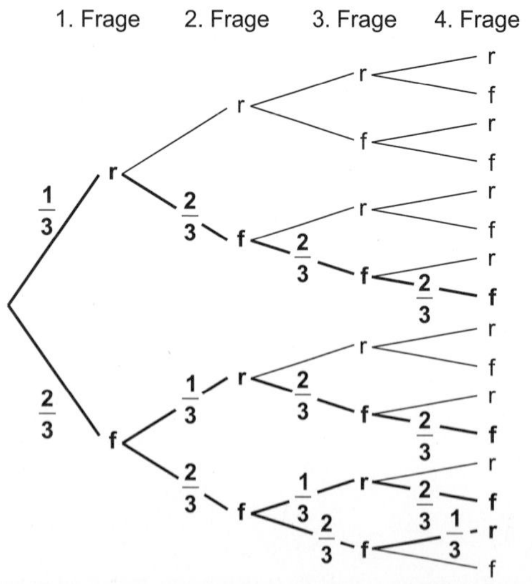

Die Wahrscheinlichkeit, genau eine richtige Antwort zu geben, beträgt:

$P(rfff, frff, ffrf, fffr)$

$= \frac{1}{3}\cdot\frac{2}{3}\cdot\frac{2}{3}\cdot\frac{2}{3} + \frac{2}{3}\cdot\frac{1}{3}\cdot\frac{2}{3}\cdot\frac{2}{3} + \frac{2}{3}\cdot\frac{2}{3}\cdot\frac{1}{3}\cdot\frac{2}{3}$

$+ \frac{2}{3}\cdot\frac{2}{3}\cdot\frac{2}{3}\cdot\frac{1}{3}$

$= 4\cdot\left(\frac{1}{3}\cdot\frac{2}{3}\cdot\frac{2}{3}\cdot\frac{2}{3}\right) = \frac{32}{81} = 0{,}395 = 39{,}5\ \%$

Es gibt 4 Ergebnisse, die genau eine richtige Antwort enthalten.

Die Wahrscheinlichkeiten für diese Ergebnisse werden nach der Pfad-Additionsregel addiert.

d) Das Ereignis „mindestens eine richtige Antwort“ ist das Gegenereignis von „keine richtige Antwort“.

$P(ffff) = 19{,}8\ \%$

(siehe Teilaufgabe b)

Also: P(„mindestens einmal r“) $= 100\ \% - 19{,}8\ \% = 80{,}2\ \%$

---

340 a)

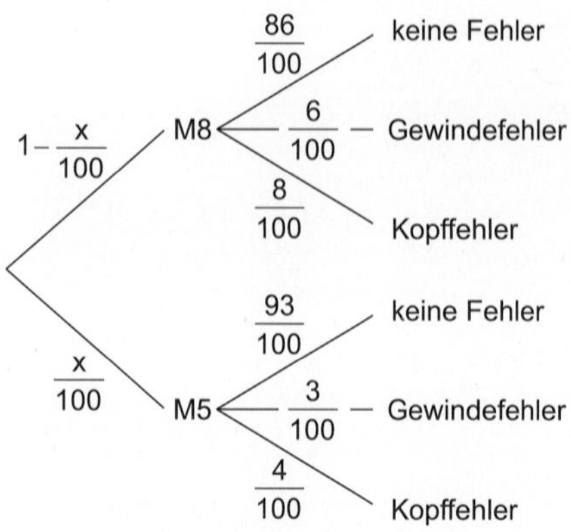

Von den M8-Schrauben sind fehlerfrei:
$100\ \% - (6\ \% + 8\ \%) = 86\ \%$

Von den M5-Schrauben sind fehlerfrei:
$100\ \% - (3\ \% + 4\ \%) = 93\ \%$

b) Anteil der M5-Schrauben an allen Schrauben: $\frac{x}{100}$

Anteil der M5-Schrauben mit Gewindefehler:
$\frac{x}{100}\cdot\frac{3}{100}$

Anteil der M5-Schrauben mit Kopffehler:
$\frac{x}{100}\cdot\frac{4}{100}$

$\Bigg\}\ \hat{=}\ 2\ \%$ aller Schrauben

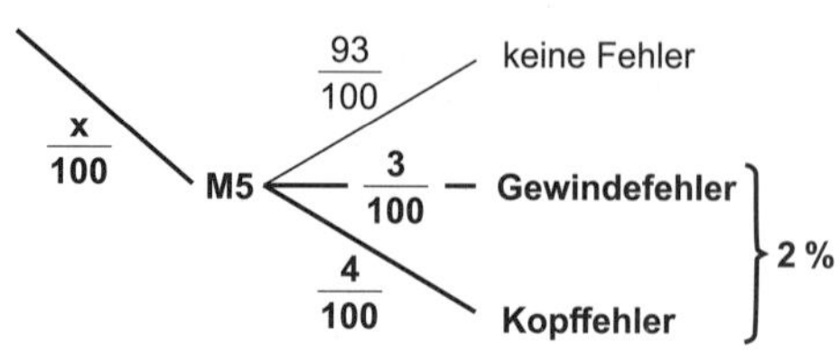

✎ Hinweise und Tipps

Das führt zu folgender Gleichung:

$$\frac{2}{100} = \frac{x}{100} \cdot \frac{3}{100} + \frac{x}{100} \cdot \frac{4}{100}$$

$$0,02 = (0,03 + 0,04) \cdot \frac{x}{100}$$

$$0,02 = 0,07 \cdot \frac{x}{100} \qquad | \cdot 100$$

$$2 = 0,07 \cdot x \qquad | : 0,07$$

$$x = 28,57$$

Der Anteil beträgt ca. 28,57 %.

---

341 a)

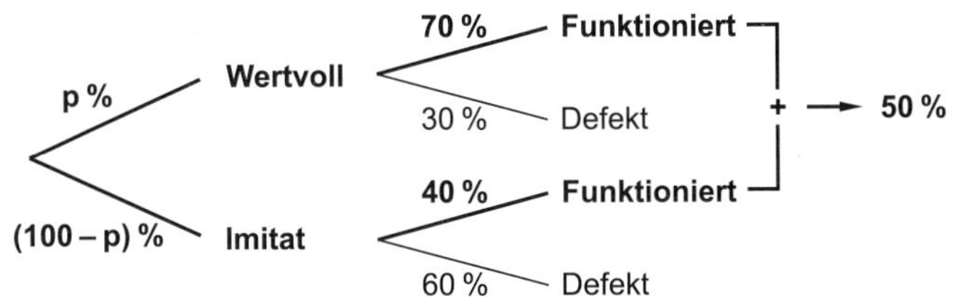

b) $0,5 = 0,7 \cdot \frac{p}{100} + 0,4 \cdot \left(1 - \frac{p}{100}\right)$

$$0,5 = 0,7 \cdot \frac{p}{100} + 0,4 - 0,4 \cdot \frac{p}{100}$$

$$0,5 = 0,3 \cdot \frac{p}{100} + 0,4 \qquad | -0,4$$

$$0,1 = 0,3 \cdot \frac{p}{100} \qquad | \cdot 100$$

$$10 = 0,3 \cdot p \qquad | : 0,3$$

$$p = 33,\overline{3}$$

Ein Drittel der Uhren sind wertvolle Originale.

Komplexe Aufgaben

Exponential- und Logarithmusfunktionen

Hinweise und Tipps

342 a) $D_f = \mathbb{R}$; $W_f = \{y \mid y > -2\}$

Wertetabelle:

x	−2	−1,5	−1	−0,5	0	0,5	1
f: $y = 3^{x+1} - 2$	−1,67	−1,42	−1	−0,27	1	3,20	7

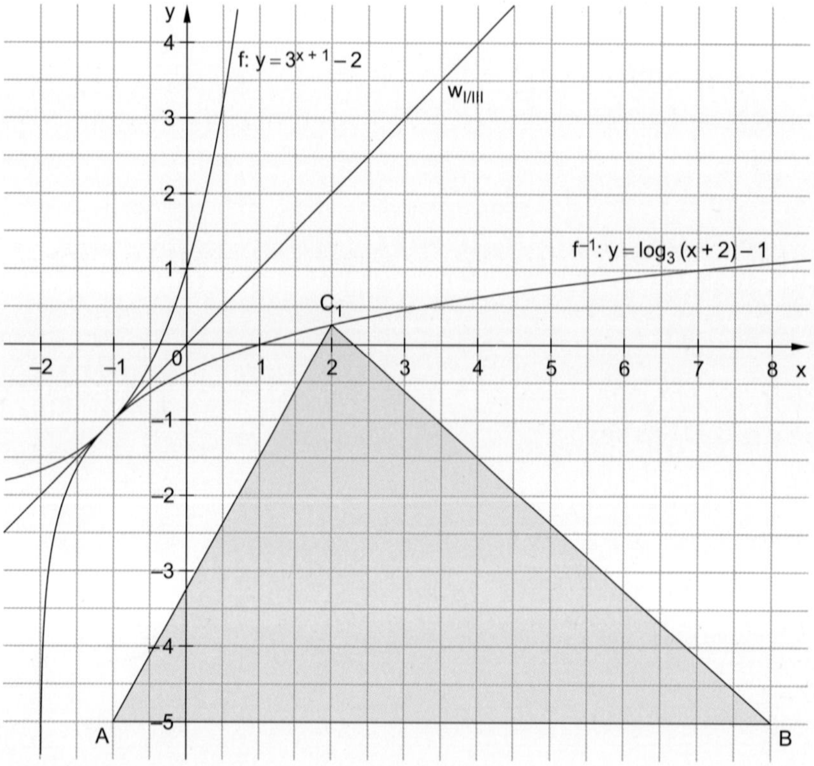

b) Berechnung der Gleichung der Umkehrfunktion f^{-1}:

$$f: \quad y = 3^{x+1} - 2$$

$$f^{-1}: \quad x = 3^{y+1} - 2 \quad |+2$$

$$\Leftrightarrow \quad 3^{y+1} = x + 2$$

$$\Leftrightarrow \quad y + 1 = \log_3(x+2) \quad |-1$$

$$\Leftrightarrow \quad y = \log_3(x+2) - 1$$

f^{-1}: $y = \log_3(x+2) - 1$

$D_{f^{-1}} = \{x \mid x > -2\}$; $W_{f^{-1}} = \mathbb{R}$

Einzeichnen der Umkehrfunktion f^{-1}

Vertausche die Variablen x und y in der Gleichung der Funktion f und löse die Gleichung nach y auf.

Logarithmiere.

Löse nach y auf.

Gleichung der Umkehrfunktion

Beachte: $D_{f^{-1}} = W_f$ und $W_{f^{-1}} = D_f$

Der Graph der Umkehrfunktion von f kann durch Spiegelung des Graphen zu f an der Winkelhalbierenden des I. und III. Quadranten gezeichnet werden.

Hinweise und Tipps

c) Einzeichnen des Dreiecks ABC_1

> $C_1(2\,|\,\log_3(2+2)-1) = C_1(2\,|\,\log_3 4 - 1) = C_1(2\,|\,0{,}26)$

Zunächst Berechnung der Koordinaten der aufspannenden Vektoren der Dreiecke ABC_n:

> Möglich wäre auch die Wahl der Vektoren $\overrightarrow{BA}$ und $\overrightarrow{BC_n}$ als aufspannende Vektoren.

$$\overrightarrow{AB} = \begin{pmatrix} 8-(-1) \\ -5-(-5) \end{pmatrix} = \begin{pmatrix} 9 \\ 0 \end{pmatrix}$$

> $A(-1\,|\,-5)$; $B(8\,|\,-5)$; $C_n(x\,|\,\log_3(x+2)-1)$

$$\overrightarrow{AC_n} = \begin{pmatrix} x-(-1) \\ \log_3(x+2)-1-(-5) \end{pmatrix} = \begin{pmatrix} x+1 \\ \log_3(x+2)+4 \end{pmatrix}$$

Berechnung des Flächeninhaltes $A_{\Delta ABC_n}(x)$:

> Vektoren in Determinante einsetzen
>
> An erster Stelle steht der Vektor, den man gegen den Uhrzeigersinn zum anderen Vektor dreht.

$$A_{\Delta ABC_n}(x) = \frac{1}{2} \cdot \begin{vmatrix} 9 & (x+1) \\ 0 & (\log_3(x+2)+4) \end{vmatrix} \text{ FE}$$

> Vereinfache.

$$A_{\Delta ABC_n}(x) = \frac{1}{2} \cdot [9 \cdot (\log_3(x+2)+4) - 0 \cdot (x+1)] \text{ FE}$$

$$A_{\Delta ABC_n}(x) = \frac{1}{2} \cdot [9 \cdot \log_3(x+2)+36] \text{ FE}$$

$$A_{\Delta ABC_n}(x) = [4{,}5 \cdot \log_3(x+2)+18] \text{ FE}$$

d) Berechnung von $A_{\Delta ABC_1}$:

> Setze $x = 2$ in die Formel für den Flächeninhalt ein.

$$A_{\Delta ABC_1} = A_{\Delta ABC_n}(2)$$

$$A_{\Delta ABC_1} = [4{,}5 \cdot \log_3(2+2)+18] \text{ FE}$$

$$A_{\Delta ABC_1} = 23{,}678 \text{ FE}$$

e) Berechnung von x, sodass $A_{\Delta ABC_2} = 30$ FE:

> Berechne den x-Wert, für den der Flächeninhalt 30 FE beträgt.

$$\begin{array}{|l} A_{\Delta ABC_n}(x) = [4{,}5 \cdot \log_3(x+2)+18] \text{ FE} \\ \wedge \quad A_{\Delta ABC_2} = 30 \text{ FE} \end{array}$$

> Löse nach x auf.

$$\Rightarrow \quad 4{,}5 \cdot \log_3(x+2)+18 = 30 \quad (\text{I} = \text{II}) \quad |-18$$

$$\Leftrightarrow \quad 4{,}5 \cdot \log_3(x+2) = 12 \quad |:4{,}5$$

> Beachte: $x = \log_a b \;\Leftrightarrow\; a^x = b$

$$\Leftrightarrow \quad \log_3(x+2) = 2\tfrac{2}{3}$$

$$\Leftrightarrow \quad x+2 = 3^{2\frac{2}{3}} \quad |-2$$

$$\Leftrightarrow \quad x = 3^{2\frac{2}{3}} - 2$$

$$\Leftrightarrow \quad x = 16{,}72$$

$\mathbb{L} = \{16{,}72\}$

f) Berechnung der Koordinaten von C_3:
Die Basis $\overline{AB}$ hat eine Länge von 9 LE. Damit ist die Abszisse von C_3 um 4,5 LE kleiner als die Abszisse von B:
$x_C = x_B - 4{,}5 = 8 - 4{,}5 = 3{,}5$

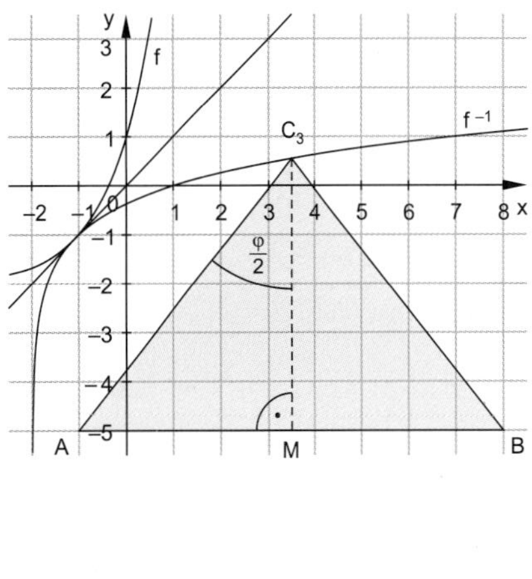

Weil $C_3 \in f^{-1}$: $y = \log_3(x+2) - 1$ ist, gilt also:
$C_3(3{,}5\,|\,\log_3(3{,}5+2)-1) = C_3(3{,}5\,|\,0{,}55)$

Bestimmung der Koordinaten von M:
M hat die gleiche Abszisse (x-Koordinate) wie C_3 und die gleiche Ordinate (y-Koordinate) wie A und B. Damit gilt $M(3{,}5\,|\,-5)$.

Berechnung von φ im rechtwinkligen Dreieck AMC_3:

$$\tan\frac{\varphi}{2} = \frac{|\overline{AM}|}{|\overline{MC_3}|}$$

$$\tan\frac{\varphi}{2} = \frac{x_M - x_A}{y_{C_3} - y_M}$$

$$\tan\frac{\varphi}{2} = \frac{3{,}5-(-1)}{0{,}55-(-5)}$$

$$\tan\frac{\varphi}{2} = \frac{4{,}5}{5{,}55}$$

$$\frac{\varphi}{2} = 39{,}01°$$

also: $\varphi = 78{,}02°$

$L = \{78{,}02°\}$

Hinweise und Tipps

Betrachte das in M rechtwinklige Dreieck AMC_3.
Es gilt: $A(-1\,|-5)$; $M(3{,}5\,|-5)$; $C_3(3{,}5\,|\,0{,}55)$

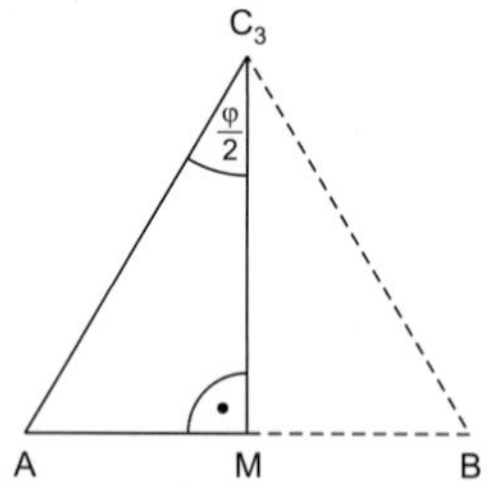

---

343 a) Berechnung der nach 2 Stunden noch vorhandenen Masse:

$$f:\quad y = y_0 \cdot 0{,}5^{\frac{x-1}{3}}$$

$$\Leftrightarrow\quad y = 80 \cdot 0{,}5^{\frac{2-1}{3}}$$

$$\Leftrightarrow\quad y = 63{,}50$$

$L = \{63{,}50\}$

Um 20.00 Uhr befinden sich noch 63,50 mg Koffein im Körper.

Setze die Anfangsmasse $y_0 = 80$ und $x = 2$ in die Gleichung ein.

Beachte, dass der Koffeinabbau erst nach einer Stunde, also ab 19.00 Uhr beginnt.

---

b) Berechnung des prozentualen Abbaus nach 10 Stunden:
Anfangsmasse in mg:
$y_0 = 80$
Verbleibende Masse nach 10 h in mg:

$$y_{10} = 80 \cdot 0{,}5^{\frac{10-1}{3}} = 80 \cdot 0{,}125$$

Abgebaute Masse nach 10 h in mg:

$$y_{ab} = y_0 - y_{10} = 80 - 80 \cdot 0{,}125 = y_0 - y_0 \cdot 0{,}125 = y_0 \cdot 0{,}875$$

Nach 10 Stunden sind 87,5 % des Koffeins abgebaut.

---

c) Berechnung der Uhrzeit, zu der 5 mg Koffein vorhanden sind:

$$f:\quad y = y_0 \cdot 0{,}5^{\frac{x-1}{3}}$$

$$\Leftrightarrow\quad 5 = 80 \cdot 0{,}5^{\frac{x-1}{3}} \quad |:80$$

$$\Leftrightarrow\quad \frac{1}{16} = 0{,}5^{\frac{x-1}{3}}$$

$$\Leftrightarrow\quad \frac{x-1}{3} = \log_{0{,}5}\frac{1}{16} \quad |\cdot 3$$

Setze die Anfangsmasse $y_0 = 80$ und die Restmasse $y = 5$ ein.

Logarithmiere.

Hinweise und Tipps

$\Leftrightarrow \quad x-1=3\cdot\left(\log_{0,5}\frac{1}{16}\right) \quad |+1$

$\Leftrightarrow \quad x=3\cdot\left(\log_{0,5}\frac{1}{16}\right)+1$

$\Leftrightarrow \quad x=13$

$L=\{13\}$

13 Stunden nach Genuss des Getränks, also um 7.00 Uhr, sind noch 5 mg Koffein im Körper vorhanden.

---

d) Anfangsmasse an Koffein in mg: y_0
Koffeinmasse nach x Stunden in mg:
Zeitdauer in h:
Berechnung der Anfangsmasse an Koffein:

$f: \quad y=y_0\cdot 0,5^{\frac{x-1}{3}}$ — Setze Restmasse y = 33,25 und Zeitdauer x = 7 ein.

$\Leftrightarrow \quad 33,25=y_0\cdot 0,5^{\frac{7-1}{3}}$ — Löse nach y_0 auf.

$\Leftrightarrow \quad y_0\cdot 0,5^2=33,25$

$\Leftrightarrow \quad y_0\cdot 0,25=33,25 \quad |:0,25$

$\Leftrightarrow \quad y_0=133$

$L=\{133\}$

Es sind 133 mg Koffein in der 100-$m\ell$-Dose enthalten.

---

344 a) Bestätigung der Gleichung:

$K_n=K_0\cdot\left(1+\frac{p}{100}\right)^n$ — Anfangskapital $K_0 = 250\,000$ € und Zinssatz p % = 5 % in die Gleichung einsetzen

$K_n=250\,000\text{ €}\cdot\left(1+\frac{5}{100}\right)^n$

$K_n=250\,000\text{ €}\cdot 1,05^n$

Somit beschreibt die Gleichung $K_n = 250\,000\text{ €}\cdot 1,05^n$ den Wachstumsprozess.

b)

n	0	6	12	18	24	30
$K_n = 250\,000\text{ €}\cdot 1,05^n$	250 000 €	335 024 €	448 964 €	601 655 €	806 275 €	1 080 486 €

c) Berechnung der Anzahl der Zinsjahre n:

$K_n=K_0\cdot\left(1+\frac{p}{100}\right)^n$ — Setze das angesparte Kapital $K_n = 1\,000\,000$ € in die gegebene Gleichung ein.

$\Leftrightarrow \quad 1\,000\,000\text{ €}=250\,000\text{ €}\cdot 1,05^n \quad |:250\,000\text{ €}$ — Vereinfache.

$\Leftrightarrow \quad 4=1,05^n$ — Logarithmiere.

$\Leftrightarrow \quad \log_{1,05}4=n$

$\Leftrightarrow \quad n=28,41$

$L=\{28,41\}$

A: Da $250\,000\text{ €}\cdot 1,05^{29}=1\,029\,033,90$ € wird im Laufe des 29. Jahres die Millionengrenze überschritten.

Hinweise und Tipps

d) Berechnung des neuen Anfangskapitals K_0:

Setze die Laufzeit n = 20 Jahre sowie das angestrebte Kapital $K_{20} = 1\,000\,000$ € in die gegebene Gleichung ein.

$$K_n = K_0 \cdot \left(1 + \frac{p}{100}\right)^n$$

$$\Leftrightarrow \quad 1\,000\,000\,€ = K_0 \cdot 1{,}05^{20} \qquad |:1{,}05^{20}$$

$$\Leftrightarrow \quad K_0 = 376\,889{,}48\,€$$

L = {376 889,48}

A: Das neue Startkapital müsste 376 889,48 € betragen, d. h., Herr Glückspilz müsste sein Startkapital um 376 889,48 € – 250 000 € = 126 889,48 € erhöhen.

e) Berechnung des notwendigen Kapitals:

Setze die gewünschten Zinsen in Höhe von P = 40 000 € und den Zinssatz p = 5 ein.

$$\frac{G}{100} = \frac{P}{p}$$

$$\Leftrightarrow \quad \frac{G}{100} = \frac{40\,000\,€}{5} \qquad |\cdot 100$$

$$\Leftrightarrow \quad G = \frac{100 \cdot 40\,000\,€}{5}$$

$$\Leftrightarrow \quad G = 800\,000\,€$$

Um jährliche Zinsen in Höhe von 40 000 € zu bekommen, müsste das angesparte Kapital 800 000 € betragen.

Berechnung der Anzahl der Jahre n:

Setze das notwendige Kapital $K_n = 800\,000$ € in die gegebene Gleichung ein.

$$K_n = K_0 \cdot \left(1 + \frac{p}{100}\right)^n$$

$$\Leftrightarrow \quad 800\,000\,€ = 250\,000\,€ \cdot 1{,}05^n \qquad |:250\,000\,€$$

$$\Leftrightarrow \quad 3{,}2 = 1{,}05^n$$

Logarithmiere.

$$\Leftrightarrow \quad \log_{1{,}05} 3{,}2 = n$$

$$\Leftrightarrow \quad n = 23{,}84$$

L = {23,84}

A: Nach 24 Jahren wäre das angesparte Kapital hoch genug, damit Herr Glückspilz mit jährlich anfallenden Zinsen in Höhe von 40 000 € rechnen könnte.

f) Berechnung der 4 %igen Gebühr:

Startkapital G = 250 000 € und Zinssatz p = 4 einsetzen

$$P = \frac{G \cdot p}{100} = \frac{250\,000\,€ \cdot 4}{100} = 10\,000\,€$$

Die 4 %ige Bearbeitungsgebühr beträgt 10 000 €.

Herr Glückspilz kann 250 000 € – 10 000 € = 240 000 € zu einem Zinssatz von 6,5 % anlegen. Damit ergibt sich die zu h gehörige Gleichung:

Der Zinssatz der Internetbank beträgt p = 6,5:
$\left(1 + \frac{p}{100}\right)^n = \left(1 + \frac{6{,}5}{100}\right)^n = 1{,}065^n$

$$K_n = 240\,000\,€ \cdot 1{,}065^n$$

Hinweise und Tipps

g) Berechnung der Anzahl der Zinsjahre n:

Setze das Startkapital $K_0 = 240\,000$ € sowie das angestrebte Kapital $K_n = 1\,000\,000$ € in die gegebene Gleichung ein.

$$K_n = K_0 \cdot \left(1 + \frac{p}{100}\right)^n$$

$$\Leftrightarrow \quad 1\,000\,000\text{ €} = 240\,000\text{ €} \cdot 1{,}065^n \quad |: 240\,000\text{ €}$$

Logarithmiere.

$$\Leftrightarrow \quad 4\frac{1}{6} = 1{,}065^n$$

$$\Leftrightarrow \quad \log_{1{,}065} 4\frac{1}{6} = n$$

$$\Leftrightarrow \quad n = 22{,}66$$

$L = \{22{,}66\}$

A: Da 240 000 € $\cdot$ $1{,}065^{23} = 1\,021\,532{,}58$ €, wird die Million nach 23 Jahren erreicht.

h) Berechnung des neuen Zinssatzes:

Setze das Startkapital $K_0 = 250\,000$ € sowie das angestrebte Kapital $K_n = 1\,000\,000$ € in die gegebene Gleichung ein.

$$K_n = K_0 \cdot \left(1 + \frac{p}{100}\right)^n$$

Löse nach p auf.

$$\Leftrightarrow \quad 1\,000\,000\text{ €} = 250\,000\text{ €} \cdot \left(1 + \frac{p}{100}\right)^{23} \quad |: 250\,000\text{ €}$$

$$\Leftrightarrow \quad 4 = \left(1 + \frac{p}{100}\right)^{23} \quad |\sqrt[23]{}$$

$$\Leftrightarrow \quad \sqrt[23]{4} = 1 + \frac{p}{100} \quad |-1$$

$$\Leftrightarrow \quad \sqrt[23]{4} - 1 = \frac{p}{100} \quad |\cdot 100$$

$$\Leftrightarrow \quad p = 6{,}21$$

$L = \{6{,}21\}$

A: Er müsste einen Zinssatz von 6,21 % aushandeln.

i) Berechnung der Anzahl der Zinsjahre n:

$$\begin{array}{l|l} \text{f:} & K_n = 250\,000\text{ €} \cdot 1{,}05^n \\ \text{h:} & \wedge\; K_n = 240\,000\text{ €} \cdot 1{,}065^n \end{array}$$

$$\Rightarrow \quad 250\,000\text{ €} \cdot 1{,}05^n = 240\,000\text{ €} \cdot 1{,}065^n \quad (\text{I} = \text{II}) \quad |: 250\,000\text{ €}$$

$$\Leftrightarrow \quad 1{,}05^n = \frac{240\,000\text{ €}}{250\,000\text{ €}} \cdot 1{,}065^n \quad |: 1{,}065^n$$

$$\Leftrightarrow \quad \left(\frac{1{,}05^n}{1{,}065^n}\right) = \frac{24}{25}$$

4. Potenzgesetz: $\frac{a^n}{b^n} = \left(\frac{a}{b}\right)^n$

$$\Leftrightarrow \quad \left(\frac{1{,}05}{1{,}065}\right)^n = \frac{24}{25}$$

$$\Leftrightarrow \quad n = \log_{\frac{1{,}05}{1{,}065}} \frac{24}{25}$$

$$\Leftrightarrow \quad n = 2{,}88$$

$L = \{2{,}88\}$

A: Im Laufe des 3. Jahres ergäbe sich das gleiche Kapital.

Hinweise und Tipps

Ebene Geometrie

345 a) Berechnung der Koordinaten des Pfeils $\overrightarrow{AD_1}$ für $\varphi = 30°$:

$\overrightarrow{AD_1} = \begin{pmatrix} -8 \cdot \sin 30° \\ 10 \cdot \cos^2(30°) \end{pmatrix} = \begin{pmatrix} -4 \\ 7,5 \end{pmatrix}$

Einsetzen von $\varphi = 30°$ in die allgemeinen Koordinaten $\overrightarrow{AD_n}(\varphi) = \begin{pmatrix} -8 \cdot \sin\varphi \\ 10 \cdot \cos^2\varphi \end{pmatrix}$

Wegen A(0|0) sind $\overrightarrow{AB} = \begin{pmatrix} 5 \\ 1 \end{pmatrix}$ und $\overrightarrow{AD_1} = \begin{pmatrix} -4 \\ 7,5 \end{pmatrix}$ Ortsvektoren. Somit gilt B(5|1) und $D_1(-4|7,5)$. Die Koordinaten von C_1 erhält man über $\overrightarrow{OC_1} = \overrightarrow{OB} \oplus \overrightarrow{BC_1} = \overrightarrow{AB} \oplus \overrightarrow{AD_1}$, also $C_1(1|8,5)$.

Im Parallelogramm ABC_1D_1 sind die gegenüberliegenden Seiten parallel. Deshalb ist $\overrightarrow{B_1C_1} = \overrightarrow{AD_1}$.

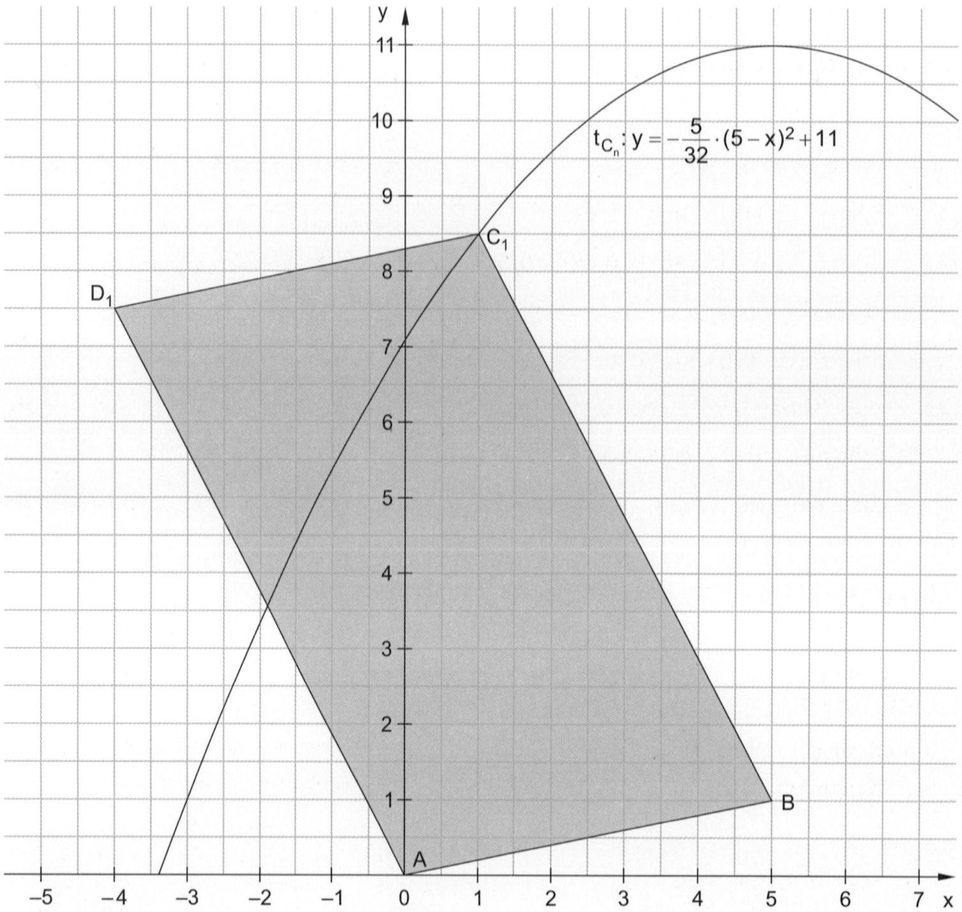

b) Berechnung von δ:

$\overrightarrow{D_1A} = \begin{pmatrix} 4 \\ -7,5 \end{pmatrix}$; $\overrightarrow{D_1C_1} = \overrightarrow{AB} = \begin{pmatrix} 5 \\ 1 \end{pmatrix}$

Gesucht ist das Winkelmaß zwischen den Pfeilen $\overrightarrow{D_1A}$ und $\overrightarrow{D_1C_1}$. Die Berechnung erfolgt über das Skalarprodukt beliebiger Vektoren.

$$\cos\delta = \frac{\overrightarrow{D_1A} \odot \overrightarrow{D_1C_1}}{|\overrightarrow{D_1A}| \cdot |\overrightarrow{D_1C_1}|}$$

$$\cos\delta = \frac{\begin{pmatrix} 4 \\ -7,5 \end{pmatrix} \odot \begin{pmatrix} 5 \\ 1 \end{pmatrix}}{\sqrt{4^2 + (-7,5)^2} \cdot \sqrt{5^2 + 1^2}}$$

$$\cos\delta = \frac{4 \cdot 5 + (-7,5) \cdot 1}{8,5 \cdot \sqrt{26}}$$

$$\cos\delta = \frac{12,5}{43,34}$$

$$\delta = 73,24°$$

Hinweise und Tipps

c) Berechnung von $A_{ABC_nD_n}(\varphi)$:

$\overrightarrow{AB} = \begin{pmatrix} 5 \\ 1 \end{pmatrix}$; $\overrightarrow{AD_n}(\varphi) = \begin{pmatrix} -8 \cdot \sin\varphi \\ 10 \cdot \cos^2\varphi \end{pmatrix}$

Aufspannende Vektoren der Parallelogramme ABC_nD_n

$A_{ABC_nD_n}(\varphi) = \begin{vmatrix} 5 & -8 \cdot \sin\varphi \\ 1 & 10 \cdot \cos^2\varphi \end{vmatrix}$ FE

Berechnung des Flächeninhalts mittels Determinante

$A_{ABC_nD_n}(\varphi) = [5 \cdot 10 \cdot \cos^2\varphi - 1 \cdot (-8 \cdot \sin\varphi)]$ FE

$A_{ABC_nD_n}(\varphi) = [50 \cdot \cos^2\varphi + 8 \cdot \sin\varphi]$ FE

Verwende: $\cos^2\varphi = 1 - \sin^2\varphi$

$A_{ABC_nD_n}(\varphi) = [50 \cdot (1 - \sin^2\varphi) + 8 \cdot \sin\varphi]$ FE

$A_{ABC_nD_n}(\varphi) = [50 - 50 \cdot \sin^2\varphi + 8 \cdot \sin\varphi]$ FE

$A_{ABC_nD_n}(\varphi) = [-50 \cdot \sin^2\varphi + 8 \cdot \sin\varphi + 50]$ FE

d) Extremwertberechnung:

$A_{ABC_nD_n}(\varphi) = [-50 \cdot \sin^2\varphi + 8 \cdot \sin\varphi + 50]$ FE

Klammere den Faktor –50 vor $\sin^2\varphi$ aus.

$A_{ABC_nD_n}(\varphi) = -50 \cdot [\sin^2\varphi - 0{,}16 \cdot \sin\varphi - 1]$ FE

Ergänze quadratisch.

$A_{ABC_nD_n}(\varphi) = -50 \cdot [\sin^2\varphi - 0{,}16 \cdot \sin\varphi + 0{,}08^2 - 0{,}08^2 - 1]$ FE

Bilde das Binom zur 2. binomischen Formel.

$A_{ABC_nD_n}(\varphi) = -50 \cdot [(\sin\varphi - 0{,}08)^2 - 0{,}0064 - 1]$ FE

$A_{ABC_nD_n}(\varphi) = -50 \cdot [(\sin\varphi - 0{,}08)^2 - 1{,}0064]$ FE

Multipliziere aus.

$A_{ABC_nD_n}(\varphi) = [-50 \cdot (\sin\varphi - 0{,}08)^2 + 50{,}32]$ FE

Negativer Faktor vor der Klammer → Maximum
Wähle φ so, dass die Klammer 0 ergibt.

$A_{max} = 50{,}32\ FE^2$ für $\sin\varphi = 0{,}08$, also für $\varphi = 4{,}59°$.

e) Berechnung der Gleichung des Trägergraphen t_{C_n}:

$\overrightarrow{OC_n} = \overrightarrow{OB} \oplus \overrightarrow{BC_n}$ mit $C_n(x\,|\,y)$

Im Parallelogramm ABC_nD_n sind gegenüberliegende Seiten parallel. Deshalb gilt:
$\overrightarrow{BC_n} = \overrightarrow{AD_n} = \begin{pmatrix} -8 \cdot \sin\varphi \\ 10 \cdot \cos^2\varphi \end{pmatrix}$

$\Leftrightarrow \begin{pmatrix} x \\ y \end{pmatrix} = \begin{pmatrix} 5 \\ 1 \end{pmatrix} \oplus \begin{pmatrix} -8 \cdot \sin\varphi \\ 10 \cdot \cos^2\varphi \end{pmatrix}$

$\Leftrightarrow \begin{pmatrix} x \\ y \end{pmatrix} = \begin{pmatrix} 5 - 8 \cdot \sin\varphi \\ 1 + 10 \cdot \cos^2\varphi \end{pmatrix}$

$\Leftrightarrow \left| \begin{array}{l} x = 5 - 8 \cdot \sin\varphi \quad | + 8 \cdot \sin\varphi - x \\ \wedge\ y = 1 + 10 \cdot \cos^2\varphi \end{array} \right.$

Löse Gleichung I nach $\sin\varphi$ auf.
Beachte: $\cos^2\varphi = 1 - \sin^2\varphi$

$\Leftrightarrow \left| \begin{array}{l} 8 \cdot \sin\varphi = 5 - x \quad | : 8 \\ \wedge\ y = 1 + 10 \cdot (1 - \sin^2\varphi) \end{array} \right.$

$\Leftrightarrow \left| \begin{array}{l} \sin\varphi = \frac{5 - x}{8} \\ \wedge\ y = 1 + 10 \cdot (1 - \sin^2\varphi) \end{array} \right.$

Einsetzen von $\frac{5 - x}{8}$ für $\sin\varphi$ in Gleichung II

$\Rightarrow\ y = 1 + 10 - 10 \cdot \sin^2\varphi$

$\Rightarrow\ y = 11 - 10 \cdot \sin^2\varphi)$

$\Rightarrow\ y = 11 - 10 \cdot \left(\frac{5 - x}{8}\right)^2$

$\Rightarrow\ y = 11 - 10 \cdot \frac{(5 - x)^2}{8^2}$

$\Rightarrow\ y = 11 - \frac{10}{64} \cdot (5 - x)^2$

Hinweise und Tipps

also: t_{C_n}: $y = -\frac{5}{32}(5-x)^2 + 11$

Gleichung des Trägergraphen der Punkte C_n

f) Berechnung von φ, sodass ein Rechteck entsteht:
Bedingung für Rechteck:
$\overrightarrow{AB} \perp \overrightarrow{AD_2} \Leftrightarrow \overrightarrow{AB} \odot \overrightarrow{AD_2} = 0$

Ein Parallelogramm ist ein Rechteck, wenn zwei Seiten senkrecht aufeinanderstehen. Dies ist der Fall, wenn die Pfeile $\overrightarrow{AB}$ und $\overrightarrow{AD_2}$ orthogonal zueinander sind.

Es gilt: $\overrightarrow{AB} = \begin{pmatrix} 5 \\ 1 \end{pmatrix}$; $\overrightarrow{AD_n}(\varphi) = \begin{pmatrix} -8 \cdot \sin\varphi \\ 10 \cdot \cos^2\varphi \end{pmatrix}$

Skalarprodukt:

$$\overrightarrow{AB} \odot \overrightarrow{AD_n}(\varphi) = 0$$

Skalarprodukt orthogonaler Vektoren

$$\Leftrightarrow \begin{pmatrix} 5 \\ 1 \end{pmatrix} \odot \begin{pmatrix} -8 \cdot \sin\varphi \\ 10 \cdot \cos^2\varphi \end{pmatrix} = 0$$

Produkt der x-Koordinaten + Produkt der y-Koordinaten

$$\Leftrightarrow 5 \cdot (-8 \cdot \sin\varphi) + 1 \cdot (10 \cdot \cos^2\varphi) = 0$$

$$\Leftrightarrow -40 \cdot \sin\varphi + 10 \cdot \cos^2\varphi = 0$$

Verwende: $\cos^2\varphi = 1 - \sin^2\varphi$

$$\Leftrightarrow -40 \cdot \sin\varphi + 10 \cdot (1 - \sin^2\varphi) = 0$$

$$\Leftrightarrow -40 \cdot \sin\varphi + 10 - 10 \cdot \sin^2\varphi = 0$$

$$\Leftrightarrow -10 \cdot \sin^2\varphi - 40 \cdot \sin\varphi + 10 = 0$$

Wende die Lösungsformel für quadratische Gleichungen an.

$D = b^2 - 4ac = (-40)^2 - 4 \cdot (-10) \cdot 10 = 2000$

$$\Leftrightarrow \sin\varphi_{1/2} = \frac{40 \pm \sqrt{2\,000}}{2 \cdot (-10)}$$

$$\Leftrightarrow \sin\varphi_1 = -2 + \sqrt{5} = 0,24 \quad (\vee \ \sin\varphi_2 = -2 - \sqrt{5} = -4,24)$$

Beachte: $-1 \leq \sin\varphi \leq +1$

$$\Rightarrow \varphi_1 = 13,65°$$

$\varphi \in [0°; 48,43°[$

$L = \{13,65°\}$

---

346 a) Vorüberlegungen zur Zeichnung:

- Einzeichnen der Punkte $A(-6\,|\,-4)$ und $D_1(-2\,|\,0,5 \cdot (-2) + 3) = D_1(-2\,|\,2)$
- Einzeichnen der Ursprungsgeraden durch A
- C_1 liegt auf der Ursprungsgeraden durch A und es gilt $|\overline{AD_1}| = |\overline{C_1D_1}|$. Zeichne daher einen Kreis um D_1 mit Radius $|\overline{AD_1}|$. Der Schnitt mit der Ursprungsgeraden liefert den Punkt C_1.
- Spiegeln des Punktes D_1 an der Ursprungsgeraden durch A liefert den Punkt B_1

Hinweise und Tipps

Zeichnung:

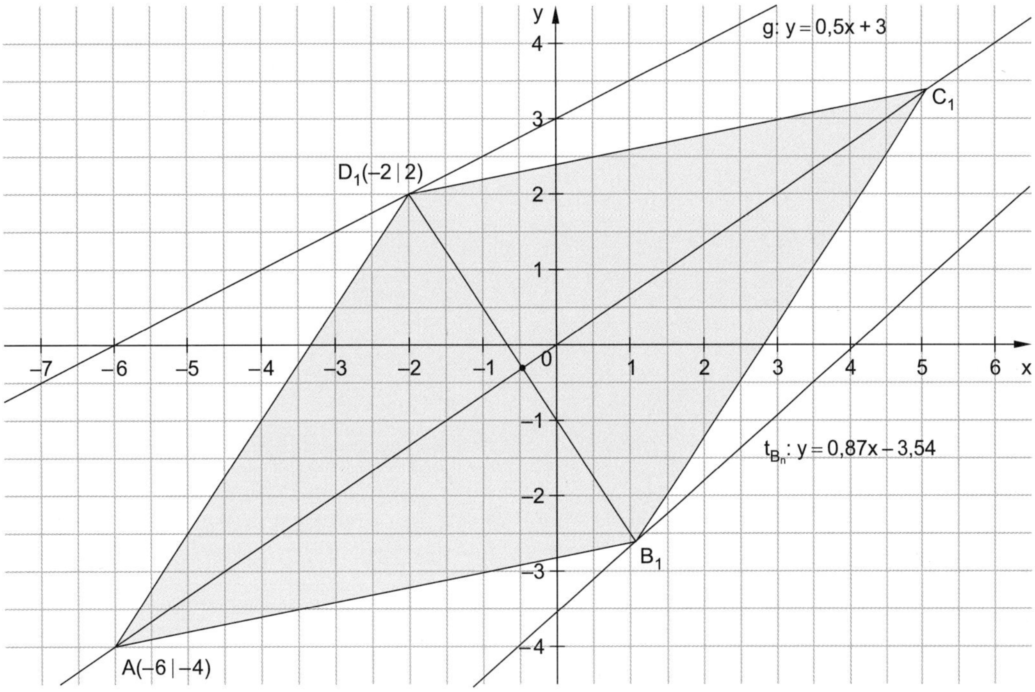

b) Für den Steigungspfeil der Geraden AO gilt:

$$\vec{m}_{AO} = \begin{pmatrix} 0-(-6) \\ 0-(-4) \end{pmatrix} = \begin{pmatrix} 6 \\ 4 \end{pmatrix}, \text{ also: } m_{AO} = \frac{4}{6} = \frac{2}{3}$$

Die Punkte $B_n(x' \mid y')$ erhält man durch Spiegelung der Punkte $D_n(x \mid 0{,}5x+3)$ an der Symmetrieachse AO. Der Steigungswinkel α ist aus dem Steigungsfaktor m_{AO} der Symmetrieachse AO zu ermitteln.

Für den Steigungswinkel α gilt:

$$\tan\alpha = \frac{2}{3}$$

$\tan\alpha = m_{AO}$

$$\Leftrightarrow \quad \alpha = 33{,}69°$$

$$\Leftrightarrow \quad 2\alpha = 67{,}38°$$

$$\Leftrightarrow \quad \sin 2\alpha = 0{,}92 \ \wedge \ \cos 2\alpha = 0{,}38$$

Berechnung der Koordinaten der Punkte B_n:
Die Punkte $B_n(x' \mid y')$ erhält man durch Spiegelung der Punkte $D_n(x \mid 0{,}5x+3)$ an der Symmetrieachse AO:

$$\begin{pmatrix} x' \\ y' \end{pmatrix} = \begin{pmatrix} \cos 2\alpha & \sin 2\alpha \\ \sin 2\alpha & -\cos 2\alpha \end{pmatrix} \odot \begin{pmatrix} x \\ 0{,}5x+3 \end{pmatrix}$$

Setze die Werte in die Abbildungsgleichung ein.
Abbildungsgleichung der Achsenspiegelung:

$$\begin{pmatrix} a & b \\ c & d \end{pmatrix} \odot \begin{pmatrix} x \\ y \end{pmatrix} = \begin{pmatrix} a \cdot x + b \cdot y \\ c \cdot x + d \cdot y \end{pmatrix}$$

$$\Leftrightarrow \quad \begin{pmatrix} x' \\ y' \end{pmatrix} = \begin{pmatrix} 0{,}38 & 0{,}92 \\ 0{,}92 & -0{,}38 \end{pmatrix} \odot \begin{pmatrix} x \\ 0{,}5x+3 \end{pmatrix}$$

$$\Leftrightarrow \quad \begin{pmatrix} x' \\ y' \end{pmatrix} = \begin{pmatrix} 0{,}38 \cdot x + 0{,}92 \cdot (0{,}5x+3) \\ 0{,}92 \cdot x - 0{,}38 \cdot (0{,}5x+3) \end{pmatrix}$$

$$\Leftrightarrow \quad \begin{pmatrix} x' \\ y' \end{pmatrix} = \begin{pmatrix} 0{,}38x + 0{,}46x + 2{,}76 \\ 0{,}92x - 0{,}19x - 1{,}14 \end{pmatrix}$$

Fasse zusammen.

$$\Leftrightarrow \quad \begin{pmatrix} x' \\ y' \end{pmatrix} = \begin{pmatrix} 0{,}84x + 2{,}76 \\ 0{,}73x - 1{,}14 \end{pmatrix}$$

$$\Leftrightarrow \quad \begin{array}{|l} \quad x' = 0{,}84x + 2{,}76 \\ \wedge \ y' = 0{,}73x - 1{,}14 \end{array}$$

$B_n(0{,}84x + 2{,}76 \mid 0{,}73x - 1{,}14)$

Koordinaten der Eckpunkte B_n

✐ Hinweise und Tipps

c) Berechnung der Gleichung des Trägergraphen t_{B_n} der Punkte B_n (Parameterverfahren):

$$\begin{vmatrix} x' = 0{,}84x + 2{,}76 \\ \wedge\ y' = 0{,}73x - 1{,}14 \end{vmatrix} \quad | -2{,}76$$

Löse Gleichung I nach x auf.

$$\Leftrightarrow \begin{vmatrix} 0{,}84x = x' - 2{,}76 \\ \wedge\ y' = 0{,}73x - 1{,}14 \end{vmatrix} \quad | :0{,}84$$

Eliminiere den Parameter x.

$$\Leftrightarrow \begin{vmatrix} x = 1{,}19x' - 3{,}29 \\ \wedge\ y' = 0{,}73(1{,}19x' - 3{,}29) - 1{,}14 \end{vmatrix}$$

Einsetzen von $1{,}19x' - 3{,}29$ für x in Gleichung II

$$\Leftrightarrow \begin{vmatrix} x = 1{,}19x' - 3{,}29 \\ \wedge\ y' = 0{,}87x' - 3{,}54 \end{vmatrix}$$

t_{B_n}: $y = 0{,}87x - 3{,}54$

Gleichung des Trägergraphen t_B

Einzeichnen des Trägergraphen t_{B_n}

d) Berechnung der Intervallgrenzen für Rauten $AB_nC_nD_n$:

Untere Grenze:
Wenn C_n auf der Geraden AO „links" von A liegt, ändert sich der Umlaufsinn der Rauten, sodass es keine Rauten $AB_nC_nD_n$ mehr gibt. Im Grenzfall fallen die Punkte A und C_n zusammen und die Eckpunkte der Raute liegen auf der Senkrechten s zu AO durch A.

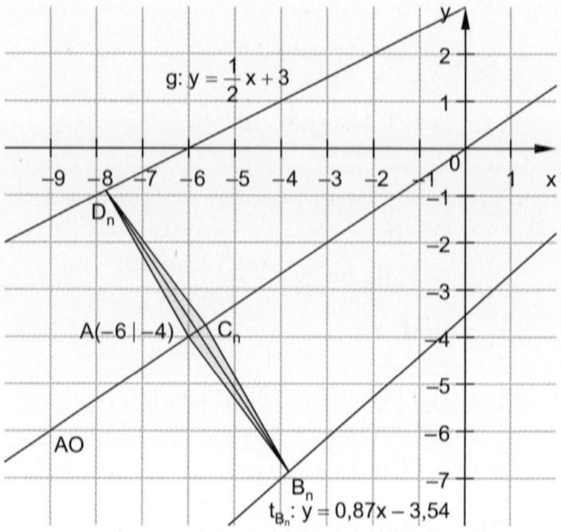

Berechnung der Gleichung der Senkrechten s durch den Punkt $A(-6\,|-4)$:
Da s senkrecht auf AO steht, gilt die Orthogonalitätsbedingung: $m \perp m_\perp \;\Leftrightarrow\; m \cdot m_\perp = -1$

$$m_{AO} \cdot m_s = -1$$
$$\Leftrightarrow \quad \frac{2}{3} \cdot m_s = -1$$
$$\Leftrightarrow \quad m_s = -\frac{3}{2}$$

Gleichung der Geraden s:

Anwendung der Normalform

$A(-6\,|-4) \in s$: $\quad y = m_s \cdot x + t$

$$\Leftrightarrow \quad -4 = -\frac{3}{2} \cdot (-6) + t$$
$$\Leftrightarrow \quad t = -13$$

also s: $y = -1\frac{1}{2}x - 13$

Berechnung der x-Koordinate des Punktes D_U, der am weitesten „links" liegen kann, $g \cap s = \{D_U\}$:
Schnittpunktbedingung:

$$\begin{vmatrix} g: & y = \frac{1}{2}x + 3 \\ s: & \wedge\ y = -1\frac{1}{2}x - 13 \end{vmatrix}$$

$$\Rightarrow \frac{1}{2}x + 3 = -1\frac{1}{2}x - 13 \quad (I = II) \quad \left| -\frac{1}{2}x + 13\right.$$

Hinweise und Tipps

$\Leftrightarrow \quad 16 = -2x \quad |:(-2)$

$\Leftrightarrow \quad x = -8$

$L = \{-8\}$

$D_U(-8 \mid 0{,}5 \cdot (-8) + 3) = D_U(-8 \mid -1)$

Die x-Koordinate –8 stellt die untere Intervallgrenze für x dar.

Obere Grenze:
Die obere Grenze ergibt sich aus der x-Koordinate des Schnittpunktes D_O der Geraden g mit der Geraden AO. Dieser entspricht auch dem Schnittpunkt des Trägergraphen von B_n mit der Geraden AO, denn in diesem Fall fallen die Punkte B_n und D_n zusammen.

Berechnung der x-Koordinate des Schnittpunktes D_O von g mit AO: $g \cap AO = \{D_O\}$:
Schnittpunktbedingung:

$$\begin{array}{l|l} g: & y = \frac{1}{2}x + 3 \\ AO: & \wedge \ y = \frac{2}{3}x \end{array}$$

$\Rightarrow \quad \frac{1}{2}x + 3 = \frac{2}{3}x \quad (I = II) \quad \left| -\frac{2}{3}x - 3 \right.$

$\Leftrightarrow \quad -\frac{1}{6}x = -3 \quad |\cdot(-6)$

$\Leftrightarrow \quad x = 18$

$L = \{18\}$

$D_O\left(18 \,\middle|\, \frac{2}{3} \cdot 18\right) = D_O(18 \mid 12)$

Somit erhält man Rauten $AB_nC_nD_n$ für $x \in \,]-8;\, 18[$.

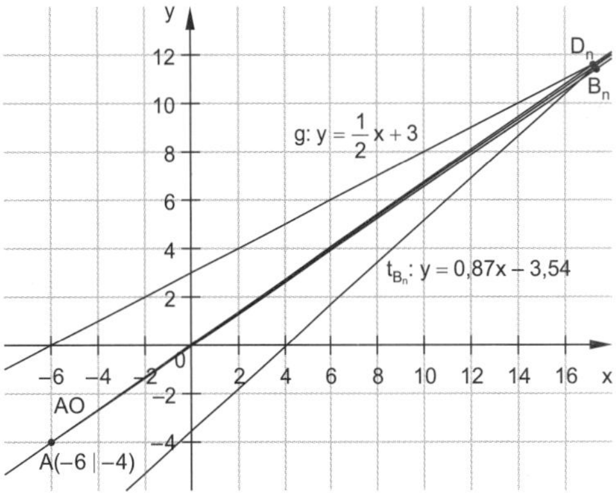

Bemerkung:
Da bei der Berechnung der Gleichung des Trägergraphen mit gerundeten Werten gerechnet wurde, ist die zugehörige Gleichung nicht exakt. Daher stimmen die Schnittpunkte von g und AO und von t_{B_n} und AO in der Zeichnung nicht überein.

Die x-Koordinate 18 stellt die obere Intervallgrenze für x dar.

e) Berechnung von x, sodass ein Quadrat entsteht:
Bedingung für ein Quadrat:

$\overrightarrow{AB_0} \perp \overrightarrow{AD_0} \quad \Leftrightarrow \quad \overrightarrow{AB_0} \odot \overrightarrow{AD_0} = 0$

Eine Raute ist ein Quadrat, wenn zwei Seiten senkrecht aufeinanderstehen. Dies liegt vor, wenn die Pfeile $\overrightarrow{AB_0}$ und $\overrightarrow{AD_0}$ orthogonal zueinander sind.

Es gilt: $\overrightarrow{AB_0} = \begin{pmatrix} 0{,}84x + 2{,}76 - (-6) \\ 0{,}73x - 1{,}14 - (-4) \end{pmatrix} = \begin{pmatrix} 0{,}84x + 8{,}76 \\ 0{,}73x + 2{,}86 \end{pmatrix}$

$\overrightarrow{AD_0} = \begin{pmatrix} x - (-6) \\ 0{,}5x + 3 - (-4) \end{pmatrix} = \begin{pmatrix} x + 6 \\ 0{,}5x + 7 \end{pmatrix}$

$A(-6 \mid -4)$; $B_0(0{,}84x + 2{,}76 \mid 0{,}73x - 1{,}14)$; $D_0(x \mid 0{,}5x + 3)$

Skalarprodukt:

$\overrightarrow{AB_0} \odot \overrightarrow{AD_0} = 0$ — Skalarprodukt orthogonaler Vektoren

$\Leftrightarrow \quad \begin{pmatrix} 0{,}84x + 8{,}76 \\ 0{,}73x + 2{,}86 \end{pmatrix} \odot \begin{pmatrix} x + 6 \\ 0{,}5x + 7 \end{pmatrix} = 0$ — Produkt der x-Koordinaten + Produkt der y-Koordinaten

$\Leftrightarrow \quad (0{,}84x + 8{,}76) \cdot (x + 6) + (0{,}73x + 2{,}86) \cdot (0{,}5x + 7) = 0$ — Löse die Klammern auf.

$\Leftrightarrow \quad 0{,}84x^2 + 13{,}8x + 52{,}56 + 0{,}37x^2 + 6{,}54x + 20{,}02 = 0$ — Fasse zusammen.

$\Leftrightarrow \quad 1{,}21x^2 + 20{,}34x + 72{,}58 = 0$ — Wende die Lösungsformel für quadratische Gleichungen an.

$D = b^2 - 4ac = 20{,}34^2 - 4 \cdot 1{,}21 \cdot 72{,}58 = 62{,}43$

Hinweise und Tipps

$\Leftrightarrow \quad x_{1/2} = \frac{-20,34 \pm \sqrt{62,43}}{2 \cdot 1,21}$

$x_1 = -5,14 \quad (\vee \quad x_2 = -11,67 \notin]-8; 18[)$

$L = \{-5,14\}$

$D_0(-5,14 \mid 0,5 \cdot (-5,14) + 3) = D_0(-5,14 \mid 0,43)$

Koordinaten des Punktes D_0 des gesuchten Quadrats $AB_0C_0D_0$

---

347 a) Vorüberlegungen zur Zeichnung:

- Einzeichnen der Punkte $A(5 \mid 1)$ und $M_1\left(6 \mid \frac{1}{2} \cdot 6 + 1\right) = M_1(6 \mid 4)$
- Einzeichnen der Geraden durch A und M_1
- C_1 liegt auf der Geraden durch A und M_1 und es gilt $|\overline{AM_1}| = \frac{1}{2} \cdot |\overline{M_1C_1}|$.
- Einzeichnen der Senkrechten zu AM_1 durch M_1
- Einzeichnen der 45°-Winkel in C_1
- Bilden der Schnittpunkte der Senkrechten zu AM_1 mit den freien Schenkeln der 45°-Winkel

Zeichnung:

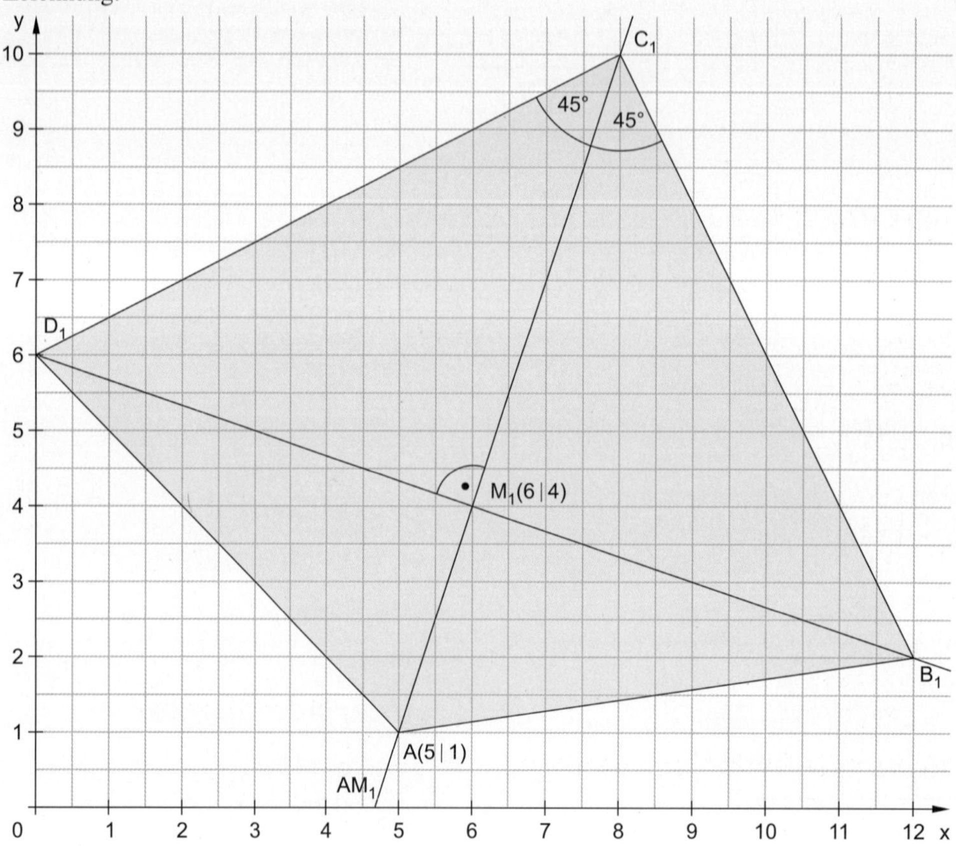

b) Berechnung von α:
Betrachte das in M rechtwinklige Dreieck AB_nM_n:
Wegen $|\overline{C_nM_n}| = |\overline{B_nM_n}|$ und $|\overline{C_nM_n}| = 2 \cdot |\overline{M_nA}|$ folgt $|\overline{B_nM_n}| = 2 \cdot |\overline{M_nA}|$. Damit gilt:

$$\tan\frac{\alpha}{2} = \frac{|\overline{B_nM_n}|}{|\overline{M_nA}|}$$

$$\tan\frac{\alpha}{2} = \frac{2 \cdot |\overline{M_nA}|}{|\overline{M_nA}|}$$

$$\tan\frac{\alpha}{2} = 2$$

$$\frac{\alpha}{2} = 63{,}43^\circ$$

also: $\alpha = 126{,}86^\circ$

Hinweise und Tipps

Wegen $\sphericalangle M_nC_nB_n = 45^\circ$ und $\sphericalangle B_nM_nC_n = 90^\circ$ sind die Dreiecke $M_nB_nC_n$ gleichschenklig mit: $|\overline{M_nC_n}| = |\overline{M_nB_n}|$

Das Winkelmaß α ist somit unabhängig von $|\overline{AM_n}|$.

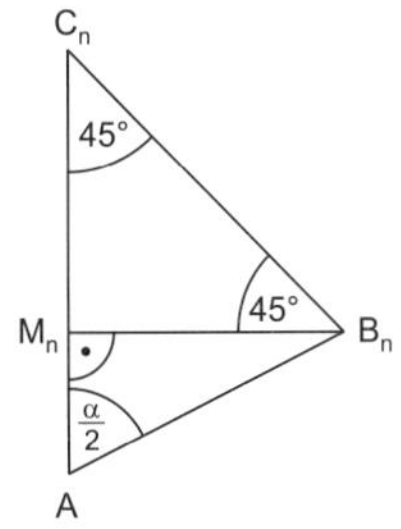

c) Berechnung der Koordinaten von $B_n(x)$:

$$\overrightarrow{M_nA} \xmapsto{M_n;\ \varphi = 90^\circ} \overrightarrow{M_nA'} \xmapsto{M_n;\ k = 2} \overrightarrow{M_nB_n}$$

Es gilt: $|\overline{M_nB_n}| = 2 \cdot |\overline{M_nA}|$

mit $A(5\,|\,1)$, $M_n\left(x \,\middle|\, \frac{1}{2}x + 1\right)$ und $B_n(x_{B_n}\,|\,y_{B_n})$:

$$\begin{pmatrix} x_{B_n} - x_{M_n} \\ y_{B_n} - y_{M_n} \end{pmatrix} = k \cdot \underbrace{\left[\underbrace{\begin{pmatrix} \cos\varphi & -\sin\varphi \\ \sin\varphi & \cos\varphi \end{pmatrix} \odot \begin{pmatrix} x_A - x_{M_n} \\ y_A - y_{M_n} \end{pmatrix}}_{\text{1. Abbildung: Drehung}}\right]}_{\text{2. Abbildung: Zentrische Streckung}}$$

$$\Leftrightarrow \begin{pmatrix} x_{B_n} - x \\ y_{B_n} - \left(\frac{1}{2}x + 1\right) \end{pmatrix} = 2 \cdot \left[\begin{pmatrix} \cos 90^\circ & -\sin 90^\circ \\ \sin 90^\circ & \cos 90^\circ \end{pmatrix} \odot \begin{pmatrix} 5 - x \\ 1 - \left(\frac{1}{2}x + 1\right) \end{pmatrix}\right]$$

$$\Leftrightarrow \begin{pmatrix} x_{B_n} - x \\ y_{B_n} - \frac{1}{2}x - 1 \end{pmatrix} = 2 \cdot \left[\begin{pmatrix} 0 & -1 \\ 1 & 0 \end{pmatrix} \odot \begin{pmatrix} 5 - x \\ -\frac{1}{2}x \end{pmatrix}\right]$$

$$\begin{pmatrix} a & b \\ c & d \end{pmatrix} \odot \begin{pmatrix} x \\ y \end{pmatrix} = \begin{pmatrix} a \cdot x + b \cdot y \\ c \cdot x + d \cdot y \end{pmatrix}$$

$$\Leftrightarrow \begin{pmatrix} x_{B_n} - x \\ y_{B_n} - \frac{1}{2}x - 1 \end{pmatrix} = 2 \cdot \begin{pmatrix} 0 \cdot (5 - x) - 1 \cdot \left(-\frac{1}{2}x\right) \\ 1 \cdot (5 - x) + 0 \cdot \left(-\frac{1}{2}x\right) \end{pmatrix}$$

$$\Leftrightarrow \begin{pmatrix} x_{B_n} - x \\ y_{B_n} - \frac{1}{2}x - 1 \end{pmatrix} = 2 \cdot \begin{pmatrix} \frac{1}{2}x \\ 5 - x \end{pmatrix}$$

$$\Leftrightarrow \begin{pmatrix} x_{B_n} - x \\ y_{B_n} - \frac{1}{2}x - 1 \end{pmatrix} = \begin{pmatrix} x \\ 10 - 2x \end{pmatrix}$$

$$\Leftrightarrow \begin{array}{|l} x_{B_n} - x = x \qquad \qquad |+x \\ \wedge\ y_{B_n} - \frac{1}{2}x - 1 = 10 - 2x \qquad \left|+\frac{1}{2}x + 1\right. \end{array}$$

Löse Gleichung I nach x_{B_n} auf.

$$\Leftrightarrow \begin{array}{|l} x_{B_n} = 2x \\ \wedge\ y_{B_n} = -1\frac{1}{2}x + 11 \end{array}$$

$$B_n\left(2x \,\middle|\, -1\frac{1}{2}x + 11\right)$$

Koordinaten der Punkte B_n

d) Berechnung der Koordinaten von M_0:

Das flächenkleinste Drachenviereck entsteht, wenn die beiden Diagonalen minimale Länge haben. Dies ist der Fall, wenn $|\overline{AM_n}|$ am kürzesten ist, also wenn gilt:

$\overrightarrow{AM_n} \perp \vec{m}_g \quad \Leftrightarrow \quad \overrightarrow{AM_n} \odot \vec{m}_g = 0,$

wobei g: $y = \frac{1}{2}x + 1$ die Gerade bezeichnet, auf der die Diagonalenschnittpunkte $M_n\left(x \,\middle|\, \frac{1}{2}x+1\right)$ liegen.

$$\overrightarrow{AM_n} \odot \vec{m}_g = 0$$

$$\Leftrightarrow \quad \begin{pmatrix} x-5 \\ \frac{1}{2}x+1-1 \end{pmatrix} \odot \begin{pmatrix} 2 \\ 1 \end{pmatrix} = 0$$

$$\Leftrightarrow \quad 2\cdot(x-5)+1\cdot\frac{1}{2}x = 0$$

$$\Leftrightarrow \quad 2x-10+\frac{1}{2}x = 0 \qquad |+10$$

$$\Leftrightarrow \quad 2{,}5x = 10 \qquad |:2{,}5$$

$$\Leftrightarrow \quad x = 4$$

$L = \{4\}$

$$M_0\left(4 \,\middle|\, \frac{1}{2}\cdot 4+1\right) = M_0(4\,|\,3)$$

Hinweise und Tipps

Wegen $|\overline{M_nC_n}| = |\overline{M_nB_n}| = |\overline{M_nD_n}| = 2\cdot|\overline{AM_n}|$ haben die Diagonalen minimale Länge, wenn $|\overline{AM_n}|$ minimal ist.

Da $|\overline{AM_n}|$ dem Abstand des Punktes A von der Geraden g durch die Diagonalenschnittpunkte M_n entspricht, ist der Abstand minimal, wenn der Pfeil $\overrightarrow{AM_n}$ senkrecht auf dem Richtungsvektor dieser Geraden g steht.

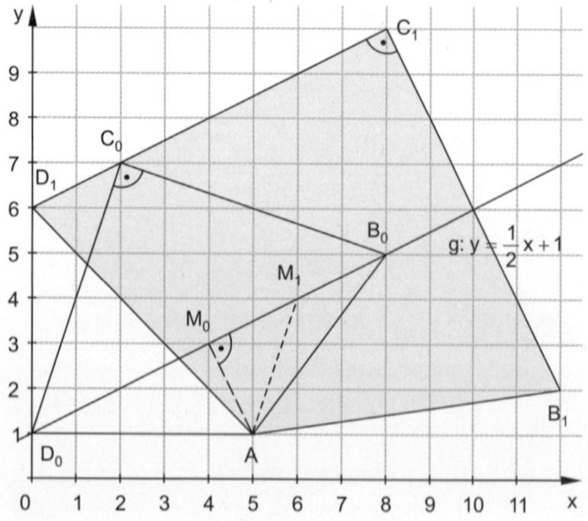

Koordinaten des Punktes M_0

e) Zunächst Berechnung von $|\overline{AM_0}|$:

$\overrightarrow{AM_0} = \begin{pmatrix} 4-5 \\ 3-1 \end{pmatrix} = \begin{pmatrix} -1 \\ 2 \end{pmatrix} \quad \Rightarrow \quad |\overline{AM_0}| = \sqrt{(-1)^2+2^2}\ \text{LE} = \sqrt{5}\ \text{LE}$

Berechnung von $|\overline{AC_0}|$:

$|\overline{AC_0}| = 3\cdot|\overline{AM_0}| = 3\sqrt{5}\ \text{LE}$

Berechnung von $|\overline{B_0D_0}|$:

$|\overline{B_0D_0}| = 4\cdot|\overline{AM_0}| = 4\sqrt{5}\ \text{LE}$

Berechnung von A_{min}:

$A_{min} = \frac{1}{2}\cdot|\overline{AC_0}|\cdot|\overline{B_0D_0}| = \frac{1}{2}\cdot 3\sqrt{5}\cdot 4\sqrt{5}\ \text{FE} = 30\ \text{FE}$

$|\overline{AC_0}| = |\overline{AM_0}| + |\overline{MC_0}| = |\overline{A_0M_0}| + 2\cdot|\overline{AM_0}|$
$= 3\cdot|\overline{AM_0}|$

Mit $|\overline{M_nC_n}| = |\overline{M_nB_n}|$ folgt: $|\overline{M_nB_n}| = 2\cdot|\overline{AM_n}|$
somit: $|\overline{B_0D_0}| = 2\cdot 2\cdot|\overline{AM_n}| = 4\cdot|\overline{AM_n}|$

Für das flächenkleinste Drachenviereck gilt (e und f sind die Diagonallängen):

$A_{min} = \frac{1}{2}\cdot e_{min}\cdot f_{min} = \frac{1}{2}\cdot|\overline{AC_0}|\cdot|\overline{B_0D_0}|$

348 a) Berechnung des Pfeils $\overrightarrow{AB_1}$ für $\varphi = 30°$:

$\overrightarrow{AB_1} = \begin{pmatrix} 2\cdot\sin 30°+1 \\ -4\cdot\sin 30°+1 \end{pmatrix} = \begin{pmatrix} 2\cdot 0{,}5+1 \\ -4\cdot 0{,}5+1 \end{pmatrix} = \begin{pmatrix} 2 \\ -1 \end{pmatrix}$

Einzeichnen des Dreiecks AB_1C_1:

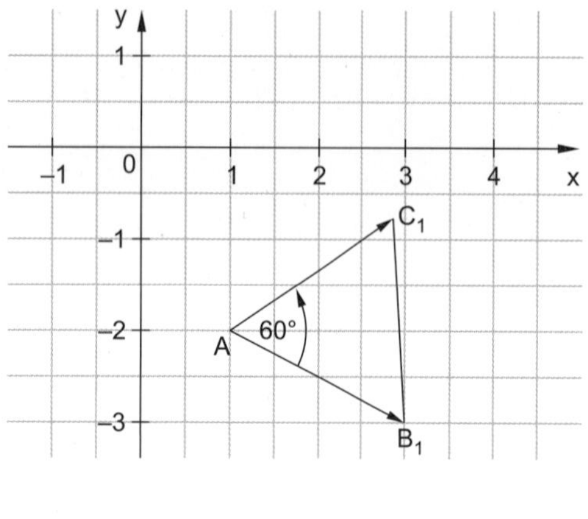

Den Punkt C_1 findet man durch Drehung des Punktes B_1 um den Punkt A mit dem Drehwinkel $\alpha = 60°$, d. h. durch Drehung des Vektors $\overrightarrow{AB_1}$ um 60° (Innenwinkel des gleichseitigen Dreiecks).

b) $\overrightarrow{AC_n} = \begin{pmatrix} \cos 60° & -\sin 60° \\ \sin 60° & \cos 60° \end{pmatrix} \odot \overrightarrow{AB_n}$

$\overrightarrow{AC_n} = \begin{pmatrix} 0,5 & -0,87 \\ 0,87 & 0,5 \end{pmatrix} \odot \begin{pmatrix} 2 \cdot \sin\varphi + 1 \\ -4 \cdot \sin\varphi + 1 \end{pmatrix}$

$\overrightarrow{AC_n} = \begin{pmatrix} 0,5 \cdot (2 \cdot \sin\varphi + 1) + (-0,87) \cdot (-4 \cdot \sin\varphi + 1) \\ 0,87 \cdot (2 \cdot \sin\varphi + 1) + 0,5 \cdot (-4 \cdot \sin\varphi + 1) \end{pmatrix}$

$\overrightarrow{AC_n} = \begin{pmatrix} \sin\varphi + 0,5 + 3,48 \cdot \sin\varphi - 0,87 \\ 1,74 \cdot \sin\varphi + 0,87 - 2 \cdot \sin\varphi + 0,5 \end{pmatrix}$

$\overrightarrow{AC_n} = \begin{pmatrix} 4,48 \cdot \sin\varphi - 0,37 \\ -0,26 \cdot \sin\varphi + 1,37 \end{pmatrix}$

Somit gilt:

$\overrightarrow{OC_n} = \overrightarrow{OA} \oplus \overrightarrow{AC_n}$

$\overrightarrow{OC_n} = \begin{pmatrix} 1 \\ -2 \end{pmatrix} \oplus \begin{pmatrix} 4,48 \cdot \sin\varphi - 0,37 \\ -0,26 \cdot \sin\varphi + 1,37 \end{pmatrix}$

$\overrightarrow{OC_n} = \begin{pmatrix} 4,48 \cdot \sin\varphi + 0,63 \\ -0,26 \cdot \sin\varphi - 0,63 \end{pmatrix}$

$\Rightarrow \quad C_n(4,48 \cdot \sin\varphi + 0,63 \,|\, -0,26 \cdot \sin\varphi - 0,63)$

Hinweise und Tipps

Drehung des Vektors $\overrightarrow{AB_n}$ um den Punkt A mit $\alpha = 60°$ (Innenwinkel des gleichseitigen Dreiecks) ergibt den Vektor $\overrightarrow{AC_n}$.

c) Der größtmögliche Sinuswert ist 1 für $\varphi = 90°$.
Somit ist die x-Koordinate von C_n für $\varphi = 90°$ am größten.
Der größtmögliche x-Wert ist also:
$4,48 \cdot 1 + 0,63 = 5,11$

d) Gäbe es einen Punkt C_n auf der x-Achse, so hätte seine y-Koordinate den Wert 0:

$$-0,26 \cdot \sin\varphi - 0,63 = 0 \quad | +0,63$$
$$-0,26 \cdot \sin\varphi = 0,63 \quad | : (-0,26)$$
$$\sin\varphi = -2,42$$

$\Rightarrow$ keine Lösung!

Somit gibt es keinen Punkt C_n, der auf der x-Achse liegt.

---

349 a) $D_{f_1} = \{x \,|\, x > -4\};\ W_{f_1} = \mathbb{R}$
$D_{f_2} = \mathbb{R};\ W_{f_2} = \{y \,|\, y > -3\}$

Wertetabelle für f_1:

x	–3	–2	–1	0	1	2	3	4	5	6	7	8	9
f_1: $y = \log_2(x+4) - 1$	–1	0	0,58	1	1,32	1,59	1,81	2	2,17	2,32	2,46	2,59	2,70

Wertetabelle für f_2:

x	–3	–2	–1	0	1	2	3	4	5	6	7	8	9
f_2: $y = \frac{1}{2} \cdot 2^{x-4} - 3$	–3,00	–2,99	–2,98	–2,97	–2,94	–2,88	–2,75	–2,5	–2	–1	1	5	13

Hinweise und Tipps

Zeichnung:

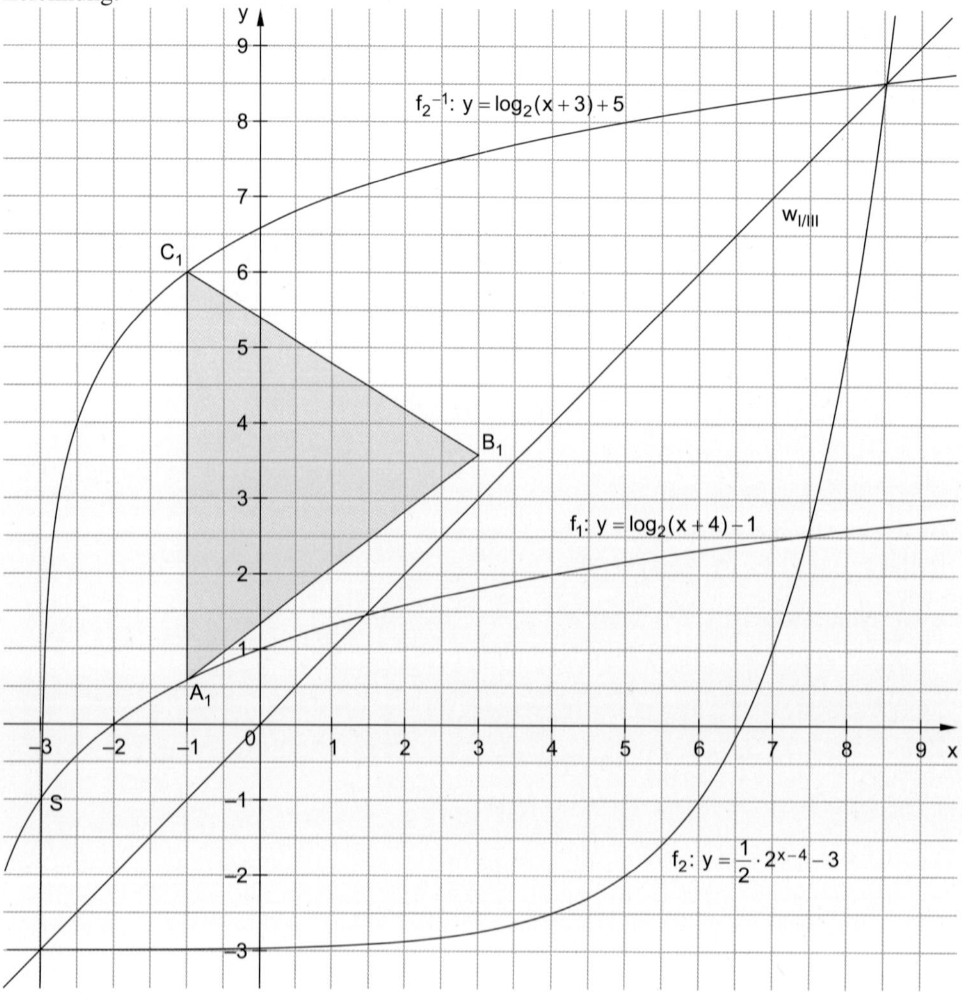

b) Berechnung der Gleichung der Umkehrfunktion f_2^{-1}:

f_2: $y = \frac{1}{2} \cdot 2^{x-4} - 3$

Gleichung der Funktion f_2

f_2^{-1}: $x = \frac{1}{2} \cdot 2^{y-4} - 3 \quad |+3$

Vertausche die Variablen x und y in der Gleichung der Funktion f_2 und löse die Gleichung nach y auf.

$\Leftrightarrow \frac{1}{2} \cdot 2^{y-4} = x + 3 \quad |\cdot 2$

$\Leftrightarrow 2^{y-4} = 2 \cdot (x+3)$

Logarithmiere.

$\Leftrightarrow y - 4 = \log_2 2 \cdot (x+3)$

Wende den 1. Logarithmensatz an:
$\log_a (b \cdot c) = \log_a b + \log_a c$

$\Leftrightarrow y - 4 = \log_2 2 + \log_2 (x+3)$

$\Leftrightarrow y - 4 = 1 + \log_2 (x+3) \quad |+4$

$\Leftrightarrow y = \log_2 (x+3) + 5$

f_2^{-1}: $y = \log_2 (x+3) + 5$

Gleichung der Umkehrfunktion f_2^{-1}

Einzeichnen der Umkehrfunktion f_2^{-1}

Der Graph der Umkehrfunktion von f_2 kann durch Spiegelung des Graphen zu f_2 an der Winkelhalbierenden des I. und III. Quadranten gezeichnet werden.

c) Einzeichnen des Dreiecks $A_1B_1C_1$

d) Bedingung für das gleichschenklige Dreieck $A_2B_2C_2$:
$|\overline{A_2B_2}| = |\overline{A_2C_2}|$

Berechnung von $|\overline{A_2B_2}|$:

$\overrightarrow{A_2B_2} = \begin{pmatrix} 4 \\ 3 \end{pmatrix} \Rightarrow |\overline{A_2B_2}| = \sqrt{4^2+3^2}$ LE = 5 LE

Hinweise und Tipps

Für alle $\overrightarrow{A_nB_n}$ gilt: $\overrightarrow{A_nB_n} = \begin{pmatrix} 4 \\ 3 \end{pmatrix}$

Beachte: Alle Seiten $\overline{A_nB_n}$ haben die Länge 5 LE.

Berechnung von $|\overline{A_nC_n}|$:

$|\overline{A_nC_n}| = (y_{C_n} - y_{A_n})$

$A_n(x \mid \log_2(x+4)-1)$; $C_n(x \mid \log_2(x+3)+5)$

$|\overline{A_nC_n}|(x) = [\log_2(x+3)+5-(\log_2(x+4)-1)]$ LE

$|\overline{A_nC_n}|(x) = [\log_2(x+3)+5-\log_2(x+4)+1]$ LE

$|\overline{A_nC_n}|(x) = \left[\log_2\left(\frac{x+3}{x+4}\right)+6\right]$ LE

Wende den 2. Logarithmensatz an:
$\log_a b - \log_a c = \log_a\left(\frac{b}{c}\right)$

Berechnung von x, sodass das gleichschenklige Dreieck $A_2B_2C_2$ entsteht:

$$\begin{array}{|l} |\overline{A_nC_n}|(x) = \left[\log_2\left(\frac{x+3}{x+4}\right)+6\right] \text{ LE} \\ \wedge \quad |\overline{A_2B_2}| = 5 \text{ LE} \end{array}$$

Setze die Längenbedingungen gleich.

$\Rightarrow \log_2\left(\frac{x+3}{x+4}\right)+6=5 \quad (\text{I}=\text{II}) \quad |-6$

$\Leftrightarrow \log_2\left(\frac{x+3}{x+4}\right)=-1$

Potenziere.

$\Leftrightarrow \frac{x+3}{x+4}=2^{-1}$

$\Leftrightarrow \frac{x+3}{x+4}=\frac{1}{2} \quad |\cdot(x+4)$

$\Leftrightarrow x+3=\frac{1}{2}\cdot(x+4)$

$\Leftrightarrow x+3=\frac{1}{2}x+2 \quad \left|-\frac{1}{2}x-3\right.$

$\Leftrightarrow \frac{1}{2}x=-1 \quad |\cdot 2$

$\Leftrightarrow x=-2$

$\mathbb{L}=\{-2\}$

$C_2(-2 \mid \log_2(-2+3)+5) = C_2(-2 \mid 5)$

e) Die x-Koordinate des Schnittpunktes S der Graphen zu f_1 und f_2^{-1} ist die untere Intervallgrenze.

Berechnung der Koordinaten von S:

$f_1 \cap f_2^{-1} = \{S\}$

Schnittpunktbedingung:

$$\begin{array}{l|l} f_1: & y=\log_2(x+4)-1 \\ f_2^{-1}: & \wedge \; y=\log_2(x+3)+5 \end{array}$$

$\Rightarrow \log_2(x+4)-1=\log_2(x+3)+5 \quad (\text{I}=\text{II}) \quad |-\log_2(x+3)+1$

$\Leftrightarrow \log_2(x+4)-\log_2(x+3)=6$

Wende den 2. Logarithmensatz an:
$\log_a b - \log_a c = \log_a\left(\frac{b}{c}\right)$

$\Leftrightarrow \log_2\left(\frac{x+4}{x+3}\right)=6$

$\Leftrightarrow \frac{x+4}{x+3}=2^6 \quad |\cdot(x+3)$

$\Leftrightarrow x+4=64\cdot(x+3)$

Hinweise und Tipps

$\Leftrightarrow \quad x+4=64x+192 \quad |-x-192$

$\Leftrightarrow \quad -188=63x \quad |:63$

$\Leftrightarrow \quad x=-2{,}98$

$L=\{-2{,}98\}$

$S(-2{,}98\,|\,\log_2(-2{,}98+4)-1)=S(-2{,}98\,|\,-0{,}97)$

Somit ergibt sich als untere Intervallgrenze: $x=-2{,}98$

Da S der einzige Schnittpunkt der Graphen zu f_1 und f_2^{-1} ist, ergibt sich damit als Intervall für die Werte von x, für die Dreiecke existieren: $\{x\,|\,x>-2{,}98\}$

f) Berechnung der Gleichung des Trägergraphen t_{B_n}:

Für $B_n(x'|y')$; $A_n(x\,|\log_2(x+4)-1)$; $\overrightarrow{A_nB_n}=\begin{pmatrix}4\\3\end{pmatrix}$ gilt:

$\overrightarrow{OB_n}=\overrightarrow{OA_n}\oplus\overrightarrow{A_nB_n}$

$\Leftrightarrow \begin{pmatrix}x'\\y'\end{pmatrix}=\begin{pmatrix}x\\\log_2(x+4)-1\end{pmatrix}\oplus\begin{pmatrix}4\\3\end{pmatrix}$

$\Leftrightarrow \begin{pmatrix}x'\\y'\end{pmatrix}=\begin{pmatrix}x+4\\\log_2(x+4)-1+3\end{pmatrix}$

$\Leftrightarrow \begin{pmatrix}x'\\y'\end{pmatrix}=\begin{pmatrix}x+4\\\log_2(x+4)+2\end{pmatrix}$

$\Leftrightarrow \left| \begin{array}{l} x'=x+4 \quad |-4 \\ \wedge\ y'=\log_2(x+4)+2 \end{array}\right.$ — Löse Gleichung I nach x auf.

$\Leftrightarrow \left| \begin{array}{l} x=x'-4 \\ \wedge\ y'=\log_2(x'-4+4)+2 \end{array}\right.$ — Einsetzen von $x'-4$ für x in Gleichung II

$\Leftrightarrow \left| \begin{array}{l} x=x'-4 \\ \wedge\ y'=\log_2 x'+2 \end{array}\right.$ — Umbenennen von x' und y' in x und y

t_{B_n}: $y=\log_2 x+2$ — Gleichung des Trägergraphen t_{B_n}

g) Aus dem Steigungsfaktor $m_{A_nB_n}$ der Geraden A_nB_n lässt sich das Maß φ des Steigungswinkels bestimmen:

$\overrightarrow{A_nB_n}=\begin{pmatrix}4\\3\end{pmatrix}$ also: $m_{A_nB_n}=\frac{3}{4}$

$\tan\varphi=m_{A_nB_n}$

$\tan\varphi=\frac{3}{4}$

$\varphi=36{,}87°$

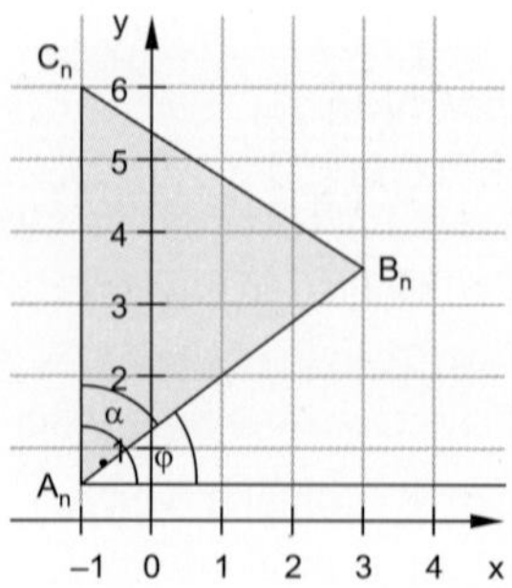

Berechnung des Maßes α des Winkels $\sphericalangle B_nA_nC_n$:
$\alpha=90°-\varphi=90°-36{,}87°=53{,}13°$

Hinweise und Tipps

Räumliche Geometrie

350 a) Zeichnen des Schrägbildes der Pyramide ABCS

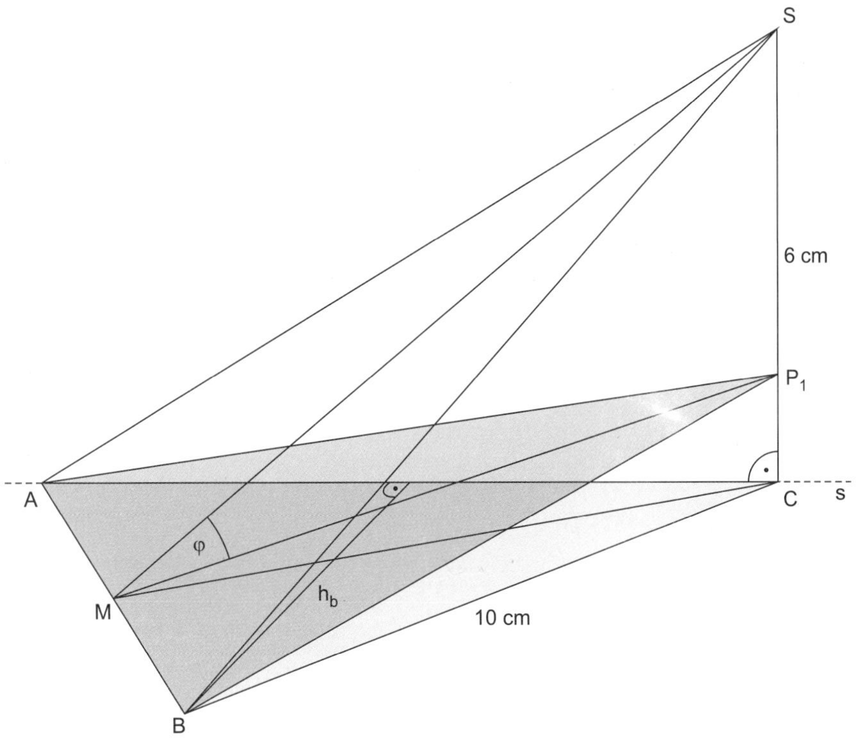

Berechnung von h_b im gleichseitigen Dreieck ABC:

$$h_b = \frac{a}{2}\sqrt{3}$$
$$= \frac{10}{2}\sqrt{3}\text{ cm}$$
$$= 5\sqrt{3}\text{ cm}$$
$$= 8{,}66\text{ cm}$$

Der Punkt B wird nun konstruiert, indem die Höhe h_b mit dem Verkürzungsverhältnis $q = \frac{1}{2}$ und dem Verzerrungswinkel mit dem Maß $\omega = 45°$ abgebildet wird.

b) Zunächst Berechnung von $|\overline{MC}|$:
Im gleichseitigen Dreieck ABC gilt:

$$|\overline{MC}| = \frac{|\overline{AB}|}{2}\sqrt{3} = \frac{10\text{ cm}}{2}\sqrt{3} = 5\sqrt{3}\text{ cm}$$

$\overline{MC}$ ist die Höhe im gleichseitigen Dreieck ABC

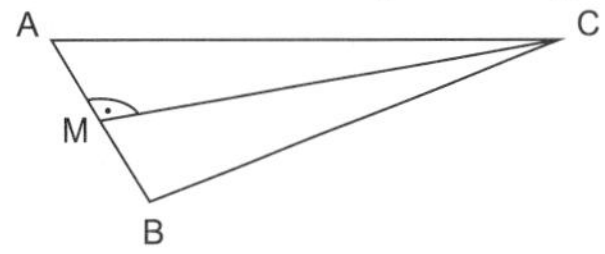

Berechnung von $|\overline{SM}|$:

$$|\overline{SM}| = \sqrt{|\overline{MC}|^2 + |\overline{CS}|^2} = \sqrt{(5\sqrt{3})^2 + 6^2}\text{ cm} = 10{,}54\text{ cm}$$

Pythagoras im in C rechtwinkligen Dreieck MCS

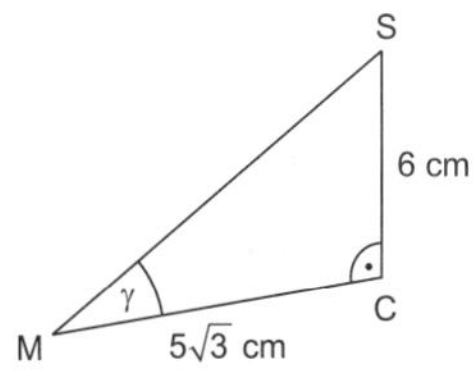

Berechnung des Maßes γ des Winkels CMS:

$$\tan\gamma = \frac{|\overline{CS}|}{|\overline{MC}|}$$

Tangens im in C rechtwinkligen Dreieck MCS

$$\tan\gamma = \frac{6\text{ cm}}{5\sqrt{3}\text{ cm}}$$

$$\gamma = 34{,}72°$$

$\gamma \in\,]0°; 90°[$

oder:

$$\sin\gamma = \frac{|\overline{CS}|}{|\overline{SM}|}$$

Sinus im in C rechtwinkligen Dreieck MCS; dabei Verwendung des genauen Wertes für $|\overline{SM}|$

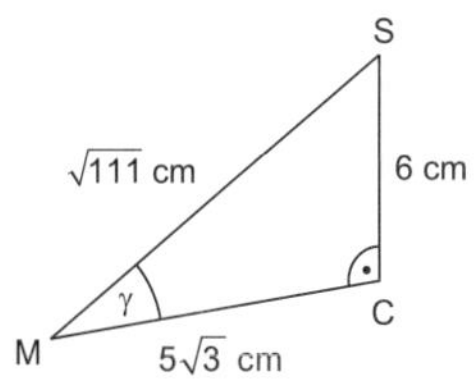

$$\sin\gamma = \frac{6\text{ cm}}{\sqrt{111}\text{ cm}}$$

$$\gamma = 34{,}72°$$

oder:

$$\cos\gamma = \frac{|\overline{MC}|}{|\overline{SM}|}$$

Kosinus im in C rechtwinkligen Dreieck MCS

Hinweise und Tipps

$$\cos\gamma = \frac{5\sqrt{3}\text{ cm}}{\sqrt{111}\text{ cm}}$$

$$\gamma = 34{,}72°$$

c) Zunächst Berechnung des Maßes des Winkels MSC und des Maßes des Winkels $SP_nM(\varphi)$:

$$\sphericalangle MSC = 180° - (\gamma + 90°) = 180° - (34{,}72° + 90°) = 55{,}28°$$

$$\sphericalangle SP_nM(\varphi) = 180° - (\varphi + \sphericalangle MSC) = 180° - (\varphi + 55{,}28°)$$

Innenwinkelsumme im rechtwinkligen Dreieck MCS mit $\gamma = \sphericalangle CMS = 34{,}72°$

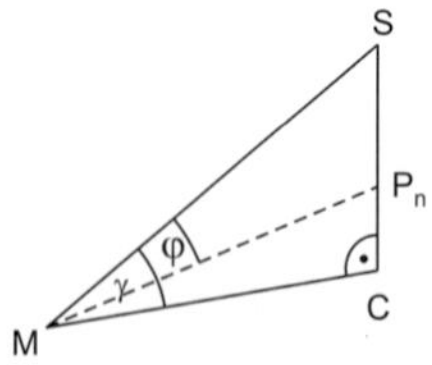

Berechnung von $|\overline{MP_n}|(\varphi)$ in Abhängigkeit von φ:

$$\frac{|\overline{SM}|}{\sin\sphericalangle SP_nM(\varphi)} = \frac{|\overline{MP_n}|(\varphi)}{\sin\sphericalangle MSP_n} \quad |\ \sphericalangle MSP_n = \sphericalangle MSC$$

$$\Leftrightarrow \quad \frac{10{,}54\text{ cm}}{\sin[180° - (\varphi + 55{,}28°)]} = \frac{|\overline{MP_n}|(\varphi)}{\sin 55{,}28°} \quad |\cdot \sin 55{,}28°$$

$$\Leftrightarrow \quad \frac{\sin 55{,}28° \cdot 10{,}54\text{ cm}}{\sin[180° - (\varphi + 55{,}28°)]} = |\overline{MP_n}|(\varphi)$$

$$\Leftrightarrow \quad |\overline{MP_n}|(\varphi) = \frac{8{,}66}{\sin(\varphi + 55{,}28°)}\text{ cm}$$

Berechnung von $|\overline{MP_n}|(\varphi)$ im beliebigen Dreieck MP_nS mit dem Sinussatz

$\sin(180° - \alpha) = \sin\alpha$

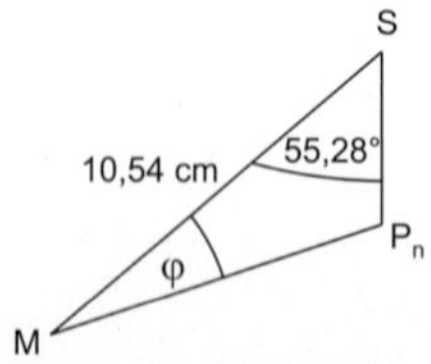

d) Berechnung von φ, sodass $|\overline{MP_1}| = 9{,}5$ cm:

Für die Streckenlängen gilt:

$$\begin{array}{|l} |\overline{MP_n}|(\varphi) = \dfrac{8{,}66}{\sin(\varphi + 55{,}28°)}\text{ cm} \\ \wedge \quad |\overline{MP_1}| = 9{,}5\text{ cm} \\ \hline \end{array}$$

$$\Rightarrow \quad \frac{8{,}66}{\sin(\varphi + 55{,}28°)} = 9{,}5 \qquad (\text{I} = \text{II}) \quad |\cdot \sin(\varphi + 55{,}28°)$$

$$\Leftrightarrow \quad 8{,}66 = 9{,}5 \cdot \sin(\varphi + 55{,}28°) \qquad |:9{,}5$$

$$\Leftrightarrow \quad \sin(\varphi + 55{,}28°) = \frac{8{,}66}{9{,}5}$$

$$\Leftrightarrow \quad \varphi + 55{,}28° = 65{,}72° \qquad |-55{,}28°$$

$$\Leftrightarrow \quad \varphi = 10{,}44°$$

$\mathbb{L} = \{10{,}44°\}$

Einzeichnen von P_1 in das Schrägbild

e) Zunächst Berechnung von $|\overline{MP_2}|$ für $\varphi = 10°$:

$$|\overline{MP_n}|(\varphi) = \frac{8{,}66}{\sin(\varphi + 55{,}28°)}\text{ cm}$$

$$|\overline{MP_2}| = \frac{8{,}66}{\sin(10° + 55{,}28°)}\text{ cm} = 9{,}53\text{ cm}$$

Einsetzen von $\varphi = 10°$

Berechnung von ε:

$$\tan\frac{\varepsilon}{2} = \frac{|\overline{AM}|}{|\overline{MP_2}|}$$

$$\tan\frac{\varepsilon}{2} = \frac{5\text{ cm}}{9{,}53\text{ cm}}$$

$$\frac{\varepsilon}{2} = 27{,}68°$$

also: $\varepsilon = 55{,}36°$

$\mathbb{L} = \{55{,}36°\}$

Das Dreieck ABP_2 ist gleichschenklig. Betrachte zur Berechnung von ε das in M rechtwinklige Dreieck AMP_2.

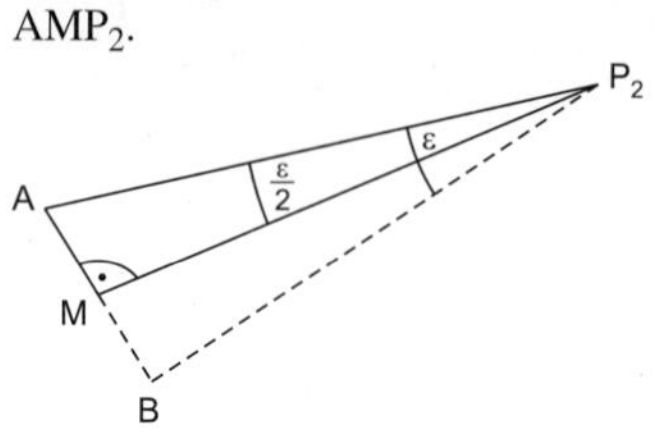

Hinweise und Tipps

f) Zunächst Berechnung der Pyramidenhöhe $|\overline{CP_3}|$ für $\varphi = 25°$:

$\sphericalangle CMP_3 = \gamma - \varphi = 34{,}72° - 25° = 9{,}72°$

$$\tan \sphericalangle CMP_3 = \frac{|\overline{CP_3}|}{|\overline{MC}|} \qquad |\cdot|\overline{MC}|$$

$$|\overline{CP_3}| = \tan \sphericalangle CMP_3 \cdot |\overline{MC}|$$

$$|\overline{CP_3}| = \tan 9{,}72° \cdot 5\sqrt{3}\text{ cm}$$

$$|\overline{CP_3}| = 1{,}48\text{ cm}$$

Betrachte das in C rechtwinklige Dreieck MCP_3.

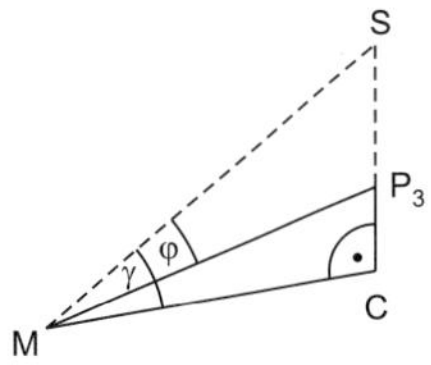

Berechnung von V_{ABCP_3}:

$$V_{ABCP_3} = \frac{1}{3} \cdot A_{\Delta ABC} \cdot |\overline{CP_3}|$$

Setze $A_{\Delta ABC} = \frac{1}{2} \cdot |\overline{AB}| \cdot |\overline{MC}|$ ein.

$$V_{ABCP_3} = \frac{1}{3} \cdot \frac{1}{2} \cdot |\overline{AB}| \cdot |\overline{MC}| \cdot |\overline{CP_3}|$$

$$V_{ABCP_3} = \frac{1}{3} \cdot \frac{1}{2} \cdot 10 \cdot 5\sqrt{3} \cdot 1{,}48\text{ cm}^3$$

$$V_{ABCP_3} = 21{,}36\text{ cm}^3$$

oder:

$$V_{ABCP_3} = \frac{1}{3} \cdot A_{\Delta ABC} \cdot |\overline{CP_3}|$$

Flächeninhaltsformel für gleichseitige Dreiecke:

$$A_{\Delta ABC} = \frac{a^2}{4}\sqrt{3} = \frac{|\overline{AB}|^2}{4}\sqrt{3}$$

$$V_{ABCP_3} = \frac{1}{3} \cdot \frac{|\overline{AB}|^2}{4}\sqrt{3} \cdot |\overline{CP_3}|$$

$$V_{ABCP_3} = \frac{1}{3} \cdot \frac{10^2}{4}\sqrt{3} \cdot 1{,}48\text{ cm}^3$$

$$V_{ABCP_3} = 21{,}36\text{ cm}^3$$

Hinweise und Tipps

351 a) Zeichnen des Schrägbildes der Pyramide ABCDS

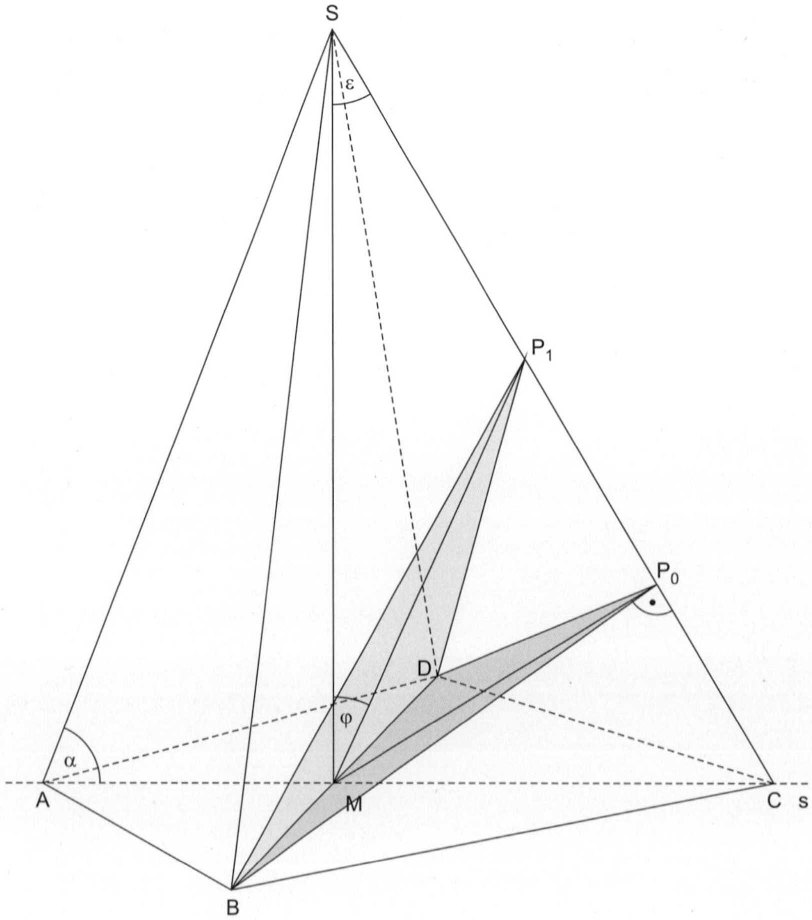

b) Berechnung von $|\overline{SA}|$:

$|\overline{SA}| = \sqrt{|\overline{AM}|^2 + |\overline{MS}|^2} = \sqrt{4^2 + 10^2}$ cm $= 10{,}77$ cm

Pythagoras im bei M rechtwinkligen Dreieck AMS

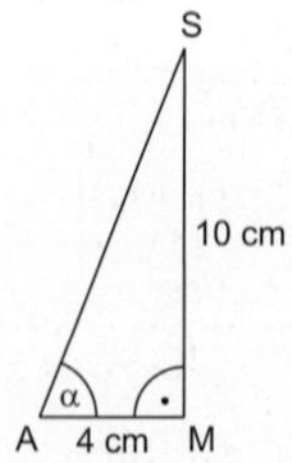

oder:

Zunächst Berechnung von α:

$\tan\alpha = \dfrac{|\overline{MS}|}{|\overline{AM}|}$

$\tan\alpha = \dfrac{10 \text{ cm}}{4 \text{ cm}}$

$\tan\alpha = 2{,}5$

$\alpha = 68{,}20°$

Tangens im bei M rechtwinkligen Dreieck AMS

Berechnung von $|\overline{SA}|$:

$\sin\alpha = \dfrac{|\overline{MS}|}{|\overline{SA}|} \quad \Big| \cdot \dfrac{|\overline{SA}|}{\sin\alpha}$

$|\overline{SA}| = \dfrac{|\overline{MS}|}{\sin\alpha}$

$|\overline{SA}| = \dfrac{10 \text{ cm}}{\sin 68{,}20°}$

$|\overline{SA}| = 10{,}77$ cm

Betrachte das in M rechtwinklige Dreieck AMS.

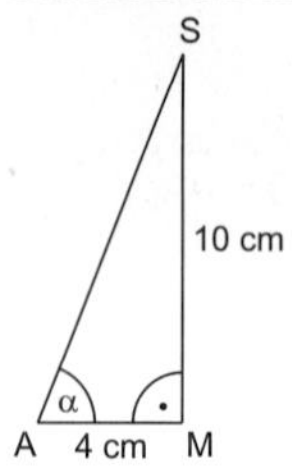

Hinweise und Tipps

oder:

$$\cos\alpha = \frac{|\overline{AM}|}{|\overline{SA}|} \qquad \Big| \cdot \frac{|\overline{SA}|}{\cos\alpha}$$

$$|\overline{SA}| = \frac{|\overline{AM}|}{\cos\alpha}$$

$$|\overline{SA}| = \frac{4\text{ cm}}{\cos 68{,}20°}$$

$$|\overline{SA}| = 10{,}77\text{ cm}$$

c) Berechnung von V_{ABCDS}:

$$V_{ABCDS} = \frac{1}{3}\cdot A_{ABCD}\cdot|\overline{MS}|$$

Setze $A_{ABCD} = \frac{1}{2}\cdot|\overline{AC}|\cdot|\overline{BD}|$ ein.

$$V_{ABCDS} = \frac{1}{3}\cdot\frac{1}{2}\cdot|\overline{AC}|\cdot|\overline{BD}|\cdot|\overline{MS}|$$

$$V_{ABCDS} = \frac{1}{3}\cdot\frac{1}{2}\cdot 10\cdot 8\cdot 10\text{ cm}^3$$

$$V_{ABCDS} = 133{,}33\text{ cm}^3$$

d) Einzeichnen von Dreieck DBP_1

e) Berechnung von ε:

Betrachte das in M rechtwinklige Dreieck MCS.

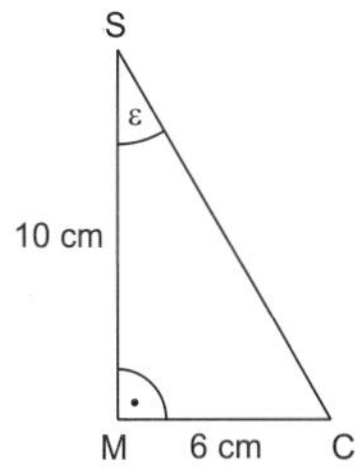

$$\tan\varepsilon = \frac{|\overline{MC}|}{|\overline{SM}|}$$

$$\tan\varepsilon = \frac{6\text{ cm}}{10\text{ cm}}$$

$$\tan\varepsilon = 0{,}6$$

$$\varepsilon = 30{,}96°$$

Berechnung von $|\overline{MP_n}|(\varphi)$:

Sinussatz im Dreieck MP_nS

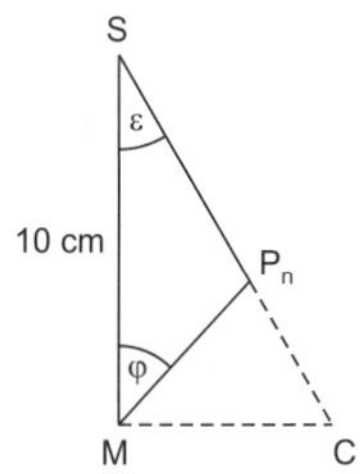

$$\frac{|\overline{MP_n}|(\varphi)}{\sin\varepsilon} = \frac{|\overline{SM}|}{\sin[180° - (\varepsilon+\varphi)]}$$

$$\Leftrightarrow \frac{|\overline{MP_n}|(\varphi)}{\sin 30{,}96°} = \frac{10\text{ cm}}{\sin[180° - (30{,}96°+\varphi)]} \qquad |\cdot\sin 30{,}96°$$

$$\Leftrightarrow |\overline{MP_n}|(\varphi) = \frac{10\text{ cm}\cdot\sin 30{,}96°}{\sin[180° - (30{,}96°+\varphi)]}$$

$\sin(180° - \alpha) = \sin\alpha$

$$\Leftrightarrow |\overline{MP_n}|(\varphi) = \frac{5{,}14}{\sin(30{,}96°+\varphi)}\text{ cm}$$

f) Berechnung von φ, sodass $|\overline{MP_2}| = 8$ cm:
Für die Streckenlänge gilt:

$$|\overline{MP_n}|(\varphi) = \frac{5{,}14}{\sin(30{,}96°+\varphi)}\text{ cm}$$

$$\wedge \quad |\overline{MP_2}| = 8\text{ cm}$$

✎ Hinweise und Tipps

$$\Rightarrow \quad \frac{5{,}14}{\sin(30{,}96° + \varphi)} = 8 \qquad (I = II) \quad \Big| \cdot \sin(30{,}96° + \varphi)$$

$$\Leftrightarrow \quad 5{,}14 = 8 \cdot \sin(30{,}96° + \varphi) \qquad \Big| :8$$

$$\Leftrightarrow \quad \sin(30{,}96° + \varphi) = 0{,}6425$$

$$\Leftrightarrow \quad 30{,}96° + \varphi = 39{,}98° \qquad \Big| -30{,}96°$$

$$\Leftrightarrow \quad \varphi = 9{,}02°$$

$$L = \{9{,}02°\}$$

g) Zunächst Berechnung von $|\overline{MP_0}|$:

$$\sin\varepsilon = \frac{|\overline{MP_0}|}{|\overline{SM}|}$$

$$\sin 30{,}96° = \frac{|\overline{MP_0}|}{10\text{ cm}} \qquad \Big| \cdot 10\text{ cm}$$

$$|\overline{MP_0}| = 10\text{ cm} \cdot \sin 30{,}96°$$

$$|\overline{MP_0}| = 5{,}14\text{ cm}$$

Berechnung von $A_{\Delta DBP_0}$:

$$A_{\Delta DBP_0} = \frac{1}{2} \cdot |\overline{BD}| \cdot |\overline{MP_0}| = \frac{1}{2} \cdot 8 \cdot 5{,}14\text{ cm}^2 = 20{,}56\text{ cm}^2$$

Berechnung von φ_0:

$$\varphi_0 = 180° - (90° + \varepsilon) = 180° - (90° + 30{,}96°) = 59{,}04°$$

Das flächenkleinste Dreieck DBP_0 erhält man, wenn gilt: $\overline{MP_0} \perp \overline{CS}$

Betrachte das in P_0 rechtwinklige Dreieck $M P_0 S$.

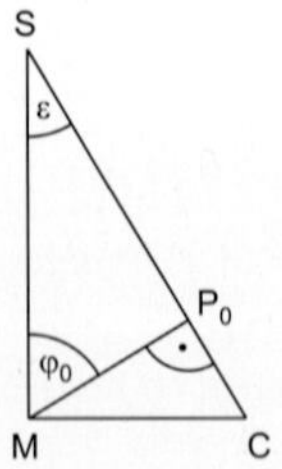

h) Zunächst Berechnung der Pyramidenhöhe $h_n(\varphi)$:

$$\sin\sphericalangle CMP_n = \frac{h_n(\varphi)}{|\overline{MP_n}|(\varphi)} \qquad \Big| \cdot |\overline{MP_n}|(\varphi)$$

$$h_n(\varphi) = |\overline{MP_n}|(\varphi) \cdot \sin\sphericalangle CMP_n$$

$$h_n(\varphi) = \frac{5{,}14}{\sin(30{,}96° + \varphi)}\text{ cm} \cdot \sin(90° - \varphi)$$

$$h_n(\varphi) = \frac{5{,}14 \cdot \cos\varphi}{\sin(30{,}96° + \varphi)}\text{ cm}$$

Betrachte das rechtwinklige Dreieck:

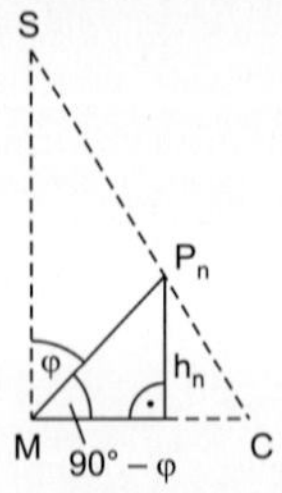

Ersetze: $\sin(90° - \varphi) = \cos\varphi$

Berechnung von $V_{BCDP_n}(\varphi)$:

$$V_{BCDP_n}(\varphi) = \frac{1}{3} \cdot A_{\Delta BCD} \cdot h_n(\varphi)$$

Setze $A_{\Delta BCD} = \frac{1}{2} \cdot |\overline{BD}| \cdot |\overline{MC}|$ ein.

$$V_{BCDP_n}(\varphi) = \frac{1}{3} \cdot \frac{1}{2} \cdot |\overline{BD}| \cdot |\overline{MC}| \cdot h_n(\varphi)$$

$$V_{BCDP_n}(\varphi) = \frac{1}{3} \cdot \frac{1}{2} \cdot 8 \cdot 6 \cdot \frac{5{,}14 \cdot \cos\varphi}{\sin(30{,}96° + \varphi)}\text{ cm}^3$$

$$V_{BCDP_n}(\varphi) = 41{,}12 \cdot \frac{\cos\varphi}{\sin(30{,}96° + \varphi)}\text{ cm}^3$$

i) Berechnung von φ, sodass $V_{BCDP_3} = 25\text{ cm}^3$:

$$V_{BCDP_n}(\varphi) = 41{,}12 \cdot \frac{\cos\varphi}{\sin(30{,}96° + \varphi)}\text{ cm}^3$$

$$\wedge \quad V_{BCDP_3} = 25\text{ cm}^3$$

Hinweise und Tipps

$\Rightarrow\ 41{,}12\cdot\dfrac{\cos\varphi}{\sin(30{,}96°+\varphi)}=25 \qquad (\mathrm{I}=\mathrm{II})\ \big|\cdot\sin(30{,}96°+\varphi)$

$\Leftrightarrow\ 41{,}12\cdot\cos\varphi=25\cdot\sin(30{,}96°+\varphi) \qquad \big|:25$

$\Leftrightarrow\ 1{,}64\cdot\cos\varphi=\sin(30{,}96°+\varphi)$

Wende das Additionstheorem an: $\sin(\alpha+\beta)=\sin\alpha\cos\beta+\cos\alpha\sin\beta$

$\Leftrightarrow\ 1{,}64\cdot\cos\varphi=\sin 30{,}96°\cdot\cos\varphi+\cos 30{,}96°\cdot\sin\varphi$

$\Leftrightarrow\ 1{,}64\cdot\cos\varphi=0{,}51\cdot\cos\varphi+0{,}86\cdot\sin\varphi \qquad \big|-(0{,}51\cdot\cos\varphi)$

$\Leftrightarrow\ 1{,}13\cdot\cos\varphi=0{,}86\cdot\sin\varphi \qquad \big|:(0{,}86\cdot\cos\varphi)$

$\cos\varphi\neq 0$

Ersetze: $\frac{\sin\varphi}{\cos\varphi}=\tan\varphi$

$\Leftrightarrow\ \dfrac{\sin\varphi}{\cos\varphi}=\dfrac{1{,}13}{0{,}86}$

$\Leftrightarrow\ \tan\varphi=1{,}3139\ldots$

$\Leftrightarrow\ \varphi=52{,}73°$

$L=\{52{,}73°\}$

---

352 a) Zeichnen des Schrägbildes der Pyramide ABCDS:

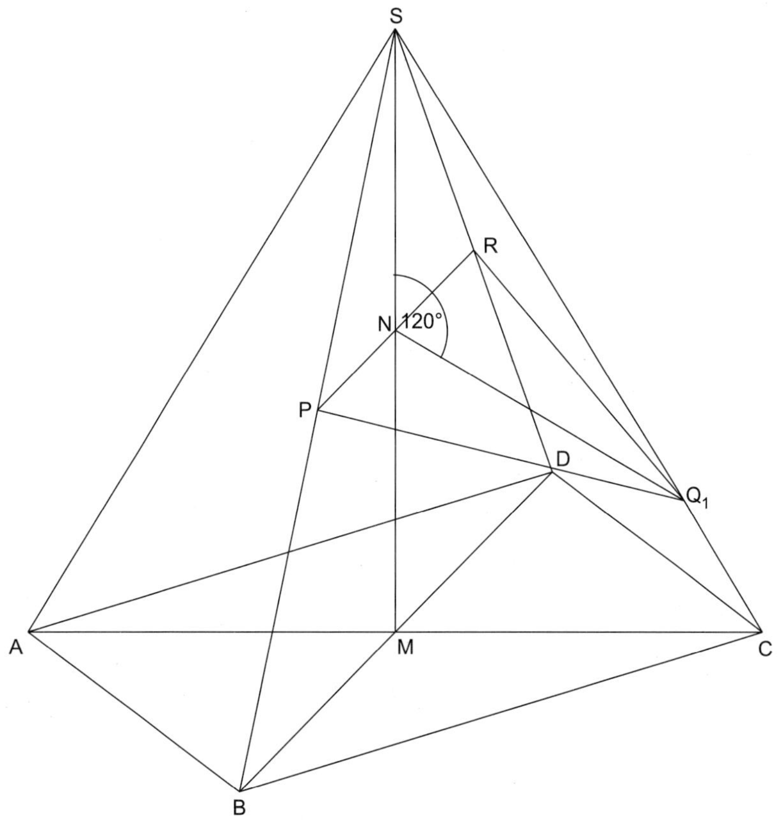

b) Einzeichnen des Dreiecks PQ_1R für $\varphi=120°$

c) Untere Intervallgrenze φ_{min}:
Das Minimum für φ ergibt sich, wenn Q_n auf S liegt, d. h., wenn $\varphi=0°$ ist. Somit ist $\varphi_{min}=0°$.

Obere Intervallgrenze φ_{max}:
Das Maximum für φ ergibt sich, wenn Q_n auf C liegt.

Hinweise und Tipps

Zunächst Berechnung von $\varphi^* = \sphericalangle MNQ_n$:

$$\tan\varphi^* = \frac{|\overline{MC}|}{|\overline{MN}|}$$

$$\tan\varphi^* = \frac{5\text{ cm}}{4\text{ cm}}$$

$$\varphi^* = 51{,}34°$$

Betrachte das in M rechtwinklige Dreieck MCN.

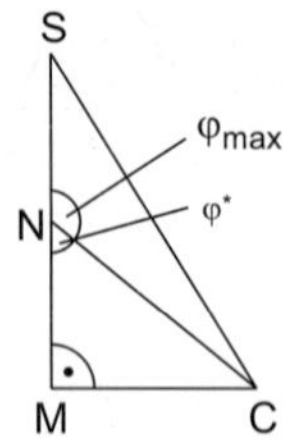

Berechnung von φ_{max}:

$$\varphi_{max} = 180° - \varphi^* = 180° - 51{,}34° = 128{,}66°$$

Ergänzungswinkel zu φ^*

d) Berechnung von ε:

$$\tan\varepsilon = \frac{|\overline{MC}|}{|\overline{MS}|}$$

$$\tan\varepsilon = \frac{5\text{ cm}}{8\text{ cm}}$$

$$\varepsilon = 32{,}01°$$

Betrachte das in M rechtwinklige Dreieck MCS.

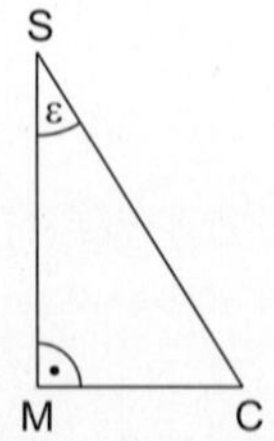

e) Berechnung der Länge von $\overline{NQ_n}$ in Abhängigkeit von φ mit dem Sinussatz im allgemeinen Dreieck NQ_nS:

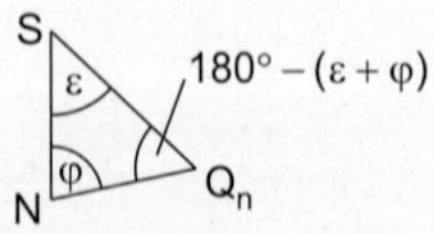

$$\frac{|\overline{NQ_n}|(\varphi)}{\sin\varepsilon} = \frac{|\overline{NS}|}{\sin[180° - (\varepsilon + \varphi)]} \qquad |\cdot\sin\varepsilon$$

$$|\overline{NQ_n}|(\varphi) = \frac{|\overline{NS}|\cdot\sin\varepsilon}{\sin[180° - (\varepsilon + \varphi)]}$$

$$|\overline{NQ_n}|(\varphi) = \frac{4\cdot\sin 32{,}01°}{\sin[180° - (32{,}01° + \varphi)]}\text{ cm}$$

$$|\overline{NQ_n}|(\varphi) = \frac{2{,}12}{\sin(32{,}01° + \varphi)}\text{ cm}$$

(Supplementbeziehung)

f) Berechnung der Winkelmaße für φ, sodass $|\overline{NQ_2}| = 2{,}5$ cm gilt:

$$\left|\begin{array}{l} |\overline{NQ_n}|(\varphi) = \frac{2{,}12}{\sin(32{,}01° + \varphi)}\text{ cm} \\ \wedge \quad |\overline{NQ_2}| = 2{,}5\text{ cm} \end{array}\right.$$

$$\Rightarrow \quad \frac{2{,}12}{\sin(32{,}01° + \varphi)} = 2{,}5 \qquad (\text{I} = \text{II}) \ |\cdot\sin(32{,}01° + \varphi)$$

$$\Leftrightarrow \quad 2{,}12 = 2{,}5\cdot\sin(32{,}01° + \varphi) \qquad |:2{,}5$$

$$\Leftrightarrow \quad \sin(32{,}01° + \varphi) = \frac{2{,}12}{2{,}5}$$

$$\Leftrightarrow \quad 32{,}01° + \varphi_1 = 57{,}99° \ \vee \ 32{,}01° + \varphi_2 = 122{,}01°$$

$$\Leftrightarrow \quad \varphi_1 = 25{,}98° \ \vee \ \varphi_2 = 90°$$

$$\mathbb{L} = \{25{,}98°; 90°\}$$

Hinweise und Tipps

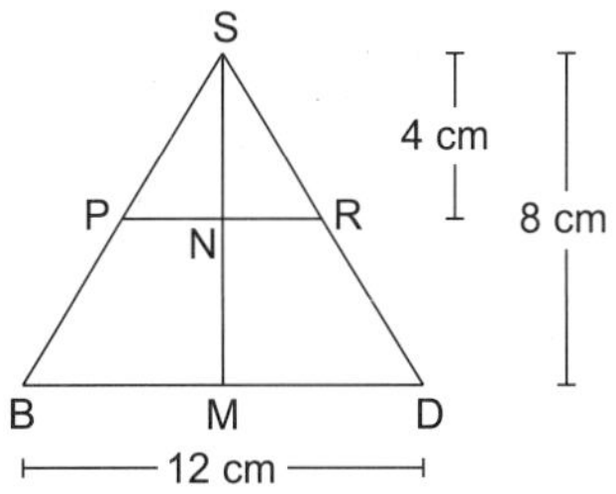

g) Zunächst Berechnung von $|\overline{PR}|$ mit dem 2. Strahlensatz:

$$\frac{|\overline{BD}|}{|\overline{PR}|} = \frac{|\overline{MS}|}{|\overline{NS}|} \qquad \Big|\cdot\frac{|\overline{PR}|\cdot|\overline{NS}|}{|\overline{MS}|}$$

$$|\overline{PR}| = \frac{|\overline{BD}|\cdot|\overline{NS}|}{|\overline{MS}|}$$

$$|\overline{PR}| = \frac{12\cdot 4}{8}\text{ cm}$$

$$|\overline{PR}| = 6\text{ cm}$$

Berechnung der Pyramidenhöhe h(φ):

$$\sin\varphi = \frac{h(\varphi)}{|\overline{NQ_n}|(\varphi)} \qquad \Big|\cdot|\overline{NQ_n}|(\varphi)$$

$$h(\varphi) = |\overline{NQ_n}|(\varphi)\cdot\sin\varphi$$

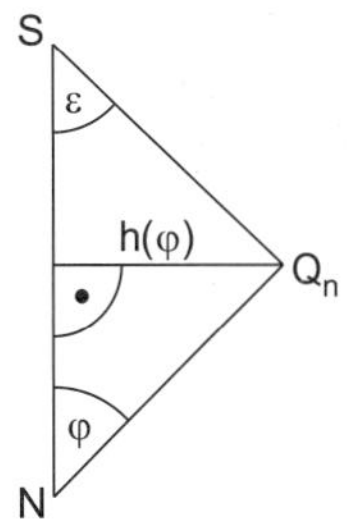

Berechnung des Volumens V(φ) der Pyramide:

$$V(\varphi) = \frac{1}{3}\cdot A_{\Delta PRS}\cdot h(\varphi)$$

$$V(\varphi) = \frac{1}{3}\cdot\left(\frac{1}{2}\cdot|\overline{PR}|\cdot|\overline{NS}|\right)\cdot|\overline{NQ_n}|(\varphi)\cdot\sin\varphi$$

$$V(\varphi) = \frac{1}{3}\cdot\left(\frac{1}{2}\cdot 6\cdot 4\right)\cdot\frac{2{,}12}{\sin(32{,}01°+\varphi)}\cdot\sin\varphi\text{ cm}^3$$

$$V(\varphi) = 4\cdot\frac{2{,}12}{\sin(32{,}01°+\varphi)}\cdot\sin\varphi\text{ cm}^3$$

$$V(\varphi) = \frac{8{,}48\cdot\sin\varphi}{\sin(32{,}01°+\varphi)}\text{ cm}^3$$

---

353 a) Zunächst Darstellung von $|\overline{MA}|$ in Abhängigkeit von φ:

$$\sin(180° - \varphi) = \frac{|\overline{MA}|}{|\overline{AD_n}|} \qquad \Big|\cdot|\overline{AD_n}|$$

$$|\overline{MA}| = |\overline{AD_n}|\cdot\sin(180° - \varphi)$$

$$|\overline{MA}| = |\overline{AD_n}|\cdot\sin\varphi$$

Betrachte das in M rechtwinklige Dreieck AD_nM. (180° – φ) ist das Ergänzungswinkelmaß zu φ.

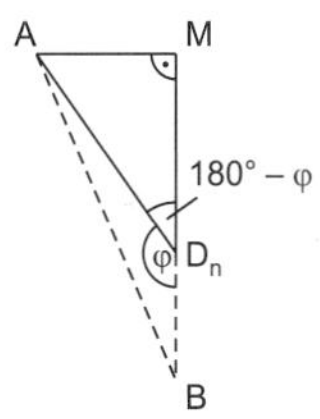

Beachte: sin (180° – φ) = sin φ

Berechnung des Kegelvolumens V(φ):

$$V(\varphi) = \frac{1}{3}\cdot|\overline{MA}|^2\cdot\pi\cdot|\overline{D_nM}|$$

$$V(\varphi) = \frac{1}{3}\cdot\left(|\overline{AD_n}|\cdot\sin\varphi\right)^2\cdot\pi\cdot|\overline{D_nM}|$$

$$V(\varphi) = \frac{1}{3}\cdot|\overline{AD_n}|^2\cdot\sin^2\varphi\cdot\pi\cdot|\overline{D_nM}|$$

b) Berechnung von φ, sodass V = 150 mℓ:

Umrechnung: 150 mℓ = 150 cm³

$$V(\varphi) = \frac{1}{3}\cdot|\overline{AD_n}|^2\cdot\sin^2\varphi\cdot\pi\cdot|\overline{D_nM}|$$

$$\wedge \quad V = 150\text{ cm}^3$$

Hinweise und Tipps

$\Rightarrow \quad \frac{1}{3}\cdot|\overline{AD_1}|^2\cdot\sin^2\varphi\cdot\pi\cdot|\overline{D_1M}|=150\text{ cm}^3 \quad (\text{I}=\text{II}) \quad |\cdot 3$

Setze $|\overline{AD_1}|=8$ cm und $|\overline{D_1M}|=6$ cm ein.

$\Leftrightarrow \quad (8\text{ cm})^2\cdot\sin^2\varphi\cdot\pi\cdot 6\text{ cm}=450\text{ cm}^3 \quad |:\text{cm}^3$

$\Leftrightarrow \quad 384\cdot\pi\cdot\sin^2\varphi=450 \quad |:(384\cdot\pi)$

$\Leftrightarrow \quad \sin^2\varphi=0,37 \quad |\sqrt{\ }$

$\Leftrightarrow \quad \sin\varphi=0,61$

$\Leftrightarrow \quad (\varphi_1=37,59° \ \vee) \ \varphi_2=142,41°$

Beachte: $\varphi>90°$

$L=\{142,41°\}$

c) Zunächst Berechnung von $|\overline{MA}|$:

Umrechnung: 200 $m\ell$ = 200 cm³

$V(\varphi)=\frac{1}{3}\cdot|\overline{MA}|^2\cdot\pi\cdot|\overline{D_nM}|$

$\wedge \quad V=200\text{ cm}^3$

$\Rightarrow \quad \frac{1}{3}\cdot|\overline{MA}|^2\cdot\pi\cdot|\overline{D_2M}|=200\text{ cm}^3 \quad (\text{I}=\text{II}) \quad |\cdot 3$

$\Leftrightarrow \quad |\overline{MA}|^2\cdot\pi\cdot 10\text{ cm}=600\text{ cm}^3 \quad |:(10\text{ cm}\cdot\pi)$

$\Leftrightarrow \quad |\overline{MA}|^2=\frac{600\text{ cm}^3}{10\text{ cm}\cdot\pi} \quad |\sqrt{\ }$

$\Leftrightarrow \quad |\overline{MA}|=4,37\text{ cm}$

$L=\{4,37\text{ cm}\}$

Berechnung von φ:

Betrachte das in M rechtwinklige Dreieck AD_2M.

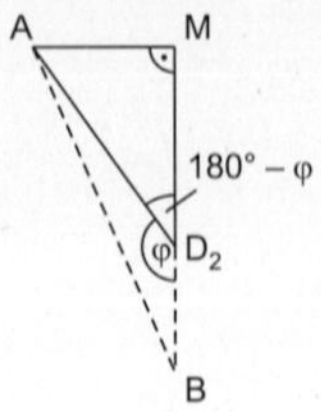

$\tan(180°-\varphi)=\frac{|\overline{MA}|}{|\overline{D_2M}|}$

$\tan(180°-\varphi)=\frac{4,37\text{ cm}}{10\text{ cm}}$

$\tan(180°-\varphi)=0,437$

$180°-\varphi=23,61° \quad |+\varphi-23,61°$

$\varphi=180°-23,61°$

$\varphi=156,39°$

$L=\{156,39°\}$

d) Zunächst Darstellung von $|\overline{AB}|$ in Abhängigkeit von φ:

$|\overline{AB}|(\varphi)=\sqrt{|\overline{BD_3}|^2+|\overline{D_3A}|^2-2\cdot|\overline{BD_3}|\cdot|\overline{D_3A}|\cdot\cos\varphi}$

Kosinussatz im Dreieck ABD_3

Berechnung des Oberflächeninhalts:

$A_O=A_{M_{\text{Kegel ABC}}}+A_{M_{\text{Kegel AD}_3\text{C}}}$

$A_O=|\overline{MA}|\cdot\pi\cdot|\overline{AB}|+|\overline{MA}|\cdot\pi\cdot|\overline{AD_3}|$

$A_O=|\overline{MA}|\cdot\pi\cdot\left(|\overline{AB}|+|\overline{AD_3}|\right)$

$A_O=|\overline{AD_3}|\cdot\sin\varphi\cdot\pi\cdot\left(|\overline{AB}|+|\overline{AD_3}|\right)$

$A_O=8\text{ cm}\cdot\sin\varphi\cdot\pi\cdot(|\overline{AB}|+8\text{ cm})$

Der Oberflächeninhalt ist gleich der Summe der Mantelflächeninhalte der beiden Teilkegel.

Beachte: $|\overline{MA}|=|\overline{AD_n}|\cdot\sin\varphi$

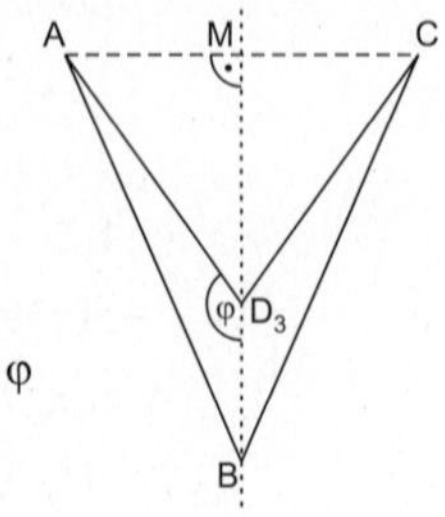

$A_O(\varphi)=8\text{ cm}\cdot\pi\cdot\sin\varphi\cdot(\sqrt{|\overline{BD_3}|^2+|\overline{D_3A}|^2-2\cdot|\overline{BD_3}|\cdot|\overline{D_3A}|\cos\varphi}+8\text{ cm})$

$A_O(\varphi)=8\pi\cdot\sin\varphi\cdot(\sqrt{1^2+8^2-2\cdot1\cdot8\cdot\cos\varphi}+8)\text{ cm}^2$

$A_O(\varphi)=8\pi\cdot\sin\varphi\cdot(\sqrt{65-16\cdot\cos\varphi}+8)\text{ cm}^2$

✎ Hinweise und Tipps

354 a) Zeichnen des Schrägbildes der Pyramide ABCDS:

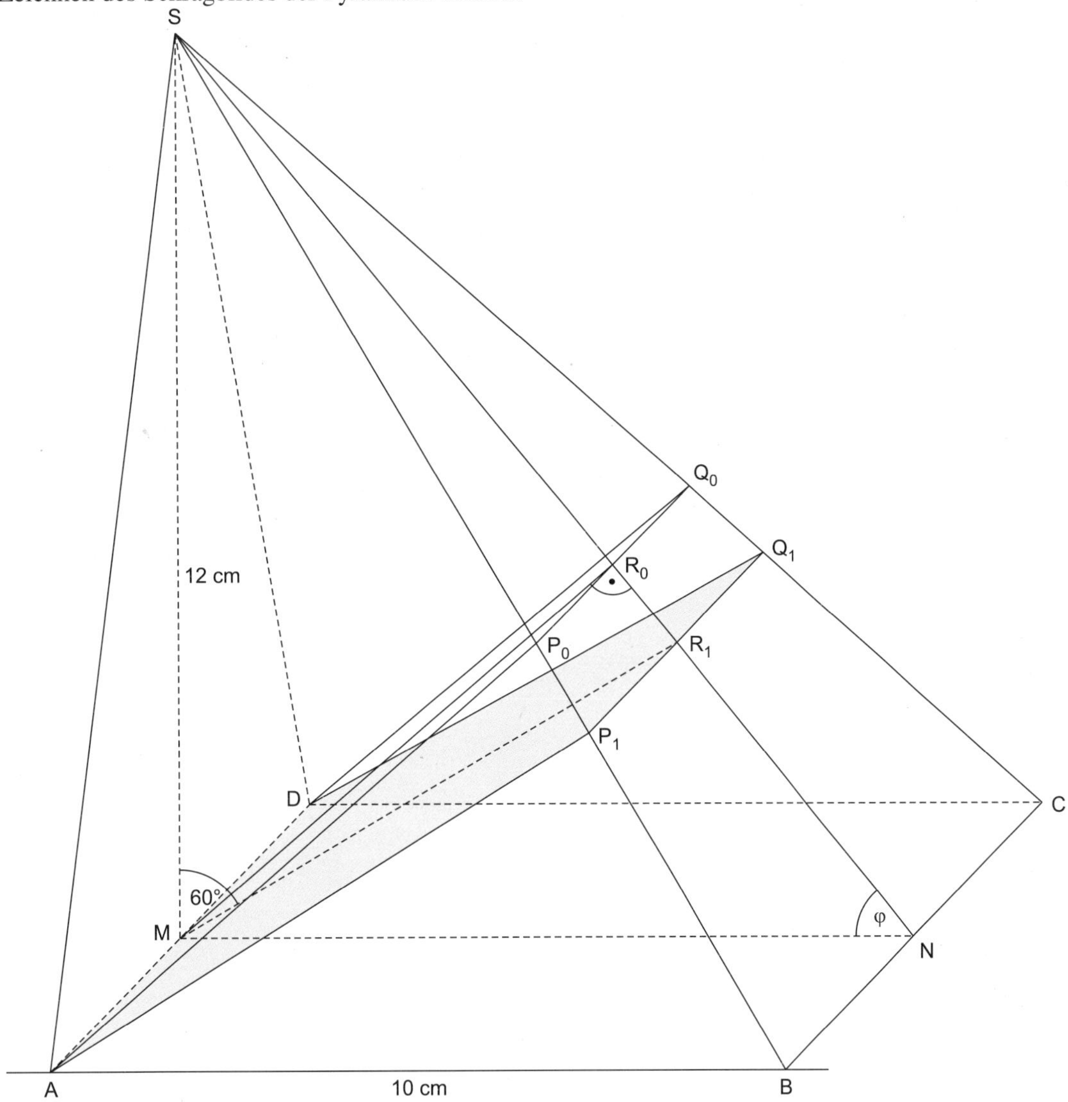

b) Berechnung von φ:

$\tan\varphi = \frac{|\overline{SM}|}{|\overline{MN}|}$

$\tan\varphi = \frac{12\text{ cm}}{10\text{ cm}}$

$\tan\varphi = 1{,}2$

$\varphi = 50{,}19°$

Tangens im in M rechtwinkligen Dreieck MNS

$\varphi \in\ ]0°; 90°[$

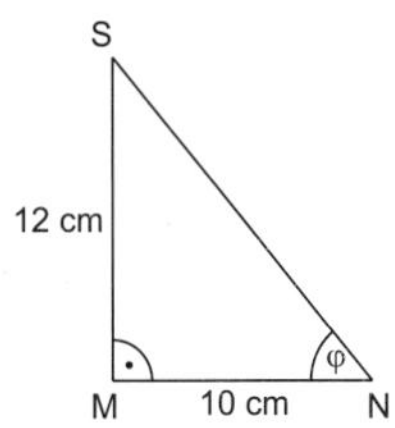

Berechnung von $|\overline{NS}|$:

$|\overline{NS}| = \sqrt{|\overline{SM}|^2 + |\overline{MN}|^2} = \sqrt{12^2 + 10^2}\text{ cm} = 15{,}62\text{ cm}$

Pythagoras im in M rechtwinkligen Dreieck MNS

Hinweise und Tipps

oder:

$$\sin\varphi = \frac{|\overline{SM}|}{|\overline{NS}|} \qquad \Big| \cdot \frac{|\overline{NS}|}{\sin\varphi}$$

Sinus im in M rechtwinkligen Dreieck MNS

$$|\overline{NS}| = \frac{|\overline{SM}|}{\sin\varphi}$$

$$|\overline{NS}| = \frac{12\text{ cm}}{\sin 50{,}19^\circ}$$

$$|\overline{NS}| = 15{,}62\text{ cm}$$

oder:

$$\cos\varphi = \frac{|\overline{MN}|}{|\overline{NS}|} \qquad \Big| \cdot \frac{|\overline{NS}|}{\cos\varphi}$$

Kosinus im in M rechtwinkligen Dreieck MNS

$$|\overline{NS}| = \frac{|\overline{MN}|}{\cos\varphi}$$

$$|\overline{NS}| = \frac{10\text{ cm}}{\cos 50{,}19^\circ}$$

$$|\overline{NS}| = 15{,}62\text{ cm}$$

c) Einzeichnen des Trapezes AP_1Q_1D

d) Zunächst Berechnung des Winkelmaßes von $\sphericalangle MSN$:

$\sphericalangle MSN = 180^\circ - (90^\circ + \varphi) = 180^\circ - (90^\circ + 50{,}19^\circ) = 39{,}81^\circ$

Betrachte das in M rechtwinklige Dreieck MNS.

Berechnung von $|\overline{MR_n}|(\delta)$:

Sinussatz im Dreieck MR_nS

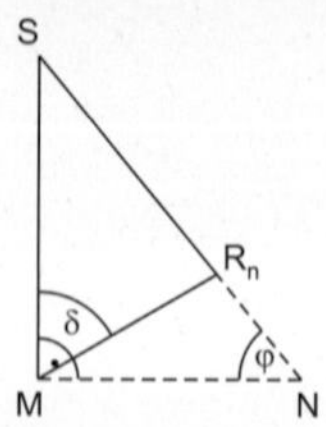

$$\frac{|\overline{MR_n}|(\delta)}{\sin\sphericalangle MSN} = \frac{|\overline{SM}|}{\sin(180^\circ - (\sphericalangle MSN + \delta))}$$

$$\Leftrightarrow \quad \frac{|\overline{MR_n}|(\delta)}{\sin 39{,}81^\circ} = \frac{12\text{ cm}}{\sin(180^\circ - (39{,}81^\circ + \delta))} \qquad \big| \cdot \sin 39{,}81^\circ$$

$$\Leftrightarrow \quad |\overline{MR_n}|(\delta) = \frac{12\text{ cm} \cdot \sin 39{,}81^\circ}{\sin(180^\circ - (39{,}81^\circ + \delta))}$$

$$\Leftrightarrow \quad |\overline{MR_n}|(\delta) = \frac{7{,}68}{\sin(39{,}81^\circ + \delta)}\text{ cm}$$

e) Berechnung von δ, sodass $|\overline{R_2S}| = 4$ cm:

Sinussatz im Dreieck MR_2S

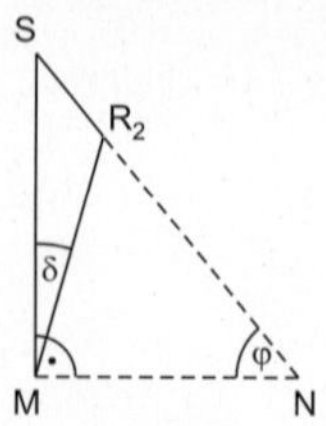

$$\frac{|\overline{SM}|}{\sin(180^\circ - (\sphericalangle MSN + \delta))} = \frac{|\overline{R_2S}|}{\sin\delta}$$

$$\Leftrightarrow \quad \frac{12\text{ cm}}{\sin(39{,}81^\circ + \delta)} = \frac{4\text{ cm}}{\sin\delta} \qquad \big| : \text{cm}$$

$$\Leftrightarrow \quad 12 \cdot \sin\delta = 4 \cdot \sin(39{,}81^\circ + \delta) \qquad \big| : 4$$

$$\Leftrightarrow \quad 3 \cdot \sin\delta = \sin(39{,}81^\circ + \delta)$$

Additionstheorem: $\sin(\alpha + \beta) = \sin\alpha\cos\beta + \cos\alpha\sin\beta$

$$\Leftrightarrow \quad 3 \cdot \sin\delta = \sin 39{,}81^\circ \cdot \cos\delta + \cos 39{,}81^\circ \cdot \sin\delta$$

$$\Leftrightarrow \quad 3 \cdot \sin\delta = 0{,}64 \cdot \cos\delta + 0{,}77 \cdot \sin\delta \qquad \big| - 0{,}77 \cdot \sin\delta$$

$$\Leftrightarrow \quad 2{,}23 \cdot \sin\delta = 0{,}64 \cdot \cos\delta \qquad \big| : (2{,}23 \cdot \cos\delta)$$

$$\Leftrightarrow \quad \frac{\sin\delta}{\cos\delta} = \frac{0{,}64}{2{,}23}$$

Ersetze: $\frac{\sin\varphi}{\cos\varphi} = \tan\varphi$

Hinweise und Tipps

$\Leftrightarrow \quad \tan\delta = 0{,}29$

$\Leftrightarrow \quad \delta = 16{,}17°$

$L = \{16{,}17°\}$

f) Zunächst Berechnung von $|\overline{MR_0}|$:

Die Länge der Höhe $\overline{MR_n}$ ist minimal, wenn gilt:

$\overline{MR_0} \perp \overline{NS}$

In diesem Fall entsteht das in R_0 rechtwinklige Dreieck MNR_0, in dem gilt:

$$\sin\varphi = \frac{|\overline{R_0M}|}{|\overline{MN}|} \qquad |\cdot|\overline{MN}|$$

$$|\overline{R_0M}| = |\overline{MN}|\cdot\sin\varphi$$

$$|\overline{R_0M}| = 10\text{ cm}\cdot\sin 50{,}19°$$

$$|\overline{R_0M}| = 7{,}68\text{ cm}$$

Da $\overline{MR_n}$ dem Abstand des Punktes M von der Strecke $\overline{NS}$ entspricht, ist der Abstand minimal, wenn die Strecken $\overline{MR_n}$ und $\overline{NS}$ senkrecht aufeinanderstehen.

Sinus im in R_0 rechtwinkligen Dreieck MNR_0

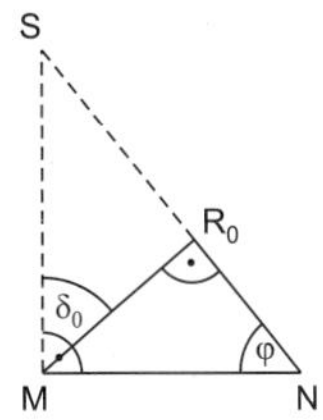

Berechnung von δ_0:

$$\cos\delta_0 = \frac{|\overline{MR_0}|}{|\overline{SM}|}$$

$$\cos\delta_0 = \frac{7{,}68\text{ cm}}{12\text{ cm}}$$

$$\cos\delta_0 = 0{,}64$$

$$\delta_0 = 50{,}21°$$

$L = \{50{,}21°\}$

Einzeichnen des Trapezes AP_0Q_0D

Kosinus im in R_0 rechtwinkligen Dreieck MR_0S

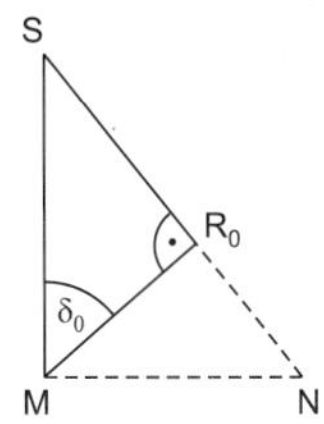

g) Zunächst Berechnung von $|\overline{R_0S}|$:

$$\sin\delta_0 = \frac{|\overline{R_0S}|}{|\overline{SM}|} \qquad |\cdot|\overline{SM}|$$

$$|\overline{R_0S}| = |\overline{SM}|\cdot\sin\delta_0$$

$$|\overline{R_0S}| = 12\text{ cm}\cdot\sin 50{,}21°$$

$$|\overline{R_0S}| = 9{,}22\text{ cm}$$

Sinus im in R_0 rechtwinkligen Dreieck MR_0S

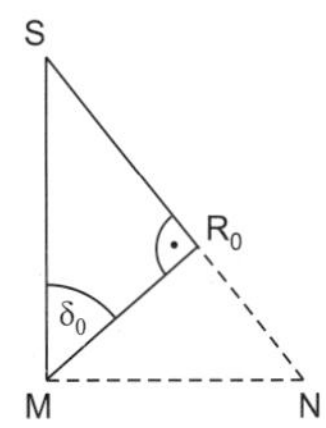

oder:

$$|\overline{R_0S}| = \sqrt{|\overline{MS}|^2 - |\overline{MR_0}|^2} = \sqrt{12^2 - 7{,}68^2}\text{ cm} = 9{,}22\text{ cm}$$

Pythagoras im rechtwinkligen Dreieck MR_0S

Berechnung von $|\overline{P_0Q_0}|$:

$$\frac{|\overline{BC}|}{|\overline{P_0Q_0}|} = \frac{|\overline{NS}|}{|\overline{R_0S}|}$$

$$\Leftrightarrow \quad |\overline{P_0Q_0}| = \frac{|\overline{BC}|\cdot|\overline{R_0S}|}{|\overline{NS}|}$$

$$\Leftrightarrow \quad |\overline{P_0Q_0}| = \frac{10\text{ cm}\cdot 9{,}22\text{ cm}}{15{,}62\text{ cm}}$$

$$\Leftrightarrow \quad |\overline{P_0Q_0}| = 5{,}90\text{ cm}$$

2. Strahlensatz im Dreieck BCS

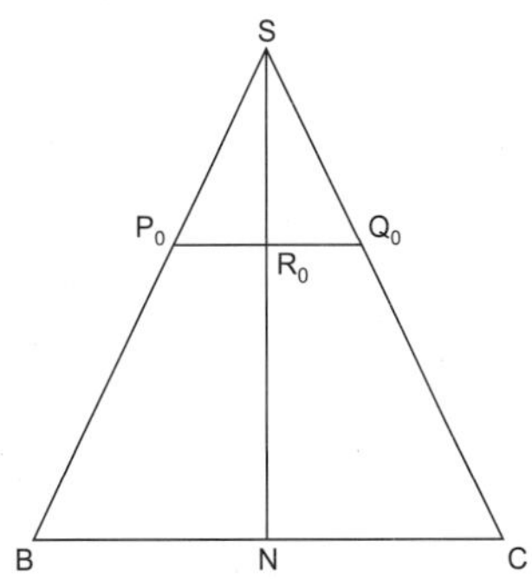

Hinweise und Tipps

Setze $A_{AP_0Q_0D} = \frac{1}{2} \cdot (|\overline{AD}| + |\overline{P_0Q_0}|) \cdot |\overline{MR_0}|$ ein.

Berechnung von $V_{AP_0Q_0DS}$:

$$V_{AP_0Q_0DS} = \frac{1}{3} \cdot A_{AP_0Q_0D} \cdot |\overline{R_0S}|$$

$$V_{AP_0Q_0DS} = \frac{1}{3} \cdot \frac{1}{2} \cdot (|\overline{AD}| + |\overline{P_0Q_0}|) \cdot |\overline{MR_0}| \cdot |\overline{R_0S}|$$

$$V_{AP_0Q_0DS} = \frac{1}{3} \cdot \frac{1}{2} \cdot (10 + 5{,}90) \cdot 7{,}68 \cdot 9{,}22 \text{ cm}^3$$

$$V_{AP_0Q_0DS} = 187{,}65 \text{ cm}^3$$

Berechnung von V_{ABCDS}:

$$V_{ABCDS} = \frac{1}{3} \cdot A_{ABCD} \cdot |\overline{MS}|$$

$$V_{ABCDS} = \frac{1}{3} \cdot |\overline{AB}|^2 \cdot |\overline{MS}|$$

$$V_{ABCDS} = \frac{1}{3} \cdot 10^2 \cdot 12 \text{ cm}^3$$

$$V_{ABCDS} = 400 \text{ cm}^3$$

Berechnung des prozentualen Anteils:

$$p = \frac{V_{AP_0Q_0DS}}{V_{ABCDS}} \cdot 100 = \frac{187{,}65 \text{ cm}^3}{400 \text{ cm}^3} \cdot 100 = 46{,}91$$

Der prozentuale Anteil beträgt 46,91 %.

Beispielaufgaben

Teil A

✎ Hinweise und Tipps

Aufgabe A 1

Baumdiagramm:

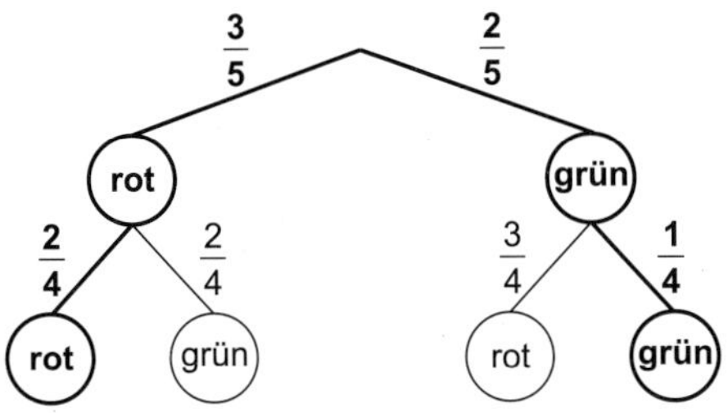

Wahrscheinlichkeit für 2 gleichfarbige Kugeln:

$\frac{3}{5}\cdot\frac{2}{4}+\frac{2}{5}\cdot\frac{1}{4}=\frac{6}{20}+\frac{2}{20}=\frac{8}{20}$

Die verwendeten Pfade sind in der Zeichnung **hervorgehoben**.

oder:

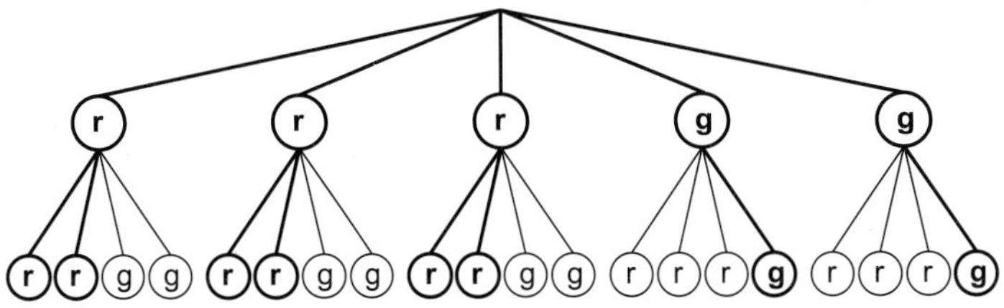

In 8 von 20 Fällen erhält man 2 gleichfarbige Kugeln. Folglich werden 2 gleichfarbige Kugeln mit einer Wahrscheinlichkeit von $\frac{8}{20}$ gezogen.

Auch gleichwertige Lösungen wie z. B. 40 %, 0,4 oder $\frac{2}{5}$ sind bei derartigen Aufgaben gültig.

Aufgabe A 2

Bestimmung der Gleichung der Umkehrfunktion:

$x = \log_3(y-1{,}5) \qquad x \in \mathbb{R};\ y \in \mathbb{R};\ y > 1{,}5$

$\Leftrightarrow \quad 3^x = y - 1{,}5 \qquad |+1{,}5$

$\Leftrightarrow \quad 3^x + 1{,}5 = y$

$f^{-1}\colon\ y = 3^x + 1{,}5$

Aufgabe A 3

Berechnung von $|\overline{AB}|$ mit dem Pythagoras:

$$|\overline{AB}|^2 = \left(\frac{|\overline{AC}|}{2}\right)^2 + \left(\frac{|\overline{BD}|}{2}\right)^2 \qquad |\sqrt{\ }$$

$$|\overline{AB}| = \sqrt{\left(\frac{|\overline{AC}|}{2}\right)^2 + \left(\frac{|\overline{BD}|}{2}\right)^2} \qquad \text{mit } |\overline{BD}| = |\overline{AC}| = 6\text{ cm}$$

$$|\overline{AB}| = \sqrt{\left(\frac{6}{2}\right)^2 + \left(\frac{6}{2}\right)^2}\text{ cm}$$

Hinweise und Tipps

$|\overline{AB}| = \sqrt{3^2+3^2}$ cm

$|\overline{AB}| = \sqrt{2 \cdot 3^2}$ cm

$|\overline{AB}| = 3 \cdot \sqrt{2}$ cm

Aufgabe A 4.1

Im rechtwinkligen Dreieck DCP_n gilt:

$$\cos\varphi = \frac{|\overline{CD}|}{|\overline{CP_n}|} \qquad \left| \cdot \frac{|\overline{CP_n}|}{\cos\varphi}\right.$$

$$|\overline{CP_n}| = \frac{|\overline{CD}|}{\cos\varphi} \qquad \text{mit } |\overline{CD}| = |\overline{AB}|$$

$$|\overline{CP_n}|(\varphi) = \frac{8}{\cos\varphi}\text{ cm} \qquad \varphi \in [0°; 41{,}19°]$$

Berechnung des Flächeninhalts A der Dreiecke BCP_n:

$$A = 0{,}5 \cdot |\overline{BC}| \cdot |\overline{CP_n}|$$

$$A(\varphi) = 0{,}5 \cdot 6 \cdot \frac{8}{\cos\varphi}\text{ cm}^2 \qquad \varphi \in [0°; 41{,}19°]$$

$$A(\varphi) = \frac{24}{\cos\varphi}\text{ cm}^2$$

Das Dreieck DCS steht senkrecht auf der Grundfläche ABCD. Daher gilt $\sphericalangle P_nCB = 90°$.

Somit gilt für den Flächeninhalt A der Dreiecke BCP_n:

$A = 0{,}5 \cdot |\overline{BC}| \cdot |\overline{CP_n}|$

Zunächst wird $|\overline{CP_n}|$ in Abhängigkeit von φ ermittelt.

Aufgabe A 4.2

Zeichnen des Schrägbildes der Pyramide ABCDS

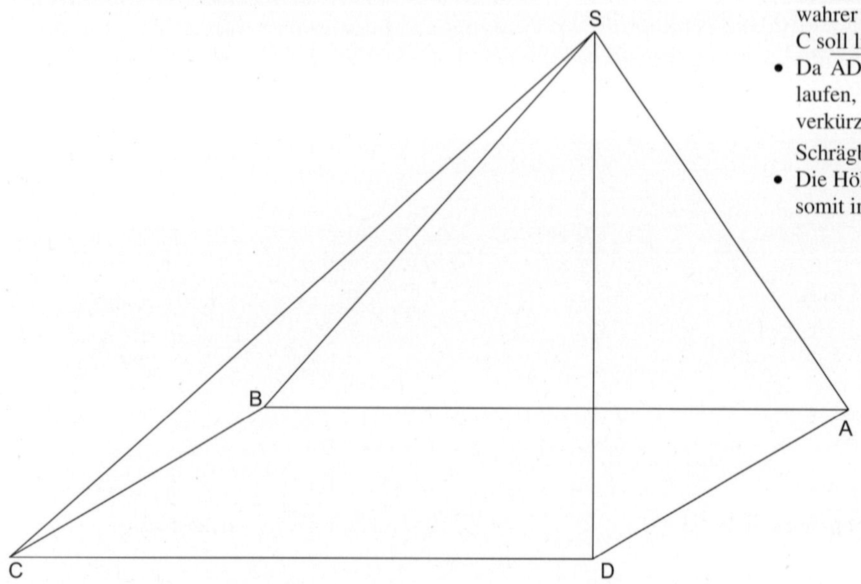

- Da $\overline{CD}$ auf der Schrägbildachse liegt, wird $\overline{CD}$ in wahrer Länge ($|\overline{CD}| = |\overline{AB}| = 8$ cm) angetragen. C soll links von D liegen.
- Da $\overline{AD}$ und $\overline{BC}$ senkrecht zur Zeichenebene verlaufen, werden $\overline{AD}$ und $\overline{BC}$ mit dem Faktor $q = \frac{2}{3}$ verkürzt ($\frac{2}{3} \cdot 6$ cm = 4 cm). Sie schließen mit der Schrägbildachse jeweils den Winkel $\omega = 30°$ ein.
- Die Höhe $\overline{DS}$ liegt in der Zeichenebene und wird somit in wahrer Länge angetragen.

Teil B

Aufgabe B 1.1

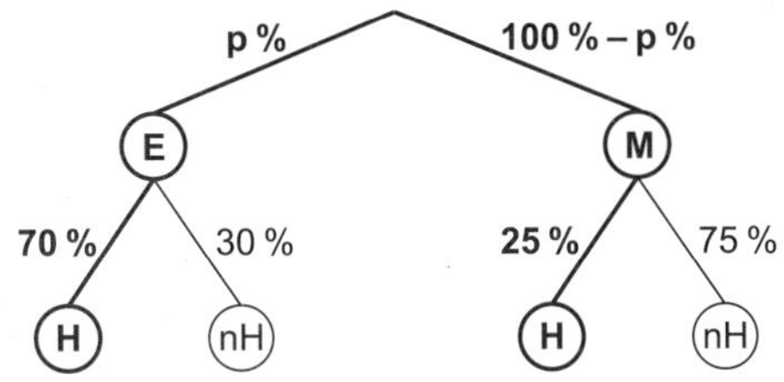

Hinweise und Tipps

Da sowohl die Erwachsenen als auch die Minderjährigen in „Fans" und „nicht Fans" unterteilt werden, ist die erste Ebene des Baumdiagramms die Unterscheidung nach Erwachsenen und Minderjährigen.

Da der Anteil der Erwachsenen p % beträgt, ist der Anteil der Minderjährigen 100 % – p %.

Aufgabe B 1.2

$$0,65 = \frac{p}{100} \cdot 0,7 + \left(1 - \frac{p}{100}\right) \cdot 0,25 \qquad p \in \mathbb{R}^+$$

$$\Leftrightarrow \quad 0,65 = 0,7 \cdot \frac{p}{100} + 0,25 - 0,25 \cdot \frac{p}{100} \qquad | \cdot 100$$

$$\Leftrightarrow \quad 65 = 0,7p + 25 - 0,25p \qquad | -25$$

$$\Leftrightarrow \quad 40 = 0,45p \qquad | : 0,45$$

$$\Leftrightarrow \quad p = 89$$

$L = \{89\}$

Der Anteil der erwachsenen Zuschauer beträgt gerundet 89 %.

Die verwendeten Pfade sind in der Zeichnung **hervorgehoben**.

Aufgabe B 1.3

Anteil der Zuschauer, die Fans der Heimmannschaft sind:
65 % (vgl. Angabe zu Teilaufgabe B 1.2)

Anteil der Zuschauer, die erwachsen und Fans der Heimmannschaft sind:
$0,89 \cdot 70\,\% = 62\,\%$

Wahrscheinlichkeit, mit der der zufällig ausgewählte Fan der Heimmannschaft erwachsen ist:

$$\frac{62\,\%}{65\,\%} = 0,95 = 95\,\%$$

Aufgabe B 2.1

Es sei F_n der jeweilige Fußpunkt des Lotes von C auf $\overline{B_nE_n}$.

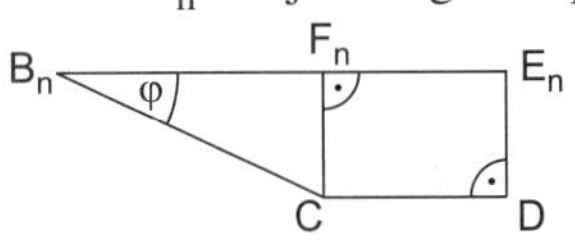

Berechnung von $|\overline{B_nF_n}|$ im rechtwinkligen Dreieck B_nCF_n in Abhängigkeit von φ:

$$\cos\varphi = \frac{|\overline{B_nF_n}|}{|\overline{B_nC}|} \qquad | \cdot |\overline{B_nC}|$$

$$|\overline{B_nF_n}| = |\overline{B_nC}| \cdot \cos\varphi$$

$$|\overline{B_nF_n}|(\varphi) = 4 \cdot \cos\varphi \text{ cm} \qquad \varphi \in \,]0°; 90°[$$

Da $|\overline{B_nE_n}| = |\overline{B_nF_n}| + |\overline{CD}|$, ermittelt man zunächst $|\overline{B_nF_n}|$.

Hinweise und Tipps

Berechnung von $|\overline{B_nE_n}|$ in Abhängigkeit von φ:

$$|\overline{B_nE_n}| = |\overline{B_nF_n}| + |\overline{CD}|$$

$$|\overline{B_nE_n}|(\varphi) = (4 \cdot \cos\varphi + 2{,}5)\text{ cm} \qquad \varphi \in \,]0°; 90°[$$

Aufgabe B 2.2

Mit $V_{Halbkugel} = \frac{1}{2} \cdot \frac{4}{3} \cdot r_2^3 \cdot \pi$ folgt:

$$135\text{ cm}^3 = \frac{1}{2} \cdot \frac{4}{3} \cdot r_2^3 \cdot \pi \qquad \left| \cdot \frac{3}{2\pi} \right.$$

$$\Leftrightarrow \quad r_2^3 = \frac{405}{2\pi}\text{cm}^3 \qquad |\sqrt[3]{\;}$$

$$\Leftrightarrow \quad r_2 = \sqrt[3]{\frac{405}{2\pi}}\text{ cm}$$

$$\Leftrightarrow \quad r_2 = 4{,}01\text{ cm}$$

Berechnung von φ:

$$|\overline{B_nE_n}|(\varphi) = 4{,}01\text{ cm} \qquad \varphi \in \,]0°; 90°[$$

$$\Leftrightarrow \quad 4 \cdot \cos\varphi + 2{,}5 = 4{,}01 \qquad |-2{,}5$$

$$\Leftrightarrow \quad 4 \cdot \cos\varphi = 1{,}51 \qquad |:4$$

$$\Leftrightarrow \quad \cos\varphi = \frac{1{,}51}{4}$$

$$\Leftrightarrow \quad \varphi = 67{,}82°$$

$L = \{67{,}82°\}$

Aufgabe B 3.1

Einzeichnen der Geraden g und h

g hat die Steigung 0,25 und den y-Achsenabschnitt 6.
h hat die Steigung 1 und den y-Achsenabschnitt –1.

Einzeichnen des Drachenvierecks $A_1B_1C_1D_1$ für $x = 2$

- D_1 hat die x-Koordinate 2 und liegt auf der Geraden h, also $D_1(2\,|\,1)$.
- A_1 hat eine um 2 kleinere Abszisse als D_1 und liegt auf der Geraden g, also $A_1(0\,|\,6)$.
- Da A_1C_1 die Symmetrieachse des Drachenvierecks $A_1B_1C_1D_1$ ist, gilt $|\overline{A_1D_1}| = |\overline{A_1B_1}|$. Da weiterhin $\sphericalangle B_1A_1D_1 = 90°$ gilt, erhält man B_1 durch Drehung von D_1 um A_1 mit dem Winkel –90°.
- Es sei M_1 der Mittelpunkt von $\overline{B_1D_1}$. Dann liegt C_1 auf der Geraden A_1M_1 und es gilt $|\overline{A_1C_1}| = 1{,}5 \cdot |\overline{B_1D_1}|$.
  Da das Dreieck $A_1B_1M_1$ rechtwinklig-gleichschenklig ist, gilt $|\overline{A_1M_1}| = 0{,}5 \cdot |\overline{B_1D_1}|$. Man trägt also ausgehend von A_1 die Länge $|\overline{A_1C_1}| = |\overline{A_1M_1}| + |\overline{B_1D_1}|$ auf der Geraden A_1M_1 ab und erhält somit den Punkt C_1.

Einzeichnen des Drachenvierecks $A_2B_2C_2D_2$ für $x = 7$

- D_2 hat die x-Koordinate 7 und liegt auf der Geraden h, also $D_2(7\,|\,6)$.
- A_2 hat eine um 2 kleinere Abszisse als D_2 und liegt auf der Geraden g, also $A_2(5\,|\,7{,}25)$.
- Da A_2C_2 die Symmetrieachse des Drachenvierecks $A_2B_2C_2D_2$ ist, gilt $|\overline{A_2D_2}| = |\overline{A_2B_2}|$. Da weiterhin $\sphericalangle B_2A_2D_2 = 90°$ gilt, erhält man B_2 durch Drehung von D_2 um A_2 mit dem Winkel –90°.
- Es sei M_2 der Mittelpunkt von $\overline{B_2D_2}$. Dann liegt C_2 auf der Geraden A_2M_2 und es gilt $|\overline{A_2C_2}| = 1{,}5 \cdot |\overline{B_2D_2}|$.
  Da das Dreieck $A_2B_2M_2$ rechtwinklig-gleichschenklig ist, gilt $|\overline{A_2M_2}| = 0{,}5 \cdot |\overline{B_2D_2}|$. Man trägt also ausgehend von A_2 die Länge $|\overline{A_2C_2}| = |\overline{A_2M_2}| + |\overline{B_2D_2}|$ auf der Geraden A_2M_2 ab und erhält somit den Punkt C_2.

Hinweise und Tipps

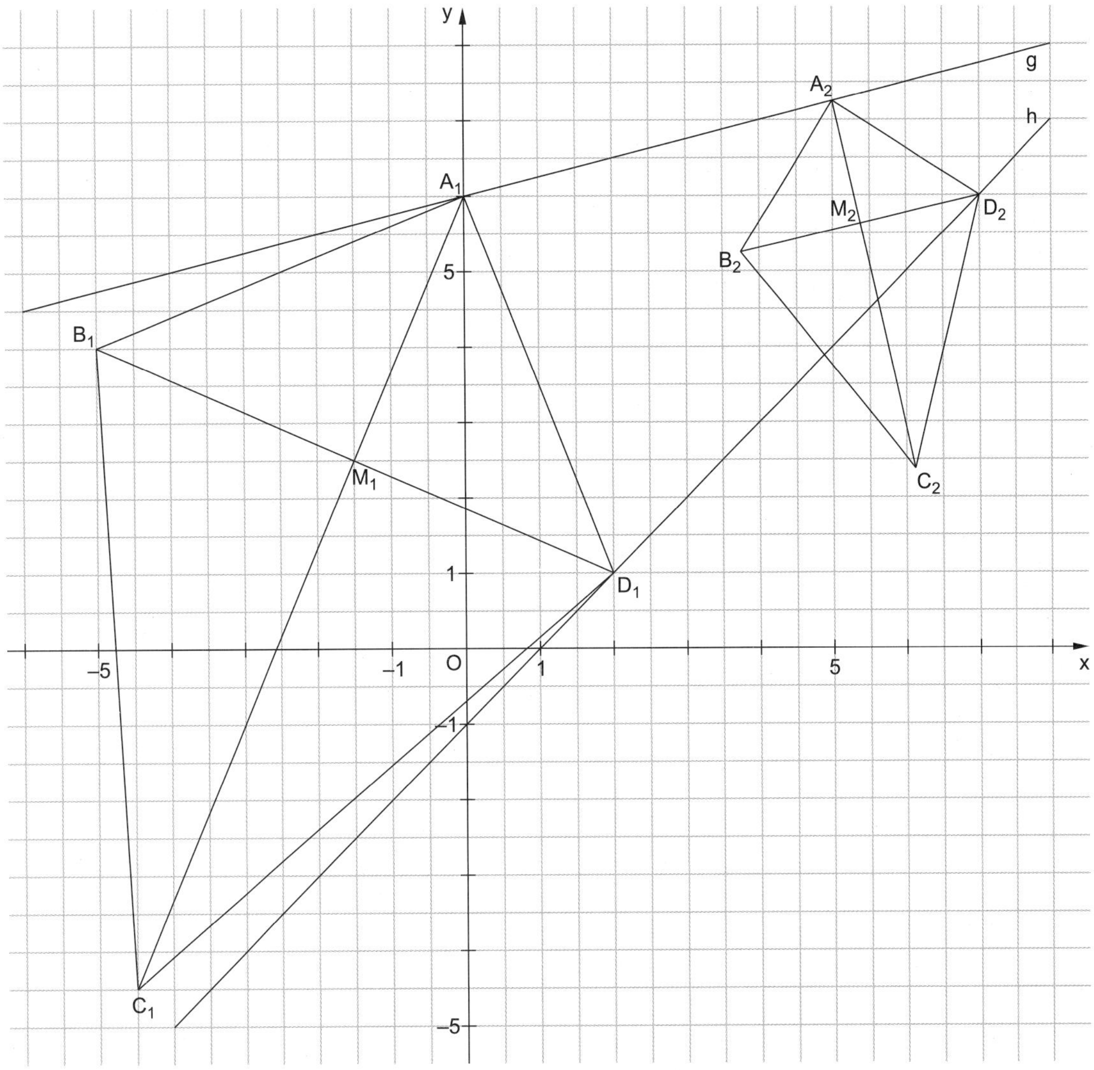

Aufgabe B 3.2

Berechnung der Koordinaten der Punkte A_n:

$A_n(x-2 \mid 0{,}25\cdot(x-2)+6)$ $\qquad x \in \mathbb{R}$

$A_n(x-2 \mid 0{,}25x-0{,}5+6)$

$A_n(x-2 \mid 0{,}25x+5{,}5)$

Die Abszisse von A_n ist um 2 kleiner als die Abszisse von D_n und somit $x-2$. Da A_n auf der Geraden g liegt, erhält man die Ordinate von A_n durch Ersetzen von x in der Geradengleichung von g durch $x-2$.

Berechnung von $\overrightarrow{A_nD_n}$ in Abhängigkeit von x:

$$\overrightarrow{A_nD_n}(x)=\begin{pmatrix} x-(x-2) \\ x-1-(0{,}25x+5{,}5) \end{pmatrix} \qquad x \in \mathbb{R}$$

$$\overrightarrow{A_nD_n}(x)=\begin{pmatrix} 2 \\ 0{,}75x-6{,}5 \end{pmatrix}$$

Um die Koordinaten von B_n mithilfe von $\overrightarrow{OB_n}=\overrightarrow{OA_n}\oplus\overrightarrow{A_nB_n}$ ermitteln zu können, bestimmt man $\overrightarrow{A_nB_n}$ durch Drehung von $\overrightarrow{A_nD_n}$ um –90°.

Hinweise und Tipps

Berechnung von $\overrightarrow{A_nB_n}$ in Abhängigkeit von x:

$$\overrightarrow{A_nD_n} \xmapsto{O;\ \varphi=-90^\circ} \overrightarrow{A_nB_n}$$

$$\overrightarrow{A_nB_n}(x) = \begin{pmatrix} \cos(-90^\circ) & -\sin(-90^\circ) \\ \sin(-90^\circ) & \cos(-90^\circ) \end{pmatrix} \odot \begin{pmatrix} 2 \\ 0{,}75x-6{,}5 \end{pmatrix} \qquad x \in \mathbb{R}$$

$$\overrightarrow{A_nB_n}(x) = \begin{pmatrix} 0 & 1 \\ -1 & 0 \end{pmatrix} \odot \begin{pmatrix} 2 \\ 0{,}75x-6{,}5 \end{pmatrix}$$

$$\overrightarrow{A_nB_n}(x) = \begin{pmatrix} 0{,}75x-6{,}5 \\ -2 \end{pmatrix}$$

Berechnung der Koordinaten der Punkte B_n in Abhängigkeit von x:

$$\overrightarrow{OB_n} = \overrightarrow{OA_n} \oplus \overrightarrow{A_nB_n}$$

$$\overrightarrow{OB_n}(x) = \begin{pmatrix} x-2 \\ 0{,}25x+5{,}5 \end{pmatrix} \oplus \begin{pmatrix} 0{,}75x-6{,}5 \\ -2 \end{pmatrix} \qquad x \in \mathbb{R}$$

$$\overrightarrow{OB_n}(x) = \begin{pmatrix} 1{,}75x-8{,}5 \\ 0{,}25x+3{,}5 \end{pmatrix}$$

$B_n(1{,}75x-8{,}5 \mid 0{,}25x+3{,}5)$

Aufgabe B 3.3

Berechnung der Steigung $m_{B_nD_n}$ in Abhängigkeit von x:

$$\overrightarrow{B_nD_n}(x) = \begin{pmatrix} x-(1{,}75x-8{,}5) \\ x-1-(0{,}25x+3{,}5) \end{pmatrix} \qquad x \in \mathbb{R}$$

$$\overrightarrow{B_nD_n}(x) = \begin{pmatrix} -0{,}75x+8{,}5 \\ 0{,}75x-4{,}5 \end{pmatrix}$$

$$m_{B_nD_n}(x) = \frac{0{,}75x-4{,}5}{-0{,}75x+8{,}5}$$

Im Drachenviereck $A_3B_3C_3D_3$ entspricht die Steigung der Geraden B_3D_3 der Steigung der Geraden g, d. h., es gilt $m_{B_3D_3} = m_g = 0{,}25$.
Um die Abszisse des Punktes D_3 zu bestimmen, ermittelt man die Steigung $m_{B_nD_n}$ in Abhängigkeit von x mithilfe der Pfeile $\overrightarrow{B_nD_n}$.

Berechnung des Wertes für x mit $m_{B_nD_n}(x) = 0{,}25$:

$$\frac{0{,}75x-4{,}5}{-0{,}75x+8{,}5} = 0{,}25 \qquad |\cdot(-0{,}75x+8{,}5) \qquad x \in \mathbb{R}$$

$$\Leftrightarrow \quad 0{,}75x-4{,}5 = 0{,}25\cdot(-0{,}75x+8{,}5)$$

$$\Leftrightarrow \quad 0{,}75x-4{,}5 = -0{,}19x+2{,}13 \qquad |+0{,}19x+4{,}5$$

$$\Leftrightarrow \quad 0{,}94x = 6{,}63 \qquad |:0{,}94$$

$$\Leftrightarrow \quad x = 7{,}05$$

$\mathbb{L} = \{7{,}05\}$

Rechnet man mit nicht gerundeten Werten und rundet erst am Schluss, erhält man $x = 7{,}07$.

Aufgabe B 3.4

Berechnung von $|\overrightarrow{B_nD_n}|(x)$ mithilfe von $\overrightarrow{B_nD_n}(x)$ aus Teilaufgabe B 3.3:

$$|\overrightarrow{B_nD_n}|(x) = \sqrt{(-0{,}75x+8{,}5)^2+(0{,}75x-4{,}5)^2}\ \text{LE} \qquad x \in \mathbb{R}$$

$$|\overrightarrow{B_nD_n}|(x) = \sqrt{0{,}56x^2-12{,}75x+72{,}25+0{,}56x^2-6{,}75x+20{,}25}\ \text{LE}$$

$$|\overrightarrow{B_nD_n}|(x) = \sqrt{1{,}12x^2-19{,}5x+92{,}5}\ \text{LE}$$

Da $|\overrightarrow{A_nC_n}| = 1{,}5\cdot|\overrightarrow{B_nD_n}|$, benötigt man zur Bestimmung des Flächeninhalts $A = 0{,}5\cdot|\overrightarrow{A_nC_n}|\cdot|\overrightarrow{B_nD_n}|$ lediglich die Länge $|\overrightarrow{B_nD_n}|$.

Hinweise und Tipps

Berechnung des Flächeninhalts der Drachenvierecke $A_nB_nC_nD_n$ in Abhängigkeit von x:

$A = 0{,}5 \cdot |\overline{A_nC_n}| \cdot |\overline{B_nD_n}| \quad$ mit $|\overline{A_nC_n}| = 1{,}5 \cdot |\overline{B_nD_n}|$

$A = 0{,}5 \cdot 1{,}5 \cdot |\overline{B_nD_n}|^2$

$A(x) = 0{,}5 \cdot 1{,}5 \cdot (1{,}12x^2 - 19{,}5x + 92{,}5)$ FE $\qquad x \in \mathbb{R}$

$A(x) = (0{,}84x^2 - 14{,}63x + 69{,}38)$ FE

Aufgabe B 4.1

Gleichung der Asymptote: $y = -3$

Einzeichnen des Graphen zu f_1, z. B. mithilfe folgender Wertetabelle

x	−3	−2	−1	0	1
$y = 0{,}12 \cdot 0{,}5^{x-3} - 3$	4,68	0,84	−1,08	−2,04	−2,52
x	2	3	4	5	6
$y = 0{,}12 \cdot 0{,}5^{x-3} - 3$	−2,76	−2,88	−2,94	−2,97	−2,99

Einzeichnen des Graphen zu f_2, z. B. mithilfe folgender Wertetabelle

x	−3	−2	−1	0	1
$y = 0{,}6 \cdot 0{,}5^{x} + 2$	6,8	4,4	3,2	2,6	2,3
x	2	3	4	5	6
$y = 0{,}6 \cdot 0{,}5^{x} + 2$	2,15	2,08	2,04	2,02	2,01

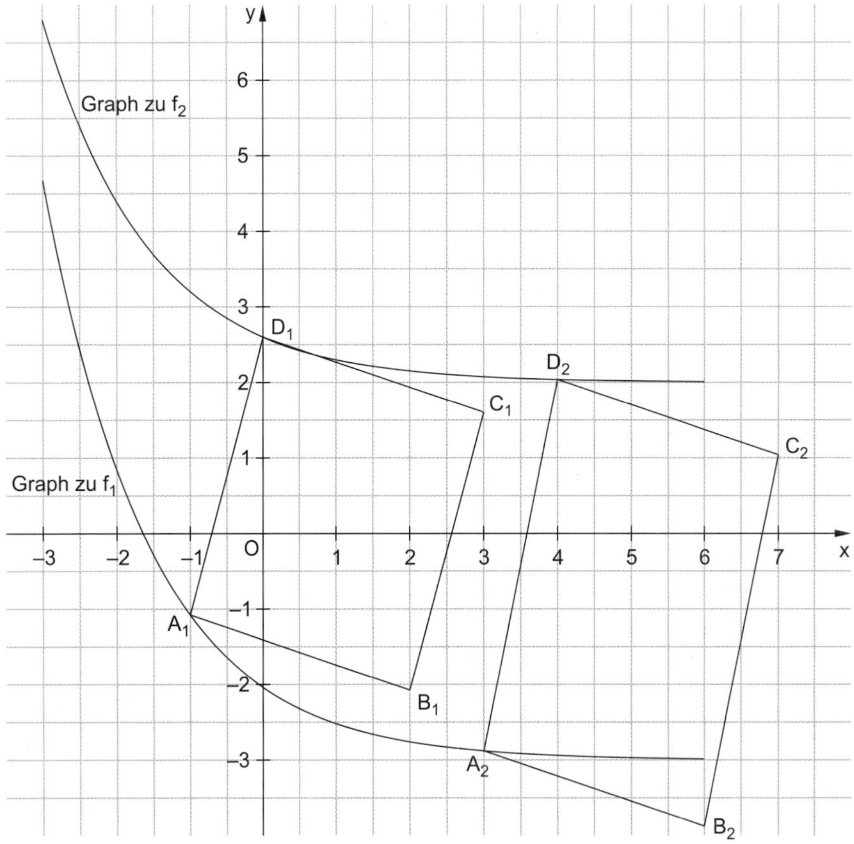

Hinweise und Tipps

Aufgabe B 4.2

Einzeichnen der Parallelogramme $A_1B_1C_1D_1$ für $x=-1$

- A_1 hat die x-Koordinate –1 und liegt auf dem Graphen zu f_1, also $A_1(-1\,|\,-1{,}08)$.
- Es gilt $\overrightarrow{A_1B_1}=\begin{pmatrix}3\\-1\end{pmatrix}$, also $B_1(2\,|\,-2{,}08)$.
- D_1 liegt auf dem Graphen zu f_2 und hat eine um 1 größere x-Koordinate als A_1, also $D_1(0\,|\,2{,}6)$.
- Da die Vierecke Parallelogramme sind, gilt $\overrightarrow{D_1C_1}=\overrightarrow{A_1B_1}=\begin{pmatrix}3\\-1\end{pmatrix}$, also $C_1(3\,|\,1{,}6)$.

Einzeichnen der Parallelogramme $A_2B_2C_2D_2$ für $x=3$

- A_2 hat die x-Koordinate 3 und liegt auf dem Graphen zu f_1, also $A_2(3\,|\,-2{,}88)$.
- Es gilt $\overrightarrow{A_2B_2}=\begin{pmatrix}3\\-1\end{pmatrix}$, also $B_2(6\,|\,-3{,}88)$.
- D_2 liegt auf dem Graphen zu f_2 und hat eine um 1 größere x-Koordinate als A_2, also $D_2(4\,|\,2{,}04)$.
- Da die Vierecke Parallelogramme sind, gilt $\overrightarrow{D_2C_2}=\overrightarrow{A_2B_2}=\begin{pmatrix}3\\-1\end{pmatrix}$, also $C_2(7\,|\,1{,}04)$.

Aufgabe B 4.3

$A_n(x\,|\,0{,}12\cdot 0{,}5^{x-3}-3)$ $\quad x\in\mathbb{R};\ x>-3{,}01$

$D_n(x+1\,|\,0{,}6\cdot 0{,}5^{x+1}+2)$ $\quad x\in\mathbb{R};\ x>-3{,}01$

Die Abszisse von D_n ist um 1 größer als die Abszisse von A_n und somit $x+1$. Da D_n auf dem Graphen zu f_2 liegt, erhält man die Ordinate von D_n durch Ersetzen von x in der Funktionsgleichung von f_2 durch $x+1$.

Somit gilt:

$$\overrightarrow{A_nD_n}(x)=\begin{pmatrix}x+1-x\\ 0{,}6\cdot 0{,}5^{x+1}+2-(0{,}12\cdot 0{,}5^{x-3}-3)\end{pmatrix}\quad x\in\mathbb{R};\ x>-3{,}01$$

$$\overrightarrow{A_nD_n}(x)=\begin{pmatrix}1\\ 0{,}6\cdot 0{,}5\cdot 0{,}5^{x}+2-0{,}12\cdot 0{,}5^{-3}\cdot 0{,}5^{x}+3\end{pmatrix}$$

$$\overrightarrow{A_nD_n}(x)=\begin{pmatrix}1\\ 0{,}3\cdot 0{,}5^{x}-0{,}96\cdot 0{,}5^{x}+5\end{pmatrix}$$

$$\overrightarrow{A_nD_n}(x)=\begin{pmatrix}1\\ -0{,}66\cdot 0{,}5^{x}+5\end{pmatrix}$$

Aufgabe B 4.4

Berechnung des Flächeninhalts der Parallelogramme $A_nB_nC_nD_n$:

$$A=\left|\ \overrightarrow{A_nB_n}\quad \overrightarrow{A_nD_n}\ \right|\text{FE}$$

$$A(x)=\begin{vmatrix}3 & 1\\ -1 & -0{,}66\cdot 0{,}5^{x}+5\end{vmatrix}\text{FE}\quad x\in\mathbb{R};\ x>-3{,}01$$

$$A(x)=[3\cdot(-0{,}66\cdot 0{,}5^{x}+5)-(-1)\cdot 1]\text{ FE}$$

$$A(x)=(-1{,}98\cdot 0{,}5^{x}+15+1)\text{ FE}$$

$$A(x)=(-1{,}98\cdot 0{,}5^{x}+16)\text{ FE}$$

Es gilt: $A(x)=(\underbrace{\underbrace{-1{,}98\cdot 0{,}5^{x}}_{<0}+16}_{<16})\text{ FE}\quad x\in\mathbb{R};\ x>-3{,}01$

Somit ist A(x) stets kleiner als 16 FE.

Aufgabe B 4.5

Im Rechteck $A_3B_3C_3D_3$ gilt:

$$\overrightarrow{A_3B_3} \odot \overrightarrow{A_3D_3} = 0$$

$$\Leftrightarrow \quad \begin{pmatrix} 3 \\ -1 \end{pmatrix} \odot \begin{pmatrix} 1 \\ b \end{pmatrix} = 0 \qquad b \in \mathbb{R}$$

$$\Leftrightarrow \quad 3 \cdot 1 + (-1) \cdot b = 0$$

$$\Leftrightarrow \quad 3 - b = 0 \qquad | + b$$

$$\Leftrightarrow \quad b = 3$$

$L = \{3\}$

Somit folgt: $\overrightarrow{A_3D_3} = \begin{pmatrix} 1 \\ 3 \end{pmatrix}$

Mit $\overrightarrow{A_3B_3} = \begin{pmatrix} 3 \\ -1 \end{pmatrix}$ folgt: $|\overrightarrow{A_3B_3}| = |\overrightarrow{A_3D_3}|$

Somit ist das Rechteck $A_3B_3C_3D_3$ ein Quadrat.

Bestimmung der x-Koordinate von A_3:

$$-0,66 \cdot 0,5^x + 5 = 3 \qquad | -5 \qquad x \in \mathbb{R};\ x > -3,01$$

$$\Leftrightarrow \quad -0,66 \cdot 0,5^x = -2 \qquad | : (-0,66)$$

$$\Leftrightarrow \quad 0,5^x = 3,03$$

$$\Leftrightarrow \quad x = \log_{0,5} 3,03$$

$$\Leftrightarrow \quad x = \frac{\lg 3,03}{\lg 0,5}$$

$$\Leftrightarrow \quad x = -1,60$$

$L = \{-1,60\}$

Hinweise und Tipps

Da die x-Koordinate von D_3 um 1 größer ist als die Abszisse x von A_3, gilt: $\overrightarrow{A_3D_3} = \begin{pmatrix} 1 \\ b \end{pmatrix}$ mit noch zu bestimmendem $b \in \mathbb{R}$

Im Rechteck $A_3B_3C_3D_3$ stehen $\overrightarrow{A_3B_3}$ und $\overrightarrow{A_3D_3}$ senkrecht aufeinander.

Es gilt: $|\overrightarrow{A_3D_3}| = \sqrt{1^2 + 3^2} = \sqrt{10}$ und $|\overrightarrow{A_3B_3}| = \sqrt{3^2 + (-1)^2} = \sqrt{10}$

Gesucht ist der Wert für x mit $\overrightarrow{A_nD_n}(x) = \overrightarrow{A_3D_3}$, d. h., man setzt die y-Koordinaten der Pfeile $\overrightarrow{A_nD_n}(x)$ und $\overrightarrow{A_3D_3}$ gleich.

Musterprüfung

Teil A

✎ Hinweise und Tipps

Aufgabe A 1.1

$\frac{1}{3}\cdot\frac{1}{3}\cdot\frac{1}{3}=\frac{1}{27}$

Aufgabe A 1.2

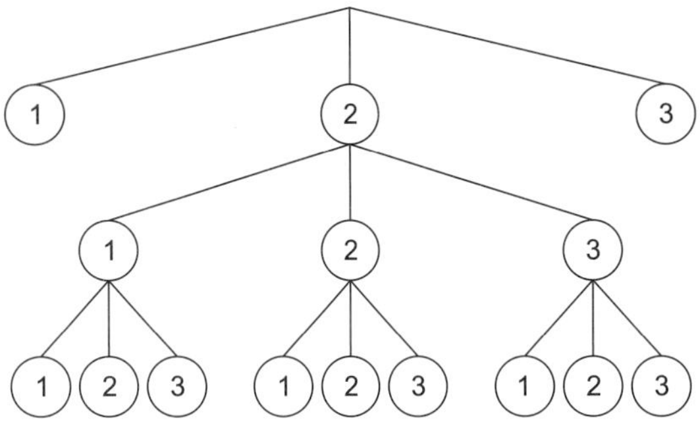

Es sind nur alle Pfade von der Zahl 2 aus anzugeben.

Aufgabe A 1.3

$$P(3\,3\,2)+P(3\,2\,3)+P(2\,3\,3)=\frac{1}{3}\cdot\frac{1}{3}\cdot\frac{1}{3}+\frac{1}{3}\cdot\frac{1}{3}\cdot\frac{1}{3}+\frac{1}{3}\cdot\frac{1}{3}\cdot\frac{1}{3}$$
$$=\frac{1}{27}+\frac{1}{27}+\frac{1}{27}$$
$$=\frac{3}{27}$$

Die Summe 8 kann nur durch die Zahlen 3, 3, 2 gebildet werden: $3+3+2$; $3+2+3$; $2+3+3$

Auch gleichwertige Lösungen wie z. B. $\frac{1}{9}$ oder $11,\overline{1}\ \%$ sind bei derartigen Aufgaben gültig.

Aufgabe A 2.1

Im rechtwinkligen Dreieck D_nCS gilt:

$$\tan\varphi=\frac{|\overline{CD_n}|}{|\overline{CS}|}\qquad \Big|\cdot|\overline{CS}|$$
$$|\overline{CD_n}|=|\overline{CS}|\cdot\tan\varphi$$
$$|\overline{CD_n}|(\varphi)=3\cdot\tan\varphi\ \text{cm}\qquad \varphi\in\,]0°;90°[$$

Aufgabe A 2.2

$V = V_{Zylinder} + V_{Kegel}$

$V = |\overline{E_nC}|^2 \cdot \pi \cdot |\overline{CB_n}| + \frac{1}{3} \cdot |\overline{CD_n}|^2 \cdot \pi \cdot |\overline{CS}|$

$V = \left(\frac{1}{2} \cdot |\overline{CD_n}|\right)^2 \cdot \pi \cdot 2 \cdot |\overline{CD_n}| + \frac{1}{3} \cdot |\overline{CD_n}|^2 \cdot \pi \cdot |\overline{CS}|$

$V(\varphi) = \left[\left(\frac{1}{2} \cdot 3 \cdot \tan\varphi\right)^2 \cdot \pi \cdot 2 \cdot 3 \cdot \tan\varphi + \frac{1}{3} \cdot (3 \cdot \tan\varphi)^2 \cdot \pi \cdot 3\right] \text{cm}^3 \quad \varphi \in]0°; 90°[$

$V(\varphi) = \left[\frac{9}{4} \cdot (\tan\varphi)^2 \cdot \pi \cdot 6 \cdot \tan\varphi + \frac{1}{3} \cdot 9 \cdot (\tan\varphi)^2 \cdot \pi \cdot 3\right] \text{cm}^3$

$V(\varphi) = [13{,}5\pi \cdot (\tan\varphi)^3 + 9\pi \cdot (\tan\varphi)^2] \text{ cm}^3$

Hinweise und Tipps

Durch die Rotation des Rechtecks $A_nB_nCE_n$ erhält man einen Zylinder mit dem Radius $|\overline{E_nC}| = \frac{1}{2} \cdot |\overline{CD_n}|$ und der Höhe $|\overline{CB_n}| = 2 \cdot |\overline{CD_n}|$.

Durch die Rotation des Dreiecks D_nCS erhält man einen Kegel mit dem Radius $|\overline{CD_n}|$ und der Höhe $|\overline{CS}|$.

Aufgabe A 3

Im rechtwinkligen Dreieck WKR gilt:

$\cos\sphericalangle WRK = \frac{|\overline{KR}|}{|\overline{WR}|} \quad \Big| \cdot \frac{|\overline{WR}|}{\cos\sphericalangle WRK}$

$|\overline{WR}| = \frac{|\overline{KR}|}{\cos\sphericalangle WRK}$

$|\overline{WR}| = \frac{134}{\cos 60°} \text{ km}$

$|\overline{WR}| = \frac{134}{0{,}5} \text{ km}$

$|\overline{WR}| = 268 \text{ km}$

oder:

Da $\sphericalangle WRK = 60°$ und $\sphericalangle RKW = 90°$, ist das Dreieck WKR ein „halbes gleichseitiges" Dreieck. Somit gilt:

$|\overline{WR}| = 2 \cdot |\overline{KR}|$

$|\overline{WR}| = 2 \cdot 134 \text{ km}$

$|\overline{WR}| = 268 \text{ km}$

Teil B

Hinweise und Tipps

Aufgabe B 1.1

Die Konzentration reduziert sich in einer Woche um 7 %.

Die Basis 0,93 gibt an, dass sich die Konzentration in einer Woche auf 93 % verringert. Der gesuchte Prozentsatz, um den verringert wird, beträgt also: 100 % – 93 % = 7 %

Aufgabe B 1.2

$y = 55 \cdot 0{,}93^3$

$y = 44{,}24$

Nach 21 Tagen beträgt die Konzentration an Vitamin D bei Andreas $44{,}24\,\frac{\text{ng}}{m\ell}$.

21 Tage sind 3 Wochen.

Aufgabe B 1.3

$$0{,}5 \cdot 55 = 55 \cdot 0{,}93^x \quad |:55 \qquad x \in \mathbb{R}_0^+$$

$$\Leftrightarrow \quad 0{,}5 = 0{,}93^x$$

$$\Leftrightarrow \quad x = \log_{0{,}93} 0{,}5$$

$$\Leftrightarrow \quad x = \frac{\lg 0{,}5}{\lg 0{,}93}$$

$$\Leftrightarrow \quad x = 9{,}6$$

$L = \{9{,}6\}$

Die Konzentration an Vitamin D halbiert sich in der 10. Woche.

Gesucht ist die Belegung von x, für die $y = 55 \cdot 0{,}93^x$ die Hälfte der Anfangskonzentration ergibt.

Aufgabe B 1.4

Stephans Anfangswert ist kleiner und nimmt schneller ab als der von Andreas. Die Konzentrationen können folglich niemals gleichzeitig den gleichen Wert erreichen.

oder: $\underbrace{55}_{>51} \cdot \underbrace{\overbrace{0{,}93}^{>0{,}91}{}^x}_{>0{,}91^x} > 51 \cdot 0{,}91^x \qquad x \in \mathbb{R}_0^+$

Die Konzentrationen können folglich niemals gleichzeitig den gleichen Wert erreichen.

Andreas „startet" mit einer Anfangskonzentration von $55\,\frac{\text{ng}}{m\ell}$, die wöchentlich um 7 % abnimmt. Stephan „startet" mit einer Anfangskonzentration von $51\,\frac{\text{ng}}{m\ell}$, die wöchentlich um 9 % abnimmt.

Aufgabe B 2.1

Aufgrund der Innenwinkelsumme im Dreieck DE_nF_n gilt:

$\sphericalangle DF_nE_n = 180° - \sphericalangle F_nE_nD - \sphericalangle E_nDF_n$

$\sphericalangle DF_nE_n = 180° - 90° - (90° - \varphi)$

$\sphericalangle DF_nE_n = \varphi$

Das Viereck ABCD ist ein Rechteck. Somit gilt: $\sphericalangle E_nDF_n = \sphericalangle ADC - \varphi = 90° - \varphi$

Hinweise und Tipps

Da $|\overline{CF_n}| = |\overline{CD}| - |\overline{DF_n}| = |\overline{AB}| - |\overline{DF_n}|$, benötigt man noch $|\overline{DF_n}|$.

Hierzu ermittelt man zunächst $|\overline{DE_n}|$ im rechtwinkligen Dreieck AE_nD, um dann im rechtwinkligen Dreieck DE_nF_n die Streckenlänge $|\overline{DF_n}|$ zu bestimmen.

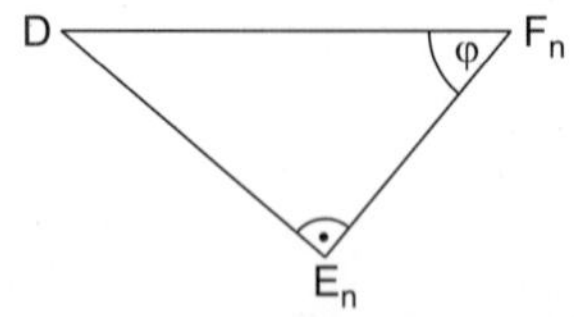

Aufgabe B 2.2

Im rechtwinkligen Dreieck AE_nD gilt:

$$\cos\varphi = \frac{|\overline{AD}|}{|\overline{DE_n}|} \quad \Big| \cdot \frac{|\overline{DE_n}|}{\cos\varphi}$$

$$|\overline{DE_n}| = \frac{|\overline{AD}|}{\cos\varphi}$$

$$|\overline{DE_n}|(\varphi) = \frac{3}{\cos\varphi}\text{ cm} \qquad \varphi \in [24{,}30°; 65{,}70°]$$

Im rechtwinkligen Dreieck DE_nF_n gilt:

$$\sin\varphi = \frac{|\overline{DE_n}|}{|\overline{DF_n}|} \quad \Big| \cdot \frac{|\overline{DF_n}|}{\sin\varphi}$$

$$|\overline{DF_n}| = \frac{|\overline{DE_n}|}{\sin\varphi} \qquad \text{mit } |\overline{DE_n}|(\varphi) = \frac{3}{\cos\varphi}\text{ cm}$$

$$|\overline{DF_n}|(\varphi) = \frac{\frac{3}{\cos\varphi}}{\sin\varphi}\text{ cm} \qquad \varphi \in [24{,}30°; 65{,}70°]$$

$$|\overline{DF_n}|(\varphi) = \frac{3}{\sin\varphi\cdot\cos\varphi}\text{ cm}$$

Damit ist:

$$|\overline{CF_n}| = |\overline{CD}| - |\overline{DF_n}| \qquad \text{mit } |\overline{CD}| = |\overline{AB}|$$

$$|\overline{CF_n}|(\varphi) = \left(8 - \frac{3}{\sin\varphi\cdot\cos\varphi}\right)\text{ cm} \qquad \varphi \in [24{,}30°; 65{,}70°]$$

Aufgabe B 2.3

Für $\varphi = 50°$ ergibt sich:

$$|\overline{CF_1}| = \left(8 - \frac{3}{\sin 50°\cdot\cos 50°}\right)\text{ cm}$$

$$|\overline{CF_1}| = 1{,}91\text{ cm}$$

Aufgabe B 3.1

Definitionsmenge von f_1:
$D = \{x \mid x > -1\}$

Gleichung der Asymptote h:
$x = -1$

Zeichnen des Graphen zu f_1, z. B. mithilfe einer Wertetabelle

x	−0,5	0	1	2	3
$y = 2\cdot\log_3(x+1) - 2$	−3,26	−2	−0,74	0	0,52

x	4	6	8	9
$y = 2\cdot\log_3(x+1) - 2$	0,93	1,54	2	2,19

✎ Hinweise und Tipps

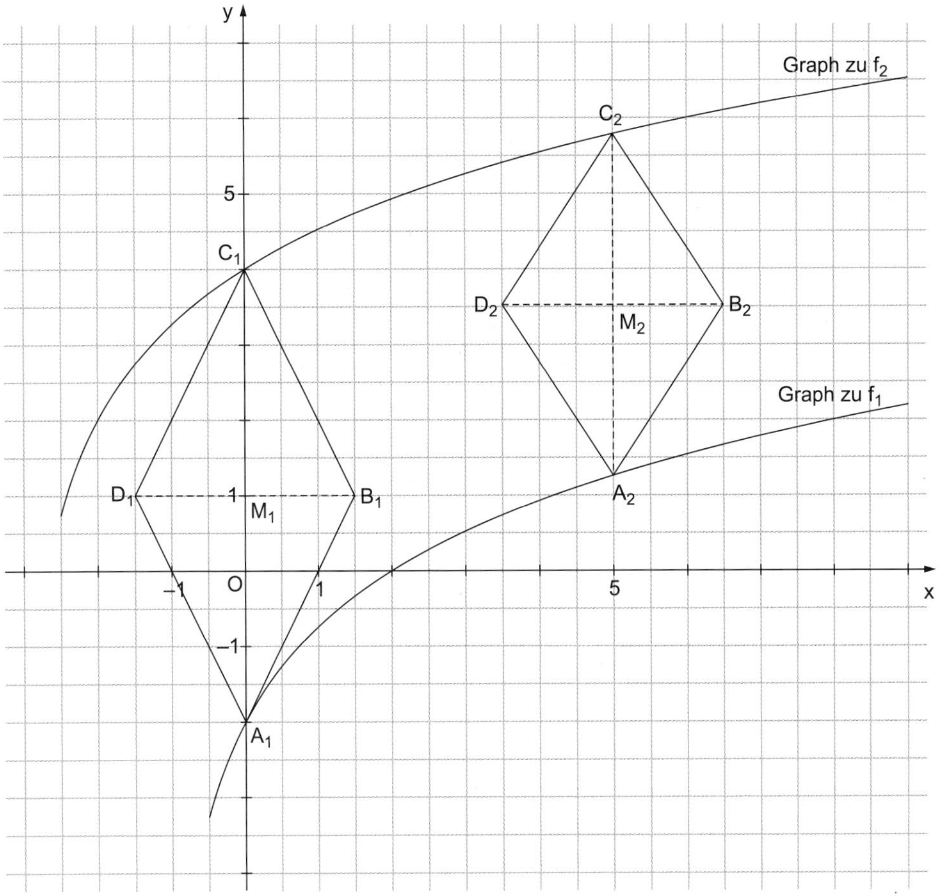

Aufgabe B 3.2

Da P(0 | 4) auf dem Graphen zu f_2 liegt, muss gelten:

$$\overrightarrow{OP} = \begin{pmatrix} x \\ 2 \cdot \log_3(x+1) - 2 \end{pmatrix} \oplus \vec{v} \qquad a \in \mathbb{R};\ x \in \mathbb{R};\ x > -1$$

$$\Leftrightarrow \quad \begin{pmatrix} 0 \\ 4 \end{pmatrix} = \begin{pmatrix} x \\ 2 \cdot \log_3(x+1) - 2 \end{pmatrix} \oplus \begin{pmatrix} a \\ 4 \end{pmatrix}$$

$$\Leftrightarrow \quad \begin{array}{ll} 0 = x + a & |-a \\ \wedge \ \ 4 = 2 \cdot \log_3(x+1) - 2 + 4 & |-2 \end{array}$$

$$\Leftrightarrow \quad \begin{array}{ll} x = -a & \\ \wedge \ \ 2 = 2 \cdot \log_3(x+1) & |:2 \end{array}$$

$$\Leftrightarrow \quad \begin{array}{l} x = -a \\ \wedge \ \ 1 = \log_3(x+1) \end{array}$$

$$\Leftrightarrow \quad \begin{array}{ll} x = -a & \\ \wedge \ \ 3^1 = x + 1 & |-1 \end{array}$$

$$\Leftrightarrow \quad \begin{array}{l} x = -a \\ \wedge \ \ x = 2 \end{array}$$

$$\Rightarrow \quad a = -2$$

Also: $\vec{v} = \begin{pmatrix} -2 \\ 4 \end{pmatrix}$

Hinweise und Tipps

Bestimmung der Funktionsgleichung für f_2:

$$\begin{pmatrix} x' \\ y' \end{pmatrix} = \begin{pmatrix} x \\ 2 \cdot \log_3(x+1) - 2 \end{pmatrix} \oplus \begin{pmatrix} -2 \\ 4 \end{pmatrix} \qquad x', y' \in \mathbb{R};\ x \in \mathbb{R};\ x > -1$$

$$\Leftrightarrow \quad \begin{vmatrix} x' = x - 2 & \quad |+2 \\ \wedge\ y' = 2 \cdot \log_3(x+1) + 2 & \end{vmatrix}$$

$$\Leftrightarrow \quad \begin{vmatrix} x = x' + 2 \\ \wedge\ y' = 2 \cdot \log_3(x'+2+1) + 2 \end{vmatrix}$$

f_2: $y = 2 \cdot \log_3(x+3) + 2$

Einzeichnen des Graphen zu f_2, z. B. mithilfe folgender Wertetabelle

x	−2,5	−1,5	−0,5	0	1	2
$y = 2 \cdot \log_3(x+3) + 2$	0,74	2,74	3,67	4	4,52	4,93

x	3	4	6	8	9
$y = 2 \cdot \log_3(x+3) + 2$	5,26	5,54	6	6,37	6,52

Aufgabe B 3.3

Einzeichnen der Raute $A_1B_1C_1D_1$

- A_1 liegt auf dem Graphen zu f_1 und hat die x-Koordinate 0, also $A_1(0\,|\,-2)$.
- C_1 liegt auf dem Graphen zu f_2 und hat ebenfalls die x-Koordinate 0, also $C_1(0\,|\,4)$.
- Die Strecke $\overline{B_1D_1}$ mit der Länge 3 LE steht senkrecht auf der Strecke $\overline{A_1C_1}$ und die Strecken halbieren sich gegenseitig.

Einzeichnen der Raute $A_2B_2C_2D_2$

- A_2 liegt auf dem Graphen zu f_1 und hat die x-Koordinate 5, also $A_2(5\,|\,1,26)$.
- C_2 liegt auf dem Graphen zu f_2 und hat ebenfalls die x-Koordinate 5, also $C_2(5\,|\,5,79)$.
- Die Strecke $\overline{B_2D_2}$ mit der Länge 3 LE steht senkrecht auf der Strecke $\overline{A_2C_2}$ und die Strecken halbieren sich gegenseitig.

Aufgabe B 3.4

$$M_n\left(\frac{x+x}{2} \,\middle|\, \frac{2 \cdot \log_3(x+1) - 2 + 2 \cdot \log_3(x+3) + 2}{2}\right) \qquad x \in \mathbb{R};\ x > -1$$

Die Punkte M_n sind die Mittelpunkte der Strecken $\overline{A_nC_n}$.

$$M_n\left(\frac{2x}{2} \,\middle|\, \frac{2 \cdot \log_3(x+1) + 2 \cdot \log_3(x+3)}{2}\right)$$

$M_n(x\,|\,\log_3(x+1) + \log_3(x+3))$

$M_n(x\,|\,\log_3[(x+1) \cdot (x+3)])$

$M_n(x\,|\,\log_3(x^2 + 4x + 3))$

Hinweise und Tipps

Aufgabe B 3.5

Für die y-Koordinate des Punktes M_3 gilt:

$$\log_3(x^2+4x+3)=0 \qquad x \in \mathbb{R};\ x>-1$$
$$\Leftrightarrow \quad x^2+4x+3=3^0$$
$$\Leftrightarrow \quad x^2+4x+3=1 \qquad |-1$$
$$\Leftrightarrow \quad x^2+4x+2=0$$
$$\Leftrightarrow \quad x=\frac{-4-\sqrt{4^2-4\cdot1\cdot2}}{2\cdot1} \vee x=\frac{-4+\sqrt{4^2-4\cdot1\cdot2}}{2\cdot1}$$
$$\Leftrightarrow \quad (x=-3{,}41 \vee)\ x=-0{,}59$$
$$L=\{-0{,}59\}$$

M_3 soll auf der x-Achse liegen, d. h., die y-Koordinate von M_3 muss 0 sein.

Berechnung der Koordinaten des Punktes B_3:
$B_3(-0{,}59+1{,}5\,|\,0)$, also: $B_3(0{,}91\,|\,0)$

Der Punkt B_3 liegt 1,5 LE rechts von M_3.

Berechnung der Koordinaten der Punktes C_3:
$C_3(-0{,}59\,|\,2\cdot\log_3(-0{,}59+3)+2)$, also: $C_3(-0{,}59\,|\,3{,}60)$

Der Punkt C_3 besitzt die Abszisse $-0{,}59$.

Aufgabe B 4.1

Zeichnen des Schrägbildes des Prismas ABCDEF und der Strecke $\overline{BN}$

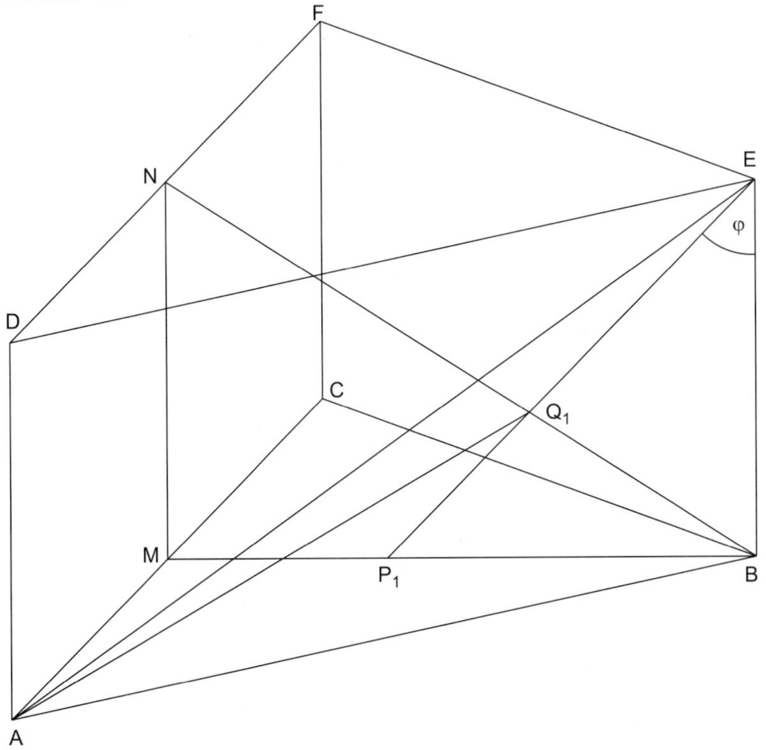

- Da $\overline{MB}$ auf der Schrägbildachse liegt, wird $\overline{MB}$ in wahrer Länge eingezeichnet. M soll links von B liegen.
- Die Strecke $\overline{MB}$ ist eine Höhe im gleichschenkligen Dreieck ABC und steht senkrecht auf $\overline{AC}$. Somit verläuft $\overline{AC}$ senkrecht zur Zeichenebene. Daher wird $\overline{AC}$ mit dem Faktor $q=\frac{1}{2}$ verkürzt eingezeichnet und $\overline{AC}$ schließt mit der Schrägbildachse den Winkel $\omega=45°$ ein. M ist der Mittelpunkt von $\overline{AC}$.
- Da die Höhen $\overline{AD}$, $\overline{BE}$, $\overline{CF}$ und $\overline{MN}$ in der bzw. parallel zur Zeichenebene verlaufen, werden diese in wahrer Länge eingezeichnet.

Im rechtwinkligen Dreieck MBN gilt:

$$\tan\sphericalangle NBM=\frac{|\overline{MN}|}{|\overline{MB}|} \qquad \text{mit } |\overline{MN}|=|\overline{AD}|$$
$$\tan\sphericalangle NBM=\frac{5}{8}$$
$$\sphericalangle NBM=32{,}01°$$

Hinweise und Tipps

Aufgabe B 4.2

Einzeichnen der Strecke $\overline{EP_1}$ und des Punktes Q_1 für $\varphi = 45°$

Die obere Intervallgrenze φ_{max} ergibt sich im rechtwinkligen Dreieck MBE:

$$\tan \varphi_{max} = \frac{|\overline{MB}|}{|\overline{BE}|} \qquad \text{mit } |\overline{BE}| = |\overline{AD}|$$

$$\tan \varphi_{max} = \frac{8}{5}$$

$$\varphi_{max} = 57,99°$$

oder:

Aufgrund der Symmetrie im Rechteck MBEN gilt:

$$\varphi \leq 90° - \sphericalangle NEM \qquad \text{mit } \sphericalangle NEM = \sphericalangle NBM$$

$$\varphi \leq 90° - 32,01°$$

$$\varphi \leq 57,99°$$

Der Winkel φ wird am größten, wenn P_n auf M liegt.

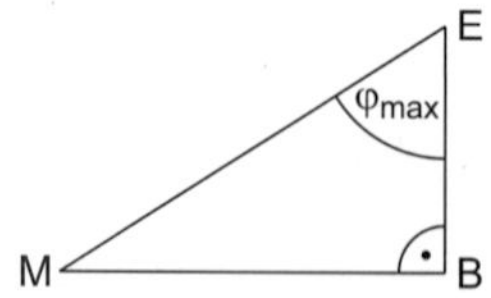

Aufgabe B 4.3

Berechnung von $\sphericalangle EBQ_n$:

$$\sphericalangle EBQ_n = 90° - \sphericalangle NBM$$

$$\sphericalangle EBQ_n = 90° - 32,01°$$

$$\sphericalangle EBQ_n = 57,99°$$

Um $|\overline{EQ_n}|$ mithilfe des Sinussatzes im Dreieck Q_nBE berechnen zu können, ermittelt man zunächst das Maß des Winkels EBQ_n.

Berechnung von $|\overline{EQ_n}|$ in Abhängigkeit von φ mithilfe des Sinussatzes im Dreieck Q_nBE:

$$\frac{|\overline{EQ_n}|}{\sin \sphericalangle EBQ_n} = \frac{|\overline{BE}|}{\sin \sphericalangle BQ_nE} \qquad | \cdot \sin \sphericalangle EBQ_n$$

$$|\overline{EQ_n}| = \frac{\sin \sphericalangle EBQ_n \cdot |\overline{BE}|}{\sin \sphericalangle BQ_nE} \qquad \text{mit } \sphericalangle BQ_nE = 180° - (\varphi + \sphericalangle EBQ_n)$$

(Innenwinkelsumme in ΔQ_nBE)

$$|\overline{EQ_n}|(\varphi) = \frac{\sin 57,99° \cdot 5}{\sin(180° - (\varphi + 57,99°))} \text{ cm}$$

$$|\overline{EQ_n}|(\varphi) = \frac{4,24}{\sin(\varphi + 57,99°)} \text{ cm} \qquad \text{(Supplementbeziehung)}$$

Bestimmung der Länge $|\overline{EQ_0}|$:

$$|\overline{EQ_0}| = 4,24 \text{ cm}$$

$|\overline{EQ_n}|(\varphi)$ wird minimal, wenn $\sin(\varphi + 57,99°)$ am größten wird, also $\sin(\varphi + 57,99°) = 1$ gilt. In diesem Fall ist Q_0 der Fußpunkt des Lotes von E auf $\overline{BN}$.

Bestimmung von $|\overline{NQ_0}|$ mit dem Pythagoras im rechtwinkligen Dreieck NQ_0E:

$$|\overline{NE}|^2 = |\overline{NQ_0}|^2 + |\overline{EQ_0}|^2$$

$$|\overline{NQ_0}| = \sqrt{|\overline{NE}|^2 - |\overline{EQ_0}|^2} \qquad \text{mit } |\overline{NE}| = |\overline{MB}|$$

$$|\overline{NQ_0}| = \sqrt{8^2 - 4,24^2} \text{ cm}$$

$$|\overline{NQ_0}| = 6,78 \text{ cm}$$

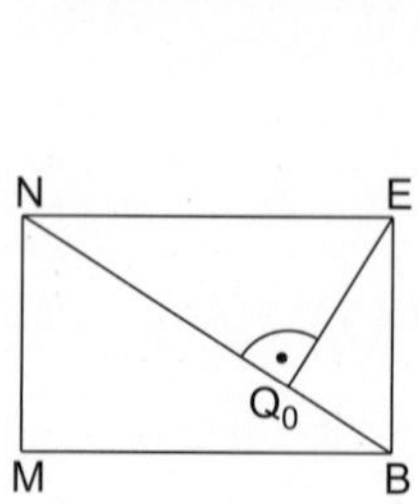

Hinweise und Tipps

Aufgabe B 4.4

Einzeichnen der Pyramide Q_1BEA

Berechnung des Volumens der Pyramiden Q_nBEA in Abhängigkeit von φ:

$$V = \frac{1}{3} \cdot A_{\Delta Q_nBE} \cdot |\overline{AM}|$$

$$V = \frac{1}{3} \cdot \frac{1}{2} \cdot |\overline{EQ_n}| \cdot |\overline{BE}| \cdot \sin\varphi \cdot |\overline{AM}| \qquad \text{mit } |\overline{BE}| = |\overline{AD}|;\ |\overline{AM}| = \frac{1}{2} \cdot |\overline{AC}|$$

$$V(\varphi) = \left(\frac{1}{3} \cdot \frac{1}{2} \cdot \frac{4,24}{\sin(\varphi + 57,99°)} \cdot 5 \cdot \sin\varphi \cdot 6\right) \text{cm}^3 \qquad \varphi \in \left]0°; 57,99°\right]$$

$$V(\varphi) = \frac{21,2 \cdot \sin\varphi}{\sin(\varphi + 57,99°)} \text{cm}^3$$

Die Pyramide Q_1BEA hat die dreieckige Grundfläche Q_1BE und die Spitze A. Da die Grundfläche in der Ebene des Rechtecks MBEN liegt, ist die Höhe der Pyramide das Lot von A auf die Ebene des Rechtecks MBEN, also $\overline{AM}$.

Aufgabe B 4.5

Berechnung des Volumens des Prismas ABCDEF:

$$V_{ABCDEF} = A_{\Delta ABC} \cdot |\overline{AD}|$$

$$V_{ABCDEF} = \frac{1}{2} \cdot |\overline{AC}| \cdot |\overline{MB}| \cdot |\overline{AD}|$$

$$V_{ABCDEF} = \frac{1}{2} \cdot 12 \cdot 8 \cdot 5 \text{ cm}^3$$

$$V_{ABCDEF} = 240 \text{ cm}^3$$

Berechnung von φ:

$$\frac{21,2 \cdot \sin\varphi}{\sin(\varphi + 57,99°)} = 0,05 \cdot 240 \qquad |\cdot \sin(\varphi + 57,99°) \qquad \varphi \in \left]0°; 57,99°\right]$$

$$\Leftrightarrow\ 21,2 \cdot \sin\varphi = 12 \cdot \sin(\varphi + 57,99°)$$

$$\Leftrightarrow\ 21,2 \cdot \sin\varphi = 12 \cdot (\sin\varphi \cdot \cos 57,99° + \cos\varphi \cdot \sin 57,99°) \quad \text{(Additionstheorem)}$$

$$\Leftrightarrow\ 21,2 \cdot \sin\varphi = 12 \cdot (\sin\varphi \cdot 0,53 + \cos\varphi \cdot 0,85)$$

$$\Leftrightarrow\ 21,2 \cdot \sin\varphi = 6,36 \cdot \sin\varphi + 10,2 \cdot \cos\varphi \qquad |-6,36 \cdot \sin\varphi$$

$$\Leftrightarrow\ 14,84 \cdot \sin\varphi = 10,2 \cdot \cos\varphi \qquad |:(14,84 \cdot \cos\varphi)$$

$$\Leftrightarrow\ \frac{\sin\varphi}{\cos\varphi} = \frac{10,2}{14,84}$$

$$\Leftrightarrow\ \tan\varphi = \frac{10,2}{14,84}$$

$$\Leftrightarrow\ \varphi = 34,50°$$

$$L = \{34,50°\}$$

Da das Volumen V(φ) um 95 % kleiner als V_{ABCDEF} sein soll, muss gelten: $V(\varphi) = 0,05 \cdot V_{ABCDEF}$

Rundungsbedingte Abweichungen sind möglich.

Original-Abschlussprüfung

Abschlussprüfung 2022

Um dir die Prüfung 2022 schnellstmöglich zur Verfügung stellen zu können, bringen wir sie in digitaler Form heraus.

Sobald die Original-Prüfungsaufgaben 2022 zur Veröffentlichung freigegeben sind, können die Lösungen als PDF auf der Plattform **MyStark** herunter-geladen werden (Zugangscode vgl. Umschlaginnenseite).

Prüfung 2022

www.stark-verlag.de/mystark